普通高等教育国家级规划教材

微型计算机原理与接口技术

第6版

周荷琴　冯焕清／编著

中国科学技术大学出版社

内 容 简 介

本书是为中国科学技术大学工科电子类专业本科生学习"微型计算机原理与系统"课程而编写的教材。从初版开始至每次修订再版，都是作者在参考国内外大量文献、资料的基础之上，吸取各家之长，并结合教学团队多年教学和应用研究的经验，精心组织编写而成的，可谓自成一体。全书内容丰富，图文并茂，讲述深入浅出，通俗易懂，并附有大量的实例和习题，部分习题还给出了解题提示，既可用作教材，也适合于自学，先后被列入"普通高等教育国家级规划教材"和"中国科学院指定考研参考书"。

全书15章，内容安排上注重系统性、先进性和实用性。前5章是基础部分，主要介绍微型机系统的组成原理、体系结构、8086指令系统、汇编语言程序设计方法以及存储器的原理和电路设计。第6~12章讨论接口和总线技术，包括中断、DMA和I/O接口，几个典型的大规模集成电路接口芯片（8255A、8253/8254、8259A、8251A、8237A等），A/D和D/A以及总线技术也被纳入其中。最后3章介绍高档微型机的工作原理，其中第13章包括32位微处理器的寄存器组成、保护模式下的内存管理、保护模式下的中断和异常以及任务切换等内容；第14章介绍32位机新增指令、浮点数、SIMD技术和指令系统，并给出了许多编程实例；第15章简要介绍了PC/XT机的系统结构，主要对32位微型机的结构以及64位CPU和智能多核处理器进行了讨论，并概要阐述了64位机的系统结构和技术特点。

本书可作为高等学校电子类专业和其他相近相关专业本科教育的教材，也可作为从事微型计算机系统设计和应用等相关科技工作者的参考书。

图书在版编目(CIP)数据

微型计算机原理与接口技术/周荷琴,冯焕清编著. —6版. —合肥:中国科学技术大学出版社,2019.2(2024.8重印)

普通高等教育国家级规划教材，中国科学院指定考研参考书

ISBN 978-7-312-04612-4

Ⅰ.微… Ⅱ.①周… ②冯… Ⅲ.①微型计算机—理论—高等学校—教材 ②微型计算机—接口技术—高等学校—教材 Ⅳ.TP36

中国版本图书馆CIP数据核字(2019)第001742号

出版	中国科学技术大学出版社 安徽省合肥市金寨路96号,230026 http://press.ustc.edu.cn http://zgkxjsdxcbs.tmall.com
印刷	合肥华苑印刷包装有限公司
发行	中国科学技术大学出版社
经销	全国新华书店
开本	787 mm×1092 mm 1/16
印张	31.75
字数	832千
版次	1996年9月第1版 2019年2月第6版
印次	2024年8月第55次印刷
印数	438001—442000册
定价	66.00元

第 6 版前言

《微型计算机原理与接口技术》第 5 版自 2013 年 1 月由中国科学技术大学出版社出版以来,继续被全国许多高等院校选为教材,受到广大读者和同行老师的热情欢迎和支持,同时大家也回馈了不少有益的意见和建议,在此谨表谢意!

随着计算机和网络技术的高速发展,诞生了物联网、云计算和互联网+等新概念,人工智能应运而生,它将为"万物互联"之后的应用问题提供最完美的解决方案。这些新领域的发展不断地对芯片制造商提出高要求:更多的计算功能,更高的计算速度,更低的功率消耗,更小的芯片体积。然而芯片制造商正面临着摩尔定律的严峻挑战,10 nm 制程的微处理器姗姗来迟。尽管如此,计算机行业还是在不断创新,一款款高性能的智能酷睿处理器相继推出,传统 CPU 正在与 GPU、DSP、FPGA 等处理器深度融合,形成异构多核心处理器,微处理器的发展开始进入 CPU+的时代。为适应微型计算机技术这种飞速发展的形势和各高校不断深化的教育改革的需要,我们在 Intel 8086 微处理器诞生 40 年之际,对本教材进行了一次全面的修订。

全书的总体结构没有改变,依然是 15 章,分成 3 个部分,即第 1~5 章的基础部分,第 6~12 章的接口和总线技术,第 13~15 章的高档微型机原理。

本次修订的主要内容包括:

1. 适当进行了篇幅压缩,去掉一些陈旧的或较难掌握的内容,所有的表述尽可能简洁精练。例如,简化了 Cache 地址映射方案,略去了影响 Cache 性能的因素,删除了 8255 方式 2 的详细介绍及其在 PC/XT 中的应用、硬件 UART 框图、8251A 与异步 MODEM 的连接、DMA 控制器简介、DAC0832 直通方式、USB 的设备枚举、采样保持原理、附录 A 的指令一览表以及少数难度较大的例题和习题。

2. 对部分内容进行了梳理和归并。例如,删去了部分已过时总线规范的介绍,并对 12 章的内容做了归并;把 13.1 节"32 位微处理器的结构和工作模式"前移到了第 2 章。

3. 加进了反映计算机技术最新发展的内容。例如,增加了这几年推出的DDR4 内存、PCI-E 4.0、USB 3.1、USB 3.2 接口标准等方面的内容,特别是在第 15 章中,对高档机的内容做了较多的修改和完善,系统地介绍了 9 代智能酷睿多核处理器的功能与特点,并对 Intel 的"Tick-Tock"策略做了概括。

作者谨向本书编写和修订过程中参考过的著作和资料的作者以及为本书编写和修订作出重要贡献的所有老师和学生表示衷心感谢!

编　者

2018 年 10 月于合肥

编者注:应众多兄弟院校要求,我们专门制作了本书的教学课件,由中国科学技术大学出版社免费提供给所有选用本书作为教材的授课老师,以方便教学。联系方式:press@ustc.edu.cn 或 sjzhang@ustc.edu.cn。

第 5 版前言

本书是为中国科学技术大学工科电子类本科生学习"微型计算机原理与系统"课程编写的教材,被列入"普通高等教育'十一五'国家级规划教材"和"中国科学院指定考研参考书"。自1996年出版以来,本书先后被很多高校选作本科教育教材,得到了广大读者和同行老师、学者的热情支持,同时大家也反馈回不少宝贵的意见和建议,在此谨表示感谢!为适应微型计算机技术飞速发展的形势和教育教学改革不断深化的需要,我们再次对原书进行了全面的修订。

自20世纪70年代第一代微型计算机问世以来,计算机技术以惊人的速度发展,涌现了数十个品种、几百个型号的微处理器,数据宽度从8位、16位、32位发展到了64位,处理器芯片的CPU核心发展到了双核乃至4核、6核和8核,当前微型计算机的发展已经进入了智能多核时代。希望通过这次修订,本书能更系统地归纳和清晰地展示已经发展了40多年的计算机技术,能更深入浅出地讲清楚那些看似深奥的计算机知识,从而真正有助于教师们的课堂教学和学生们的课后阅读。通过努力我们顺利完成了修订工作,新版《微型计算机原理与接口技术》将以全新的面貌与读者见面。

全书共15章,内容包括3部分:第1~5章是基础部分,仍以8086为主要对象,包括微型计算机的基础知识、8086 CPU、寻址方式、指令系统、汇编语言程序设计和存储器。第6~12章讨论了接口和总线技术,包括中断、DMA和I/O接口,典型的大规模集成电路接口芯片(如:8255A、8253/8254、8259A、8251A、8237A),A/D和D/A以及总线技术等。第13~15章介绍了高档微型机的原理,包括32位微型机的工作原理、指令系统与程序设计以及64位CPU和智能多核处理器,也包括16位、32位和64位机的系统结构和技术特点。

本次修订的主要内容包括:

1. 对第1、2、4、5、8、12、15章的全部内容以及第6、13、14章的部分内容重新进行了组织和编写,尽可能删繁就简,循序渐进,将现今最新的技术包含进来,表述上没有冗余,文字简练顺畅,全书一气呵成。

2. "存储器"一章不仅包含了最新的存储器技术,还对目前在嵌入式系统领域广泛应用的串行EEPROM做了较详细的介绍;考虑到Cache技术在现代CPU技术中的地位越来越重要,对其工作原理的讨论也比较深入。

3. 将I/O接口技术与并行接口芯片8255合并形成了第6章,并将几个简单接口芯片的介绍前移到第2章。

4. "总线技术"一章对已淘汰的总线标准只做了简单回顾，重点讨论了当前流行的系统总线PCI、PCI Express以及串行总线USB和IEEE 1394。

5. 第13章"32位微型计算机原理"，对保护模式下的中断和异常进行了较详细的描述，并增加了任务切换的内容。

6. 第14章"32位微型计算机的指令系统与程序设计"，在原有的32位微型计算机新增指令和程序设计的基础上，增加了IEEE标准754浮点数的表示方法、奔腾处理器的SIMD技术、SIMD指令系统、SIMD程序设计实例等内容。

7. 第15章在原有PC/XT机以及32位微型计算机系统结构的基础上，增加了64位CPU和多核处理器的内容，并着重介绍了64位微型机的系统结构、芯片组和主板，内容涉及最新的i7、i5和i3智能多核处理器。

8. 对第4章和第14章中的16位和32位微型计算机的所有汇编语言程序实例都进行了精心设计，并全部进行了上机验证。

9. 对原书保留章节中的绝大部分插图进行了修正。

10. 修改了原书保留章节中的部分内容和习题，并为许多习题增加了解题的提示信息，读者根据例题和提示信息，不难得出正确答案。

吴秀清教授为本书此前的版本做出了重要贡献，特此感谢！

在本书撰写过程中，青年教师李峰、何力以及研究生潘剑锋、刘冰啸、乔赫元、袁非牛、王鹏、刘勃、刘学亮、王恒良、郭永刚、赵何、黄庆华、卢胜、陈立群、梅涛、武海澄、陈功等在资料的收集、例题的验证、程序的调试、插图的绘制、多媒体课件的制作等方面做了许多工作，并对书中的内容提出了不少有益的建议，在此一并表示衷心的感谢！

此外，在本书编写过程中，我们查阅、参考了大量国内外相关的文献以及网上资料，在此特向相关作者表示深切的感谢！

由于作者水平有限，书中错误和不当之处在所难免，敬请读者批评指正，以便日后再版时予以修正。

编　者

2013年1月于合肥

目 录

第 6 版前言 ……………………………………………………………………………（ⅰ）

第 5 版前言 ……………………………………………………………………………（ⅲ）

第 1 章　微型计算机的基础知识和发展概况 ………………………………………（1）
  1.1　计算机中数的表示方法 ………………………………………………………（1）
    1.1.1　进位计数制 …………………………………………………………………（1）
    1.1.2　二进制编码 …………………………………………………………………（3）
    1.1.3　带符号数的表示方法 ………………………………………………………（4）
  1.2　计算机的基本结构和软件 ……………………………………………………（6）
    1.2.1　计算机的基本结构 …………………………………………………………（6）
    1.2.2　计算机软件 …………………………………………………………………（8）
  1.3　微型计算机结构和系统 ………………………………………………………（10）
    1.3.1　微型计算机基本结构 ………………………………………………………（11）
    1.3.2　微型计算机系统 ……………………………………………………………（15）
  1.4　微型计算机的发展概况 ………………………………………………………（16）
    1.4.1　计算机的发展 ………………………………………………………………（16）
    1.4.2　微型计算机的发展 …………………………………………………………（18）

第 2 章　微处理器的结构和工作模式 ………………………………………………（22）
  2.1　8086 CPU 的内部结构和存储器组织 …………………………………………（22）
    2.1.1　8086 CPU 内部结构及工作过程 …………………………………………（22）
    2.1.2　8086 CPU 内部寄存器 ……………………………………………………（24）
    2.1.3　8086/8088 CPU 的引脚功能 ………………………………………………（27）
    2.1.4　8086 的存储器组织 …………………………………………………………（31）
  2.2　8086 的工作模式和总线操作 …………………………………………………（35）
    2.2.1　最小模式系统 ………………………………………………………………（36）
    2.2.2　最大模式系统 ………………………………………………………………（40）
    2.2.3　总线操作时序 ………………………………………………………………（42）
  2.3　32 位微处理器的结构与工作模式 ……………………………………………（45）
    2.3.1　32 位微处理器结构简介 ……………………………………………………（46）
    2.3.2　32 位微处理器的工作模式 …………………………………………………（50）

第3章 8086的寻址方式和指令系统 ……………………………………………（54）
3.1 8086的寻址方式 ………………………………………………………（54）
3.1.1 立即寻址方式 …………………………………………………（54）
3.1.2 寄存器寻址方式 ………………………………………………（55）
3.1.3 存储器寻址方式 ………………………………………………（55）
3.1.4 其它寻址方式 …………………………………………………（61）
3.2 指令的机器码表示方法 …………………………………………………（62）
3.2.1 机器语言指令的编码目的和特点 ……………………………（62）
3.2.2 机器语言指令代码的编制 ……………………………………（63）
3.3 8086的指令系统 ………………………………………………………（66）
3.3.1 数据传送指令 …………………………………………………（66）
3.3.2 算术运算指令 …………………………………………………（74）
3.3.3 逻辑运算和移位指令 …………………………………………（87）
3.3.4 字符串处理指令 ………………………………………………（92）
3.3.5 控制转移指令 …………………………………………………（96）
3.3.6 处理器控制指令 ………………………………………………（112）

第4章 汇编语言程序设计 …………………………………………………（117）
4.1 汇编语言程序格式和伪指令 ……………………………………………（118）
4.1.1 汇编语言程序格式 ……………………………………………（118）
4.1.2 伪指令语句 ……………………………………………………（122）
4.1.3 完整的汇编语言程序框架 ……………………………………（127）
4.2 DOS系统功能调用和BIOS中断调用 …………………………………（131）
4.2.1 DOS的层次结构 ………………………………………………（132）
4.2.2 DOS系统功能调用 ……………………………………………（132）
4.2.3 BIOS中断调用 …………………………………………………（137）
4.3 汇编语言程序设计方法与实例 …………………………………………（141）
4.3.1 顺序结构程序设计 ……………………………………………（141）
4.3.2 分支程序设计 …………………………………………………（143）
4.3.3 循环结构程序 …………………………………………………（146）
4.3.4 代码转换程序 …………………………………………………（149）
4.3.5 过程调用 ………………………………………………………（152）

第5章 存储器 ………………………………………………………………（158）
5.1 存储器分类 ………………………………………………………………（158）
5.1.1 内部存储器 ……………………………………………………（158）
5.1.2 外部存储器 ……………………………………………………（160）
5.1.3 存储器的性能指标 ……………………………………………（163）
5.2 随机存取存储器RAM …………………………………………………（163）

5.2.1 静态 RAM(SRAM) …………………………………………………… (164)
5.2.2 动态 RAM(DRAM) ………………………………………………… (165)
5.2.3 内存条 ……………………………………………………………… (169)
5.3 只读存储器 ROM ……………………………………………………………… (171)
5.3.1 可编程可擦除 ROM(EPROM) ……………………………………… (172)
5.3.2 电可擦除可编程 ROM(EEPROM) ………………………………… (175)
5.4 存储器与 CPU 的连接 ………………………………………………………… (178)
5.4.1 设计接口应考虑的问题 ……………………………………………… (178)
5.4.2 存储器接口设计 ……………………………………………………… (179)
5.5 高速缓冲存储器 ………………………………………………………………… (186)
5.5.1 高速缓存的原理 ……………………………………………………… (186)
5.5.2 高速缓存的基本结构 ………………………………………………… (188)
5.5.3 主存与 Cache 的地址映射 …………………………………………… (189)
5.5.4 Cache 的基本操作 …………………………………………………… (191)

第 6 章 I/O 接口和并行接口芯片 8255A …………………………………………… (194)

6.1 I/O 接口 ………………………………………………………………………… (194)
6.1.1 I/O 接口的功能 ……………………………………………………… (194)
6.1.2 I/O 端口及其寻址方式 ……………………………………………… (195)
6.1.3 CPU 与外设间的数据传送方式 ……………………………………… (197)
6.1.4 PC 机的 I/O 地址分配 ……………………………………………… (201)
6.2 8255A 的工作原理 ……………………………………………………………… (204)
6.2.1 8255A 的结构和功能 ………………………………………………… (204)
6.2.2 8255A 的控制字 ……………………………………………………… (206)
6.2.3 8255A 的工作方式 …………………………………………………… (208)
6.3 8255A 的应用举例 ……………………………………………………………… (214)
6.3.1 基本输入输出应用举例 ……………………………………………… (214)
6.3.2 键盘接口 ……………………………………………………………… (217)

第 7 章 可编程计数器/定时器 8253/8254 …………………………………………… (222)

7.1 8253 的工作原理 ………………………………………………………………… (222)
7.1.1 8253 的内部结构和引脚信号 ………………………………………… (222)
7.1.2 初始化编程步骤和门控信号的功能 ………………………………… (226)
7.1.3 8253 的工作方式 ……………………………………………………… (227)
7.2 8253/8254 的应用举例 ………………………………………………………… (231)
7.2.1 8253 定时功能的应用举例 …………………………………………… (232)
7.2.2 8253/8254 计数功能的应用举例 …………………………………… (234)
7.2.3 8253 在 PC/XT 机中的应用 ………………………………………… (238)

第8章 中断和可编程中断控制器 8259A (244)
8.1 中断 (244)
8.1.1 中断概念和分类 (244)
8.1.2 中断的响应与处理过程 (248)
8.2 8259A 的工作原理 (252)
8.2.1 8259A 的引脚信号和内部结构 (252)
8.2.2 8259A 的工作方式 (254)
8.2.3 8259A 的命令字及编程 (256)
8.3 8259A 应用举例 (263)
8.3.1 8259A 的级联使用 (263)
8.3.2 中断向量的设置和中断处理程序设计实例 (266)

第9章 串行通信和可编程接口芯片 8251A (273)
9.1 串行通信的基本概念和 EIA RS-232C 串行口 (273)
9.1.1 串行通信的基本概念 (273)
9.1.2 EIA RS-232C 串行口 (276)
9.2 可编程串行通信接口芯片 8251A (278)
9.2.1 8251A 的内部结构和外部引脚 (279)
9.2.2 8251A 的编程 (283)
9.2.3 8251A 应用举例 (288)

第10章 模数(A/D)和数模(D/A)转换 (294)
10.1 概述 (294)
10.1.1 一个实时控制系统 (294)
10.1.2 采样、量化和编码 (295)
10.2 D/A 转换器 (297)
10.2.1 D/A 转换器原理 (297)
10.2.2 D/A 转换器的主要性能指标 (299)
10.2.3 D/A 转换器 AD7524、DAC0832 和 DAC1210 (300)
10.3 A/D 转换器 (306)
10.3.1 A/D 转换器原理 (306)
10.3.2 A/D 转换器 ADC0809 和 AD574A (309)

第11章 DMA 控制器 8237A (322)
11.1 8237A 的组成和工作原理 (323)
11.1.1 8237A 的内部结构 (323)
11.1.2 8237A 的引脚功能 (324)
11.1.3 8237A 的内部寄存器 (326)
11.2 8237A 的时序 (334)
11.2.1 外设和内存间的 DMA 数据传送时序 (334)

11.2.2 空闲周期、有效周期和扩展写周期 …………………………………… (335)
11.3 8237A 的编程和应用举例 …………………………………………………… (336)
11.3.1 PC/XT 机中的 DMA 控制逻辑 …………………………………… (336)
11.3.2 8237A 的一般编程方法 ……………………………………………… (338)
11.3.3 PC/XT 机上的 DMA 控制器的使用 ……………………………… (340)

第 12 章 总线技术 …………………………………………………………………… (342)
12.1 总线概述 ……………………………………………………………………… (342)
12.1.1 总线的分类 …………………………………………………………… (342)
12.1.2 总线的性能指标与总线标准 ………………………………………… (344)
12.1.3 几种典型的计算机总线 ……………………………………………… (345)
12.2 PCI 总线 ……………………………………………………………………… (347)
12.2.1 局部总线 ……………………………………………………………… (347)
12.2.2 PCI 总线简介 ………………………………………………………… (349)
12.2.3 PCI 总线的应用 ……………………………………………………… (350)
12.3 PCI Express 总线 …………………………………………………………… (351)
12.3.1 PCI-E 总线简介 ……………………………………………………… (352)
12.3.2 PCI-E 总线的发展 …………………………………………………… (353)
12.4 USB 总线 ……………………………………………………………………… (355)
12.4.1 USB 总线简介 ………………………………………………………… (355)
12.4.2 USB 的数据编码和信息传输 ………………………………………… (360)
12.5 IEEE 1394 总线 ……………………………………………………………… (363)
12.5.1 1394 总线简介 ………………………………………………………… (363)
12.5.2 IEEE 1394 规范的主要内容 ………………………………………… (365)

第 13 章 32 位微型机的基本工作原理 …………………………………………… (369)
13.1 寄存器 ………………………………………………………………………… (369)
13.1.1 用户级寄存器 ………………………………………………………… (369)
13.1.2 系统级寄存器 ………………………………………………………… (372)
13.1.3 程序调试寄存器 ……………………………………………………… (378)
13.2 保护模式下的内存管理 ……………………………………………………… (378)
13.2.1 段内存管理技术 ……………………………………………………… (379)
13.2.2 分页内存管理技术 …………………………………………………… (388)
13.3 保护模式下的中断和异常 …………………………………………………… (391)
13.3.1 中断和异常 …………………………………………………………… (391)
13.3.2 保护模式下中断和异常的处理 ……………………………………… (399)
13.4 任务切换 ……………………………………………………………………… (403)
13.4.1 任务结构和任务切换数据结构 ……………………………………… (403)
13.4.2 任务切换方式 ………………………………………………………… (407)
13.4.3 任务调用、链接和切换过程 ………………………………………… (409)

第14章 32位机的指令系统和程序设计 (414)

14.1 80386新增指令和程序设计 (414)
- 14.1.1 80386的寻址方式 (414)
- 14.1.2 80386的新增指令 (416)
- 14.1.3 程序设计实例 (422)

14.2 浮点数的表示方法和奔腾处理器的SIMD技术 (429)
- 14.2.1 浮点数的表示方法 (429)
- 14.2.2 奔腾处理器的SIMD技术 (433)

14.3 SIMD指令系统 (436)
- 14.3.1 数据传送指令 (437)
- 14.3.2 算术运算指令 (444)
- 14.3.3 逻辑运算指令 (448)
- 14.3.4 移位指令 (448)
- 14.3.5 比较指令 (449)
- 14.3.6 数据转换指令 (451)

14.4 利用SIMD指令进行程序设计 (452)

第15章 微型计算机系统结构 (460)

15.1 PC/XT机的系统板 (460)
- 15.1.1 CPU子系统 (460)
- 15.1.2 接口部件子系统 (462)
- 15.1.3 存储器子系统 (463)

15.2 32位微型机的典型结构 (465)
- 15.2.1 主板的组成 (465)
- 15.2.2 Pentium Ⅱ主板 (466)
- 15.2.3 集成型主板 (469)

15.3 64位微型机 (472)
- 15.3.1 64位处理器 (472)
- 15.3.2 64位操作系统 (474)
- 15.3.3 915系列芯片组与主板 (475)

15.4 多核处理器技术 (478)
- 15.4.1 双核处理器的诞生 (478)
- 15.4.2 Intel智能酷睿多核处理器 (480)
- 15.4.3 微处理器技术发展的新时代 (484)

附录A ASCII码编码表 (490)

附录B 汇编语言上机过程 (491)

参考文献 (494)

第1章 微型计算机的基础知识和发展概况

本章首先介绍计算机中数的表示方法,然后就计算机的基本结构、大致的工作过程和计算机软件等内容展开讨论,接着阐述微型计算机的结构和微型计算机系统,使大家对CPU、存储器、接口等概念有一个初步的了解,最后简要讲述计算机和微型计算机的发展概况。

1.1 计算机中数的表示方法

1.1.1 进位计数制

进位计数制是指用一组固定的数字符号和特定的规则来表示数的方法。在日常生活中,数多用十进制来表示,这是大家所熟悉的。有时也用别的进制来表示数,例如,表示时间的时、分、秒之间是六十进制,而小时与天之间为二十四进制。在微型计算机中,则采用只有0和1两个数字的二进制来表示数。这是因为计算机是一种电子设备,由大量只能识别电信号的逻辑部件组成,可以用电平的高低、开关的通断、晶体管的导通和截止来表示数字0和1,运算规则简单,使用方便可靠。但二进制数的数位太长,不容易书写和记忆,而人们又习惯于使用十进制数,因此在计算机领域里使用多种进位制来表示数,常用的有二进制、十进制和十六进制的表示方法。

1. 十进制数(Decimal)

十进制数具有10个不同的数字符号0~9,其基数为10,各位的权值为10^i,其实际值可按权展开后相加获得。在十进制数字后面可以加后缀D,表示该数是十进制数,但D通常省略不写。例如,十进制数

$$347D = 347 = 3\times 10^2 + 4\times 10^1 + 7\times 10^0$$

2. 二进制数(Binary)

它只有0和1两个数字,其基数为2,各位的权值为2^i。表示二进制数时,后面必须加后缀B。例如,二进制数

$$10110B = 1\times 2^4 + 0\times 2^3 + 1\times 2^2 + 1\times 2^1 + 0\times 2^0 = 22$$

3. 十六进制数(Hexadecimal)

它由0~9,A,B,C,D,E,F共16个数字组成,其基数为16,各位的权值为16^i。表示十六进制数时,后面必加后缀H。数字A~F分别表示十进制数的10~15。例如,十六进制数

$$3A0FH = 3\times 16^3 + 10\times 16^2 + 0\times 16^1 + 15\times 16^0 = 3\times 4096 + 10\times 256 + 15 = 14863$$

每个十六进制数字都可用4位二进制数来表示,见表1.1,如0AH=1010B,0FH=1111B。由于十六进制数与二进制数之间转换很方便,数位长度又只有二进制数的1/4,因此,在编写汇编语言程序和打印程序清单时,广泛使用十六进制数。在计算机中表示存储器

的地址和存放的数据时,通常也都用十六进制数。

表 1.1 十进制数、二进制数、十六进制数、BCD 码的关系

十进制数	二进制数	十六进制数	BCD 码
0	0000	0	0000
1	0001	1	0001
2	0010	2	0010
3	0011	3	0011
4	0100	4	0100
5	0101	5	0101
6	0110	6	0110
7	0111	7	0111
8	1000	8	1000
9	1001	9	1001
10	1010	A	0001 0000
11	1011	B	0001 0001
12	1100	C	0001 0010
13	1101	D	0001 0011
14	1110	E	0001 0100
15	1111	F	0001 0101

4. 八进制数(Octal)

八进制数由 0~7 共 8 个数字组成,其基数为 8,各位的权值为 8^i。表示八进制数时,后面必须加后缀 O 或 Q。例如,八进制数

$$753Q = 7 \times 8^2 + 5 \times 8^1 + 3 \times 8^0 = 491$$

每位八进制数可以用 3 位二进制数表示,例如,627Q=110 010 111B,它与二进制数之间的转换十分方便。在 20 世纪 70~80 年代使用的小型计算机系统上,普遍采用八进制数编写汇编语言程序和打印程序清单。随着微型计算机技术的普及,十六进制计数法被用户广泛使用,微机中已不再采用八进制计数法了。

5. 不同进制数之间的转换

由上面的例子可以看到,将二进制或十六进制数转换成十进制数时,只要将当前位数值乘以该位的权值,再将各部分相加即可。如果要将十进制数转换成二进制数,则必须采用除以 2 求余数的方法来得到。

例 1.1 将十进制数 25 转换成二进制数,先用 2 去除,得到的商为 12,第一个余数 B_0=1,此位为结果的最低位。再将 12 除以 2,得到第二个余数 B_1=0……如此不断进行下去,直到商等于 0 为止,最后一次得到的余数为结果的最高位。这样,可以得到 25=11001B。

```
2 | 25
2 | 12    余数=1 (B₀)  最低位
2 |  6    余数=0 (B₁)
2 |  3    余数=0 (B₂)
2 |  1    余数=1 (B₃)
    0    余数=1 (B₄)  最高位
```

根据表 1.1,将二进制数转换成十六进制数就很容易。例如,1000 1010B=8AH。这里要说明的是由于二进制数的数位较长,不便于阅读,所以本书在后面书写二进制数时,从最低位起,每隔 4 个二进制数,前面加一个空格。但当二进制数在程序中出现时,这个空格必须除去,否则送到计算机中进行运算时就不正确了。

例如,把二进制数 1011010011011001B 写成 1011 0100 1101 1001B,它等于 B4D9H。

6. 位、字节、字和字长等数据单位表示

- 位(Bit) 在计算机中,二进制数的每 1 位(0 或 1)是组成二进制信息的最小单位,称为 1 个比特,简称位,它是数字系统和计算机中信息存储、处理和传送的最小单位。
- 字节(Byte) 8 个二进制信息组成的一个单位称为 1 个字节,1 Byte=8 Bit。
- 字(Word) 一个字由 16 位二进制数也即两个字节组成。一个 16 位的字 $D_{15}\sim D_0$ 可分为高字节和低字节两个部分,其中 $D_{15}\sim D_8$ 为高字节,$D_7\sim D_0$ 为低字节。
- 字长(word Length) 计算机中还用字长这个术语来表示数据,字长决定了计算机内部一次可处理的二进制代码的位数,它取决于计算机内部的运算器、通用寄存器和数据总线的位数。根据计算机的字长不同,可将计算机分为 8 位机、16 位机、32 位机和 64 位机等不同的机型。显然,计算机的字长越长,一次能同时传送和处理的数据就越多,运算速度越快,精度也越高,但制造工艺就越复杂。

1.1.2 二进制编码

在计算机中,各种信息都采用二进制的形式来表示,因此各种数字、英文字母、运算符号等,都要采用若干特定的二进制码的组合来表示,这就是二进制编码。最常用的编码有 BCD 码和 ASCII 码两种。

1. 8421 BCD 码(Binary Coded Decimal)

虽然计算机中的数都采用二进制表示,但二进制数不但数位长,而且不直观,所以常采用 BCD 码来表示。BCD 码有 0,1,2,…,9 共 10 个不同的数字符号,也是逢 10 进 1,但它的每一位数字都用 4 位二进制来表示,所以称为二进制码的 BCD 数,它是一种很直观的编码。4 位二进制数可表示 0000~1111 共 16 种码,取前 10 个码作为 BCD 码。由于它 4 位的权值分别是 8、4、2、1,因此也称为 8421 BCD 码。

例 1.2 用 8421 BCD 码表示十进制数 327。

$$(327)_{10} = (0011\ 0010\ 0111)_{BCD码}$$

反之,由 BCD 码也很容易求得它表示的十进制数。

例 1.3 $(1001\ 0101\ 1000)_{BCD码} = 958$

十进制数、二进制数、十六进制数和二-十进制 BCD 码之间的关系如表 1.1 所示。

BCD 码既照顾了人们使用十进制数的习惯,又考虑了计算机的特点,机器中还有专门的调整电路对数据自动进行处理,所以实际应用中经常采用这种编码。

2. ASCII 码

除了十进制数外,各种数字、字母及字符也必须用二进制编码来表示后,计算机才能进行处理。最常用的是 ASCII 码(American Standard Code for Information Interchange),即美国标准信息交换码。它用 7 位代码(00～7FH)来表示计算机中存储的字母、数字及符号,共可表示 128 个字符。如数字 0～9,字母 A～Z,a～z 等,其中数字 0～9 的 ASCII 码为 30H～39H,字母 A～Z 的 ASCII 码为 41H～5AH。键盘键入的数、字母以及送到显示器显示的字符都必须用 ASCII 码表示,标准 ASCII 码表见附录 A。一些控制字符也列入表中,它们在计算机中实现某些控制功能,如 CR、LF 和 BEL 分别表示回车、换行和响铃,STX、ETX、ENQ 等用于串行异步通信。

1.1.3 带符号数的表示方法

上面介绍的二进制数没有提到符号问题,因此是一种无符号数。但在计算机中,数有正、负之分,怎么来表示符号呢?通常用最高位作为符号位。若一个数的长度为 8 位(D_7～D_0),则用 D_7 位作符号位,$D_7=1$,表示是负数;$D_7=0$,表示是正数。

例 1.4 0101 1101B=+93

0101 1101B=+93
1101 1101B=-93

连同符号位在一起作为一个数称为机器数,它表示的实际数值称为机器数的真值。上面两个式子中,等式左边的数为机器数,右边的数为真值。超过 8 位的数可以用 16 位二进制数(D_{15}～D_0)来表示,这时,$D_{15}=1$,表示负数;$D_{15}=0$,表示正数。

为了运算方便,机器数通常有三种表示方法:原码、反码和补码。

1. 原码

正数的符号位用 0 表示,负数用 1 表示,其余位为数值,这种表示方法称为原码。

例 1.5 X=+105, $[X]_原$=0110 1001B

X=-105, $[X]_原$=1110 1001B

原码简单易懂,与真值的换算也很方便,但若要进行两个异号数相加或者两个同号数相减的运算,就要做减法操作。然而在一般的计算机中是没有减法运算部件的,减法运算也要用加法部件实现,所以要引进反码和补码。

2. 反码

正数的反码与原码相同,最高位为符号位,用 0 表示,其余位为数值。

例 1.6 $[+4]_反$=0000 0100B

$[+31]_反$=0001 1111B

$[+127]_反$=0111 1111B (最大值)

负数的反码为它的正数按位取反,即连同符号位一同取反。

例 1.7 $[-4]_反$=1111 1011B

$[-31]_反$=1110 0000B

$[-127]_反$=1000 0000B (最小值)

所以，8位二进制数表示的反码范围为 −127～+127。当带符号数用反码表示时，最高位为符号位，当它为正数时，后7位为真正的值，当它为负数时，后7位要取反后才能得到真正的值。

例 1.8　　$[X]_{反}$ = 1001 0100B

　　　　　$[X]_{真值}$ = −[110 1011] = −107

3. 补码

正数的补码表示与原码相同，最高位为符号位，用0表示，其余位为真值，负数的补码最高位为1，数值部分则由它的反码再加1形成。

例 1.9　　$[+4]_{原}$ = 0000 0100 = $[+4]_{反}$ = $[+4]_{补}$

　　　　　$[-4]_{原}$ = 1000 0100B

　　　　　$[-4]_{反}$ = 1111 1011B　（正数按位取反）

　　　　　$[-4]_{补}$ = 1111 1100B　（反码+1）

　　　　　$[+127]_{原}$ = 0111 1111B = $[+127]_{反}$ = $[+127]_{补}$

　　　　　$[-127]_{原}$ = 1111 1111B

　　　　　$[-127]_{反}$ = 1000 0000B

　　　　　$[-127]_{补}$ = 1000 0001B

　　　　　$[-128]_{补}$ = 1000 0000B

8位二进制数能表示的补码的范围为 −128～+127，可以推算出16位二进制数能表示的二进制补码的范围为 −32768～+32767。当带符号数用补码表示时，最高位是符号位，当符号位是0时，表示正数，后7位为其真正的数；当符号位是1时，表示负数，要将后7位的最低位减1，求得反码，再按位取反，才能得到真正的数(真数)。

例 1.10　　若已知 $[X]_{补}$ = 1001 0100B，求 X 的反码和原码。

　　　　　$[X]_{反}$ = $[X]_{补}$ − 1 = 1001 0100B − 1 = 1001 0011B

　　　　　$[X]_{原}$ = 1110 1100B

　　　　　X = −110 1100B = −(64+32+8+4)$_{10}$ = −108

引进补码后，可以将补码连同符号位一起看作一个数，各位的权都是 2^i，但最高位为0时，表示正数，为1时表示负数，其余为数值。

例 1.11　　$[-128]_{补}$ = 1000 0000B = −128+0，最高位的权为 2^7 = 128，同理：

　　　　　$[-4]_{补}$ = 1111 1100B

　　　　　　　 = −128+(64+32+16+8+4) = −4

　　　　　$[+4]_{补}$ = 0000 0100B = 4

所以，任何一个数用补码表示后，都可以看成"连同符号位的数"。符号位也一起参加运算，一个数要减去另一个数时，只要加上其补码即可。

例 1.12　　要做减法运算求 7−19 = ?，可以用 7+$[-19]_{补}$ 来完成。

　　　　　$[7]_{补}$ = 0000 0111B

　　　　　$[+19]_{补}$ = 0001 0011B

　　　　　$[-19]_{补}$ = 1110 1101B

```
      0000 0111B    [7]补
  +   1110 1101B    [-19]补
      1111 0100B =  F4H(和)
```

和的补码＝F4H＝1111 0100B。

和的反码＝F3H＝1111 0011B。

和的原码＝1000 1100B,其真值为－12。

可见,7＋(－19)＝－12,答案正确。

前面介绍的数虽有正、负数之分,但都是整数,实际应用时会遇到实数,即带小数点的数。实数通常用浮点数来表示,我们将在第 14 章详细介绍浮点数,并举实例来说明在 32 位机中如何用浮点数来编写程序。

1.2 计算机的基本结构和软件

世界上第一台通用可编程计算机 ENIAC(Electronic Numerical Integrator and Calculator)于 1946 年由美国宾夕法尼亚大学研制成功,它使用了 17000 多个电子管和超过 500 英里[①]长的导线,这台庞大的计算机重量超过 30 吨,每秒只能执行 10 万次运算,但它推动世界进入了电子计算机时代。ENIAC 采用重新连接线路的方法实现编程,编程时需要对 6000 多个开关进行仔细的机械定位,并用转插线把选定的各个控制部件互联起来构成程序序列,这很像早期的电话接线总机,需要许多工人花几天时间才能完成,效率很低。另外,电子管的功耗大、寿命低,维护起来也很麻烦。

为替代重新连接线路实现编程,产生了用于控制计算机的计算机语言,称为机器语言(Machine Language),它由一条条 1 和 0 组成的二进制代码构成,这些代码被称为指令(Instruction),告诉计算机要执行哪些运算和操作。这种二进制代码以指令组的形式存储在计算机中,称为程序(Program)。这种方法比通过重新连接机器线路进行编程的方法有效,但编程时要涉及许多代码,开发过程仍然非常耗时。数学家冯·诺依曼(John Von Neumann)首先开发出了能接收指令,并可将指令存储到存储器中的系统,为了纪念他,常将这种机器称为冯·诺依曼结构的计算机。

半个多世纪以来,计算机技术不断发展,相继出现了各种类型的计算机,包括小型、中型、大型、巨型计算机以及广泛使用的微型计算机,它们的规模不同,性能和用途各异,但就其结构而言,都是冯·诺依曼计算机结构的延续和发展。

1.2.1 计算机的基本结构

1. 计算机的基本组成

冯·诺依曼计算机的基本组成框图如图 1.1 所示。它主要由 5 个部分组成,各部分的

---

① 英里为非定量单位,1 英里(mi)＝1.609 344 千米(km),这里是引用资料,故未作规范化处理。以下类似之处不再说明。此外,书中部分物理量符号本应为白斜体,但由于计算机程序设计通常使用白正体,从一致性出发,本书他处亦然,不再另注。

基本功能如下：

• 存储器　用来存放原始数据、中间结果以及为使计算机能自动进行运算而编制的程序，它们均以二进制的形式存放在存储器中。

• 运算器　用来执行算术运算（加、减、乘、除）、逻辑运算（与、或、非、异或）和移位等操作，内部具有一个称为加法器或算术逻辑单元(Arithmetic Logic Unit, ALU)的核心部件，还有一个累加器 A 或 AX(Accumulator)，累加器能在运算开始时提供一个操作数，在运算结束时存放运算结果。

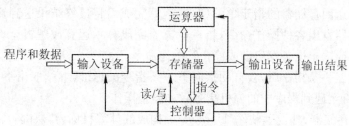

图 1.1　计算机的基本组成框图

• 控制器　它是指挥和控制各部件协调工作的功能部件，能从存储器中取出指令，经译码分析后产生各种控制命令，送往其它部件，控制计算机按程序设定的步骤一步步自动操作。

• 输入设备　用于输入原始数据和程序，将它们转换成计算机能识别的信息，送到存储器去等待处理。早期计算机的输入设备只有纸带读入机和电传。

• 输出设备　用于将运算结果以操作员或其它设备能接受的形式输出。打印机是常用的输出设备，后来又发明了显示器、磁带机和磁盘等输出设备。

以上这些部件构成了计算机的硬件(Hardware)。在这些硬件中，人们往往把运算器和控制器合在一起，称为中央处理单元(Central Processing Unit, CPU)，而把 CPU 和存储器合称为计算机的主机。此外，还将输入(Input)设备和输出(Output)设备统称为外部设备(Peripheral)、I/O 设备或外设。

CPU 由各种高速电子线路构成，如门电路、寄存器和触发器等，经历了电子管、晶体管、集成电路、大规模集成电路和超大规模集成电路等几代。随着半导体集成电路技术的不断发展，可把整个 CPU 制作在一块集成电路芯片上，称为微处理器(Microprocessor)，因此人们普遍将微处理器称为 CPU。微处理器有不同的种类，如 Intel 公司的 8086、80286、80386、80486、Pentium 等，Zilog 公司的 Z80、Z8000 等。用微处理器设计的计算机称为微型计算机(Microcomputer)。20 世纪 80 年代初推出的 IBM PC 机以 8086、8088 为 CPU，由于 CPU 的速度较低，外设种类较少，处理能力有限，主要用来处理个人事务，故称之为个人计算机(Personal Computer, PC)。目前人们仍把各种微型计算机称之为 PC，但实际上其性能已远远超过以前的大型计算机了。

要了解和掌握现代微型计算机的原理，首先应熟悉微处理器的结构和功能。鉴于 Intel 公司在微处理器领域的不可动摇的地位，大家都选择 Intel 系列的微处理器作为学习对象。

2. 计算机的工作过程

计算机的工作过程可简单地概括为：

（1）上机前，要先把求解的问题分解为计算机能执行的基本运算，编写好程序。程序由一条条指令组成，通常每条指令完成一种或几种操作。然后将编写好的程序和要处理的原始数据，通过输入设备送到计算机的存储器中存放好。每个存储单元有一个编号，称之为地址，指令和数据按一定的顺序存放在存储器中。

（2）计算机开始执行程序，即从程序指定的存储器地址开始逐条取出指令，送到控制器，经译码分析后产生各种控制信号，送到其它部件，自动执行指令规定的操作。控制器可以向存储器发读/写命令，允许从存储器中取出数据（读），送往运算器进行运算，或者将运算结果或中间结果送回存储器的指定单元（写），运算完成后将最终结果送到输出设备。控制器也可以向运算器发出各种操作命令，指挥运算器完成算术运算或逻辑运算等操作。控制器还可以向输入或输出设备发启动或停止等操作命令。

计算机执行完一条指令后，会自动指向下一条指令的地址，继续取出下一条指令，经译码分析后执行，直至遇到程序中的停机指令后才停止操作。

仅由 CPU、存储器、外设等硬件（Hardware）构成的计算机称为"裸机"，它是什么也不会做的，必须要有指令和程序等软件（Software）的配合，才能按人们设定的步骤快速、自动地执行希望的操作。

1.2.2 计算机软件

1. 指令和程序

程序由一条条指令组成，将它和需要处理的数据一起以二进制的形式送到计算机的存储器中，再启动计算机工作，使机器按这些命令一步步执行。

例如，我们要让计算机完成(a+b)·c这样的操作，在假设 a、b、c 已存入存储器的情况下，就要编写以下的指令序列：

把 a 从存储器中取出来，送至运算器；

把 b 从存储器中取出来，在运算器中进行(a+b)运算；

从存储器中取出 c 送到运算器；

执行(a+b)·c的操作；

最后将运算结果送到存储单元存放起来，也可输出到外设。

上面的取数、存数、相加、相乘和输出等都称为操作，我们把要求计算机执行的各种操作用命令的形式写下来，这就是指令。一台计算机可以有几十种甚至一百多种指令，我们把一台计算机所能识别和执行的全部命令称为该机器的指令集（Instruction Set）或指令系统，不同的计算机有不同的指令系统。指令系统是反映计算机的基本功能及工作效率的重要标志，也是计算机系统结构设计的出发点。指令和数据在计算机内部都以二进制的形式存放，计算机从存储器中取出这些数据后，会自动进行分析识别。

为了让计算机求解一个数学问题或者完成一项复杂的工作，总是先要把解决问题的过程分解为若干步骤，然后用相应的指令序列，按一定的顺序去控制计算机完成这一工作，这样的指令序列被称为程序。

2. 指令的组成和机器码

因为计算机只认得二进制数码，所以计算机中的所有指令都必须用二进制来表示，这种用二进制形式表示的指令称为机器码(Machine Code)。通常指令由操作码和操作数两部分组成,操作码说明计算机执行什么操作,操作数指出参加操作的数的本身或操作数所在的地址。例如,在8086 CPU中,把数字1200H取到累加器AX中去的指令的机器码为:

B8	操作码
00	操作数低字节
12	操作数高字节

这里B8H是操作码,它表示要从后面两个字节单元中取出一个2字节的数(1200H),送到累加器AX中去。数据的存放方式为低字节放在前面,高字节放在后面。当然,这些用十六进制表示的数,在计算机中实际也用二进制形式来存放。

在计算机发展的初期,就是用指令的机器码直接来编制程序的,处于机器语言阶段。机器码是一连串的0和1组成的代码,输入计算机时,由纸带穿孔机在纸带上凿孔,有孔表示1,无孔表示0。这种代码不好理解和记忆,还很容易出错,所以编程是一件极其繁杂而困难的工作。后来,人们采用一些容易记忆的符号来代替二进制的机器码进行编程,于是就进入了汇编语言(Assemble Language)阶段。

3. 汇编语言

汇编语言也称为符号语言,用助记符来代替二进制的机器指令操作码,它们是一系列指令功能的英文缩写,用符号、标号和寄存器名称等来代替指令和操作数的存放地址,因此编写程序要容易得多。

例如对于8086 CPU,数据传送指令用助记符MOV(Move的缩写)来表示,加法指令用ADD(Addition的缩写)、跳转指令用JMP(Jump的缩写)表示,还可以用RESULT、SUM等符号来表示存储单元的地址。这样,每条指令有明显的特征,就易学易记多了,而且也不容易出错。例如,上面讲到的将数字1200H传送到累加器AX中去的指令可以写成如下形式:MOV AX,1200H。

例1.13 编写求解2+3=5的汇编语言程序,要求将和存入SUM单元。程序如下:

```
MOV   AX,2           ;累加器AX←2
ADD   AX,3           ;AX←(AX+3)
MOV   SUM,AX         ;结果单元SUM←和数5
```

显然,用汇编语言编写的程序比机器语言程序又前进了一大步。但计算机只认得由0、1组成的机器码,因此,用汇编语言编写好的程序,还必须翻译成用机器码表示的目标程序后,机器才能识别和执行。刚开始的时候,这种翻译工作是由程序员手工完成的,后来人们就编写了一种程序让机器来自动完成上述的翻译工作,具有这种功能的程序称为汇编程序。

由于汇编语言的语句与机器语言是一一对应的,所以用汇编语言编写的程序语句依然很多,对于一些比较复杂的程序,编程工作仍很繁琐。其次,用汇编语言编程必须对机器的指令系统十分熟悉。此外,汇编语言是针对特定的CPU设计的,因此在某种类型的机器上编写的汇编语言程序,通常不能直接在别的机器上运行,于是各种高级语言应运而生。

4. 高级语言

高级语言是一种接近于人们使用习惯的程序设计语言。它允许用英文编写解题的计算程序,程序中所使用的运算符号和运算式子,都和我们日常用的数学式子差不多,而且用户可不必了解具体的机器就能编写出通用性更强的程序。如 BASIC、FORTRAN、PASCAL、COBOL、JAVA、C 等都是高级语言。

高级语言易于理解、学习和掌握,编写出来的程序比较短,便于推广和交流,是一种很理想的程序设计语言。但是,用高级语言编写的程序必须翻译成机器指令表示的目标程序,计算机才能执行,这样就需要有各种翻译程序,如对 BASIC 要用解释程序(Interpreter),对 FORTRAN、C、COBOL 等要用编译程序(Compiler)。高级语言有许多独特的优点,所以使用极为广泛,特别是 C/C++,允许程序员几乎完全控制程序设计环境和计算机系统,在许多情况下,C/C++ 正在替代汇编语言。

尽管如此,汇编语言在程序设计中仍然担当着重要的角色,如为 PC 写的视频游戏程序几乎只用汇编语言编写。实际上,也只有对计算机的软、硬件了解得十分透彻的高水平人员,才能用汇编语言进行编程。为了更有效地实现机器控制功能,将汇编语言与高级语言进行混合编程,也是一种不错的选择,本书将在第 14 章给出程序设计实例。

5. 操作系统

早期的计算机既无键盘、显示器、磁盘等硬件设备,也无操作系统。用户带着记录有程序和数据的卡片或打过孔的纸带,拨动计算机面板上的开关将程序输入机器运行。随着计算机技术的不断发展,过渡到了多道程序成批地在计算机中自动运行的方式,于是就出现了控制计算机中所有资源(CPU、存储器、输入输出设备及计算机中各种软件),使多道程序能成批地自动运行,且充分发挥各种资源的最大效能的操作系统(Operating System,OS)。

操作系统是当今计算机中不可或缺的重要系统软件,它直接控制和管理计算机系统中的软、硬件资源,合理地组织计算机的工作流程,并为用户提供各种服务功能,使用户能灵活方便和有效地使用计算机。

20 世纪 80 年代,微软公司为 IBM PC 机开发了第一个磁盘操作系统 DOS(Disk Operation System)。DOS 使用字符界面,用户必须由键盘输入命令来执行各个程序。1985 年,微软公司推出了第一个基于图形用户界面的多任务操作系统,称之为 Windows 操作系统。随后推出了多个版本,如 Win 95、Win 98、Win NT、Win XP 等,并不断推陈出新。目前,几乎所有的计算机上都装有 Windows 操作系统。DOS 操作系统已很少使用,但仍有不少应用程序需要在 DOS 环境下运行。因此,Windows 具有兼容 MS-DOS 的能力,用户只要在执行"开始"和"运行"命令后,键入"cmd"命令,就能进入 DOS 命令行,执行 DOS 命令和运行 DOS 环境下的程序。

此外,还有 UNIX 操作系统,它于 1970 年正式在小型机上运行,用汇编语言编写,三年后改用 C 语言编写,具有在不同 CPU 平台上运行的可移植性。之后又开发出了 Linux 操作系统,它是一套可免费使用和自由传播的 UNIX 操作系统,用在 Intel x86 系列的计算机上,由全世界成千上万的程序员设计和实现,能为 PC 机用户提供 UNIX 的全部特性。

1.3 微型计算机结构和系统

随着工业自动化技术、空间技术及军事工业等的迅速发展,迫切需要体积小、重量轻、可靠性高和功耗低的计算机,同时大规模集成电路技术和计算机技术的发展也达到了一定的水平,在 1971 年,世界上第一款 4 位微处理器 Intel 4004 在美国的硅谷诞生,开创了微型计算机的崭新时代。1978 年,Intel 推出了 8086 微处理器,一年多后又推出 8088,这两种 16 位微处理器每秒能执行 250 万条指令。短短几十年,微处理器从 8086 到包括 8088、80186、80286、80386、80486 在内的 80x86、Pentium、PⅡ、PⅢ、P4 等,发展迅猛,数量激增,新机种不断推出,使计算机应用到各行各业,并进入了家庭。深入了解微型计算机的工作原理,让它在各个领域发挥更重要的作用就显得十分重要。

1.3.1 微型计算机基本结构

微型计算机也简称微型机或微机,典型的微型计算机的基本结构框图如图 1.2 所示。

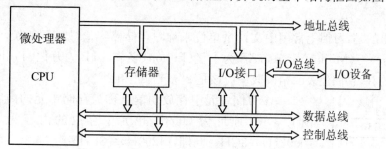

图 1.2 微型计算机基本结构框图

由图 1.2 可以看出,微型计算机主要由微处理器、存储器、I/O 接口、I/O 设备和总线等组成,除增加了 I/O 接口部件和总线外,它与冯·诺依曼结构的计算机没有什么本质上的区别。微型计算机的独特结构主要体现在 CPU 采用被集成在一块芯片上的微处理器,此外,系统中的各部件通过总线相连,所有外设都必须通过 I/O 接口电路才能连到 CPU。下面简单介绍各部件的功能。

1. 微处理器

微处理器是整个微型计算机的中央处理单元(CPU),内部一般包含算术逻辑单元(ALU)、通用寄存器、时序和控制部件以及内部总线。微处理器通过一组总线与存储器以及输入输出接口相连,根据指令提供的控制命令,选择存储器或 I/O 设备,实现对存储器或 I/O 设备的控制。

微处理器主要完成以下工作:控制微处理器与存储器或 I/O 设备之间交换数据;进行算术和逻辑运算等操作;判定和控制程序的流向。虽然这些操作都很基本、很简单,但因微处理器每秒能执行几百万条指令,通过指令组成的程序可以解决非常复杂的问题,从而使计算机系统成为功能强大的设备。

2. 存储器

存储器是用来存放数据和指令的单元,这些内容均用二进制表示。通常每个单元可存放 8 位(1 字节)二进制信息。

为了正确地存放或取得内存单元的信息,需要对每个存储单元编一个号码,这些号码就称为存储器的地址。地址为不带符号的整数,从 0 开始编号,每个单元的号码顺序加 1,加到最大值后又回0。如果CPU有16根地址线$A_{15}\sim A_0$,则可表示的地址范围为$2^{16}=65536$个单元,地址的编号为0～65535或0000～FFFFH。

在计算机中通常以字节(Byte,B)为单位来计量存储器的地址单元数目,也就是存储器的容量,并使用以下这些更大的计量单位:

2^{10}字节=1024 字节=1KB(Kilobyte,千字节)

2^{20}字节=1024KB=1MB(Megabyte,兆字节)

2^{30}字节=1024MB=1GB(Gigabyte,吉字节)

随着存储器的单位面积存储单元数的急剧增加,更大的容量单位开始频繁出现。如TB(2^{10}GB,TeraByte,太字节)、PB(2^{10}TB,PetaByte,拍字节)、EB(2^{10}PB,ExaByte,艾字节)、ZB(2^{10}EB,ZettaByte,泽字节)、YB(2^{10}ZB,YottaByte,尧字节)、BB(2^{10}YB,BrontoByte,布朗多字节)等。

应该指出的是,习惯上常用中文计量单位来称呼存储器容量,如1KB为千(Thousand)字节,1MB为百万(Million)字节,1GB为十亿(Billion)字节,1TB为万亿(Trillion)字节等,其实只是个约数,它们代表的精确数量应该是2^{10}、2^{20}、2^{30}和2^{40}次方。

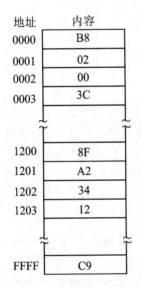

图 1.3 地址和内容

一个存储单元中存放的信息称为存储单元的内容。例如,在图1.3中,地址为0003H单元中存放的内容为3CH,记作:(0003H)=3CH。同理,(1200H)=8FH。

在本书中,用图示方法表示存储器的地址和内容时,除非有特别的说明,否则一般都用十六进制数表示,为简单起见,H通常省略不写。当然,在编写程序时,十六进制数后面的H不能被省略,否则,输入计算机后,机器会把它当成十进制数处理。

后面将要重点介绍的8086 CPU,其字长为16位,既能处理16位也能处理8位数据,当它处理16位数据时,要以字为单位来表示,这样就需要用两个字节单元来存放一个字,并且规定:低字节在前,高字节在后。这样,从1200H单元开始存放的字数据为A28FH,从1202H单元开始存放的字数据为1234H,分别记作:

$(1200H)_字 = A28FH$

$(1202H)_字 = 1234H$

对于32位机来说,要处理的32位数应以4字节或双字为单位来表示,从图1.3中可以看出,1200H单元开始存放的双字数据为1234A28FH。

另外,从图1.3中还可以看出,从0000H单元开始存放的3个字节数据依次为B8H、02H和00H,它可以代表数据,如果这块内存中存放的是一段程序,那么它也可以代表一条"MOV AX,02H"指令。

对存储器的操作有读、写两种方式,读/写操作也称为访问存储器(Memory Access)。其过程为:先根据地址总线送来的信号找到某一存储单元的地址,然后再对它进行读/写操作。

执行读操作指令时,分三步进行:CPU先给出地址,如1200H;根据读指令,CPU从控制总线向存储器发"读"控制命令;选中单元(1200H)的内容(8FH)出现在数据总线上,经数据总线传送到CPU的数据寄存器中。

写操作与读操作相反,也分三步进行:CPU向存储器发地址信号,选中一个存储单元;CPU向存储器发"写"控制命令;CPU的数据寄存器中的内容经数据总线传送到所选中的存储单元中。

存储单元的内容被读出后,原来的内容不会被破坏,只有将新的内容写入该存储单元后,才会将原来的内容覆盖掉。

3. 输入输出设备和接口电路

1) I/O 设备

微型机的输入输出(I/O)都是相对主机而言的,将原始数据和程序传送到计算机中去的过程称为输入,将计算机处理好的数据或结果以人们能识别的各种形式(数字、字母、文字、图形、图像和声音等)送到外部的过程称为输出。

常用的输入设备有:键盘、鼠标、扫描仪、CD-ROM(Compact Disk)、数码相机等。常用的输出设备有:激光打印机、显示终端(Cathode Ray Tub,CRT)、七段发光二极管显示器(Light-Emitting Diode,LED)、液晶显示屏(Liquid Crystal Display,LCD)、扬声器等。此外,对于磁盘和磁带,既可把它们当成存储设备,也可看成是输入输出设备。

这些设备不但种类繁多,而且往往在速度、信号电平上与主机不一致,所以不能直接与计算机相连,而要通过接口电路连到计算机。

2) 接口电路

接口(Interface)电路在主机和外设之间起桥梁作用,它提供数据缓冲驱动、信号电平转换、信息转换、地址译码、定时控制等各种功能。I/O 接口中包含一组称为 I/O 端口(I/O Port)的寄存器,每个端口都有自己的端口地址(端口号),CPU 可直接访问这些端口。

各制造商都有与自己的 CPU 相配套的外设接口芯片,后面章节将主要介绍在 PC 机中使用的与 Intel 80x86 相配套的接口芯片,了解它们的工作原理和编程方法。这些芯片包括 8255A 通用并行 I/O 接口、8253/8254 计数器/定时器、8259A 中断控制器、8251A 串行通信接口及 8237A DMA 控制器。此外,还有用于数据采集的模拟/数字(A/D)转换器和数字/模拟(D/A)转换器。对于 32 位和 64 位的高档机,上述外设接口芯片被集成到了一片或几片复杂的接口电路中。例如,与 386 和 486 PC 机配套的 82350 芯片系列,包含了 82C37A、82C59A 和 82C54 的主要功能。这类芯片中接口电路数量众多,控制功能复杂,使用起来比较困难,但就其基本工作原理来说与独立接口芯片是一样的,端口地址也是向前兼容的,因此,本书仍从比较简单的独立接口芯片入手,来讲解各种接口技术。

4. 总线

从 CPU 和各 I/O 接口芯片的内部各功能电路的连接,到计算机系统内部的各部件间的数据传送和通信,乃至计算机主板与适配器卡的连接以及计算机与外部设备间的连接,都要通过总线来实现。由此形成了各种总线标准,它们是设计计算机部件、I/O 设备甚至计算机软件的依据。我们将在第 12 章详细介绍计算机的各类总线。

按总线中传送的信息,分为地址总线、数据总线和控制总线,如图 1.2 所示。它们将存储器以及各种功能相对独立的 I/O 接口电路与 CPU 连接起来,实现内部各功能模块间的信息传送,构成一台功能完整的计算机。

1) 地址总线(Address Bus)

地址总线用于传送地址信息,它是单向总线,总是由 CPU 指向存储器或 I/O。通过这组总线,CPU可对存储器或I/O端口进行寻址。

地址总线的数目决定了CPU能直接寻址的范围。对于8位CPU,有16根地址总线$A_{15}\sim A_0$,可直接寻址的范围为$2^{16}=65536$个字节单元,即64KB,也就是说,CPU可直接对65536个存储单元进行访问。16位CPU 8086/8088具有20根地址线$A_{19}\sim A_0$,最大可寻址2^{20}个字节单元,即1MB;但进行I/O操作时,只能用低16位地址线寻址,所以总计可访问$2^{16}=64$K个I/O端口。80286有24根地址线,可直接寻址$2^{24}=16$MB;80386有32根地址线,可寻址$2^{32}=4$GB;Pentium以上的CPU有36根地址线,寻址范围高达$2^{36}=64$GB。

2) 数据总线(Data Bus)

用于传送数据信号的总线称为数据总线,数据总线是双向总线,既可以通过它从存储单元或I/O端口读取数据到CPU,也可以将数据从CPU传送到存储单元或I/O端口。

数据总线的多少决定了一台计算机的字长。16位机一次可并行传送16位数据信息,32位机一次可并行传送32位数据信息。8086和8088都是典型的16位CPU,用来构成16位机。但因8088 CPU的内部有16根数据线,外部只有8根,所以称8088为准16位CPU。以80386、80486及Pentium等为CPU的微型计算机都是32位机,现在的主流微型机是64位机。

3) 控制总线(Control Bus)

在微型计算机中,CPU对存储器、外围芯片和I/O接口的控制以及这些芯片对CPU的应答、请求等信号组成的总线称为控制总线,这是内部总线里最复杂、最灵活也是功能最强的一种总线,其数量、种类随机型的差异而各不相同。例如,8086 CPU要从存储器或I/O端口读出数据时,就要向外部发低电平有效的读($\overline{RD}$)信号,如果想向外部写入数据,则要发写($\overline{WR}$)信号。由于CPU访问存储器或与I/O接口打交道时,都是用地址总线来寻找内存单元或I/O端口,为了区分要选中的目标,就要用到一个称为$M/\overline{IO}$的控制信号,访问存储器时,该控制信号为高电平,访问I/O端口时则为低电平。

5. 微处理器的组装形式和应用状况

各个功能部件要以一定形式组装起来,才能构成一台微型计算机。通常可以有下面几种组装形式。

1) 台式计算机

台式机(Desktop PC)通常由主机箱、显示器和一些外设组成,主机箱内装有主板、CPU、内存条、硬盘、显卡、网卡和电源等,配上键盘、鼠标等外设,装上软件后就可以独立运行了,这是目前用得最多的一种计算机。台式机还提供多个USB接口,可以用来连接数码相机、数字摄像机、移动硬盘、手机、扫描仪和打印机等许多具有USB接口的外设。近几年来出现了一体化微型计算机,将主机与显示器集成在一起,形成一个整体,只要将键盘、鼠标和电源等连到显示器上,机器就能工作,它具有体积小、能耗低等优点,但功能没有一般台式机强大。

2) 工作站和服务器

工作站(Workstation)是一种高档的PC机,通常配有高分辨率的大屏幕显示器及容量很大的内部和外部存储器,以个人计算机和分布式网络计算为基础,具备强大的数据运算与图形、图像处理能力以及联网功能,是为满足工程设计、动画制作、科学研究、软件开发、金融管理、信息服务、模拟仿真等专业领域而设计开发的高性能计算机。

· 14 ·

服务器(Server)是一种运行局域网管理软件以控制对网络或网络资源(磁盘驱动器、打印机等)进行访问的计算机,能为网络上的计算机提供资源管理,分为文件、数据库和应用程序服务器。传统的小型、大型和UNIX服务器,采用RISC(精简指令集)或EPIC(并行指令代码)处理器以及UNIX或专用操作系统,稳定性好,性能优越,但价格昂贵。而PC服务器的体系结构与PC机相同,使用Intel或其它兼容x86指令集的处理器和Windows操作系统,其CPU、芯片组、内存、磁盘、网络等硬件的配置比台式PC机高,价格便宜,兼容性好,主要用在中小企业和非关键业务中。

3) 便携式计算机

便携式计算机是手提式计算机(Portable)、笔记本电脑(Notebook)和掌上电脑等的统称,它们与台式机有着类似的结构与功能,将CPU、内存、键盘、硬盘、显示屏和电源等组装在一起,具有体积小、重量轻、省电和携带方便等显著特点。笔记本电脑是其中的主流,超轻、超薄是当前它的主要发展方向。

4) 单片机

单片机又称单片微控制器(Microcontroller),它不是完成某一个逻辑功能的芯片,而是将CPU、存储器和I/O接口电路、定时/计数器、中断控制器等都集成在一块芯片上,有的还将A/D和D/A转换器集成在其中,这样,一块芯片配上必要的外设,就构成了一台具有特定功能的计算机。

单片机最早被用于工业控制领域。它的存储器容量不是很大,I/O接口数量也不多,有时需要扩充,但它可以方便地安装在仪器仪表、智能电器、汽车等设备之中。现代人类生活中几乎每件电子产品,如手机、电话、计算器、家用电器、电子玩具、掌上电脑以及鼠标等电脑配件中,都有1~2个单片机。一辆现代化的轿车上使用了40多个单片机,复杂的工业控制系统上甚至可能有数百个单片机在同时工作。常用的单片机有Intel公司的MCS-51系列8位单片机(8031、8051、8751、89C51)、MCS-96系列16位单片机(8096/8098、8796)、Motorola公司的8位单片机MC6805,Zilog公司的Z-8等。

5) 单板机

单板机(Single-board Computer)是将计算机的各个部分都组装在一块印制电路板上,包括微处理器、存储器、I/O接口,还有小键盘、七段LED显示器、插座等简单的外部设备,一般还会在板上留有可供用户扩展功能(如增加存储容量或I/O接口数量)的空间。管理单板机的监控程序安装在只读存储器EPROM之中。单板机的功能比单片机强,可用来构成简易的生产过程控制系统。

1.3.2 微型计算机系统

由CPU、存储器、磁盘、电源等硬件以及键盘、鼠标、打印机等必要的I/O设备组装成的微型计算机,它的一些重要指标如计算机的字长、内存容量的大小、CPU的运算速度等直接决定了计算机的性能。除了这些硬件外,还必须要有相应软件的配合才能进行工作。微型计算机的硬件和软件合在一起统称为微型计算机系统,其组成如图1.4所示。

在图1.4中,系统软件是为使用和管理计算机而编制的各种软件,它们通常由厂商作为机器产品与硬件系统一起提供给用户,它们并不用来解决具体的应用问题,而是为用户方便使用计算机提供的必要手段。例如，微型计算机必须在 DOS 或 Windows 等操作系统的支持下才能工作，高级语言都要由编译程序翻译成机器指令表示的目标程序才能让计算机执行。对于使用汇编语言的用户来说，用指令序列编写好汇编语言程序后，必须通过文本编辑程序键入计算机中，生成源程序，再经汇编程序翻译成目标文件，经连接程序连接后生成可执行文件，即机器码，才能在计算机上运行。如果运行中出错，可以用调试程序进行排错。

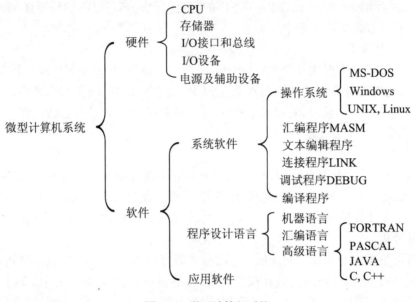

图 1.4 微型计算机系统

应用软件是为某一应用目的而编制的程序，用来解决各种实际问题。软件开发商为用户提供了各种应用软件，例如网络浏览器、搜索引擎、办公自动化、企业管理、交通管理、工程设计、教育娱乐、金融软件等。从事微型计算机应用人员的主要任务，就是要在掌握了必要的计算机硬件和接口设计以及编程技能的基础上，进行各类应用软件的开发，以充分发挥微型计算机的作用。

1.4 微型计算机的发展概况

1.4.1 计算机的发展

1946 年研制成功的第一台电子计算机 ENIAC 是进入电子计算机时代的标志。从此，计算机科学和技术以惊人的速度发展，各种形式的电子计算机不断涌现，从体积、规模和功能上讲，出现了巨型机、大型机、中型机、小型机、微型机、服务器和工作站，它们本身所用的技术以及它们所服务的领域，总是体现着当时的最高科学技术水平。最早，电子计算机的主要任务是数值计算，即进行各种信息处理。此外，还在自动控制、人工智能和计算机辅助系统，包括计算机辅助设计（CAD）、计算机辅助制造（CAM）、计算机辅助工程（CAE）、计算机集成制造系统（CIMS）和计算机辅助教学（CAI）等领域发挥了巨大作用。20 世纪 70 年代微型计算机的诞生,使计算机走进了社会各个领域,甚至步入了千家万户,成为我们身边不可或缺的助手。

学术界通常根据计算机所采用的电子器件将其发展历程分成以下几个阶段:

第一代:电子管计算机(1946年～1957年)。用真空电子管构成运控器,用延迟线或磁芯为内存,以纸带、卡片或磁带为外存,软件只有机器语言或汇编语言,主要用于科学计算。机器体积庞大、耗电多、价格昂贵,ENIAC是其代表机型。

第二代:晶体管计算机(1958年～1964年)。采用晶体管做基本器件,仍以磁芯为内存,以磁带或磁盘为外存,运算速度为几十万次/秒,开始配用高级算法语言,如BASIC、FORTRAN和COBOL,主要用于事务管理和工业控制。代表机型是IBM 7000系列计算机。与第一代相比,有体积小、速度快、能耗少、价格低等显著优点,扩大了计算机的应用领域。

第三代:集成电路计算机(1964年～1972年)。以中、小规模集成电路为基本器件,开始采用半导体存储器做内存,以磁带或磁盘为外存,运算速度达到几十万～几百万次/秒,除了能运行多种高级算法语言外,还配置了操作系统,除用于数值计算外,也开始在管理和控制领域发挥作用。代表机型是IBM System/360。其优点是体积更小、速度更快、能耗更小、寿命更长。从这个阶段开始,计算机的设计和制造领域出现了标准化、通用化和系列化的格局。

第四代:大规模和超大规模集成电路计算机(1972年至今)。从20世纪70年代初开始,大规模和超大规模集成电路(Very Large Scale Integration,VLSI)被应用到计算机设计中,并因此诞生了微处理器,高密度的半导体存储器、大容量磁盘和光盘被广泛采用,计算机的运算速度从几百万次/秒发展到了几百万亿次/秒,科学家已经开始用单位pflops(即每秒千万亿(10^{15})次浮点运算)作为当代计算机的速度单位。计算机在各领域发挥着巨大作用,同时促进了互联网技术和多媒体技术的空前发展,计算机真正开始改变我们的生活。

当前,计算机的发展仍处在VLSI时代,计算机与相关技术的发展趋势概括如下:

研制能实现高性能计算的超级计算机,用于天气预报、天文现象探索、地震机理研究、石油和地质勘探、卫星图像处理、IC设计、药物设计、脑功能研究和军事技术等需要大量科学计算的高科技领域。如我国的"神威·太湖之光"超级计算机包含40960块处理器,每个CPU都含有260个核心和32GB板载内存,达到了每秒9.3亿亿次的持续计算能力,居世界前列。无疑,这将是各发达国家继续着力竞争的一个高科技领域。

基于半导体材料、芯片设计技术和制造工艺等领域的不断创新,微电子技术发展迅速,采用10nm制程工艺的芯片已经问世,如何突破硅材料的物理特性限制,发展新的制程工艺,继续提高芯片的集成度,在不断提高性能的同时,显著减小电子产品的体积与功耗,依然是半导体技术领域的发展趋势。

计算机和网络技术的高速发展,诞生了物联网(Internet of Things)、云计算(Cloud Computing)和互联网+(Internet Plus)等新概念。物联网实现物物相连,涉及网络和多项信息技术的发展。云计算通过互联网将原本要由巨型计算机承担的计算任务分到大量的分布式计算机上,它是多项传统计算机和网络技术发展融合的产物。互联网+则把互联网金融、工业互联网与电子商务等整合为一体,正在形成对传统产业的颠覆。显然,这也促使传统CPU与GPU、DSP、FPGA等处理器深度融合,形成异构多核心处理器,微处理器的发展将跨入 CPU+ 的时代。

当前,我们正在经受人工智能(Artificial Intelligence,AI)浪潮的冲击,这主要得益于计算机技术的高速发展,并受到大数据、机器学习、高速网络、资本市场等多重因素的共同推动,只有 AI 才能为"万物互联"之后的应用问题提供最完美的解决方案,也只有借助于 AI,计算机系统才能履行原本只有依靠人类智慧才能完成的复杂任务。

1.4.2 微型计算机的发展

1. 微型计算机的诞生

1971 年 11 月 15 日,Intel 公司开发成功世界上第一款微处理器 4004,其集成了 2300 只晶体管,字长为 4 位,包含 45 条指令,每秒执行 5 万条指令,被用于 Busicom 计算器的设计。

在 1972、1974 和 1976 年,Intel 又相继推出了 8 位微处理器 8008、8080 和 8085,其它公司也设计出了 Z80(Zilog 公司)、MC6800(Motorola 公司)、MOS 6502(MOS 科技公司)、CDP 1802(RCA 公司)等 CPU。其中的 Intel 8080 微处理器,40 管脚封装,包含 6000 个晶体管,拥有 16 根地址线和 8 根数据线,采用了复杂的指令集,运行于 2MHz 频率,每秒能执行 29 万条指令。

1974 年,罗伯茨采用 Intel 8080 微处理器,设计出了一台专供业余爱好者试验用的计算机 Altair 8800。

1977 年,沃兹尼克采用 6502 微处理器,设计出了世界上第一台真正的个人计算机 AppleⅡ,第二年又为它增加了磁盘驱动器,并由 Apple(苹果)公司形成了 8 位微型计算机产品。

2. 视窗操作系统

谈到微型计算机的发展历程,除了 CPU 的快速发展外,不得不提到个人计算机操作系统的发展。早期的 8 位微型机配置的是 CP/M 操作系统,而 16 位 PC 机则使用 MS-DOS 或 PC-DOS 操作系统。视窗操作系统首先出现在 Apple 的产品中,特别是 20 世纪 90 年代初的苹果电脑 Machintoch 上配置了颇受欢迎的黑白视窗操作系统,但终因价格过高,它未能得以发展。

1983 年底,比尔·盖茨(Bill Gates)领导的微软公司向苹果公司购买了 Apple 的视窗操作系统。1985 年,Windows 1.0 问世,为 16 位 PC 机提供了非常初步的图形用户界面。1985 年,微软公司与 IBM 公司联合为 PS/2 微型机开发了 OS/2 操作系统。此后,微软就转向视窗操作系统的开发,于 1990 年推出 Windows 3.0,1992 年推出 Windows 3.1。1995 年 8 月 Windows 95 发布,把微软推向了计算机软件业的巅峰。接着,微软又推出了 Windows 98(1998 年)、Windows 2000(1999 年)、Windows Me(2000 年)、Windows XP(2001 年)、Windows 2003(2003 年)、Windows Vista(2007 年)、Windows 7(2009 年)、Windows 8.1(2013 年)等台式机视窗操作系统。目前,许多 PC 机已经配置了最新的 Windows 10。

3. 个人计算机的发展历史

微型计算机问世 40 多年来,以 Intel、AMD 等为代表的一大批芯片制造商,为微型计算机提供了数十个品种几百个型号的 CPU,数据宽度从 4 位、8 位、16 位发展到了 32 位和 64 位,一个处理器芯片内包含的 CPU 核心,从单一的核心发展到双核和 4 个、6 个、8 个乃至 10 个等多个核心,工作站的 CPU 最高达到了 18 核,再配合以多线程技术,使基于多核处理器的微型计算机性能明显提高。

下面,我们从 PC 机诞生开始,以 PC 机所用的 CPU 的发展为主线条,概述微型计算机的发展历程。

1) 第一代微型机

1978 年 6 月,Intel 发布了 16 位微处理器 8086,其频率为 5MHz、8MHz 和 10MHz,集成了 2.9 万个晶体管。1 年后又推出准 16 位的 8088。1981 年 8 月,IBM 利用 8088 设计了一款 IBM 5150 微型机,主频 4.77MHz,主机板上配置了 64KB 存储器,另有 5 个插槽供增加内存或连接其它外部设备用,此外,还装备了 CRT 显示器、键盘和两个软盘驱动器,采用微软的 DOS 1.0 操作系统。IBM 称它为 PC,即个人计算机,不久"PC"便成了个人计算机的代名词。

1983 年春季,IBM 又推出了 PC 的改进型 PC/XT,仍采用 8088,可以加插 8087 协处理器,配置了 1 个软驱和 10MB 硬盘,128KB 内存,可扩展到 640KB,安装了 DOS 2.0 操作系统,首次采用目录和目录树结构来管理磁盘文件。PC 机以其价格优势而广受欢迎,并随之出现了许多 PC 兼容机。

2) 第二代微型机

1982 年 2 月,16 位的 Intel 80286 微处理器发布,频率达 20MHz,增加了保护模式,有 24 根地址线,可访问 16MB 内存,支持 1GB 以上的虚拟内存,每秒执行 270 万条指令,集成了 13.4 万个晶体管。1985 年,IBM 采用 80286 为 CPU,推出了第二代微型机 PC/AT。它引入了标准的 16 位 ISA 总线,其数据处理和存储管理能力都大大提高。长期以来,PC/AT 都是计算机工业界的实际标准。

3) 第三代微型机

1985 年 10 月,Intel 推出 32 位 80386 DX 微处理器。它集成了 27.5 万个晶体管,时钟频率达到 33MHz,32 根地址总线可寻址 4GB 内存,还首次使用了外置式的高速缓冲存储器(Cache),速度 600 万条指令/秒。除支持实模式和保护模式外,它还支持"虚拟 86"工作模式,可以模拟多个 8086 来提供多任务能力。接着,又推出了与 80286 兼容的 386SX、低功耗的 386DL 以及 80387 协处理器等芯片。与此同时,Microsoft 发布了 Windows 操作系统,CD-ROM 技术也问世了。基于这些技术进展,采用 386 系列芯片设计的 32 位 PC 机呈现出强大的运算能力,PC 机的应用扩展到很多领域,如商业办公、工程设计、数值计算、数据中心和个人娱乐领域。

4) 第四代微型机

1989 年 4 月,32 位的 80486 DX 微处理器发布。它集成了 120 万个晶体管,时钟频率最高到 100MHz,内部包含 80387 和一个 8KB 的 Cache,首次采用了 RISC(精简指令集计算)技术,可以在一个时钟周期内执行一条指令。它还采用了突发总线方式,大大提高了 CPU 与内存的数据交换速度。同年,万维网(World Wide Web,WWW)在欧洲诞生,声卡(Sound Blaster Card)发布。第二年,Windows 3.0 推出,第一代多媒体个人电脑(MPC)标准发布。这时,基于 ISA 总线、具有多媒体功能的 486 微型机成为了计算机市场的宠儿。

5) 第五代微型机

1993 年 Intel 推出了微处理器 Pentium(奔腾),即拉丁文 5,习惯称 586。它包含 310 万个晶体管,频率高达 200MHz,内置 16KB 的一级缓存,并首次引入了超频(Over Clock)技术,使系统能运行在更高的频率,每秒能执行1亿条指令。类似的芯片还有AMD公司的K5、Cyrix公司的6x86。1997年Intel推出了多功能的Pentium MMX处理器,游戏和多媒体处理能力提高了近60%。配置了微软32位多任务Windows 95操作系统的奔腾微型机,是当时颇受用户欢迎的机型。

6) 第六代微型机

从1998年开始的5年时间里,各芯片制造商开发了一大批32位微处理器,被广泛应用在高档台式机、笔记本电脑、工作站和服务器中。例如,Intel公司的PⅡ、Celeron、PⅢ、P4,AMD的K6、Athlon XP等。它们在制造工艺、两级Cache、SSE(SIMD流技术扩展)和SSE2指令集、前端总线频率、超频技术、CPU的散热措施等多个方面都比586有明显的改进。

7) 第七代微型机

2003年9月,AMD公司首先发布了面向台式机的64位处理器Athlon 64和64 FX。而Intel在尝试了新的IA-64架构失败后,研发成了扩展64位内存技术EM64T架构,并用到了P4 6xx和P4 EE等系列的64位处理器设计中,随后又推出了一批针对手提电脑、工作站和服务器的64位CPU,这标志着64位微型机时代的到来。

8) 第八代微型机

2005年6月,Intel和AMD相继推出了台式机的双核心处理器。2006年,Intel和AMD都发布了4核心处理器,微型机的发展进入了多核心时代。十多年来,这项技术发展迅猛,Intel已成功推出了8代多核处理器芯片。2018年10月,Intel又公布了i9-9900K等一组基于14nm工艺的第9代多核处理器,8核16线程。不久,它们将与Z390芯片组结合,形成一批全新的笔记本电脑产品。

习　题

1. 将下列二进制数转换成十进制数。
 (1) 11001010B (2) 00111101B
 (3) 01001101B (4) 10100100B

2. 将下列十六进制数转换成十进制数。
 (1) 12CH (2) 0FFH
 (3) 3A8DH (4) 5BEH

3. 将下列十进制数分别转换成二进制数和十六进制数。
 (1) 25 (2) 76
 (3) 128 (4) 134

4. 求出下列十进制数的BCD码。
 (1) 327 (2) 1256

5. 将英文单词About和数字95转换成ASCII码字符串。(参考附录A。)

6. 求出下列十进制数的原码、反码和补码。
 (1) +42 (2) +85
 (3) -42 (4) -85

7. 冯·诺依曼结构的计算机由哪几部分组成? 大致是如何工作的?

8. 计算机的硬件和软件分别指什么？

9. 什么是机器语言、汇编语言和高级语言？

10. 画出微型计算机的基本结构框图，说明各部分的主要功能是什么。

11. 微型计算机系统由哪些部分组成？

12. 说明下列名称的英文全称和中文含义。

(1) ALU (2) CPU

(3) PC (4) DOS

13. 8086和80386各有多少根地址总线？可直接寻址的内存空间各是多少？它们的数据总线各有多少根？

第 2 章 微处理器的结构和工作模式

Intel 微处理器从 8086 发展到 80x86，再到 Pentinm 系列，它们的体系结构并无根本变化，指令系统从 8086 指令集扩展到了 x86 指令集，之后又增加了 MMX、SSE 等多媒体扩展指令集，从程序设计的角度看，Intel 微处理器的指令系统是向前兼容的。由于 8086 处理器结构简单，工作原理易于理解，所以本章先从 8086 入手，比较详细地讲述其内部结构、工作过程以及外部引脚、存储器组织和工作模式等，然后简要介绍 32 位微处理器的基本结构和工作模式。至于 32 位 CPU 的工作原理，将在第 13 章详细讲述。

2.1 8086 CPU 的内部结构和存储器组织

8086 CPU 外部具有 16 根数据总线，可并行传送 16 位数据信息；它具有 20 根地址总线，能直接寻址 $2^{20}=1MB$ 内存空间；用低 16 位地址线访问 I/O 端口，可访问 $2^{16}=64K$ 个 I/O 端口。Intel 公司在推出 16 位 8086 CPU 之后不久，又推出了准 16 位的 8088 CPU。8088 的结构和功能与 8086 基本相同，但它的外部数据总线只有 8 位，以兼容 Intel 公司已有的一整套 8 位外设接口芯片。

2.1.1 8086 CPU 内部结构及工作过程

1. 8086 CPU 内部结构

8086 CPU 内部结构框图如图 2.1 所示。它由总线接口单元(Bus Interface Unit，BIU)和指令执行单元(Execution Unit，EU)两大部分组成。

总线接口部件 BIU 是 8086 CPU 与外部存储器及 I/O 端口之间交换数据的接口电路，它负责从内存指定单元中取出指令，送到 6 字节指令队列中排队，等待执行。执行指令时所需的操作数，也可由 BIU 从指定的内存单元或 I/O 端口中获取，再送到 EU 去执行。执行完指令后，也可通过 BIU 将数据传送到内存或 I/O 端口中。

执行单元 EU 负责执行指令。它从 BIU 的指令队列中取出指令，送到 EU 控制器，经译码分析后执行指令。EU 的算术逻辑单元(ALU)完成各种运算。

8088 的内部结构与 8086 基本相同，不同之处在于：8086 的指令队列为 6 字节，8088 的为 4 字节；8086 BIU 的外部数据总线为 16 位，而 8088 为 8 位。

2. 8086 CPU 的工作过程

8086 CPU 的工作过程大致分为以下几步：

(1) 先执行读存储器操作。根据 BIU 中的现行段地址寄存器 CS 和指令指针寄存器 IP 的值，在地址加法器Σ中形成 20 位物理地址(其值为 CS×16+IP)，通过地址总线送到存储器，指向指定的内存单元，再通过总线控制逻辑电路发出存储器读命令，从给定的地址单元中取出指令,送到先进先出的指令队列中等待执行。

(2) 执行单元 EU 从指令队列中取走指令,经 EU 控制器进行译码分析后,向各部件发控制命令,以完成执行指令的操作。此时 EU 不需要使用外部总线,BIU 可将多达 6 字节的后续指令送到指令队列,将指令队列填满。

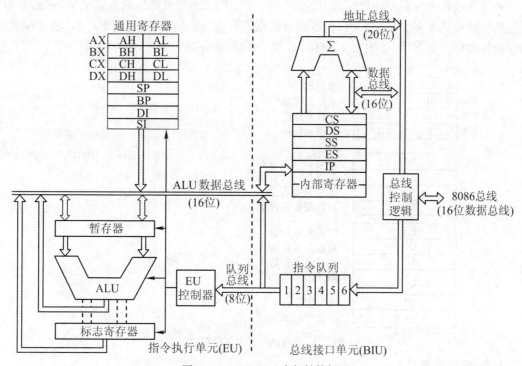

图 2.1　8086 CPU 内部结构框图

(3) 当指令队列已满,执行单元 EU 在执行指令,未向总线接口单元 BIU 申请读/写存储器或 I/O 操作时,BIU 就处于空闲状态。

(4) 在指令的执行过程中,若需要对存储器或 I/O 端口进行存取数据的操作,EU 就要求 BIU 去完成相应的总线周期。例如,EU 执行到从存储单元中读出一个数据的指令时,它就将操作数的偏移地址,通过内部 16 位数据总线送到 BIU,与 BIU 中的段地址一起,通过地址加法器Σ形成存储单元的物理地址,再从指定的存储器中取出数据送到 EU,EU 控制器根据指令要求,向内部发控制命令,完成存储器读总线周期。

(5) 在指令的执行过程中,如遇到跳转指令 JMP 或过程调用指令 CALL,须将指令队列中的内容作废,按指令中指定的新的转移地址取指令。

(6) 算术逻辑部件 ALU 完成算术运算、逻辑运算或移位等操作。参加运算的操作数可以从外部的存储器或 I/O 端口获得,也可以从 EU 内部的寄存器等获取。运算结果由 EU 的内部总线送到 EU 或 BIU 的寄存器中,也可由 BIU 写入存储器或 I/O 端口,本次操作的状态(如是否有进位等)反映在标志寄存器 FLAGS 中。

在 8086 CPU 中,由于 BIU 和 EU 是分开的,所以取指令和执行指令(JMP、CALL 指令除外)可以重叠进行,这种重叠的操作技术称为流水线(Pipeline),利用这种技术可以提高程序的运行速度,在 80x86 系列的微处理器中得到了广泛的使用。在高档微处理器中有多条流水线,使微处理器的许多内部操作并行进行,从而大大提高了处理器的工作速度。

2.1.2 8086 CPU 内部寄存器

由 8086 CPU 的内部结构框图可知,CPU 内部设置了许多寄存器(Register),它可以用来存放运算过程中所需要的操作数、操作数的地址、中间结果及最后的运算结果,它的存取速度比存储器快许多。8086 CPU 内部包含数据寄存器、地址指针和变址寄存器、段寄存器、指令指针和标志寄存器,如图 2.2 所示。8088 的内部寄存器与 8086 完全一样。

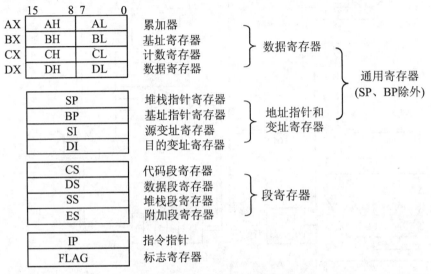

图 2.2 8086 CPU 内部寄存器

1. 数据寄存器

8086 内部有 4 个 16 位的数据寄存器 AX、BX、CX 和 DX,用来存放 16 位数据信息或地址信息;也可分成 8 个 8 位寄存器来使用,低 8 位寄存器为 AL、BL、CL 和 DL,高 8 位为 AH、BH、CH 和 DH,它们只能用来存放 8 位数据,不能用来存放地址信息。这些通用寄存器也可以有专门的用途。例如:

AX 为累加器(Accumulator),它是编程中用得最多、最频繁的寄存器。AX、AH 和 AL 在乘、除法等操作中有专门用途。

BX(Base)为基地址指针,可用来存放偏移地址。

CX(Count)为计数寄存器,在循环操作时作计数器用,用于控制循环程序的执行次数。

DX(Data)为数据寄存器,在乘、除法及 I/O 端口操作时有专门用途。

有关寄存器的专门用途在讲述指令时再详细介绍。

2. 地址指针和变址寄存器

SP、BP、SI、DI 这组地址指针和变址寄存器加上基址寄存器 BX,可与段寄存器配合使用,一起构成内存的物理地址。利用这些寄存器存放段内地址的偏移量(Offset),可进行灵活寻址,主要在堆栈操作、字符串操作和访问存储器操作时使用。

堆栈指针 SP(Stack Pointer)和基址指针 BP(Base Pointer)可以与堆栈段 SS(Stack Segment)寄存器联合使用,用于设置或访问堆栈段。

源变址寄存器 SI(Source Index)和目的变址寄存器 DI(Destination Index)具有通用寄存器的功能,通过 SI、DI 以及基址寄存器 BX,可以在内存中灵活寻找存储器操作数。此外,在字符串运算中,SI 寄存器用来指示数据段中一个源串操作数的位置,而 DI 寄存器则用来指出一个目的操作数的位置。SI 与数据段寄存器 DS(Data Segment)配合,指向源串首地址,DI 与附加段寄存器 ES(Extra Segment)配合,指向目的串首地址,这样就可以实现由 DS:SI 指向的源串数据传送到以 ES:DI 指向的目的串去的操作。

3. 段寄存器

8086/8088 CPU 可直接寻址 1MB 的存储空间,需要 20 位地址信息,但 CPU 内部寄存器都是 16 位的,只能寻址 64KB 空间,因此采用分段(Segment)技术来解决,用一组段寄存器将 1MB 存储空间分成若干逻辑段,每段长度为 64KB,这些逻辑段可以随意设置,在整个存储空间中任意浮动。

8086/8088 CPU 内部设置了 4 个 16 位的段寄存器,它们是代码段寄存器 CS、数据段寄存器 DS、堆栈段寄存器 SS 和附加段寄存器 ES,用来存放各段起始地址的高 16 位值,称为段基地址或段基址。段基地址与段内偏移地址 Offset 组合起来就可形成 20 位物理地址。

4. 指令指针

指令指针 IP(Instruction Pointer)用来存放将要执行的下一条指令在现行代码段中的偏移地址,它和 CS 一起,形成将要取出指令的物理地址。也就是说,下一条将要取出来执行的指令的地址由 CS:IP 决定。8086 的一条指令可由 1~6 字节组成。程序运行时,每当 CPU 从代码段中取出一个字节的指令代码后,IP 就自动加 1,指向要取指令的下一字节的地址。用户程序不能对 IP 进行存取操作,只能由 BIU 自动修改。

5. 标志寄存器

标志寄存器 FLAGS 设置了 9 个标志位,其中 6 个为状态标志 CF、PF、AF、ZF、SF 和 OF,它们用来表示指令执行后的结果或状态特征,根据这些特征,可由转移指令控制程序的走向;另外 3 个为控制标志 TF、IF 和 DF,它们可以根据需要,用程序进行设置或清除。FLAGS 寄存器的格式如下图所示。

15				11	10	9	8	7	6		4		2		0
				OF	DF	IF	TF	SF	ZF		AF		PF		CF

- 进位标志 CF(Carry Flag) 进行算术加减运算时,最高位向前一位产生进位或借位时,CF=1,否则 CF=0,只有在两个无符号数进行加减运算时,CF 标志才有意义;移位操作也将影响 CF 标志;执行 STC 指令可使 CF 置 1,CLC 指令使 CF 清 0,CMC 指令使 CF 标志取反。
- 奇偶校验标志 PF(Parity Flag) PF 标志也称为偶标志。若本次运算结果低 8 位有偶数个 1(如 01101010B),则 PF=1,否则 PF=0。
- 辅助进位标志 AF(Auxiliary Flag) AF 标志也称为半进位标志。在 8 位加减运算中,若低 4 位向高 4 位有进位或借位,就使 AF=1,否则 AF=0,这个标志只有在 BCD 数运算时才有意义。当 AF=1 时,要对运算结果进行修正。执行加法调整指令 DAA 或减法调整指令 DAS 时,会自动测试 AF 标志,对 BCD 码加法或减法运算结果进行调整。

例 2.1 设 AL=BCD 数 14,BL=BCD 数 9,用减法指令求两数之差。运算过程如下:

```
    0001  0100    BCD 14
  - 0000  1001    BCD 9
    0000  1011    低4位>9，不正确，AF=1
  - 0000  0110    减6调整（用DAS指令）
    0000  0101    结果为5，正确
```

减法运算过程中，低 4 位向高 4 位有借位，AF＝1，说明结果不正确，需用减法调整指令 DAS 进行"减 6"调整。这是因为低半字节向高半字节借了个"1"，对 BCD 数来说，它等于 10，而计算机把它当成 16 了，因此要进行减去 6 的调整，才能得到正确的结果。BCD 数进行加法运算时，需执行加法调整指令 DAA，在 AF＝1 时能自动进行"加 6"调整运算。

- 零标志 ZF(Zero Flag) 若运算结果为 0，则 ZF＝1，否则 ZF＝0。ZF 标志常用来判断两个数是否相等，若两数相等，相减后 ZF＝1，若不等则 ZF＝0。
- 符号标志 SF(Sign Flag) 它也称为负标志。若运算结果最高位为 1，则 SF＝1，表示该数为负数，否则 SF＝0，表示该数为正数。
- 溢出标志 OF(Overflow Flag) 当带符号数进行运算时，如果运算结果超出了机器所能表示的范围，运算结果是错误的，就称为溢出，这时 OF 标志置 1，否则 OF 标志清 0。对于字节数据，运算结果的范围为－128～＋127，字数据的范围为－32768～＋32767。OF 标志也只有在带符号数之间运算时才有意义。下面举例说明运算结果对各标志位的影响。

例 2.2 两个带符号数(＋105 和＋50)相加，105＋50＝155，用下式表示：

```
    0110  1001    +105
  + 0011  0010    +50
    1001  1011    -101
```

运算后各标志位状态如下：

　　CF＝0，无进位

　　PF＝0，结果有奇数个 1

　　AF＝0，无半进位

　　ZF＝0，结果非 0

　　SF＝1，运算结果为负数

　　OF＝1，溢出

从上面的运算结果可以看出，SF＝1，表示运算结果为负数。两个正数相加，结果变成了负数，这当然是错误的，所以 OF 置 1，这是因为运算结果为 155，超出了 8 位二进制数所能表示的带符号数的范围，数据位占据了符号位，这就产生了错误。

如果把参加运算的数当成无符号数，则不考虑 SF 和 OF 标志，运算结果为 155，是正确的。假如两个无符号数相加后 CF＝1，则这个向高位的进位也应算作结果而不能丢掉。

下面再举一个例子来说明溢出与自然丢失之间的区别。

例 2.3 利用加法指令，求两个负数(－50)和(－5)之和，运算过程如下：

```
      1100  1110    [-50]补
   +  1111  1011    [-5]补
    1 1100  1001    [-55]补
```

运算结果为:两数之和为-55,SF＝1(负数),OF＝0(无溢出),结果正确。虽然 CF＝1（低 8 位向高 8 位有进位),但它会"自然丢失",带符号数相加时,判断 CF 标志是否为 1 是没有意义的。到底什么情况下使 OF 标志置 1,计算机会自动判断。实际编程时,8 位寄存器或存储器不够用时,可用 16 位运算,数字较大时还可采用双字运算。

到底什么数是正数、负数、带符号数、无符号数和 BCD 数呢? 这是由编程人员确定的。如果你把参加运算的数当成带符号数,则数有正、负之分,运算后可去查 SF、OF 标志;如果把数当成无符号数,运算后就去查 CF 标志;如果把数当成 BCD 数,运算后就去查 AF 标志;不管参加运算的数是什么类型,都可查 ZF、PF 标志。

下面接着介绍 3 个控制标志的含义。

• 陷阱标志 TF(Trap Flag)　　TF 也称为单步标志,它是为调试程序提供方便而设置的。若 TF 置 1,则使 CPU 处于单步工作方式,每执行完一条指令,自动产生一次单步中断,将寄存器、存储器等内容等显示在屏幕上,用户可查看本条指令执行后的结果,以便逐条检查指令执行结果。若 TF＝0,则程序正常运行。

• 中断标志 IF(Interrupt Flag)　　IF＝1 时,允许 CPU 响应可屏蔽中断,IF＝0 时,禁止响应可屏蔽中断。执行 STI 指令可使 IF 置 1,CLI 指令使 IF 清 0。

• 方向标志 DF(Direction Flag)　　它用于控制字符串操作指令中地址指针变化的方向。若 DF＝0,串操作从低地址向高地址方向进行,每次操作后使地址指针 SI、DI 自动递增;若 DF＝1,则串操作从高地址向低地址方向进行,SI、DI 自动递减。执行 CLD 指令可使 DF 清 0,STD 指令使 DF 置 1。

2.1.3　8086/8088 CPU 的引脚功能

8086/8088 外部均采用 40 引脚的双列直插式(Dual-In-line Package,DIP)封装,它们的引脚信号如图 2.3 所示。

8086/8088 可工作于两种模式:最小模式和最大模式。当 $MN/\overline{MX}=1$ 时,工作于最小模式,$MN/\overline{MX}=0$ 时工作于最大模式。图 2.3 中,部分引脚信号有两种意义,带括号的为最大模式信号,不带括号的为最小模式信号。引脚信号线上的箭头指出了数据传送的方向,信号上加横杠表示低电平有效。

1. $AD_{15} \sim AD_0$ (Address Data Bus)

地址/数据总线,双向、三态、分时复用信号。由于 8086 CPU 只有 40 个引脚,要实现 20 位地址、16 位数据及众多控制信号、状态信号等的传输,引脚信号线不够用,所以要采用分时复用技术(Time-share multiplexing Technology)。在 CPU 外部,地址/数据线合用一组引脚,在内部则采用多路开关在时间上加以区分。CPU 访问内存或 I/O 设备时,先从 AD 线上给出地址信号,并将地址信号用锁存器锁存起来,再在 AD 线上传送数据,这样就从时间上把地址/数据信号分开了。对于 8088 CPU,只需传送 8 位数据,所以只有 $AD_7 \sim AD_0$ 为地址/数据线,$A_{15} \sim A_8$ 只用来传送地址信息。

2. $A_{19}/S_6 \sim A_{16}/S_3$ (Address/Status)

地址/状态线,先传送高 4 位地址 $A_{19} \sim A_{16}$,后传送状态信号 $S_6 \sim S_3$。在存储器或 I/O 操作时,一般分为 $T_1 \sim T_4$ 共 4 个周期(或状态)。在 T_1 周期,这 4 根线作高 4 位地址 $A_{19} \sim$

A_{16}用,存储器操作时需要锁存,在 I/O 操作时,高 4 位无效,仅用 $A_{15} \sim A_0$ 寻址。在 $T_2 \sim T_4$ 周期,它们作状态信号 $S_6 \sim S_3$ 用。其中 S_6 总是低电平;$S_5 = 1$ 时允许可屏蔽中断,$S_5 = 0$ 时禁止该中断;$S_4 S_3$ 用来指出当前在访问哪个段寄存器,当它们等于 00、01、10 和 11 时,分别表示当前正在使用 ES、SS、CS 和 DS 寄存器。

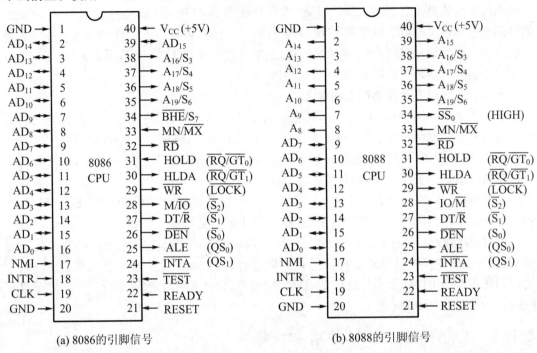

图 2.3　8086/8088 的引脚信号

3. $\overline{RD}$(Read)

读控制信号。当它为低电平时,允许 CPU 从存储器或 I/O 端口读出数据。

4. $\overline{WR}$(Write)

写信号,低电平有效。该信号有效时,允许 CPU 对存储器或 I/O 端口进行写入操作。

5. M/$\overline{IO}$(Memory/Input and Output)

存储器或 I/O 端口控制信号。由 CPU 输出,当它为高电平时,表示 CPU 正在访问存储器;当它为低电平时,CPU 在访问 I/O 端口。8088 中该引脚为 IO/$\overline{M}$,当它为高电平时,表示 CPU 在访问 I/O 端口,低电平时访问存储器。

6. CLK

时钟信号。由外部时钟产生器 8284A 产生所需的时钟信号,为 CPU 及 8288 总线控制器提供基本的定时脉冲。8086 的时钟信号为 5MHz,8086-1 和 8086-2 分别用 10MHz 和 8MHz。

7. RESET

复位信号,高电平有效,至少要维持 4 个时钟周期。复位后,CPU 立刻停止当前所有的操作,总线无效;使 DS、ES、SS、FLAGS、IF 清 0,CS:IP=FFFF:0000H;使指令队列变空,禁止中断。复位结束后,CPU 执行重启动过程,转到 FFFF0H 处执行指令,可在该处安排一条

JMP 指令,转到系统初始化程序。

与中断有关的信号有 INTR、NMI、$\overline{\text{INTA}}$。

8. INTR(Interrupt Request)

可屏蔽中断请求信号,高电平有效。当 INTR＝1 时,表示外设向 CPU 提出了中断请求,若标志寄存器的 IF＝1,则 CPU 暂停执行下条指令,转入中断响应周期,去执行中断服务程序;若 IF＝0,则不能响应中断。CPU 在执行每条指令的最后一个时钟周期都要对 INTR 信号进行测试,检查是否有中断请求。

9. NMI(Non-Maskable Interrupt)

不可屏蔽中断请求信号,上升沿触发。这类中断不能用软件屏蔽,也不受 IF 标志的影响,CPU 一旦测试到 NMI 引脚上有正跳变信号,则执行完当前指令后,即转入类型为 2 的不可屏蔽中断处理程序去执行。

10. $\overline{\text{INTA}}$(Interrupt Acknowledge)

中断响应信号,低电平有效。它是在 CPU 响应外部可屏蔽中断请求后,向外设发出的回答信号。

11. HOLD(Hold Request)和 HLDA(Hold Acknowledge)

总线保持请求和总线保持响应信号,这两个信号在 DMA 操作时使用。

12. ALE(Address Latch Enable)

地址锁存允许信号,高电平有效,用作地址锁存器的控制信号。在 T_1 周期,ALE 有效,$AD_{15} \sim AD_0$ 上传送的是地址信号,在 ALE 的下降沿将地址信息锁存,在后续周期中,地址/数据线上可传送数据信号,实现了地址/数据信号的分离。

13. DT/$\overline{\text{R}}$(Data Transmit/Receive)

数据发送/接收信号,用来控制数据收发器(缓冲器)传送数据的方向。当 DT/$\overline{\text{R}}$＝1 时,CPU 向外部发送数据,执行写操作;当 DT/$\overline{\text{R}}$＝0 时,CPU 接收外部传送过来的数据,执行读操作。

14. $\overline{\text{DEN}}$(Data Enable)

数据允许信号,它是数据收发器的控制信号,$\overline{\text{DEN}}$＝0 时才允许 CPU 发送或接收数据。

15. READY

准备就绪信号。它是由被访问的存储器或 I/O 端口发给 CPU 的响应信号,若该信号为 0,表示被访问的存储器或 I/O 端口还未准备好,CPU 采集到后,在 T_3 周期结束后自动插入等待周期 Tw,直至 READY 信号变 1 后,表示已准备好,才进入 T_4 周期,完成数据传送的过程。

16. $\overline{\text{TEST}}$

测试信号。在多处理器系统中执行 WAIT 指令时进行测试,若 $\overline{\text{TEST}}$＝0,则 WAIT 指令相当于一条 NOP 空操作指令,执行完此指令后程序继续往下运行。若 $\overline{\text{TEST}}$＝1,CPU 将停止取下条指令而进入等待状态,重复测试 $\overline{\text{TEST}}$ 引脚,直至它变成 0 为止。

最小模式/最大模式复用信号有 QS_1 和 QS_0、$\overline{S_2} \sim \overline{S_0}$、$\overline{\text{LOCK}}$、$\overline{\text{RQ}}/\overline{\text{GT}_1}$ 和 $\overline{\text{RQ}}/\overline{\text{GT}_0}$。

从图 2.3 可以看到,24～31 引脚为最小/最大模式复用信号,对于 8088 来说,34 引脚也是复用信号。最小模式信号上面已介绍过了,下面介绍带括号的最大模式信号。

17. QS_1、QS_0(Instruction Queue Status)

指令队列状态信号,用来指示 CPU 中指令队列的当前状态。当 QS_1、QS_0 等于 00、01、

10 和 11 时，分别表示无操作、从指令队列中取出第一个字节、队列已空和从指令队列中取出后续字节。

18. $\overline{S_2} \sim \overline{S_0}$ (Bus Cycle Status)

总线周期状态信号。CPU 将这组信号传送给 8288 总线控制器，经 8288 译码后产生 CPU 的总线类型信号，如表 2.1 所示。

表 2.1 $\overline{S_2} \sim \overline{S_0}$ 组合产生的总线周期类型

$\overline{S_2}$	$\overline{S_1}$	$\overline{S_0}$	指令队列状态
0	0	0	中断响应信号
0	0	1	读 I/O 端口
0	1	0	写 I/O 端口
0	1	1	暂停（HALT）
1	0	0	取指
1	0	1	读存储器
1	1	0	写存储器
1	1	1	无总线周期

19. $\overline{LOCK}$

总线封锁信号。$\overline{LOCK}$ 为低电平时，CPU 不允许其它主控者（如 DMA）获得对总线的控制权，该信号可以采用在指令前加前缀 LOCK 的方法来设置。在带 LOCK 前缀的后面一条指令执行期间，$\overline{LOCK}$ 有效，封锁总线，此条指令执行完后，$\overline{LOCK}$ 被撤销。

20. $\overline{RQ}/\overline{GT_1}$、$\overline{RQ}/\overline{GT_0}$ (Request/Grant)

总线请求信号输入/总线请求允许信号输出。这两个信号可供 8086/8088 CPU 以外的处理器向 CPU 发送使用总线的请求信号 $\overline{RQ}$ 和接收 CPU 对总线请求信号的回答信号。它们都是双向信号，低电平有效。总线请求和允许信号在同一引线上传送，但方向相反。其中 $\overline{RQ}/\overline{GT0}$ 比 $\overline{RQ}/\overline{GT1}$ 的优先级高。

21. $\overline{BHE}/S_7$ (Bus High Enable/Status)

高 8 位总线允许/状态信号，它用在 8086 中。当它为低电平时，在读/写操作期间，高 8 位数据总线 $D_{15} \sim D_8$ 有效。状态位 S_7 始终为逻辑 1。

22. $\overline{SS_0}$ (HIGH)

对于 8088 来说，该引脚也是最小模式/最大模式复用信号。在最小模式下，$\overline{SS_0}$ 相当于最大模式下的 $\overline{S_0}$ 信号，IO/$\overline{M}$、DT/$\overline{R}$、$\overline{SS_0}$ 组合产生的总线类型与 $\overline{S_2} \sim \overline{S_0}$ 组合产生的信号一样，见表 2.1。工作于最大模式时，它始终为逻辑 1。

23. MN/$\overline{MX}$ (Minimum/Maximum)

最小/最大模式选择信号。当 MN/$\overline{MX}$ 接 +5V 时，CPU 工作于最小模式，CPU 组成一个单处理器系统，由 CPU 提供所有总线控制信号。当 MN/$\overline{MX}$ 接地时，CPU 工作于最大模式，CPU 的 $\overline{S_2} \sim \overline{S_0}$ 信号输出到 8288 总线控制器，产生总线控制信号，以支持构成多处理器系统。

24. V_{cc} 和 GND

V_{cc} 为电源输入，它为 CPU 提供 +5V 工作电源。GND 是接地引脚，8086/8088 有两个引脚均标为地,为保证正常工作,两者必须都接地。

2.1.4 8086 的存储器组织

8086/8088 CPU 只能工作于实模式,只允许 CPU 在 1MB 范围内对存储器进行存取操作,DOS 操作系统也要求微处理器工作于实模式。而 80286 及以上的微处理器可工作于实模式或保护模式,工作于保护模式时,允许直接寻址 $2^{24}=16\text{MB}$(对 80286 CPU)或 $2^{32}=4\text{GB}$(对 80386 CPU 以上)的内存空间。在实模式操作时,为 8086/8088 设计的只含 1MB 存储器的应用软件,不用修改就可在 80286 及更高型号的处理器中运行。

1. 段地址和偏移地址

1) 段地址和偏移地址组合成物理地址

8086/8088 CPU 具有 20 根地址总线,可直接寻址的内存空间为 $2^{20}=1\text{MB}$ 字节单元,地址范围为 00000~FFFFFH,每个单元有一个绝对地址,称为物理地址,CPU 访问这些存储单元时,必须先确定其物理地址,才能对该单元进行存取操作。

怎样来表示这些地址呢?最简单的做法是:用 20 位寄存器直接来表示这些地址。但由于 8086 CPU 内部都是 16 位寄存器,如果用 20 位寄存器表示地址,16 位寄存器保存数据,就会大大增加计算机设计的复杂性,也容易造成混乱,显然是不可取的。8086/8088 CPU 的设计者们采用了一种巧妙的办法,用两个 16 位的寄存器来形成一个 20 位的地址。他们把 1MB 内存空间分成一个个逻辑段,每个逻辑段的长度最大是 $2^{16}=64\text{KB}$ 字节,段内地址是连续的。各个逻辑段相互是独立的,它们可以连续排列,也可以部分重叠或完全重叠。20 位的物理地址由两个寄存器组合而成,第一个寄存器中包含的地址叫做段地址或段基地址,第二个寄存器包含地址的另一部分,称为偏移地址或偏移量,表示的形式为段地址:偏移量,这种地址也称为逻辑地址。段地址和偏移量都用十六进制数表示,为简单起见,本书中段地址后的 H 省略不写。在形成 20 位物理地址时,段寄存器中的 16 位数自动左移 4 位,使最低 4 位一定是 0,然后与 16 位偏移量相加,形成 20 位物理地址。也就是说用段地址和偏移地址组合的方式来形成物理地址,这个工作由 CPU 的总线接口部件 BIU 的地址加法器Σ来完成。

设段地址:偏移地址=1234:0025H,形成 20 位物理地址的过程如图 2.4 所示。图中,方框中的数字为十六进制数,方框下标出的数字为二进制数位的序号。先将第一个寄存器中的段基地址 1234H 左移 4 位(1 个十六进制位),相当于将其内容乘以 16,得到 12340H;然后将它与第二个寄存器中的偏移量 0025H 相加,得到最终的物理地址 12365H。

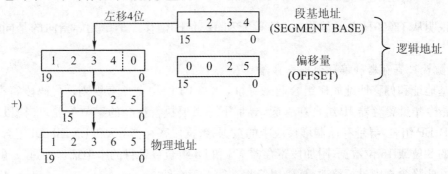

图 2.4 由段基地址和偏移量形成物理地址

因此,由逻辑地址转换为物理地址的公式如下:

20 位物理地址＝段基地址×16＋16 位偏移量

段寄存器中的段基地址可以定义任何 64KB 存储器的起始地址,偏移量用来在 64KB 存储器中选任一单元。图 2.5 说明如何用段基地址和偏移地址形成一个段,由偏移地址来选择段中的一个存储单元。设段基地址为 1000H,则该段起始地址为 1000H×16＝10000H,段内偏移地址可以是 0000～FFFFH,它表示从段的起始位置到所选单元的距离。由于一个段的长度为 64KB,所以该段末地址为 1000H×16＋FFFFH＝1FFFFH。一旦知道段的起始地址,只要再加上 FFFFH,就可得到该段的结束地址。

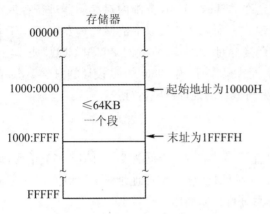

图 2.5 使用段基地址和偏移量寻址

例 2.4 设某个段寄存器的内容为 3000H,则该段的起始地址和末地址各是什么? 如果偏移地址 OFFSET＝500H,则该单元的物理地址是多少?

该段的起始地址为 3000H×16＝30000H,结束地址为 3000H×16＋FFFFH＝3FFFFH。偏移地址 OFFSET＝500H 时,该单元的物理地址＝3000H×16＋500H＝30500H。

在实模式中,在每个段基地址值的最右边增加一个 0H,形成 20 位物理地址,作为访问存储器的起点,在此后的 64K 地址作为一个逻辑段。如段基地址＝1200H,则可以从起始地址为 12000H 单元开始寻址 64KB;如段基地址＝1201H,则从 12010H 单元处寻址一个内存段。可见,实模式的段只能从能被 16 整除的那些地方开始,也就是说从能被 16 整除的那些内存单元开始分段。一个物理地址可以由不同的逻辑地址来形成。

例 2.5 一个存储单元的物理地址为 12345H,它可以由如下逻辑地址形成:

    1200:0345H

    1234:0005H

    1232:0025H

    ⋮

它说明从 12000H 单元偏移 345H 单元和 12340H 偏移 5 个单元等指向的是同一个内存单元。

2) 默认段寄存器和偏移地址寄存器

段基地址和偏移地址如何组合起来寻址,8086 CPU 中有一套规则。代码段寄存器 CS 总是和指令指针寄存器 IP 组合在一起,寻址下一条要执行指令的字节单元;堆栈段寄存器 SS 和 SP、BP 组合,寻址存储器堆栈段中的数据;数据段寄存器 DS 和 BX、SI、DI 组合寻址数据段中的 8 位或 16 位数据;附加段寄存器 ES 和 DI 组合寻址目的串地址。通过段超越前缀可以对某些隐含规则进行修改,详细内容将在第 3 章介绍。

3) 堆栈的设置和操作

堆栈是在存储器里开辟出来的一个特定的数据区域,称为堆栈段,它用来存放需要暂时保存的数据,如调用子程序时的返回地址,中断处理时的断点及现场信息等。堆栈也采用段寄存器和偏移地址组合的方式来寻址。

堆栈的位置和长度由堆栈段寄存器 SS 和堆栈指针 SP 来设定,给定了 SS:SP,就设置了一个堆栈,其最大容量为 64KB。设 SS=2000H,SP=1300H,则在内存中设置的堆栈位置如图 2.6(a)所示。

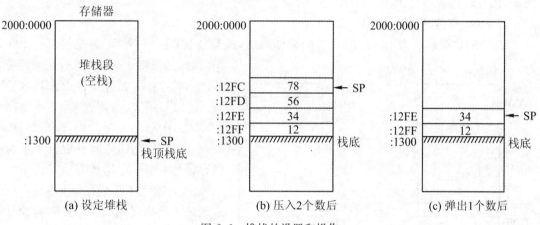

图 2.6 堆栈的设置和操作

从图 2.6(a)可以看出,堆栈的范围为 2000:0000H～2000:(1300H－1),即 20000H～212FFH。SS 给出堆栈的段基地址 2000H,SP 始终指向当前堆栈的栈顶,当堆栈是空的时候,SP 也指向栈底。栈底指向的单元不能存放堆栈数据。对堆栈的操作按先进后出的原则进行,先存入的数据后弹出来。操作方式有 PUSH 和 POP 两种,以字为单位进行,但不能超出范围,如超出则会产生溢出错误。

PUSH 操作向堆栈压入一个字,并使 SP←SP－2。如 AX=1234H,BX=5678H,则执行 PUSH AX 和 PUSH BX 两条指令后,两个寄存器的内容先后压入堆栈,并使 SP=12FCH,如图 2.6(b)所示。如再执行一条 POP DX 指令,则使 DX=5678H,SP=12FEH,如图 2.6(c)所示。

通过 BP 指针也可从堆栈中获取数据,或向堆栈存入数据。

要注意的是堆栈中的数据必须保证低字节在偶地址单元中,高字节在奇地址中。堆栈操作时,栈内数据没有上下移动,改变的只是 SP 的内容,SP 指针在移动。

4) 段加偏移量寻址机制允许重定位

段加偏移量的寻址机制看起来似乎很复杂,但它给系统带来许多优点,其中突出的优点是允许程序或数据在存储器内重定位。重定位指的是一个程序或数据块可以放到存储器的任何有效区域,可重定位程序是指一个可以存放在存储器的任何区域,不加修改就可以执行的程序;可重定位的数据是指可以存放在存储器的任何区域,不用修改就可被程序引用的数据。段加偏移地址的寻址机制允许程序和数据不作任何修改,而使程序和数据重定位。这样,使程序可以在不同存储器结构的 PC 机上运行,也允许为在实模式下运行而编写的程序,在保护模式下运行。

由于存储器用偏移地址在段内寻址,因此可以将整个程序段移到存储系统内的任何位置而无须改变偏移地址,只要改变段寄存器的内容,就可把程序成块移到新的区域,实现了重新定位。例如,一条指令位于距段起始地址 8 字节的地方,它的偏移量为 8,整个程序搬到新的区域后,该条指令的偏移地址仍指向距段首地址为 8 的位置,只是段的内容必须重新设置成程序所在的新存储器的地址。如果没有这种重定位的特点,一个程序要移到别的地方,必须大幅度地修改或重写,还要考虑为不同计算机系统设计许多程序文本,不但要耗费大量时间,而且还很容易出错。

2. 8086 存储器的分体结构

8086 的数据总线为 16 位,但它访问存储器时,既要能传送一个字,又要能传送一个字节,因此必须将 16 位宽度的存储器分成两个独立的 8 位宽度的存储体来处理,使 CPU 可以在半个存储区域(8 位)或整个区域(16 位)中读/写数据。8086 将 1MB 存储空间分成两个 8 位的存储体,每个存储体各占 512K 字节,一个存储体(低位存储体)包含所有地址为偶数的存储单元,称为偶地址体,另一个存储体(高位存储体)包含所有地址为奇数的存储单元,称为奇地址体,它们的结构如图 2.7 所示。

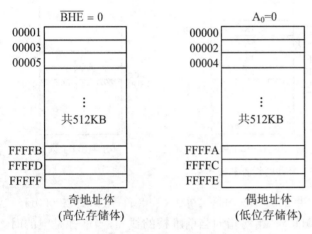

图 2.7　8086 的奇偶存储体

用 8086 CPU 的 $\overline{BHE}$(高 8 位数据有效)引脚和地址线 A_0 来选择一个或两个存储体进行数据传送,其组合功能如表 2.2 所示。

表 2.2　使用 $\overline{BHE}$ 和 A_0 选择存储体

$\overline{BHE}$	A_0	功　　能	使用数据总线
0	0	选中两个存储体,传送一个字	$D_{15} \sim D_0$
0	1	选中奇地址体,传送高字节	$D_{15} \sim D_8$
1	0	选中偶地址体,传送低字节	$D_7 \sim D_0$
1	1	无效	

从表 2.2 可以看出,当 $A_0=0$ 时,选择访问偶地址体,偶地址体的 8 位数据线与数据总线的低 8 位 $D_7 \sim D_0$ 相连,传送低 8 位数据;当 $\overline{BHE}=0$ 时,选择访问奇地址体,奇地址体的 8 位数据线与数据总线的高 8 位 $D_{15} \sim D_8$ 相连,传送高 8 位数据;当 $\overline{BHE}$ 和 A_0 都等于 0 时,同时选中两个存储体,可传送 16 位数据。两者都高时,则无效,不能传送数据。

需要注意的是,8086 CPU 对存储器进行存取操作时,都是从偶地址体开始的,如果存放的字数据从偶地址单元开始,则存取一个字只需要进行一次操作,如果从奇地址单元开始存放，则需要进行两次操作。

假设有一组数据存放在内存中，如图 2.8 所示。如果存放的一个字从偶地址单元 1000H 开始，则执行一次操作就可读取字数据 5D7FH。如果存放的字数据从奇地址单元 1001H 开始，则先从 1000H 单元开始读取一个字 5D7FH，取得低字节 5DH，舍弃 7FH，再从 1002H 单元开始读取 1234H，取 34H 作为高字节，舍弃 12H，这样就可得到 1001H 单元的一个字数据 345DH。所以用户存放字数据时，应该存放在偶地址开始的单元中，不过这个工作可以由对准伪指令 EVEN 自动完成。

在 8088 CPU 系统中，外部数据总线为 8 位，CPU 每次访问存储器只读/写一个字节，读/写一个字时都要分两次进行。整个 1MB 的存储器被看作一个存储体，由 $A_{19} \sim A_0$ 直接寻址，系统的运行速度要慢一些。

1000	7F
1001	5D
1002	34
1003	12

图 2.8　一组数据存放在内存单元中

8086 和 8088 系统中存储器与总线的连接如图 2.9 所示，其中 (a) 是在 8086 系统中的连线，(b) 是在 8088 系统中的连线，其中左边的系统总线表示连到 CPU 一边的总线。

在图 2.9(a) 中，8086 系统的存储器分奇地址体和偶地址体两部分。选择信号 $\overline{SEL}$ 分别与 $\overline{BHE}$ 和 A_0 相连，用来选择其中的一个存储体或两者都选中。奇地址体和偶地址体的 8 位数据线，分别与数据总线的高 8 位和低 8 位相连，用来传送高 8 位和低 8 位数据，它们的 19 根地址线 $A_{18} \sim A_0$ 与地址总线的 $A_{19} \sim A_1$ 相连，用来选择存储体内 512KB 单元中的某一个单元。在图 2.9(b) 中，8088 系统的 1MB 存储体的 8 位数据线，直接与低 8 位数据总线相连，20 位地址线直接与 20 根地址总线相连。

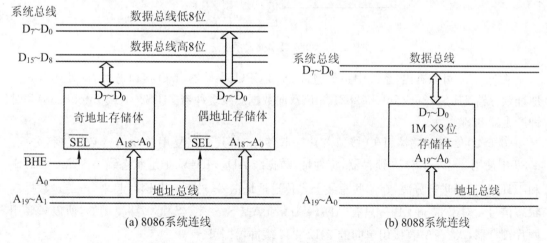

图 2.9　8086 和 8088 系统中存储器与总线的连接

2.2　8086 的工作模式和总线操作

8086/8088 CPU 可工作于两种模式：最小模式和最大模式，这两种模式允许 CPU 有不同的控制结构。当 CPU 的 MN/$\overline{MX}$ 引脚接 +5V 时，工作于最小模式，在这种模式下，送到存储器和 I/O 接口的所有信号都由 CPU 产生；当 MN/$\overline{\text{MX}}$ 接地时，工作于最大模式，此时它的某些控制信号必须由外部产生，需要增加一个 8288 总线控制器来产生这些信号，最大模式主要用于系统中包含数值协处理器(Numeric Data Processor，NDP)8087 的情况下。

2.2.1 最小模式系统

1. 系统配置图

8086 工作于最小模式时，系统配置图如图 2.10 所示。

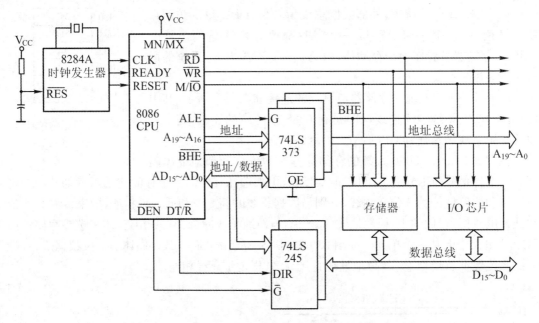

图 2.10　8086 最小模式系统配置图

从图 2.10 可以看出，系统中主要包含 8086 CPU、存储器、I/O 接口芯片，此外还有 8 位地址锁存器 74LS373(或 Intel 8282)、8 位双向数据总线缓冲器 74LS245(或 Intel 8286)和时钟产生器 8284A。

8086/8088 与存储器、I/O 接口芯片一起使用时，其多路复用总线信号必须进行分离。8086 中使用 3 片 74LS373 锁存器，将地址/数据线 $AD_{15}\sim AD_0$、地址状态线 $A_{19}/S_6\sim A_{16}/S_3$ 和 $\overline{BHE}/S_7$ 信号进行分离，在这些总线上先传送地址信号，然后将其锁存起来，再传送数据或状态信号。对于 8088 CPU，只有 $AD_7\sim AD_0$ 和 $A_{19}/S_6\sim A_{16}/S_3$ 是多路复用的，所以只要用两片锁存器，$A_{15}\sim A_8$ 直接用单向的 74LS 244 缓冲器即可。

在系统中，任何一个总线引脚上的负载超过 10 个时，整个系统必须经过缓冲器驱动后才能传送数据，8086 系统中传送 16 位数据时要用两片双向缓冲器进行驱动，同时还可用来控制数据传送的方向。8088 中仅传送 8 位数据，只要用一片缓冲器，74LS373 锁存器同时也具有缓冲功能。

8284A 时钟产生器用来产生系统所需要的时钟信号。下面先对数据总线缓冲器、锁存器和时钟产生器作些介绍，再简要说明最小模式工作过程。有关存储器和 I/O 接口芯片的工作原理将在后续章节详细介绍。

2. 数据总线缓冲器 74LS244 和 74LS245

接在总线上的缓冲器都具有三态输出能力。在 CPU 或 I/O 接口电路需要输入/输出数据时,在它的使能控制端 EN(或 G)作用一个低电平脉冲,使它内部的各缓冲单元像导线一样将输入、输出之间接通。当使能脉冲撤除后,它处在高阻态,这时各缓冲单元就像一个断开的开关,等于将它所连接的电路从总线上脱开。74LS244 和 74LS245 就是最常用的数据缓冲器,除缓冲作用外,它们还能提高总线的驱动能力。

1) 74LS 244

74LS 244 是一种 8 路数据总线缓冲器,其逻辑功能和引脚如图 2.11 所示。

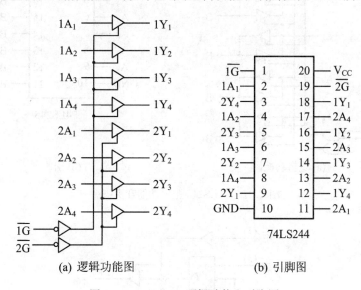

(a) 逻辑功能图   (b) 引脚图

图 2.11 74LS244 逻辑功能和引脚图

由图 2.11(a)可见,该缓冲器内部包含 8 个三态缓冲单元,它们被分为两组,每组 4 个单元,分别由门控信号 $\overline{1G}$ 和 $\overline{2G}$ 控制。当 $\overline{1G}$ 为低电平时,A 输入端 $1A_1 \sim 1A_4$ 的高电平或低电平将被传送到 Y 输出端 $1Y_1 \sim 1Y_4$;当 $\overline{2G}$ 为低电平时,$2A_1 \sim 2A_4$ 的信号被传送到 $2Y_1 \sim 2Y_4$;当 $\overline{1G}$ 和 $\overline{2G}$ 为高电平时,输出呈高阻态。把它用于 8 位数据总线时,可将 $\overline{1G}$ 和 $\overline{2G}$ 端连在一起,由一个片选信号来控制。74LS244 是一种单向数据总线缓冲器,数据只能从 A 端传送到 Y 端,如果要进行双向数据传送,那么可选用双向数据总线缓冲器 74LS 245。

2) 74LS 245

74LS245 是一种常用的 8 路数据总线缓冲器,它的逻辑功能和引脚图如图 2.12 所示。它内部包含 8 个双向三态缓冲器。控制信号中,除了有一个低电平有效的门控信号输入端 $\overline{G}$ 之外,还有一个方向控制端 DIR。只有当 $\overline{G}=0$ 时,数据才能从 A 端传到 B 端,或者从 B 传到 A;当 DIR=1 时,数据从 A 端传向 B 端;DIR=0 时,数据从 B 端传向 A 端。

3. 锁存器 74LS373

74LS373 是一种常用的 8D 锁存器,可以直接挂到总线上,并且有三态总线驱动能力。其逻辑功能如图 2.13 所示,图中带括号的数字为芯片的引脚号。表 2.3 是它的真值表。

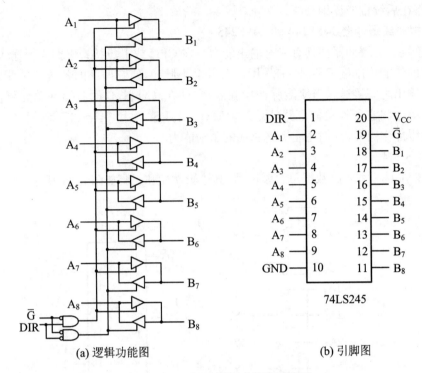

图 2.12 74LS245 逻辑功能和引脚图

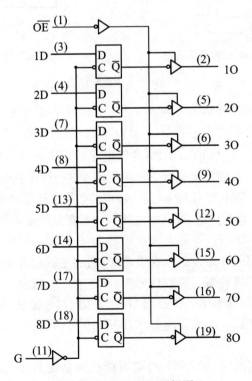

图 2.13 74LS373 逻辑图

由图 2.13 可见，74LS373 由一个 8 位寄存器和一个 8 位三态缓冲器构成，寄存器的每个单元则是一个具有记忆功能的 D 触发器。它有两个控制输入端：输入使能端 G 和允许输出端 $\overline{OE}$。当 G＝1 时，加在各触发器的 D 输入端的 0 或 1 电平被打入它的 Q 端，而且记忆在那里，$\overline{Q}$ 端电平与 Q 端的相反。此后，若在 $\overline{OE}$ 端输入一个低电平脉冲，记忆在 $\overline{Q}$ 端的电平将经三态门反相后传送到输出端 O，因此输出端 O 的信号电平与输入端 D 的一致。

由表 2.3 可见，如果输入使能端 G＝1，输出允许端 $\overline{OE}$＝0，则输出 Q 随输入 D 而变，若输入 D＝1，则输出 O＝1，若 D＝0，则 O＝0；如果使 G＝0，$\overline{OE}$＝0，则输出端 O 将是前面锁存的数据，这时，D 端的任何变化都不影响输出。如果 $\overline{OE}$＝1，则不论 G 的电平如何变化，输出将呈高阻态，与总线断开。在实际应用时，如果只使用它的锁存功能，可以直接将 $\overline{OE}$ 端接地，仅控制输入使能端 G。

表 2.3　74LS373 的真值表

输入使能端 G	输出允许端 $\overline{OE}$	输入 D	输出 O
1	0	1	1
1	0	0	0
0	0	×	锁存 Q
×	1	×	高阻态

4. 时钟发生器 8284A

8284A 是为 8086/8088 CPU 系统专门设计的时钟产生器，为系统提供时钟信号 CLK、复位信号 RESET、准备好信号 READY 以及外围设备用的时钟信号。图 2.14 是在以 8088 为 CPU 的 PC/XT 机中使用时，8284A 与 CPU 的连线图。

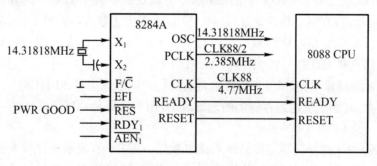

图 2.14　8284A 与 8088 的连接

图 2.14 中，8284A 的 F/$\overline{C}$ 引脚接低电平，输入时钟信号由接在 X_1、X_2 引脚中间的晶体振荡器提供，其输入频率为 f＝14.31818MHz；如果 F/$\overline{C}$ 接高电平，则用 EFI 端接入的外加振荡信号来作为系统的输入时钟信号。

8284A 将输入时钟信号进行 3 分频，从 CLK 引脚输出频率为 4.77MHz 的 8088 CPU 时钟信号 CLK88，该信号送到 8088 CPU 或 8288 总线控制器，作为时钟脉冲，信号的占空比为 1/3，即高电平占 1/3，低电平占 2/3。CLK88 经 8284A 内部 2 分频后，产生 PCLK 信号，频率为 2.385MHz，占空比为 1/2。8284A 还从 OSC 引脚输出频率为 14.31818MHz 的脉冲信号。PCLK 和 OSC 这两种信号输出到外部,供外部设备使用。

系统加电后,电源部件的 4 种直流电压输出(±5V、±15V)正常后,送出 50μs 宽的电源准备好信号 PWR GOOD 至 8284A 的复位端 $\overline{RES}$;在 8284A 内部,$\overline{RES}$ 被时钟信号同步,产生高电平的复位信号 RESET,送到 CPU 的复位端 RESET,使系统复位。如系统中无复位信号,也可用电阻、电容加+5V 电源组合成复位信号。

当 CPU 与速度较慢的存储器或外设交换数据时,则向 8284A 的 RDY_1、$\overline{AEN1}$(还有一组 RDY_2、$\overline{AEN2}$)输入相应信号,经 8284A 同步后,使 8284A 的准备好信号 READY 变低,该信号送到 CPU 的 READY 端,使 CPU 在 T_3 周期后插入 1~n 个等待周期 Tw,直至外部数据准备就绪,使 READY 变高,才进入 T_4 周期,完成数据传送。

如果 8284A 在 X_1 和 X_2 端接一个振荡频率为 15MHz 或 24MHz 的晶振,则经 8284A 内部 3 分频后,可在 CLK 输出端获得 5MHz 的 CLK86 或 8MHz 的 CLK86-2 信号,分别供 8086 CPU 或 8086-2 CPU 作时钟脉冲信号。

5. 最小模式系统工作过程

由图 2.10 可以看出,在最小模式下,CPU 可以从存储器或 I/O 接口中读出数据,也可向存储器或 I/O 接口写入数据。下面以读存储器操作即执行存储器读指令为例说明其工作过程。根据 CPU 送出有关信号的顺序,分以下几步进行操作:

(1) CPU 送出 M/$\overline{IO}$ 和 DT/$\overline{R}$ 信号。

M/$\overline{IO}$=1,选中存储器(否则选中 I/O 端口)。DT/$\overline{R}$ 与 74LS245 的 DIR 相连,控制数据传送的方向。DT/$\overline{R}$=0,也使 74LS245 的 DIR=0,数据传送方向为 A←B,CPU 作好接收从存储器读出数据的准备。

(2) CPU 先送出地址信号和 $\overline{BHE}$ 信号,再送出地址锁存信号 ALE。

A_{19}/S_6~A_{16}/S_3、AD_{15}~AD_0 以及 $\overline{BHE}$ 信号分别送到 3 片 74LS373 的输入端,这时,地址/状态线和地址/数据线上传送地址信号。ALE 端送出正脉冲,当 ALE 为高时,被分离出来的地址信号 A_{19}~A_0 和 $\overline{BHE}$ 信号一起被打入 74LS373 的 D 触发器中,当 ALE 由高变低时,20 位地址信息和 $\overline{BHE}$ 信号被锁存在 74LS373 中。

(3) 74LS373 的输出允许端 $\overline{OE}$ 恒接地,锁存的 20 位地址信号和 $\overline{BHE}$ 信号一起向外直接送到 PC 总线上,它们也被送到存储器的地址线上,用于选择某一存储单元。

(4) CPU 使 $\overline{RD}$=0,$\overline{DEN}$=0。

$\overline{RD}$=0,表示 CPU 要从指定存储单元读出数据,$\overline{DEN}$=0,表示允许收发数据。$\overline{DEN}$ 与 74LS245 的 $\overline{G}$ 相连,允许 74LS245 传送数据。由于在第(1)步中已设置缓冲器的数据传送方向为 A←B,所以可以从存储单元读出数据,经数据总线 D_{15}~D_0,从 74LS245 的 B 端传送到 A 端,再从 CPU 的 AD_{15}~AD_0 线上将数据送到 CPU 的寄存器中。

2.2.2 最大模式系统

8086 工作于最大模式时,系统配置如图 2.15 所示。与最小模式一样,系统中主要包含 8086 CPU、存储器、I/O 接口芯片、地址锁存器 74LS373、数据总线缓冲器 74LS245 和时钟产生器 8284A。此外,还需要增加一片总线控制器 8288,用以产生一些新的控制信号。

下面主要介绍总线控制器 8288。

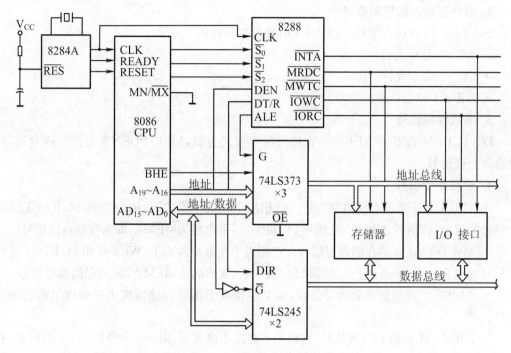

图 2.15　8086 最大模式系统配置图

8288 总线控制器的引脚及内部结构框图如图 2.16 所示。从 8086/8088 CPU 的引脚图可以看出，CPU 工作于最大模式时，带括号的最大模式信号占用了最小模式的一些信号，如 $\overline{WR}$、$M/\overline{IO}$、$DT/\overline{R}$、$\overline{DEN}$ 和 $\overline{INTA}$ 等，所以要由 8288 来产生这些控制信号。

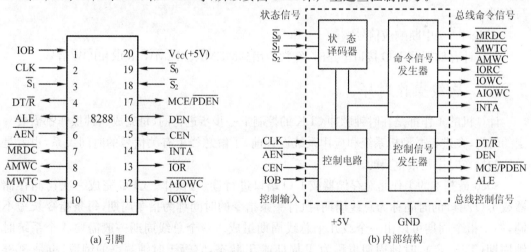

图 2.16　8288 的引脚及内部结构框图

从图 2.16(b)可知，8288 的输入输出总线信号分成 4 组。

1. 状态输入信号 $\overline{S_2} \sim \overline{S_0}$

由 8086 CPU 送来，经译码后产生总线周期类型信号。

2. 由外部输入的控制信号
- CLK 时钟输入信号,由 8284A 时钟发生器提供
- $\overline{AEN}$ 地址允许
- $\overline{CEN}$ 命令允许
- IOB I/O 总线模式信号

3. 总线控制信号

DT/$\overline{R}$、DEN(反相后为$\overline{DEN}$)、ALE 与最小模式类似,MCE/$\overline{PDEN}$为主控级联允许/外设数据允许信号。

4. 总线命令信号
- $\overline{MRDC}$ 正常的存储器读信号。它相当于在最小模式下,$\overline{RD}=0$ 和 M/$\overline{IO}=1$ 这两个信号的组合,该信号送到 PC 总线和 PC 机中后,重命名为$\overline{MEMR}$,即为存储器读信号。
- $\overline{MWTC}$ 正常的存储器写信号。它相当于在最小模式下,$\overline{WR}=0$ 和 M/$\overline{IO}=1$ 这两个信号的组合,该信号送到 PC 总线和 PC 机中后,重命名为$\overline{MEMW}$,即为存储器写信号。
- $\overline{AMWC}$ 超前的存储器写信号,在某些情况下需给存储器提供一个较早的超前写信号。
- $\overline{IORC}$ 正常的 I/O 读信号,它相当于在最小模式下,$\overline{RD}=0$ 和 M/$\overline{IO}=0$ 的组合,在 PC 总线和 PC 机中,重命名为$\overline{IOR}$,即 I/O 读信号。
- $\overline{IOWC}$ 正常的 I/O 写信号,它相当于在最小模式下,$\overline{WR}=0$ 和 M/$\overline{IO}=0$ 的组合,在 PC 总线和 PC 机中,重命名为$\overline{IOW}$,即 I/O 写信号。
- $\overline{ATOWC}$ 超前的 I/O 写信号。在某些情况下需要给 I/O 端口提供一个较早的超前写信号。
- $\overline{INTA}$ 中断响应信号。

在设计存储器和 I/O 接口电路时,经常会用到$\overline{MEMR}$、$\overline{MEMW}$、$\overline{IOR}$和$\overline{IOW}$信号。

2.2.3 总线操作时序

计算机的工作都是在时钟脉冲 CLK 的控制下一步步进行的,每完成一种操作都需要一定的时间,在进行微型机系统和应用系统设计前,了解总线上有关信号的时间关系,也就是总线的操作时序是很重要的。

8086 最基本的工作是对存储器或 I/O 端口进行读/写操作。CPU 完成一次访问存储器或 I/O 端口的时间称为总线周期,执行一条指令的时间称为指令周期,每条指令长短不同,一个指令周期可以由一个或几个总线周期组成。一个总线周期一般需要 4 个系统时钟周期($T_1 \sim T_4$),时钟周期也称为 T 周期或 T 状态,它等于时钟频率的倒数,也是 8086 CPU 动作的最小单位。若 8086 CPU 以 5MHz 的频率工作,则一个 T 周期为 200ns,一个总线周期为 800ns,则 CPU 与存储器或 I/O 接口之间可以以每秒 125 万次的最大速率传送数据。8086-1 的时钟频率为 10MHz,每秒最多可执行 250 万条指令,即运算速度为 2.5 MIPS (Million Instructions Per Second)。

下面介绍几种典型的时序。

1. 最小模式下的读总线周期

读总线周期完成从存储器或 I/O 端口读出一个数据的操作,一般由 $T_1 \sim T_4$ 共 4 个时钟周期或状态组成,最小模式下读总线周期的时序如图 2.17 所示。

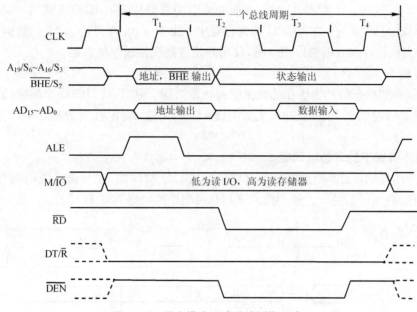

图 2.17 最小模式下读总线周期时序

1) T_1 状态

首先要由 M/$\overline{\text{IO}}$ 信号来确定是从存储器还是 I/O 端口中读出数据。时序图中的 M/$\overline{\text{IO}}$ 信号电平表示它可能是 1,也可能为 0。CPU 执行读存储器操作指令时,M/$\overline{\text{IO}}$=1,执行 I/O 操作时,M/$\overline{\text{IO}}$=0。

其次要从指定单元中读出数据,必须给出此单元的地址。T_1 状态开始后,8086 的 20 位地址及 $\overline{\text{BHE}}$ 信号分别从 $A_{19}/S_6 \sim A_{16}/S_3$、$AD_{15} \sim AD_0$ 及 $\overline{\text{BHE}}/S_7$ 线输出,送到地址锁存器 74LS373 的输入端。时序图中的地址/状态信号线表示这组信号由多个信号组成,每个信号电平有高有低。如果从 I/O 端口读出数据,则不用传送高 4 位地址信息 $A_{19} \sim A_{16}$。同时从 ALE 引脚上输出一个正脉冲作为地址锁存信号。当 ALE=1 时,地址信号和 $\overline{\text{BHE}}$ 信号打入锁存器,当 ALE 信号由高变低时,将它们锁定。此后,这些复用信号线就可传送数据和状态信号了。

此外还使 DT/$\overline{\text{R}}$ 信号变低,表示允许接收数据,即允许从存储器或 I/O 端口读出数据,使数据缓冲器 74LS245 的方向控制信号 DIR=0,表示数据传送方向为 A←B。

2) T_2 状态

在 $A_{19}/S_6 \sim A_{16}/S_3$、$\overline{\text{BHE}}/S_7$ 总线上传送状态信息。$AD_{15} \sim AD_0$ 上呈高阻态,缓冲一下,为接收数据做好准备。

在 T_2 状态的后半周期,读信号 $\overline{\text{RD}}$ 变低,允许从存储器或 I/O 端口读出数据;数据允许信号 $\overline{\text{DEN}}$ 变低,使 74LS245 的门控输入端 $\overline{\text{G}}$=0,允许接收数据。

3) T_3 状态

在 T_3 状态的上升沿采样 READY 信号,若 REAY=0,表示存储器或外设还没有准备就绪,则在 T_3 和 T_4 状态之间插入等待周期 Tw,若 REDAY＝1,CPU 可读取数据。时序图中没有画出等待周期 Tw。

读取数据时,选中的存储单元或 I/O 端口中的数据出现在数据总线 $D_{15} \sim D_0$ 上,它们与两片 74LS245 的 $B_7 \sim B_0$ 相连,这时可将缓冲器中的数据从 $B_7 \sim B_0$ 传送到 $A_7 \sim A_0$,经 $AD_{15} \sim AD_0$(作数据总线用)传送到 CPU 的寄存器中。由于 8086 既可传送 16 位数据,也可传送 8 位数据,当执行 8 位数据操作指令时,仅用 8 位数据线传送 8 位数据。

4) T_4 状态

数据信号和状态信号等还在总线上维持一段时间。到 T_4 状态的后半周期,数据从数据总线上撤除,各控制和状态线进入无效状态,$\overline{DEN}$ 无效,禁止收发数据,一个读总线周期结束。

2. 最小模式下的写总线周期

在写总线周期,CPU 把数据写入存储单元或 I/O 端口中,它与读总线周期有许多相似之处,也有一些不同的特征。最小模式下写总线周期的时序如图 2.18 所示。

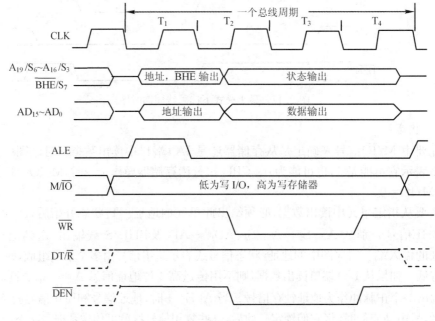

图 2.18 最小模式下写总线周期时序

1) T_1 状态

先使 $M/\overline{IO}$ 有效,指出 CPU 是把数据写入存储器还是 I/O 端口。再在 $A_{19}/S_6 \sim A_{16}/S_3$、$AD_{15} \sim AD_0$ 及 $\overline{BHE}$ 线上,传送 20 位地址信号和 $\overline{BHE}$ 信号。接着锁存信号 ALE 有效,将地址信号和 $\overline{BHE}$ 信号锁存。$DT/\overline{R}$ 变成高电平,表示要把数据从 CPU 的寄存器,写入到存储器或 I/O 端口中。

2) T_2 状态

撤销地址信号,在地址/状态线和 $\overline{BHE}/S_7$ 上传送状态信号。地址信号输出并锁存后,CPU 立即通过 $AD_{15} \sim AD_0$ 向缓冲器发送数据,并一直保持到 T_4 状态的中间,以保证数据能可靠地写入存储单元或 I/O 端口中。

T_2 状态还使写信号 $\overline{WR}$ 有效，$\overline{DEN}$ 有效，允许缓冲器 74LS245 向外发送数据，经数据总线 $D_{15} \sim D_0$ 将数据写入存储器或 I/O 端口。

3）T_3 状态

CPU 采样 REDAY 线，决定是否要插入等待周期 Tw。在图 2.17 中没有画 Tw 周期。

4）T_4 状态

从总线上撤销数据，各控制信号和状态信号变成无效，$\overline{DEN}$ 变成高电平，禁止收发数据，这样就完成了一个写总线周期。

3. 最大模式下的读/写总线周期

它们与最小模式下的读/写总线周期有许多类似之处，因此不再给出时序图，下面说明它与最小模式下的读/写总线周期的主要不同点。

1）读总线周期

最小模式用 M/$\overline{IO}$ 信号来区分是存储器读还是 I/O 读总线周期，在最大模式下，无 M/$\overline{IO}$ 信号，而是用 $\overline{MEMR}$ 和 $\overline{IOR}$ 信号来区分是存储器读还是 I/O 读周期。如果 CPU 执行的是存储器读指令，则 $\overline{MEMR}=0$，同时它还表示 $\overline{RD}=0$，CPU 进入读存储器总线周期，这时可以用 $\overline{MEMR}$ 信号来代替最小模式下的 $\overline{RD}$ 信号，其中还包含了 M/$\overline{IO}=1$ 的功能。如果 CPU 执行的是 I/O 读指令，则 $\overline{IOR}=0$，它也表示 $\overline{RD}=0$。CPU 进入读 I/O 总线周期，可用 $\overline{IOR}$ 信号代替最小模式下的 $\overline{RD}$ 信号，同时也包含了 M/$\overline{IO}=0$ 的功能。

另外，在最大模式下，ALE、DT/$\overline{R}$ 和 DEN（与最小模式下的 $\overline{DEN}$ 电平相反）不是由 CPU 提供的，而是由 8288 总线控制器输出的。$\overline{MEMR}$ 和 $\overline{IOR}$ 也是由 8288 输出的，它代替最小模式下的 $\overline{RD}$ 和 M/$\overline{IO}$ 信号。

2）写总线周期

与读总线周期一样，最大模式下也无 M/$\overline{IO}$ 信号，是用 $\overline{MEMW}$ 和 $\overline{IOW}$ 信号来区分是存储器写还是 I/O 写总线周期。如果 CPU 执行的是存储器写指令，则进入存储器写总线周期，$\overline{MEMW}=0$，它用来代替最小模式下的 $\overline{WR}$ 信号，并包含了 M/$\overline{IO}=1$ 的信号。如果 CPU 执行的是 I/O 写指令，则进入 I/O 写总线周期，$\overline{IOW}=0$，它用来代替最小模式下的 $\overline{WR}$ 信号，并包含了 M/$\overline{IO}=0$ 的信号。

2.3　32 位微处理器的结构与工作模式

从第一款 16 位处理器 8086 开始，Intel 微处理器基本上都采用相同的体系架构，主要是指向前兼容的指令集架构，也包括工作模式（实模式、保护模式以及后来增加的虚拟 86 模式和系统管理模式）和支持的数据类型。自 32 位的 80386 开始，Intel 改用 i386、i486 来命名其处理器芯片，并把它们的体系架构称为 x86 架构。由于早期的 8086/8088、80186 和 80286 芯片属于 x86 的 16 位版本，后来也把它们称为 x86-16 架构；而 80386、80486、Pentium（奔腾）等 32 位处理器，属于 x86 架构的 32 位元延伸版本，便被称为 x86-32 架构。但从 Pentium 开始，Intel 就不再以 x86 命名它们，同时也用较正式的 Intel 体系架构（Intel Architecture，IA）来指称它们所采用的架构，于是 Intel 的 32 位处理器便被正式称为 IA-32 架构的处理器,这个称呼与 x86-32 架构的意思完全一样。

在 IA-32 架构发展的过程中,为不断提高处理器的性能,Intel 在 IA-32 基础上对体系架构进行了不少改进,值得提及的是 P6 微结构和 NetBurst 微结构。

P6 微结构是从 1995 年发布的 Pentium Pro 处理器开始的,包括 PⅡ、PⅡ Xeon(至强)、Celeron(赛扬)、PⅢ 和 PⅢ Xeon 等型号的 32 位处理器,它们使用与 Pentium 同样的制造技术,但基于一种三路超标量管道微结构新技术,引入了并行处理机制,增加了二级高速缓存(L2 Cache),速度显著提高,每个周期可执行 3 条指令,并从 PⅡ 和 PⅢ 开始相继引入了 MMX 技术和 SSE 指令集。

NetBurst 微结构则从 2000 年发布的 Pentium 4 开始采用,后来又被用到了 P4 EE、P4 HT、Celeron D 等型号的 64 位处理器中,甚至应用于双核 Pentium D 处理器。NetBurst 微结构为 IA-32 架构增加了许多新的技术特点,目标是为最终用户提供更高的整体性能。

有两个原因使 IA-32 体系架构成为世界上最普遍采用的微处理器结构:一是在 IA-32 架构处理器上运行的软件兼容性好,二是每次发布的 IA-32 架构的处理器的性能均优于前一代产品。

各种具有 IA-32 架构的 32 位微处理器,工作原理要比 16 位的复杂得多,好在它们都是在 8086 基础上一步步发展而来的。80386 与 8086 相比,从体系结构到工作模式以及对内存的管理等方面都有了很大改变。P4 处理器与 80386 相比,在性能上又有了很大的提高,但它在工作模式、内存管理的思想等方面与 80386 是类似的,只是扩充了许多功能。

2.3.1 32 位微处理器结构简介

1. 80386 CPU

80386 是第一款 32 位微处理器。它的数据总线是 32 位,内部寄存器和操作也是 32 位;外部地址总线 32 位,能直接寻址 4GB(2^{32})物理地址空间,并引入了新的分段分页概念;加上 80387 协处理器后可以对浮点数进行处理。

80386 由 6 大部分组成,内部结构框图如图 2.19 所示。各部分功能如下:

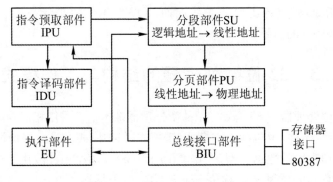

图 2.19 80386 的内部结构框图

1) 总线接口部件(Bus Interface Unit,BIU)

它是 386 与外界联系的高速接口,产生和接受访问存储器和 I/O 端口所需的地址、数据及命令信号,也实现 80386 和 80387 之间的协调控制。

2) 指令预取部件(Instruction Prefetch Unit,IPU)

它将存放在存储器中的指令经 BIU 取到 16 字节长的预取指令队列中,并向指令译码部件输送指令。CPU 在执行当前指令时,指令译码部件将对下一条指令进行译码,一旦预取指令队列空,又会从存储器中取出指令,将指令队列填满。

3) 指令译码部件(Instruction Decode Unit,IDU)

从 IPU 中取出指令进行译码分析,然后将其放入 IDU 中的译码指令队列中,供执行部件使用。该队列能容纳 3 条已译码的指令,一旦队列有空,就会从预取指令队列中取出下一条指令进行译码分析。

4) 执行部件(Execution Unit,EU)

执行部件 EU 包含算术逻辑运算单元 ALU,8 个 32 位的通用寄存器 EAX、EBX、ECX、EDX、ESP、EBP、ESI 和 EDI,一个 64 位的多位移位加法器,执行数据处理和运算操作。此外还包含 ALU 控制和保护测试部件,ALU 控制部件用以实现有效地址的计算,并提供乘除法加速等功能,保护测试部件用来检测所执行的指令是否符合存储器分段分页规则。

5) 分段部件(Segmentation Unit,SU)

按指令要求,分段部件 SU 将指令中的逻辑地址转换成线性地址。8086 中,每段地址的容量固定不变,都是 64KB。而在 80386 中,每段地址容量可变,从 1 字节~4GB,使用灵活方便,但管理起来比较复杂。

6) 分页部件(Paging Unit,PU)

分页部件 PU 将分段部件 SU 产生的线性地址转换成物理地址,每页容量为 4KB。当系统中不使用分页功能时,线性地址就是物理地址。有了物理地址后,总线接口部件就可以实现访问存储器和输入输出操作。

2. 80486 CPU

80486 也是 32 位微处理器,它基本沿用了 80386 的体系结构。与 80386 相比,芯片内部集成了浮点部件(Floating Point Unit,FPU)和高速缓存(即 L1 Cache)。FPU 不仅能取代 80387 协处理器,而且它拥有局部专用总线,其内部数据总线被加宽至 64 位,处理速度提高了 3~5 倍。片内 Cache 为频繁访问的数据和指令提供快速的局部存储。此外,80486 的整数处理部件采用精简指令集(Reduce Instruction Set Computing,RISC)结构,提高了指令的执行速度,每个时钟可执行 1.2 条指令。

3. Pentium 微处理器

Pentium 也是 32 位微处理器,其芯片内部 ALU 和通用寄存器仍是 32 位,但外部数据总线是 64 位。与 80486 相比,它在结构上有了很大改进,主要体现在:

(1) 超标量流水线结构。Intel 处理器都属于只能对一组数据进行运算操作的标量计算机,从 80486 开始,它们采用流水线(Pipeline)技术来执行指令,即将每条指令的执行分解成多步,并让各步操作重叠,从而实现几条指令的准并行处理。例如,Pentium 的整数流水线采用 5 级流水结构,即指令预取—指令译码—地址生成—指令执行—结果写回。指令仍是一条条执行的,但可以预先取若干条指令,并在当前指令尚未执行完时,提前启动后续指令的另一些操作步骤。虽然每步需要一个时钟周期,但在理想情况下,每个时钟周期在流水线上可执行完一条指令,因此能加速一段程序的运行过程。Pentium 还进一步采用超标量流水线(Superscaler Pipeline)技术,内部设计了 U 和 V 两条流水线,各自都有自己的 ALU、地址生成逻辑及 Cache 接口电路,在每个时钟周期内可执行两条整数指令,明显提高了执行指令的速度。

(2) 重新设计的浮点部件。Pentium 的浮点运算采用 8 级流水结构,使每个时钟周期能完成 1~2 个浮点操作,Pentium 的浮点单元 FPU 对一些常用指令如 ADD、MUL 和 LOAD 等运算采用了新的算法,使运算速度至少提高了 3 倍,在许多应用程序中利用指令调度和流水线执行,可使速度提高 5 倍以上。

(3) 独立的指令 Cache 和数据 Cache。它使 Pentium 中的数据和指令的存取分开进行,减少了冲突,提高了性能。

(4) 指令固化。将常用指令如 MOV、INC、PUSH、JMP 等改用硬件实现,从而提高指令的执行速度。

(5) 分支预测。Pentium 内部设置了一个分支目标缓存(Branch Target Buffer,BTB),这是一个小的 Cache,用来动态预测程序的分支。当执行某条指令导致程序分支时,BTB 记忆下条指令和分支目标的地址,并用这些信息预测该条指令再次产生分支时的路径,预先从该处预取指令,保证流水线的指令预取步骤不会空置。

4. Pentium Pro 处理器

它也被称为"高能奔腾",采用了全新的 P6 微架构,与 Pentium 芯片相比,增加了如下功能特点:

(1) 一个封装内安装了两个芯片。CPU 内核与 256KB 的二级 Cache 封装在一个芯片内,构成多芯片模块,使二级 Cache 经全速总线与 CPU 内核相连,从而提高了程序的执行速度。

(2) 乱序执行和分支预测技术。高能奔腾处理器并不完全按顺序执行指令,而是采用指令动态执行技术,将多条指令译码后放在指令池(Instruction Pool)中,准备运行。当一条正在执行的指令因等待操作未能执行完时,处理器就从指令池中找出其它指令来执行。这样,指令可不完全按顺序执行,但执行结果仍按原有顺序产生。这种做法称为"乱序(out of order)执行"。利用数据流分析的方法,可找出最佳指令执行顺序。由于指令池较大,多条指令执行分支会产生冲突,处理器的分支预测技术可对程序的不同分支进行预测,并根据预测结果调整指令的执行顺序,从而使指令的执行效率更高。

(3) 超流水线和超标量技术。Pentium Pro 具有 3 路超标量结构,并行执行指令的能力比 Pentium 强。它又具有 14 级超长流水线(Hyper Pipeline)结构,将任意一条指令的全部执行过程分成一连串的级(stage),进一步提高了处理器的并行处理能力。

(4) 物理地址扩展。Pentium Pro 采用 36 位的地址总线,将物理地址寻址空间扩展到 4GB 以上,从而支持最多达 64GB 的物理内存,但是每次操作的线性地址分段范围仍在 4GB 以内。

5. PentiumⅡ处理器

PentiumⅡ处理器简称 PⅡ或"奔腾Ⅱ",它把多媒体扩展(Multi Media Extension,MMX)技术融合到高能奔腾处理器中,不仅使它既保留了 Pentium Pro 原有的强大处理能力,而且又增强了 PC 机在三维图形、图像和多媒体等方面的可视化计算能力和交互功能。

PⅡ处理器采用了如下几种先进技术,使它在整数运算、浮点运算和多媒体信息处理等方面有具有较强的功能。

(1) MMX 技术。引入了新的数据类型,内部设置了 8 个 64 位的寄存器 mm7~mm0。采用单指令多数据(Single Instruction Multiple Data,SIMD)技术,其核心是一条指令能并行执行多个数据的相同操作,但它只能处理定点数,不能完成浮点操作。

(2) 动态执行技术。采用下列 3 种处理技巧相结合的动态执行技术,帮助处理器有效地处理多重数据:采用多分支预测算法,处理器读指令时,同时查看以前的指令,从而对数据流向做出分析判断;使用数据流分析方法,查看译好码的指令,决定指令的最佳执行顺序;当处理器要同时处理多条指令时,利用推测执行技术,最大限度地提高并行执行指令的能力。

(3) 双独立总线结构。原先的处理器采用一条数据总线同时与主存、二级 Cache 和 PCI 总线相连,任何时候只能访问一个设备。采用双独立总线结构后,将这两条总线的一条连到 Cache,另一条连到主存,处理器可同时使用这两条总线,使 PentiumⅡ处理器的吞吐量是单一总线的两倍,而且二级 Cache 的速度也是单一总线的两倍。二级 Cache 是指指令 Cache 和数据 Cache 统一于一体的 Cache。

6. PentiumⅢ处理器

设置了 8 个新的 32 位单精度浮点寄存器 xmm7~xmm0,增加了 70 条数据流单指令多数据扩展(Streaming SIMD Extensions,SSE)指令,能同时处理 4 个单精度浮点数,每秒达到 20 亿次的浮点运算速度,但 SSE 指令还不能处理双精度浮点数。

7. Pentium 4 微处理器

如前所述,P4 处理器是一种基于新的 NetBurst 微结构的新一代 IA-32 结构处理器,它具有如下这些主要的技术特点:

(1) 更快的系统总线。改变了原来前端总线(FSB)与内存时钟同步的设计,能在 100MHz 的 FSB 下提供 400MHz 的数据传送速度。

(2) 高级转移缓存(Advanced Transfer Cache,ATC)。具有 256KB 的嵌入核心全速 L2 缓存(On-die Full Speed L2 Cache),速度与 CPU 时钟同步。例如,1.4GHz 的 P4,L2 的速度也是 1.4GHz,数据宽度 32 位,数据传送速度高达 32bit×1 数据/时钟×1.4GHz=44.8GB/s。

(3) 先进的动态执行技术(Advanced Dynamic Execution)。执行引擎(Execution Engine)提供非常大的暂存容错能力,能有效减轻因等待处理器修复的错误太多而引起延缓执行的问题,并设置了较大的执行追踪缓存(Execution Trace Cache),能暂存 126 个微结构指令,防止工作频率过高时大量数据从内存和 Cache 流失的问题。另外,分支预测缓存(Branch Buffer)增大到了 4KB,改善了分支预测能力(大约 33%)。

(4) 超长流水线技术。具有 20 条流水线,指令流水线深度达到 20 级,时钟频率和效能均显著提升,突破了当时台式 PC 机和服务器的时钟速率。

(5) 快速执行引擎(Rapid Execution Engine)。经过架构上的重整,P4 的算术逻辑单元(ALU)能在每一时钟下执行两次算术逻辑运算,1.4GHz 的 CPU 运算速度与 2.8GHz 的相当,有效地提升了运算速度。

(6) 高级浮点以及流 SIMD 扩展 2(Streaming SIMD Extension 2,SSE2)技术。在不增

加新寄存器的情况下,增加了双精度浮点数操作,还增加了各种数据混合(Shuffle)也就是寄存器数据交叉操作,以及数据高速缓存操作。这些技术非常适合应用于3D图形渲染、语音识别、视频编码与解码及数据加密(Encryption)等场合。

由于Pentium 4广受欢迎,Intel在不改变NetBurst微架构前提下,又将Pentium 4从32位升级到了64位,推出了一系列能支持Intel64工作模式的P4处理器,例如,P4 506/511/516、P4 EE 373、P4 HT 5x1系列、P4 HT 6x0系列、P4 HT 6x1系列等。

2.3.2　32位微处理器的工作模式

80386有3种工作模式,它们分别是实模式、保护模式和虚拟8086(V86)模式,3种工作模式可以互相转换。从Intel 80386 SL处理器开始,在这3种模式之外又增加了一种系统管理模式。下面先介绍这4种工作模式,然后讨论4种模式之间的关系。

1. 实模式(Real Addressed Mode)

当32位机工作于实模式时,有如下特点:

(1) 在实模式下,80386只相当于一个快速的8086,8086的程序代码可以不加修改地在80386上运行,只是运算速度更快了。以80386为CPU的PC机上的MS DOS操作系统就是在实模式下运行的。

(2) 只有1MB的内存寻址能力,32位地址线中只有低20位地址有效。

(3) 只支持单任务工作方式,不支持多任务方式。

(4) 80386设置了4个优先级或特权级:0～3级,其中0级为最高级。在实模式下,只能在优先级0下工作。

2. 保护模式(Protected Mode)

在这种模式下,80386才能充分发挥它的高性能特点。保护模式下的内存管理等显得特别重要,也很复杂,在第13章将专门讨论。

1) 保护模式的特点

(1) 在保护模式下,80386采用全新的分段和分页内存管理技术,不仅允许直接寻址4GB的内存空间,而且允许使用虚拟存储器,将磁盘等存储设备有效地映射到内存,使逻辑地址空间大大超过实际的物理地址空间,让用户感到主存的容量特别大,可达到64TB(64MMB)之多。

(2) 支持多任务工作方式。

(3) 可使用0～3级(优先级)保护功能,实现程序与程序之间、用户与操作系统之间的保护与隔离,为多任务操作系统提供优化支持。在386 PC机上运行的WINDOWS、OS/2、UNIX和XENIX操作系统都工作在保护模式下。

2) 多任务

所谓多任务是指一台计算机可以同时干几件事。例如一台386 PC机,可以进行文字处理或者图像处理,而后台却在进行科学计算或者打印表格等等。我们把这些事情定义成不同的任务(Task),字处理是386要完成的一个任务,科学计算则是它要完成的另一个任务。386可以支持多任务,但是不支持并发的多任务,即在同一时刻不能有两个任务在同一微处理器中执行。

8086 只支持单个任务。这在硬件设计上，在程序和数据的安全可靠性方面基本没做什么工作，特别是操作系统的安全性没有保障。例如，DOS 操作系统下的系统功能调用（INT 21H）或用户设计的程序很可能破坏整个操作系统，这在单任务下是可以忍受的，最多在操作系统瘫痪之后，关机后再开机，重新装入操作系统，但在多任务下，是绝对不允许的。

3）优先级

为了满足多任务的需求，80386/80486 引入了优先级（Privilege Level）的概念。在计算机中，每个存放程序和数据的存储器段都被赋予不同的优先级。80386 共设置了 4 个优先级，用 0～3 级来表示。0 级为最高级，3 级为最低级。优先级实际上是某一任务使用微处理器资源的权利。0 级任务可以使用整个处理器的资源，一般操作系统（Operating System，OS）的核心部分被赋予 0 级权利，例如，有关存储器管理、保护和访问控制等不太会被改变的程序被赋予 0 级特权。1 级赋予操作系统中可能改变的大部分程序，如外设驱动程序、系统服务程序等。2 级用来保护一些子系统，如数据库管理系统、办公自动化系统等。一般用户的应用程序等只拥有 3 级权利，也称为用户级。图 2.20 是优先级的划分示意图。

图 2.20　80386 的优先级划分

优先级也称为保护环，它的引入较好地解决了多任务环境下各任务间的相互干扰和冲突问题。如前所述，操作系统的核心程序优先级最高，它可以访问其它所有存储段的程序和数据，但别的级别的程序不能随便访问它。这样有力地保护了操作系统核心部分的安全。任务和优先级这两个概念总是密切相关的，任务可由不同优先级的代码执行。

4）门

有了保护机制，优先级较低的程序就不能调用优先级高的程序了，否则会产生"异常"。但这样一来，也会禁止用户从操作系统得到必要的服务。为了解决这个问题，80386 专门设置了一些合法的入口点，允许较低级的程序调用较高级的程序。对这种入口点的访问必须通过一种特殊的机制——门（Gate）来实现。门指向某个优先级高的程序代码所规定的入口点，所有优先级低的程序要调用优先级高的程序，只能通过门重定位，进入门所规定的高级程序入口点，避免低级程序随意调用高级程序。门分为调用门、中断门、陷阱门和任务门，功能比较复杂。

5）中断和异常

在保护模式下，由处理器外部事件产生的硬件中断称为中断，它分为不可屏蔽中断和可屏蔽中断两类。有些软件中断调用不归类为中断，而归类于异常。异常（Exception）是由微处理器执行某一条指令期间检测到的一种错误或无法解决的问题而产生的。32 位机定义了多种异常，每种异常用一个向量号来标识，中断号也由向量号来标识。根据异常或中断向量号，从中断描述符表（IDT）中为给定的异常或中断选择相应的处理程序。

3. 虚拟 86 模式（Virtual 86 Mode）

用 8086 编制的程序，虽然能在实模式下正常执行，但在实模式下 80386 不支持多任务，因而许多用 8086 编写的程序都不能在 386 的多任务环境下正常执行。为了解决这一问题，

80386 增加了虚拟 86 模式,也称为 V86 模式,使在多任务环境下,大量用 8086 编写的程序也能正常执行。

在 V86 模式下,支持保护机制,也支持内存的分页管理,并可进行任务切换,又与 8086 兼容。内存寻址空间仍为 1MB,段地址的计算方法与 8086 一样。

4. 系统管理模式(System Management Mode,SMM)

系统管理模式也是一种存储器管理模式,它从 Intel 80386 SL 处理器开始引入,成为标准的 IA-32 结构特点。该模式可以使系统设计人员实现与特定的平台有关的高级管理功能,例如电源管理和系统安全方面的功能。当外部系统管理中断(SMI♯)引脚被触发,或者从高级可编程中断控制器(Advanced Programable Interrupt Controller,APIC)接收到一个系统管理中断(SMI♯)时,处理器便进入系统管理模式。处理器首先保存当前运行的程序和任务的状态,然后切换到一段独立的地址空间,去执行系统管理模式指定的代码。当从 SMM 模式返回时,处理器将回到响应系统管理中断之前的工作状态。

5. 四种模式的关系

四种工作模式之间的转换关系如图 2.21 所示。

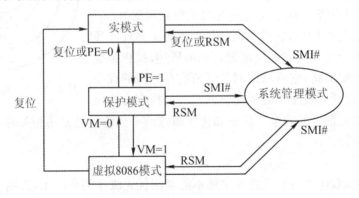

图 2.21 4 种模式之间的转换关系

80386 刚加电或系统复位后,便进入实模式方式,它为 386 进行保护模式所需要的数据结构做好各种配置和准备。修改控制寄存器 CR0 中的保护模式允许位 PE,使 PE 位=1 可使 CPU 从实模式转到保护模式;当 PE 从 1 改为 0,则从保护模式回到实模式。执行中断返回指令 IRET 或进行任务切换时,可以从保护模式进入 V86 模式,此时,EFLAGS 寄存器中的 VM(Virtual 8086 Mode)位被置为 1。通过中断,可以使 CPU 从 V86 模式返回到保护模式,此时 VM 位被清 0。

CPU 处于实模式、保护模式或者 V86 模式中的任何一种时,只要接收到系统管理中断(SMI♯)信号,它就会切换到系统管理模式。当执行到从管理模式返回指令 RSM(Return from System management Mode)时,CPU 切换到进入系统管理模式前的工作模式。

习　题

1. 8086/8088 CPU 可直接寻址多少个内存(字节)单元? 多少个 I/O 端口? 它们的外部数据总线各有多少根?

2. 8086 CPU 内部由哪两部分组成? 它们大致是如何工作的?

3. CPU、EU 和 BIU 的英文全称和中文含义各是什么？

4. 8086 CPU 内部有哪些寄存器？各有什么用途？

5. 两个带符号数 1011 0100B 和 1100 0111B 相加，运算后各标志位的值等于多少？哪些标志位是有意义的？如果把这两个数当成无符号数，相加后哪些标志位是有意义的？（参考例 2.2。）

6. 说明下列 8086 引脚信号的功能：$AD_{15} \sim AD_0$、$A_{19}/S_6 \sim A_{16}/S_3$、$\overline{RD}$、$\overline{WR}$、$M/\overline{IO}$、CLK、RESET、INTR、NMI、ALE、$DT/\overline{R}$、$\overline{DEN}$。

7. 已知段地址：偏移地址分别为如下数值，它们的物理地址各是什么？（参考图 2.4。）

(1) 1200:3500H　　(2) FF00:0458H　　(3) 3A60:0100H

8. 段基地址装入如下数值，则每段的起始地址和结束地址各是什么？（参考例 2.4。）

(1) 1200H　　(2) 3F05H　　(3) 0FFEH

9. 已知 CS:IP=3456:0210H，CPU 要执行的下条指令的物理地址是什么？

10. 什么叫堆栈？它有什么用处？如何设置堆栈？

11. 设 SS:SP=2000:0300H，则堆栈在内存中的物理地址范围是什么？执行两条 PUSH 指令后，SS:SP=？再执行一条 POP 指令后，SS:SP=？（参考图 2.6。）

12. 如果从存储单元 2000H 开始存放的字节数据为：3AH、28H、56H、4FH，试画出示意图说明：从 2000H 和 2001H 单元开始取出一个字数据各要进行几次操作，取出的数据分别等于多少。（参考图 2.8。）

13. 8086 工作于最小模式时，硬件电路主要由哪些部件组成？为什么要用地址锁存器、数据缓冲器和时钟产生器？（参考图 2.10。）

14. 8086/8088 CPU 各用几片地址锁存器、数据缓冲器构成最小模式系统？为什么？

15. 时钟产生器 8284A 与 8088 CPU 相连时，输入的晶振频率为 14.31818MHz，从输出端可以产生哪些时钟信号？它们的频率分别是多少？8284A 与 8086-2 相连时，晶振频率为 8MHz，则输出的 OSC 和 CLK86-2 信号的频率分别是多少？（参考图 2.14。）

16. 8086 最大模式配置电路中，8288 总线控制器的主要功能是什么？$\overline{MEMR}$、$\overline{MEMW}$、$\overline{IOR}$ 和 $\overline{IOW}$ 信号相当于最小模式中哪些信号的组合？

17. 什么叫总线周期？一个总线周期一般需要几个时钟周期？MIPS 的含义是什么？若 8086-2 的时钟频率为 8MHz，它每秒可执行多少条指令？（参考 2.2.3 节总线操作时序。）

18. 8086 工作于最小模式时，执行存储器读总线周期，$T_1 \sim T_4$ 周期中主要完成哪些工作？（参考图 2.17。）

19. 8086 工作于最大模式时，其读/写总线周期与工作于最小模式下相比，有哪些不同之处？

20. 80386 CPU 内部主要由哪几部分组成？各部分功能是什么？（参考图 2.19 及相关说明。）

21. 80386 可以有哪几种工作模式？实模式和保护模式有哪些主要特点？

第3章 8086的寻址方式和指令系统

8086的寻址方式和指令系统,同样适用于8088。另外,从80x86 CPU到Pentium工作于实模式时,这些指令都可以直接使用,而且在应用程序中用到的大部分指令也都是8086指令。

3.1 8086的寻址方式

计算机的指令通常包含操作码和操作数两部分,前者指出操作的性质,后者给出操作的对象。寻址方式就是指令中说明操作数所在地址的方法。8086访问操作数采用多种灵活的寻址方式,使指令系统可以方便地在1MB存储空间内寻址。

指令有单操作数、双操作数和无操作数之分。如果是双操作数指令,要用逗号将两个操作数分开,逗号右边的操作数称为源操作数,左边的为目的操作数。例如,将寄存器CX中的内容送进寄存器AX的指令为MOV AX,CX,其中,CX为源操作数,AX是目的操作数,而MOV则为操作码。操作数可以包含在寄存器、存储器或I/O端口地址中,它们也可以是立即数。

操作数在寄存器中的指令执行速度最快,因为它们可以在CPU内部立即执行。立即数寻址指令可直接从指令队列中取数,所以它们的执行速度也较快。而操作数在存储器中的指令执行速度较慢,因为它要通过总线与CPU之间交换数据,当CPU进行读写存储器的操作时,必须先把一个偏移量送到BIU,计算出20位物理地址,再执行总线周期去存取操作数,这种寻址方式最为复杂。

下面主要以MOV指令为例来说明8086指令的各种寻址方式。

3.1.1 立即寻址方式

在立即寻址(Immediate Addressing)方式下,操作数直接包含在指令中,它是一个8位或16位的常数,也叫立即数。这类指令翻译成机器码时,立即数作为指令的一部分,紧跟在操作码之后,存放在代码段内。如果立即数是16位数,则高字节存放在代码段的高地址单元中,低字节放在低地址单元中。立即寻址方式的指令常用来给寄存器赋初值。

例3.1 MOV AL,26H
该指令表示将一个8位立即数26H送到AL寄存器中。

例3.2 MOV CX,2A50H
它表示将立即数2A50H送到CX寄存器中。例3.2指令的机器码存放及执行过程如图3.1所示。

立即数不但可以送到寄存器中,而且

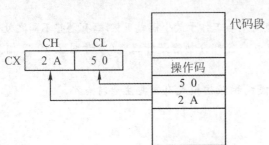

图3.1 例3.2指令执行过程示意图

还可以送到一个存储单元(8位)中或两个连续的存储单元(16位)中去。需要强调的是,在所有的指令中,立即数只能作源操作数,不能作目的操作数。另外还要注意,以 A~F 开头的数字出现在指令中时,前面一定要加一个数字 0,以免与其它符号相混淆。例如,将立即数 FF00H 送到 AX 的指令必须写成:MOV　AX,0FF00H。

3.1.2　寄存器寻址方式

在寄存器寻址(Register Addressing)方式下,操作数包含在寄存器中,由指令指定寄存器的名称。对于 16 位操作数,寄存器可以是 AX、BX、CX、DX、SI、DI、SP 和 BP 等。对于 8 位操作数,则用寄存器 AH、AL、BH、BL、CH、CL、DH 和 DL。

例 3.3　MOV　DX,AX

假设该指令执行前,AX=3A68H,DX=18C7H,则指令执行后,DX=3A68H,而 AX 的内容保持不变。

例 3.4　MOV　CL,AH

它表示将 AH 中的 8 位数据传送到 CL 寄存器。

注意:源操作数的长度必须与目的操作数一致,否则会出错。例如,我们不能将 AH 寄存器的内容传送到 CX 中去,尽管 CX 寄存器放得下 AH 的内容,但是汇编程序不知道将它放到 CH 还是 CL 中。

3.1.3　存储器寻址方式

指令的操作数都放在存储器中,需用不同的方法求出操作数的物理地址,来获得操作数。

1. 直接寻址方式

1) 直接寻址方法

在 IBM PC 机中,把操作数的偏移地址称为有效地址 EA(Effective Address)。使用直接寻址(Direct Addressing)方式的指令时,存储单元的有效地址直接由指令给出,在它们的机器码中,有效地址存放在代码段中指令的操作码之后。而该地址单元中的数据总是存放在存储器中,所以必须先求出操作数的物理地址,然后再访问存储器,才能取得操作数。需要注意的是,当采用直接寻址指令时,如果指令中没有用前缀指明操作数存放在哪一段,则默认为使用的段寄存器为数据段寄存器 DS,因此

$$操作数的物理地址 = 16 \times DS + EA$$

即

$$操作数的物理地址 = 10H \times DS + EA$$

指令中有效地址上必须加一个方括号,以便与立即数相区别。

例 3.5　MOV　AX,[2000H]

这条指令直接给出了操作数的有效地址 EA=2000H,设 DS=3000H,则源操作数的物理地址=16×3000H+2000H=32000H。由于目的操作数是 16 位寄存器 AX,所以它将把该地址处的一个字送进 AX。若地址 32000H 中的内容为 34H,32001H 中的内容为 12H,我们用(32000H)=1234H 来表示这个字,则执行指令后,AX=1234H。指令执行过程如图

3.2 所示。

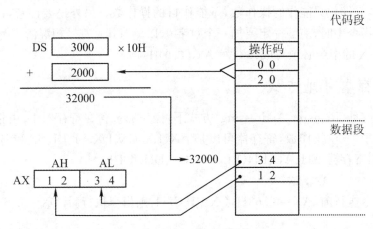

图 3.2 例 3.5 指令执行过程示意图

例 3.6 MOV AL,[2000H]

假设所有条件都和例 3.5 相同,则该指令执行后将存储单元 32000H 中的字节送到 AL 中去,结果为 AL=34H。

2) 段超越前缀

如果要对代码段、堆栈段或附加段寄存器所指出的存储区进行直接寻址,应在指令中指定段超越前缀。例如,数据若放在附加段中,则应在有效地址前加"ES:",这里的符号":"称为修改属性运算符,计算物理地址时要用 ES 作基地址,而不再是默认值 DS。

例 3.7 MOV AX,ES:[500H]

该指令的源操作数的物理地址等于 16×ES+500H。

3) 符号地址

在汇编语言中还允许用符号地址代替数值地址,实际上就是给存储单元起一个名字,这样,如果要与这些单元打交道,那么只要使用其名字即可,而不必记住具体数值是多少。

例 3.8 MOV AX,AREA1

这里的 AREA1 就是操作数的符号地址,该指令执行后,将从有效地址为 AREA1 的存储单元中取出一个字送到 AX 中去。

不过仅从指令的形式上看,AREA1 不仅可以代表符号地址,也可以表示它是一个 16 位的立即数,两者之间究竟如何来区别呢?程序中还必须事先安排说明语句也叫做伪指令来加以说明。

例 3.9 AREA1 EQU 0867H
⋮
MOV AX, AREA1

这里,等值伪指令语句 EQU 用来给常数 0867H 定义一个符号名 AREA1,在此后的程序中,符号 AREA1 便代表一个立即数 0867H。执行 MOV AX,AREA1 指令后,AX =0867H。

例 3.10 AREA1 DW 0867H

⋮

    MOV AX, AREA1

  这里的 DW 伪指令语句用来定义变量,变量用于表示存储器中的数据,在程序运行过程中,变量是可以被修改的运算对象。本例中变量名为 AREA1,它表示内存中一个数据区的名字,也就是符号地址,该地址单元存放一个字数据 0867H。变量名可作为指令中的存储器操作数来引用。MOV AX,AREA1 指令执行后,表示将 AREA1 单元中的内容送到 AX 中,结果 AX=0867H。虽然例 3.9 和例 3.10 的两条指令执行后结果相同,但是符号 AREA1 的含义是不同的。

  例 3.10 中的 MOV 指令也可写成

    MOV AX, [AREA1]

  符号地址也允许段超越,例如,下面两条指令是等价的,即

    MOV AX, ES:AREA1
    MOV AX, ES:[AREA1]

源操作数的物理地址均等于 ES×16+AREA1。

  有关汇编语言伪指令的概念,我们将在第 4 章中详细介绍。

2. 寄存器间接寻址方式

  指令中给出的寄存器中的值不是操作数本身,而是操作数的有效地址,这种寻址方式称为寄存器间接寻址(Register Indirect Addressing)。寄存器名称外面必须加方括号,以与寄存器寻址方式相区别。这类指令中使用的寄存器有基址寄存器 BX、BP 及变址寄存器 SI、DI。

  如果指令中指定的寄存器是 BX、SI 或 DI,则默认操作数存放在数据段中,这时要用数据段寄存器 DS 的内容作为段地址,操作数的物理地址由 DS 左移 4 位后与 BX、SI 或 DI 相加形成。即

    物理地址=16×DS+BX
   或 =16×DS+SI
   或 =16×DS+DI

例 3.11 MOV BX,[SI]

设 DS=1000H,SI=2000H,(12000H)=318BH,则:

    物理地址=16×DS+SI
       =10000H+2000H
       =12000H

指令执行过程如图 3.3 所示,指令执行后,BX=318BH。

  如果指令中用寄存器 BP 进行间接寻址,则默认操作数在堆栈段中,操作数的段地址在寄存器 SS 中,操作数的物理地址=16×SS+BP。例如,指令 MOV AX,[BP]就是这种形式的指令。

  指令中也可以指定段超越前缀来从默认段以外的段中取得数据,例如:

    MOV BX, DS:[BP]
    MOV AX, ES:[SI]

前者的源操作数的物理地址为 $16\times DS+BP$，后者为 $16\times ES+SI$。

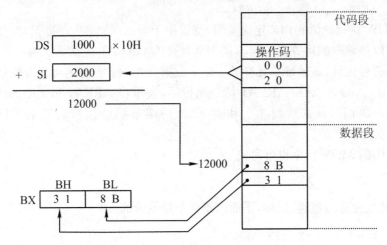

图 3.3 例 3.11 指令执行过程示意图

3. 寄存器相对寻址方式

操作数的有效地址是一个基址或变址寄存器的内容与指令中指定的 8 位或 16 位位移量(Displacement)之和。这种寄存器相对寻址(Register Relative Addressing)方式与寄存器间接寻址十分相似，主要区别是前者在有效地址上还要加一个位移量。同样，当指令中指定的寄存器是 BX、SI 或 DI 时，段寄存器使用 DS，当指定寄存器是 BP 时，段寄存器使用 SS。

例 3.12　MOV　BX,COUNT[SI]

设 DS=3000H，SI=2000H，位移量 COUNT=4000H，(36000H)=5678H，则：

物理地址 $=16\times DS+SI+COUNT$
$\qquad\qquad=30000H+2000H+4000H$
$\qquad\qquad=36000H$

指令执行过程如图 3.4 所示。

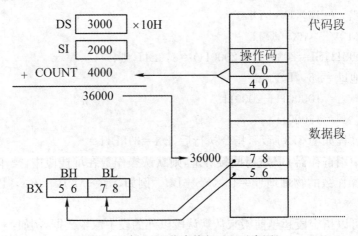

图 3.4 例 3.12 指令执行过程示意图

执行结果：BX=5678H。

上述指令也可用 MOV BX,[COUNT+SI]这种形式来表示。
这种寻址方式也允许使用段超越前缀,例如：
 MOV DH, ES:ARRAY[SI]
则段地址为 ES,物理地址＝16×ES+SI+ARRAY。

4. 基址变址寻址方式

基址变址寻址(Based Indexed Addressing)方式的操作数的有效地址是一个基址寄存器(BX 或 BP)和一个变址寄存器(SI 或 DI)的内容之和,两个寄存器均由指令指定。

若基址寄存器为 BX 时,段址寄存器用 DS,则：
 物理地址＝16×DS+BX+SI
 或 ＝16×DS+BX+DI

若基址寄存器为 BP 时,段址寄存器应使用 SS,则：
 物理地址＝16×SS+BP+SI
 或 ＝16×SS+BP+DI

例 3.13 MOV AX,[BX][SI]
设 DS=3000H,BX=1200H,SI=0500H,(31700H)=ABCDH,则：
 物理地址＝16×DS+BX+SI
  ＝30000H+1200H+0500H
  ＝31700H

该指令的执行过程如图 3.5 所示。

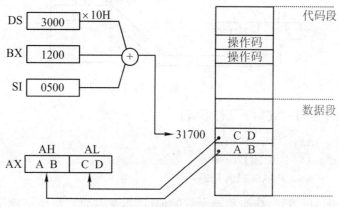

图 3.5 例 3.13 指令执行过程示意图

执行结果：AX=ABCDH。
指令中的方括号有相加的意思,所以上述指令也可以写成：
 MOV AX,[BX+SI]

5. 相对基址变址寻址方式

相对基址变址寻址(Relative Based Indexed Addressing)方式的操作数的有效地址是一个基址寄存器和一个变址寄存器的内容,再加上指令中指定的 8 位或 16 位位移量之和。
当基址寄存器为 BX 时,用 DS 作段寄存器,则：
 物理地址＝16×DS+BX+SI+8 位或 16 位位移量

或　　＝16×DS+BX+DI+8位或16位位移量

当基址寄存器为BP时,应使用SS作段寄存器,则:

物理地址＝16×SS+BP+SI+8位或16位位移量

或　　＝16×SS+BP+DI+8位或16位位移量

例3.14　MOV　AX, MASK[BX][SI]

设DS=2000H,BX=1500H,SI=0300H,MASK=0200H,(21A00H)=26BFH,则:

物理地址＝16×DS+BX+SI+MASK
　　　　＝20000H+1500H+0300H+0200H
　　　　＝21A00H

该指令的执行过程如图3.6所示。

执行结果:AX=26BFH。

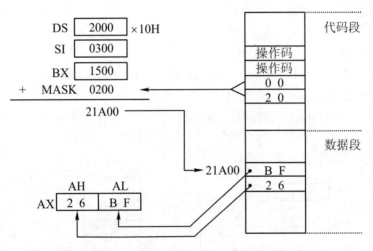

图3.6　例3.14指令执行过程示意图

同样,上述指令也可写成如下几种形式:

```
MOV    AX, [MASK+BX+SI]
MOV    AX, 200H[BX+SI]
MOV    AX, MASK[BX+SI]
```

从上面的讨论可以看到,在涉及操作数的地址时,常常要在指令中使用方括号,有关带方括号的地址表达式必须遵循下列规则:

(1) 立即数可以出现在方括号内,表示直接地址,例如[2000H]。

(2) 只有BX、BP、SI、DI这四个寄存器可以出现在[ ]内,它们可以单独出现,也可以由几个寄存器组合起来(只能相加),或以寄存器与常数相加的形式出现,但BX和BP寄存器不允许出现在同一个[ ]内,SI和DI也不能同时出现。

(3) 由于方括号有相加的含义,下面几种写法都是等价的:

```
6[BX][SI]
[BX+6][SI]
[BX+SI+6]
```

(4) 若方括号内包含 BP，则隐含使用 SS 来提供基地址，它们的物理地址的计算方法为：

$$物理地址=16\times SS+EA$$

包含 BP 的操作数有下面三种形式：

    DISP[BP+SI]   ;EA=BP+SI+DISP
    DISP[BP+DI]   ;EA=BP+DI+DISP
    DISP[BP]   ;EA=BP+DISP

其中，DISP 表示 8 位或 16 位位移量，也可以为 0。

这种情况下也允许用段超越前缀将 SS 修改为 CS、DS 或 ES 中的一个，在计算物理地址时，应将上式中的 SS 改为相应的段寄存器。

其余情况均隐含使用 DS 来提供基地址，它们的物理地址的计算方法为：

$$物理地址=16\times DS+EA$$

这类操作数可以有以下几种形式：

    [DISP]   ;EA=DISP
    DISP[BX+SI]   ;EA=BX+SI+DISP
    DISP[BX+DI]   ;EA=BX+DI+DISP
    DISP[BX]   ;EA=BX+DISP
    DISP[SI]   ;EA=SI+DISP
    DISP[DI]   ;EA=DI+DISP

同样，也可用段超越前缀将上式中的 DS 修改为 CS、ES 或 SS 中的一个。

3.1.4 其它寻址方式

1. 隐含寻址

指令中不指明操作数，但有隐含规定的寻址方式。例如指令 DAA，它的含义是对寄存器 AL 中的数据进行十进制数调整，结果仍保留在 AL 中。

2. I/O 端口寻址

8086 有直接端口和间接端口两种寻址方式。在直接端口寻址方式中，端口地址由指令直接提供，它是一个 8 位立即数。由于一个 8 位二进制数的最大值为 $2^8-1=255$，所以在这种寻址方式中，能访问的端口号为 00～FFH，即 256 个端口。

例 3.15 IN AL，63H

表示将端口 63H 中的内容送进 AL 寄存器。

在间接寻址方式中，被寻址的端口号由寄存器 DX 提供，这种寻址方式能访问多达 2^{16} =64K 个 I/O 端口，端口号为 0000～FFFFH。

例 3.16 MOV DX，213H   ;DX=口地址号 213H
      IN   AL，DX   ;AL←端口 213H 中的内容

3. 一条指令有几种寻址方式

上面介绍的各种寻址方式都是针对源操作数的，目的操作数均用寄存器来表示。实际上，目的操作数也可以用除立即寻址方式以外的所有寻址方式指定，许多指令还具有各自的

隐含规则,所以一条指令可能包含几种寻址方式。

对于 MOV 指令来讲,当源操作数用存储器方式寻址时,不仅要求出源操作数的地址,还要将该地址中的内容取出来,作为源操作数,再送到目的操作数中去。而当目的操作数用存储器方式寻址时,只要求出目的操作数的物理地址,就可将源操作数送到这个地址中去。对于寄存器作源操作数或目的操作数时,情况也是类似的。

例 3.17 MOV [BX], AL

设:BX=3600H,DS=1000H,AL=05H,则:

目的操作数的物理地址=16×DS+BX
$$=10000H+3600H$$
$$=13600H$$

指令执行结果:(13600H)=05H。

4. 转移类指令寻址

有关这类指令的寻址方式,将在本章后面讨论控制转移指令时再作详细介绍。

3.2 指令的机器码表示方法

3.2.1 机器语言指令的编码目的和特点

1. 机器语言指令

用汇编语言(即主要由指令系统组成的语言)编写的程序称为汇编语言源程序,若直接将它送到计算机,机器并不认识那些构成程序的指令和符号的含义,还必须由汇编程序将源程序翻译成计算机能认识的二进制机器语言指令(机器码)后,才能被计算机识别和执行,得到运算结果。

通常,计算机用户采用汇编语言编写程序时,一般可不必了解每条指令的机器码。不过,若要透彻了解计算机的工作原理,以及能看懂包含机器码的程序清单,对程序进行正确的调试、排错等,就需要熟悉机器语言。所以我们要简单介绍一下机器语言指令的基本概念和编码方式。

2. 机器语言指令的编码特点

对于 Z80、8085 等 8 位微处理器,进行指令编码是很容易的事,只要有一张指令编码表,汇编语言源程序与机器码之间的对应关系就一目了然,很容易通过查表求出每条指令的机器码。但对于 8086 系统,情况就不那么简单了。

例如,在指令"MOV 目的操作数,BX"中,可用作目的操作数的 16 位寄存器就有 8 个,若用存储器寻址方式指定目的操作数,又可以有多达 24 种编码方式(参见表 3.2)。这样,目的操作数的编码就有 32 种。如果将上述指令改为"MOV BX,源操作数",即用 BX 作目的操作数,则源操作数的编码方式又可以有 32 种。结果,仅一条含有 BX 作操作数的 MOV 指令就有 64 种编码格式。同理,用 BL 作目的操作数或源操作数的 MOV 指令,也可以有 64 种不同的编码。

可见,8086 指令的二进制编码是非常多的,很难列出一张 8086 指令与机器语言的对照表。不过,我们可以为每种基本指令类型给出一个编码格式,对照格式填上不同的数字来表示不同的寻址方式、数据类型等,这样就能求得每条指令的机器码。指令通常由操作码和操作数两部分组成,每条指令的操作码很容易从指令编码表中查到。

尽管操作数千变万化,看起来十分复杂,但是它不外乎是由寄存器、存储器、立即数和端口地址等几部分组成的。对于寄存器和存储器寻址方式可以列表给出编码方式,立即数和端口地址可以直接填入指令的编码格式表中。这样也就可以很方便地求得 8086 指令的机器码了。

8086 指令系统采用变长指令,指令的长度可由 1~6 字节组成。最简单的指令是一字节指令,指令中只包含 8 位操作码,没有操作数。例如,清进位位指令 CLC 的机器码为 1111 1000,可直接从指令编码表中查到。对于大部分指令来说,除了操作码(不一定是 8 位)外,还包含操作数部分,所以要由几个字节组成。不同的指令,其操作码和寻址方式都是不一样的,故指令的长度也不一样。

3.2.2 机器语言指令代码的编制

1. 编码格式说明

我们用寄存器与寄存器之间或寄存器与存储器之间交换数据的 MOV 指令,来说明指令的编码格式,具体格式如图 3.7 所示。

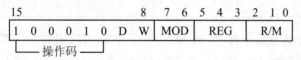

图 3.7 典型的 MOV 指令的编码格式

其中,第一个字节的高 6 位是操作码 100010。W 位说明传递数据的类型是字还是字节,W=0,为字节;W=1,为字。D 位标明数据传送的方向,D=0,数据从寄存器传出;D=1,数据传至寄存器。寄存器号由第 2 字节的 REG 字段说明,用 3 位编码可寻址 8 种不同的寄存器,再根据第 1 字节中 W=1 还是 0,选择 8 位或 16 位寄存器。例如:

当 REG=010,W=1 时,表示寻址 DX 寄存器;

当 REG=010,W=0 时,表示寻址 DL 寄存器。

8086 寄存器字段 REG 的编码如表 3.1 所示。对于使用段寄存器 CS、DS、ES 和 SS 的编码各占 2 位,分别为 01、11、00 和 10。

表 3.1 8086 寄存器编码表

REG	W=1(字)	W=0(字节)
000	AX	AL
011	BX	BL
001	CX	CL
010	DX	DL
100	SP	AH
111	DI	BH
101	BP	CH
110	SI	DH

在这类 MOV 指令中有两个操作数,其中有一个必为寄存器,我们已经知道,其编号由 REG 字段决定,另一个操作数可能是寄存器,也可能是存储器单元,由指令代码的第二个字节中的 MOD 和 R/M 字段来指定。

表 3.2 给出了 MOD 和 R/M 的编码格式,其中,D8 表示 8 位位移量,D16 表示 16 位位移量。

表 3.2 MOD 和 R/M 的编码

MOD R/M	00	01	10	11	
				W=0	W=1
000	[BX]+[SI]	[BX]+[SI]+D8	[BX]+[SI]+D16	AL	AX
001	[BX]+[DI]	[BX]+[DI]+D8	[BX]+[DI]+D16	CL	CX
010	[BP]+[SI]	[BP]+[SI]+D8	[BP]+[SI]+D16	DL	DX
011	[BP]+[DI]	[BP]+[DI]+D8	[BP]+[DI]+D16	BL	BX
100	[SI]	[SI]+D8	[SI]+D16	AH	SP
101	[DI]	[DI]+D8	[DI]+D16	CH	BP
110	D16(直接地址)	[BP]+D8	[BP]+D16	DH	SI
111	[BX]	[BX]+D8	[BX]+D16	BH	DI

如果另一个操作数也是寄存器,则 MOD=11,这时可以根据寄存器的名称及 W 的状态从表 3.2 中查出 R/M 的编码:W=0 时,3 位 R/M 字段可组成 8 个 8 位寄存器,W=1 时,3 位 R/M 字段组成 8 个 16 位寄存器。如果另一个操作数是存储单元,则 MOD≠11,在这种情况下,只要通过简单的计算就能确定有效地址 EA。

EA 可能包含在寄存器内,也可能是一个或两个寄存器与 8 位(D8)或 16 位(D16)位移量之和。MOD 字段的 3 种编码和 R/M 的 8 种编码,一共可以组成 24 种不同的编码格式,即涉及存储器操作的寻址方式可以有 24 种不同的表示方法。对指令进行编码时,要是指令中包含 8 位位移量,需要再增加 1 个字节存放位移量 disp-L;如果包含 16 位的位移量,那么要增加 2 个字节存放位移量。第 3 个字节存放位移量的低字节 disp-L,第 4 个字节存放位移量高字节 disp-H。

下面我们通过示例来对 MOV 指令进行编码。

2. 寄存器间传送指令的编码

例 3.18 求指令 MOV SP,BX 的机器码。

这条指令的功能是将 BX 寄存器的内容送到 SP 寄存器中。该指令的操作码为 100010;因为传送的是字数据,所以 W=1;在指令中有两个寄存器,若选择将 SP 寄存器的编码 100 送到 REG 字段,则 D 必须取 1,表示数据传至所选的寄存器 SP;由于指令中另一个操作数 BX 也是寄存器,因此,MOD=11;再根据 W=1 及寄存器名称为 BX,从表 3.2 可知 R/M=011。这样,就可求得图 3.8 所示的指令编码。

如果我们将选择 BX 的编码 011 送到 REG 字段,则 D=0,表示数据从 BX 传出,R/M 字段填入第二个寄存器 SP 的编码 100,其余同上,这样 MOV SP,BX 指令又可有另一种编码格式,如图 3.9 所示。

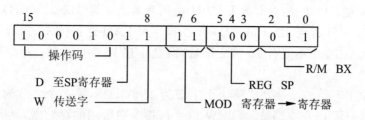

图 3.8 指令 MOV SP,BX 的编码

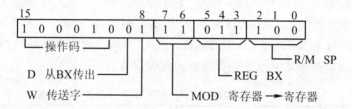

图 3.9 指令 MOV SP,BX 的另一种编码

3. 寄存器与存储器间传送指令的编码

例 3.19 求指令 MOV CL,[BX+1234H]的机器码。

这条指令的功能是将有效地址为(BX+1234H)存储单元中的数据字节传送到 CL 寄存器中,指令的编码如图 3.10 所示。

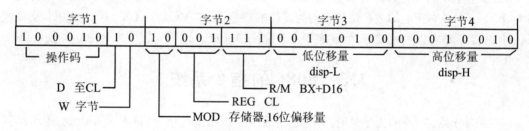

图 3.10 指令 MOV CL,[BX+1234H]的编码

求该指令编码的第 1、2 字节的方法与例 3.18 相类似,可以通过查表得到;第 3 字节存放 16 位位移量的低字节 34H,第 4 字节存放高字节 12H。所以该指令的编码为 8A 8F 34 12H。

4. 立即数寻址指令的编码

对于立即数寻址的指令,除了操作码外,还要有一至两个字节用于存放立即数据。

例 3.20 求指令 MOV DX,5678H 的机器码。

该指令的功能是将立即数 5678H 送到 DX 寄存器中。这条指令的编码为 3 字节,第 1 字节为"1011 W REG",其中,1011 为操作码,由于传送的是字数据,所以 W=1,由表 3.2 可知,DX 寄存器的编码为 010,即 REG 字段填 010,因此该指令的第 1 字节编码为 1011 1010。指令的第 2 字节存放立即数的低字节 78H,第 3 字节为高字节 56H。所以这条指令的十六进制编码为 BA 78 56H。

例 3.21 求指令 MOV [BX+2100H],0FA50H 的机器码。

该指令的功能是将 16 位立即数 FA50H 送到有效地址为（BX+2100H）的字存储单元中，其中，低字节 50H 送到（BX+2100H）单元，高字节 FAH 送到（BX+2101H）单元。它是一个 6 字节指令，指令中不但有 16 位立即数，而且还有 16 位位移量。指令编码如图 3.11 所示。

该指令的操作码含两个字节。第 1 个字节为 1100011W，第 2 个字节为 MOD 000 R/M，由于传送的是 16 位立即数，所以 W 位＝1，指令中所用的存储器寻址方式的编码为 [BX]+D16，由表 3.2 知，MOD=10, R/M=111，第 2 字节中还有 3 位为 000。这样，可求得该指令的前两个字节为 1100 0111 1000 0111，即 C787H。指令的第 3 和第 4 字节分别为 16 位位移量的低字节（disp-L）00H 和高字节（disp-H）21H。第 5 和第 6 字节存放立即数低字节（data-L）50H 和高字节（data-H）FAH。因此，该指令的 6 字节编码为 C7 87 00 21 50 FA，在内存中按从低地址到高地址的次序存放。

字节 1	字节 2	字节 3	字节 4	字节 5	字节 6
1100011 1	10 000 111	00000000	00100001	01010000	11111010
操作码 W 传送字	MOD R/M BX+D16	位移量低字节	位移量高字节	立即数低字节	立即数高字节

图 3.11　指令 MOV [BX+2100H],0FA50H 的编码

如果指令中的立即数只有 8 位，例如指令 MOV [BX+3200H],86H，那么可以省去第 6 字节 data-H。对于立即数和位移量均为 8 位的指令，例如 MOV [BX+10H],20H，指令代码的第 1、2 字节可以查表求得，第 3 字节为 8 位位移量 disp-L，第 4 字节为 8 位立即数 data-L。

3.3　8086 的指令系统

按功能分类，8086 的指令共有六大类，它们是：数据传送指令、算术运算指令、逻辑运算和移位指令、字符串处理指令、控制转移指令以及处理器控制指令。下面分别介绍各类指令的格式、功能和应用实例。

3.3.1　数据传送指令

数据传送指令共 14 条，列于表 3.3 中，它们可完成寄存器与寄存器之间、寄存器与存储器之间、累加器 AX 或 AL 与 I/O 端口之间的字或字节的传送，堆栈操作指令也归入这一类。此外，还包括一组标志传送指令和一组地址传送指令。这类指令中，除 SAHF 和 POPF 指令外，对标志位均没有影响。

1. 通用数据传送指令（General Purpose Data Transfer）

1）MOV 传送指令（Move）

指令格式：MOV　目的,源

指令功能：将源操作数（一个字节或一个字）传送到目的操作数。

指令中至少要有一项明确说明传送的是字节还是字，MOV 指令允许数据传送的途径如图 3.12 所示（但 CS 不能做目的操作数）。

表 3.3 数据传送指令

通用数据传送指令	
MOV	字节或字的传送
PUSH	入栈指令
POP	出栈指令
XCHG	交换字或字节
XLAT	表转换
输入输出指令	
IN	输入
OUT	输出
地址目标传送指令	
LEA	装入有效地址
LDS	装入数据段寄存器
LES	装入附加段寄存器
标志传送指令	
LAHF	标志寄存器低字节装入 AH
SAHF	AH 内容装入标志寄存器低字节
PUSHF	标志寄存器入栈指令
POPF	出栈,并送入标志寄存器

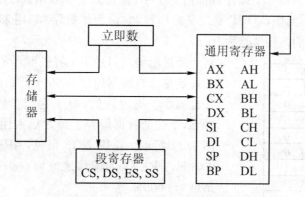

图 3.12 MOV 指令允许传送数据的途径

由图 3.12 可知,MOV 指令允许在 CPU 的寄存器之间、存储器和寄存器之间传送字节和字数据,也可将立即数送到寄存器或存储器中。但是要注意,IP 寄存器不能用作源操作数或目的操作数,目的操作数也不允许用立即数和 CS 寄存器。另外,除了源操作数为立即数的情况外,两个操作数中必有一个是寄存器,但不能都是段寄存器。这就是说,MOV 指令不能在两个存储单元之间直接传送数据,也不能在两个段寄存器之间直接传送数据。有关 MOV 指令的用法,前两节中已举了不少例子,下面再举一些例子来进一步说明它的功能与用法。

例 3.22　MOV　　AL,'B'

这条 MOV 指令把字符 B 的 ASCII 码(42H)传送到 AL 寄存器中。

例 3.23　MOV　　AX,DATA
　　　　　　MOV　　DS,AX

设 DATA 为数据段的段地址值,则这两条指令执行后将数据段的段地址值 DATA 送入 DS 寄存器。由于 DATA 是一个 16 位立即数,不能被直接送进 DS,需要先送进另一个数据寄存器(本例中为 AX),然后从这个数据寄存器传到 DS 中。在程序开头放进这两条指令后,DS 便指向当前数据段,这样,对数据段中所有数据进行存取时,就不用再考虑这些数据所在位置处的段地址了。

下面的一些例子,将进一步涉及数据段的基地址和数据段中各变量的偏移地址的概念,为此,我们在这里对这些概念做些初步的介绍,更详细的讨论将在下一章中进行。

在汇编语言程序中,数据通常存放在数据段中。例如,下面是某个程序的数据段:

```
DATA    SEGMENT                    ;数据段开始
AREA1   DB   14H,3BH
AREA2   DB   3 DUP(0)
ARRAY   DW   3100H,01A6H
STRING  DB   'GOOD'
DATA    ENDS                       ;数据段结束
```

这里,数据段以段说明符 SEGMENT 开始,ENDS 结束,DATA 是数据段的段名。DB 伪操作符用来定义字节变量,说明其后的每一个操作数都占一个字节。DW 伪操作符则定义字变量,说明其后的每一个操作数都占一个字,并且低字节数据放在低地址单元中,高字节数据放在高地址单元中。DUP 是复制操作符,它前面的数字"3"用来说明在存储器中保留 3 个字节单元,它们的初值均为 0。

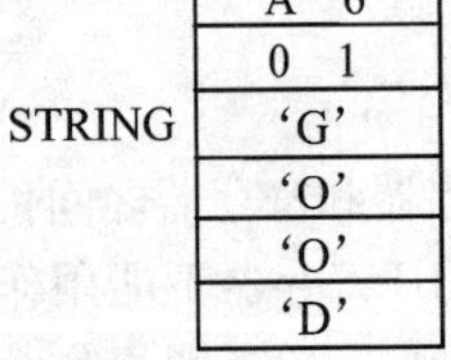

AREA1	1　4
	3　B
AREA2	0　0
	0　0
	0　0
ARRAY	0　0
	3　1
	A　6
	0　1
STRING	'G'
	'O'
	'O'
	'D'

图 3.13　数据段占用存储空间的情况

经过汇编后,DATA 将被赋予一个具体的段地址,而各变量将自偏移地址 0000H 开始依次存放,各符号地址也被赋予确定的值,等于它们在数据段中的偏移量。例如,上述的数据段经汇编之后占用存储空间的情况如图 3.13 所示。由图 3.13 可见,AREA1 的偏移地址为 0000H,AREA2 的偏移地址为 0002H,ARRAY 的偏移地址为 0005H 等。

例 3.24　MOV　　DX, OFFSET ARRAY

将 ARRAY 的偏移地址送到 DX 寄存器中,其中,OFFSET 为属性操作符,表示应把跟在后面的符号地址的值(而不是内容)作为操作数。如果 ARRAY 的值如图 3.13 所示,则指令执行后,符号地址 ARRAY 的偏移量 0005H 被送到了 DX 寄存器中。

例 3.25
　　MOV　AL, AREA1　　　　;AL←AREA1 中的内容 14H
　　MOV　AREA2, AL　　　　;0002H 单元←14H

设 AREA1 和 AREA2 的值仍如图 3.13 所示,则第 1 条 MOV 指令将 AREA1 存储单元中的内容(14H)送进 AL,再由第 2 条 MOV 指令传送到 AREA2 存储单元中。

例 3.26　MOV　　AX, TABLE[BP][DI]

将地址为 16×SS+BP+DI+TABLE 的字存储单元中的内容送进 AX。

2) PUSH 进栈指令(Push Word onto Stack)

指令格式:PUSH　源

指令功能:将源操作数推入堆栈。

源操作数可以是 16 位通用寄存器、段寄存器或存储器中的数据字,但不能是立即数。堆栈是以"先进后出"的方式工作的一个存储区,栈区的段址由 SS 寄存器的内容确定。堆栈的最大容量可为 64K,即一个段的最大容量。堆栈指针 SP 始终指向栈顶,其值可以从 FFFEH(偶地址)开始,向低地址方向发展,最小为 0。

每次执行 PUSH 操作时,先修改 SP 的值,使 SP←SP－2 后,然后把源操作数(字)压入堆栈中 SP 指示的位置上,低位字节放在较低地址单元(真正的栈顶单元),高位字节放在较高地址单元。由于堆栈操作都是以字为单位进行的,所以 SP 总是指向偶地址单元。SS 和 SP 的值可由指令设定。

3) POP 出栈指令 (Pop Word off Stack)

指令格式:POP　目的

指令功能:把当前 SP 所指向的堆栈顶部的一个字送到指定的目的操作数中。

目的操作数可以是 16 位通用寄存器、段寄存器或存储单元,但 CS 不能作目的操作数。每执行一次出栈操作,SP←SP+2,即 SP 向高地址方向移动,指向新的栈顶。

下面举例说明堆栈指令的操作过程。

例 3.27　设 SS=2000H,SP=40H,BX=3120H,AX=25FEH,依次执行下列指令:

　　　　PUSH　　BX
　　　　PUSH　　AX
　　　　POP　　　BX

堆栈中的数据和 SP 的变化情况如图 3.14 所示。

4) XCHG 交换指令 (Exchange)

指令格式:XCHG　目的, 源

指令功能:把一个字或字节的源操作数和目的操作数相交换。

交换可以在寄存器之间、寄存器与存储器之间进行,但段寄存器不能作为操作数,也不能直接交换两个存储单元中的内容。

例 3.28　设 AX=2000H, DS=3000H, BX=1800H, (31A00H)=1995H, 执行下面指令:

　　　　　XCHG　　AX, [BX+200H]

它把内存中的一个字与 AX 中的内容进行交换,源操作数的物理地址=3000×10H+1800H+200H=31A00H,该地址处存放的字数据为 1995H。因此,指令执行后

　　　　AX=1995H,(31A00H)=2000H

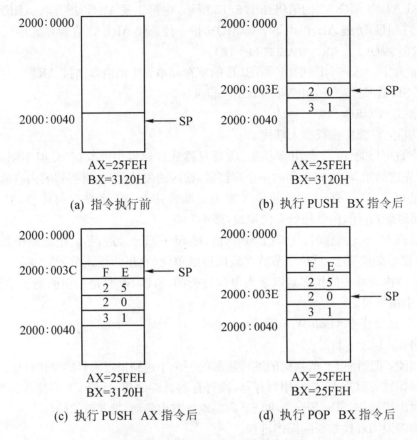

图 3.14 PUSH 和 POP 指令执行过程

5) XLAT 表转换指令(Table Lookup-Translation)

指令格式：XLAT 转换表

　　　　　或 XLAT

指令功能：将一个字节从一种代码转换成另一种代码。

我们经常要用查表的方式来实现代码转换。例如，在控制 LED 显示器时，需要根据所要显示的数字，查得它的七段码；在进行声响报警时，则要根据当前要报警的内容，选定送给定时电路的时间常数等。XLAT 指令能够简化这种查表操作。

使用 XLAT 指令之前必须先建立一个表格，并将转换表的起始地址装入 BX 寄存器中。AL 中事先也要送一个初值，这个值等于表头地址与所要查找的某一项之间的位移量。表格中的内容则是所需要转换的代码，表格最多包含 256 个字节。执行 XLAT 指令后，根据位移量可以从表中查到转换后的代码值，并自动送入 AL 寄存器中，得到所需结果。

XLAT 指令有两种格式，其中，第一种格式中的"转换表"为表格的首地址，一般用符号表示，以提高程序的可读性，但它也可以省略，即用第二种格式。

例 3.29 若十进制数字 0~9 的 LED 七段码对照表如表 3.4 所示，试用 XLAT 指令求数字 5 的七段码值。

表 3.4 十进制数的七段显示码表

十进制数字	七段显示码	十进制数字	七段显示码
0	40H	5	12H
1	79H	6	02H
2	24H	7	78H
3	30H	8	00H
4	19H	9	18H

首先用 DB 伪指令在内存中建立一个表格,用于存放数字 0~9 的七段码值,若表格起始地址为 TABLE,则数字 0~9 的七段码分别存放在相对于 TABLE 的位移量为 0~9 的单元中。

执行 XLAT 指令前,应先把表格首地址 TABLE 送入 BX,再将数字 5 的七段码在表格中的位移量送 AL 中,然后执行 XLAT 指令,这样就可在 AL 中得到数字 5 的七段代码值 12H。程序如下:

```
TABEL   DB   40H,79H,24H,30H,19H      ;七段码表格
        DB   12H,02H,78H,00H,18H
        ⋮
        MOV  AL,5                     ;AL←数字 5 的位移量
        MOV  BX,OFFSET TABLE          ;BX←表格首地址
        XLAT TABLE                    ;查表得 AL=12H
```

2. 输入输出指令(Input and Output)

输入输出指令用来完成 I/O 端口与累加器之间的数据传送,指令中给出 I/O 端口的地址值。当执行输入指令时,把指定端口中的数据读入累加器中;当执行输出指令时,则把累加器中的数据写入指定的端口中。

1) IN 输入指令(Input)

指令格式:

① IN AL,端口地址

或 IN AX,端口地址

② IN AL,DX   ;端口地址存放在 DX 寄存器中

或 IN AX,DX

指令功能:从 8 位端口读入一个字节到 AL 寄存器,或从 16 位端口读一个字到 AX 寄存器。16 位端口由两个地址连续的 8 位端口组成,从 16 位端口输入时,先将给定端口中的字节送进 AL,再把端口地址加 1,然后将该端口中的字节读入 AH。

IN 指令有两种格式。第一种格式,端口地址(00~FFH)直接包含在 IN 指令里,共允许寻址 256 个端口。由于 8086 CPU 可以直接访问地址为 0000~FFFFH 的 64K 个 I/O 端口,当端口地址号大于 FFH 时,必须用第二种寻址方式,即先将端口号送入 DX 寄存器,再执行输入操作。

例 3.30 下面是用 IN 指令从输入端口读取数据的几个具体例子:

```
        IN    AL, 0F1H              ;AL←从 F1H 端口读入一个字节
        IN    AX, 80H               ;AL←80H 端口的内容
                                    ;AH←81H 端口的内容
        MOV   DX, 310H              ;端口地址 310H 先送入 DX 中
        IN    AL, DX                ;AL←310H 端口的内容
```

例 3.31 IN 指令中也可使用符号来表示地址，例如下面指令从一个模/数（A/D）转换器读入一个字节的数字量到 AL 中：

```
        ATOD  EQU  54H              ;A/D 转换器端口地址为 54H
              IN   AL, ATOD         ;将 54H 端口的内容读入 AL 中
```

2) OUT 输出指令（Output）

指令格式：

① OUT   端口地址，AL

或 OUT   端口地址，AX

② OUT   DX, AL   ;DX=端口地址

或 OUT   DX, AX

指令功能：将 AL 中的一个字节写到一个 8 位端口，或把 AX 中的一个字写到一个 16 位端口。同样，对 16 位端口进行输出操作时，也是对两个连续的 8 位端口进行输出操作。

例 3.32 下面是几个用 OUT 指令对输出端口进行操作的例子：

```
        OUT   85H, AL               ;85H 端口←AL 内容
        MOV   DX, 0FF4H
        OUT   DX, AL                ;FF4H 端口←AL 内容
        MOV   DX, 300H              ;DX 指向 300H
        OUT   DX, AX                ;300H 端口←AL 内容
                                    ;301H 端口←AH 内容
```

3. 地址目标传送指令（Address Object Transfers）

这是一类专用于传送地址码的指令，它可以用来传送操作数的段地址和偏移地址，共包含以下三条指令：

1) LEA 取有效地址指令（Load Effective Address）

指令格式：LEA   目的，源

指令功能：取源操作数地址的偏移量，并把它传送到目的操作数所在单元。

LEA 指令要求源操作数必须是存储单元，而且目的操作数必须是一个除段寄存器之外的 16 位寄存器。使用时要注意它与 MOV 指令的区别，MOV 指令传送的一般是源操作数中的内容而不是地址。

例 3.33 假设：SI=1000H, DS=5000H,（51000H）=1234H

执行指令   LEA   BX, [SI]后, BX=1000H

执行指令   MOV   BX, [SI]后, BX=1234H

有时，LEA 指令也可以用取偏移地址的 MOV 指令代替。

例 3.34 下面两条指令就是等价的，它们都取 TABLE 的偏移地址，然后送到 BX

中,即

    LEA   BX, TABLE
    MOV   BX, OFFSET TABLE

但有些时候,必须使用 LEA 指令来完成某些功能,不能用 MOV 指令取代 LEA。

例 3.35 某数组含 20 个元素,每个元素占一个字节,序号为 0～19。设 DI 指向数组开头处,如要把序号为 6 的元素的偏移地址送到 BX 中,不能直接用 MOV 指令来实现,必须使用下面指令:

    LEA   BX, 6[DI]

2) LDS 将双字指针送到寄存器和 DS 指令 (Load Pointer using DS)

指令格式: LDS   目的, 源

指令功能: 从源操作数指定的存储单元中,取出一个变量的 4 字节地址指针,送进一对目的寄存器。其中,前两个字节(表示变量的偏移地址)送到指令中指定的目的寄存器中,后两个字节(表示变量的段地址)送入 DS 寄存器。

指令中源操作数必须是存储单元,从该存储单元开始的连续 4 个字节单元中,存放着一个变量的地址指针。目的操作数必须是 16 位寄存器,通常使用 SI 寄存器,但是不能使用段寄存器。

例 3.36 设:DS=1200H,(12450H)=F346H,(12452H)=0A90H

执行指令   LDS   SI, [450H]后,SI=F346H,DS=0A90H

3) LES 将双字指针送到寄存器和 ES 指令 (Load Pointer using ES)

指令格式: LES   目的, 源

指令功能: 这条指令与 LDS 指令的操作基本相同,所不同的是要将源操作数所指向的地址指针中的段地址部分送到 ES 寄存器中,而不是 DS 寄存器,目的操作数常用 DI 寄存器。

例 3.37 设:DS=0100H,BX=0020H,(01020H)=0300H,(01022H)=0500H

执行指令   LES   DI, [BX]后,DI=0300H,ES=0500H

4. 标志传送指令(Flag Transfers)

可完成标志位传送的指令共有 4 条。

1) LAHF 标志送到 AH 指令 (Load AH from Flags)

指令格式: LAHF

指令功能: 把标志寄存器 SF、ZF、AF、PF 和 CF 分别传送到 AH 寄存器的位 7,6,4,2 和 0,位 5,3,1 的内容未定义,可以是任意值。

图 3.15 是它的操作示意图。

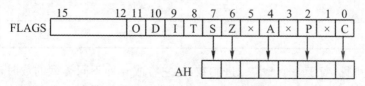

图 3.15 LAHF 指令传送标志的操作

2) SAHF AH 送标志寄存器（Store AH into Flags）

指令格式：SAHF

指令功能：把 AH 内容存入标志寄存器。这条指令与 LAHF 的操作相反，它把寄存器 AH 中的 7、6、4、2、0 位传送到标志寄存器的 SF、ZF、AF、PF 和 CF 位，高位标志 OF、DF、IF 和 TF 不受影响。

3) PUSHF 标志入栈指令（Push Flags onto Stack）

指令格式：PUSHF

指令功能：把整个标志寄存器的内容推入堆栈，同时修改堆栈指针，使 SP←SP−2，这条指令执行后对标志位无影响。

4) POPF 标志出栈指令（Pop Flags off Stack）

指令格式：POPF

指令功能：把当前堆栈指针 SP 所指的一个字，传送给标志寄存器 FLAGS，并修改堆栈指针，使 SP←SP+2。

成对地使用 PUSHF 和 POPF 这两条指令，可对标志寄存器进行保存和恢复，常用在过程（子程序）调用和中断服务程序的开头与结尾处，对进行过程调用或发生中断时主程序的状态（即标志位）进行保护。

另外，这两条指令也可以用来改变追踪标志 TF。在 8086 指令系统中没有直接改变 TF 的指令，若要改变 TF，可先用 PUSHF 指令将标志推入堆栈，然后设法改变栈顶字存储单元的 D_8 位，再用 POPF 指令把堆栈中修改过的内容传送回标志寄存器。这样，只有 TF 标志按需要改变了，而其余标志未受影响。

3.3.2 算术运算指令

算术运算指令可处理 4 种类型的数：无符号二进制整数、带符号二进制整数、无符号压缩十进制整数（Packed Decimal）和无符号非压缩十进制整数（Unpacked Decimal）。二进制数可以是 8 位或 16 位长，如果是带符号数，则用补码表示。压缩十进制数可以在一个字节中存放两个 BCD 码十进制数。若只在一个字节的低半字节存放一个十进制数，而高半字节为全零，这种数称为非压缩十进制数。如对于十进制数字 58，用压缩十进制数表示，只需要一个字节 0101 1000B；当表示成非压缩十进制数时，则需要两个字节，即 0000 0101B 和 0000 1000B。这 4 种类型数的表示方法概括于表 3.5 中。

表 3.5 4 种类型数的表示方法

二进制码(B)	十六进制(H)	无符号二进制(D)	带符号二进制(D)	非压缩十进制	压缩十进制
0000 0111	07	7	+7	7	07
1000 1001	89	137	−119	无效	89
1100 0101	C5	197	−59	无效	无效

从表 3.5 可见，对于一个 8 位二进制数，把它看成 4 种不同类型的数时，所表示的数值是不同的。例如，对于 8 位二进制数 1000 1001B，当你把它看成无符号二进制数时，表示十

进制数的 137；作为带符号二进制数时，表示十进制数的－119；当它作为非压缩十进制数时，是无效的，因为它的高 4 位不是全零；把它看作为压缩十进制数时，表示 89。而对于另一个二进制数 1100 0101B，由于其高 4 位为二进制数 1100，不能用来表示一位 BCD 码，所以作为非压缩和压缩十进制数均是无效的。算术运算指令处理的数都必须是有效的，否则会导致错误的结果。

8086/8088 指令系统提供了加、减、乘、除四种基本运算指令，可处理无符号或带符号的 8 位或 16 位二进制数的算术运算，还提供了各种调整操作指令，故可进行压缩的或非压缩的十进制数的算术运算。绝大部分算术运算指令都影响状态标志位。对于加法和减法运算指令，带符号数和无符号数的加法和减法运算的操作过程是一样的，故可以用同一条加法或减法指令来完成。而对于乘法和除法运算，带符号数和无符号数的运算过程完全不同，必须分别设置无符号数的乘除法指令。表 3.6 列出了各种算术运算指令的符号和意义。

表 3.6　算术逻辑指令

加	法
ADD	加法
ADC	带进位的加法
INC	增量
AAA	加法的 ASCII 调整
DAA	加法的十进制调整
减	法
SUB	减法
SBB	带借位的减法
DEC	减量
NEG	取负
CMP	比较
AAS	减法的 ASCII 调整
DAS	减法的十进制调整
乘	法
MUL	无符号数乘法
IMUL	整数乘法
AAM	乘法的 ASCII 调整
除	法
DIV	无符号数除法
IDIV	整数除法
AAD	除法的 ASCII 调整
CBW	把字节转换成字
CWD	把字转换成双字

1. 加法指令（Addition）

1) ADD 加法指令（Addition）

指令格式：ADD　　目的，　源

指令功能：将源和目的操作数相加，结果送到目的操作数中，即

　　　　　　　　目的←源＋目的

2) ADC 带进位的加法指令（Addition with Carry）

指令格式：ADC　　目的，　源

指令功能：功能与 ADD 类似，只是在两个操作数相加的同时，还要把进位标志 CF 的当前值加进去作为和，再把结果送到目的操作数中，即

　　　　　　　　目的←源＋目的＋CF

这两条指令的源操作数可以是寄存器、存储器或立即数，目的操作数只能用寄存器和存储单元，存储单元可以有表 3.2 中所示的 24 种表示方法。但要注意源和目的操作数不能同时为存储器，而且它们的类型必须一致，即都是字节或字。

例 3.38　列举上述两种加法指令的实例，以说明它们的用法。

```
ADD    AL,   18H          ;AL←AL+18H
ADC    BL,   CL           ;BL←BL+CL+CF
ADC    AX,   DX           ;AX←AX+DX+CF
ADD    AL,   COST[BX]     ;将 AL 内容和物理地址＝DS:(COST+BX)的
                          ;存储字节相加,结果送到 AL 中
ADD    COST[BX],  BL      ;将 BL 与物理地址＝DS:(COST+BX)的存储
                          ;字节相加,结果留在该存储单元中
```

这两条指令影响的标志位为：CF、OF、PF、SF、ZF 和 AF。

例 3.39　试用加法指令对两个 8 位十六进制数 5EH 和 3CH 求和，并分析加法运算指令执行后对标志位的影响。

我们用 AL 和 BL 寄存器来存放这两个数，然后用 ADD 指令求和，结果将留在 AL 之中。即

```
MOV    AL,   5EH          ;AL=5EH (94)
MOV    BL,   3CH          ;BL=3CH (60)
ADD    AL,   BL           ;结果 AL=9AH
```

为了讨论 ADD 指令执行时对标志位的影响情况，我们将上述两个数的相加过程，用算式表示如下：

$$\begin{array}{r} 0101\ 1110 \\ +\ 0011\ 1100 \\ \hline 1001\ 1010 \end{array}$$

运算后标志位：ZF＝0，AF＝1，CF＝0，SF＝1，PF＝1，OF＝1。

这是因为运算结果非 0，故零标志 ZF＝0；低 4 位向高 4 位有进位，所以半进位标志 AF＝1；D_7 位没有产生进位，进位标志 CF＝0；因 D_7＝1，符号标志 SF＝1；结果中有偶数个 1，使奇偶标志 PF＝1；对于溢出标志 OF，计算机根据两个数以及它们的结果的符号来决定，当

两个加数的符号相同,而结果的符号与之相反时,OF=1。

如何对这些标志进行解释,取决于你编写的程序,或者说是人为决定的。

例如,若编程人员将上述两个加数都看成无符号数时,则 D_7 位也代表数据位,不是符号位,运算结果为 9AH,即十进制数 154。如果两数之和超过 FFH,进位标志 CF 将置 1。在这种情况下,SF 标志和 OF 标志都没有意义。因此,对于无符号数,编程人员通常关心的只是 ZF 和 CF 标志。在进行 BCD 码运算或需要进行奇偶校验时,才考虑 AF 或 PF 标志。

要是将这两个加数都当成带符号数,符号标志 SF 和溢出标志 OF 就很重要了,而进位标志 CF 却没有意义。本例中,表示两个正数 94 和 60 相加,其和为 154,由于 154 超过了带符号数能表示的范围 −128～+127,即产生了溢出,故 OF 标志置 1。这时虽然符号标志 SF=1,但是由于 OF=1,运算出错,结果无效。如果没有产生溢出(即 OF=0),SF=1,表示结果为负数。

对运算结果的标志位进行判断,并做相应的处理,需要使用条件转移和过程调用指令,我们将在后面的章节里进一步讨论。

3) INC 增量指令(Increment)

指令格式:INC 目的

指令功能:对目的操作数加 1,结果送回目的操作数。即

    目的 ← 目的 + 1

目的操作数可在通用寄存器或内存中。该指令主要用在循环程序中,对地址指针和循环计数器等进行修改。指令执行后影响 AF、OF、PF、SF 和 ZF,但进位标志 CF 不受影响。

例 3.40 下面是 INC 指令的两个应用例子:

  INC BL   ;BL 寄存器中内容增 1
  INC CX   ;CX 寄存器中内容增 1

由于该指令只有一个操作数,如果要使内存单元的内容增 1,则程序中必须有说明该存储单元是字还是字节的符号或说明语句。

例 3.41

  INC BYTE PTR[BX]   ;内存字节单元内容增 1
  INC WORD PTR[BX]   ;内存字单元内容增 1

这里 PTR 为类型说明符,前面加 BYTE 说明操作数类型为字节,加 WORD 则说明操作数类型为字。对于操作数类型不清楚的指令,可用 PTR 操作符进行说明。

4) AAA 加法的 ASCII 调整指令(ASCII Adjust for Addition)

指令格式:AAA

指令功能:在用 ADD 或 ADC 指令对两个非压缩十进制数或 ASCII 码表示的十进制数做加法后,运算结果已存在 AL 的情况下,用此指令将 AL 寄存器中的运算结果调整为 1 位非压缩十进制数,仍保留在 AL 中,若 AF=1,表示向高位有进位,则进到 AH 寄存器中。

如前所述,非压缩十进制数的高 4 位为全 0,低 4 位为十进制数字 0～9。例如,将 9 表示成 0000 1001,而 5 为 0000 0101 等。

AAA 指令执行时,将对 AL 中的运算结果进行如下调整:

若 AL 低 4 位＞9 或半进位标志 AF＝1,则:
(1) AL←AL＋6;
(2) 用与操作(∧)将 AL 高 4 位清 0;
(3) AF 置 1,CF 置 1,AH←AH＋1。
否则,仅将 AL 寄存器的高 4 位清 0。

例 3.42 若 AL＝BCD 9,BL＝BCD 5,求两数之和。

设 AH＝0,则运算过程如下:

```
    ADD  AL,BL    ;      0000  1001 … 9
                  ;   +  0000  0101 … 5
                  ;      ─────────────
    AAA           ;      0000  1110 … 低 4 位＞9
                  ;   +  0000  0110 … 加 6 调整
                  ;      ─────────────
                  ;      0001  0100
                  ;   ∧  0000  1111 … 清高 4 位
                  ;      ─────────────
                  ;      0000  0100 … AL＝4
                  ;      CF＝1,AF＝1,AH＝1
                  ; 结果为 AX＝0104H,表示非压缩十进制数 14
```

用 ASCII 码表示的十进制数,高半字节均为 3,在运算中是多余的,常常需先用 AND 指令将它屏蔽掉(即清为 0)后再进行运算。

使用 AAA 指令,可以不必屏蔽高半字节,只要在相加后立即执行 AAA 指令,便能在 AX 中得到一个正确的非压缩十进制数。

例 3.43 求 ASCII 码表示的数 9(39H)与 5(35H)之和。

设 AH＝0,则运算过程如下:

```
    MOV  AL,'9'   ;      AL＝39H
    MOV  BL,'5'   ;      BL＝35H
    ADD  AL,BL    ;      0011  1001 … '9'
                  ;   +  0011  0101 … '5'
                  ;      ─────────────
    AAA           ;      0110  1110 … 低 4 位＞9
                  ;   +  0000  0110 … 加 6 调整
                  ;      ─────────────
                  ;      0111  0100
                  ;   ∧  0000  1111 … 清高 4 位
                  ;      ─────────────
                  ;      0000  0100 … AL＝4
                  ;      CF＝1,AF＝1,AH＝1
                  ; 结果为 AX＝0104H,即非压缩十进制数 14
```

如果想把 AX 中的结果"1"和"4"表示成 ASCII 码,那么只要用在 AAA 指令后加上一条"或"操作指令 OR　AX,3030H,便使 AX 中的结果变成了 ASCII 码 3134H。

5) DAA 加法的十进制调整指令 (Decimal Adjust for Addition)

指令格式:DAA

指令功能:将两个压缩 BCD 数相加后的结果调整为正确的压缩 BCD 数。相加后的结果必须在 AL 中,才能使用 DAA 指令。

DAA 指令执行时,调整过程为:

若做加法后 AL 中的低半字节＞9 或 AF＝1,则:

AL←AL＋6,对低半字节进行调整。

若此时 AL 中高半字节结果＞9 或 CF＝1,则:

AL←AL＋60H,对高半字节进行调整,并使 CF 置 1,否则 CF 置 0。

例 3.44　若 AL＝BCD 38,BL＝BCD 15,求两数之和。

运算过程如下:

```
    ADD   AL,BL        ;      0011  1000 … 38
                       ;   ＋  0001  0101 … 15
                       ;      ─────────────
    DAA                ;      0100  1101 … 低 4 位＞9
                       ;   ＋  0000  0110 … 加 6 调整
                       ;      ─────────────
                       ;      0101  0011 … 结果为 AL＝BCD 53,CF＝0
```

例 3.45　若 AL＝BCD 88,BL＝BCD 49,求两数之和。运算过程为:

```
    ADD   AL,BL        ;      1000  1000 … 88
                       ;   ＋  0100  1001 … 49
                       ;      ─────────────
    DAA                ;      1101  0001 … AF＝1
                       ;   ＋  0000  0110 … 加 6 调整
                       ;      ─────────────
                       ;      1101  0111 … 调整后高半字节＞9
                       ;   ＋  0110  0000 … 加 60H 调整
                       ;      ─────────────
                       ;      0011  0111 … 结果为 AL＝BCD 37,CF＝1
```

2. 减法指令 (Subtraction)

1) SUB 减法指令 (Subtraction)

指令格式:SUB　目的,　源

指令功能:将目的操作数减去源操作数,结果送回目的操作数。即

目的 ← 目的－源

例 3.46

```
    SUB   AX, BX           ;AX←AX－BX
```

```
    SUB    DX, 1850H           ;DX←DX－1850H
    SUB    BL, [BX]            ;BL 中内容减去物理地址＝DS:BX 处的字节,结果存入 BL
```

2) SBB 带借位的减法指令（Subtract with Borrow）

指令格式：SBB 目的, 源

指令功能：与 SUB 类似，只是在两个操作数相减后，还要减去进位/借位标志 CF 的当前值。即

    目的 ← 目的－源－CF

例 3.47

```
    SBB    AL, CL              ;AL←AL－CL－CF
```

SBB 主要用于多字节减法中。

3) DEC 减量指令（Decrement）

指令格式：DEC 目的

指令功能：对指定的目的操作数减 1，结果送回此操作数。即

    目的 ← 目的－1

例 3.48

```
    DEC    BX                  ;BX←BX－1
    DEC    WORD PTR[BP]        ;堆栈段中位于[BP]偏置处的字减 1
```

4) NEG 取负指令（Negate）

指令格式：NEG 目的

指令功能：对目的操作数取负，即用零减去操作数，再把结果送回目的操作数。即

    目的 ← 0－目的

例 3.49

```
    NEG    AX                  ;将 AX 中的数取负(正数变负数,负数变正数)
    NEG    BYTE PTR[BX]        ;对数据段中位于[BX]偏置处的字节取负
```

5) CMP 比较指令（Compare）

指令格式：CMP 目的, 源

指令功能：将目的操作数减去源操作数，但结果不回送到目的操作数中，仅将结果反映在标志位上，接着可用条件跳转指令决定程序的去向。即

    目的 － 源

例 3.50

```
    CMP    AL, 80H             ;AL 与 80H 作比较
    CMP    BX, DATA1           ;BX 与数据段中偏移量为 DATA1 处的字比较
```

比较指令主要用在希望比较两个数的大小，而又不破坏原操作数的场合。

以上五种指令实际上都是做减法运算，而且都可以进行字或字节运算。对于 SUB、SBB 和 CMP 这类双操作数指令，源操作数可以是寄存器、存储器或立即数；目的操作数可以是寄存器或存储器，但不能为立即数，而且要求两个操作数不能同时为存储器。对于单操作数

指令,目的操作数可以是寄存器或存储器,但不能为立即数,如果是存储器操作数,还必须说明其类型是字节还是字。运算之后,除 DEC 指令不影响 CF 标志外,它们均影响 OF、SF、ZF、AF、PF 和 CF 标志。在减法操作后,如果源操作数大于目的操作数,需要借位,那么进位/借位标志 CF 将被置 1。

例 3.51 设 AL＝1011 0001B,DL＝0100 1010B,若要求 AL－DL,只要执行指令 SUB AL,DL,与加法操作数一样,对结果的解释也取决于参与运算的数的性质。

运算过程如下：

```
       二进制减法           当成无符号数              当成带符号数
       1011 0001               177                    －79
      －0100 1010              －74                   －)＋74
       ─────────              ──────                 ──────
       0110 0111               103                    ＋103
```

运算后标志位 ZF＝0,AF＝1,CF＝0,SF＝0,PF＝0,OF＝1。

运算结果为非 0,所以零标志 ZF＝0；低 4 位向高 4 位有借位,因此半进位/借位标志 AF＝1；D_7 位没有产生进位,进位标志 CF＝0；因为 D_7＝0,符号标志 SF＝0；结果中有奇数个 1,使奇偶标志 PF＝0；对于溢出标志 OF,如果两个数的符号相反,而结果的符号与减数相同,则 OF＝1。

若把两数当成无符号数,CF＝0 表示没有借位,结果 103 是 177 与 74 的差。这时,标志位 SF＝0 和 OF＝1 并无意义。

要是把两数当成带符号数,表示的操作为一个负数(－79)减去一个正数(74),结果为正数(103),显然结果不正确。正确的结果应为：－79－(＋74)＝－153。由于一个字节能表示的带符号数的范围为－128～＋127,－153 超过了这个范围,产生了溢出,所以溢出标志 OF 被置 1,表示运算结果错误。

6) AAS 减法的 ASCII 调整指令（ASCII Adjust for Subtraction）

指令格式：AAS

指令功能：在用 SUB 或 SBB 指令对两个非压缩十进制数或以 ASCII 码表示的十进制数进行相减后,对 AL 中所得结果进行调整,在 AL 中得到一个正确的非压缩十进制数之差。如果有借位,则 CF 置 1。AAS 指令必须紧跟在 SUB 或 SBB 指令之后。

AAS 指令执行时,调整过程为：

若 AL 寄存器的低 4 位＞9 或 AF＝1,则

(1) AL←AL－6,AF 置 1；

(2) 将 AL 寄存器高 4 位清零；

(3) AH←AH－1,CF 置 1。

否则,不需要调整。

例 3.52 设 AL＝BCD 3,CL＝BCD 8,求两数之差。显然,结果为 BCD 5,但要向高位借位。

运算过程如下：

```
    SUB  AL,CL    ;     0000 0011   BCD 3
                  ;   — 0000 1000   BCD 8
                  ;   ─────────────
    AAS           ;     1111 1011   低 4 位＞9
                  ;   — 0000 0110   减 6 调整
                  ;   ─────────────
                        1111 0101
                  ;  ∧  0000 1111   高 4 位清 0
                  ;   ─────────────
                  ;     0000 0101   AL＝5
                  ; 结果为 5,CF＝1,表示有借位
```

7) DAS 减法的十进制调整指令（Decimal Adjust for Subtraction）

指令格式：DAS

指令功能：在两个压缩十进制数用 SUB 或 SBB 相减后,结果已存在 AL 中的情况下,对所得结果进行调整,在 AL 中得到正确的压缩十进制数。同样,它也要对 AL 中高半字节和低半字节分别进行调整。

DAS 指令执行时,调整过程为：

如果 AL 寄存器的低 4 位＞9 或 AF＝1,则：

AL←AL－6,AF 置 1。

如果此时 AL 高半字节＞9 或标志位 CF＝1,则：

AL←AL－60H,CF 置 1。

例 3.53 设 AL＝BCD 56,CL＝BCD 98,求两数之差。

运算过程如下：

```
    SUB  AL,CL    ;     0101 0110 … BCD 56
                  ;   — 1001 1000 … BCD 98
                  ;   ─────────────
                  ;     1011 1110 … 低 4 位＞9,CF＝AF＝1
    DAS           ;   — 0000 0110 … 减 6 调整
                  ;   ─────────────
                  ;     1011 1000 … 高 4 位＞9
                  ;   — 0110 0000 … 减 60H 调整
                  ;   ─────────────
                  ;     0101 1000 … BCD 58
                  ; 结果为 AL＝BCD 58,CF＝1,表示有借位
```

3. 乘法指令（Multiply）

1) MUL 无符号数乘法指令（Multiply）

指令格式：MUL 源

指令功能：把源操作数和累加器中的数都当成无符号数,然后将两数相乘,源操作数可以是字节或字。

如果源操作数是一个字节,它与累加器 AL 中的内容相乘,乘积为双倍长的 16 位数,高 8 位送到 AH,低 8 位送到 AL。即

$$AX \leftarrow AL * 源$$

如果源操作数是一个字,则它与累加器 AX 的内容相乘,结果为 32 位数,高位字放在 DX 寄存器中,低位字放在 AX 寄存器中。即

$$(DX, AX) \leftarrow AX * 源$$

乘法指令中,源操作数可以是寄存器,也可以是存储单元,但不能是立即数。当源操作数是存储单元时,必须在操作数前加 BYTE 或 WORD 说明是字节还是字。

例 3.54

```
MUL    DL                ;AX←AL*DL
MUL    CX                ;(DX,AX)←AX*CX
MUL    BYTE[SI]          ;AX←AL*(内存中某字节),B 说明字节乘法
MUL    WORD[BX]          ;(DX,AX)←AX*(内存中某字),W 说明字乘法
```

MUL 指令执行后影响 CF 和 OF 标志,如果结果的高半部分(字节操作为 AH、字操作为 DX)不为零,表明其内容是结果的有效位,则 CF 和 OF 均置 1。否则,CF 和 OF 均清 0。通过测试这两个标志,可检测并去除结果中的无效前导零。乘法指令使 AF、PF、SF 和 ZF 的状态不定。

例 3.55 设 AL=55H,BL=14H,计算它们的积。只要执行下面这条指令:

```
MUL    BL
```

结果:AX=06A4H。由于 AH=06H≠0,高位部分有效,所以置 CF=1,OF=1。

如果要做带符号数的乘法,是否也能使用 MUL 指令呢? 不能! 让我们来看一个例子。

例 3.56 试计算 FFH×FFH。用二进制表示成如下形式:

```
            1111   1111
         ×  1111   1111
        ─────────────────
         1111 1110 0000 0001
```

若把它们当成无符号数,相当于进行 255×255=65025 的运算,结果正确。若把它们看作带符号数,上面的计算表示(−1)×(−1)=−511,显然结果不正确。

由此可见,如果用 MUL 指令做带符号数的乘法,会得到错误的结果,所以必须用下面介绍的 IMUL 指令,才能使(−1)×(−1)得到正确的结果 0000 0000 0000 0001。

2) IMUL 整数乘法指令 (Integer Multiply)

指令格式:IMUL 源

指令功能:把源操作数和累加器中的数都作为带符号数,进行相乘。

存放结果的方式与 MUL 相同。如果源操作数为字节,则与 AL 相乘,双倍长结果送到 AX 中。如果源操作数为字,则与 AX 相乘,双倍长结果送到 DX 和 AX 中,最后给乘积赋予正确的符号。

执行 IMUL 指令后,如果乘积的高半部分不是低半部分的符号扩展(不是全 0 或全 1),

则视高位部分为有效位,表示它是积的一部分,于是置 CF=1,OF=1。若结果的高半部分为全 0 或全 1,表明它仅包含了符号位,那么使 CF=0,OF=0。利用这两个标志状态可决定是否需要保存积的高位字节或高位字。IMUL 指令执行后,AF、PF、SF 和 ZF 不定。

例 3.57 设 AL=-28,BL=59,试计算它们的乘积。

这时,可使用下面指令:

  IMUL BL

结果为:

  AX=F98CH=-1652,CF=1,OF=1

至于 IMUL 指令采用什么算法来实现上述功能可以有几种方案,例如,可以直接采用补码乘法运算的算法。也可将参加运算的操作数恢复成原码,数位当成无符号数相乘,然后给乘积赋予正确的符号,这些工作由计算机自动完成。

3) AAM 乘法的 ASCII 调整指令(ASCII Adjust for Multiply)

指令格式:AAM

指令功能:对已经存在 AL 中的两个非压缩十进制数相乘的乘积进行十进制数的调整,使得在 AX 中得到正确的非压缩十进制数的乘积,高位放在 AH 中,低位在 AL 中。两个 ASCII 码数相乘之前,必须先屏蔽掉每个数字的高半字节,从而使每个字节包含一个非压缩十进制数(BCD 数),再用 MUL 指令相乘,乘积放到 AL 寄存器中,然后用 AAM 指令进行调整。

调整过程为:把 AL 寄存器内容除以 10,商放在 AH 中,余数在 AL 中。即

  AH ← AL/10 所得的商

  AL ← AL/10 所得的余数

指令执行后,将影响 ZF、SF 和 PF,但 AF、CF 和 OF 无定义。

例 3.58 求两个非压缩十进制数 09 和 06 之乘积,可用如下指令实现:

  MOV AL, 09H   ;置初值
  MOV BL, 06H
  MUL BL   ;AL←09 与 06 之乘积 36H
  AAM   ;调整得 AH=05H(十位),AL=04H(个位)

最后可在 AX 中得到正确结果 AX=0504H,即 BCD 数 54。

如果 AL 和 BL 中分别存放 9 和 6 的 ASCII 码,则求两数之积时要用以下指令实现:

  AND AL, 0FH   ;屏蔽高半字节
  AND BL, 0FH
  MUL BL   ;相乘
  AAM   ;调整

如要将结果转换成 ASCII 码,可再用指令 OR AX,3030H 实现,使 AX=3534H。

由于 8086/8088 指令系统中,十进制乘法运算不允许采用压缩十进制数,所以乘法的调整指令仅此一条。

4. 除法指令 (Division)

1) DIV 无符号数除法指令 (Division, unsigned)

指令格式:DIV 源

指令功能：对两个无符号二进制数进行除法操作。源操作数可以是字或字节。

如果源操作数为字节，16 位被除数必须放在 AX 中，8 位除数为源操作数，它可以是寄存器或存储单元。相除之后，8 位商在 AL 中，余数在 AH 中。即

　　　　AL ← AX/源(字节)的商
　　　　AH ← AX/源(字节)的余数

要是被除数只有 8 位，必须把它放在 AL 中，并将 AH 清 0，然后相除。

如果源操作数为字，32 位被除数在 DX、AX 中，其中，DX 为高位字，16 位除数作源操作数，它可以是寄存器或存储单元。相除之后，AX 中存 16 位商，DX 中存 16 位余数。即

　　　　AX ← (DX,AX)/源(字)的商
　　　　DX ← (DX,AX)/源(字)的余数

要是被除数只有 16 位，除数也是 16 位，则必须将 16 位被除数送到 AX 中，再将 DX 寄存器清 0，然后相除。

与被除数和除数一样，商和余数也都为无符号数。DIV 指令执行后，所有标志均无定义。

2) IDIV 整数除法指令 (Integer Division)

指令格式：IDIV　源

指令功能：该指令执行的操作与 DIV 相同，但操作数都必须是带符号数，商和余数也都是带符号数，而且规定余数的符号和被除数的符号相同，因此 IDIV 指令也称为带符号数除法指令。指令执行后，所有标志位均无定义。

进行除法操作时，无论对无符号数相除(DIV)还是带符号数相除(IDIV)，都要注意一个问题：由于除法指令字节操作时商为 8 位，字操作时商为 16 位，如果字节操作时，被除数的高 8 位绝对值大于除数的绝对值，或在字操作时，被除数的高 16 位绝对值大于除数的绝对值，就会产生溢出，也就是说商数超过了目标寄存器 AL 或 AX 所能存放数的范围。这时计算机会自动产生一个中断类型号为 0 的除法错中断，相当于执行了除数为 0 的运算，所得的商和余数都不确定。

对于无符号数，字节操作时允许最大商为 FFH，字操作时最大商为 FFFFH，若超过这个范围就会溢出。对于带符号数，字节操作时商的范围为 −127～+127，或者 −81H～+7FH；字操作时商的范围为 −32767～+32767，或者 −8001H～7FFFH。

例 3.59　两个无符号数 7A86H 和 04H 相除的商应为 1EA1H，若用 DIV 指令进行计算，即

　　　　MOV　　AX,　7A86H
　　　　MOV　　BL,　04H
　　　　DIV　　BL

这时，由于 BL 中的除数 04H 为字节，被除数为字，商 1EA1H 大于 AL 中能存放的最大无符号数 FFH，结果将产生除法错误中断。

对于带符号数除法指令，字节操作时要求被除数为 16 位，字操作时要求被除数为 32 位。如果被除数不满足这个条件，不能简单地将高位置 0，而应该先用下面的符号扩展指令 (Sign Extension) 将被除数转换成除法指令所要求的格式，再执行除法指令。

3) CBW 把字节转换为字指令（Convert Byte to Word）

指令格式：CBW

指令功能：把寄存器 AL 中字节的符号位扩充到 AH 的所有位，这时 AH 被称为是 AL 的符号扩充。

如果 AL 中的 $D_7=0$，就将这个 0 扩展到 AH 中去，使 AH=00H，即

$$\text{AH} \quad \boxed{0\ 0\ 0\ 0\ \ 0\ 0\ 0\ 0}_{D_7 \cdots D_0} \quad \text{AL} \quad \boxed{0}_{D_7 \cdots D_0} \quad \text{AL}=正数$$

若 AL 中的 $D_7=1$，则将这个 1 扩展到 AH 中去，使 AH=FFH，即

$$\text{AH} \quad \boxed{1\ 1\ 1\ 1\ \ 1\ 1\ 1\ 1}_{D_7 \cdots D_0} \quad \text{AL} \quad \boxed{1}_{D_7 \cdots D_0} \quad \text{AL}=负数$$

CBW 指令执行后，不影响标志位。

4) CWD 把字转换成双字指令（Convert Word to Double Word）

指令格式：CWD

指令功能：把 AX 中字的符号位扩充到 DX 寄存器的所有位中去。

若 AX 中的 $D_{15}=0$，则 DX←0000H，即

$$\text{DX} \quad \boxed{0\ 0\ 0\ 0\ 0\ 0\ 0\ 0\ 0\ 0\ 0\ 0\ 0\ 0\ 0\ 0}_{D_{15} \cdots D_0} \quad \text{AX} \quad \boxed{0}_{D_{15} \cdots D_0} \quad \text{AX}=正数$$

若 AX 中的 $D_{15}=1$，则 DX←FFFFH，即

$$\text{DX} \quad \boxed{1\ 1\ 1\ 1\ 1\ 1\ 1\ 1\ 1\ 1\ 1\ 1\ 1\ 1\ 1\ 1}_{D_{15} \cdots D_0} \quad \text{AX} \quad \boxed{1}_{D_{15} \cdots D_0} \quad \text{AX}=负数$$

CWD 指令执行后，也不影响标志位。

例 3.60 编程求 −38/3 的商和余数。

```
    MOV   AL, 11011010B    ;被除数−38
    MOV   CH, 00000011B    ;除数+3
    CBW                     ;将 AL 符号扩展到 AH 中
                            ; 使 AX=11111111 11011010B
    IDIV  CH               ;AX/CH
                            ;AL=11110100B=−12（商），AH=11111110B=−2（余数）
```

5) AAD 除法的 ASCII 调整指令（ASCII Adjust for Division）

指令格式：AAD

指令功能：在做除法前，把 BCD 码转换成二进制数。

前面介绍的 ASCII 调整指令都是在用加法、减法和乘法指令对两个非压缩的 BCD 码运算之后，紧跟着用一条 AAA、AAS 或 AAM 指令，对运算结果进行调整。而除法的 ASCII 调整指令则不同，它是在除法之前进行的。

在把 AX 中的两位非压缩格式的 BCD 数除以一个非压缩的 BCD 数之前，先用 AAD 指令把 AX 中的被除数调整成二进制数，并存到 AL 中，然后才能用 DIV 指令进行运算。调整的过程为：

AL←AH×10+AL

AH←00

本指令根据 AL 寄存器的结果影响 SF、ZF 和 PF，对 OF、CF 和 AF 无定义。

例 3.61 设 AX 中存有两个非压缩 BCD 数 0307H，即十进制数的 37，BL 中存有一个非压缩 BCD 数 05H，若要完成 AX/BL 的运算，可用以下指令：

    AAD
    DIV   BL

第 1 条指令先将 AX 中的两个 BCD 数转换成二进制数，$03×10+7=37=25H$，并将 25H→AL，显然经调整后的被除数 25H 才真正代表 37，再用 DIV 指令做除法，可得正确的结果：

    AL=7（商）
    AH=2（余数）

由于 8086 只提供了非压缩十进制数的乘、除法调整指令，如果要进行压缩十进制数的乘、除法运算，应先将操作数转换成非压缩十进制数，再按非压缩十进制数进行运算。

3.3.3 逻辑运算和移位指令

逻辑运算和移位指令对字节或字操作数进行按位操作，这类运算可分成逻辑运算、算术逻辑移位和循环移位三类，见表 3.7。

1. 逻辑运算指令（Logical Operations）

1) NOT 取反指令（Logical Not）

指令格式：NOT   目的

指令功能：将目的操作数求反，结果送回目的操作数，即

    目的←$\overline{目的}$

目的操作数可以是 8 位或 16 位寄存器或存储器。对于存储器操作数，要说明其类型是字节还是字。指令执行后，对标志位无影响。

表 3.7 逻辑运算和移位指令

逻辑运算	
NOT	取反
AND	逻辑乘（与）
OR	逻辑加（或）
XOR	异或
TEST	测试
算术逻辑移位	
SHL/SAL	逻辑/算术左移
SHR	逻辑右移
SAR	算术右移
循环移位	
ROL	循环左移
ROR	循环右移
RCL	通过进位的循环左移
RCR	通过进位的循环右移

例3.62 NOT 指令的几种用法：

```
NOT    AX                    ;AX←AX 取反
NOT    BL                    ;BL←BL 取反
NOT    BYTE  PTR[BX]         ;对存储单元内容取反后送回该单元
```

NOT 指令只有一个操作数。以下几种逻辑运算指令均为双操作数指令，对操作数的规定与算术运算指令一样，即源操作数可以是 8 位或 16 位立即数、寄存器或存储器，目的操作数只能是寄存器或存储器，两个操作数不能同时为存储器。指令执行后，均将 CF 和 OF 清 0，ZF、SF 和 PF 反映操作结果，AF 未定义，源操作数不变。

2) AND 逻辑与指令（Logical AND）

指令格式：AND 目的，源

指令功能：对两个操作数进行按位逻辑与操作，结果送回目的操作数，即

　　　　　目的←目的∧源

它主要用于使操作数的某些位保留（和"1"相与），而使某些位清除（和"0"相与）。

例3.63 假设 AX 中存有数字 5 和 8 的 ASCII 码，即 AX=3538H，要将它们转换成 BCD 码，并把结果仍放回 AX，可用如下指令实现：

```
AND    AX, 0F0FH            ;AX←0508H
```

它将 AH 和 AL 中的高 4 位用全 0 屏蔽掉，截取低 4 位，最后在 AX 中得到 5 和 8 的 BCD 码 0508H。

3) OR 逻辑或指令（Logical OR）

指令格式：OR 目的，源

指令功能：对两个操作数进行按位逻辑或操作，结果送回目的操作数，即

　　　　　目的←目的∨源

它主要用于使操作数的某些位保留（和"0"相或），而使某些位置1（和"1"相或）。

例3.64 假设 AX 中存有两个 BCD 数 0508H，要将它们分别转换成 ASCII 码，结果仍在 AX 中，则可用如下指令实现：

```
OR     AX, 3030H            ;AX←3538H
```

4) XOR 异或操作指令（Exclusive OR）

指令格式：XOR 目的，源

指令功能：对两个操作数进行按位逻辑异或运算，结果送回目的操作数，即

　　　　　目的←目的∀源

它主要用于使操作数的某些位保留（和"0"相异或），而使某些位取反（和"1"相异或）。

例3.65 若 AL 中存有某外设端口的状态信息，其中 D_1 位控制扬声器发声，要求该位在 0 和 1 之间来回变化，原来是 1 变成 0，原来是 0 变成 1，其余各位保留不变，可以用以下指令实现：

```
XOR    AL, 00000010B
```

5) TEST 测试指令（Test）

指令格式：TEST 目的, 源

指令功能：对两个操作数进行逻辑与操作，并修改标志位，但不回送结果，即指令执行后，两个操作数都不变，即

$$目的 \wedge 源$$

它常用在要检测某些条件是否满足，但又不希望改变原有操作数的情况下。紧跟在这条指令后面的往往是一条条件转移指令，根据测试结果产生分支，转向不同的处理程序。

例 3.66 设 AL 寄存器中存有报警标志。若 $D_7=1$，表示温度报警，程序要转到温度报警处理程序 T_ALARM；$D_6=1$，则转压力报警程序 P_ALARM。为此，可按下面方法使用 TEST 指令来实现这种功能：

```
TEST    AL, 80H         ;查 AL 的 D₇=1?
JNZ     T_ALARM         ;是 1(非零)，则转温度报警程序
TEST    AL, 40H         ;D₇=0, D₆=1?
JNZ     P_ALARM         ;是 1，转压力报警
```

其中，JNZ 为条件转移指令，表示结果非 0(ZF=0)则转移。

2. 算术逻辑移位指令（Shift Arithmetic and Shift Logical）

可对寄存器或存储器中的字或字节的各位进行算术移位或逻辑移位，移动的次数由指令中的计数值决定。图 3.16 是移位指令的操作示意图。

1) SAL 算术左移指令（Shift Arithmetic Left）

指令格式：SAL 目的, 计数值

2) SHL 逻辑左移指令（Shift Logic Left）

指令格式：SHL 目的, 计数值

指令功能：以上两条指令的功能完全相同，均将寄存器或存储器中的目的操作数的各位左移，每移一次，最低有效位 LSB 补 0，而最高有效位 MSB 进入标志位 CF。移动一次，相当于将目的操作数乘以 2。指令中的计数值决定所要移位的次数。若只需要移位一次，可直接将指令中的计数值置 1。要是移位次数大于 1，应先将移位次数送进 CL 寄存器，再把 CL 放在指令的计数值位置上。

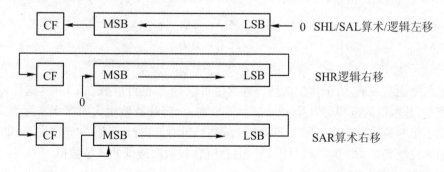

图 3.16 算术逻辑移位指令操作示意图

在移位次数为 1 的情况下，如果移位后的最高位(符号位)的值被改变，则 OF 标志置 1，

否则 OF 清 0。但在多次移位的情况下，OF 的值不确定。不论移一次或多次，CF 总是等于目的操作数最后被移出去的那一位的值。SF 和 ZF 将根据指令执行后目的操作数的状态来决定，PF 只有当目的操作数在 AL 中时才有效，AF 不定。

例 3.67

```
    MOV    AH,     06H              ;AH=06H
    SAL    AH,     1                ;将 AH 内容左移一位后，AH=0CH
    MOV    CL,     03H
    SHL    DI,     CL               ;将 DI 内容左移 3 次
    SAL    BYTE    PTR[BX],1        ;将内存单元的字节左移 1 位
```

3) SHR 逻辑右移指令（Shift Logic Right）

指令格式：SHR 目的， 计数值

指令功能：对目的操作数中各位进行右移，每执行一次移位操作，操作数右移一位，最低位进入 CF，最高位补 0。右移次数由计数值决定，同 SAL/SHL 指令一样。

若目的操作数为无符号数，每右移一次，使目的操作数除以 2。例如，右移 2 次相当于除以 4，右移 3 次相当于除以 8，等等。但是，用这种方法做除法时，余数将被丢掉。

例 3.68 用右移的方法做除法 133/8=16……5，即

```
    MOV    AL,     10000101B        ;AL=133
    MOV    CL,     03H              ;CL=移位次数
    SHR    AL,     CL               ;右移 3 次
```

指令执行后，AL=10H=16，余数 5 被丢失。标志位 CF=1，ZF=0，SF=0，PF=0，OF 和 AF 不定。

4) SAR 算术右移指令（Shift Arithmetic Right）

指令格式：SAR 目的， 计数值

指令功能：它的功能与 SHR 很相似，移位次数也由计数值决定。每移位一次，目的操作数各位右移一位，最低位进入 CF，但最高位（即符号位）保持不变，而不是补 0。每移一次，相当于对带符号数进行除 2 操作。

例 3.69 用 SAR 指令计算 −128/8=−16 的程序段如下：

```
    MOV    AL,     10000000B        ;AL=-128
    MOV    CL,     03H              ;右移次数为 3
    SAR    AL,     CL               ;算术右移 3 次后，AL=0F0H=-16
```

这里需要说明一下，由于移位次数即计数值可以是 1，也可以放在 CL 中，这样，对 8086 的移位指令，计数值的范围可以是 1～255。但事实上，当计数值很大时已无实际意义，反而明显降低了指令的执行速度。所以 286、386 等高档机对此进行了改进，规定放在 CL 中的移位次数最多只能是 31（即 00011111B），若超过此值，只截取最低的 5 位数值。

3. 循环移位指令（Rotate）

上述的算术逻辑移位指令，移出操作数的数位均被丢失，而循环移位指令把指定的位从操作数的一端移到另一端，这样从操作数中移走的位就不会丢失了。

循环移位指令共 4 条：
1) ROL 循环左移指令（Rotate Left）
指令格式：ROL　目的，　计数值
2) ROR 循环右移指令（Rotate Right）
指令格式：ROR　目的，　计数值
3) RCL 通过进位位循环左移（Rotate through Carry Left）
指令格式：RCL　目的，　计数值
4) RCR 通过进位位循环右移（Rotate through Carry Right）
指令格式：RCR　目的，　计数值
循环移位指令的操作示意图如图 3.17 所示。

4 条指令都按指令中计数值规定的移位次数进行循环移位,移位后的结果仍送回目的操作数。与算术逻辑移位指令一样,目的操作数可以是 8/16 位的寄存器操作数或内存操作数,循环移位的次数可以是 1,也可以由 CL 寄存器的值指定。

这 4 条指令中,ROL 和 ROR 指令没有把进位标志 CF 包含在循环中,而 RCL 和 RCR 指令把 CF 作为整个循环的一部分,一起参加循环移位。OF 位只有在移位次数为 1 的时候才有效,在移位后当前最高有效位(符号位)发生变化(由 1 变 0 或由 0 变 1)时,则 OF 标志置 1,否则 OF 置 0。在多位循环移位时,OF 的值是不确定的。CF 的值总是由最后一次被移出的值决定。

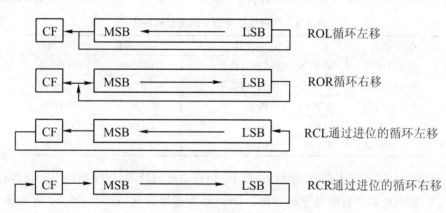

图 3.17　循环移位操作示意图

例 3.70

　　ROL　　BX，CL　　　　　　　　;将 BX 中的内容不带进位位左移 CL 中规定的次数
　　ROR　　WORD PTR[SI]，1　;将物理地址为 DS×16+SI 单元的字不带进位右移 1 次

例 3.71

　　设 CF=1,AL=1011 0100B,
　　若执行指令 ROL　AL，1,则 AL=0110 1001B,CF=1,OF=1;
　　若执行指令 ROR　AL，1,则 AL=0101 1010B,CF=0,OF=1;
　　若执行指令 RCR　AL，1,则 AL=1101 1010B,CF=0,OF=0;

若执行指令 MOV CL，3 和 RCL AL,CL,则 AL=1010 0110B,CF=1,OF 不确定。

3.3.4 字符串处理指令

字符串是指一系列存放在存储器中的字或字节数据，不管它们是不是 ASCII 码。字符串长度可达 64K 字节，组成字符串的字节或字称为字符串元素，每种字符串指令对字符串中的元素只进行同一种操作。

8086 提供 5 条 1 字节的字符串操作指令，专门对存储器中的字节串和字串数据进行传送、比较、扫描、存储及装入等 5 种操作。

使用字符串操作指令时，可以有两种方法告诉汇编程序是进行字节操作还是字操作。一种方法是用指令中的源串和目的串名（即操作数）来表明是字节还是字，另一种方法是在指令助记符后加 B 说明是字节，加 W 说明是字操作。这样每种指令就都有 3 种格式。各种字符串操作指令的类型和格式如表 3.8 所示。

字符串指令执行时，必须遵守以下的隐含约定：

(1) 源串位于当前数据段中，由 DS 寻址，源串的元素由 SI 作指针，即源串字符的起始地址（或末地址）为 DS:SI。源串允许使用段超越前缀来修改段地址。

(2) 目的串必须位于当前附加段中，由 ES 寻址，目的串元素由 DI 作指针，即目的串字符的起始地址（或末地址）为 ES:DI，但目的串不允许使用段超越前缀修改 ES。如果要在同一段内进行串运算，必须使 DS 和 ES 指向同一段。

表 3.8 字符串操作指令的类型和格式

指令名称	字节/字操作		字节操作	字操作
字符串传送	MOVS	目的串,源串	MOVSB	MOVSW
字符串比较	CMPS	目的串,源串	CMPSB	CMFLAGS
字符串扫描	SCAS	目的串	SCASB	SCASW
字符串装入	LODS	源串	LODSB	LODSW
字符串存储	STOS	目的串	STOSB	STOSW

(3) 每执行一次字符串指令，指针 SI 和 DI 会自动进行修改，以便指向下一待操作单元。

(4) DF 标志控制字符串处理的方向。DF=0 为递增方向，这时，DS:SI 指向源串首地址，每执行一次串操作，使 SI 和 DI 增加，字节串操作时，SI、DI 分别增 1，字串操作时，SI 和 DI 分别增 2；DF=1 为递减方向，这时，DS:SI 指向源串末地址，每执行一次串操作，使 SI 和 DI 分别减量，字节串操作时减 1，字串操作时减 2。可用标志操作指令 STD 和 CLD 来改变 DF 的值，STD 使 DF 置 1，CLD 将 DF 清 0。

(5) 要处理的字符串长度（字节或字数）放在 CX 寄存器中。

为了加快串运算指令的执行速度，可在基本指令前加重复前缀，使数据串指令重复执行。每重复执行一次，地址指针 SI 和 DI 都根据方向标志自动进行修改，CX 的值则自动减 1。能与基本指令配合使用的重复前缀有：

    REP   无条件重复   (Repeat)
    REPE/REPZ   相等/结果为零则重复 (Repeat while Equal/Zero)

REPNE/REPNZ 不相等/结果非零则重复（Repeat while Not Equal/Not Zero）

无条件重复前缀指令 REP 常与串传送指令(MOVS)连用,连续进行字符串传送操作,直到整个字符串传送完毕,CX=0 为止。重复前缀 REPE 和 REPZ 具有相同的含义,它们常与串比较指令(CMPS)连用,连续进行字符串比较操作。当两个字符串相等(ZF=1)和 CX≠0 时,则重复进行比较,直到 ZF=0 或 CX=0 为止。重复前缀 REPNE 和 REPNZ 也具有相同的意义,它们常与串扫描指令(SCAS)连用,当结果非 0(ZF=0)和 CX≠0 时,重复进行扫描,直到 ZF=1 或 CX=0 为止。

带有重复前缀的串运算执行时间可能很长,在指令执行过程中允许有中断进入,因此在处理每个元素前都要查询是否有中断请求,一旦外部有中断进入,CPU 将暂停执行当前的串操作指令,转去执行相应的中断服务程序,使中断服务完成后,再返回去继续执行被中断的串操作指令。

下面分别介绍这 5 条字符串操作指令。

1. MOVS 字符串传送指令（Move String）

指令格式：MOVS　目的串，　源串

指令功能：把由 SI 作指针的源串中的一个字节或字,传送到由 DI 作指针的目的串中,且自动修改指针 SI 和 DI。

在实际应用中,人们经常需要在存储单元之间传送数据。然而,MOV 指令不能直接在存储单元间进行数据传送,为了实现这种操作,必须以某一通用寄存器为桥梁,先把一个存储单元中的数据送到指定的通用寄存器中,再将寄存器中的数据传送到另一个存储单元中。每进行一次传送操作,还必须修改地址指针。如果改用 MOVS 指令,便能很方便地实现这种功能,它不但能将数据从内存的某一地址(源地址)传送到另一个地址(目的地址),还能自动修改源和目的地址。若使用重复前缀,还可以利用一条指令传送一批数据。

例 3.72　要求把数据段中以 SRC_MESS 为偏移地址的一串字符"HELLO!",传送到附加段中以 NEW_LOC 开始的单元中。实现该操作的程序如下：

```
        DATA      SEGMENT                        ;数据段
        SRC_MESS  DB  'HELLO!'                   ;源串
        DATA      ENDS
        ;
        EXTRA     SEGMENT                        ;附加段
        NEW_LOC   DB  6  DUP(?)                  ;存放目的串
        EXTRA     ENDS
        ;
        CODE      SEGMENT                        ;代码段
                  ASSUME CS:CODE,  DS:DATA,  ES:EXTRA
        START:    MOV    AX,  DATA
                  MOV    DS,  AX                 ;DS=数据段段址
                  MOV    AX,  EXTRA
                  MOV    ES,  AX                 ;ES=附加段段址
                  LEA    SI,  SRC_MESS           ;SI 指向源串偏移地址
```

```
                LEA     DI,  NEW_LOC       ;DI 指向目的串偏移地址
                MOV     CX,  6              ;CX 作串长度计数器
                CLD                         ;清方向标志,地址增量
                REP     MOVSB               ;重复传送串中的各字节,直到 CX=0 为止
        CODE    ENDS
                END     START
```

例 3.72 中的 REP MOVSB 指令也可用以下几条指令代替：

```
        AGAIN:  MOVS    NEW_LOC,  SRC_MESS
                DEC     CX
                JNZ     AGAIN
```

比较这两种方法,显然可以发现,使用有重复前缀 REP 的 MOVSB 指令,程序更简洁。

2. CMPS 字符串比较指令（Compare String）

指令格式：CMPS   目的串,   源串

指令功能：从 SI 作指针的源串中减去由 DI 作指针的目的串数据,相减后的结果反映在标志位上,但不改变两个数据串的原始值。同时,操作后源串和目的串指针会自动修改,指向下一对待比较的串。

常用这条指令来比较两个串是否相同,并由加在 CMPS 指令后的一条条件转移指令,根据 CMPS 执行后的标志位值决定程序的转向。

在 CMPS 指令前可以加重复前缀,即

    REPE   CMPS

或   REPZ   CMPS

这两条指令功能相同,若比较结果为 CX≠0(指定的长度还未比较完)和 ZF=1(两串相等),则重复比较,直至 CX=0(比完了)或 ZF=0(两串不相等)时才停止操作。

也可以改用重复前缀 REPNE 或 REPNZ,它们表示：若 CX≠0(串没有结束)和串不相等(ZF=0),则重复比较,直至 CX=0 或 ZF=1 时才停止比较。

例 3.73 比较两个字符串,一个是你在程序中设定的口令串 PASSWORD,另一个是从键盘输入的字符串 IN_WORD,若输入串与口令串相同,程序将开始执行。否则,程序驱动 PC 机的扬声器发声,警告用户口令不符,拒绝往下执行。这可以用 CMPS 指令来实现,有关程序段如下：

```
        DATA        SEGMENT                 ;数据段
        PASSWORD    DB      '8086 CPU'      ;口令串
        IN_WORD     DB      '8088 CPU'      ;从键盘输入的串
        COUNT       EQU     8               ;串长度
        DATA        ENDS
                    ⋮
        CODE        SEGMENT                 ;代码段
                    ASSUME  DS:DATA,ES:DATA
                    ⋮
```

```
            LEA    SI,  PASSWORD          ;源串指针
            LEA    DI,  IN_WORD           ;目的串指针
            MOV    CX,  COUNT             ;串长度
            CLD                            ;地址增量
            REPZ   CMPSB                  ;CX≠0 且串相等时重复比较
            JNE    SOUND                  ;若不相等,转发声程序
       OK:   ⋮                            ;比完且相等,往下执行
              ⋮
       SOUND: ⋮                            ;使 PC 机扬声器发声
              ⋮                            ;并退出
       CODE   ENDS
```

3. SCAS 字符串扫描指令 (Scan String)

指令格式：SCAS 目的串

指令功能：从 AL(字节操作)或 AX(字操作)寄存器的内容减去附加段中以 DI 为指针的目的串元素,结果反映在标志位上,但不改变源操作数。同时,操作后目的串指针会自动修改,指向下一个待搜索的串元素。

利用 SCAS 指令,可在内存中搜索所需要的数据。这个被搜索的数据也称为关键字。指令执行前,必须事先将它存在 AL(字节)或 AX(字)中,才能用 SCAS 指令进行搜索。SCAS 指令前也可以加重复前缀。

例 3.74 在某一字符串中搜寻是否有字符 A,若有,则把搜索次数记下来,送到 BX 寄存器中,若没有查到,则将 BX 寄存器清 0。设字符串起始地址 STRING 的偏移地址为 0,字符串长度为 CX。程序段如下：

```
            MOV    DI,   OFFSET STRING    ;DI=字符串偏移地址
            MOV    CX,   COUNT            ;CX=字符串长度
            MOV    AL,   'A'              ;AL=关键字 A 的 ASCII 码
            CLD                            ;清方向标志
            REPNE  SCASB                  ;CX≠0(没查完)和 ZF=0(不相等)时重复
            JZ     FIND                   ;若 ZF=1,表示已搜到,转出
            MOV    DI,   0                ;若 ZF=0,表示没搜到,DI←0
       FIND: MOV    BX,   DI              ;BX←搜索次数
            HLT                            ;停机
```

上述程序中,DI 初值存起始地址偏移量 0,搜索一次后,DI 自动加 1,使 DI 的值等于 1,以后,每执行一次搜索操作,DI 自动增 1。所以,正好可用 DI 的值来表示搜索次数。

4. LODS 数据串装入指令(Load String)

指令格式：LODS 源串

指令功能：把数据段中以 SI 作为指针的串元素,传送到 AL(字节操作)或 AX(字操作)中,同时修改 SI,使它指向串中的下一个元素,SI 的修改量由方向标志 DF 和源串的类型确定,即遵守上述隐含约定(4)。

为该指令加重复前缀没有意义,这是因为每重复传送一次数据,累加器中的内容就被改

写,执行重复传送操作后,只能保留最后写入的那个数据。

5. STOS 数据串存储指令 (Store String)

指令格式:STOS　目的串

指令功能:将累加器 AL 或 AX 中的一个字节或字,传送到附加段中以 DI 为目标指针的目的串中,同时修改 DI,以指向串中的下一个单元。

STOS 指令与 REP 重复前缀连用,即执行指令 REP STOS,能方便地用累加器中的一个常数,对一个数据串进行初始化,例如,初始化为全 0 的串。

例 3.75　若在数据段中有一个数据块,起始地址为 BLOCK,数据块中的数为 8 位带符号数,要求将其中所含的正、负数分开,然后把正数送到附加段中始址为 PLUS_DATA 的缓冲区,负数则送到附加段中始址为 MINUS_DATA 的缓冲区。

我们可以将这块数据看成一个数据串,用 SI 作源串指针,DI 和 BX 分别作正、负数目的缓冲区的指针,CX 用于控制循环次数,于是可写出如下程序段:

```
START:  MOV   SI, OFFSET BLOCK        ;SI 为源串指针
        MOV   DI, OFFSET PLUS_DATA    ;DI 为正数目的区指针
        MOV   BX, OFFSET MINUS_DATA   ;BX 为负数目的区指针
        MOV   CX, COUNT               ;CX 放循环次数
        CLD
GOON:   LODS  BLOCK                   ;AL←取源串的一个字节
        TEST  AL, 80H                 ;是负数?
        JNZ   MINUS                   ;是,转 MINUS
        STOSB                         ;非负数,将字节送正数区
        JMP   AGAIN                   ;处理下一个字节
MINUS:  XCHG  BX, DI                  ;交换正负数指针
        STOSB                         ;负数送入负数区
        XCHG  BX, DI                  ;恢复正负数指针
AGAIN:  DEC   CX                      ;次数减 1
        JNZ   GOON                    ;未处理完,继续传送
        HLT                           ;停机
```

程序中,正负数的存储均使用 STOSB 指令,该指令必须以 SI 为源指针,DI 为目的指针,但存储负数时,负数区的目的指针在 BX 中,因此要用 XCHG 指令将 BX 内容送进 DI,让 DI 指向负数区,同时也把 DI 中的正数区目的指针保护起来。在执行 STOSB 指令后,再用 XCHG 指令交换回来,以便下次转回 GOON 标号后,LODS 指令仍能正确执行。

3.3.5　控制转移指令

通常,程序中的指令都是顺序地逐条执行的,在 8086 中,指令的执行顺序由 CS 和 IP 决定,每取出一条指令,指令指针 IP 自动进行调整,一条指令执行完后,就从该指令之后的下一个存储单元中取出新的指令来执行。利用控制转移指令可以改变 CS 和 IP 的值,从而改变指令的执行顺序。为满足程序转移的不同要求,8086 提供了无条件转移和过程调用、条件转移、循环控制以及中断等几类指令,如表 3.9 所示。

表 3.9 控制转移指令

无条件转移和过程调用指令	
JMP	无条件转移
CALL	过程调用
RET	过程返回
条 件 转 移	
JZ/JE 等 10 条指令	直接标志转移
JA/JNBE 等 8 条指令	间接标志转移
条 件 循 环 控 制	
LOOP	CX≠0 则循环
LOOPE/LOOPZ	CX≠0 和 ZF=1 则循环
LOOPNE/LOOPNZ	CX≠0 和 ZF=0 则循环
JCXZ	CX=0 则转移
中 断	
INT	中断
INTO	溢出中断
IRET	中断返回

1. 无条件转移和过程调用指令（Unconditional Transfer and Call）

1) JMP 无条件转移指令（Jump）

指令格式：JMP 目的

指令功能：使程序无条件地转移到指令中指定的目的地址去执行。

这类指令又分成两种类型：

第一种类型：段内转移或近（NEAR）转移，转移指令的目的地址和 JMP 指令在同一代码段中，转移时仅改变 IP 寄存器的内容，段地址 CS 的值不变。

第二种类型：段间转移，又被称之为远（FAR）转移，转移指令的目的地址和 JMP 指令不在同一段中，发生转移时，CS 和 IP 的值都要改变，也就是说，程序要转移到另一个代码段去执行。

不论是段内还是段间转移，就转移地址提供的方式而言，又可分为两种方式：

第一种方式：直接转移，在指令码中直接给出转移的目的地址，目的操作数用一个标号来表示，它又可分为段内直接转移和段间直接转移。

第二种方式：间接转移，目的地址包含在某个 16 位寄存器或存储单元中，CPU 必须根据寄存器或存储器寻址方式，间接地求出转移地址。同样，这种转移类型又可分为段内间接转移和段间间接转移。

所以无条件转移指令可分成段内直接转移、段内间接转移、段间直接转移和段间间接转移四种不同类型和方式，如表 3.10 所示。

表 3.10 无条件转移指令的类型和方式

类型	方式	寻址目标	指令举例
段内转移	直接	立即短转移(8位)	JMP SHORT PROG_S
	直接	立即近转移(16位)	JMP NEAR PTR PROG_N
	间接	寄存器(16位)	JMP BX
	间接	存储器(16位)	JMP WORD PTR 5[BX]
段间转移	直接	立即转移(32位)	JMP FAR PTR PROG_F
	间接	存储器(32位)	JMP DWORD PTR [DI]

下面参照表 3.10 中列举的例子,再对无条件转移指令作进一步的说明。

① 段内直接转移指令

指令格式:JMP　SHORT　　　标号
　　　　　JMP　NEAR　PTR　标号(或 JMP 标号)

这是一种段内相对转移指令,目的操作数均用标号表示,程序转向的有效地址等于当前 IP 寄存器的内容加上 8 位或者 16 位位移量(DISP)。如果位移量是 16 位,那么表示近转移,说明目的地址与当前 IP 的距离在－32768～＋32767 个字节之间。如果转移的范围在－128～＋127 个字节之内,则称为短转移,指令中只需要用 8 位位移量,它是近转移指令的一个特例。

在机器语言指令中,8 位或 16 位位移量用带符号数表示,正的位移量表示向高地址方向转移,负的位移量表示向低地址方向转移,负位移量必须用补码表示。段内近—短转移指令的机器码及其操作功能如图 3.18 所示,其中,第一个字节为操作码,后面的字节是位移量。注意,由于 IP 为 16 位长,当它与 8 位的位移量相加时,实际上是用符号扩展法将 8 位位移量扩展成 16 位数后才相加的。

段内近转移指令

E9	DISP-L	DISP-H

执行操作:IP←IP+16 位位移量

段内短转移指令

EB	DISP-L

执行操作:IP←IP+8 位位移量

图 3.18 段内近—短转移指令机器码及操作

在汇编指令语句中,目的操作数用符号地址也就是标号表示。对于位移量为 16 位的近转移,则在标号前加说明符 NEAR PTR,该说明符也可以省略不写。对于位移量为 8 位的短转移,则需在标号前加说明符 SHORT。例如:

　　JMP　SHORT　　　PROG_S　　;段内短转移
　　JMP　NEAR　PTR　PROG_N　　;段内近转移(或写为 JMP PROG_N)

例 3.76　这里给出一个含有一条无条件转移指令的简单程序的列表文件,它是由汇编

语言源程序经汇编程序翻译后产生的。即

;行号	偏移量	机器码	程　序
1	0000		CODE　SEGMENT
2			ASSUME　CS:CODE
3	0000	0405	PROG_S:　ADD　AL,　05H
4	0002	90	NOP
5	0003	EBFB	JMP　SHORT　PROG_S
6	0005	90	NOP
7	0006		CODE　ENDS
8			END

程序共 8 行,最左边一列是程序的行号。整个程序仅包含一个代码段,段名为 CODE,它以 CODE SEGMENT 语句开头,以 CODE ENDS 语句结束。整个程序以 END 语句结束。行号右面的一列数字表示每条指令的首字节距离代码段基地址的偏移量(Offset),偏移量右面的数字代表每条指令的机器码。标号为 PROG_S 的加法指令的偏移量为 0,该指令占 2 个字节,所以下一条空操作指令(NOP)首字节的偏移量为 2,NOP 指令除占用一个字节空间和用去 3 个时钟周期外,不做任何事情。

JMP SHORT PROG_S 指令的首字节偏移量为 3,当 8086 取出这条 2 字节的 JMP 指令后,首先增量地址指针,使 IP=5,指向 CPU 原打算执行的第二条 NOP 指令。然而,JMP 指令将改变程序执行的次序,它要转向的目的地址是 PROG_S,而 PROG_S 的偏移量为 0,所以 JMP 指令中的位移量 DISP 为:

DISP=目的地址偏移量－IP 的当前值=0－5=－5,其补码为 FBH,经符号扩展后成为 FFFBH,这样,JMP 指令将把 IP 修改为:

IP=IP+DISP=0005+FFFB=0

于是,程序转到偏移量为 0 的位置,即标号为 PROG_S 处执行。

对于段内近转移指令,除了位移量可以是 16 位外,和段内短转移指令一样,也采取相对寻址,在汇编格式中也使用符号地址(标号)。不过段内近转移指令占有 3 个字节,由于计算位移量时,总是从紧跟 JMP 指令之后的下条地址开始计算,所以取出这类 JMP 指令之后,IP 要先加 3,再与目标地址的偏移量相加。对于位移量是 16 位的 JMP 指令,它可以转移到段内任何地址去执行指令。

② 段内间接转移指令

这类指令转向的 16 位有效地址存放在一个 16 位寄存器或字存储器单元中。

用寄存器间接寻址的段内转移指令,要转向的有效地址存放在寄存器中,执行的操作为:

IP←寄存器内容

例 3.77

JMP　BX

若该指令执行前 BX=4500H,则指令执行时,将当前 IP 修改成 4500H,程序转到代码段内偏移地址为 4500H 处执行。

对于用存储器间接寻址的段内转移指令,要转向的有效地址存放在存储单元中,所以 JMP 指令先要计算出存储单元的物理地址,再从该地址处取一个字送到 IP。即

　　　　IP←字存储单元内容

例 3.78

　　　　JMP　WORD PTR 5[BX]

设指令执行前,DS=2000H,BX=100H,(20105H)=4F0H,则:

指令执行后,IP=(20000H+100H+5H)=(20105H)=4F0H,即转到代码段内偏移地址为 4F0H 处执行。

这种指令的目的操作数前要加 WORD PTR,表示进行的是字操作。

③ 段间直接(远)转移指令

指令中用远标号直接给出了转向的段地址和偏移量,所以只要用指令中的偏移地址取代 IP 寄存器的内容,用指令中指定的段地址取代 CS 寄存器的内容,就可使程序从一个代码段转到另一个代码段去执行。

例 3.79

　　　　JMP　FAR PTR PROG_F

指令中用说明符 FAR PTR 说明 PROG_F 为远标号,指令执行的操作为:

　　　IP← PROG_F 的段内偏移量

　　　CS← PROG_F 所在段的段地址

设标号 PROG_F 所在段的基地址=3500H,偏移地址=080AH,则:

指令执行后,IP=080AH,CS=3500H,程序转到 3500:080AH 处执行。

④ 段间间接转移指令

将目的地址的段地址和偏移量事先放在存储器中的 4 个连续地址单元中,其中,前两个字节为偏移量,后两个字节为段地址,转移指令中给出存放目标地址的存储单元的首字节地址值。这种指令的目的操作数前要加说明符 DWORD PTR,表示转向地址需取双字。

例 3.80

　　　　JMP　DWORD　PTR[SI+0125H]

设指令执行前,CS=1200H,IP=05H,DS=2500H,SI=1300H,内存单元(26425H)=4500H,(26427H)=32F0H。而指令中的位移量 DISP=0125H,其中高位部分为 DISP_H=01H,低位部分为 DISP_L=25H。

该指令占 4 个字节,第 1 个字节是操作码,编码为 FFH,第 2 个字节的编码为:MOD 101 R/M,因该指令属于[SI]+D16 这种形式,查表 3.2 可得到 MOD=10,R/M=100,第 3 和第 4 字节分别为位移量低字节和高字节,于是,该指令的编码格式为:

OP	MOD 101 R/M	DISP-L	DISP-H
1111　1111	10　101　100	0010　0101	0000　0001

即机器码为 FF AC 25 01H，它被存放在当前代码段中。

指令要转向的地址存放在内存中，内存单元的物理地址为 DS:(SI+DISP)，即

目的操作数地址 = DS×16+SI+DISP
= 25000H+1300H+0125H
= 26425H

从该单元中取出 JMP 指令的转移地址，并赋予 IP 和 CS，即 IP=4500H，CS=32F0H。所以程序转到 32F0:4500H 处执行。

这条指令的执行过程如图 3.19 所示。

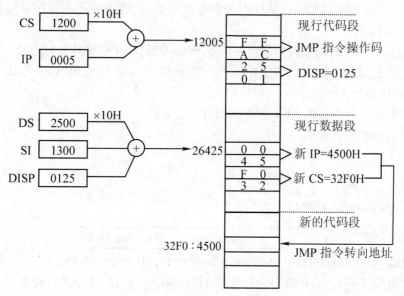

图 3.19 例 3.80 指令的执行过程

2) 过程调用和返回指令（Call and Return）

在编写程序时，往往把某些能完成特定功能而又经常要用到的程序段，编写成独立的模块，并把它称为过程（Procedure），习惯上也称作子程序（Subroutine），然后在程序中用 CALL 语句调用这些过程，调用过程的程序称为主程序。过程以语句 PROC 开头，用语句 ENDP 结束。在 ENDP 之前要放一条过程返回指令 RET，它与 CALL 指令相呼应，使过程执行完毕后，能正确返回主程序中紧跟在 CALL 指令后面的那条指令继续运行。

若在过程运行中又去调用另一个过程，称为过程嵌套。在模块化程序设计中，过程调用已成为一种必不可少的手段，它使程序结构清晰，可读性强，同时也能节省内存。

过程调用和返回指令的格式如下：

CALL 过程名
RET

过程调用有近调用和远调用两种类型。近过程调用指调用指令 CALL 和被调用的过程在同一代码段中，远过程调用则是指两者不在同一代码段中。CALL 指令执行时分两步进行：

第一步是将返回地址，也就是 CALL 指令下面那条指令的地址推入堆栈。对于近调用

来说,执行的操作是:

　　SP←SP−2, IP入栈

对于远调用来说,执行的操作是:

　　SP←SP−2, CS入栈

　　SP←SP−2, IP入栈

第二步是转到子程序的入口地址去执行相应的子程序。入口地址由CALL指令的目的操作数提供,寻找入口地址的方法与JMP指令的寻址方法基本上是一样的,也有四种方式:段内直接调用,段内间接调用,段间直接调用和段间间接调用,但没有段内短调用指令。

执行过程中的RET指令后,从栈中弹出返回地址,使程序返回主程序继续执行。这里也分为两种情况:

如果从近过程返回,则从栈中弹出一个字→IP,并且使SP←SP+2。

如果从远过程返回,则先从栈中弹出一个字→IP,并且使SP←SP+2;再从栈中弹出一个字→CS,并使SP←SP+2。

下面举例说明CALL和RET指令的四种寻址方式。

① 段内直接调用和返回

例3.81

　　CALL　PROG_N　　　;PROG_N是一个近标号

该指令含3个字节,编码格式为:

E8	DISP-L	DISP-H

设调用前:CS=2000H,IP=1050H,SS=5000H,SP=0100H,PROG_N与CALL指令之间的字节距离等于1234H(即DISP=1234H),则执行CALL指令的过程为:

(1) SP←SP−2,即新的SP=0100H−2=00FEH。

(2) 返回地址的IP入栈。

由于存放CALL指令的内存首地址为CS:IP=2000:1050H,该指令占3字节,所以返回地址为2000:1053H,即IP=1053H。于是1053H被推入堆栈。

(3) 根据当前IP值和位移量DISP计算出新的IP值,作为子程序的入口地址,即

　　IP　=IP+DISP

　　　=1053H+1234H

　　　=2287H

(4) 程序转到本代码段中偏移地址为2287H处执行。指令CALL PROG_N的执行过程如图3.20(a)所示。

RET指令的寻址方式与CALL指令的寻址方式一致,在本例中是段内直接调用,所以过程PROG_N中的RET指令将执行如下操作:

　　IP←(SP和SP+1)单元内容,即IP=1053H

　　SP←SP+2,即新的SP=00FEH+2=0100H

这样,控制就回到主程序中CALL PROG_N指令下面的那条指令,也就是2000:1053处继续执行程序。这时堆栈指针为SP=0100H。RET指令的执行过程如图3.20(b)所示。

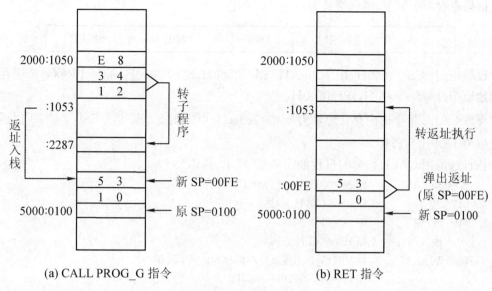

图 3.20 段内直接调用和返回指令执行情况

② 段内间接调用和返回

例 3.82 下面是两条段内间接调用指令的例子：

CALL BX
CALL WORD PTR [BX+SI]

它们执行的操作分三步进行，具体为：

SP←SP−2
IP 入栈
IP←EA

这类指令与段内直接调用指令的前两步操作过程完全一样，但第三步求子程序入口地址的方法不一样，它要根据从目的操作数计算出来的有效地址 EA 来转移。设：

DS=1000H,BX=200H,SI=300H (10500H)=3210H

第一条指令的操作数是 BX 寄存器，它包含了过程的 16 位偏移地址 EA=0200H，执行调用指令后，IP←0200H，也就是转到段内偏移地址为 0200H 处执行程序。

第二条指令的子程序入口地址在内存字单元中，其值为：

(16×DS+BX+SI)=(10000H+0200H+0300H)
             =(10500H)=3210H

即 EA=3210H，调用指令执行后，IP←3210H，也就是转到段内偏移地址为 3210H 处执行程序。

对应的 RET 指令执行的操作与段内直接过程的返回指令相类同。

③ 段间直接调用

例 3.83

CALL FAR PTR PROG_F   ;PROG_F 是一个远标号

该指令含 5 个字节,编码格式为:

| 9A | DISP-L | DISP-H | SEG-L | SEG-H |

设调用前:CS=1000H,IP=205AH,SS=2500H,SP=0050H,标号 PROG_F 所在单元的地址指针 CS=3000H,IP=0500H。

存放 CALL 指令的内存首地址为 1000:205AH,由于该指令长度为 5 个字节,所以返回地址应为 1000:205FH。

执行远调用 CALL 指令的过程如图 3.21 所示,具体为:

SP←SP－2　　　即 SP=0050H－2=004EH
CS 入栈　　　　即 CS=1000H 入栈
SP←SP－2　　　即 SP←004CH
IP 入栈　　　　即 IP=205FH 入栈
转子程序入口　　将 PROG_F 的段地址和偏移地址送 CS:IP
　　　　　　　　即 CS←3000H,IP←0500H
执行子程序

过程 PROG_F 中的 RET 指令的寻址方式也是段间直接调用,返回时执行的操作为:

SP←SP+2　　　即 SP←004C+2=004EH
IP←栈中内容　　IP←205FH
SP←SP+2　　　SP←004EH+2=0050H
CS←栈中内容　　CS←1000H

所以程序转返回地址 CS:IP=1000:205FH 处执行。

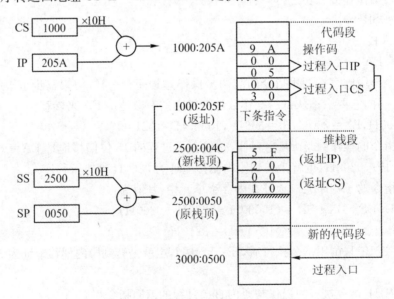

图 3.21　段间调用指令执行过程

④ 段间间接调用

这类调用指令的操作数必须是存储单元,从该单元开始存放的双字表示过程的入口地址,其中前两个字节是偏移量,后两个字节为代码段基地址。指令中用 DWORD PTR 说明是对存储单元进行双字操作。

例 3.84 CALL DWORD PTR [BX]

设调用前,DS=1000H,BX=200H,(10200H)=31F4H,(10202)=5200H。

执行指令时,先将返回地址的偏移量和段地址都推入堆栈,再转向过程入口。指令中操作数的物理地址=DS×16+BX=10000H+200H=10200H,从该单元开始取得的双字就是过程的入口地址。所以入口地址的 CS:IP 分别为:

  IP←(10200H) 即 IP=31F4H

  CS←(10202H) 即 CS=5200H

8086 还有另一种带参数的返回指令,形式为:

  RET n

常将 n 称为弹出值,它让 CPU 在弹出返回地址后,再从堆栈中弹出 n 个字节的数据,也就是让 SP 再加上 n。n 用表达式表示,其值可以是 0000～FFFFH 范围内的任何一个偶数。

例如,指令 RET 8 表示从堆栈中弹出地址后,再使 SP 的值加上 8。

在 RET 指令上加弹出值可以让调用过程的主程序通过堆栈向过程传递参数。这些参数必须在调用过程前推入堆栈,过程在运行中可以通过堆栈指针找到它们。当过程返回时,这些参数已没有用处,应该把它们从栈中弹出。使用带弹出值的 RET 指令后,可以在过程返回主程序时,使 SP 自动增量,从而不需要用 POP 指令就能把这些参数从堆栈中弹出。

2. 条件转移指令 (Conditional Transfer)

条件转移指令是根据上一条指令执行后,CPU 设置的状态标志作为判别测试条件来决定是否转移。每一种条件转移指令都有它的测试条件,当条件成立,便控制程序转向指令中给出的目的地址,去执行那里的指令,否则,程序仍顺序执行。

所有的条件转移均为段内短转移,也就是说,转移指令与目的地址必须在同一代码段中。目的地址由当前 IP 值与指令中给出的 8 位相对位移量相加而成,它与转移指令之后的那条指令间的距离,允许为－128～+127 字节。8 位偏移量是用符号扩展法扩展到 16 位后才与 IP 相加的。

条件转移指令通常用在比较指令或算术逻辑运算指令之后,根据比较或运算结果,转向不同的目的地址。在指令中,目的地址均用标号表示,因此指令的格式为:

  条件操作符 标号

条件转移指令共有 18 条,可以归类成以下两大类:

1) 直接标志转移指令

这类转移指令在指令助记符中直接给出标志状态的测试条件,它们以 CF、ZF、SF、OF 和 PF 等 5 个标志的 10 种状态为判断的条件,共形成 10 条指令。有些指令有两种不同的助记符,如"结果为 0"和"相等则转移",都用 ZF=1 作为测试条件,可用助记符 JZ 或 JE 表示。我们将这类情况记作 JZ/JE,表示这两个助记符代表同样的指令。表 3.11 列出了所有的直接标志转移指令。

表 3.11 直接标志条件转移指令

指令助记符	测试条件	指令功能	
JC	CF=1	有进位	转移
JNC	CF=0	无进位	转移
JZ/JE	ZF=1	结果为零/相等	转移
JNZ/JNE	ZF=0	不为零/相等	转移
JS	SF=1	符号为负	转移
JNS	SF=0	符号为正	转移
JO	OF=1	溢出	转移
JNO	OF=0	无溢出	转移
JP/JPE	PF=1	奇偶位为1/为偶	转移
JNP/JPO	PF=0	奇偶位为0/为奇	转移

例 3.85 求 AL 和 BL 寄存器中的两数之和,若有进位,则 AH 置 1,否则 AH 清 0。可用如下程序段来实现该操作:

```
        ADD   AL,BL     ;两数相加
        JC    NEXT      ;若有进位,转 NEXT
        MOV   AH,0      ;无进位,AH 清 0
        JMP   EXIT      ;往下执行
NEXT:   MOV   AH,1      ;有进位,AH 置 1
EXIT:   ⋮               ;程序继续进行
```

2) 间接标志转移

这类指令的助记符中不直接给出标志状态位的测试条件,但仍以某一个标志的状态或几个标志的状态组合作为测试的条件,若条件成立则转移,否则顺序往下执行。间接标志转移指令共有 8 条,列于表 3.12 中。其中,$\wedge$ 表示与,$\vee$ 表示或,$\forall$ 表示异或。每条指令都有两种不同的助记符,中间用"/"隔开。

表 3.12 间接标志条件转移指令

类别	指令助记符	测试条件	指令功能	
无符号数比较测试	JA/JNBE	CF∨ZF=0	高于/不低于等于	转移
	JAE/JNB	CF=0	高于等于/不低于	转移
	JB/JNAE	CF=1	低于/不高于等于	转移
	JBE/JNA	CF∨ZF=1	低于等于/不高于	转移
带符号数比较测试	JG/JNLE	(SF∀OF)∨ZF=0	大于/不小于等于	转移
	JGE/JNL	SF∀OF=0	大于等于/不小于	转移
	JL/JNGE	SF∀OF=1	小于/不大于等于	转移
	JLE/JNG	(SF∀OF)∨ZF=1	小于等于/不大于	转移

这些指令通常放在比较指令 CMP 之后,通过测试状态位来比较两个数的大小。对两个

无符号数进行比较后,一定要用无符号数比较测试指令决定程序走向;对两个带符号数进行比较后,则要用带符号数比较测试指令。使用时要严格加以区分,否则会得到错误的结果。

在无符号数比较测试指令中,指令助记符中的"A"是英文 Above 的缩写,表示"高于"之意,"B"是英文 Below 的缩写,表示"低于"之意。

例 3.86 设 AL=F0H,BL=35H,执行指令

```
CMP    AL,BL          ;AL-BL
JAE    NEXT
```

执行指令后,若 AL 中的无符号数大于或等于 BL 中的数,则转到标号为 NEXT 的指令去执行,否则执行下一条指令。JAE/JNB 是根据 CF 标志是否为 0 决定转移的,若 CF=0,即无进位,则转移,这与直接标志转移指令中的 JNC 功能完全一样。同样,JB/JNAE 与 JC 指令的功能相同。

对于无符号数进行比较的转移指令比较容易理解,而对于带符号数进行比较,情况比较复杂,不能仅根据 SF 或 OF 标志来决定两个数的大小,而要将它们组合起来考虑。指令助记符中,"G"(Great than)表示"大于","L"(Less than)表示"小于"。有了这几条指令,对比较带符号数的大小提供了很大的方便。

下面举例说明条件转移等指令的用法。

例 3.87 设某个学生的英语成绩已存放在 AL 寄存器中,如果低于 60 分,那么打印 F(FAIL);若高于或等于 85 分,则打印 G(GOOD);当在 60 分和 84 分之间时,打印 P(PASS)。可用下面程序实现要求的操作:

```
         CMP    AL,60          ;与 60 分比较
         JB     FAIL           ;<60,转 FAIL
         CMP    AL,85          ;≥60,与 85 分比较
         JAE    GOOD           ;≥85,转 GOOD
         MOV    AL,'P'         ;其它,将 AL←'P'
         JMP    PRINT          ;转打印程序
FAIL:    MOV    AL,'F'         ;AL←'F'
         JMP    PRINT          ;转打印程序
GOOD:    MOV    AL,'G'         ;AL←'G'
PRINT:   ⋮                     ;打印存在 AL 中的字符
```

例 3.88 我们再来看一个温度控制的例子。假设某温度控制系统中,从温度传感器输入一个 8 位二进制的摄氏温度值。当系统中温度低于 100 ℃时,则打开加热器;当温度上升到 100 ℃或 100 ℃以上时,关闭加热器,进行下一步处理。设温度传感器的端口号为 320H,同时假设控制加热器的输出信号连到端口 321H 的最低有效位,当将这一位置 1 时,加热器便打开,清 0 时则关闭加热器。实现上述温度控制的程序为:

```
GET_TEMP: MOV    DX,320H        ;DX 指向温度输入端口
          IN     AL,DX          ;读取温度值
          CMP    AL,100         ;与 100 ℃比较
          JB     HEAT_ON        ;<100 ℃,加热
```

	JMP	HEAT_OFF	;≥100 ℃,停止加热
HEAT_ON:	MOV	AL,01H	;D_0 位置1,加热
	MOV	DX,321H	;加热器口地址
	OUT	DX,AL	;打开加热器
	JMP	GET_TEMP	;继续检测温度
HEAT_OFF:	MOV	AL,00	;D_0 位置0,停止加热
	MOV	DX,321H	
	OUT	DX,AL	;关闭加热器
	⋮		;进行其它处理

例 3.89 在以首地址为 TABLE 的 10 个内存字节单元中存放了 10 个带符号数,要求统计其中正数、负数和零的个数,并将结果分别存入 PLUS、NEGT 和 ZERO 单元。

程序如下:

TABLE	DB	01H,80H,0F5H,32H,86H	
	DB	74H,49H,0AFH,25H,40H	
PLUS	DB	0	;存正数的个数
NEGT	DB	0	;存负数的个数
ZERO	DB	0	;存 0 的个数
	⋮		
	MOV	CX,10	;数据总数
	MOV	BX,0	;BX 清 0
AGAIN:	CMP	TABLE[BX],0	;取一个数与 0 比
	JGE	GRET_EQ	;≥0,转 GRET_EQ
	INC	NEGT	;<0,负数个数加 1
	JMP	NEXT	;往下执行
GRET_EQ:	JG	P_INC	;>0,转 P_INC
	INC	ZERO	;=0,零个数加 1
	JMP	NEXT	;往下执行
P_INC:	INC	PLUS	;正数个数加 1
NEXT:	INC	BX	;数据地址指针加 1
	DEC	CX	;数据计数器减 1
	JNZ	AGAIN	;未完,继续统计
	⋮		

3. 循环控制指令 (Iteration Control)

循环控制指令是一组增强型的条件转移指令,用来控制一个程序段的重复执行,重复次数由 CX 寄存器中的内容决定。这类指令的字节数均为 2,第 1 字节是操作码,第 2 字节是 8 位偏移量,转移的目标都是短标号。它们的操作过程与条件转移类似,转移地址等于当前 IP 加上 8 位偏移量,8 位偏移量与 IP 相加时,先按符号扩展法扩展到 16 位后再相加,循环指令中的偏移量都是负值。循环控制指令均不影响任何标志,这类指令共有 4 条。

1) LOOP 循环指令 (Loop)

指令格式: LOOP 短标号

指令功能：这条指令用于控制重复执行一系列指令。指令执行前必须事先将重复次数放在 CX 寄存器中，每执行一次 LOOP 指令，CX 自动减 1。如果减 1 后 CX≠0，则转移到指令中所给定的标号处继续循环；若自动减 1 后 CX=0，则结束循环，转去执行 LOOP 指令之后的那条指令。一条 LOOP 指令相当于执行以下两条指令的功能：

  DEC CX
  JNZ 标号

因此，我们可以把例 3.91 程序中的最后两行，即根据 CX 减 1 后的值是否为 0，来判断统计有没有结束，改为使用下面这条指令来实现：

  LOOP AGAIN

例 3.90 假设商店里有 8 种商品，它们的价格分别为 83 元，76 元，65 元，84 元，71 元，49 元，62 元和 58 元，现要将每种商品提价 5 元，编程计算每种商品提价后的价格。

这是一个简单的加法问题，我们将商品的原价按 BCD 码的形式，依次存放在标号以 OLD 开始的 8 个存储单元中，而新的价格存放进以 NEW 开始的 8 个单元，然后用 LOOP 指令来实现 8 次循环。即

```
OLD     DB      83H,76H,65H,84H
        DB      71H,49H,62H,58H
NEW     DB      8 DUP(?)
        ⋮
        MOV     CX,08H          ;共 8 种商品
        MOV     BX,00H          ;BX 作指针,初值为 0
NEXT:   MOV     AL,OLD[BX]      ;读入一个商品的原价
        ADD     AL,5            ;加上提价因子
        DAA                     ;调整为十进制数
        MOV     NEW[BX],AL      ;存放结果
        INC     BX              ;地址指针加 1
        LOOP    NEXT            ;如还未加满 8 次,继续循环
        ⋮                       ;已加完 8 次
```

从 LOOP 指令到它所指向的标号之间的指令也称为循环体，在循环体内的所有指令将被重复执行，执行次数由 CX 寄存器的初值决定。循环体中也可以只含一条指令，即 LOOP 指令自身，这样的程序段常用来实现延时。例如：

```
        MOV     CX,10           ;循环次数为 10
DELAY:  LOOP    DELAY           ;本指令重复执行 10 次
```

例 3.91 这是一个用循环和跳转指令来控制 PC 机的扬声器发声的程序。在 PC 机中，61H 端口的 D_1 和 D_0 位接到扬声器接口电路上，在 $D_0=0$ 的情况下，当 $D_1=1$ 时，扬声器被接通，当 $D_1=0$ 时，则断开，通过控制这一位的值，就能产生一个由 1 和 0 构成的二进制序列，使扬声器发声。61H 端口中的其它位则用来控制 PC 机的内部开关状态、奇偶校验及键盘状态等，这些内容将在第 7 章介绍 PC/XT 机中的扬声器接口电路时，作进一步的说明。

在这里，我们先将这些状态保存起来。控制扬声器发声的程序如下：

```
         IN    AL, 61H       ;AL←从 61H 端口读取数据
         AND   AL, 0FCH      ;保护 D₇~D₂ 位，D₀ 位清 0
MORE:    XOR   AL, 02        ;触发 D₁ 位，使之在 0 和 1 间变化
         OUT   61H, AL       ;控制扬声器开关通断
         MOV   CX, 260       ;CX=循环次数
DELAY:   LOOP  DELAY         ;循环延时
         JMP   MORE          ;再次触发
```

本例中，LOOP 指令重复执行 260 遍，起延时作用，使开关的接通和断开维持一定的时间。这是非常必要的，否则开关动作太快，发出的声音频率太高，人耳听不出来。

2) LOOPE/LOOPZ　相等或结果为 0 时循环（Loop If Equal/Zero）

指令格式：LOOPE　标号

　　　　　或 LOOPZ　标号

指令功能：LOOPE 是相等时循环，LOOPZ 是结果为 0 时循环，这是两条能完成相同功能，而具有不同助记符的指令，它们用于控制重复执行一组指令。指令执行前，先将重复次数送到 CX 中，每执行一次指令，CX 自动减 1，若减 1 后 CX≠0 和 ZF=1，则转到指令所指定的标号处重复执行；若 CX=0 或 ZF=0，便退出循环，执行 LOOPZ/LOOPE 之后的那条指令。

例 3.92　设有一个由 50 个字节组成的数组存放在以 ARRAY 开始的内存单元中，现要对该数组中的元素进行测试，若元素为 0，而且不是最后一个元素，便继续进行下一个元素的测试，直到找到第一个非零元素或查完了为止。

程序如下：

```
ARRAY    DB    ××,××,…         ;含 50 个元素的数组
         ⋮
         MOV   BX, OFFSET ARRAY ;BX 指向数组开始单元
         DEC   BX               ;指针减 1
         MOV   CX, 50           ;CX=元素个数
NEXT:    INC   BX               ;指向数组的下个元素
         CMP   [BX], 00H        ;数组元素与 0 比较
         LOOPE NEXT              ;若元素为 0 和 CX≠0，循环
         ⋮                       ;否则，结束查找
```

3) LOOPNE/LOOPNZ　不相等或结果不为 0 时循环（Loop If Not Equal/Not Zero）

指令格式：LOOPNE　标号

　　　　　或 LOOPNZ　标号

指令功能：LOOPNE 是不相等时循环，而 LOOPNZ 是结果不为 0 时循环，它们也是一对功能相同但形式不一样的指令。指令执行前，应将重复次数送入 CX，每执行一次，CX 自动减 1，若减 1 后 CX≠0 和 ZF=0，则转移到标号所指定的地方重复执行；若 CX=0 或 ZF=1，则退出循环，顺序执行下一条指令。

例 3.93　设一个由 17 个字符组成的字符串存放在以 STRING 开始的内存中，现要查

找该字符串中是否包含空格符。若没有找到空格符和尚未查完,则继续查找,直到找到第一个空格符或查完了才退出循环。

下面是实现上述操作的程序:

```
STRING  DB       'Personal Computer'      ;字符串
        ⋮
        MOV      BX, OFFSET STRING        ;BX 指向字符串的开始
        DEC      BX                       ;BX-1
        MOV      CX, 17                   ;CX=字符串长度
NEXT:   INC      BX                       ;指向下一个字符
        CMP      [BX], 20H                ;字符串元素与空格比较
        LOOPNE   NEXT                     ;若不是空格和 CX≠0,循环
        ⋮                                 ;找到空格或 CX 已为 0
```

4) JCXZ 若 CX 为 0 跳转 (Jump If CX Zero)

指令格式:JCXZ 标号

指令功能:若 CX 寄存器为 0,则转移到指令中标号所指定的地址处,否则将往下顺序执行,它不对 CX 寄存器进行自动减 1 的操作。

这条指令用在循环程序开始处。为了使程序跳过循环,只要事先把 CX 寄存器清 0。

4. 中断指令 (Interrupt)

1) 中断概念

所谓中断是指计算机在执行正常程序的过程中,由于某些事件发生,需要暂时中止当前程序的运行,转到中断服务程序去为临时发生的事件服务,中断服务程序执行完毕后,又返回正常程序继续运行,这个过程称为中断。

引起中断的原因称为中断源,8086 的中断源有两种:

第一种是外部中断,也称为硬件中断,它们从 8086 的不可屏蔽中断引脚 NMI 或可屏蔽中断引脚 INTR 引入。NMI 引脚上的中断请求,情况比较紧急,如存储器校验错、电源掉电等发生时,CPU 必须马上响应。从 INTR 脚上来的请求信号,CPU 可以立即响应,也可以暂时不响应。如果 CPU 内部标志寄存器中的 IF 置 1,则允许响应这类中断;若 IF 标志为 0,则不予响应。

第二种中断是内部中断,这种中断是为解决 CPU 在运行过程中发生一些意外情况,如除法运算出错和溢出错误等,或者是为便于对程序进行调试而设置的。此外,也可以在程序中安排一条中断指令 INT n,利用这条指令直接产生 8086 的内部中断,指令中的 n 为中断类型号。n=0~256=0~FFH,共有 256 类中断。

在 8086 的 256 类中断中,有些类型的中断是专为硬件提供的,有些为 DOS 或基本输入输出系统 BIOS(Basic Input Output System)等所用,最低的 5 个类型的中断被定义为专用中断。它们分别是:除法错中断、单步中断、不可屏蔽中断(NMI)、断点中断和溢出中断,类型号=0~4。

2) 中断指令

① INT n 软件中断指令 (Interrupt)

软件中断指令,也称为软中断指令,其中,n 为中断类型号,其值必须在 0~255 的范围

内。它可以在编程时安排在程序中的任何位置上,因此也被称为陷阱中断。

② INTO 溢出中断指令 (Interrupt on Overflow)

当带符号数进行算术运算时,如果溢出标志 OF 置 1,则可由溢出中断指令 INTO 产生类型为 4 的中断,若 OF 清 0,则 INTO 指令不产生中断,CPU 继续执行后续程序。

为此,在带符号数进行加减法运算之后,必须安排一条 INTO 指令,一旦溢出就能及时向 CPU 提出中断请求,CPU 响应后可做出相应的处理,例如,显示出错信息,使运算结果无效等。由于运算结果出了错误,溢出中断处理完之后,CPU 将不返回原程序继续运行,而是把控制权交给操作系统。如果程序中不加 INTO 指令,即使运算后产生了溢出错误,也不会向 CPU 发中断请求,从而会导致错误的运算结果。

③ IRET (Interrupt Return)

中断返回指令 IRET。它总是被安排在中断服务程序的出口处,当它执行后,首先从堆栈中依次弹出程序断点,送到 IP 和 CS 寄存器中,接着弹出标志寄存器的内容,送回标志寄存器,然后按 CS:IP 的值使 CPU 返回断点,继续执行原来被中断的程序。

3.3.6 处理器控制指令

1. 标志操作指令

除了有些指令执行后会影响标志外,8086 还提供了一组标志操作指令,它们可直接对 CF,DF 和 IF 标志位进行设置或清除等操作,但不包含 TF 标志。指令执行后不影响其它标志,只影响本指令指定的标志,这些指令的名称和功能如表 3.13 所示。

表 3.13 标志操作指令

指令助记符	操 作	指 令 名 称	
CLC	CF←0	进位标志清 0	(Clear Carry)
CMC	CF←$\overline{CF}$	进位标志求反	(Complement Carry)
STC	CF←1	进位标志置 1	(Set Carry)
CLD	DF←0	方向标志位清 0	(Clear Direction)
STD	DF←1	方向标志位置 1	(Set Direction)
CLI	IF←0	中断标志位清 0	(Clear Interrupt)
STI	IF←1	中断标志位置 1	(Set Interrupt)

1) CLC,CMC 和 STC

进位标志 CF 常用在多字节或多字运算中,用来说明低位向高位的进位情况。在这种运算中,经常要对 CF 进行处理。利用 CLC 指令,可使进位标志 CF 清 0,利用 CMC 指令可使 CF 取反,而利用 STC 指令则使 CF 置 1。

2) CLD 和 STD

方向标志 DF 在执行字符串操作指令时用来决定地址的修改方向,当串操作由低地址向高地址方向进行时,DF 应清 0,反之 DF 应置 1。CLD 指令使 DF 清 0,而 STD 指令则使 DF 置 1。

3) CLI 和 STI

中断允许标志 IF 是 1 还是 0 用于决定 CPU 是否可以响应外部的可屏蔽中断请求。指令 CLI 使 IF 清 0，将禁止 CPU 响应中断，而指令 STI 使 IF 置 1，允许 CPU 响应这类中断。

2. 外部同步指令

8086 CPU 具有多处理机的特征，为了充分发挥硬件的功能，设置了 3 条使 CPU 与其它协处理器同步工作的指令，以便共享系统资源。这几条指令分别是换码指令 ESC、等待指令 WAIT 和封锁总线指令 LOCK。由于这些指令不常用，所以这里就不作进一步介绍了。

3. 停机指令和空操作指令

1) HLT 停机指令（Halt）

它使 CPU 进入暂停状态，不进行任何操作，只有当下列情况之一发生时，CPU 才脱离暂停状态：在 RESET 线上加复位信号；在 NMI 引脚上出现中断请求信号；在允许中断的情况下，在 INTR 引脚上出现中断请求信号。

在程序中，通常用 HLT 指令来等待中断的出现。

2) NOP 空操作或无操作指令（No Operation）

这是一条单字节指令，执行时需耗费 3 个时钟周期的时间，但不完成任何操作。它不影响标志位。NOP 指令通常被插在其它指令之间，在循环等操作中增加延时。还常在调试程序时使用空操作指令。例如，用 3 条 NOP 指令代替一条调试时暂不执行的 3 字节指令，调试好后再用这条指令代换 NOP 指令。

习　题

1. 分别说明下列指令的源操作数和目的操作数各采用什么寻址方式。

(1) MOV　AX，2408H　　　　(2) MOV　CL，0FFH
(3) MOV　BX，[SI]　　　　　(4) MOV　5[BX]，BL
(5) MOV　[BP+100H]，AX　　(6) MOV　[BX+DI]，'$'
(7) MOV　DX，ES:[BX+SI]　　(8) MOV　VAL[BP+DI]，DX
(9) IN　　AL，05H　　　　　(10) MOV　DS，AX

2. 已知：DS=1000H，BX=0200H，SI=02H，内存 10200H～10205H 单元的内容分别为 10H，2AH，3CH，46H，59H，6BH。下列每条指令执行完后 AX 寄存器的内容各是什么？

(1) MOV　AX，0200H　　　　(2) MOV　AX，[200H]
(3) MOV　AX，BX　　　　　 (4) MOV　AX，3[BX]
(5) MOV　AX，[BX+SI]　　　(6) MOV　AX，2[BX+SI]

3. 设 DS=1000H，ES=2000H，SS=3500H，SI=00A0H，DI=0024H，BX=0100H，BP=0200H，数据段中变量名为 VAL 的偏移地址值为 0030H，试说明下列源操作数字段的寻址方式是什么，物理地址值是多少。

(1) MOV　AX，[100H]　　　 (2) MOV　AX，VAL
(3) MOV　AX，[BX]　　　　 (4) MOV　AX，ES:[BX]
(5) MOV　AX，[SI]　　　　 (6) MOV　AX，[BX+10H]
(7) MOV　AX，[BP]　　　　 (8) MOV　AX，VAL[BP+SI]
(9) MOV　AX，VAL[BX+DI]　 (10) MOV　AX，[BP+DI]

4. 写出下列指令的机器码。(参考例 3.18 和例 3.21。)

(1) MOV　AL，CL　　　　　　(2) MOV　DX，CX
(3) MOV　[BX+100H]，3150H

5. 已知程序的数据段为：

DATA　SEGMENT
A　　DB　'$'，10H
B　　DB　'COMPUTER'
C　　DW　1234H，0FFH
D　　DB　5　DUP(?)
E　　DD　1200459AH
DATA　ENDS

求下列程序段执行后的结果是什么。

MOV　AL，A
MOV　DX，C
XCHG　DL，A
MOV　BX，OFFSET　B
MOV　CX，3[BX]
LEA　BX，D
LDS　SI，E
LES　DI，E

6. 指出下列指令中哪些是错误的，错在什么地方。(提示：仅第(8)题是正确的。)

(1) MOV　DL，AX　　　　　　(2) MOV　8650H，AX
(3) MOV　DS，0200H　　　　 (4) MOV　[BX]，[1200H]
(5) MOV　IP，0FFH　　　　　(6) MOV　[BX+SI+3]，IP
(7) MOV　AX，[BX+BP]　　　(8) MOV　AL，ES:[BP]
(9) MOV　DL，[SI+DI]　　　 (10) MOV　AX，OFFSET 0A20H
(11) MOV　AL，OFFSET TABLE　(12) XCHG　AL，50H
(13) IN　BL，05H　　　　　　(14) OUT　AL，0FFEH

7. 已知当前 SS=1050H，SP=0100H，AX=4860H，BX=1287H，试用示意图表示执行下列指令过程中，堆栈中的内容和堆栈指针 SP 是怎样变化的。(参考例 3.27。)

PUSH　AX
PUSH　BX
POP　BX
POP　AX

8. 已知当前数据段中有一个十进制数字 0～9 的七段代码表，其数值依次为 40H，79H，24H，30H，19H，12H，02H，78H，00H，18H。要求用 XLAT 指令将十进制数 57 转换成相应的七段代码值，存到 BX 寄存器中，试写出相应的程序段。(提示：参考例 3.29，注意 5

和 7 要分别进行转换。)

9. 下列指令各完成什么功能?

(1) ADD　　AL,DH　　　　　　(2) ADC　　BX,CX
(3) SUB　　AX,2710H　　　　　(4) DEC　　BX
(5) NEG　　CX　　　　　　　　(6) INC　　BL
(7) MUL　　BX　　　　　　　　(8) DIV　　CL

10. 已知 AX=2508H,BX=0F36H,CX=0004H,DX=1864H,求下列每条指令执行后的结果是什么? 标志位 CF 等于什么?

(1) AND　　AH, CL　　　　　　(2) OR　　BL, 30H
(3) NOT　　AX　　　　　　　　(4) XOR　　CX, 0FFF0H
(5) TEST　　DH, 0FH　　　　　(6) CMP　　CX, 00H
(7) SHR　　DX, CL　　　　　　(8) SAR　　AL, 1
(9) SHL　　BH, CL　　　　　　(10) SAL　　AX, 1
(11) RCL　　BX, 1　　　　　　(12) ROR　　DX, CL

11. 假设数据段定义如下:

　　DATA　　　SEGMENT
　　STRING　　DB　'The Personal Computer & TV'
　　DATA　　　ENDS

试用字串操作等指令编程完成以下功能:

(1) 把该字符串传送到附加段中偏移量为 GET_CHAR 开始的内存单元中。
(2) 比较该字符串是否与"The Computer"相同,若相同则将 AL 寄存器的内容置 1,否则置 0。并要求将比较次数送到 BL 寄存器中。
(3) 检查该字符串是否有"&"符,若有则用空格符将其替换。

12. 编程将 AX 寄存器中的内容以相反的次序传送到 DX 寄存器中,并要求 AX 中的内容不被破坏,然后统计 DX 寄存中 1 的个数是多少。(提示:先通过左移指令,将 AX 内容逐位移入 CF 中,检查其是否为 1,再通过右移指令,移入 DX。)

13. 设 CS=1200H,IP=0100H,SS=5000H,SP=0400H,DS=2000H,SI=3000H,BX=0300H,(20300H)=4800H,(20302H)=00FFH,TABLE=0500H,PROG_N 标号的地址为 1200:0278H,PROG_F 标号的地址为 3400:0ABCH。说明下列每条指令执行完后,程序将分别转移到何处执行。

(1) JMP　　PROG_N
(2) JMP　　BX
(3) JMP　　[BX]
(4) JMP　　FAR PROG_F
(5) JMP　　DWORD PTR[BX]

如将上述指令中的操作码 JMP 改成 CALL,则每条指令执行完后,程序转何处执行? 并请画图说明堆栈中的内容和堆栈指针如何变化。

14. 如在下列程序段的括号中分别填入以下指令：

(1) LOOP　　NEXT
(2) LOOPE　　NEXT
(3) LOOPNE　　NEXT

试说明在这三种情况下，程序段执行完后，AX、BX、CX、DX 寄存器的内容分别是什么。

```
START: MOV  AX, 01H
       MOV  BX, 02H
       MOV  DX, 03H
       MOV  CX, 04H
NEXT:  INC  AX
       ADD  BX, AX
       SHR  DX, 1
       (    )
```

15. 某班有 7 个同学的英语成绩低于 80 分，分数存放在 ARRAY 数组中，试编程完成以下工作：给每人加 5 分，结果存到 NEW 数组中。（参考例 3.90。）

16. 软中断指令 INT n 中 n 的含义是什么？其值的范围是多少？当 n=0～4 时，分别定义什么中断？INTO 指令用于什么场合？

17. 哪些指令可以使 CF、DF 和 IF 标志直接清 0 或置 1？

第 4 章 汇编语言程序设计

使用指令的助记符、符号地址和标号等编写的程序设计语言称为汇编语言(Assembly Language),它是一种面向机器的语言,实际上是机器语言的符号表示。用汇编语言编写的程序称为汇编语言程序,指令系统中的每条指令都是构成汇编语言源程序的基本语句,都有与之对应的机器码,不同的 CPU 使用不同的汇编语言。

应用系统提供的汇编语言,按照规定的语法规则编写的程序称为汇编语言源程序(Source Program)。源程序必须要经过专门的翻译程序把这些指令翻译成由机器代码组成的目标程序(Object Program),机器才能识别和执行。完成这个翻译工作的程序称为汇编程序(Assembler),将汇编语言源程序翻译成目标程序的过程称为汇编,目标程序还要经过连接程序(Link Program)连接后才能转换成在机器上可执行的程序(Executable Program)。

从编写汇编语言源程序到在机器上生成可执行程序的处理过程如图 4.1 所示,图中用方框表示的程序为系统软件。首先,用编辑程序 EDIT 将用户编写的汇编语言程序键入计算机,按照规定格式编排后,以文件的形式存放在磁盘上。文件由文件名和扩展名两部分组成,扩展名前面要加一个圆点".",汇编过程中使用的文件名可以由用户自行定义,这里假设文件名为 PROG。扩展名是由系统规定的,汇编语言源程序、目标文件和可执行文件的扩展名分别为.ASM、.OBJ 和.EXE。

图 4.1 汇编语言程序汇编处理过程

汇编语言程序经编辑程序 EDIT 编排后生成汇编语言源程序 PROG.ASM,经汇编程序 MASM 汇编后生成目标文件 PROG.OBJ,此时还可以生成一个可选的列表文件 PROG.LIST,目标文件经连接程序 LINK 连接后,生成可执行文件 PROG.EXE。列表文件则列出源程序清单、机器码和符号表等,便于程序的调试,一个简单的列表文件见例 3.76。汇编过程中如果出错,应纠错后重新进行汇编。最后将可执行文件 PROG.EXE 从磁盘调入内存运行,得到运行结果。

汇编过程中,程序查出的主要是语句格式和语法上的错误,如果有错则不能通过汇编,要等纠错后重新汇编,直至无错为止。所以编写汇编语言源程序,一定要符合汇编程序 MASM 的语法要求,下节将详细讲述汇编语言的语句格式和语法要求。有关汇编语言的具体上机过程,请查看附录 B。

4.1 汇编语言程序格式和伪指令

4.1.1 汇编语言程序格式

汇编语言中使用的语句有指令语句和伪指令语句两种,下面分别介绍这两种语句。

1. 指令语句

指令语句也称为指令性语句,在第 3 章中已对 8086 的指令语句进行了详细介绍,这里再作进一步的归纳和说明。完整的指令语句由 4 部分组成,格式如下:

   标号: 指令助记符 操作数 ;注释

1) 标号

标号表示该指令的符号地址,常作为转移指令的操作数,标号后面必须加冒号":",如果没有别的转移指令要转移到某条指令,则该条指令前面就无须加标号。例如:

   NEXT: INC BX ;标号 NEXT 为符号地址,有指令要转到此处
    ⋮
   JNZ NEXT ;标号 NEXT 为转移指令的操作数

可以用作标号的字符包括英文字母、数字或某些特殊字符,如@、*、_、?、·等,但第一个字符必须为英文字母或某些特殊字符,圆点"·"只能用作第一个字符。特殊字符不能单独用作标号,系统中已定义的保留字如指令操作码、伪指令指示符、寄存器名和运算符等都不能作标号。例如,4AB、MOV、DW、WAIT、LOOP、M+5 等不能做标号。

标号具有段基址、偏移量及类型等 3 种属性。类型属性指在转移指令中标号可转移的距离。类型为 NEAR,表示此标号为近标号,只能实现本代码段内转移;类型为 FAR,表示是远标号,可以作为其它代码段中的目标地址,实现段间转移。

2) 指令助记符

指令助记符是指令语句中唯一不可缺少的部分,它表示指令系统中指令的操作码。必要时可在指令助记符前加前缀,以实现某些附加操作。

3) 操作数

操作数是指令中最复杂的部分,一条指令可以有一个操作数或两个操作数,也可以没有。操作数可以由常数、字符或字符串、变量、标号、寄存器、存储器和表达式等组成。常数可以由二进制、十进制、十六进制及二-十进制的 BCD 数组成,其中二进制、十六进制及 BCD 数后面必须分别加 B、H 和 H 作为后缀,使用 BCD 码做操作数的指令,其后面一定要紧跟一条调整指令,以便将运算结果调整成 BCD 数。不加后缀的数默认是十进制数。用于指令语句中的十六进制数字以 A~F 开头时,前面必须加数字 0。字符和字符串要用单引号括起来。

变量通常指用符号表示的存放在存储单元中的可变数值,程序在运行期间可以对它进行修改,其数值可以由伪指令 DB、DW、DD 等来定义。所谓定义就是为变量分配存储单元,也可以为这个存储单元起个名字或设定初值。变量也有段基址、偏移地址和类型等 3 个属性。类型指所占存储单元的字节数,例如,用 DB 定义的变量类型属性为 BYTE(字节),用

DW 和 DD 定义的变量类型的属性分别为 WORD(字)和 DWORD(双字)。

寄存器、存储器操作数已在第 3 章中作了详细介绍,表达式将在下面作专门介绍。

4) 注释

注释用来说明一条指令或一段程序的功能,它可以省略,但加了注释后增强了程序的可读性。注释前必须加分号";",汇编程序对分号";"后面的内容不予汇编。在 LST 文件中,注释和源程序将被一起打印出来。

2. 伪指令语句

伪指令语句又称为指示性语句,或伪指令(Pseudo Instruction),它没有对应的机器码,不能让 CPU 执行,仅在汇编过程中完成某些特定的功能,没有它们,汇编程序将无法完成汇编过程。伪指令语句的格式如下:

   名字 伪指令指示符 操作数 ;注释

1) 名字

名字是给伪指令语句起的名称,用符号地址表示,名字的格式要求与标号类似,也可以省略,但有些语句不能省略,名字后面不能跟冒号":"。

2) 伪指令指示符

伪指令指示符是汇编程序 MASM 规定的符号,它是伪指令语句中不可缺少的部分,有些伪指令必须成对出现。常用的伪指令语句有以下几种:

- 段定义语句 SEGMENT 和 ENDS
- 段分配语句 ASSUME
- 过程定义语句 PROC 和 ENDP
- 变量定义语句 DB、DW、DD、DQ、DT
- 程序结束语句 END

这些伪指令大部分已在第 3 章中使用过,后面将对它们作系统的介绍,以便编写完整的汇编语言程序。

3) 操作数

操作数要根据伪指令的具体要求确定,有的伪指令不允许带操作数,有的伪指令可以带一个或多个操作数。

4) 注释

注释部分与指令语句的要求是类似的。

3. 表达式和运算符

在汇编语言中,将常数、符号、寄存器等通过运算符连接起来的式子叫做表达式,不论是常数、变量还是标号都可以用表达式的形式给出。对表达式的运算不是由 CPU 完成的,而是在汇编时由汇编程序进行运算的。在汇编语言程序中,运算符的种类很多,表 4.1 给出了表达式的运算符,一些专用运算符没有列在表中,表中还给出了一些简单的例子。

后面将进一步举例说明某些表达式中运算符的应用实例。

表 4.1 MASM 表达式中的运算符

类型	符号	名称	运算结果	举例
算术运算符	+	加法	和	3+6=9
	-	减法	差	8-3=5
	*	乘法	乘积	4*6=24
	/	除法	商	28/5=5
	MOD	模除	余数	28 MOD 5=3
	SHL	按位左移(n次)	左移后二进制数	0010B SHL 2=1000B
	SHR	按位右移(n次)	右移后二进制数	1100B SHR 1=0110B
逻辑运算符	NOT	非运算	逻辑非结果	NOT 1100B=0011B
	AND	与运算	逻辑与结果	1011B AND 0011B=0011B
	OR	或运算	逻辑或结果	1011B OR 1100B=1111B
	XOR	异或运算	逻辑异或结果	1011B XOR 0010B=1001B
关系运算符	EQ	相等	结果为真,输出全1 结果为假,输出全0	5 EQ 10B=全 0
	NE	不等		5 NE 10B=全 1
	LT	小于		5 LT 2=全 0
	LE	小于等于		5 LE 101B=全 1
	GT	大于		5 GT 011B=全 1
	GE	大于等于		5 GE 110B=全 0
数值返回符	SEG	返回段基址	段基址	SEG N1=N1 所在段基址
	OFFSET	返回偏移地址	偏移地址	OFFSET N1=N1 的偏移地址
	LENGTH	返回变量单元数	单元数	LENGTH N1=N1 的单元数
	TYPE	返回变量类型	(见表 4.3)	
	SIZE	返回变量总字节数	总字节数	SIZE N1=N1 的总字节数
修改属性符	PTR	修改类型属性	修改后类型	BYTE PTR [BX]
	THIS	指定类型属性	指定后类型	ALPHA EQU THIS BYTE
	段寄存器名	段超越前缀	修改段	ES:[BX]
其它运算符	HIGH	分离高字节	取高字节	HIGH 1234H=12H
	LOW	分离低字节	取低字节	LOW 1234H=34H
	SHORT	短转移说明	-128~127 字节间转移	JMP SHORT LABEL
	( )	圆括号	改变运算优级先级	(8-3)*6=30
	[ ]	方括号	下标或间接寻址	MOV AX,[BX]

1) 算术运算符

例 4.1 利用现行地址符"$"和减法运算符"-"求数组的长度,程序段如下:

    DATA   SEGMENT   ;数据段

```
LIST    DB    12,38,5,29,74           ;LIST 数组(变量)
COUNT   EQU   $-LIST                  ;COUNT=现行地址-LIST 的偏移地址
DATA    ENDS
        ⋮
        MOV   CX,COUNT                ;CX←LIST 数组的长度
```

在上述程序段中，LIST 变量的起始地址偏移量为 0，"$"符表示本指令的现行地址偏移量，它等于 5，所以 $-LIST=5-0=5，EQU 为等值语句伪指令，它表示将 EQU 右边的表达式的值(5)赋予左边的符号名 COUNT，这样使 COUNT=5，变量的长度可以通过现行地址符 $ 和减法运算符很方便地求得。

2) 逻辑运算符和关系运算符

例 4.2 将表达式的运算结果送到寄存器中。

```
MOV   AL,NOT 10110101B              ;AL←01001010B
MOV   BL,10H GT 20H                 ;BL←00H,10H>20H 为假,输出全 0
MOV   BX,6 EQ 0110B                 ;BX←FFFFH,6=6 为真,输出全 1
```

3) 数值返回运算符

数值返回运算符 OFFSET 和 SEG 运算比较简单。

例 4.3 下面的程序段将 TABLE 变量的段基址:偏移量送到 DS:BX 中。

```
TABLE   DB    40H,79H,24H,30H,19H   ;数字 0~9 的七段代码表
              12H,02H,78H,00H,18H
        ⋮
        MOV   BX,OFFSET TABLE       ;BX←TABLE 变量的偏移地址
        MOV   AX,SEG TABLE          ;AX←TABLE 变量的段地址
        MOV   DS,AX                 ;DS←TABLE 变量的段地址
```

数值返回运算符 LENGTH,当变量中使用 DUP 时,LENGTH 返回一个与存储器操作数相同属性的长度数(可以是字单元数,字节单元数),对其它变量则返回 1。SIZE 运算符加在变量前,当变量中使用 DUP 时,返回该变量所包含的总字节数,对其它变量,则返回数据类型属性的字节数。TYPE 运算符如加在变量前,则返回变量的类型属性,加在标号前,返回标号的距离属性。表 4.2 给出了 TYPE 运算符的返回值。

表 4.2 TYPE 运算符返回值

	类型	返回值
变量	DB	1
	DW	2
	DD	4
	DQ	8
	DT	10
标号	NEAR	-1(FFH)
	FAR	-2(FEH)

例 4.4 LENGTH、SIZE 和 TYPE 运算符返回值举例。

```
    A1    DB    20H,30H
    A2    DW    1234H,5678H
    A3    DD    ?
    L1:   MOV   AH,TYPE A1        ;AH←1(字节)
          MOV   BH,TYPE A2        ;AH←2(字)
          MOV   AL,TYPE A3        ;AL←4(双字)
          MOV   BL,TYPE L1        ;BL←0FFH(近标号)
          MOV   BH,SIZE A2        ;BH←2,数据类型属性(字)的字节数
          MOV   CL,LENGTH A2      ;CL←1,非 DUP 变量返回 1
```

例 4.5 用 LENGTH 设置堆栈。

```
    STAPN   DB    100 DUP (?)         ;定义 100 个字节空间
    TOP     EQU   LENGTH  STAPN       ;TOP←100(变量 STAPN 的单元数为 100 字节)
```

4) 修改属性运算符

例 4.6 对存储单元的属性进行修改。

```
    INC   BYTE PTR [BX]             ;将字节存储单元的内容增 1
    MOV   BX,ES:[DI]                ;BX←(ES×16+DI)的内容
```

上面第一条指令只有一个操作数[BX],它是一个存储单元,但不能确定是字节还是字单元,在[BX]前加了"BYTE PTR"表达式后,就指明了该存储单元为字节单元。第二条指令源操作数[DI]也是存储单元,不加段超越前缀 ES 时,默认的段基地址为 DS,因此是将(DS×16+DI)中的内容送到 BX 中,加了"ES:"操作符后,将默认的 DS 修改成 ES。

4.1.2 伪指令语句

1. 段定义语句

段定义语句用来定义一个逻辑段,每个段以 SEGMENT 开始,以 ENDS 结束,整个段的内容都在这两条伪指令之间。每个段都有一个段名,段名由用户指定,位于 SEGMENT 和 ENDS 前面,不可省略,它确定了该逻辑段在存储器中的段基地址,即高 16 位物理地址。

例 4.7 用段定义语句定义一个数据段,段名为 DATA,段中包含 X、Y 两个变量,也可以包含一个或多个变量,程序段如下。

```
    DATA   SEGMENT          ;数据段开始,DATA 为段名,表示该段的基址
    X      DW    1234H      ;变量 X 的段基址:偏移量=DATA:0000,内容为 1234H
    Y      DB    56H        ;变量 Y 的段基址:偏移量=DATA:0002,内容为 56H
    DATA   ENDS             ;数据段结束
```

段定义语句的一般形式如下:

```
    段名   SEGMENT    [定位类型]    [组合类型]    ['分类名']
                     PAGE(页)    * NONE        'STACK'
                     *PARA(节)    PUBLIC       'CODE'
                     WORD(字)    STACK
```

```
                    BYTE(字节)      COMMON
                                    AT
                                    MEMORY
                    ⋮              ;段中内容
         段名   ENDS
```

可以看出,定义一个段,除了段名、SEGMENT 和 ENDS 伪指令外,还包含定位类型、组合类型和分类名这 3 个参数,后面 3 项加了方括号"[ ]",表示可以省略,但对于堆栈段,组合类型必须是 STACK,不可省略。省略项不写时,其值用带" ∗ "的项,它们是隐含用法,用的是默认值。例 4.7 的数据段中定位类型和组合类型用的就是默认值。后面 3 个参数的功能如下。

1) 定位类型(Align Type)

一个汇编语言程序可以包括多个段,必须用 LINK 程序将各个段相互衔接起来,两段之间如何连接由定位类型来规定,它确定该段存储器的起始边界要求,从而指示连接程序如何衔接相邻两段。定位类型有 PAGE、PARA、WORD 和 TYPE 等四种。定位类型为 PAGE、PARA 和 WORD 时,分别表示该段起始地址能被 256(页)、16(节)和 2(字)整除。定位类型为 BYTE(字节)时,起始地址可以从任何地方开始。默认值 PARA(节)表示能被 16 整除的地方分段。在计算机中,16 个字节单元称为 1 节,256 个字节为 1 页。

2) 组合类型(Combine-Type)

组合类型用来告诉 LINK 程序本段与其它段的关系,有以下几种:

• NONE   表示本段与其它段不进行连接,各段有独自的段基地址和偏移量,这是默认值的组合类型。

• PUBLIC   两个或几个同名同类别的模块段连接成一个段,段基地址相同,但偏移量不同。

• COMMON   本段与其它段覆盖,偏移地址名称不同。

• STACK   表示是堆栈段,不可省略。

• MEMORY   该段在连接时被放在所有段的最后(最高地址)。

• AT   告诉连接程序将本段装在表达式的值所指定的段基地址处。例如,AT 2000H 表示该段的段首地址为 20000H。

3) 分类名('Class')

分类名必须用单引号括起来,其作用是使 LINK 程序将所有分类名相同的逻辑段组成一个段组,典型的分类名有'STACK','CODE'和'DATA'等。

2. 段分配语句

8086 CPU 系统中,存储器采用分段结构,每段容量≤64KB,用户可以设置多个逻辑段,但最多只允许 4 个逻辑段同时有效。段分配语句 ASSUME 可以根据各个逻辑段的段名,将它们分别定义成代码段(CS)、数据段(DS)、堆栈段(SS)和附加数据段(ES),也就是,ASSUME 语句只告诉汇编程序,4 个段寄存器分别与哪些段有关。段分配语句的格式如下所示,也可分两行书写。

         ASSUME   CS:代码段名,DS:数据段名,SS:堆栈段名,ES:附加段名其中各段的段名必须是用段定义语句 SEGMENT 和 ENDS 定义过的段名。如果想取消前面由 ASSUME 语句定义过的段寄存器,则可使用下面的语句:

  ASSUME ES:NOTHING   ;取消附加段

3. 过程定义语句

在编写汇编语言程序时,经常会遇到一些程序段如加法程序,它们的结构和功能相同,仅有一些变量赋予的值不同,如加数和被加数不同,这时就可将这些程序段独立编写,用过程定义伪指令 PROC 和 ENDP 进行定义,并把这些程序段称为过程(Procedure)或子程序,由主程序中的 CALL 语句来调用它们。这样既简化了程序,节省了内存,又便于进行模块化设计。过程定义的格式为:

  过程名 PROC [NEAR]/FAR
     ⋮   ;过程内容
    RET
  过程名 ENDP

PROC 和 ENDP 伪指令限定一个过程,在 PROC 伪语句中,必须说明是近过程 NEAR 还是远过程 FAR,近过程表示段内调用,NEAR 可以省略不写,远过程表示段间调用。在过程内部必须安排一条返回指令 RET 或 RET n,以便返回主程序,它可以位于过程的任何位置上。调用过程允许嵌套,即在过程中又可以用 CALL 语句调用另一个过程。

过程像标号一样,有 3 种属性:段基址、偏移地址和距离属性(NEAR 或 FAR),它可作为 CALL 指令的操作数。在 IBM PC 汇编语言中,为方便起见,一般用下述语句调用过程,而不用说明是近调用还是远调用。即

  CALL 过程名

4. 变量定义语句

变量定义语句也称为数据定义语句,它为一个数据项分配存储单元,用一个符号即变量名与该存储单元相联系,并可为该数据项提供一个任选的初始值,也可以没有初始值。

变量定义语句的一般形式为:

   变量名 伪指令指示符 操作数   ;注释

* 变量名 用符号表示,也可以省略,其作用与指令语句中的标号类似。
* 伪指令指示符 包括 DB、DW、DD、DQ 和 DT,分别用来定义字节、字、双字、4 字和 10 字节变量。
* 操作数 可以有具体的字节、字和双字等初始数据,也可以不指定具体数值,而用一个问号"?"来表示,此时仅为变量留出存储单元。

例 4.8 变量定义语句举例。

  FIRST DB ?   ;定义一个字节变量,初始值不确定
  SECOND DB 20H,33H   ;定义两个字节变量
  THIRD DW 1122H,3344H ;定义两个字变量
  FOUR DD 12345678H   ;定义一个双字变量

还可用复制操作符 DUP 来定义重复变量,其格式为:

   变量名 伪指令指示符 n DUP(操作数) ;其中 n 为重复变量的个数

例 4.9 用重复操作符 DUP 定义变量。

    N1   DB   100 DUP (?)   ;分配 100 个字节单元,初值不确定
    N2   DW   10 DUP (0)   ;定义 10 个字单元,初值均为 0
    N3   DB   100 DUP (3 DUP(8), 6)   ;定义 100 个"8,8,8,6"的数据项

数据项也可写成单个字符或字符串的形式,通常用字节来表示。

例 4.10 字符串变量在内存中存放格式举例。

DB 'Welcome';在内存中顺序存放各字符的 ACSII 码

下面再举一个例子说明变量定义语句与存储单元是如何关联的,并给出多种形式的数据。数据在存储单元中的存放形式如图 4.2 所示。

例 4.11 多种变量定义语句举例。

    DATA1   DB   '3','A'
    DATA2   DW   98,100H,-2
    DATA3   DD   12345678H
    DATA4   DB   100 DUP (0)

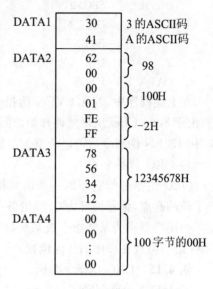

图 4.2 例 4.11 变量在存储器中的存放格式

5. 程序结束语句

程序结束语句的格式为:

　　END　　[标号名或名字]

该语句位于汇编语言程序的最后一行,指示源程序结束。汇编程序对源程序进行汇编时,遇到 END 伪指令便停止汇编,每个模块只能有一条也必须有一条 END 语句。标号名或名字也可以省略不写。

6. 其它伪指令

1) 等值伪指令 EQU

等值伪指令语句的格式为:

　　符号名　EQU　变量、标号、常数等

例 4.12 EQU 伪指令语句举例。

    PROFIT   EQU   10   ;常数值 10 赋给符号名 PROFIT
    CNT1   EQU   41H   ;常数值 41H 赋给符号名 CNT1
    COUNT   EQU   8   ;常数值 8 赋给 COUNT

使用等值伪指令语句可使程序更清晰、易读。例 4.12 中的第一条语句中,将提价因子用 PROFIT 来表示,如果在程序中要修改提价因子,则只需要修改 EQU 语句右边的值,无须改动程序。同样,对第 2 条语句,41H 为计数器/定时器 8253 通道 1 端口地址,用符号 CNT1 来表示更清晰了。第 3 条语句可用 COUNT 表示循环程序的循环次数。

2) 定义类型伪指令 LABEL

其作用与 PTR 类似,格式为:

　　名字　LABEL　类型　　　;将 LABEL 左边的名字定义为其右边的类型

例 4.13 LABEL 伪指令举例。

    BARRY   LABEL   BYTE   ;将 BARRY 定义为字节变量

```
TOP        LABEL    WORD         ;将 TOP 定义为字变量
SUBRT      LABEL    FAR          ;将 SUBRT 定义为 FAR 标号
```

3）对准伪指令 EVEN

该伪指令要求汇编程序将下一语句所指向的地址调整为偶地址。

例 4.14 对准伪指令举例。

```
DATA    SEGMENT
X       DB   'M'              ;X 变量的偏移地址为 0
        EVEN                  ;将下一语句指向地址调整为偶数
Y       DW   100 DUP(?)       ;Y 变量从地址为 02H 处开始存放
DATA    ENDS
```

在上述程序中，若无 EVEN 伪指令语句，则 Y 变量从偏移地址为 01H 处开始存放数据，由于 8086 CPU 从奇地址开始访问字单元（Y 变量）时，存取一个字数据都要进行两次操作，用 EVEN 伪指令后可以调整为从偶地址单元开始存取数据，效率提高了一倍。

4）ORG 伪指令

ORG 伪指令给它下面一条语句指定起始偏移地址。通常，段定义语句 SEGMENT 指出了段的起点，偏移地址为 0，段内各个语句或数据的地址，将会由段起始地址开始依次后推。当用户要求为某条指令或某些数据规定特殊的存放地址时，可用 ORG 伪指令来实现，ORG 语句可放在程序的任何位置。

例 4.15 ORG 伪指令举例。

```
DATA    SEGMENT
        ORG   1200H
A1      DB    12H,34H            ;A1 变量偏移地址为 1200H
        ORG   2000H
A2      DW    3040H,2830H        ;A2 变量偏移地址为 2000H
DATA    ENDS

CODE    SEGMENT
        ORG   400H               ;此段代码段起始地址偏移量为 400H
        ASSUME  CS:CODE,DS:DATA
        ⋮
CODE    ENDS
```

5）模块连接伪指令 PUBLIC 和 EXTRN

为了便于编程和调试，往往要把一个大的程序分成几个模块来编写，然后分别调试，最后进行整体联调。PUBLIC 和 EXTRN 伪指令用于解决模块连接问题，它们在模块化程序设计中起着重要的作用。PUBLIC 用于将标号、变量或数据定义为公共的，可供其它程序模块使用，否则别的模块不能引用它。EXTRN 用于引用其它模块中已用 PUBLIC 伪指令定义过的标号和变量。

例 4.16 PUBLIC 和 EXTRN 伪指令举例。

```
DATA    SEGMENT
A1      DB   30H,31H             ;定义变量
```

```
A2          DW   1234H
A3          DB   100 DUP（?）
DATA        ENDS
;
CODE        SEGMENT
            ASSUME  CS:CODE,DS:DATA
START：MOV    AX,DATA
            ⋮
SUBRT：     ⋮
SUBRT       LABEL  FAR              ;SUBRT 为远标号
            PUBLIC  A1,A2,SUBRT     ;声明 A1,A2,SUBRT 为公用
            ⋮
CODE        ENDS
;
PDATA       SEGMENT
P1          DB   20H
P2          DW   3580H
PDATA       ENDS
;
PCODE       SEGMENT
            EXTRA A1:BYTE,A2:WORD,SUBRT:FAR
            ;其它模块中用 PUBLIC 定义过的 A1、A2、SUBRT 可供本模块引用
MAIN：MOV    AX,PDATA
            ⋮
            MOV   BX,OFFSET A1     ;BX←A1 变量的偏移地址(引用其它模块变量 A1)
            MOV   DI,OFFSET A2     ;引用变量 A2
            ⋮
            JMP   SUBRT            ;引用其它模块标号 SUBRT
            ⋮
PCODE       ENDS
            END   MAIN             ;程序结束,从 MAIN 语句开始执行
```

结构和记录伪指令用于复杂变量类型,此处就不介绍了。另外,对于那些不常用的伪指令也不再进行讨论。

4.1.3 完整的汇编语言程序框架

完整的汇编语言程序包含数据段、代码段、堆栈段和附加数据段,其中代码段是必须要有的,堆栈段根据情况设置,代码段中要用到变量或数据时,应该设置数据段,而当代码段中有字符串操作指令时,不仅要设置数据段,还必须设置附加段。下面先给出程序框架,再介绍如何设置堆栈段,以及程序结束后怎样返回 DOS 操作系统。

1. 完整的汇编语言程序框架

例 4.17 汇编语言程序框架。

```
DATA    SEGMENT                         ;数据段
X       DB   ?
Y       DW   ?
DATA    ENDS
;
EXTRA   SEGMENT                         ;附加段
ALPHA   DB   ?
BETA    DW   ?
EXTRA   ENDS
;
STACK   SEGMENT PART STACK 'STACK'      ;堆栈段
STAPN   DB    100 DUP(?)                ;定义 100 个字节空间
TOP     EQU   LENGTH  STAPN
STACK   ENDS
;
CODE    SEGMENT                         ;代码段
MAIN    PROC  FAR                       ;过程定义语句
        ASSUME CS:CODE,DS:DATA          ;4 个段寄存器分别与哪些段有关
               ES:EXTRA,SS:STACK
START:  MOV    AX,STACK                 ;设置堆栈段寄存器 SS:SP
        MOV    SS,AX
        MOV    SP,TOP
        PUSH   DS                       ;DS 入栈保护
        SUB    AX,AX                    ;AX=0
        PUSH   AX                       ;段内偏移量"0"入栈
        MOV    AX,DATA                  ;AX←数据段基址 DATA
        MOV    DS,AX                    ;DS←数据段基址 DATA
        MOV    AX,EXTRA
        MOV    ES,AX                    ;ES←附加段基址 EXTRA
          ⋮                             ;程序内容
          ⋮
        RET                             ;返回 DOS
MAIN    ENDP                            ;MAIN 过程结束
CODE    ENDS                            ;代码段结束
        END   MAIN                      ;源代码结束
```

上面给出的完整的汇编语言程序框架中包含 4 个段:代码段、数据段、附加段和堆栈段,它们都用段定义伪指令 SEGMENT 和 ENDS 进行了定义。数据段或附加段的内容给出了一些示例数据,编程时要根据需要,用 DB、DW 等伪指令设置实际数值。堆栈段定义了 100 个字节空间,其数值也可修改。在代码段中有串操作指令的情况下,必须将源串存放在数据段中,而把目的串存放在附加段中。

代码段用来存放可执行的指令序列。这里用 PROC FAR 和 ENDP 伪指令将整个程序

编成一个远过程的形式,过程名为 MAIN,最后一条语句为过程返回指令 RET,使程序执行完后返回到调用它的地方去。在 MAIN 过程中,首先用段分配伪指令 ASSUME 告诉汇编程序,4 个段寄存器分别与哪些段相对应,在本程序中根据段名,将段名为 CODE 的段定义为代码段,用 CS:CODE 语句来表示,将段名为 DATA、EXTRA 和 STACK 的段定义为数据段、附加段和堆栈段,分别用 DS:DATA、ES:EXTRA 和 SS:STACK 语句来实现。

ASSUME 伪指令除了能给各个段分配相应的段寄存器外,并不能将段基地址装入相应的段寄存器中,因此接下来还要给 DS、ES 和 SS 寄存器赋初值。注意到程序中没有给 CS 寄存器赋初值,这是因为系统不允许用户对 CS 进行初始化,而是在程序装入后由操作系统对 CS:IP 赋初值。对于堆栈段来说,除了 SS 寄存器外,还要给 SP 赋初值,设置了 SS:SP 的值也就设定了堆栈。

END 伪指令告诉汇编程序:源代码到此结束。从 MASM 6.0 开始,汇编过程结束后,要检测程序执行的入口地址,所以在 END 后必须跟过程名 MAIN,表示从远过程语句开始往下执行程序。但 END 后不能跟过程内部标号(如 START)作为程序入口,否则,汇编时会给出"标号未定义错"。END 后面的过程名也可省略不写,程序会自动从第一条可执行语句开始运行。但版本 6.0 以前的 MASM,不检测程序入口,所以在 END 语句后可以跟过程名 MAIN,也可跟标号 START,还可以什么也不写,程序都是自动从第一条可执行语句开始运行。

除了程序框架中给出的设置堆栈的方法外,还可用以下语句来设置堆栈。

```
STACK   SEGMENT   STACK            ;设置堆栈段
        DW        50 DUP(?)        ;定义 50 个字(100 字节)空间,偏移地址为 00~99
TOP     LABEL     WORD             ;将 TOP 定义为字类型,其偏移地址为 100
STACK   ENDS
CODE    SEGMENT
        ⋮
START:  MOV       AX,STACK
        MOV       SS,AX            ;设置 SS
        MOV       SP,OFFSET TOP    ;SP←TOP 的偏移地址 100
        ⋮
CODE    ENDS
```

设置堆栈后,紧接着用下面 3 条指令,将 DS 推入堆栈保护起来,再使 00H 入栈,以便在程序结束,执行 RET 指令后能返回 DOS,这 3 条指令是:

```
PUSH    DS                         ;DS 入栈
SUB     AX,AX
PUSH    AX                         ;00H 入栈
```

用户编写的程序的具体内容放在初始化程序之后,RET 指令之前。代码段之后,再安排一条 END MAIN 指令,汇编程序遇到这条指令后就结束汇编,并自动从 MAIN 过程开始往下执行程序。

2. 堆栈的设置

堆栈主要用来存放程序在运行过程中需要保护的一些地址或数据信息。例如,CPU 在执行过程调用(CALL)指令时,用堆栈保存返回地址,在中断响应及处理过程中,需用堆栈保护断点和现场信息,此外还可以利用堆栈为子程序传递参数。因此在程序设计时往往需要设置堆栈,也就是说需要设置一个堆栈段,并在代码段中给 SS:SP 赋予初值。

在 DOS 3.0 以下编写和调试汇编语言程序时,程序中必须设置堆栈;对于高版本 DOS,操作系统会自动设置,但用户也可以设置堆栈。如果在程序中没有定义堆栈段,进行连接时会给出一个警告信息:

  Warning:no stack segment

这时,DOS 会自动定义一个堆栈段,使程序仍可正常运行。

3. 返回 DOS 操作系统

DOS 是单任务操作系统,用户编写的汇编语言程序在 DOS 下运行结束后,应能正确返回 DOS,即将控制权交回给 DOS,否则其它程序将无法运行,还会导致死机。

1) 返回 DOS 的 3 种方法

(1) 按程序框架设定的方法返回。首先将主程序定义为一个远过程,再执行 3 条指令,将 DS 和 00H 推入堆栈,然后通过执行 RET 指令,转去执行 INT 20H 指令,退出应用程序,释放所占内存,正确返回 DOS。这是一种常规的返回 DOS 的方法。

(2) 执行 4CH 号 DOS 功能调用。程序结束前按如下方法使用 4CH 号 DOS 功能调用指令,返回 DOS。

  MOV AX,4C00H   ;AH=4CH,为 DOS 功能号,AL 通常置为 0
  INT 21H

利用这两条指令,在退出用户编写的应用程序前,自动关闭已打开的文件,防止数据丢失。这种方法功能更强,更安全,使用也比较方便,建议使用这种方法返回 DOS。

采用这种方式返回 DOS 时,代码段不要写成过程 PROC 的形式,而只需要先给出 ASSUME 语句,接下来直接给出要执行的指令语句,代码段结束前,用上述两条指令就可返回 DOS。另外,程序的最后一条语句应为 END 或 END 标号,如后面不跟标号,程序将自动从代码段的第一条可执行语句开始运行,如用 END START,程序将从标号为 START 的语句开始运行,START 语句不一定是第一条可执行语句。

(3) 对于可执行的命令文件(.COM 文件),用 INT 20H 指令可以直接返回 DOS。

2) 为什么利用程序框架中设定的语句能返回 DOS

程序框架的远过程中有如下 4 条语句:

  PUSH DS
  SUB   AX,AX
  PUSH AX
  ⋮
  RET

执行这几条语句后,为什么能返回 DOS 呢? 下面来看具体的工作过程。

原来程序在 DOS 下运行,一旦接到执行.EXE 文件的命令,就由命令解释程序 command.com 完成将磁盘文件装入内存中的 RAM 的操作,操作分以下几步进行。

(1) 找出 RAM 中可用的最低地址,建立程序段前缀(Program Segment Prefix,PSP),设该段基地址为 DATA1,并在该段偏移地址为 0 处存放一条返回 DOS 的指令 INT 20H。

PSP 中所包含的信息除了有 INT 20H 指令外,还有内存总容量、程序结束地址和文件控制块(File Control Block,FCB)等,FCB 又包含驱动器号(如 0、1、2、3 分别表示当前盘、A 盘、B 盘和 C 盘)、文件名、扩展名、文件长度、日期等信息。

(2) 装入.EXE 代码。按 LINK 传过来的 SS:SP、CS:IP 分配堆栈段,装入代码段。

(3) 自动设置数据区,放在 PSP 下面,偏移地址从 0100H 开始,这时的数据段基地址实际为 DATA1,与 PSP 在同一段中,即把 DATA1 送到 DS 中。

(4) 用户编写的程序运行时,先执行下面的指令:

```
PUSH   DS            ;DS 入栈,保护 DATA1
SUB    AX,AX
PUSH   AX            ;0000H 入栈
```

再设置程序中设定的新的数据段、附加段,然后运行用户编写的程序。

(5) 程序执行 RET 指令时,由于 MAIN PROC FAR 是远调用,将从堆栈中弹出 4 个字节作为返址的偏移量和段基址,堆栈中内容为 DS:0000H=DATA1:0000H,根据此地址转去执行 INT 20H 指令,该指令的功能是中止当前进程,关闭所有打开的文件,清磁盘缓冲器,最后返回 DOS 操作系统。

执行.EXE 文件时内存分配示意图如图 4.3 所示。堆栈段、代码段、数据段和附加段的具体位置由操作系统分配,图中给出了示意图。

3) 只有.COM 文件可用 INT 20H 指令返回 DOS

上面讲到利用 INT 20H 指令可返回 DOS,但并不是说程序中任何地方安排一条 INT 20H 指令都可实现返回 DOS 的操作,而是要求执行该指令前,代码段寄存器 CS 必须指向这个程序段前缀 PSP 的段地址,.COM 文件符合这个要求,所以可直接利用 INT 20H 指令返回 DOS。

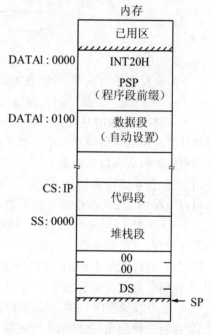

图 4.3 执行.EXE 文件内存示意图

这里还要说明的是,汇编语言程序中用到的指令和伪指令语句都应该用英文(大小写字母都可以)表示,输入计算机时机器才能接收,包括其中的标点符号(如逗号、单引号)及括号等。但为了阅读起来清楚起见,书中的程序中,大多数采用了中文方式下的标点符号,编程时要注意。

4.2 DOS 系统功能调用和 BIOS 中断调用

DOS 是 Microsoft 为微型计算机开发的磁盘操作系统。机器启动时,DOS 从磁盘装入内存,并在那里运行,实现对计算机的控制,包括执行用户命令、管理磁盘文件和各种外设,并提供一组服务子程序,供用户调用,便于设计应用程序。Windows 问世后,DOS 核心依然存在,只是加上了 Windows 作为系统的图形界面,使用户能更加方便地使用计算机。

4.2.1 DOS 的层次结构

DOS 采用模块化、层次化结构,其层次结构如图 4.4 所示。

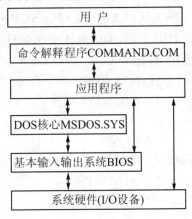

图 4.4 DOS 的层次结构

下面简要介绍组成 DOS 的各主要模块的功能。
- **系统硬件** 主要指输入输出设备,如 CRT 显示器、打印机、键盘、硬盘和鼠标等。
- **基本输入输出系统 BIOS(Basic Input Output System)** 该模块包含了能直接与底层硬件打交道的设备驱动程序。其中一部分固化在 ROM 中,称为 ROM BIOS;另一部分以驱动程序的形式存放在磁盘上,允许用户对它进行修改,需要时装入内存。除外设驱动程序外,它还包含系统设置信息、开机后自检程序和系统自启动程序。利用中断调用指令 INT n,可以直接调用 BIOS 中的外设驱动程序,实现对主要 I/O 设备的控制管理。
- **DOS 核心 MSDOS.SYS** 该模块以 BIOS 为基础,为用户提供一大批可以直接使用的服务程序,这组服务程序称为 DOS 系统功能调用。它们共用一个 21H 号中断入口,因此可用 INT 21H 指令来调用,并以功能号来区分不同的服务程序。它们主要用来实现文件管理、存储器管理及设备管理等,功能比 BIOS 更齐全、更完整。
- **命令解释程序 COMMAND.COM** 该模块以可执行命令文件的形式存放在系统盘上,它执行后便给出 DOS 命令提示符">",由它接收用户在此提示符下键入的命令,进行分析处理后,让机器执行各种应用程序,并在 CRT 上显示执行结果。

从图 4.4 还可以看到,除采用模块化结构外,DOS 还有很清晰的层次结构。用户通过 COMMAND.COM 来执行应用程序,应用程序可通过 DOS 功能调用来使用系统中的硬件资源,DOS 功能调用又可进一步通过软件中断,去执行 BIOS 中的外设驱动程序,与硬件打交道。这样,DOS 用户就不必了解系统硬件的细节,只要掌握 DOS 功能调用的方法,就能编写出很好的应用程序。另一方面,应用程序也可跳过 DOS 功能调用,直接去执行 BIOS 中的软件中断服务程序,实现对硬件的控制,从而提高硬件的响应速度。

4.2.2 DOS 系统功能调用

1. 中断处理程序分类

8086 CPU 可处理 256 类中断,利用 INT n 指令,原则上用户可以直接调用所有 256 个中断服务程序(有些中断为保留中断,暂无中断服务程序),指令中 n 为中断类型号。这些中断向量指向大量系统已编写好的中断处理程序,每个中断处理程序完成一种特定的功能操作,用户程序通过执行简单的软件中断就可以调用它们。

调用软中断的 INT n 指令中的类型号 n=00~FFH。n=00~04H 为专用中断,分别处理除法错、单步、不可屏蔽中断 NMI、断点中断和溢出中断;n=10H~1AH 以及 2FH、31H、33H 为 BIOS 中断,即保存在系统 ROM BIOS 中的 BIOS 功能调用;n=20H~2EH 为 DOS 中断,应用 DOS 提供的功能程序来控制硬件,可对显示器、键盘、打印机、串行通信等字符设备提供输入输出服务。例如 n=20H 为程序结束中断,利用 INT 20H 中断可返回 DOS 操作系统。而 n=21H 则为功能最强大的 DOS 中断,它包含了很多子功能,给每个子功能程序赋一个编号,称为功能号,调用前要送到 AH 寄存器中。

2. DOS 系统功能调用方法

用户程序可按如下步骤进行 DOS 系统功能调用:
(1) 功能调用号送到 AH 寄存器中,AH=00~6CH。
(2) 入口参数送到指定的寄存器中,一种功能调用又包含多个子功能,有些调用不带参数。
(3) 执行 INT 21H 指令。
(4) 得到出口参数,或将结果显示在 CRT 上。

表 4.3 列出了部分 DOS 功能调用,随后将举例说明如何实现 DOS 功能调用。

表 4.3 部分 DOS 功能调用

功能号	功能	入口参数	出口参数
01H	从键盘输入一字符,并在屏幕上显示,检查 Ctrl-Break		AL=输入字符
06H	直接控制台 I/O 不检查 Ctrl-Break	DL=0FFH(输入) DL=字符(输出)	AL=输入字符
07H	键盘输入,无回显 不检查 Ctrl-Break		AL=输入字符
08H	键盘输入,无回显 检查 Ctrl-Break		AL=输入字符
0AH	输入字符串到内存缓冲区	DS:DX=缓冲区首地址	
0BH	检查键盘输入状态		AL=00,无输入 AL=FF,有输入
0CH	清除键盘输入缓冲器,并请求执行指定的输入功能	AL=键盘输入功能号 (1,6,7,8,AH)	
02H	显示单个字符	DL=显示字符的 ASCII 码	
09H	显示以 $ 结尾的字符串	DS:DX=字符串首地址	
05H	打印机输出	DL=输出打印字符	

(续)表 4.3

功能号	功能	入口参数	出口参数
25H	设置中断向量	DS:DX=中断向量 AL=中断类型号	
35H	取得中断向量	AL=中断类型号	
2AH	取得日期		CX=年 DH:DL=月:日(二进制)
2BH	设置日期	CX:DH:DL=年:月:日	AL=0,设置成功,AL=FFH,无效
2CH	取得时间		CH:CL=时:分 DH:DL=秒:1/100 秒
2DH	设置时间	CH:CL=时:分 DH:DL=秒:1/100 秒	AL=0,成功 AL=FFH,无效
4CH	程序终止	AL=返回码	

3. DOS 系统功能调用举例

1) DOS 键盘功能调用

键盘提供了字符键(字母、数字、$、♯等)、功能键(Home、End、Pgup、PgDn、Delete 等)和控制键(Ctrl、Alt、Shift、Enter 等),每个键都有对应的键值,用 ASCII 码表示,通过 DOS 功能调用,可将键入的键值读入 AL 寄存器中,并显示在 CRT 上,或检查是否有键压下等,还可将从键盘输入的一串字符输入到内存缓冲区。

例 4.18 DOS 功能调用 1,从键盘输入一个字符。

```
    MOV  AH,01H          ;AH←功能调用号 01H
    INT  21H             ;AL←读入键值,并显示该字符
```

执行上述命令后,系统扫描键盘,等待用户压键。若有键压下,就将键值读入,并检查是否为 Ctrl-Break 键。若是,则自动调用 INT 23H 中断,执行退出命令;否则将键值送入 AL 寄存器,并在屏幕上显示该字符。

例 4.19 交互式程序中,用户键入字母键 Y 或 N,分别转入不同的程序去处理,并在 CRT 上显示键入字符,若按了 Ctrl-Break,则结束程序,否则继续等待。

```
GET_KEY: MOV  AH,01H        ;AH←功能调用号 01H
         INT  21H           ;AL←读入键值
         CMP  AL,'Y'        ;键值是 Y 吗?
         JE   YES           ;是,转 YES
         CMP  AL,'N'        ;不是 Y,是 N 吗?
         JE   NO            ;是,转 NO
         JNE  GET_KEY       ;不是 N,返回继续等待
YES:     ⋮                  ;按 Y 键的处理程序
NO:      ⋮                  ;按 N 键的处理程序
```

例 4.20 DOS 功能调用 6,控制台 I/O,不检查是否按了 Ctrl-Break 键。

```
        MOV   AH,6              ;6号功能调用
        MOV   DL,0FFH           ;DL=FFH,键盘输入
        INT   21H
```

当 DL=FFH 时,表示从键盘输入,此时若标志位 ZF=0,则 AL 中为输入字符的键值,若 ZF=1,表示无键压下,AL 中不是键值。如果 DL≠FFH 时,表示屏幕输出。

例 4.21 0AH 号 DOS 功能调用,键入字符送输入缓冲区。调用前预先定义一个缓冲区,缓冲区的第一个字节由用户指定,存放缓冲区最大容量(字节数);第二个字节保留,功能调用后存放实际键入的字符个数;从第三个字节开始存入键盘输入的实际字符的 ASCII 码,直到击了 ENTER 键为止。若键入的字符数小于最大字节数,缓冲区其余部分都填 0;若大于最大字节数,则后键入的字符丢失,并发出嘟嘟声。0AH 功能调用时,要求 DS:DX 指向输入缓冲区首地址。程序如下:

```
        DATA  SEGMENT
        BUFF  DB  50            ;定义缓冲区,最大字节数为50即32H
              DB  ?             ;存实际键入字节数
              DB  50 DUP(?)     ;定义50个字节空间,存放键入字符的ASCII码
        DATA  ENDS
                                ;
        CODE  SEGMENT
              ⋮
              MOV  AX,DATA      ;定义 DS:DX
              MOV  DS,AX        ;DS 指向缓冲区首地址基地址
              MOV  DX,OFFSET BUFF ;DX 指向缓冲区首地址偏移地址
              MOV  AH,0AH       ;AH=功能号10
              INT  21H
              ⋮
        CODE  ENDS
```

若键入的字符串为"good morning.",包括空格共 13(0DH)个字符,则缓冲区各单元存储的信息如图 4.5 所示。要检查是否已在缓冲器中存入字符串,可用显示字符的功能调用将字符串显示在屏幕上。

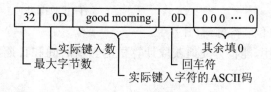

图 4.5 例 4.21 缓冲区内容

2) 显示功能调用

2 号功能调用用来显示单个字符,9 号功能调用则显示以 $ 结尾的字符串。

例 4.22 2 号功能调用,显示单个字符。试编写显示星号"*"的程序。

```
        MOV   DL,'*'            ;DL←要显示字符的 ASCII 码
```

```
        MOV    AH,02H                      ;AH←功能号02H
        INT    21H                         ;显示星号"*"
```

例 4.23 9 号功能调用,显示以 $ 结尾的字符串。调用前,将字符串的首地址送到 DS:DX 中,调用后显示以 DS:DX 为首地址的字符串,直到遇到 $ 符为止,$ 符不显示出来。例如要求显示提示信息"Try again."和回车(CR)、换行(LF)符,程序如下:

```
        DATA   SEGMENT
        MESS   DB      'Try again.',0DH,0AH,'$'    ;要显示的字符串
        DATA   ENDS
           ⋮
        MOV    AX,SEG MESS
        MOV    DS,AX                       ;DS←字符串起始段地址
        MOV    DX,OFFSET MESS              ;DX←偏移地址
        MOV    AH,9                        ;AH←功能号9
        INT    21H                         ;显示该字符串
```

程序中,0DH、0AH 分别表示回车、换行键的 ASCII 码,它们也可分别用符号 CR 和 LF 来表示,但在此前要用 EQU 语句为它们赋值,如给 CR 赋值的语句为 CR EQU 0DH。

3) 打印功能调用

将要在打印机上打印的字符的 ASCII 码送到 DL 中,作为入口参数,然后执行 5 号功能调用,DL 中的字符便会送到打印机去打印。

例 4.24 在打印机上打印一串字符"Right.",打印前先换页(其 ASCII 码为 0CH),这串字符打印完后,进行回车、换行(即打印回车、换行符)。程序如下:

```
        CHAR   DB      0CH,'Right.',0DH,0AH,'$'    ;待打印的字符串
               MOV     BX,0                        ;BX 指向字符串开头
               MOV     AH,5                        ;AH=功能号5
        NEXT:  MOV     DL,CHAR[BX]                 ;取一个字符
               CMP     DL,'$'                      ;是 $ 符吗
               JE      TO_STOP                     ;是,转停止打印
               INT     21H                         ;否,打印该字符
               INC     BX                          ;指向下一个字符
               JMP     NEXT                        ;继续打印下一个字符
        TO_STOP: ⋮                                 ;停止打印处理
```

4) 设置时间、日期和取得时间、日期

利用 DOS 功能调用,能很方便地获取计算机的当前时间和日期,也可方便地为它设置新的时间和日期。

① 设置日期

2BH 号功能调用用于设置日期。调用前,在 CX、DH、DL 中分别存放年(1980~2099)、月(1~12)、日(1~31)信息,再执行 2BH 号功能调用。若设置成功,日期有效,则会返回 AL=00H,否则 AL=0FFH。

例 4.25 将计算机的当前日期设置为 2019 年 2 月 20 日。

```
        MOV    CX,2019                     ;CX=年
```

```
        MOV    DH,2              ;DH=月
        MOV    DL,20             ;DL=日
        MOV    AH,2BH            ;2BH 功能调用
        INT    21H               ;设置新日期
```

② 取得日期

2AH 号功能调用能取得日期。该调用不需要入口参数,结果以二进制形式存放在 CX 和 DX 中,CX 中可得到当前年号,DH 和 DL 中为月号和日号。

③ 设置时间

2DH 号功能调用用来设置计算机的时间。调用前,CH 中存放时(0~23),CL 中存放分(0~59),DH 中存放秒(0~59),DL 中存放百分之一秒(0~99)。若设置成功,AL=0,否则 AL=FFH。

例 4.26 要求设置的时间为 8 时 16 分 12.06 秒,程序如下:

```
        MOV    CH,08             ;8 时
        MOV    CL,16             ;16 分
        MOV    DH,12             ;12 秒
        MOV    DL,06             ;0.06 秒
        MOV    AH,2DH
        INT    21H
```

④ 取得时间

利用 2CH 号功能调用,可在 CX:DX 中得到当前时间的二进制值。

4.2.3 BIOS 中断调用

在 80x86 微型计算机中,从内存地址 0FE000H 开始的 8KB 存储空间装有 ROM BIOS 程序,它包含了系统加电自检、引导装入、基本 I/O 设备驱动程序及接口控制等功能模块,以中断服务程序的形式向程序员开放。因此,他们可以不必了解计算机硬件配置和外部设备的具体技术细节,直接用程序设置好必要的参数,然后执行 BIOS 中断调用,包括调用它们的一系列子功能,完成硬件和外设的管理和控制,而且使编写的程序简洁、可读性好,并易于移植。

在有些情况下,选择 DOS 系统功能调用和 BIOS 中断调用能完成同样的功能。例如,要打印一个字符,可以用 INT 21H 的 5 号功能调用,也可用 BIOS 的 INT 17H 的 0 号中断调用。由于 BIOS 更接近硬件,使用起来可能要复杂一些,所以尽量使用 DOS 系统功能调用。但在有些情况下,必须使用 BIOS 中断调用。例如,INT 17 中断的 2 号调用为读打印机状态,DOS 功能调用里没有这种功能,只能使用 BIOS 中断调用。

ROM BIOS 中断调用的方法与 DOS 系统功能调用法类似,不过每个中断调用可能会包含多个子功能,用功能号来区分它们。BIOS 中断调用的基本步骤为:

(1) 功能号送到 AH 中;
(2) 设置入口参数;
(3) 执行 INT n 指令;
(4) 分析出口参数及状态。

下面介绍几种 BIOS 中断调用。

1. 键盘中断调用 INT 16H

这种类型的中断调用有3种功能,功能号为0、1、2,调用前,需将功能号送到 AH 中。

1) 0 号功能调用

其功能为从键盘读入一个字符。

例 4.27 从键盘读入一个字符。

    MOV AH,0   ;功能号 0
    INT 16H   ;等待键盘输入

键盘上的每个键都用两个唯一的 8 位数值进行标记。最高位 b7 决定该键是压下还是松开了,b7=0,表示该键压下,b7=1,表示键已松开。后 7 位是这样定义的:对于有 ASCII 码的键来说,第 1 字节为 ASCII 码,第 2 字节为键盘扫描码,后者由系统根据键的位置确定;对于无 ASCII 码的键来说,第 1 字节为 0,第 2 字节为扩展码。这样,利用 INT 16H 的 0 号功能调用,就可知道是哪个键压下了或松开了。

2) 1 号功能调用

其功能为查询键盘缓冲区,对键盘扫描,但不等待。

例 4.28 查看键盘缓冲区。

    MOV AH,1   ;功能号 1
    INT 16H

调用结果:若 ZF=0,表示键盘缓冲区不空,有键按下了,AL 中存放键入字符的 ASCII 码,AH 存放扫描码;若 ZF=1,表示缓冲区空。

3) 2 号功能调用

其功能是检查键盘上各特殊功能键的状态。

例 4.29 检查特殊功能键的状态。

    MOV AH,2   ;功能号 2
    INT 16H

执行中断调用后,将键盘状态字节 KB-Flag 即特殊功能键状态送到 AL 中。特殊功能键状态各位意义如图 4.6 所示。

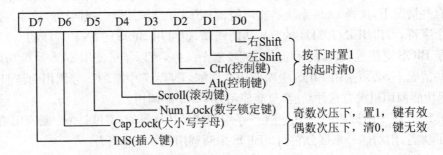

图 4.6 特殊功能键状态各位意义

2. 打印机中断调用 INT 17H

这种类型的中断调用也有 3 种,功能号为 0、1、2。调用前都应将功能号送 AH 中,打印机号(0~2)送 DX 中。

1) 0号功能

其功能是在打印机上打印一个字符,并将打印机状态返回到 AH 中。调用前,将待打印字符的 ASCII 码送到 AL 中。

例 4.30 在打印机上打印一个字符"$"。

  MOV AL,'$'   ;AL←待打印字符$的 ASCII 码
  MOV DX,02H   ;打印机号
  MOV AH,0   ;功能号
  INT 17H   ;调用结果:在打印机上打印$符,AH←打印机状态

2) 1号功能

其功能是初始化打印机,并将打印机状态返回到 AH 中。

例 4.31 初始化指定的打印机。

  MOV DX,00H   ;打印机号
  MOV AH,01H   ;功能号
  INT 17H   ;调用结果:初始化打印机,AH←打印机状态

3) 2号功能

返回打印机状态到 AH 中。

例 4.32 返回指定打印机的状态字。

  MOV DX,01H   ;打印机号
  MOV AH,02H   ;功能号
  INT 17H   ;调用结果:AH←打印机状态

0~2号调用的打印机状态字各位意义如图 4.7 所示。

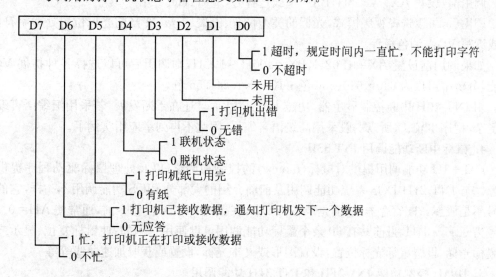

图 4.7 打印机状态字各位意义

3. 显示中断调用 INT 10H

显示中断用来直接控制系统中的视频显示,因此常被称作视频服务中断。视频 ROM BIOS 位于显卡上,不同显卡能提供的视频服务功能也不一样,因此 INT 10H 能支持多种视频服务功能,由 AH 来指定,AH=00H~1CH,下面仅列举几种。

1) 0 号功能,视频模式选择

调用前,功能号 0 送 AH 中,显示模式(0～13H)送 AL 中,执行 INT 10H 指令后,指定显示器采用 AL 规定的视频模式。它们包括:文本或图形模式;显示行列数可以是 25×40～30×80;分辨率为 320×200～750×350 或 640×480;颜色可以是 2 色(黑、白)～256 色;显示标准有 CGA、EGA 和 VGA。

2) 10H 号功能,建立 VGA 调色板寄存器

调用前,应设置如下参数:

    AH←10H   ;功能号
    AL←10H   ;入口参数之一
    BX=颜色号(0～255)
    CH=绿(0～63)
    CL=蓝(0～63)
    DH=红(0～63)

通过调整调色板寄存器红(Red)、绿(Green)、蓝(Blue)即 RGB 及颜色号的值,再加上改变 3 个通道之间的叠加值,可以得到各种各样的颜色,几乎包括了人类视力所能感知的所有颜色,是目前运用最广泛的一种颜色系统。需要注意的是前面的 16 种颜色(0～15)用于 16 色、VGA 文本模式和其它模式中。

3) 超级 VGA、扩展 VGA 显示适配器的 INT 10H 中断调用

超级 VGA(Super VGA)、扩展 VGA(Extend VGA)等显示适配卡,也可用 INT 10H 号中断调用,将这些先进的显示卡设置成超级 VGA(SVGA)模式。

调用前,设置 AX=4F02H,BX=模式选择号(0～11H)。

调用后,可以选择视频模式,光标的类型位置、上滚、下滚,在当前光标位置处写字符,设置或读写 VGA 调色板等。

如果调用前设置 AX=4F02H,BX=100H～10CH,则调用后可以选择各种扩展 VGA 功能,分辨率可以为 640×640、256 色～1280×1024、256 色。

用 INT 10H 中断控制显示器,功能十分强大,而且还在不断发展,若采用汇编语言编程很复杂,程序也较长,所以一般采用高级语言编程,因此不再列举应用实例了。

4. 鼠标中断功能调用 INT 33H

INT 33H 功能调用提供对鼠标(mouse)的控制和调整,以及处理鼠标驱动程序提供的信息。与 INT 21H DOS 系统功能调用及前面介绍的大部分 BIOS 功能调用不一样,它的功能号不是放在 AH 寄存器中,而是放在 AL 中,在执行 INT 33H 指令前,通常使 AH=0。功能号为 00H～34H,目前共有 50 余个鼠标功能调用可供使用。例如:使鼠标复位、显示或隐藏鼠标光标、设置鼠标光标位置、设置图形或文本光标、设置或获取加速曲线等等。

5. DPMI 控制功能 INT 2FH 和 INT 31H 功能调用

DOS 保护模式接口(DOS Protected Mode Interface)即 DPMI,可在 DOS 和 Windows 环境下应用,它可以实模式扩展内存,也可访问保护模式扩展内存,有关保护模式下的内存管理问题将在第 13 章介绍。DPMI 控制功能由 INT 2FH 和 INT 31H 指令实现功能调用。

1) DOS 多路功能中断 INT 2FH

它共有 4 种功能:设置 AX=1680H,则释放一个时间片;AX=1686H,获取 CPU 模式;

AX=1687H,获取模式切换入口点;AX=168AH,获取应用程序编程接口(Application Programming Interface,API)入口点。

2) INT 31H 功能调用

除了 INT 2FH 完成的 4 种功能外,DPMI 所有的其余控制功能均由 INT 31H 功能调用实现,共有 70 多种功能,例如:分配或释放 LDT 描述符,设置或获取段基地址,设置、获取实模式或保护式中断向量,分配或释放存储块,获取内存信息等等。

4.3 汇编语言程序设计方法与实例

汇编语言程序设计采用结构化程序设计(Structured Programming)方法。每个程序只有一个入口,必须要有出口,中间内容不能含有死循环语句;任何程序都按照顺序结构、条件分支结构和循环结构等 3 种基本结构进行构建;设计时先考虑总体、全局目标,再考虑细节、局部问题,把复杂问题分解为一个个模块或子目标,一步步进行设计。将这些基本结构、子模块合理组合起来就可构成一个大的程序。程序设计时还要适当加注释。这样设计出来的程序层次分明,结构清楚,可读性强,便于调试。

编写较复杂的程序时,一般应先画出程序流程图,将设计步骤细化,再按流程图设计编写程序。下面先从 3 种基本结构入手,介绍编程方法和应用实例,再介绍实际应用较多的代码转换、过程调用等编程例子,后者也要用到 3 种基本结构。通过学习这些实例,掌握汇编语言程序设计的基本方法,为编写较长的复杂程序奠定基础。

4.3.1 顺序结构程序设计

顺序结构程序也称为简单程序,这种程序按指令排列的先后顺序逐条执行。

例 4.33 编写一个在显示器上显示一个笑脸字符的程序,程序命名为 HAPPY.ASM。

```
PROG1   SEGMENT
        ASSUME  CS:PROG1        ;程序只有一个代码段
START:  MOV     DL,1            ;DL←要显示字符☺的 ASCII 码
        MOV     AH,2            ;AH←功能号 2
        INT     21H             ;显示笑脸符☺
        MOV     AX,4C00H
        INT     21H             ;返回 DOS
PROG1   ENDS
        END     START
```

这是一个最简单的程序,只有一个代码段,利用 DOS 系统功能调用的 2 号调用显示一个字符,要显示的字符的 ASCII 码事先应送到 DL 中。本例中将 1 送到 DL 中,它实际上是控制符 SOH(标题开始)的 ASCII 码,让它显示出来时,显示器上便会显示一个笑脸符☺。

如果用循环程序将 00~FFH 先后送入 DL,再利用 DOS 的 2 号功能调用,则可显示全部标准和扩展 ASCII 码,包括全部的控制符以及积分符、希腊字母等。

例 4.34 通过人机对话,从键盘输入一个十进制数字(0~9),查表求键入数字的平方值,存入 AL 寄存器中,并显示有关的提示信息。试编写汇编语言程序。

在程序的数据段，先给出数字 0～9 的平方值，逐个存入 TABLE 开始的内存中，形成表格，以便查找，再给出等待显示的提示信息。代码段由 3 个部分组成：显示提示信息；等待键入数字；查表求键入数字的平方值，并将结果存入 AL 中。程序如下：

```
    DATA    SEGMENT
    TABLE   DB    0,1,4,9,16,25,36,49,64,81              ;数字 0～9 的平方值
    BUF     DB    'Please input a number(0～9):',0DH,0AH,'$'  ;提示信息
    DATA    ENDS
    CODE    SEGMENT
    ASSUME  CS:CODE,DS:DATA
    START:  MOV   AX,DATA
            MOV   DS,AX                  ;设置 DS
            MOV   DX,OFFSET BUF          ;设置 DX,使字符串首地址=DS:DX
            MOV   AH,9H                  ;DOS 9 号功能调用
            INT   21H                    ;显示提示信息
                                         ;
            MOV   AH,01                  ;DOS 1 号功能调用,等待键入字符
            INT   21H                    ;AL←键入数字的 ASCII 码
            AND   AL,0FH                 ;AL←截下数字值(表内元素序号)
                                         ;
            MOV   BX,OFFSET TABLE        ;BX 指向表头地址 TABLE
            MOV   AH,0                   ;AX 寄存器高字节清 0
            ADD   BX,AX                  ;表头地址＋键入数字(AL),结果存入 BX
            MOV   AL,[BX]                ;查表求得平方值
                                         ;
            MOV   AX,4C00H
            INT   21H                    ;返回 DOS
    CODE    ENDS
    END     START
```

该程序还可进一步改进，例如：检查键入字符是否为数字 0～9，若不是则显示 Try again；显示查表结果，如 4' square is 16,表示 $4^2=16$；问程序是继续执行还是退出，即 Continue or Exit？等等。另外还可根据键入数字，求七段代码值、数字的立方值等。

例 4.35 在存储单元 A1 和 A2 中，各存有一个 2 字节无符号数，低字节在前，高字节在后，编程将两数相加，结果存入 SUM 单元，也要求低字节在前，高字节在后，进位存入最后一个字节单元。

```
    DATA    SEGMENT
    A1      DB    56H,78H                ;数 A1
    A2      DB    4FH,9AH                ;数 A2
    SUM     DB    3 DUP(0)               ;存两数相加之和,考虑进位位
    DATA    ENDS
    CODE    SEGMENT
            ASSUME  CS:CODE,DS:DATA
```

```
BEGIN: MOV    AX,DATA
       MOV    DS,AX              ;设置数据段基址
       MOV    BX,0               ;BX 为地址指针,初值清 0
       CLC                       ;进位位清 0
       MOV    AL,A1[BX]          ;取低字节 A1
       ADC    AL,A2[BX]          ;与 A2 低字节相加
       MOV    SUM[BX],AL         ;结果存 SUM 单元(低字节)
       INC    BX                 ;调整指针
       MOV    AL,A1[BX]          ;取高字节相加
       ADC    AL,A2[BX]
       MOV    SUM[BX],AL         ;存高字节
       JNC    STOP               ;无进位,转 STOP
       INC    BX                 ;有进位
       MOV    AL,0
       INC    AL
       MOV    SUM[BX],AL         ;进位存入(SUM+2)单元
STOP:  MOV    AX,4C00H
       INT    21H
CODE   ENDS
       END    BEGIN
```

4.3.2 分支程序设计

一般情况下,程序按指令的先后顺序逐条执行,但经常要求程序根据不同条件选择不同的处理方法,也就是说程序的处理步骤中出现了分支,就要根据某一特定条件,选择其中一个分支执行。

例 4.36 设某学生的英语成绩已存放在 AL 寄存器中,如果分数低于 60 分,则打印 F,如高于等于 85 分,则打印 G,否则打印 P。这就是一个分支程序,程序框图如图 4.8 所示。

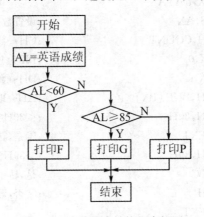

图 4.8 多路分支结构程序框图

该分支程序的程序段已在第 3 章例 3.87 给出,这里不再列出完整的程序。下面介绍一

个比较复杂的分支程序,其中也包含了循环程序,但主要还是根据不同条件转入不同的分支程序去执行。

例 4.37 在存储器中以首地址 BUF 开始存有一串字符,字符串个数(长度)用 COUNT 表示。要求统计数字 0~9、字母 A~Z 和其它字符的个数,并分别将它们的个数存储到 NUM 开始的 3 个内存单元中去。

根据 ASCII 码表(附录 A)可知,数字 0~9 的 ASCII 码为 30H~39H,大写字母 A~Z 的 ASCII 码为 41H~5AH,其余值为其它字符或控制符的 ASCII 码值。可以将 ASCII 码分成 5 个部分或 5 个分支来处理,其示意图如图 4.9 所示。

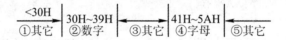

图 4.9 数字、字母及其它字符的 ASCII 码

编程时,首先从 BUF 单元中取出一个字符的 ASCII 码,经过分支程序判断它属于数字、字母还是其它字符,然后使相应计数器的值增 1,程序中数字个数存放在 DL 中,字母个数存放在 DH 中。接下来取第 2 个数进行分析判断,直至所有字符处理完后,将统计出来的个数送到相应的存储单元中。每个分支程序都很简单,但总体程序较复杂,程序框图如图 4.10 所示。在框图和程序清单的注释中用数字①~⑤标出了程序的分支,帮助大家阅读。

程序如下:
```
        DATA    SEGMENT
        BUF     DB      'PRINT','abc',35H,52H,30H,08H      ;一串字符
        COUNT   EQU     $-BUF                              ;COUNT=字符总个数
        NUM     DB      3 DUP(?)                           ;先后存放数字、字母、其它字符个数
        DATA    ENDS
        CODE    SEGMENT
                ASSUME  CS:CODE,DS:DATA
START:          MOV     AX,DATA
                MOV     DS,AX                              ;设置数据段
                MOV     CH,COUNT                           ;CH←数组长度
                MOV     BX,0                               ;BX 为基址指针,初值清 0
                MOV     DX,0                               ;DH←数字个数,DL 字母个数,初值清 0
LOOP1:          MOV     AH,BUF[BX]                         ;AH←取一个数
                CMP     AH,30H                             ;<30H?
                JL      NEXT                               ;①是,转
                CMP     AH,39H                             ;>39H?
                JG      ABC                                ;是,转
                INC     DH                                 ;②否,数字个数增 1
                JMP     NEXT
ABC:            CMP     AH,41H                             ;<41H?
                JL      NEXT                               ;③是,非字母,转
                CMP     AH,5AH                             ;>5AH?
```

```
         JG      NEXT            ;⑤是,非字母,转
         INC     DL              ;④否,字母个数增1
NEXT：   INC     BX              ;基地址指针加1
         DEC     CH              ;字符串长度减1
         JNZ     LOOP1           ;未完,取下一个数
         MOV     NUM,DH          ;已完,存数字个数
         MOV     NUM+1,DL        ;存字母个数
         MOV     AH,COUNT
         SUB     AH,DH
         SUB     AH,DL           ;计算出其它字符个数
         MOV     NUM+2,AH        ;存其它字符个数
         MOV     AX,4C00H
         INT     21H
CODE     ENDS
         END     START
```

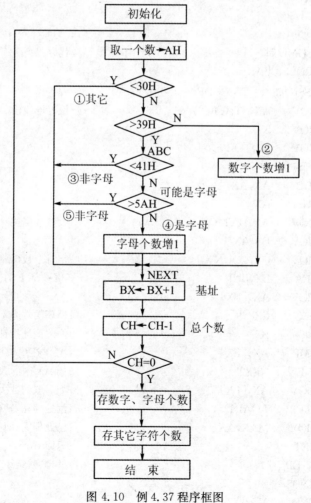

图 4.10 例 4.37 程序框图

4.3.3 循环结构程序

在程序中,要求某段程序反复执行多次,直到满足某些条件时为止,这种程序称为循环结构程序。在循环程序中,常用计数器如 CX 寄存器控制循环次数。先将计数器置一个初值,用来表示循环操作的次数,每执行一次循环操作,计数器减 1,减到 0 时,表示循环结束。

例 4.38 在一串给定个数的数据中寻找最大值,存放到 MAX 存储单元中。

```
        DATA    SEGMENT                             ;数据段
        BUF     DW      1234H,3200H,4832H,5600H     ;一串字数据
        COUNT   EQU     ($-BUF)/2                   ;数据个数
        MAX     DW      ?                           ;存最大值
        DATA    ENDS
                                                    ;
        STACK   SEGMENT 'STACK'                     ;堆栈段
        STAPN   DB      100 DUP(?)
        TOP     EQU     LENGTH STAPN
        STACK   ENDS
                                                    ;
        CODE    SEGMENT                             ;代码段
        MAIN    PROC    FAR
                ASSUME  CS:CODE,SS:STACK
        START:  MOV     AX,STACK                    ;设置堆栈段
                MOV     SS,AX
                MOV     SP,TOP
                PUSH    DS
                SUB     AX,AX
                PUSH    AX
                MOV     AX,DATA                     ;设置数据段
                MOV     DS,AX
                MOV     CX,COUNT                    ;字符个数(循环次数)
                LEA     BX,BUF                      ;BX←BUF 的偏移地址
                MOV     AX,[BX]                     ;AX←缓冲器中取一个数
                DEC     CX                          ;循环次数减 1
        AGAIN:  INC     BX                          ;修改地址指针
                CMP     AX,[BX]                     ;AX 与后取的数相比
                JGE     NEXT                        ;如 AX 中的数大于等于后者,则转
                MOV     AX,[BX]                     ;如后取的数大,则将其送 AX
        NEXT:   LOOP    AGAIN                       ;没处理完,转(循环操作)
                MOV     MAX,AX                      ;已处理完,MAX 单元←最大值
                RET                                 ;返回 DOS
        MAIN    ENDP                                ;处理完,结束
        CODE    ENDS
                END     MAIN
```

本例通过 LOOP 指令执行循环操作,取字符串的地址指针 BX 要用指令修正,以指向下一个字单元取数进行比较。

例 4.39 用循环程序设计方法,求 A 和 B 两个 4 字节 BCD 数之和,它们在内存中以压缩 BCD 码的形式存放,低字节在前,高字节在后。要求结果以同样形式存放在以 SUM 开始的单元中。

在例 4.35 中,进行 2 字节无符号运算时,采用顺序结构程序,用了两段加法程序,本例是做 4 字节加法运算,用循环结构编程,只要写一段加法程序,反复执行 4 次即可。程序如下:

```
        DATA    SEGMENT
        A       DB      44H,33H,22H,11H         ;数 A,BCD 数加后缀 H
        B       DB      88H,77H,66H,55H         ;数 B,格式同上
        SUM     DB      5 DUP(?)                ;存和(含进位)
        DATA    ENDS
                                                ;
        STACK   SEGMENT 'STACK'
        STAPN   DB      100 DUP(?)
        TOP     EQU     LENGTH  STAPN
        STACK   ENDS
                                                ;
        CODE    SEGMENT
        MAIN    PROC    FAR
                ASSUME  CS:CODE,DS:DATA,
                        ES:DATA,SS:STACK        ;使用串操作指令要设附加段
        START:  MOV     AX,STACK                ;设置堆栈段
                MOV     SS,AX
                MOV     SP,TOP
                PUSH    DS
                SUB     AX,AX
                PUSH    AX
                MOV     AX,DATA
                MOV     DS,AX                   ;设置数据段
                MOV     ES,AX                   ;设置附加段,与数据段相同
                MOV     SI, OFFSET A            ;SI←数 A 的偏移地址
                MOV     BX,OFFSET B             ;BX←数 B 的偏移地址
                MOV     DI, OFFSET SUM          ;DI←和单元偏移地址
                MOV     CX,LENGTH SUM           ;CX←和的长度(含进位位)为 5
                DEC     CX                      ;循环次数为4,只要做 4 次加法
                CLD                             ;串操作清方向标志,地址增量
                CLC                             ;进位位清 0
                MOV     AH,0                    ;AH 存最后一次进位,初值置 0
        GET_SUM:LODS    A                       ;AL←从 A 中取一字节,SI 自动增1
```

```
            ADC     AL,[BX]          ;与 B 数相加,结果→AL
            DAA                      ;BCD 数调整
            INC     BX               ;B 数指针增 1
            STOS    SUM              ;SUM 单元←结果,DI 自动增 1
            LOOP    GET_SUM          ;CX←CX－1,CX≠0 则转循环做加法
            ADC     AH,0             ;4 次后 CX=0,将进位加到 AH 中
            MOV     AL,AH
            STOSB                    ;进位存入 SUM+4 单元
            RET                      ;返回 DOS
   MAIN     ENDP
   CODE     ENDS
            END     MAIN
```

本例也是用 LOOP 指令执行循环执行加法操作。利用 LODS A 指令取 A 数时,源地址指针 SI 自动修改,利用 STOS 指令存数时,目的地址指针 DI 自动修改,但取 B 数时,地址指针 BX 必须用指令修改。

例 4.40 有一个无符号数组共有 5 个元素:12,7,19,8,24,它们存放在 LIST 开始的字单元中,要求编程将数组中的数按从大到小的次序排列(元素个数 n=5)。

编程时采用冒泡法排序的方法,比较时先从第一个元素开始,与相邻的数相比,大的在前,小的在后,表示次序排好了,不要交换位置,否则要交换位置。再将小的数与第 3 个元素比较,经 n-1(=4)次比较后,一行中最小的元素 7 排到了最后面。共循环比较了 n-1(=4)次。再作第二轮比较,这轮只要比较 n-2(=3)次,即可将数组中的数按从大到小的次序排列好。这是一个多重循环程序。比较过程中数的排列如下所示:

```
原始数据        12  7   19  8   24
第一轮比较后    12  19  8   24  7    找出最小值 7
第二轮比较后    19  12  24  8   7    找出第二小的值 8
第三轮比较后    19  24  12  8   7    找出第三小的值 12
第四轮比较后    24  19  12  8   7    已排好次序,大循环次数为 n-1(=4)
```

程序如下:

```
        DATA    SEGMENT
        LIST    DW      12,7,19,8,24         ;原始数据字单元(共 10 个字节)
        COUNT   EQU     ($-LIST)/2           ;数组长度 n=10/2=5
        DATA    ENDS
        SORT    SEGMENT
                ASSUME  CS:SORT,DS:DATA
   BEGIN: MOV   AX,DATA
          MOV   DS,AX
          MOV   CX,COUNT-1                   ;CX←比较轮数(大循环次数)
   LOOP1: MOV   DX,CX                        ;DX←大循环次数
          MOV   BX,0                         ;地址指针
   LOOP2: MOV   AX,LIST[BX]                  ;AX←LIST(i)
```

```
            CMP    AX,LIST[BX+2]       ;LIST(i)≥LIST(i+2)?
            JAE    NO_CHANGE           ;是,转
            XCHG   AX,LIST[BX+2]       ;否,交换,使大数在前,小数在后
            MOV    LIST[BX],AX
    NO_CHANGE：
            ADD    BX,2                ;BX 增 2,取下个数
            LOOP   LOOP2               ;一轮没比完,转,继续比
            MOV    CX,DX               ;一轮比完,CX←比较轮数
            LOOP   LOOP1               ;CX←CX-1,非 0 则转下轮比较
            MOV    AX,4C00H            ;比完,返回 DOS
            INT    21H
    SORT    ENDS
    END     BEGIN
```

只要对程序稍加修改,即可按从小到大的次序排列。

4.3.4 代码转换程序

在计算机中,经常需要将数据从一种形式转换成另一种形式,例如需要把二进制数转换成十进制数,再转换成 ASCII 码显示出来;需要把键盘输入的十进制数转换成二进制数,再转换成十六进制数等,这就要编写各种代码转换程序。下面介绍几个代码转换程序,为方便起见,程序都以子程序的形式给出。

例 4.41 将 AL 寄存器中的二进制数转换成非压缩 BCD 数,存入 AX 中,再转换成 ASCII 码即可在 CRT 上显示。设 AL 中的初值为 01100010B＝62H,它等于十进制数的 98,将它除以 10 后,可得商为 9,余数为 8,将其存放入 AX 中,使 AX＝0908H,与 3030H 相加(也可相或),即转换成 ASCII 码 3938H,用 2 号 DOS 功能调用即可显示出来。程序如下:

```
    BIN_ASC  PROC  NEAR
             MOV   AH,0
             MOV   BL,10           ;除数
             DIV   BL              ;AL←商(9),AH←余数(8)
             XCHG  AH,AL           ;使 AX=0908H(非压缩 BCD 数)
             ADD   AX,3030H        ;AX=3938H(ASCII 码)
             MOV   CX,AX           ;CX←3938H
             MOV   DL,CH
             MOV   AH,2
             INT   21H             ;显示 9
             MOV   DL,CL
             MOV   AH,2
             INT   21H             ;显示 8
             RET
    BIN_ASC  ENDP
```

例 4.42 将键盘输入的一个以回车符为结尾的十进制数(0~65535)转换成二进制数,并存入 BX 寄存器中,如输入一个非十进制数或回车符,则退出程序。编程思想如下:

(1) 利用 DOS 1 号功能调用,等待从键盘输入一个十进制数字,比如说 3,则在 AL 中得到 3 的 ASCII 码 33H。

(2) 将 ASCII 码转换成 BCD 码。截下低 4 位,判断其是否为数字 0~9,若是,则将该数存入 BX 中,若不是则退出程序。

(3) 再键入下一个数字,如数字 5,也要判断其是否为数字 0~9。

(4) 将十进制数转换成二进制数。将先键入的数字 3 乘以 10 后,与后键入的数字 5 相加(累加),得 $(3\times10)+5=35$。

(5) 再键入第 3 个数字,如 8,将前面累加的数乘以 10 后与后键入的数累加,可得到 $[(3\times10+5)\times10]+8=358$,还可继续进行下去,直至键入一个非十进制数或回车符为止。遇回车符表示键入的一个十进制数结束。

程序(子程序)如下:

```
DEC_BIN    PROC    NEAR
           MOV     BX,0          ;BX 存结果或中间结果,初值清 0
GET_CHAR:  MOV     AH,1          ;DOS 1 号功能调用
           INT     21H           ;AL←键入数字的 ASCII 码
           CMP     AL,0DH        ;是回车符吗?
           JE      EXIT          ;是,转退出
           SUB     AL,30H        ;否,ASCII 码转换成十进制数
           JL      EXIT          ;<0(非数字),则退出
           CMP     AL,9          ;≥0,则与 9 比较
           JG      EXIT          ;>9,退出
           CBW                   ;是数字 0~9,将 AL 中的字节转换成字,送到 AX
           XCHG    AX,BX         ;将先键入的数(在 BX 中)→AX
           MOV     CX,10
           MUL     CX            ;先键入数×10→AX
           XCHG    AX,BX         ;交换后,AX→BX,新键入数→AX
           ADD     BX,AX         ;累加,结果→BX
           JMP     GET_CHAR      ;循环,键入新数
EXIT:      RET                   ;退出
DEC_BIN    ENDP
```

程序中也用到了分支结构和循环程序的设计方法。

例 4.43 编写将 BX 中的二进制数转换成十六进制数,并在显示器上显示的子程序。由于每 4 位二进制数可用一个十六进制数来表示,所以 BX 中的二进制数可以转换成 4 个十六进制数字。每次将 BX 中的数左移 4 次,可得到一个十六进制数字,将其转换成 ASCII 码后,即可在显示器上显示出一个十六进制数,重复执行 4 次,就可将 BX 中的 4 个十六进制数显示出来。操作过程如图 4.11 所示。

程序如下,程序入口为 BX,已存入一个二进制数。

```
BIN_HEX    PROC    NEAR
           MOV     CH,4          ;转换后产生 4 个十六进制数字(大循环次数)
ROTATE:    MOV     CL,4          ;小循环次数(左移 4 次)
```

```
        ROL     BX,CL           ;对 BX 左移 4 次
        MOV     AL,BL           ;AL←BL
        AND     AL,0FH          ;截得一个十六进制数字
        ADD     AL,30H          ;加 30H,转换成 ASCII 码
        CMP     AL,3AH          ;与'9+1'比,>9?
        JL      DISPLAY         ;≤9,转显示
        ADD     AL,7H           ;>9,将数字 0AH~0FH 转换成 ASCII 码
DISPLAY:MOV     DL,AL           ;DL←待显示数字的 ASCII 码
        MOV     AH,2
        INT     21H             ;显示 DL 中数字
        DEC     CH              ;4 个数字都显示完?
        JNZ     ROTATE          ;没有,转大循环
        RET                     ;显示完,退出
BIN_HEX ENDP
```

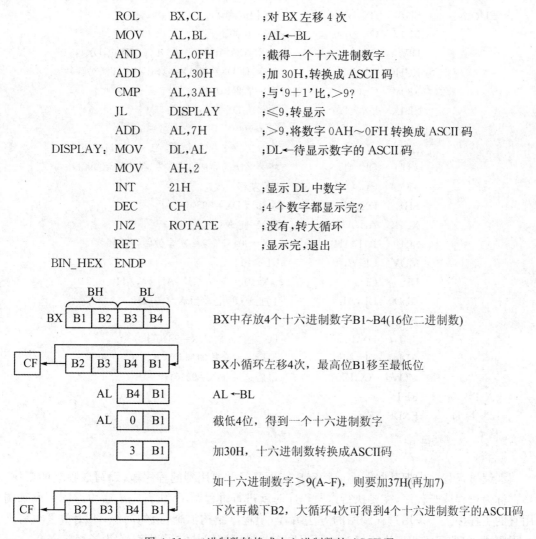

图 4.11 二进制数转换成十六进制数的 ASCII 码

例 4.44 将 AX 中的 16 位二进制数转换成 4 位压缩 BCD 数。道理很简单,只要将 AX 的内容先后除以 1000、100 和 10,每次得到的商即为 BCD 数的千位、百位和十位数,余数为个位数。麻烦的是除法运算既要分字除和字节除,又要搞清楚每次运算时被除数、除数、商和余数分别放在什么寄存器中。源操作数为字和字节时,除法指令要求:

源操作数为字时,(DX,AX)/源字,结果:AX←商,DX←余数;

源操作数为字节时,AX/源字节,结果:AL←商,AH←余数。

下面给出转换程序,为便于理解,假设存放在 AX 中的 16 位二进制数的实际值为 9346,转换后应使 AX=9346H(压缩 BCD 数),注释中给出具体的转换步骤。

```
BIN_BCD PROC    NEAR
        CMP     AX,9999         ;AX>9999?
        JBE     TRAN            ;小于,转
        JMP     EXIT            ;大于,转退出
```

```
TRAN:    SUB     DX,DX           ;DX 初值清 0
         MOV     CX,1000         ;CX←1000
         DIV     CX              ;(DX,AX)/1000=9…346,(AX=9,DX=346)
         XCHG    AX,DX           ;交换,使 DX=9,AX=346(下次除法被除数)
         MOV     CL,4            ;第一个商 9 左移 4 次
         SHL     DX,CL           ;左移后 DX=0090H
         MOV     CL,100          ;CL←100
         DIV     CL              ;346/100=3…46,结果:AL←3,AH←46
         ADD     DL,AL           ;将第 2 次的商加到 DL 中,使 DX=0093H
         MOV     CL,4            ;DX 左移 4 次
         SHL     DX,CL           ;左移后 DX=0930H
         XCHG    AL,AH           ;交换,使 AX=0346H
         SUB     AH,AH           ;AX=0046H,第 2 次余数做被除数
         MOV     CL,10           ;CL←10
         DIV     CL              ;AX/10=4…6,结果:AL=4,AH=6
         ADD     DL,AL           ;4 加到 DL 上,使 DX=0934H
         MOV     CL,4
         SHL     DX,CL           ;DX 左移 4 次,DX=9340H
         ADD     DL,AH           ;最后一次余数加到 DX 上,DX=9346H
         MOV     AX,DX           ;最后结果:AX=9346H
EXIT:    RET
BIN_BCD  ENDP
```

4.3.5 过程调用

汇编语言程序中把某些能完成特定功能而又经常要用到的程序段,编写成独立的模块,将它称为过程或子程序,需要执行这段程序时就进行过程调用,执行完毕后再返回到原来调用它的主程序去。采用过程调用的方法编程,使程序结构清晰,语句简练,不用重复编写某个程序段,也便于对程序进行修改。子程序本身又可调用其它子程序,称为子程序嵌套。

例 4.45 用过程调用的方法,编程实现将内存中 4 个 BCD 数相加,结果存入 SUM 开始的单元中去的运算。BCD 数在内存中存放时,低字节在前,高字节在后。由于每个 BCD 数各有 4 个字节,每两个字节相加的运算要重复 4 次,所以这种运算可编写成子程序,供主程序调用。

```
DATA    SEGMENT
NUM_1   DB      44H,33H,22H,11H         ;第一个 BCD 数
NUM_2   DB      88H,77H,66H,55H         ;第二个 BCD 数
SUM     DB      5 DUP(?)                ;存相加结果
DATA    ENDS
STACK   SEGMENT STACK                   ;堆栈段
        DW      50 DUP(?)
TOP     LABEL   WORD
STACK   ENDS
```

```
CODE    SEGMENT                         ;代码段
MAIN    PROC    FAR                     ;主过程
        ASSUME  CS:CODE,DS:DATA,SS:STACK
START:  MOV     AX,STACK                ;设置 SS:SP
        MOV     SS,AX
        MOV     SP,OFFSET TOP
        PUSH    DS
        SUB     AX,AX
        PUSH    AX
        MOV     AX,DATA
        MOV     DS,AX
        MOV     ES,AX
        LEA     SI,NUM_1                ;SI←数 1 偏移地址
        LEA     BX,NUM_2                ;BX←数 2 偏移地址
        LEA     DI,SUM                  ;DI←和数偏移地址
        CLD                             ;清方向标志
        CLC                             ;清进位标志
        MOV     AH,0                    ;AH 存最后一次进位,初值清 0
        MOV     CX,4                    ;做 4 次加法运算
LOOP1:  CALL    ADD_B                   ;调用过程(4 次)
        LOOP    LOOP1                   ;没完,继续
        ADC     AH,0                    ;已完,进位加到 AH 中
        MOV     AL,AH
        STOSB                           ;进位存入 SUM+4 单元
        RET                             ;返回 DOS
MAIN    ENDP                            ;主过程结束
                                        ;
ADD_B   PROC    NEAR                    ;单字节加法过程
        LODSB                           ;AL←数 1 中取一字节,SI 自动增 1
        ADC     AL,[BX]                 ;与数 2 带进位加
        DAA                             ;BCD 数调整
        STOSB                           ;存入 SUM 开始的单元中,DI 自动增 1
        INC     BX                      ;调整数 2 地址指针
        RET                             ;返回主程序
ADD_B   ENDP
CODE    ENDS
        END     MAIN
```

例 4.46 内存中有两个数组 ARY1 和 ARY2,数组长度分别为 20 和 10,要求编写一个程序,分别将两个数组的值累加起来,存入 SUM1 和 SUM2 开始的单元中,低字节在前,高字节在后。累加第一个数组的值时,要做 20 次加法,加法运算可用过程实现,累加第 2 个数组的值时,要做 10 次加法运算,加法运算也可调用相同的过程来完成,但两次调用前的入口

参数和存放结果的单元是不同的。程序如下：

```
        DATA    SEGMENT
        ARY1    DB      20 DUP（?）        ;数组 1,20 个随机数
        SUM1    DB      2 DUP（?）         ;存数组 1 各元素相加之和
        ARY2    DB      10 DUP（?）        ;数组 2,10 个随机数
        SUM2    DB      2 DUP（?）         ;存数组 2 之和
        DATA    ENDS
        STACK   SEGMENT     STACK
                DW      50 DUP(?)
                TOP     LABEL WORD
        STACK   ENDS
        CODE    SEGMENT
        MAIN    PROC    FAR
                ASSUME  CS:CODE,DS:DATA,SS:STACK
        BEGIN:  MOV     AX,STACK
                MOV     SS,AX
                MOV     SP,OFFSET TOP
                PUSH    DS
                SUB     AX,AX
                PUSH    AX
                MOV     AX,DATA
                MOV     DS,AX
                LEA     SI,ARY1             ;转子前入口参数,SI←ARY1 首地址
                MOV     CX,LENGTH ARY1      ;CX←ARY1 长度
                MOV     BX,OFFSET SUM1      ;BX←和单元首地址
                CALL    SUM                 ;转子程序,求数组 1 之和
                LEA     SI,ARY2             ;转子前设 ARY2 之入口参数
                MOV     CX,LENGTH ARY2
                MOV     BX,OFFSET SUM2
                CALL    SUM                 ;转子程序,求数组 2 之和
                RET                         ;返回 DOS
        MAIN    ENDP
                                            ;
        SUM     PROC    NEAR                ;求和子程序
                XOR     AL,AL               ;AX 清 0,CF 标志清 0
                MOV     AH,0                ;AH 存进位,初值清 0
        LOOP1:  ADC     AL,[SI]             ;数组中取一元素,带进位累加到 AL
                ADC     AH,0                ;进位累加到 AH 中
                INC     SI                  ;修改地址指针
                LOOP    LOOP1               ;未完,继续
                MOV     [BX],AL             ;已处理完,存和数
                MOV     [BX+1],AH           ;存进位累加值
```

```
        RET
SUM     ENDP                    ;子过程结束
                                ;
CODE    ENDS
        END     MAIN
```

例 4.47 显示回车换行子程序。在显示屏上显示一行信息后,常常需要回到一行的开始处,这就需要用到显示回车符 CR,使光标回到一行的开始处。另外,为避免显示的下一行信息与之前显示的信息叠在一起,就需要用到换行符 LF,使光标下移一行。回车、换行符的 ASCII 分别为 0DH 和 0AH。这样,可以编写一个回车换行子程序供调用,后面举的例子将要用到这个子程序。回车换行程序如下:

```
CRLF    PROC    NEAR
        MOV     DL,0DH          ;回车符
        MOV     AL,2
        INT     21H
        MOV     DL,0AH          ;换行符
        MOV     AH,2
        INT     21H
        RET
CRLF    ENDP
```

例 4.48 编写从键盘输入 8 个十进制数,将它转换成十六进制数后在屏幕上显示的程序。首先从键盘输入一个十进制数(0~65536),该数以回车符结束,然后将它转换成十六进制数的 ASCII 码,在显示器上显示出来。重复 8 次,即可在屏幕上显示 8 个十六进制数。

编程时,只要编写一个主程序,再调用前面介绍的相关代码转换程序和回车换行程序即可。例 4.42 的 DEC_BIN 程序的功能为:将键入十进制数转换成 ASCII 码,再转换成二进制数,结果存入 BX 中;例 4.43 的 BIN_HEX 程序的功能为:将 BX 中的二进制数转换成十六进制数,再转换成 ASCII 码,在显示器上显示。下面给出程序框架。

```
DEC_HEX   SEGMENT                ;十进制转换成十六进制数程序
          ASSUME  CS:DEC_HEX
MAIN      PROC    FAR            ;主程序
          ⋮
          MOV     CX,8           ;调用 8 次子程序
          PUSH    CX             ;CX 入栈保护
REPT:     CALL    DEC_BIN        ;十进制→二进制,结果在 BX 中
          CALL    BIN_HEX        ;二进制→十六进制及其 ASCII 码,并显示
          CALL    CRLF           ;显示十六进制数后,回车、换行
          POP     CX             ;堆栈中弹出 CX,初值为 8,逐次减 1
          DEC     CX             ;CX←CX−1
          PUSH    CX             ;减 1 后的 CX 入栈
          CMP     CX,0           ;CX=0?
          JNE     REPT           ;非 0 则转
          RET                    ;是 0 则退出
```

```
        MAIN    ENDP                    ;主程序结束
;
        DEC_BIN  PROC   NEAR            ;十进制数转换成二进制数,结果存BX
                 ⋮
                 RET
        DEC_BIN  ENDP
;
        BIN_HEX  PROC   NEAR            ;将BX中的二进制数转换成十六进制数并显示
                 ⋮
                 RET
        BIN_HEX  ENDP
;
        CRLF     PROC   NEAR            ;回车换行子程序
                 ⋮
                 RET
        CRLF     ENDP
;
        DEC_HEX  ENDP                   ;代码段结束
                 END    MAIN
```

习　题

1. 从编写汇编语言源程序到生成可执行文件.EXE,需要经过哪些步骤?
2. 指令语句和伪指令语句各由哪几个字段组成?哪些字段是必不可少的?
3. 伪指令语句的作用是什么?它与指令语句的主要区别是什么?
4. 下列指令分别完成什么功能?
   (1) MOV AL, NOT 10001110B   (2) MOV CX, 8 GT 00011000B
   (3) MOV DL, 27/5   (4) MOV BX, $-LIST
5. 阅读下列程序段,说明每条指令执行后的结果是什么。
   ```
   X1    DB   65H ,78H
   X2    DW   06FFH,5200H
   X3    DD   ?
   GO：  MOV  AL, TYPE X1
         MOV  BL, TYPE X2
         MOV  CL, TYPE X3
         MOV  AH, TYPE GO
         MOV  BH, SIZE X2
         MOV  CH, LENGTH X3
   ```
6. 画出示意图,说明下列变量在内存中如何存放。
   ```
   A1    DB   12H, 34H
   A2    DB   'Right.'
   A3    DW   5678H
   ```

```
        A4      DB      3 DUP(?)
```

7. 给出完整的汇编语言程序设计框架,并说明其中每条伪指令语句的功能。

8. 从汇编语言程序返回 DOS,有哪几种方法?哪一种是最常用的方法?

9. DOS 功能调用和 BIOS 中断调用各分哪几个步骤进行?

10. 编写汇编语言程序段,完成如下功能:

(1) 从键盘输入一个字符串"Please input a number:",存入 BUFF 开始的内存单元中。

(2) 把内存中从 BUFF 单元开始存放的字符串显示在屏幕上。

(分别参考例 4.21 和例 4.23。)

11. 编程实现:在显示器上显示全部标准和扩展 ASCII 码(其编码为 00~FFH)字符。(参考例 4.33。)

12. 编程实现:从键盘输入一个十进制数字 0~9,查表求键入数字的七段代码,存入 DL 中,并在键入数字之前,显示提示信息"Please input a number:"。(参考例 4.34。)

13. 某个学生的英语成绩已存放在 BL 中,如果低于 60 分,则显示 F(Fail),如高于或等于 85 分,则显示 G(Good),否则显示 P(Pass),试编写完整的汇编语言程序来实现。(程序流程见图 4.8。)

14. 在 TABLE 开始的内存字节单元中,存放了 12 个带符号数,试编写完整的汇编语言程序统计其中的正数、负数和零的个数,分别存入 PLUS、NEG 和 ZERO 单元中。(参考例 3.89。)

15. 已知:在内存 BUFF 开始的单元中,存有一串字节数据:58、75、36、42、89,编程找出其中的最小值存入 MIN 单元中,并将这个数显示在屏幕上。(参考例 4.38。)

16. 内存中有一组无符号字节数据,要求编程按从小到大的顺序排列。(参考例 4.40。)

17. 已知数 A=9876,数 B=6543,编程求两数之和。

18. 某班有 20 个同学的微机原理成绩存放在 LIST 开始的单元中,要求编程先按从高到低的次序排列好,再求出总分,并将其存放到 SUM 开始的单元中。

19. 编程将后跟 $ 符的字符串"Go to School."中的小写字母都改成大写字母。(提示:小写字母比大写字母的 ASCII 码大 20H,如'A'=41H,'a'=61H。)

20. 编程将存放在 AL 中的无符号二进制数,转换成十六进制数,再转换成 ASCII 码并显示在屏幕上。

21. 将 BX 中的十六进制数(<9999)转换成 4 位压缩 BCD 数,存入 CX 中。(参考例 4.44。)

第 5 章 存 储 器

5.1 存储器分类

存储器是计算机的重要组成部分,用来存放指挥计算机工作的程序以及等待计算机处理的数据和处理后的结果。因此,计算机的存储器容量越大,其性能就越好。存储器种类很多,根据其在计算机中的地位和作用,分为内部存储器和外部存储器两大类,如图 5.1 所示。内部存储器基本上都是半导体存储器,本章将作重点讨论。为满足计算机存储海量数据的需要,外部存储器技术发展得很快,限于篇幅,这里只对它们做简单介绍。

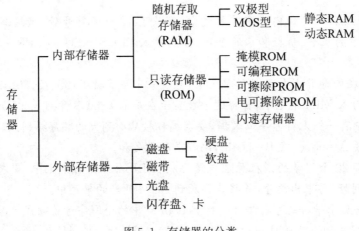

图 5.1 存储器的分类

5.1.1 内部存储器

内部存储器简称内存或主存,位于计算机主机内部,存放系统软件和正执行的程序和使用的数据,CPU 可直接访问内存。为与 CPU 速度匹配,内存采用速度较快的半导体存储器。根据数据的保存原理和读写过程的不同,半导体存储器可分成 RAM 和 ROM 两大类。

1. RAM

RAM 即随机存取存储器(Random Access Memory)。内存绝大部分由 RAM 组成,它们可以随机地写入和读出,访问速度快,但断电后内容会全部丢失,即具有易失性(Volatility)。根据结构和特点,RAM 又主要分为 SRAM 和 DRAM 两种类型。

(1) SRAM,即静态 RAM(Static RAM)。用两个双极型晶体管或基于 6 个 MOS 场效应管的双稳态电路构成基本存储单元,电路结构复杂,集成度较低,功耗也大,但存取速度很快,访问时间可小于 10ns。它不适合做容量很大的内存,主要用作高速缓存(Cache),并在网络服务器、路由器和交换机等高速网络设施上使用。

（2）DRAM，即动态 RAM(Dynamic RAM)。它用 MOS 开关管控制电容的充放电来存储信息，电路简单，但存取速度慢，电容上存储的信息会丢失，需要对它刷新。由于其容量大，价格便宜，PC 机上的内存都采用 DRAM，而且做成内存条，便于扩充内存容量。此外，还被用在其它需要大量存储的场合，如激光打印机、高清晰数字电视等。

此外，还有 PSRAM，伪 SRAM(Pseudo SRAM)。手持式电子设备的电路板面积很小，并用电池供电，希望存储器芯片兼有 SRAM 和 DRAM 的特点，电路简洁又省电。因此采用简化接口电路的 DRAM，改用自刷新(Self-refresh)方案，电路与 SRAM 兼容，形成了一种伪 SRAM。例如 Micron 公司的 MT45W8MW16BGX 芯片。随着手机、掌上电脑、数码相机、数字 DV 等的广泛使用，PSRAM 正在成为一个新兴产业。

2. ROM

ROM 即只读存储器(Read-Only Memory)。存放其中的内容不会因断电而丢失，属于非易失性存储器(Nonvolatile Memory)。计算机只能对它读出不能进行写入，改写要用专门的编程器(Programmer)。ROM 被广泛用于微机化仪器设计，存放断电后不应丢失的监控程序和仪器配置参数。根据工作原理的不同，ROM 主要包括以下几类：

（1）掩膜 ROM(Masked ROM，MROM)。为降低成本，在制造时就采用在半导体芯片上掩膜的技术，把程序和数据直接制作进去，形成掩膜 ROM 产品，适合大批量生产。缺点是制作过程应十分可靠，若发现错误必须重新制作，会造成很大浪费。

（2）PROM，即可编程 ROM(Programmable ROM)。由一个存放二进制数的阵列构成，节点为含熔断丝的三极管或开关二极管，用熔断丝或开关的通断表示 0 和 1。使用时根据存储内容将熔断丝烧断或把二极管击穿，制成 ROM。生产成本高，不能二次编程，因此也称为一次性编程 ROM(One Time Programmable ROM，OTPROM)，只用于大批量生产。

（3）EPROM，即可擦除可编程 ROM(Erasable Programmable ROM)。它广泛用于微机化仪器设计，可用编程器写入调试好的程序和数据，并能长期保存。采用紫外光照射便能擦除芯片的内容，然后重新编程，一个芯片能反复编程很多次。

（4）EEPROM，电可擦除可编程 ROM(Electrically Erasable Programmable ROM)，也写成 E^{2}PROM。可直接用 TTL 电平信号控制其写入和擦除，不需编程器和擦除器，数据能长期保存。用来存放仪器或接口卡的硬件设置数据或构成防止软件非法拷贝的"硬件锁"。

（5）Flash Memory，快擦写存储器或闪速存储器，简称闪存，是典型的非易失性 RAM (Non-Volatile RAM，NVRAM)。它能不加电而长期保存信息，抗干扰能力强；能在线进行快速电擦除，类似于 EEPROM；编程速度可达 10ns/byte，比 EPROM 和 EEPROM 快；价格已低于 DRAM，容量则接近于 DRAM。

闪存可采用 NOR 和 NAND 两种制造技术。NOR 闪存有独立地址线和数据线，可访问到每一位，但价格较高，容量较小，适用于需频繁随机读写的场合，例如在手机中存储程序并直接在闪存内运行。NAND 闪存的存储密度和改写速度更高，成本更低，共用地址/数据线，接口技术复杂。它有 8 根 I/O 线，可传送 8 或 16 位数据，并能分三次传送列、块和页面地址。它以页为基本存储单元，2Gb 以下芯片页容量多为(512+16)字节，16 字节用于校验；2Gb 以上的为(2048+64)字节，更像硬盘。例如 Intel 的 27F256(32K×8)、28F032(4M

×8)、Atmel 的 AT29C020(256K×8)、AT29C1024(64K×16)、三星的 K9K1G08U0M(1Gb)、K9K4G08U0M(4Gb)等，其中 AT29 系列与通用 SRAM(如 6264、62256 等)在芯片引脚、读出与接口方法上完全兼容。

闪存的用途很广，已在取代 EPROM 和 EEPROM，用在主板和显卡上固化 BIOS，还可用在激光打印机、条形码阅读器、各种微机化仪器以及计算机外设中。用闪存制作的 USB 闪存盘(U 盘)、CF 卡(紧凑式闪存)、SM 卡(固态软盘卡)、SD 卡(安全数码卡)、MMC 卡(多媒体卡)、XD 卡(尖端数字图像卡)、MS 卡(记忆棒)等小型磁盘和存储卡，具有性能好、功耗低、体积小、重量轻等优点，深受用户欢迎。特别是各种闪存盘，有的容量已达 2TB(2000GB)，没有盘片和读写头，被称为固态硬盘(Solid State Disk，SSD)，是一类新型外存，正被大量应用到微型计算机领域。

(6) 新一代非易失性存储器。由于存储器对计算机性能的影响举足轻重，所以对有关新技术的研究十分重视。近年来涌现出一批新的非易失性存储器技术，包括铁电介质存储器(FeRAM)、磁介质存储器(MRAM)、奥弗辛斯基效应一致性存储器(OUM)、聚合物存储器(PFRAM)、导电桥 RAM(CBRAM)、纳米 RAM(NRAM)等。它们在速度、功耗、尺寸、读写次数等方面各有亮点，性能比现有的 SRAM、DRAM 以及闪存产品更优越。然而，它们大多面临着批量生产要解决的成本、稳定性等问题，究竟谁能成为下一代的闪速存储器技术，目前还未见端倪。

5.1.2 外部存储器

外部存储器简称外存或辅存，是计算机的数据仓库，用来存放暂不执行或还不被处理的程序或数据。外存不能与 CPU 直接交换信息，要通过专门的接口电路把程序和数据读进内存。外存的容量无限，可存放海量的数据。数据不会轻易丢失，能保存很长时间，例如几十年甚至上百年。不过外存的访问速度要比内存慢。

1. 磁记录存储器

磁鼓、磁带是早期计算机的主要外部存储器，磁盘发明后，磁鼓没有机会再获得发展，但磁带依旧是一种有用的外存。

(1) 磁带(Magnetic Tape)。它要和磁带机(Tape Drive)一起使用，采用源于模拟音频记录的数据流技术，可读可写，存储容量大，数据能长期保存。它属于顺序存取存储器(Sequency Access Memory，SAM)，信息只能按存放的先后顺序(串行)存取，不便于频繁读写，主要用于数据备份(Data Backup)，常设计成磁带库。采用高纠错能力编码技术和写后即读通道技术，以显著提高数据备份的可靠性。今天磁带仍是一种经济、可靠的备份设备，应用在许多需要存储大容量数据的场合。

(2) 软盘(Floppy Disk)。软盘是在塑料盘片上涂上电磁材料，放入软盘驱动器，由磁头在旋转的盘片上读写数据。软盘可取出来单独保存，属于可移动的磁盘。它在 PC 机发展中起过重要作用，8 吋和 5.25 吋的软盘已难觅踪影，而仍在用 3.5 吋软盘作外存的 PC 机用户也已寥寥无几。

(3) 硬盘(Hard Disk)。它一直是 PC 机的主要外存，存储原理与软盘类似，但被固定在机器中，不能随便取出，因此也称为固定盘(Fixed Disk)。它用几个磁头同步访问封装在一起的若干同心磁盘,由专门的磁盘驱动器控制,采用非常精确的算法来控制磁头运动和读写。它和软盘一样,属于直接存取存储器(Direct Acsses Memory,DAM),按存储区域(如磁道和扇区)存取信息,在小区域内是顺序存储,并设一个磁盘缓冲存储区,数据传输主要发生在内存与缓存间,即使硬盘容量很大,存取速度也很快。最早的 PC/AT 机配 10MB 硬盘,而现代 PC 机大多拥有一个 1000GB 硬盘,盘片直径只有 3.5 吋、2.5 吋乃至 1.8 吋。

(4) 磁盘阵列(Redundant Arrays of Inexpensive Disks,RAID),意思是廉价而冗余的磁盘阵列。它将很多价格便宜、容量较小、速度较慢但稳定性较高的磁盘,按一定方式组合构成一个大型磁盘组,利用个别磁盘提供数据所产生的加成效果(Additive Effect),来提升整个磁盘系统的效能,形成海量存储器,并能有效增加数据的安全性。现代 PC 机的 BIOS 中,附有 RAID 设置程序,熟练的用户可以用几个硬盘来组构自己的磁盘阵列。

2. 磁盘接口标准

硬盘存取速度的提高还得益于磁盘接口技术的快速发展。几种常见的硬盘接口标准:

(1) IDE 接口,即电子集成驱动器(Integrated Drive Electronics)接口。这是早期 PC 机上广泛使用的硬盘接口,盘体与控制器集成在一起以减少接口电缆长度,提高数据传输可靠性。IDE 标准问世于 20 世纪 80 年代,最早也称为 ATA(Advanced Technology Attachment,高级技术附件)硬盘接口。它用 80 针排线连接 PC 机和硬盘,16 位双向总线,也被称为并行 ATA(Parallel ATA)接口。它一次同时传送几个数据包,因此能达到较高的传输速率。例如,IDE 中的 Ultra-ATA/133 标准的最大传输速率能达 133MB/s。

(2) SATA 接口,即串行 ATA(Serial ATA)接口。目前大多数 PC 机上使用这种硬盘接口。SATA 1.0 规范是 2001 年提出的,接口只用 4 根针脚,以串行方式点对点传送数据,一次只传送 1 位。但总线是 8 位的,每个时钟周期能传送 1 个字节,并采用数据包形式传送。串行 ATA 的时钟频率比并行的高很多,因此单位时间内传输的周期数就更多,速率可达 150MB/s。此外,SATA 接口结构简单,可减小能耗,并支持热插拔,还能对传输指令进行检查,并自动纠错,数据传输的可靠性高。

SATA II 和 SATA III 是在 SATA 基础上新发展的硬盘接口,也是目前 PC 机领域里的最新硬盘接口。SATA II 的外部传输率是 300MB/s,而 SATA III 则把 600MB/s 作为最终目标。不过,硬盘本身的速度远跟不上接口标准所指定的外部传输速率目标。

(3) SCSI 接口,即小型计算机系统接口(Small Computer System Interface)。1979 年就提出的一种并行接口,要配专门的 SCSI 控制卡,最多可连 15 个硬盘,也可驱动其它 SCSI 接口外设。在同期产品中,SCSI 硬盘的转速、缓存容量、数据传输速率都比 IDE 硬盘高。主流的 Ultra 320 SCSI 的速度为 320MB/s,主要用在服务器和工作站上。

(4) SAS 接口,即串行连接 SCSI(Serial Attached SCSI)接口。这是新一代的 SCSI 技术,它和 SATA 接口那样采用串行技术来获得更高的传输速度,并通过缩短连线来改善内部空间等,这类硬盘的设计考虑了与 SATA 硬盘的兼容性。

(5) 其它硬盘接口。此外,还有一些硬盘产品支持 PCMCIA 和 CardBus 接口、FC-AL 接口和 IEEE 1394 接口,下面介绍前两种接口,1394 接口将在第 12 章详细讨论。

• PCMCIA 总线和 CardBus 接口 1989 年个人机存储卡国际联合会(Personal Computer Memory Card International Association)提出的接口标准,定义了三类电子卡及 16/32

位的 PCMCIA 总线,32 位的称为 CardBus 总线,是用于笔记本电脑的高性能 PC 卡总线。CardBus 用于固态盘能提供 132Mb/s@33MHz 传输速率,用于快速以太网的 PC 卡,最大吞吐量近 90 Mb/s。PC 卡可独立于主 CPU 与内存直接交换数据,3.3V 供电,低功耗,被广泛应用于手提电脑的存储卡、硬盘接口、LAN 适配器等。目前正在被 USB 卡取代。

• FC-AL(Fibre Channel-Arbitrated Loop,光纤通道仲裁环路) 它是一种基于光纤传输技术的快速串行总线标准,把交换机和集线器整合,与多台存储设备构成集群,能支持铜质或光纤介质及包含 126 个磁盘装置的环路,传送距离长达 10 千米。它支持热插拔,允许在不中断数据传输前提下,一次从环路中拔出多个装置,并有高度的容错能力。

随着移动硬盘的出现,USB2.0、USB3.0 高速接口以及常用的 RJ-45 网线接口,也正在成为实际意义上的硬盘接口标准,采用这类接口的移动硬盘技术日新月异。例如,一款 1.8 吋超薄移动硬盘,容量 3TB,只有 8.8mm 厚,USB3.0 高速接口,内嵌 SATA II 垂直记录技术,具有 8MB 缓存,理论的数据传输率能达到 500MB/s。

3. 光学存储器

光学存储器俗称光盘(Compact Disk,CD),采用激光来改变相变合金属表面的发射特性,实现数据的刻录。它信息密度高,保存时间长,是当前 PC 机最理想的外存。光盘要与光盘驱动器配合使用,可通过 IDE、SCSI、IEEE 1394 和 USB 等接口连到 PC 机。根据存储技术的不同,光盘主要分为:

CD-ROM　　只读光盘(Compact Disk-Read Only Memory),简称 CD
CD-R　　　一次性写入光盘(CD-Recordable)
CD-RW　　可擦写光盘(CD Rewritable)
DVD-ROM　只读数字激光视盘,即 DVD 光盘
DVD-RAM　可反复擦写 DVD 光盘

随着光盘技术的快速发展,CD 盘已淡出市场,目前流行的主要是 DVD 盘。它出现不久就与 MPEG2 数据存储标准进行了很好的结合,成为存放大容量影音数据(如音乐、电影、游戏和电视节目等)的介质,也可用于程序的存储。与 CD 相比,其功能增加了许多,并在出版、通讯、广播、网络等行业获得了广泛应用。

刻录光盘要使用合适的光驱(光盘刻录机)。DVD 盘的存储容量有 4 种规格,即
(1) DVD-5 简称 D5,单面单层,容量 4.7GB;
(2) D9,单面双层,8.5GB;
(3) D10,单层双面,9.7GB;
(4) D18,双层双面,17GB。

双层刻录是一种新技术,能在一面刻上两层数据,中间夹入一个半透明反射层,读取第二层时不需将盘片翻面,只要切换激光读取头的聚焦位置。光盘的刻录、复写和读取速度是刻录机的主要技术指标,以 DVD 的 1 倍速(1350KB/s)为计量单位。D5 盘用×2、×4 和×8 倍速刻录,各需 27、15 和 8 分钟。目前 DVD 刻录机能达到的最大读取速度是 16 倍速,最快刻录速度为 22 倍速,但不宜用过高速度刻录双层盘(如 D9 盘),容易导致质量不稳。复写速度是指对光盘上数据进行擦除并刻录新数据的最大速度,目前能达到 4 倍速,约 5.4MB/s。

5.1.3 存储器的性能指标

性能指标是选用存储器的依据,也最能反映存储器的发展进程。存储器有多项性能指标,如存储容量、存取速度、功耗、可靠性和性能价格比等,存储容量和存取速度直接影响到计算机系统的整体性能,因此是用户最关心的指标。

1. 存储容量

存储容量是指存储器可容纳的二进制信息总量,一般以字节为计量单位,如 KB、MB、GB、TB 等。系统内存的最大容量还受 CPU 寻址能力的限制,如 8086 用 20 根地址线寻址 1MB,80386 用 32 根地址线寻址 $2^{32}=4GB$,Pentium 以上 CPU 有 36 根地址线,寻址范围高达 $2^{36}=64GB$,较新的 64 位 CPU 有 40 根甚至 56 根地址线,可寻址更大的存储空间。

2. 存取速度

存储器的存取速率远低于 CPU 的工作速率,会对计算机性能产生很大影响。常用存取时间 T_{AC}(Access Time)衡量存储器的存取速率,是指接收到 CPU 发来的稳定地址信息,到完成一次读或写操作所需的最大时间,一般为 10~100ns,T_{AC} 越小,存取速度越快。

3. 功耗

计算机的性能越好,存储器用量也越大,它所消耗的电能及产生的热量,都是计算机设计中要考虑的重要指标。存储器功耗包括有效(Active)功耗和待机(Standby)功耗,前者是使用时的功耗,需重点考虑。工作电压也能反映功耗,例如 DRAM 的工作电压越来越低,分别为 DDR:2.5V、DDR2:1.8/1.55V、DDR3:1.5/1.35/1.25V。应选择低功耗芯片,也可使用专门的散热装置来保证存储器的性能。

4. 可靠性

存储器的可靠性体现在对温度变化、电磁干扰等的抗干扰能力上,使用寿命也很重要,用平均故障间隔时间(Mean Time Between Failures,MTBF)(小时)来衡量,MTBF 越长则可靠性越高,当前硬盘的 MTBF 可达 100 万小时。除严格筛选芯片,还应针对通讯、航天、军事、生命安全等特殊应用环境,对存储器系统进行改进设计。例如采用冗余结构提高其纠错能力,新一代嵌入 SRAM 还有内置自修复功能,能自动复制出失效结构并用冗余结构替代。此外,掉电保护、恒温措施、抗射线辐射等也属于可靠性设计范畴。最近,水冷措施也被有些厂家用到了内存条设计上。

5. 性价比

外存要求容量极大,内存的容量和速度都很重要,而高速缓存则要求速度非常快,容量不一定大。因此要在满足上述要求的前提下,选择性价比较高的芯片。

5.2 随机存取存储器 RAM

计算机能随时对 RAM 的任意位置进行存取,断电后所存信息便会丢失。PC 机中用 RAM 存放正在执行的程序和数据,包括待处理的原始数据、正在处理的中间结果和最终处理结果,断电复位后程序将重新执行。RAM 的存储单元可采用双极型晶体管或绝缘栅型 MOS 管来设计。前者存取速度快,但工艺复杂,集成度低,功耗大,很少做成产品。MOS 管即金属氧化物半导体(Metal Oxid Semiconductor)场效应管,其集成度高、工艺简单、功耗低,因此应用最广泛。根据存储单元的电路特点,RAM 又分为静态 RAM 和动态 RAM。

5.2.1 静态 RAM(SRAM)

1. SRAM 存储数据的原理

图 5.2 是采用 MOS 管构成的静态 RAM(SRAM)存储单元的电路图。虚线框中是用 6 个 MOS 管构成的存储单元,其中 MOS 管 T_1、T_2 构成一个双稳态触发器,A、B 为输出端。它们的负载 T_3、T_4 也是 MOS 管,触发器的两个状态表示二进制信息的 0 和 1。T_5、T_6 在行选(X)信号高电平时导通。在列选(Y)信号高电平时导通的 T_7、T_8,只是隔离开关,不属于存储单元。

可见,只有行选、列选信号同时为高电平,T_5、T_6、T_7 和 T_8 才同时导通,输出端 A 和 B 才与数据线接通,读出或者写入 1 位数据。假设 A=0,B=1 为状态 0,这时从 I/O 线上读出 0 ($\overline{I/O}$ 上则是 1);在状态 1,A=1,B=0,I/O 线读出 1($\overline{I/O}$ 为 0)。读出操作不会改变原状态。若写入的数据与记忆的不同,触发器翻转以记忆新的信息。例如,原状态若为 0,即 A=0,B=1。这时若写入 1,会很快发生如下状态变化:I/O=1 → A=1 → T_2 导通 → B=0 → T_1 截止 → A=1,并保持在 1 状态。若在此后再写入 0,将会出现以下过程:I/O=0 → A=0 → T_2 截止 → B=1 → T_1 导通 → A=0,并保持住 0 状态。因此只要不断电,它记忆的信息

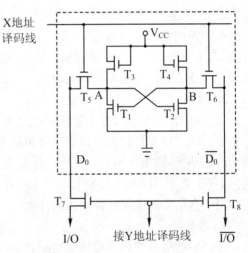

图 5.2 SRAM 存储数据的原理

可长期保持,而且存取速度很快。不过,它电路复杂,功耗大,价格偏高,不可能广泛应用,主要用来构造高速缓存(Cache)。

2. SRAM 芯片 6116

常用的 SRAM 芯片有 2114(1K×4)、6116(2K×8)、6232(4K×8)、6264(8K×8)、62256(32K×8)、64C512(64K×8)等。为与其处理器芯片配套,Intel 也设计了若干存储器芯片,因此将主要以 Intel 芯片为例,来介绍存储器的结构、原理和接口方法。

Intel 6116 是最简单的 SRAM 芯片,图 5.3 是它的外部引脚和内部结构框图。芯片内部主要包括存储单元以及地址译码器、控制逻辑和三态缓冲器,容量 2K×8bit,即 2048 个字节,存取时间 85~150ns。芯片采用双列直插式(DIP)封装,共 24 根信号引脚,包括:11 根地址输入线 A_{10}~A_0,8 根双向数据线 I/O_7~I/O_0,片选信号输入端 $\overline{CS}$,写入允许命令输入端 $\overline{WE}$,读出允许命令输入端 $\overline{OE}$,电源+5V 和接地端 GND。

它内部共有 2048×8=16384 个位存储单元,若将它们一字排开,需要用 16384 根译码线才能寻址所有这些单元。为了简化地址译码电路,将它们设计成 128×128 的存储矩阵。每 8 位构成一个被同时访问的字节,共有 2048 个字节单元。由于 2048=2^{11},因此只需 11 根

地址线($A_{10} \sim A_0$)就能访问所有单元。这样,用7根地址线($A_{10} \sim A_4$)做行地址译码输入,形成矩阵X方向的$2^7=128$个选择信号;4根地址线($A_3 \sim A_0$)做列地址译码输入,形成$2^4=16$个选择信号,进行Y方向的选择。只有在这两个方向上同时被选中的那个字节单元,它所存储的数据才会出现在数据线上,或者要存储的一字数据,才会被写入这个存储单元。

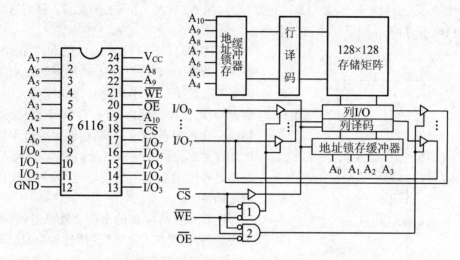

图 5.3　6116 SRAM 的外部引脚和内部结构

8根双向数据线($I/O_7 \sim I/O_0$),在两个方向上都有三态门缓冲器,不对芯片读/写时,三态门都处在高阻态,使芯片与数据总线"脱离关系"。

有三个读/写控制信号:片选信号$\overline{CS}$(Chip Select),写入允许命令$\overline{WE}$(Write Enable)和读出允许$\overline{OE}$(Output Enable)。如表 5.1 所示,它们的组合决定了 6116 的工作方式。

表 5.1　6116 存储器的工作方式

$\overline{CS}$	$\overline{OE}$	$\overline{WE}$	工作方式
0	0	1	读
0	1	0	写
1	×	×	未选

片选信号$\overline{CS}$来自片外地址译码器,低电平($\overline{CS}=0$)选中此芯片,启动 X、Y 方向的地址锁存器,开始片内地址译码,选中地址规定的那个字节。$\overline{WE}$用来区分读还是写操作,低电平为写,高电平读。$\overline{OE}$是低电平有效的选通信号,去打开输出数据线上的三态门,读出数据。由图 5.3 可见,这三个信号接受两个与门的控制。在$\overline{CS}=0$前提下,当$\overline{WE}=0$便是写入操作,与门1输出高电平,选通左边8根数据线,向芯片写入数据;若$\overline{WE}=1$则为读出操作,而且$\overline{OE}=0$,允许输出,则与门2输出高电平,选通右边8根数据线,从芯片读出数据。

5.2.2　动态 RAM(DRAM)

1. DRAM 存储数据的原理

SRAM 存储一位信息要用 6 个 MOS 管,要提高集成度必须减少基本存储单元中的

MOS管。早期的 DRAM 存储单元曾包含 3 或 4 个 MOS 管,经过改进后的 DRAM 存储单元如图 5.4 所示,只用了一个 MOS 管 Q 和一个小电容 C。当电容 C 上充满电荷时,表示该存储单元保存了信息 1;C 上无电荷,便是信息 0。图中,双向的数据输入输出端连到数据总线的某一位 D_i(也称位线)。行选择信号(X)是地址译码器对低位地址信号(如 $A_0 \sim A_7$)译码后产生的,列选择信号(Y)是对高位地址信号(如 $A_{15} \sim A_8$)译码后形成的。只有这两个信号都是高电平时,该存储单元才被选中。

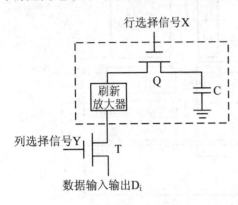

图 5.4 DRAM 存储单元

写操作时,X=1,Y=1,Q 管和 T 管均导通,要写入的值(0 或 1)直接从 D_i 加到电容 C 上。根据要写入的值是 1 还是 0,C 很快完成充电(1)或放电(0)的过程。读操作时,Q 和 T 同样导通,存储在 C 上的电荷通过 Q、刷新放大器和 T 输出到 D_i。放大器的灵敏度和增益都很高,能将 C 上的电荷量转换成 0 或 1 的逻辑电平,确保读出信息的正确性。

电容 C 上所保存的电荷会逐渐泄漏,使信息丢失。为此,要在 DRAM 使用过程中及时向保存 1 的那些存储单元补充电荷,也就是对 C 进行预充电,这一过程称为 DRAM 的刷新(refresh)。温度升高会加快电容的放电,因此两次刷新的间隔不能太短,规定为 $1 \sim 100$ms,在 70℃时的典型刷新间隔为 2ms,绝大多数刷新电路按此标准设计。

2. DRAM 芯片 Intel 2164A

由于 DRAM 集成度高,所以制作时多采用位结构形式,即芯片里的所有存储单元排成一列,只能用作不同字节的同一位(如 D_0)。以 Intel 2164A DRAM 为例,它是一种采用单管存储电路设计的 DARM 芯片,规格 64K×1,只有输入和输出 2 根数据线。因此,用它设计内存时至少要用 8 片。如果数据总线为 16 位或 32 位,则要用更多的芯片,或者用其它位宽(如×2、×4、×16)的芯片。常见的 DRAM 芯片有 2164A(64K×1)、21256(256K×1)、44100(4M×1)、416400(4M×4)、416160(1M×16)等。

1) Intel 2164 的内部结构

图 5.5 是 2164A 的内部结构框图。图中央的方框是存储器主体,64K×1 的存储体被设计成 4 个 128×128 存储矩阵。共有 4 个 128 路刷新放大器模块,接收由行地址选通的 4×128 个存储单元的信息,经放大后再写回原存储单元,实现刷新。

2164A 共包含 64K(65536)个存储单元,对所有单元寻址需要有 64K 个地址,即 16 位地址信息。为减少封装引脚,只在芯片外部设置了 8 根地址输入脚 $A_7 \sim A_0$。16 位地址信息被分为行地址 $A_7 \sim A_0$ 和列地址 $A_{15} \sim A_8$,采用分时复用的方式,分两次送入芯片,行地址在先,列地址随后,各由一个 8 位地址锁存器保存住。地址译码只用到 14 位地址信息,行/列译码器对低 7 位的行/列地址译码,从 128×128 个存储单元中选择一个进行读或写操作。当行地址(低 8 位)到达时,行地址选通信号 $\overline{RAS}$(Row Address Strobe)变低;列地址到达时,列地址选通信号 $\overline{CAS}$(Column Address Strobe)变低。它们由行/列时钟缓冲器协调后,有序地控制行/列地址的选通以及数据的读/写或刷新。

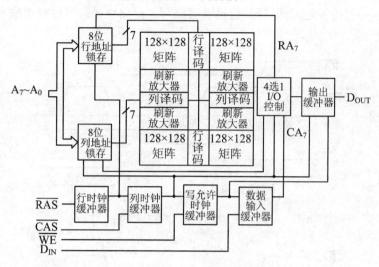

图 5.5　2164A DRAM 的内部结构

要写入的一位数据，从 D_{IN} 脚输入后，由数据输入缓冲器暂存；而准备从 D_{OUT} 脚读出的一位数据，也先由数据输出缓冲器暂存。$\overline{WE}$ 信号通过写允许时钟缓冲器控制后，决定打开哪个数据缓冲器。两次送来的 8 位地址信息的最高位（A_7 和 A_{15}），形成 RA_7 和 CA_7 去控制 4 中选 1 的 I/O 门电路，从 4 个存储矩阵中选择一个进行读/写操作。

2）Intel 2164A 的引脚和信号

2164A 是 16 脚的双列直插式芯片，引脚的排列如图 5.6 所示。包括：数据输入 D_{IN} 和输出 D_{OUT}；8 根地址输入脚 $A_7\sim A_0$，它们能分时接收 CPU 送来的 8 位行、列地址；行和列地址选通信号输入端 $\overline{RAS}$ 和 $\overline{CAS}$；读写命令输入脚 $\overline{WE}$，低电平写，高电平读；+5V 电源 V_{DD} 和地 GND。另有 1 脚未用（NC）。

2164A 没有专门的片选输入脚，由 $\overline{RAS}$ 起片选信号的作用，在 $\overline{CAS}$ 信号到达时它应保持低电平，选中这个 DRAM 芯片。此外，它也没有输出允许信号，其作用由 $\overline{CAS}$ 兼任，当 $\overline{CAS}=1$ 时，D_{OUT} 呈高阻态，$\overline{CAS}=0$ 时，数据从 D_{OUT} 输出。

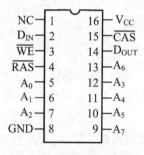

图 5.6　2164A 的引脚

3）Intel 2164A 的工作方式与时序

• 读操作　2164A 接收 CPU 送来的行、列地址信号，经译码选中相应存储单元后，把其中的一位信息，经 D_{OUT} 脚送出到系统数据总线。读操作时序见图 5.7。当 $\overline{RAS}$ 信号变低，芯片被选中，读周期就开始。$\overline{RAS}$ 有效前，行地址应稳定在 8 根地址线上，保证行地址能被可靠锁存。随后列地址出现，它们稳定后 $\overline{CAS}$ 才有效。当 $\overline{RAS}$ 和 $\overline{CAS}$ 同时保持低电平一定时间后，选定存储单元中的一位数据才被取出，通过 D_{OUT} 脚加载到数据总线上，被 CPU 读走。由于是读操作，所以 $\overline{WE}$ 信号必须在 $\overline{CAS}$ 有效前变为高电平，确保正确读出数据。

• 写操作　2164A 从地址总线接收行、列地址信号，选中相应的存储单元后，把 CPU 送到 D_{IN} 脚上的一位信息，保存到存储单元中去。写操作时序见图 5.8。同样，$\overline{RAS}$ 和 $\overline{CAS}$

除选通行/列地址外,还兼有片选和输出允许的作用。$\overline{WE}$必须在列地址到达前就变低,以正确锁存列地址,并保持一定时间,确保数据被可靠写入存储单元。写过程中输出三态缓冲器保持高阻态。

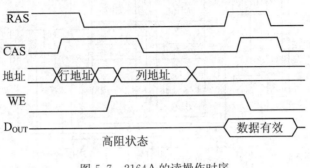

图 5.7　2164A 的读操作时序

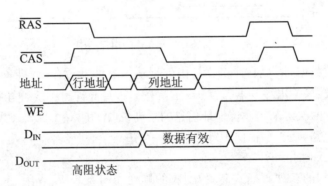

图 5.8　2164A 的写操作时序

- **刷新操作**　刷新操作时,芯片只接收从地址总线 $A_7 \sim A_0$ 上发来的行地址 $RAS_7 \sim RAS_0$,RAS_7 不起作用,由 $RAS_6 \sim RAS_0$ 共 7 根行地址线,在 4 个存储矩阵中各选中一行,共 4×128 个单元,分别将其中所存的信息输出到读出放大器,经放大后再写回到原单元。结束刷新操作后,行地址加 1,继续下个周期的刷新。由于只用到了 $\overline{RAS}$ 信号,因此也把这种刷新操作称为"唯 RAS 有效刷新"(图 5.9)。这样,一个刷新周期可实现 512 个单元的刷新,用 128 个刷新周期,便能完成整个存储体(64K 个单元)的刷新。

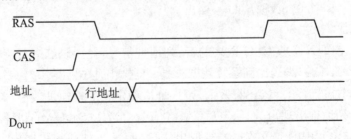

图 5.9　2164A 的唯 RAS 有效刷新周期时序

此外,根据实际需要设计译码和接口电路,DRAM 还可以有以下两种操作模式:
- **读-修改-写操作**　它类似于读与写操作的组合,但并非两个单独的读周期与写周期的简单组合,而是在$\overline{RAS}$和$\overline{CAS}$同时有效前提下,由$\overline{WE}$控制,先读出,待修改之后再写入。它可用来对存储的数据进行检验和纠错,但必须与检错机制配合使用,比如利用奇偶校验位。

- 页模式操作　这时,行地址维持不变($\overline{RAS}$不变),由连续的$\overline{CAS}$脉冲对不同的列地址进行锁存,并读出不同列的信息。这种模式下可实现存储器读、写以及读—修改—写等操作。

3. DRAM 的刷新

除了正常的读/写操作,DRAM 还要定时刷新,即充电以补充电容上的电荷。刷新间隔一般为 2ms,按存储器阵列的行逐行进行,全部刷新一遍。刷新期间,DRAM 不能被读写。一次刷新所用的时间,取决于存储器芯片的容量和所用的刷新方式。DRAM 常用的刷新方式有以下几种:

(1) 集中刷新。正常读/写与刷新分开,集中时间完成刷新操作。刷新要占用地址和控制总线,形成了不能进行正常读/写的死时间。以 2164A 为例,它包含 4 个 128×128 的存储矩阵,一次要完成 128 行的刷新。刷新 1 行需要 $0.5\mu s$(等于存取时间),128 次刷新共需 $128 \times 0.5 \mu s = 64 \mu s$。因此就要每隔 2ms,停止存取操作,用 $64\mu s$ 进行一次刷新操作。

(2) 分散刷新。办法是在每个存取操作后绑定一个刷新操作,存取周期便延长到了 $0.5\mu s + 0.5\mu s = 1\mu s$。刷新是不间断地对 128 行依次进行的,因此 $128\mu s$ 就能刷新一遍。对于同一行来说,它的刷新周期就是 $128\mu s$,远小于 2ms 间隔,能及时补充电容上的电荷。分散刷新消除了死时间,但是拉长了存取周期,因此会降低系统速度。

(3) 异步刷新。将上面两种方式结合,即按 $15.6\mu s$(2ms/128)的间隔,依次对各行进行一次存取与刷新绑定的操作。集中刷新在 2ms 里有 $64\mu s$ 死时间,所有行都不能被存取。而对于异步刷新,特定行在 2ms 里只轮到一次刷新,死时间只有 $0.5\mu s$,小了许多。

需要用专门的 DRAM 控制器来控制 DRAM 芯片的刷新,防止刷新操作干扰有规律的读/写操作。它接受 CPU 的控制,将内存地址转换成行、列地址,并有序地生成$\overline{RAS}$、$\overline{CAS}$、$\overline{WE}$信号和逐行刷新地址,定时刷新过程,并在 CPU 的读写请求和刷新请求同时到达的情况下执行优先权裁决。例如,Intel 8203 便属于这类芯片,它能与 Intel 的 2117(16K×1)、2118(16K×1)和 2164 动态 RAM 配套使用。内存条的设计已经考虑进了 DRAM 刷新问题。而在实际应用中,用户普遍采用现场可编程门阵列(FPGA)或复杂可编程逻辑器件(CPLD)电路,自己设计存储器系统的 DRAM 控制器。

5.2.3　内存条

内存条(Memory Bank)由若干大容量 DRAM 芯片(内存颗粒)设计而成,并组装在一个条形印制电路板上,使用时只需将它们插进主板的内存条插座。它们是 PC 机的主要部件,其规格和质量对机器性能影响很大。

1. DDR 内存条

按封装形式内存条可分为两类,即单列直插内存条(Single In-line Memory Module, SIMM)和双列直插内存条(Double In-line Memory Module, DIMM)。为保证很好的接触,插脚用黄金合金制作,被称为"金手指"。SIMM 内存条与 32 位 CPU 配用,目前已鲜见踪影。64 位系统上都用 DIMM 内存条。

为适应不同类型的 CPU,曾先后出现了 FPM 内存条(快速页面模式 RAM)、EDO 内存条(扩展数据输出 RAM)、SDRAM 内存条(同步 DRAM)和 DDR SDRAM 内存条(Double Date Rate SDRAM,即双倍速率同步动态随机存储器),后者简称 DDR,目前尚在广泛使用。

• DDR　它采用了双时钟差分信号等技术,在时钟脉冲的上、下沿都能传输数据,具有 2 位数据预取功能,每根脚上的数据传输速率和内存带宽,均比 SDRAM 高出一倍。DDR 的工作频率有 100/133/166/200/266MHz 等几种,由于双倍速率传输数据,传输速率是工作频率的两倍,因此在型号中标出的是"工作频率×2",即标称为 DDR200、266、333、400 和 533。DDR 的工作电压 2.5V,184 线,常见容量有 128/256/512MB,主要用于 P4 级别的 64 位 PC 机。

根据 DDR 内存型号就能计算出它的理论带宽,即单位时间(s)里传送的数据量(Data Rate),以 MB 或 GB 为单位。计算理论内存带宽的方法

$$内存带宽 = 数据传输速率 \times 数据总线宽度 \quad (5.1)$$

例 5.1　根据公式(5.1)估计 DDR200 内存条的理论带宽。

根据 DDR200 的型号标识方法,数字"200"意味着它的工作频率只有 100MHz,因为它能 2b 预取,即数据传输速率是 100MHz×2,其总线是 64 位,即 64b/8b 字节,因此其理论带宽为

$$(100MHz \times 2) \times (64b/8b) = 1600MB/s = 1.6GB/s$$

由此,DDR200 也称 PC1600。同样,DDR266 称为 PC2100,DDR333 称为 PC2700 等。

• DDR2　它与 DDR 原理类同,但有 4 位预取功能,主要有 DDR2-400/533/667/800 等几种产品。工作电压 1.8V,240 线,容量 256/512MB 和 1GB,也主要用在 64 位的 P4 级别 PC 上。

• DDR3　8 位预取。工作电压 1.5V,240 线,容量 512MB 和 1/2/4/8GB,与 64 位 CPU 芯片组配合使用。

以上三种 DDR 内存条的传输速度不同,工作电压不同,金手指的缺口位置不同,因此不能互换使用。

• DDR4　新一代内存条。与 DDR3 相比,在设计中采用了一系列新技术。例如,使用了虚拟开漏极技术,将读写漏电率减小一半;采用了温度补偿自刷新技术以降低芯片自刷新时的耗电;使用了三维堆叠封装技术,以增大单颗芯片的容量;设计了 16b 预取机制,在同样内核频率下速度又提高了一倍;工作电压降为 1.2V。它的金手指不一样长,要采用底部为弧面的插槽,以利于插拔,因此不能与以前的 DDR 兼容。此外,DDR4 又在以前的单端信号传输机制基础上,引入了差分信号传输技术,其传输速率又将增大一倍,形成两种规格的 DDR4 内存条。

DDR4 的传输速率为 2133~4266MHz,最大容量 128GB。以典型的 DDR4-3200 内存条为例,其标称传输速率为 3200Mbps,它是 16b 预取,因此内存的工作频率应该是

$$3200Mbps/16b = 200MHz$$

根据公式(5.1),在 64 位单通道应用时,带宽为

$$200MHz \times 16b \times (64b/8b) = 25600MB/s = 25.6GB/s$$

若采用差分传输技术,带宽可达 51.2GB/s。

表 5.2 对 DDR3 和 DDR4 的主要性能指标进行了比较。

表 5.2 DDR3 和 DDR4 内存条的数据传输速率和带宽

内存条类型	时钟频率	数据速率	带宽
DDR3-800	100MHz	100MHz×8b	6.4GB/s
DDR3-1600	200MHz	200MHz×8b	12.8GB/s
DDR3-2133	266MHz	266MHz×8b	17.0GB/s
DDR4-2133	133MHz	133MHz×16b	17.0GB/s
DDR4-3200	200MHz	200MHz×16b	25.6GB/s
DDR4-4266	266MHz	266MHz×16b	34.0GB/s

2. 内存条的技术指标

• 容量　每种内存条都分为多种容量规格，要根据计算机主板可承受的容量和实际需要的容量进行配置。

• 线数　指内存条与主板插接时有多少个接触点，即金手指的数目。可参看主板的技术指标来了解所能配用的内存条的插座规格，即线数。通常，SDRAM 为 168 线，DDR 是 184 线，DDR2 和 DDR3 已达 240 线，而 DDR4 有 284 根引脚。

• 时钟频率　内存芯片的基本工作频率，即表 5.2 中列出的时钟频率。

• 数据速率　芯片每根脚上传输数据的速率，出现在型号标识中，等于时钟频率乘以预取位数。

• 数据宽度　内存同时传输数据的位数，大多为 64 位。如果是为双通道传输设计的内存条，数据位数是 128 位。

• 带宽　内存每秒能传输的数据总量，可用(5.1)式计算出来。

• 工作电压　早期的 FPM 和 EDO 内存均使用 5V 电压，SDRAM 为 3.3V，DDR 和 RDRAM 是 2.5V，DDR2 降到 1.8V，DDR3 则为 1.5V，而 DDR4 的工作电压为 1.2V。

• SPD　串行存在检测(Serial Presence Detect)。它是 1 个 8 脚 256 字节 EEPROM，通常在内存条最右端，保存该内存条的容量、芯片厂商、内存条厂商、工作电压、工作频率、访问时间、是否具备 ECC 校验功能等信息。能支持 SPD 的主板，在机器启动时会自动读取 SPD 中的数据，并以此设定内存的工作参数，使它工作在最佳状态，确保系统的稳定。

• 奇偶校验　有此功能的内存芯片，在每一字节外额外增加了一位，用作出错检测。

• ECC 功能　出错检查和修正功能(Error Checking and Correcting)，可纠正那些奇偶校验检测不出来的错误。内存条应具备这个功能，因而能在传输数据的同时，在每个数据上加一个检查位，传输若发生错误，可加以修正并继续传输。

5.3　只读存储器 ROM

ROM 是 CPU 只能读取而不能写入的一类存储器。在不断发展的过程中，形成了掩模 ROM、PROM、EPROM、EEPROM 等各种不同类型的 ROM 器件。掩模 ROM 和 PROM 基本已淘汰，这里不进一步讨论了，主要介绍 EPROM 和 EEPROM 的工作原理和使用方法。

5.3.1 可编程可擦除 ROM(EPROM)

针对掩膜 ROM 和 PROM 中的内容写入后无法修改的缺点,发明了可擦除可编程 ROM,即 EPROM。用户可擦除已写入它的内容,然后重新编程,擦除和重写可重复很多次。

1. 基本存储单元

(1) 存储信息。通常采用浮栅雪崩注入式半导体技术来实现 EPROM,如图 5.10 所示,一个浮栅 MOS 场效应管与一个 MOS 管(T)串接,构成基本存储单元。浮栅管的栅极周围被二氧化硅绝缘层包围,所以原始状态下浮栅不带电荷,因而不导通,位线 D_i 上是高电平,即存储了信息 1。

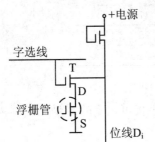

图 5.10 EPROM 的存储单元

(2) 编程。在选通指定位置上的存储单元的浮栅管后,在其漏极 D 和源极 S 之间,加上 25V 的高电压和编程脉冲,D、S 间被瞬时雪崩击穿,大量电子通过绝缘层注入浮栅,使浮栅管导通,它存储的信息就变为 0。其余未被编程的单元仍保持 1 不变。由于浮栅被绝缘层包围,注入的电子不会泄露,保存的信息也就不会丢失。

(3) 擦除。当用紫外线照射 EPROM 芯片上的石英玻璃窗口时,所有存储单元中的浮栅管浮栅上的电荷,会形成光电流泄露,使它们又恢复成原始状态 1,从而擦除了所有信息。擦除后的 EPROM 还可以重新编程。

EPROM 的显著优点是可以多次编程,但不能在线编程。要进行擦除和重写之前,必须将芯片从电路板上拔下,在波长为 2537Å(1Å$=10^{-1}$nm)的紫外线灯下照射 20 分钟,擦除原有内容后,再用专门的 EPROM 编程器,重新写入新的程序或数据。编程过程总是从头到尾,对一块芯片的全部单元进行重写,因此不能对芯片中的部分内容(哪怕是一个字节)实现修改。

2. Intel 27128 EPROM 芯片

Intel 27128 是一种 16K×8 的 EPROM 存储器芯片,采用上述带浮动栅的 MOS 管为基本存储单元,以它为例,来说明 EPROM 的结构、功能和用法。表 5.3 列出了 Intel 的一些同类 EPROM 芯片的型号和规格,其他半导体公司也有同类型的产品。

表 5.3 Intel 的 EPROM 芯片

型号	2716	2732	2764A	27128	27256	27512	27C010	27C020	27C040
容量	2KB	4KB	8KB	16KB	32KB	64KB	128KB	256KB	512KB

(1) 芯片的内部结构。图 5.11 是 27128 的内部结构框图,主要包括:

- 存储阵列 由 128K×1 个带浮动栅的 MOS 管构成,总共可保存 16K×8 位二进制信息;
- X 译码器 即行译码器,对 7 位行地址($A_6 \sim A_0$)进行译码;
- Y 译码器 即列译码器,对 7 位列地址($A_{13} \sim A_7$)进行译码;
- 输出允许、片选和编程逻辑 对输入的控制信号 $\overline{CE}$、$\overline{OE}$ 和 $\overline{PGM}$ 进行逻辑组合,实现片选并控制信息的读/写;

• 数据输出缓冲器 8位,每1位都有三态门,读出的1字节数据经过它缓冲后,从数据总线传给CPU。

(2) 芯片的引脚。27128 EPROM 的典型存取时间是200ns/300ns,DIP 封装,28个引脚,排列见图5.12。图中还以27128为参照,列出了2716、2732A、2764和27256等几种常见 EPROM 芯片的引脚。

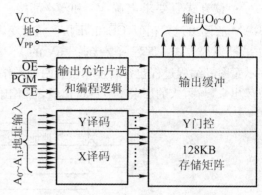

图 5.11 27128 EPROM 的内部结构

27128的引脚包括:14根地址输入脚 $A_{13} \sim A_0$,可寻址芯片内的128K个存储单元;8根双向数据信号线 $O_7 \sim O_0$;片选信号输入脚 $\overline{CE}$;数据输出允许命令输入脚 $\overline{OE}$,低电平时允许数据输出,编程时必须为高电平;编程命令输入脚 $\overline{PGM}$,只有编程时才为低电平;+5V 电源 V_{CC};+12V 电源 V_{PP}(早期产品为+24V),由编程器提供,专用于编程操作,正常读出数据时此脚要接 V_{CC};地 GND。

27256 32K×8	27128 16K×8	2764 8K×8	2732 4K×8	2716 2K×8			2716 2K×8	2732 4K×8	2764 8K×8	27128 16K×8	27256 32K×8
V_{PP}	V_{PP}	V_{PP}			1	28			V_{CC}	V_{CC}	V_{CC}
A_{12}	A_{12}	A_{12}			2	27			$\overline{PGM}$	$\overline{PGM}$	A_{14}
A_7	A_7	A_7	A_7	A_7	3(1)	(24)26	V_{CC}	V_{CC}	NC	A_{13}	A_{13}
A_6	A_6	A_6	A_6	A_6	4(2)	(23)25	A_8	A_8	A_8	A_8	A_8
A_5	A_5	A_5	A_5	A_5	5(3)	(22)24	A_9	A_9	A_9	A_9	A_9
A_4	A_4	A_4	A_4	A_4	6(4)	(21)23	V_{PP}	A_{11}	A_{11}	A_{11}	A_{11}
A_3	A_3	A_3	A_3	A_3	7(5)	(20)22	$\overline{OE}$	$\overline{OE}/V_{PP}$	$\overline{OE}$	$\overline{OE}$	$\overline{OE}$
A_2	A_2	A_2	A_2	A_2	8(6)	(19)21	A_{10}	A_{10}	A_{10}	A_{10}	A_{10}
A_1	A_1	A_1	A_1	A_1	9(7)	(18)20	$\overline{CE}$	$\overline{CE}$	$\overline{CE}$	$\overline{CE}$	$\overline{CE}$
A_0	A_0	A_0	A_0	A_0	10(8)	(17)19	O_7	O_7	O_7	O_7	O_7
O_0	O_0	O_0	O_0	O_0	11(9)	(16)18	O_6	O_6	O_6	O_6	O_6
O_1	O_1	O_1	O_1	O_1	12(10)	(15)17	O_5	O_5	O_5	O_5	O_5
O_2	O_2	O_2	O_2	O_2	13(11)	(14)16	O_4	O_4	O_4	O_4	O_4
GND	GND	GND	GND	GND	14(12)	(13)15	O_3	O_3	O_3	O_3	O_3

图 5.12 27128 EPROM 的引脚

(3) 工作方式。27128有6种工作方式,可用表5.4来概括

表 5.4 27128 的工作方式

工作方式	$\overline{CE}$	$\overline{OE}$	$\overline{PGM}$	A_9	V_{PP}	V_{CC}	输出端
读	0	0	1	×	+5V	+5V	数据输出
编程	0	1	0	×	V_{PP}	+5V	数据输入
校验	0	0	1	×	V_{PP}	+5V	数据输出
禁止输出	0	1	1	×	+5V	+5V	高阻
禁止编程	1	×	×	×	V_{PP}	+5V	高阻
静止等待	1	×	×	×	+5V	+5V	高阻
Intel 标识符	0	0	1	+12V	+5V	+5V	编码

- 读方式 要求电源 V_{CC} 和 V_{PP} 都接 +5V,编程命令 $\overline{PGM}$ 必须高电平。读操作与 SRAM 的读出过程相似,$\overline{CE}$ 和 $\overline{OE}$ 几乎同时变为低电平后,选中单元中的内容就会被读出。
- 编程方式 编程前要接通 +5V 的 V_{CC} 和 +12V 的编程电源 V_{PP}。图 5.13 是编程时序示意图。编程过程包含编程和校验两个操作,即编程器每写入一个字节,就马上把这个字节读出来,与写入的那个字节进行比较,若不出错,这个字节的编程就算成功了。

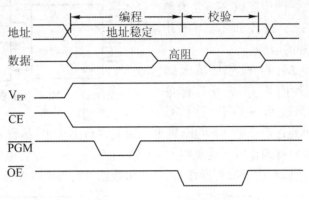

图 5.13 27128 的编程时序

编程中,$\overline{CE}$ 保持低电平,而 $\overline{OE}$ 保持高电平,表示不是读操作。待写入的数据稳定在数据线上后,$\overline{PGM}$ 脚上应输入一个负的编程脉冲,将数据写入芯片。$\overline{PGM}$ 回到高电平后,编程结束,校验周期开始。这时地址信息和 $\overline{CE}$ 保持不变,等 $\overline{OE}$ 变为低电平后,刚写入的字节就被读出来。可由编程程序将它与内存中待写入的那个字节进行比较,判断编程操作成功与否。完成整个芯片的编程,共要执行 16K=16×1024=16384 次这样的编程和校验操作。

由于 27128 有单独的校验方式,也可在所有内容都写完后再执行校验,从编程过的 EPROM 中依次读出每个字节,与待编程内容进行比较,实现校验。为操作方便,可在内存中开辟一个 16KB 的 27128 EPROM 映像区,它的每个字节与 27128 的每个单元一一对应,将要写入的程序和数据的十六进制代码复制进相应的区域,并在其它不用的位置上,全部放入代码 FFH(即 1111 1111),编程时只要将整个映像区复制进芯片。

编程好的 EPROM 芯片,要用不透光的贴纸或胶布封住石英窗口,以免受到来自阳光和电灯等光源的紫外线照射,使内容受损。

为缩短编程时间,Intel 还针对 27 系列的大容量 EPROM 开发了一种编程算法,编程时间缩短 6 倍,能用 2 分钟完成 27128 的编程。在它们的手册上都附有该算法的流程图。

除了读出、编程和校验外,27128 还有其它一些工作状态,包括:
- 禁止输出 当 $\overline{OE}$ 和 $\overline{PGM}$ 为高电平时,即使 $\overline{CE}$ 有效,27128 也是禁止输出的。
- 禁止编程 V_{PP} 接 +12V 时,只要 $\overline{CE}$ 不为低电平,它仍处在禁止编程状态。
- 静止等待 正常使用(V_{CC} 和 V_{PP} 均接 +5V)时,若没被选中,就处于等待方式(Standby Mode),电流从 100mA 降为 40mA,输出处于高阻态,以降低功耗。
- 读标识符 在读方式状态下,若 24 脚(原地址线 A_9)与 +12V 接通,芯片就进入Intel 标识符(Inteligent Identifier)模式,可从芯片中读出制造商和芯片类型的编码,也称电子签名(Electronic Signature)。读出时必须将 $A_{13} \sim A_1$(A_9 除外)置为全1,先让 $A_0=0$,读出一字节制造商代码,再置 $A_0=1$,读出芯片类型代码。例如,读出的代码为 89H、08H,说明它是 Intel 的 M2764A EPROM;若是 89H、89H,则是 Intel 的 M27128A EPROM 芯片。

5.3.2 电可擦除可编程 ROM(EEPROM)

1. EEPROM 的工作原理和特点

EEPROM 即电可擦除 PROM,也称为 E^2PROM。其工作原理与 EPROM 类似,当浮动栅上无电荷时,漏—源极间不导电,状态为 1。若让浮动栅带上电荷,对 EPROM 就是加高电压 V_{PP},使管子导通状态变为 0。EEPROM 采用不同方法使浮动栅带电和去电。其漏极上面加了个隧道二极管,在高电压作用下,电荷通过它流向浮动栅,即编程;若电场极性反转,电荷将从浮动栅流向漏极,即擦除。编程与擦除用的电流极小,不需要专门的编程电源。

EEPROM 具有以下几个特点:

(1) 单电源供电。早期的 EEPROM(例如 Intel 2816 和 2817)编程时也要外加+21V 的编程电压。改进后的 2816A、2817A、2864A 等芯片内部,增加了一个 DC-DC 变换器,能够将+5V 电压升到+21V,即+5V 单电源就能工作。

(2) 按字节擦除和改写。EPROM 擦除时必须把整个芯片的内容全变成 1,编程时也要从头写到尾。EEPROM 的擦除和编程可按字节进行,都只需要 10ms,从而可方便地改写其中任一部分内容。可循环擦写 10000 次以上,有的达 40 万甚至百万次,数据能保存 10 年。

(3) 在线编程。EEPROM 的编程不需要专门的编程器,因此不必将芯片取下来,可直接在印刷电路板上在线编程(On-line Programming)。

(4) 兼有 ROM 和 RAM 的特点。EEPROM 既可在断电时不丢失信息,又可随机改写,但它不能代替 RAM,使用中它很少写入,更多的是读出。擦除一个单元比 EPROM 要快得多,但与 RAM 的写入速度相比,仍相差甚远。

2. Intel 2817A EEPROM

常见的 EEPROM 芯片有:2817A(2K×8)、28C64(8K×8)、28C256(32K×8)、28C010(128K×8)、28C040(512K×8)等。以 2817A 为例来说明其特点和使用方法。

(1) 2817A 的特点。2817A 的存储容量 2KB,字节存取时间 150ns,写入时间 10ms,擦除时间 10ms,工作电流 100mA,静止电流 40mA。图 5.14 是其 28 脚 DIP 封装,有 11 根地址线和 8 根双向数据线,接受 $\overline{CE}$、$\overline{OE}$ 和 $\overline{WE}$ 等读/写控制。编程前能自动擦除要写入的单元,还可自定时写周期,最大不超过 10ms,因此需要自擦除自定时电路,它的启停与 $\overline{CE}$ 和 $\overline{WE}$ 状态有关。空闲/忙碌(RDY/$\overline{BUSY}$)输出信号指示编程进程,写入字节时为 0,表示处于内部忙碌状态,写入结束后置 1,表示可开始下个字节的写入。因此可用该信号形成的上升沿向 CPU 发中断请求,开始下个字节的写入操作。另一个特点是单电源供电,芯片内部的编程电压发生器能将+5V

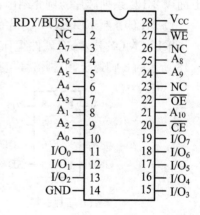

图 5.14 2817A EEPROM 的封装

升压到+21V,提供内部使用的写入电压 V_{PP}。此外,还具有上电和掉电保护电路,防止电源的波动引起误写操作,实现数据的保护。

(2) 2817A 的工作方式。2817A 有四种工作方式,如表 5.5 所示。

表 5.5 2817A EEPROM 的工作方式

工作方式	$\overline{CE}$	$\overline{OE}$	$\overline{WE}$	R/$\overline{B}$	$I/O_7 \sim I/O_0$
读	0	0	1	高阻	读出的字节
维持	1	×	×	高阻	高阻
字节写入	0	1	0	0	写入的字节
字节擦除	字节写入前自动擦除				

2817A 容量不大,价格较低,可用来存放仪器断电后不会丢失的数据,例如三角函数转换表、热电偶温度特性曲线和其它传感器的特性等,也可存放仪器当前状态参数,如用户对各开关的设置、报警参数的上下限、显示屏的当前显示格式等。关机时,它们被记忆在 EEPROM 中,下次开机时仪器监控程序会将它们读出来,根据它们设置好仪器的初始状态,用户可以免去每次开机都要调试机器的麻烦,还起到掉电保护的作用。

总的来说 EEPROM 的擦写速度比较慢,不能做大容量内存。在实际应用中,可以先将待写入的数据保存在 RAM 中,让程序在空闲时再写入 EEPROM。

3. 串行接口 EEPROM

串行 EEPROM 容量较小,大多是 8 脚封装,体积小,功耗低,价格便宜,接口电路很简单,在嵌入式系统开发中用得很多。常用的串行 EEPROM 主要有 24、84 和 93 等系列。24 系列均为 8 脚 DIP 封装,采用两线 I^2C 串行总线(Inter-Intergrate Circuit Bus),不需要其它控制信息。例如,Microchip 公司的 24LCxx,Xicor 公司的 X24xx,Atmel 公司的 AT24Cxx 等。84 系列,如 Xicor 的 X84xx,也是 I^2C 接口,但采用 $\overline{WE}$、$\overline{RD}$ 和 $\overline{WR}$ 信号控制。93 系列,如 Atmel 的 AT93C66,NS 的 NM93C46,则采用了三线 SPI 接口(Serial Peripheral Interface,串行外设接口),可与具有 SPI 接口的单片机直接连接,也可用并行口来模拟 SPI 接口。下面以 24LC 系列芯片为例介绍串行 EEPROM 的特点和用法。

1) 24LC 系列 EEPROM 芯片的引脚

采用 CMOS 技术,有硬件写保护功能,可擦写 1 百万次,数据保存超过 200 年,都是图 5.15 所示的 8 脚封装,引脚信号包括:

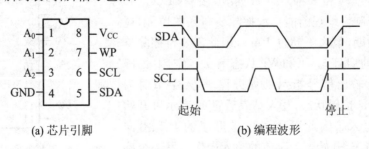

(a) 芯片引脚   (b) 编程波形

图 5.15 24LC 系列 EEPROM

- $A_2 \sim A_0$ 功能地址线。可连到 V_{CC} 或地实现硬件编程,为并接的多个同类芯片赋予地址,例如 A_2A_1 接地,A_0 接 Vcc,地址为 001 等。
- WP 写保护输入。接地允许读/写,接 Vcc 不能写入,芯片成为串行 ROM。
- SCL 串行时钟输入。最大频率 400KHz,用于同步传输数据。时钟上升沿写入数据,下降沿读出数据。SCL 由 CPU 或 MCU 用软件产生。
- SDA 串行数据线。双向传输,由此串行地读出数据或写入控制字、地址和数据。
- V_{CC} 电源,+2.5~+5V。
- GND 地。

2) 24LC 系列 EEPROM 的控制字

读/写操作前,先要从 SDA 送入一字节控制字,随后送地址和数据。即

D_7	D_6	D_5	D_4	D_3	D_2	D_1	D_0
1010				A_2	A_1	A_0	R/W

- D_7~D_4 控制码 1010,是 I^2C 总线分配给串行 EEPROM 的器件地址。
- D_0 读/写控制位 R/W,1 读,0 写。
- D_3~D_1 器件地址选择位 $A_2A_1A_0$。早期的小容量芯片可通过 $A_2A_1A_0$ 脚的硬件编程来扩展容量,这 3 位将填入芯片地址。从 LC32 开始才能用硬件编址来扩展容量。

3) 24LC 系列 EEPROM 的地址设置

小容量芯片的控制字只用 1 个字节地址,而 08/16 型芯片 8 位地址已不够用,便按 256 字节为 1 块分块寻址,在地址选择位中填入块号 B_i,等于是地址位 A_{10}~A_8。从 LC32 开始,分块寻址已不行,地址增加到 2 字节,不足 16 位时,高位置 0。因此,从 LC32 开始,都可编程 $A_2A_1A_0$ 脚来扩展容量。从 LC1025 开始 2 字节地址也不够了,又引入分段寻址,再用地址选择位,将 64KB 设为 1 段,并用 Si 来指示段号。经过整理,可得到表 5.6 所示的各型号芯片的器件参数表。

表 5.6 24 系列 EEPROM 器件参数表

型号	容量	分块	页写缓存	器件地址选择位			可扩展	地址
24LC08B	1K×8	4 块	16B	×	B_1	B_0	1 片	1 byte
24LC16B	2K×8	8 块	16B	B_2	B_1	B_0	1 片	1 byte
24LC32	4K×8	不分段	64B	A_2	A_1	A_0	8 片	12 bit
24LC65	8K×8	不分段	64B	A_2	A_1	A_0	8 片	13 bit
24LC128	16K×8	不分段	64B	A_2	A_1	A_0	8 片	14 bit
24LC256	32K×8	不分段	64B	A_2	A_1	A_0	8 片	15 bit
24LC512	64K×8	1 段	128B	A_2	A_1	A_0	8 片	2 byte
24LC1025	128K×8	2 段	128B	S_0	A_1	A_0	4 片	2 byte

注 1:A_i—片选位,B_i—块选位,S_i—段选位,1 页=8 字节,1 块=256 字节,1 段=64KB。

注 2:16B 型和之前的芯片,地址脚 A_2~A_0 内部均未连接。

注 3:1025 型的 A_2 脚应接 V_{CC}。

4) 24LC 系列 EEPROM 的读/写方式

内部定时电路会在写入前自动擦除。读/写时应先写入控制字,并选用不同的读/写方式。有两种写入方式:

(1) 字节写入。一次只写入 1 个字节。若 S 为起始信号,A 为芯片发回的确认信号,P 为停止位,则从 SDA 线送入的指令结构为:

S-写控制字 1010×××0-A-高 8 位地址-A-低 8 位地址-A-数据字节-A-P

(2) 页面写入。写入首字节后,继续发送(n-1)个字节,暂存于片内缓冲区,P 到达后才被写入存储器。各芯片的页写缓存大小 n 不同。页面写入指令为:

S-写控制字 1010×××0-A-高 8 位地址-A-低 8 位地址-A-n 个字节数据-A-P

有三种读取方式:

(1) 当前地址读取。不用地址,从数据指针的下个地址处读出 1 字节。指令结构:

S-读控制字 1010×××1-A-数据字节-P

(2) 指定地址读取。先写入要读字节的地址,然后读取。指令结构:

S-写控制字 1010×××0-A-高 8 位地址-A-低 8 位地址-A-读控制字 1010×××1-A-数据字节-P

(3) 顺序读取。从某个地址起顺序读取。每读 1 字节后要送回一个确认信号,地址指针自动+1,继续读下个字节,直到主器件写入停止位。一次可读出整个芯片内容,但地址若超过最大值(如 LC32 为 3FFH,LC128 为 3FFFH 等),会回转到 0000H。

5) 24LC 系列 EEPROM 的操作时序

串行 EEPROM 用 I^2C 总线传输数据,波特率可达 100Kbps。在单片机系统中 SCL 和 SDA 连到 MCU 的两线串行接口上,也可连到两根 I/O 线上,按时序用软件向 SCL 脚不断输出 0/1 电平来形成时钟信号,同时向 SDA 脚串行地写入控制字、地址、要存储的数据,或串行读出数据。还可用并行接口中的 2 根数据线,实现与串行 EEPROM 的通讯。图 5.15(b)是送到芯片的编程波形,只有 SDA 和 SCL 均为高电平时才能开始传送数据,起始位、停止位波形如图;SCL=0 期间数据允许改变,SCL=1 期间数据才被确认有效;接收到每个字节后,要在 SCL=1 时将 SDA 拉为低电平,向芯片发确认信号。

5.4 存储器与 CPU 的连接

5.4.1 设计接口应考虑的问题

在设计微型机系统时,如何将存储器与 CPU 的地址、数据和控制总线正确连接,是能够发挥存储器作用的基本保证,连接中还要考虑其它一些问题。

1. CPU 总线的负载能力

CPU 总线能直接驱动负载的能力有限,超过后会影响总线 I/O 的逻辑电平。例如,8086 CPU 能驱动 5 个 74LS 系列 TTL 逻辑元件,或 10 个 74HC 系列 CMOS 逻辑元件。在设计 8 位单片机等小系统时,存储器用量较小,可直接连接,否则应在总线和负载间加接缓冲器或驱动器,如 74LS244、74LS245 等,以增大 CPU 的负载能力,即减小信号电平变化时加到总线上的电流值,不至于影响总线信号的逻辑电平。

2. CPU 的时序与存储器存取速度之间的配合

由于 CPU 要对存储器进行非常频繁的读/写操作,因此在选择存储器芯片时,必须考虑其存取速度能否与 CPU 的读/写时序相匹配,即存储器能否在 CPU 的读或写命令发出之后的限定时间内,完成读出或写入操作。为此,应对候选芯片的读/写时序和 CPU 的操作时序进行仔细分析,选取合适的存储器芯片。

3. 存储器地址分配和存储器容量的扩展

在设计微机化系统时,首先根据所用 CPU 的特点和系统的实际需要,确定内存总容量,然后进行布局,分配各类存储器的地址范围。由于每块芯片的存储容量有限,一个存储器系统由多块芯片组成,要重点考虑容量的扩充方案和片选信号的形成。

4. 控制信号的连接

CPU 会提供一组存储器控制信号,例如 8086 的 $M/\overline{IO}$、$\overline{RD}$、$\overline{WR}$(或 $\overline{MEMR}$、$\overline{MEMW}$)等信号,它们应与存储器的相关信号正确连接,才能实现读/写等控制功能。

5.4.2 存储器接口设计

1. 地址译码器

存储器由多个芯片构成,CPU 进行读/写操作时,首先应选中特定的芯片,称为片选,然后从该芯片中选择所要访问的存储单元。片选和访存的信息来源于 CPU 执行存储器读/写指令时,送到地址总线上的地址信息,其中的高位用来生成片选信号,低位直接连到芯片的地址线上,去实现片内寻址。

用高位地址信息实现片选的电路称为地址译码器,有门电路译码器、N 中取一译码器和可编程逻辑器件(PLD)译码器等几种。如果用 FPGA 设计硬件系统,还可用 FPGA 芯片的一部分来实现地址译码。

74LS138 是常用的 8 中取 1 译码器,输入 3 位二进制码,便在 8 个输出端产生一个低电平片选信号,因此也称为 3-8 译码器。图 5.16 是其引脚和译码输出真值表。当控制端 $G_1=1$、$\overline{G_{2A}}=0$ 和 $\overline{G_{2B}}=0$ 时,由 3 个输入端 C、B、A 的电平,来决定 $\overline{Y_7} \sim \overline{Y_0}$ 中哪个输出有效的低电平。常用高位地址线和存储器操作信号(如 $M/\overline{IO}$)作为控制端输入,有时也可简单地将它们接到 +5V 和地。C、B、A 一般与 3 根地址线相连,形成 3 位二进制编码输入。

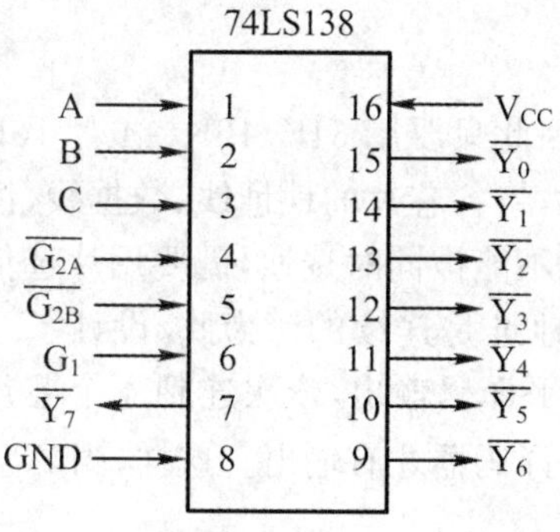

G_1	$\overline{G_{2A}}$	$\overline{G_{2B}}$	C	B	A	输 出
1	0	0	0	0	0	$\overline{Y_0}=0$ 其余为 1
1	0	0	0	0	1	$\overline{Y_1}=0$ 其余为 1
1	0	0	0	1	0	$\overline{Y_2}=0$ 其余为 1
1	0	0	0	1	1	$\overline{Y_3}=0$ 其余为 1
1	0	0	1	0	0	$\overline{Y_4}=0$ 其余为 1
1	0	0	1	0	1	$\overline{Y_5}=0$ 其余为 1
1	0	0	1	1	0	$\overline{Y_6}=0$ 其余为 1
1	0	0	1	1	1	$\overline{Y_7}=0$ 其余为 1

图 5.16 74LS138 译码器引脚和译码输出真值表

类似的还有 2-4 译码器 74LS139，它有 2 个译码输入端，4 个低电平有效输出端。

2. 存储空间的扩展

可以采用位扩展、字扩展和字位扩展等三种方法实现存储空间的扩展。

1) 位扩展

存储器芯片的数据位数有多种规格，如×1、×4、×8 位等，它们可能被应用在 8/16/32 位系统中，为与 CPU 的数据宽度匹配，可用同一类芯片进行位扩展。

例 5.2　采用 64K×1 的 DRAM 存储器芯片，扩展成 64K×8 的 RAM 存储器。

64K×8 即 64K 字节，因此用 8 片 64K×1 的 DRAM 芯片并联，就可以实现这种从 1 位宽度到 1 字节宽度的扩展。若用 16 片并联就可扩展成一个字（双字节）的宽度。如图 5.17，将 8 片 64K×1 DRAM 存储器芯片的地址 $A_7 \sim A_0$、片选 $\overline{CS}$、写允许 $\overline{WE}$ 分别并联，把各芯片 I/O 脚依次引到数据总线 $D_7 \sim D_0$，用一个片选信号 $\overline{CS}$ 就可控制这组 64KB 的存储器。一般只有 DRAM 才有这种×1 结构的芯片，这里只是用它说明位扩展的方法，对于实际的 DRAM 存储器扩展，还要考虑地址信息的分时送达以及 RAS、CAS 信号的连接等具体问题。

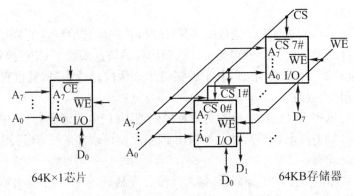

图 5.17　位扩展示意图

2) 字扩展

扩容时芯片的位数已符合要求，只是增加地址范围。这时，不需要进行位扩展，只要进行字扩展，即增加字数。这里，"字"的含义就是内存中存放的一个数据，可以是 8、16 或 32 位宽度。

例 5.3　用 16K×8 的芯片构成 64K×8 的存储器。

已有芯片的宽度与要求的存储器一样，都是 1 字节，因此只要用 64K/16K=4 片 16K×8 的存储芯片进行字扩展，就能满足容量要求。如图 5.18，将各芯片的地址线、数据线、读写控制端并联。虽然地址线并行连到了各芯片上，但是它们不能被同时选通，需要用片选信号来根据地址范围选择其中一片，通常还希望这些芯片的地址是连续的。为此，设计了一个 2-4 译码器，对高位地址（如 A_{15}、A_{14}）译码，形成 4 个低电平译码输出，依次连到 4 个芯片的片选 $\overline{CS}$ 端，并让 $M/\overline{IO}$ 信号参与译码，只有它为高电平时，译码器才有输出。这样，当 $A_{15}A_{14}$=00～11 时，分别选通 0#～3# 存储器。

3) 字位扩展

存储器芯片的容量和位数都需要进行扩展。

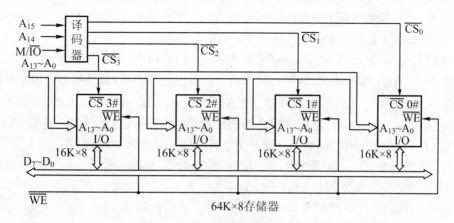

图 5.18 字扩展示意图

例 5.4 用 1K×4 的 SRAM 芯片 2114 构成 4K×8 的存储器。

首先进行位扩展,2114 只有 4 位,需要 2 片并联才能形成 1K×8 的组合。要求的总容量是 4K×8,可以再用 4 个组合进行字扩展,因此共需要 8 个 2114 芯片参与字位扩展。如图 5.19,先对每 2 个芯片进行位扩展,形成 4 组 1K×8 的存储器,即将各组里 2 个芯片的地址、$\overline{WE}$ 和片选端都并接,它们的 4 根数据线各连到数据总线高/低 4 位。接着对这 4 组存储器进行字扩展,将每组的地址、数据和读/写控制线并联。最后设计一个 2-4 译码器,将其输出依次连到这 4 组的片选端,为每组设定不同的地址范围。

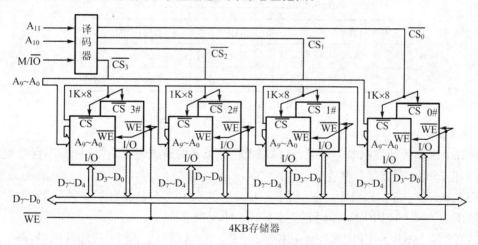

图 5.19 字位扩展示意图

3. 形成片选信号的三种方法

可以用线选法、全译码法和部分译码法等三种方法来形成片选信号,实现存储器的译码。

1) 线选法

直接用高位地址线中的某一位做片选信号,低位地址与芯片的地址线相连实现片内寻址。线选法电路简单,但地址空间浪费大,由于部分地址线未参与译码,必然会出现地址重叠现象,当芯片较多时还可能出现可用地址空间不连续的情况。

例 5.5 有 2 块 2764 EPROM 芯片,用线选法对它们进行寻址。试画出译码电路示意图(只要求标出地址线和片选信号),并列出它们的地址范围。

2764 的容量为 8KB,即 $2^3 \times 2^{10} = 2^{13}$ 个字节,因此有 13 根片内地址线 $A_{12} \sim A_0$。可用高位地址 $A_{19} \sim A_{13}$ 来构成线选译码电路,当然可选其中任意两根,只是得到的地址范围不同罢了。图 5.20 是用 A_{13} 和 A_{14} 进行线选寻址的答案。A_{13}、A_{14} 分别接芯片 1 和 2 的片选 $\overline{CE}$ 端,低位地址 $A_{12} \sim A_0$ 并接到芯片 1 和 2 的地址线,就实现了线选法寻址。这样,$A_{13}=0$ 就选中 2764(1),$A_{14}=0$ 选中 2764(2)。这两个芯片不能同时被选中,否则就会发生冲突,甚至烧毁芯片,因此只有 A_{14}、A_{13} 分别为 10 和 01 才是合法编码。而 $A_{12} \sim A_0$ 从 000H 变到 FFFH,就能顺序选中每个芯片中的 8K 个字节。$A_{19} \sim A_{15}$ 未参与译码,可以是 00000~11111 中的任意编码,图中仅列出了 $A_{19} \sim A_{15} = 00000$ 时的地址范围。这 5 位有 $2^5 = 32$ 个编码,会形成 2 个芯片的许多地址重叠区,例如 84000~85FFFH、C4000~C5FFFH 等地址都会选中第一块芯片。

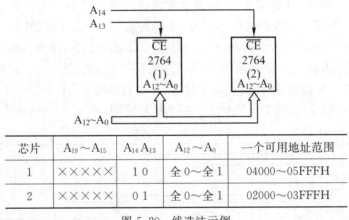

芯片	$A_{19} \sim A_{15}$	$A_{14} A_{13}$	$A_{12} \sim A_0$	一个可用地址范围
1	×××××	1 0	全 0~全 1	04000~05FFFH
2	×××××	0 1	全 0~全 1	02000~03FFFH

图 5.20 线选法示例

2) 全译码法

它让全部高位地址都参与译码,这样每个存储单元的地址便都是唯一的,不存在地址重叠问题,但译码电路要复杂些。

例 5.6 一个 8 位系统中,仅采用了一片 27128 EPROM,请设计一个译码器,为它规定地址范围 1C000~1FFFFH,译码器要求采用 74LS138。

27128 是 16KB 的 EPROM,而 $16K = 2^4 \times 2^{10} = 2^{14}$,所以它有 14 根地址线 $A_{13} \sim A_0$,它们将与地址总线的 $A_{13} \sim A_0$ 相连。余下的 6 根高位地址线 $A_{19} \sim A_{14}$ 将全部参与译码,作为译码器的输入。观察要求的地址范围 1C000H~1FFFFH,与高 6 位地址 $A_{19} \sim A_{14}$ 对应的编码是 000111,译码方案可以有好几种,只要保证这 6 根地址线的信号电平为上述编码时,译码器才有低电平译码输出就行。

根据上面分析就可设计出图 5.21 所示的全译码电路,当然它不是唯一答案。74LS138 有 3 个控制端,G_1 接 A_{14},它必须为 1;$\overline{G_{2A}}$ 接 $M/\overline{IO}$ 的反相信号,访问内存时它为高电平,取反后为 0;$\overline{G_{2B}}$ 接一个低电平输入的与非门,$A_{19} A_{18}$ 接在其输入端,只有这两根地址线均为 0 时,其输出才是 0,满足了三个控制端的电平关系。译码输入 C、B、A 分别接地址线 $A_{17} A_{16} A_{15}$,

它们的不同编码可以生成8个片选信号。按照地址范围的要求，$A_{17} \sim A_{15}$应为011，它对应的是$\overline{Y_3}$输出低电平信号，将它接到27128芯片的$\overline{CE}$端。这样，只要读/写指令中包含了1C000～1FFFFH范围里的任一个地址，$\overline{Y_3}$就输出低电平，选中这片27128。芯片上的输出允许$\overline{OE}$应直接连到CPU的$\overline{RD}$，它在读内存操作时为低电平，使$\overline{OE}$有效，打开数据总线的三态门，读出一字节数据。

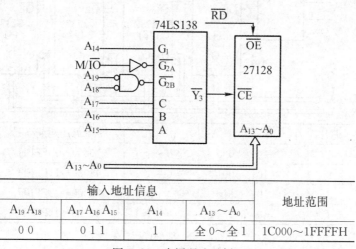

输入地址信息				地址范围
$A_{19} A_{18}$	$A_{17} A_{16} A_{15}$	A_{14}	$A_{13} \sim A_0$	
0 0	0 1 1	1	全0～全1	1C000～1FFFFH

图 5.21　全译码法示例

3）部分译码法

这种方法只对高位地址线中的某几位译码，生成片选信号。对被选中的芯片而言，未参与译码的高位地址信号可以是0或1，因此每个存储单元将对应多个地址。编程时一般将未用的地址位设为0。部分译码能简化译码电路，但与线选法一样会出现重叠地址，浪费地址空间。对于小系统不会引起问题，不要轻易用于大存储容量的系统中。

例 5.7　某系统中，地址总线为$A_{19} \sim A_0$。试用4块2732 EPROM芯片构成16K×8的存储器，起始地址为10000H，要求地址连续，采用部分译码法设计译码电路。请画出硬件连线图，并说明各芯片的地址范围。

2732是4K×8位的EPROM，其引脚信号见图5.12。它有$A_{11} \sim A_0$共12根地址线，将它们连到地址总线$A_{11} \sim A_0$。既然是部分译码，可选择高位地址线$A_{19} \sim A_{12}$中的部分信号参与译码，例如$A_{16} \sim A_{12}$。而$A_{19} \sim A_{17}$则不参加译码，因此这3位无论是什么电平，都不会影响芯片的寻址。总共需要4个片选信号，可选用74LS138译码器。

译码方案如图5.22所示。反相的M/$\overline{IO}$以及$A_{16} A_{15}$被连到74LS138的G_1、$\overline{G_{2A}}$和$\overline{G_{2B}}$端，因此只有在$A_{16} A_{15} = 10$和M/$\overline{IO} = 1$时，译码器才会有片选输出。$A_{14} A_{13} A_{12}$连到C、B、A，形成8个低电平译码输出$\overline{Y_0} \sim \overline{Y_7}$。选择其中的$\overline{Y_0} \sim \overline{Y_3}$连到2732芯片的各$\overline{CE}$端，作为它们的片选信号。读允许输入脚$\overline{OE}$与控制总线的$\overline{RD}$相连。3个未参与译码的高位地址信号的电平可以表示成x，即不是0就是1。由于$A_{19} \sim A_{17}$不参加译码，因此，此译码方案构成的存储空间还是存在重叠的。

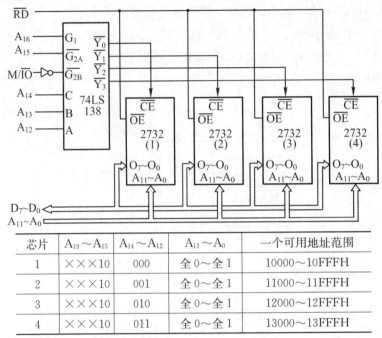

芯片	$A_{19} \sim A_{15}$	$A_{14} \sim A_{12}$	$A_{11} \sim A_0$	一个可用地址范围
1	×××10	000	全0~全1	10000~10FFFH
2	×××10	001	全0~全1	11000~11FFFH
3	×××10	010	全0~全1	12000~12FFFH
4	×××10	011	全0~全1	13000~13FFFH

图 5.22 部分译码法

4. 8086 系统中的存储器连接

当 8086 CPU 与存储器相连时,还要考虑以下几个问题:存储器有奇、偶地址问题;系统中可能有 RAM、ROM 两种不同的存储器,RAM 要接读/写控制信号,ROM 只能接读控制信号;各存储芯片的容量不一样时还要进行二级译码。下面是一个具体的设计例子。

例 5.8 为一个 8086 系统设计一个含 8K 字 ROM 和 8K 字 RAM 的存储器系统,要求使用 4K×8 的 EPROM 芯片 2732 和 8K×8 的 SRAM 芯片 6264,用 74LS138 芯片设计译码电路,并希望地址连续,其中 ROM 的地址从 00000H 开始。

图 5.23 是按照上述要求设计出来的存储器连线图。设计过程如下:

(1) 地址范围分析。着手电路设计前先要进行地址范围分析,确定每块存储器芯片的地址范围。采用 8 位芯片来实现 16 位宽度的字存储器,必须用字扩展方法将两个芯片并联,并用 $\overline{BHE}$ 和 A_0 来区分奇、偶存储体。

对于 EPROM,每片 2732 的容量为 $4K \times 8$,即 $2^2 \times 2^{10} = 2^{12}$ 个字节,有 12 位片内地址 $A_{11} \sim A_0$。每 2 片 2732 并接成 4K 字的 EPROM,共 4 片,分 2 组,即 ROM1 和 ROM2。两片并接时它们的地址线也应并联,保证 8086 CPU 能同时寻址到 16 位的一个字。由于地址总线中的 A_0 要用作偶存储体的片选,因此 2 片并接后的 $A_{11} \sim A_0$ 只能与总线的 $A_{12} \sim A_1$ 相连。ROM1 含 8K 字节,地址范围为 00000~01FFFH,而 ROM2 的 8KB 占了 02000~03FFFH。

对于 SRAM 6264,容量为 $8K \times 8$,地址线有 13 根,即 $A_{12} \sim A_0$。用 2 片并接,同样考虑奇、偶寻址后,2 片并接的地址线也只能与地址总线的 $A_{13} \sim A_1$ 相连。16K 的地址范围紧接着 ROM 地址,即 04000H~07FFFH。

仔细分析地址范围可知,地址的高位 $A_{19} \sim A_{15}$ 都是 0,ROM 的 $A_{14}=0$,RAM 的 $A_{14}=$

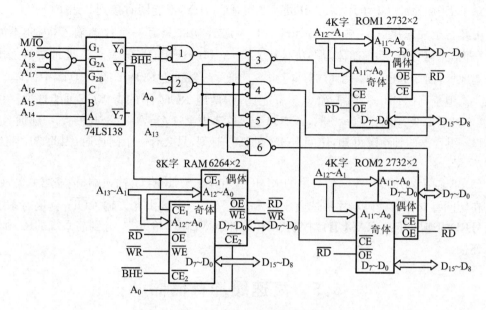

图 5.23　8086 系统中存储器的连接实例

1。这样,就可以在表 5.7 中填入除 A_{13} 和 A_0 之外的所有地址信息。

表 5.7　译码信息和地址范围

芯片	地址	$\overline{G_{2A}}$	$\overline{G_{2B}}$	C B A		芯片地址线			$\overline{Y_i}$	地址范围	大小
		$A_{19}\ A_{18}$	A_{17}	$A_{16}\ A_{15}\ A_{14}$	A_{13}	$A_{12}\ A_{11}$	…	$A_1\ A_0$			
ROM1	始址	0　0	0	0　0　0	0	0　0	…	0　0	$\overline{Y_0}$	00000H	8K
	终址	0　0	0	0　0　0		1　1	…	1　1		01FFFH	
ROM2	始址	0　0	0	0　0　0	1	0　0	…	0　0	$\overline{Y_0}$	02000H	8K
	终址	0　0	0	0　0　0		1　1	…	1　1		03FFFH	
RAM	始址	0　0	0	0　0　1	0	0　0	…	0　0	$\overline{Y_1}$	04000H	16K
	终址	0　0	0	0　0　1	1	1　1	…	1　1		07FFFH	

(2) 译码方案设计。由于系统中用到了两类容量不同的芯片,所以需要二级译码。先用一片 74LS138 对高位地址 $A_{19}\sim A_{14}$ 进行一级译码。由图 5.23 可见,在控制输入端同时满足 $M/\overline{IO}=1$(访存)、$A_{19}=0$、$A_{18}=0$ 和 $A_{17}=0$ 的条件下,译码器选通。而在 CBA=000 时,即地址落在 ROM 的 16K 范围内时,译码器输出 $\overline{Y_0}=0$;当 CBA=001 时,即访问 RAM 时,$\overline{Y_1}=0$。对照表 5.7 可知,它们各寻址 16K 地址范围,正好用来区分 ROM 和 RAM。

SRAM 芯片 6264 有两个片选输入 $\overline{CE1}$ 和 $\overline{CE2}$,可将其中一个(例如 $\overline{CE1}$)并接后连到译码输出 $\overline{Y_1}$,当地址落在 RAM 的 16K 范围内时,两个 $\overline{CE1}$ 同时有效。奇、偶体的区分则要进一步看 $\overline{BHE}$ 和 A_0 的电平。A_0 接偶体的 $\overline{CE2}$,当地址是偶数时,$A_0=0$,$\overline{BHE}=1$,偶体的 6264 被真正选通,CPU 通过低 8 位数据线与它交换数据。要是奇数地址出现,$\overline{BHE}=0$,$A_0=1$,选中偶体的 6264,CPU 与它交换高 8 位数据。

对于 EPROM,由于 4 片 2732 分成了 2 组,同一个 $\overline{Y_0}$ 不能同时接到 2 组 ROM 上,因此要利用其它条件来提高 $\overline{Y_0}$ 输出的区分能力。首先,2732 只有一个片选输入,因此不能像 RAM 那样来区分奇、偶存储体。办法是让 $\overline{Y_0}$ 与 A_0 和 $\overline{BHE}$ 组合,若 $A_0=0$,地址总线上出现的是偶地址,门 2 选通,进一步可能是门 4、6 选通,$\overline{Y_0}$ 会到达 ROM1 或 ROM2 中偶体的 $\overline{CE}$ 输入。奇地址则 $\overline{BHE}=0$,门 1 和 3、5 可能选通,两组 ROM 中的奇体 $\overline{CE}$ 可能选通。由于 A_{13} 也参加了二级译码,$A_{13}=0$ 时,门 3、4 选通,选中 ROM1;$A_{13}=1$ 则门 5、6 选通,选中 ROM2。组合这两种情况可知,访问 ROM 的任一时刻,只会有一个门选通,因此选中唯一的一片 2732。

(3) 控制信号连接。控制信号中的 $M/\overline{IO}$ 接在 74LS138 的 G_1 输入端,把守第一关,确保只有在访问存储器时译码器才被选通。EPROM 只有一个读出允许输入 $\overline{OE}$,直接与系统的读信号 $\overline{RD}$ 相连即可。SRAM 有读控制 $\overline{OE}$ 和写控制 $\overline{WE}$ 两个输入端,分别与系统的 $\overline{RD}$ 和 $\overline{WR}$ 信号连接。

5.5 高速缓冲存储器

5.5.1 高速缓存的原理

1. Cache 的工作原理

CPU 的运算速度比内存的读/写速度快很多,是影响计算机效率提高的重要原因。目前 CPU 的时钟频率已超过 3GHz,每条指令的执行时间远小于 1ns。内存的平均访问速度虽已达到 ns 级,与 CPU 的速度还是有明显的差距。

可有几种办法来解决这个矛盾:第一,在总线周期中插入等待周期 T_W,但会浪费 CPU 的能力。第二,采用存取速度与 CPU 接近的 SRAM 做主存,会使成本上升。第三,在慢速 DRAM 和快速 CPU 之间设置一个容量较小的高速缓冲存储器(Cache),这是可行的办法,可以不明显增加成本而提高 CPU 存取数据的速度。

通过对大量典型程序运行情况的统计可知,在一段较短时间内,程序所访问的内存地址往往集中在很小的地址范围内。这是因为构成程序的指令本来就是连续分布在内存中,再加上循环程序段和子程序段要重复执行多次,地址就会有时间上集中分布的倾向。数据分布的集中倾向不如程序明显,但对数组和变量等数据的访问也会有一定的重复性。这种对局部范围的存储器地址频繁访问,而对此范围外的地址访问甚少的现象,称为程序访问的局部性,Cache 就是根据这个原理设计的。

有了 Cache 后,那些被 CPU 经常存取的数据(包括指令代码),会被自动地从内存放进 Cache,形成主存部分内容的副本。CPU 会首先到这个副本中去读取或写入数据,只有当 Cache 中没有所需数据,或 Cache 已满无法再写入了,它才对内存进行读写。另外,Cache 在空闲时也会与内存交换数据,更新保存在其中的副本。

2. Cache 的命中率

但是局部性原理不能保证所请求的数据全在 Cache 中。在任一时刻,CPU 能从 Cache 中可靠获取数据的几率称为命中率(Hit Rate)。命中率越高,正确获取数据的可靠性就越大,所以它是衡量 Cache 性能的重要指标。影响命中率的因素很多,包括 Cache 的容量、划分的存储单元组的数目和组的大小、所采用的地址映射方案和联想比较策略、数据的替换算法、写操作处理方法和程序本身的特性等。命中率 h 的计算方法

$$h = Nc/(Nc + Nm) \qquad (5.2)$$

式中,Nc 和 Nm 是对 Cache 和主存的存取次数,显然只有当 Nc 足够大,即数据绝大部分是从 Cache 获取的,才会使命中率 h→1。而(1-h)表示所要访问的信息不在 Cache 中的比率,称为丢失率(Miss Rate)。没有命中的数据,CPU 只好直接从内存获取,并把该数据所在的数据块调入 Cache 中,使以后对整块数据的读写都从 Cache 中进行,不必再调用内存。

3. Cache 的三级结构

为了追求高速,Cache 采用性能最好的 SRAM 构成,全部功能由硬件实现,对程序员是透明的,即用户感觉不到 Cache 的存在。有了 Cache,计算机就具有了图 5.24 所示的三级存储系统。慢速大容量(例如 500GB)的硬盘或光盘构成计算机外存(M3),用来保存大量的程序和数据;足够大小的 DRAM(例如 2GB)构成计算机主存(M2),存放从辅存调入的、正要被执行的程序和数据;容量较小但速度很高的 SRAM(例如 256KB)构成了 Cache(M1),在 CPU 和主存间起高速缓冲作用。CPU 通过 Cache 访问主存,也可直接与主存打交道。在结构上,Cache 可集成到 CPU 芯片里,也可做在主板上。此外,还可以有二级或三级结构,它们比一级 Cache 容量更大些,能进一步提高命中率。

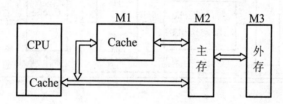

图 5.24 计算机的三级存储系统

缓存的级别按照数据读取顺序以及它们与 CPU 结合的紧密程度来区分,每级缓存中存储的数据都是下一级缓存的一部分。CPU 读取一个数据时,从一级缓存开始逐级向下查找,在一级 Cache 中找不到,继续搜索二级 Cache,甚至三级 Cache,依然找不到,才到内存中去读取。三级缓存的技术难度和制造成本是递减的,因此容量是相对递增的。

(1) L1 Cache(一级缓存)。一级缓存最早出现在 20 世纪 80 年代的 Intel CPU 芯片中,它集成在 CPU 内核旁,其容量和结构对 CPU 性能影响较大。不过 L1 Cache 均由写回式静态 RAM 组成,速度要与 CPU 接近,结构较复杂,又受 CPU 管芯面积限制,容量不能太大。L1 缓存一般为 32~256KB。

(2) L2 Cache(二级缓存)。二级缓存是从 486 时代开始的,它是 CPU 和主存间的真正缓冲器,因此其容量是提高 CPU 性能的关键。它分为芯片内置和外置两种。例如,Intel Xeon(至强)系列 CPU 的二级缓存为 2~16MB。对于酷睿多核 CPU,每个核心有独立的 L2 Cache,通常为 256KB,采用超低延迟的设计。

(3) L3 Cache(三级缓存)。最早是针对 L2 Cache 内置的 CPU,在主板上进一步外置了更大容量的缓存,速度与 DRAM 相当。在拥有 L3 Cache 的计算机中,CPU 只需从内存中调用约 5% 的数据。目前,L3 Cache 都已设计成内置形式。开始时,主要用在服务器和工作

站的 CPU 上，近几年在酷睿 i7/i5/i3 等多核 CPU 中，也出现了大容量的内含式 L3 Cache，容量一般为 4~20MB，采用共享式设计，被所有内核共享。

5.5.2 高速缓存的基本结构

图 5.25 是 Cache 的基本结构，包括 Cache 存储器和虚线框中的 Cache 控制器两部分，Cache 控制器又进一步由主存地址寄存器、Cache 地址寄存器、主存-Cache 地址变换机构和替换控制等四个部件组成，它们通过硬件电路来实现 Cache 的全部功能。

Cache 控制器控制主存和 Cache 间的数据传输。CPU 发出数据读（写）请求后，Cache 控制器先将这个请求转向 Cache 存储器。若数据在 Cache 中，就对 Cache 进行读（写）操作，称为一次命中。若不在 Cache 中，CPU 就对主存操作，称为一次脱靶，这时 CPU 必须在其总线周期中插入等待周期 T_W。

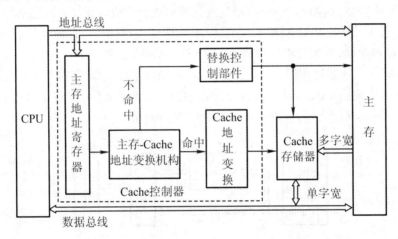

图 5.25 Cache 的基本结构

Cache 与主存容量差别很大，而且对于 CPU 是透明的，即 CPU 不知道它的存在。因此，需要一个主存-Cache 地址变换机构，以判断 CPU 要寻访的数据是否在 Cache 中。它主要包含一个相联存储器，能在 Cache 控制器管理下，按照一定的地址映射关系，动态地在其中构建起一个表格，将 Cache 中的一个存储块与主存中的若干个存储块对应起来。地址映射方案包括全相联映射、直接映射和组相联映射等三种。

这样，地址变换机构就能接受主存地址寄存器中的地址，自动查找与之对应的 Cache 地址。如果命中，要寻访的数据已复制在 Cache 中，CPU 不用去访问主存。查到的 Cache 地址，通过 Cache 地址寄存器加到 Cache 存储器上，直接从 Cache 中取走所要的数据，明显提高了访存速度。若脱靶，便让 CPU 去访问主存，并把主存中包含此数据的存储块装入 Cache，然后修改地址映射表，记住有新的数据块进入了 Cache。

Cache 中的内容在不断更新，但总是主存内容的一部分，必须保持主存和 Cache 内容的一致性，这就涉及如何在 CPU、Cache 和主存间存取数据的问题。为此专门设计了两种读取结构，即贯穿读出式和旁路读出式读取机构；同时设计了两种写入策略，用来实现 Cache 的更新，即写通法和写回法。

一旦出现未命中的情况,或者发现 Cache 满了,替换控制部件就会按一定的规则,进行数据块的替换,扔掉最近几乎不被访问的旧数据块,换进没有命中的新数据块,吐故纳新,实现 Cache 的更新。确定替换的规则也叫替换策略或替换算法,常用的替换算法有近期最少使用法、最不经常使用法和随机法等。

5.5.3 主存与 Cache 的地址映射

主存与 Cache 间以数据块(Block)的形式进行信息交换。但是 Cache 比主存小很多,要把数据从主存调入 Cache,必须实现主存块到 Cache 块的地址映射(Address Mapping);要将 Cache 中的块写入主存,则需要反方向的地址映射。这种能实现两者之间地址映射的机制,就是由相联存储器(Associative Memory)实现的块表(Block Table)。有了这种机制,用户程序就不必关心是否有 Cache 存在,每次访存操作时,CPU 依然只给出一个主存地址,相联存储器会根据主存块与 Cache 块之间的映射关系,将它自动转换成访 Cache 的地址。如果 CPU 访问 Cache 未命中,在它访问主存的同时,这个数据块还会被调入 Cache。

由于 Cache 和主存在存储空间上的巨大差异,Cache 中的一个数据块 i 要与主存中的多个数据块相对应,即若干个主存块将映射到同一个 Cache 块。根据不同的地址对应方法,可有以下三种地址映射方案。

1. 全相联映射

这时主存中任一块都可映射到 Cache 中的任一块。当主存的块 i 需调进 Cache 时,可根据当时 Cache 的块占用情况,按图 5.26 对应关系存入 Cache。图中假设:Cache 含 $8K(=8\times1024=8192)$ 字,每块 $64(=2^6)$ 字,共 $128(=2^7, C=7)$ 块。主存容量 1 兆 $(=1024K=1024\times1024=1048576)$ 字,共含 $1048576/64=16384(=2^{14}, M=14)$ 块,按 Cache 的大小 8K 分成 128 页。

这时,CPU 访主存的 20 位地址,由主存块号 $M(=0,1,\cdots,2^M-1)$ 和块内位置 W 构成:

| M(14b) | W(6b) |

类似地,CPU 访 Cache 的 13 位地址,包含 Cache 块号 $C(=0,1,\cdots,2^C-1)$ 和块内位置 W:

| C(7b) | W(6b) |

这里 W 是同一个值,不论当前块在主存或 Cache 中,W 都指示正被访问的数据在这个块内的位置,本例 W 的长度为 6b。然后通过查找一个建立在相联存储器中的块号映射表(块表),来实现主存地址到 Cache 地址的转换。

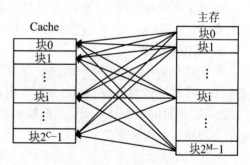

图 5.26 全相联映射方式

此方式 Cache 空间利用率高,不易产生冲突,命中率较高,但相联存储器庞大,块表查找费时间。因此比较和替换策略都要用硬件实现,电路复杂,只适用于小容量 Cache。

2. 直接映射

按 Cache 的大小将主存空间划分成若干区(页),每页内那些有相同块号的数据块,均被映射到 Cache 中同一个块位置上,例如,主存中的块 0、块 2^C、块 2^{C+1}……都映射到 Cache 的块0,等等,如图 5.27 所示。

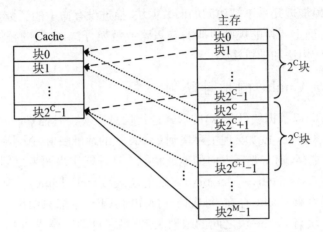

图 5.27 直接映射方式

映射进 Cache 的某一块在主存中的原来位置,即 CPU 访问主存的 20 位地址变成了

| T(7b) | C(7b) | W(6b) |

上面的块号 M 被分成了 T 和 C 两个字段,T 指出这个块是从主存的哪页调入的,C 是它在主存 T 号页里的块号,W 仍是块内位置。

当一个主存块调入 Cache 时,页号 T 同时被保存。CPU 访问地址到达时,根据其 C 字段找到 Cache 的相应块,再将页号 T 与保存的 T 比较,若相符,说明主存块已调入该 Cache 块,则命中,便可用地址 W 字段访问该 Cache 块的相应字单元。不符则脱靶,于是用该地址直接访问主存。

由于主存的每个块在 Cache 中只有一个位置,所以一次地址比较就能确定是否命中,实现简单,查找速度快。若另一个块也要调入该位置,将发生冲突,会导致命中率下降。

3. 组相联映射

组相联 Cache 能较好兼顾前两种方式的优点。如图 5.28 所示,对 Cache 和主存都进一步分组。将总块数为 2^c 的 Cache 分成 2^u 组,每组 2^v 块,而将总块数为 2^M 的主存划分为 2^s 页,每页 2^u 块,即页的大小与 Cache 的组数相等。主存的块与 Cache 的组之间直接映射,而与组内的各块则是全相联映射。

假设 Cache 大小 32K 字,每块 64 字,共 512($=2^9$,C=9)块,分成 32($=2^5$,u=5)组,每组 16($=2^4$,v=4)块。主存仍为 1 兆字,共含 16384($=2^{14}$,M=14)块,分成 512($=2^9$,s=9)页,每页 32($=2^5$,u=5)块。主存每页中的块 0 均映射到 Cache 组 0 的任意块,块 1 到组 1 的任意块,…,块 31 到组 31 的任意块,都是全相联映射。如果把 Cache 的每个组看成一个更大的块,那么主存每页的 32 块,分别映射到这 32 个大块,是直接映射关系。

这样,主存地址和 Cache 地址的形式也要做相应的改变。即

主存地址 | s | u | W |

Cache地址 | u | v | W |

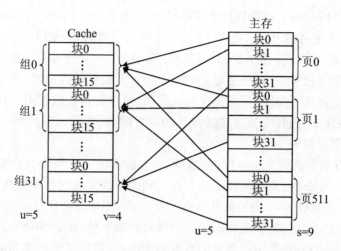

图 5.28 组相联映射方式

对于 Cache 地址，u 为组号，v 为组内的块号，它们合起来才是 Cache 的块号；对于主存地址，s 是页号，u 是页中的块号，也是这块主存能映射到的 Cache 组号。上例中，W 占 6 位，主存地址长度是 s+u+6=9+5+6=20 位，寻址 1M 字；而 Cache 地址是 u+v+6=5+4+6=15 位，寻址 32K 字。

当一个主存块被调入 Cache 时，会同时登记下前 s 位，CPU 访存时，先根据 u 字段找到块表的相应组，再将该组的所有项的前 s 位都与主存地址的 s 比较，若相符，则说明主存块在 Cache 中，于是将该项的 v 字段取出作 Cache 地址的 v 字段，主存地址的 u、W 字段即为 Cache 地址的 u、W 字段，形成一个完整的访 Cache 地址。若无相符项，就用主存地址直接访问主存。

该方法在判断块命中及替换算法上，都比全相联映射方法简单，块冲突概率比直接映射方法低，命中率介于前两种方法之间。

5.5.4 Cache 的基本操作

系统中增加了 Cache 后，便存在数据在 CPU、Cache 和主存间如何被存取的问题。有两种读取结构和两种写入策略，每种读取结构均可对应于不同的写入策略。

1. Cache 的读取结构

读取结构由硬件构成，任务：若所需数据在 Cache 中，便访问 Cache；否则访问主存。CPU 发出读命令后，若数据已在 Cache 中，便直接读 Cache；若数据尚未装入 Cache，CPU 从主存读出时，Cache 替换部件将把这块内容从主存拷到 Cache 中，存为副本。常用两种读取结构。一是贯穿读出式(Look Through)。即让 Cache 挡在主存之前，CPU 对主存的所有数据请求，都首先送到 Cache，由 Cache 自行查找。若不命中，才将请求传给主存。对主存的请求求少了，但也产生了延迟。二是旁路读出式(Look Aside)。数据请求同时送给 Cache 和主存，若 Cache 命中，便中断 CPU 对主存的请求。消除了延迟，但每次数据请求 CPU 都会发动对主存的访问。

2. Cache 的更新策略

Cache 内容是主存内容的一部分，为与主存内容保持一致，常采用两种写操作方式。一是写通法(Write Through)，也称直写法或写贯通法。CPU 向 Cache 写入时也写入主存，两者同步更新。由于主存速度慢，会使 Cache 起不到高速缓存作用。二是写回法(Write Back)。当 CPU 对 Cache 写命中时，只修改 Cache 内容，不立即写入主存，只有在该数据块被替换出 Cache 时才被写回，办法是对 Cache 中的每个数据块设置"修改标志位"。写通法访问主存频繁而会降低写速度，写回法没有此问题，但存在两者数据不一致的隐患，控制较复杂，总体看来要优于写通法。它们都要有 CPU 和主板的支持。

3. Cache 的替换策略

Cache 与主存的数据块大小一样，但数量不同，前者的一个块要与后者的若干块对应。在将主存块调入 Cache 时，要替换掉旧块。有三种由硬件实现的替换策略。一是近期最少使用(Least Recently Used, LRU)替换策略。为 Cache 中的每个块设一个"未访问次数计数器"，每个块命中时它清零，其它各块的＋1，替换时将最大值(即最少使用)的块换出去。它能保护新拷进的块，有利于把不再需要的数据淘汰出去，提高其利用率和命中率，硬件实现也不难，适用于路数少、分组容量较大的组相联 Cache。二是最不经常使用(Least Frequently Used, LFU)替换策略。为每块设置一个"访问次数计数器"，新的块每被访问一次计数器＋1，替换时将计数最小的换出去。缺点是计数值不能严格反映各块近期被访问的情况，给替换造成麻烦。三是随机(RAND)替换策略。根据一个随机数产生器来确定替换块，容易实现，速度快，缺点是会把马上又要使用的数据替换出去，增加映射次数，降低命中率。若增大 Cache 容量可以获得稍逊于前两种策略的性能。

习 题

1. 计算机的内存由哪两类存储器组成？请说明它们各自的主要特点。

2. 计算机外存的主要特点和用途是什么？试举出 3 种外存的名称，简单说明它们是怎样存储数据的，并比较它们的特点。

3. 试从功耗、容量、价格优势、使用是否方便等几个方面，比较静态 RAM 和动态 RAM 的优缺点，并说明这两类存储器芯片的典型用途。

4. 动态 RAM 为什么要进行刷新？刷新过程和读操作过程的根本区别是什么？

5. PROM、EPROM 和 EEPROM 存储器的共同特点是什么？它们在功能上的主要不同之处在哪里？试举例说明它们各自的用途。

6. EEPROM 的每个存储单元都可以像 SRAM 那样读出和写入，那么 EEPROM 能否用来代替计算机系统中的 SRAM？为什么？

7. 在选择存储器时首先应考虑的技术指标是什么？此外还应考虑哪些主要因素？

8. 试说出闪存的 3 项技术特点，并举出至少 5 个采用闪存的计算机设备或电子产品的名称。

9. 请验证用 8 倍速刻录 DVD-5 规格的光盘需要大约 8 分钟时间。(参考 5.1.2 节)。

10. 64 位的 DDR266 内存条的工作频率和数据传输速率各是多少？为什么 DDR266 又被称为 PC2100 内存条？(试用公式(5.1)来估计其理论带宽。)

11. 试对表 5.2 中的所有 DDR3 内存条的带宽进行验证。

12. 什么是 Cache？它处在计算机中的什么位置上？其作用是什么？

13. Cache 是根据什么原理来设计的？请对该原理做简单的叙述。

14. 为什么要保持 Cache 内容与主存内容的一致性？一般采用哪些方法来保持 Cache 和主存中内容的一致性？（参考 5.5.4 节中 Cache 的更新策略。）

15. 在一个有 20 位地址线的系统中，采用 2K×4 位的 SRAM 芯片构成容量为 8KB 的 8 位存储器，要求采用全译码方式，请画出该存储器系统的示意图，并回答：共需要_____块 RAM 芯片，必须将地址线____～____直接连到每个存储器芯片上，并用地址线____～____作为地址译码器的输入，需要译码器产生____个片选信号。（参考图 5.19 和图 5.21。）

16. 对于图 5.22 的部分译码法方案，若将存储器改为 8K×8 位的 6264 EPROM 芯片，译码电路仍采用 74LS138，参与译码的地址线仍是 A_{17}～A_0，试参照该图设计出新的译码方案，并列出一组连续的可用地址范围。

17. 用若干 2K×8 的 RAM 存储器芯片，扩展成 8K×8 的存储器，画出扩展后的存储器示意图。（参考例 5.3。）

18. 用 8K×8 的 RAM 存储器芯片，构成 32K×8 的存储器，存储器的起始地址为 18000H，要求各存储器芯片的地址连续，用 74LS138 作译码器，系统中只用到了地址总线 A_{18}～A_0，采用部分译码法设计译码器电路。试画出硬件连线图，并列表说明每块芯片的地址范围。（参考例 5.7。）

第 6 章 I/O 接口和并行接口芯片 8255A

微型计算机需要有各种外部设备与之配套才能充分发挥它的作用。外设的结构、功能各不相同,它们与计算机交换的信息不同,交换的方法也不完全一样,因此在计算机与外设之间需要一种交接部件,来协调外设和计算机之间的信息传送过程,这就是 I/O 接口。比较简单的 I/O 接口可以采用中小规模的集成电路来设计,如果希望两者之间实现高效率和高速率的信息传输,则要依赖于比较先进的接口规范和相对复杂的接口电路。随着大规模集成电路技术的发展,出现了许多通用的可编程接口芯片,可用它们来方便地构成接口电路。本章先介绍 I/O 接口的基本知识,包括一些简单的 I/O 接口的设计方法,接着介绍基于大规模集成电路技术的可编程并行接口芯片 8255A 的工作原理,以及怎样利用它来设计并行 I/O 接口的编程方法,后面几章将进一步介绍其它几种常用的可编程 I/O 接口芯片的工作原理、编程方法和应用实例。

6.1 I/O 接口

6.1.1 I/O 接口的功能

计算机与外设之间的数据交换称为通信(Communication)。由于外设种类繁多,它们与 CPU 进行信息交换时,双方存在着信号电平、数据格式、工作时序和传输速度等方面的不匹配问题,接口电路是专门为解决这些问题而设置的,它处在总线和外设之间,一般应具有以下基本功能:

1. 设置数据缓冲以解决两者速度差异所带来的不协调问题

CPU 和外设之间速度不协调的问题可以通过设置数据缓冲来解决,也就是事先把要传送的数据准备在那里,在需要的时刻完成传送。经常使用锁存器和缓冲器,并配以适当的联络信号来实现这种功能。

例如,当快速的 CPU 要将数据传送到慢速的外设时,事先可以把数据送到锁存器中锁住,等外设做好接收数据的准备工作后再把数据取走。反之,若外设要把数据送到 CPU 去,也可先把数据送进输入寄存器(它也是一种锁存器),再发联络信号通知 CPU 来取走数据。在输入数据时,多个外设不容许同时把数据送到数据总线上,以免引起总线竞争而毁坏总线。为此,必须在输入寄存器和数据总线之间设置一个缓冲器,只有当 CPU 发出的选通命令到达时,特定的输入缓冲器被选通,外设送来的数据才抵达数据总线。

2. 设置信号电平转换电路

外设和 CPU 之间信号电平的不一致问题,可通过在接口电路中设置电平转换电路来解决。典型的例子是计算机和外设间的串行通信,串行接口两侧的信号电平不一致,需要采用

MAX232 和 MAX233 等芯片来实现信号电平的转换,我们将在第 9 章中对此作详细讨论。

3. 设置信息转换逻辑以满足对各自格式的要求

由于外设传送的信息可以是模拟量,也可以是数字量或开关量,而计算机只能处理数字信号。因此,模拟量必须经模/数转换(A/D)变换成数字量后,才能送到计算机去处理。而计算机送出的数字信号也必须经数/模转换(D/A)变成模拟信号后,才能驱动某些外设工作。于是,就要用包含 A/D 转换器和 D/A 转换器的模拟接口电路来完成这些功能。

虽然大多数外设使用的都是数字量,但是当它们与计算机通信时,仍然存在信号的转换问题。因为计算机的数据总线传送的通常是 8 位或 16 位的并行数据,而有些外设采用串行方式,即一位接一位地传送数据,必须将 CPU 送出的并行数据,经并变串电路转换成串行信息后,才能送给串行外设。反之,串行设备的数据,也必须经串变并的转换后才能送给 CPU。

4. 设置时序控制电路来同步 CPU 和外设的工作

接口电路接收 CPU 送来的命令或控制信号、定时信号,实施对外设的控制与管理,外设的工作状态和应答信号也通过接口及时返回给 CPU,以握手联络(handshaking)信号来保证主机和外部 I/O 操作实现同步。

5. 提供地址译码电路

CPU 要与多个外设打交道,一个外设又往往要与 CPU 交换几种信息,因而一个外设接口中通常包含若干个端口,而在同一时刻,CPU 只能与某一个端口交换信息。外设端口不能长期与 CPU 相连,只有被 CPU 选中的设备才能接收数据总线上的数据,或将外部信息送到数据总线上。这就需要有外设地址译码电路,使 CPU 在同一时刻只能选中某一个 I/O 端口。

此外,在接口电路中还有输入输出控制、读/写控制及中断控制等逻辑。当然,并不是所有接口都具备上述全部功能,所控制的外设不同,接口电路的功能可能不完全一样。

6.1.2 I/O 端口及其寻址方式

1. I/O 端口

CPU 与外设通信时,传送的信息主要包括数据信息、状态信息和控制信息。在接口电路中,这些信息分别进入不同的寄存器,通常将这些寄存器和它们的控制逻辑统称为 I/O 端口(Port),CPU 可对端口中的信息直接进行读写。在一般的接口电路中都要设置以下几种端口:

1) 数据端口

数据端口用来存放外设送往 CPU 的数据以及 CPU 要输出到外设去的数据。这些数据是主机和外设之间交换的最基本的信息,长度一般为 1~2 字节。数据端口主要起数据缓冲的作用。

2) 状态端口

状态端口主要用来指示外设的当前状态。每种状态用 1 位表示,每个外设可以有几个状态位,它们可由 CPU 读取,以测试或检查外设的状态,决定程序的流程。接口电路状态端口中最常用的状态位有:

(1) 准备就绪位(Ready)。如果是输入端口,该位为 1,表明端口的数据寄存器已准备好数据,等待 CPU 来读取;当数据被取走后,该位清为 0。若是输出端口,这一位为 1,表明端口中的输出数据寄存器已空,即上一个数据已被外设取走,可以接收 CPU 的下一个数据了;当新数据到达后,这一位便被清 0。不同的器件,这个状态位所用的名称可能不一样,例如,也可能用输入缓冲器满、输出缓冲器满、发送缓冲器空等等,但它们的含义和用法均与准备就绪位类同。

(2) 忙碌位(Busy)。用来表明输出设备是否能接受数据。若该位为 1,表示外设正在进行输出数据传送操作,暂时不允许 CPU 送新的数据过来。本次数据传送完毕,该位清 0,表示外设已处于空闲状态,又允许 CPU 将下一个数据送到输出端口。

(3) 错误位(Error)。如果在数据传送过程中发现产生了某种错误,可将错误状态位置 1。CPU 查到出错状态后便进行相应的处理,例如,重新传送或中止操作。系统中可以设置若干个错误状态位,用来表明不同性质的错误,如奇偶校验错、溢出错等。

3) 命令端口

命令端口也称为控制端口,它用来存放 CPU 向接口发出的各种命令和控制字,以便控制接口或设备的动作。常见的命令信息位有启动位、停止位、允许中断位等。接口芯片不同,控制字的格式和内容也是各不相同的,常见的控制字有方式选择控制字、操作命令字等。

通常,CPU 与外设交换的数据是以字节为单位进行的,因此一个外设的数据端口含有 8 位。而状态口和命令口可以只包含一位或几位信息,所以不同外设的状态口允许共用一个端口,命令口也可共用。D 触发器和三态缓冲器常用来构成这两种端口。

由上面的介绍可以看到,数据信息、状态信息和控制信息的含义各不相同,按理这些信息应分别传送。但在微型计算机系统中,CPU 通过接口和外设交换数据时,只有输入(IN)和输出(OUT)两种指令,所以只能把状态信息和命令信息也都当作数据信息来传送,并且将状态信息作为输入数据,控制信息作为输出数据,于是这 3 种信息都可以通过数据总线来传送了。但要注意,这 3 种信息被送入 3 种不同端口的寄存器,因而能实施不同的功能。

2. I/O 端口的寻址方法

CPU 对外设的访问实质上是对 I/O 接口电路中相应的端口进行访问,因此和存储器那样,也需要由译码电路来形成 I/O 端口地址。I/O 端口的编址方式有两种,分别称为存储器映象寻址方式和 I/O 指令寻址方式。

1) 存储器映象寻址方式

如果把系统中的每一个 I/O 端口都看作一个存储单元,并与存储单元一样统一编址,这样访问存储器的所有指令均可用来访问 I/O 端口,不用设置专门的 I/O 指令,这种寻址方式称为存储器映象的 I/O 寻址方式(Memory Mapped I/O)。其优点是微处理器的指令集中不必包含 I/O 操作指令,能采用类型多、功能强的访问存储器指令。主要缺点是 I/O 端口占用了存储单元的地址空间。Motorola 公司的 CPU,通常没有专门的 IN 和 OUT 指令,因此都采用存储器寻址方式编址。

2) I/O 单独编址方式

若对系统中的输入输出端口地址单独编址,构成一个 I/O 空间,它们不占用存储空间,而是用专门的 IN 和 OUT 指令来访问这种具有独立地址空间的端口,这种寻址方式称为 I/O 单独编址方式。它具有 I/O 端口无需占用存储单元的地址空间、程序可读性好和执行速度快等优点。80x86 系列微处理器都采用这种寻址方式来访问外设。不足之处是指令系统中必须设有专门的 IN 和 OUT 指令,这些指令的功能没有访问存储器指令的功能强。此外,CPU 还需要提供能够区分访问存储器和访问 I/O 的硬件引脚信号。

6.1.3 CPU 与外设间的数据传送方式

在微型机系统中,CPU 与外设之间的数据传送方式主要有程序控制方式、中断方式和 DMA 方式三种。前两种方式主要由软件实现,DMA 方式主要由硬件实现。

1. 程序控制方式

程序控制传送方式是指 CPU 与外设之间的数据传送是在程序控制下完成的,它又可以分成无条件传送和条件传送两种方式。

1) 无条件传送方式

无条件传送方式也称为同步传送方式,主要用于对简单外设进行操作,或者外设的定时是固定的或已知的场合。也就是说,对于这类外设,在任何时刻均已准备好数据或处在接收数据状态,或者在某些固定时刻,它们处在数据就绪或准备接收状态,因此程序可以不必检查外设的状态,而在需要进行输入或输出操作时,直接执行输入输出指令。当 I/O 指令执行后,数据传送便立即进行。

例如,要将几个按键开关的状态输入 CPU 时,可以如图 6.1 所示那样,将这些开关连接到一个三态缓冲器,缓冲器的输出端接到 CPU 的数据总线,构成一个最简单的输入端口。如果开关断开,上拉电阻保证缓冲器的每个输入端为高电平;当某个开关合上时,相应的输入端变为低电平。即任何时刻,开关总有一个固定的状态(开或关)。在需要了解它们的状态时,可随时执行输入指令,它使 M/$\overline{\text{IO}}$、$\overline{\text{RD}}$ 和选中此端口的片选信号 $\overline{\text{CS}}$ 同时变成有效的低电平,它们相与后的低电平开启缓冲器的三态门,使各开关的当前状态以二进制值的形式出现在数据总线上,并被读入 CPU,检查这个字节各位的内容,便能了解各开关的当前状态。在其它时刻,三态门呈高阻态,将开关和数据总线隔离。

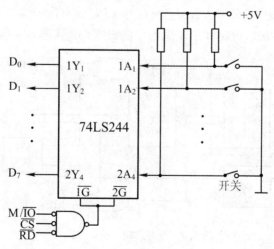

图 6.1 简单输入端口

另一个无条件传送的典型例子是用程序来控制 LED 显示器的点燃和熄灭。LED 又称

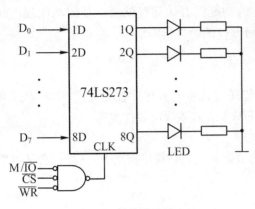

图 6.2 简单输出端口

发光二极管,当它被加上 2V 左右的正偏电压时便发光,因此能被 TTL 电平所驱动。常用它们指示计算机或仪器的某些状态,例如,PC 机面板上指示硬盘正在工作的 HDD 指示灯就是一个最常见的 LED 应用例子。通常用一个由锁存器构成的输出端口来把 LED 接到计算机的数据总线上,并串接一个限流电阻,如图 6.2 所示。一个 8 位输出口最多能驱动 8 个 LED。图中,各 LED 的阴极接地,称为共阴连接。这样,需要点燃某个 LED 时,只要用输出指令向此端口输出一个字节,该字节中相应于点燃的 LED 的位是 1,其余各位为 0。输出指令使 $M/\overline{IO}$、$\overline{WR}$ 和片选信号 $\overline{CS}$ 同时变低,它们相与后的低电平信号经反相后触发锁存器,将输出指令送到数据总线上的值锁存在输出端,使指定的 LED 发光。由于锁存器的作用,此值能一直保存到下一条输出指令到达为止,因此,在这段时间里,LED 的状态也将保持不变。显然,在这个例子中,LED 总是处于可用状态,随时都可以向这个端口输出数据,控制各 LED 的点亮或熄灭。

2) 条件传送

条件传送方式也称为查询式传送方式。一般情况下,当 CPU 用输入或输出指令与外设交换数据时,很难保证输入设备总是准备好了数据,或者输出设备已经处在可以接收数据的状态。为此,在开始传送前,必须先确认外设已处于准备传送数据的状态,才能进行传送,于是就提出了查询式传送方式。

采用这种方式传送数据前,CPU 要先执行一条输入指令,从外设的状态口读取它的当前状态。如果外设未准备好数据或处于忙碌状态,则程序要转回去反复执行读状态指令,不断检测外设状态;如果该外设的输入数据已准备好,CPU 便可执行输入指令,从外设读入数据。

查询式输入方式的接口电路和工作流程分别如图 6.3 和图 6.4 所示。

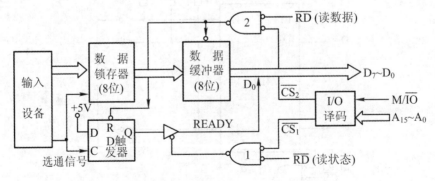

图 6.3 查询式输入接口电路

由图 6.3 可见,接口电路包含状态口和输入数据口两部分。状态口由一个 D 触发器和一个三态门(通常是三态缓冲器的一路)构成,由 I/O 端口译码器的片选信号和 $\overline{CS_1}$ 和 $\overline{RD}$ 信号控制。输入数据口由一个 8 位锁存器和一个 8 位缓冲器构成,它们由片选信号 $\overline{CS_2}$ 和 $\overline{RD}$

信号控制,并可以被分别选通。

当输入设备准备好数据后,就向 I/O 接口电路发一个选通信号。此信号有两个作用:一方面将外设的数据打入接口的数据锁存器中,另一方面使接口中的 D 触发器的 Q 端置 1。CPU 首先执行 IN 指令选中状态口,读取状态口的信息,这时 M/$\overline{\text{IO}}$ 和 $\overline{\text{RD}}$ 信号均变低。M/$\overline{\text{IO}}$ 为低,使 I/O 译码器输出低电平的状态口片选信号 $\overline{\text{CS}_1}$。$\overline{\text{CS}_1}$ 和 $\overline{\text{RD}}$ 经门 1 相与后的低电平输出,使三态缓冲器开启,于是 Q 端的高电平经缓冲器(1 位)传送到数据线上的 READY(D_0)位,并被读入累加器。

程序检测到 READY 位为 1 后,便执行 IN 指令读数据口。这时 M/$\overline{\text{IO}}$ 和 $\overline{\text{RD}}$ 信号再次有效,先形成数据口片选信号 $\overline{\text{CS}_2}$,$\overline{\text{CS}_2}$ 和 $\overline{\text{RD}}$ 经门 2 输出低电平。它一方面开启数据缓冲器,将外设送到锁存器中的数据经 8 位数据缓冲器送到数据总线上后进入累加器,另一方面将 D 触发器清 0,一次数据传送完毕。接着就可以开始下一个数据的传送。当规定数目的数据传送完毕后,传送程序结束,程序将开始处理数据或进行别的操作。

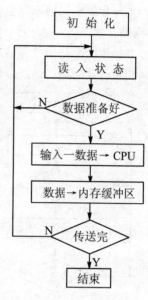

图 6.4 查询式输入流程图

设:状态口的地址为 PORT_S1,输入数据口的地址为 PORT_IN,传送数据的总字节数为 COUNT_1,则查询式输入数据的程序段为:

```
            MOV     BX, 0           ;初始化地址指针 BX
            MOV     CX, COUNT_1     ;字节数
READ_S1:    IN      AL, PORT_S1     ;读入状态位
            TEST    AL, 01H         ;数据准备好否?
            JZ      READ_S1         ;否,循环检测
            IN      AL, PORT_IN     ;已准备好,读入数据
            MOV     [BX], AL        ;存到内存缓冲区中
            INC     BX              ;修改地址指针
            LOOP    READ_S1         ;未传送完,继续传送
            ⋮                       ;已传送完
```

查询式输出方式的接口电路和工作流程分别如图 6.5 和图 6.6 所示。

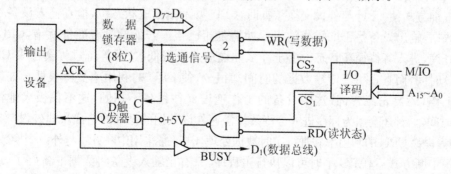

图 6.5 查询式输出接口电路

与输入接口相类似,输出接口电路也包含两个端口:状态口和数据输出口。片选信号分别为$\overline{CS_1}$和$\overline{CS_2}$。状态口也由一个D触发器和一个三态门构成,而数据输出口只含一个8位数据锁存器。

当CPU准备向外设输出数据时,它先执行IN指令读取状态口的信息。这时,低电平的$M/\overline{IO}$和有效的端口地址信号使I/O译码器的状态口片选信号$\overline{CS_1}$变低,$\overline{CS_1}$再和有效的$\overline{RD}$信号经门1相与后输出低电平,它使状态口的三态门开启,从数据总线的D_1位读入BUSY状态。若BUSY=1,表示外设处在接收上一个数据的忙碌状态。只有在BUSY=0时,CPU才能向外设输出新的数据。

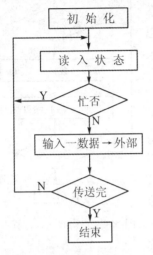

图 6.6　查询式输出流程图

当CPU检查到BUSY=0时,便执行OUT指令将数据送向数据输出口。这时低电平的$M/\overline{IO}$使I/O译码器的状态口片选信号$\overline{CS_2}$变低,$\overline{CS_2}$再和$\overline{WR}$信号经门2相与后输出低电平的选通信号,它用来选通数据锁存器,将数据送到外设。同时,选通信号的后沿还使D触发器翻转,置Q为高电平,即把状态口的BUSY位置成1,表示忙碌。

当输出设备从接口中取走数据后,就送回一个应答信号$\overline{ACK}$,它将D触发器清0,即置BUSY=0,允许CPU送出下一个数据。

设:状态口的地址为PORT_S2,输出数据口的地址为PORT_OUT,传送数据的总字节数为COUNT_2,则查询式输出数据的程序段为:

```
            MOV     CX，COUNT_2      ;传送的字节数
READ_S2：   IN      AL，PORT_S2      ;读入状态位
            TEST    AL，02H          ;忙否?
            JNZ     READ_S2          ;忙,循环检测
            MOV     AL,输出数据       ;不忙
            OUT     PORT_OUT，AL     ;输出数据
            LOOP    READ_S2          ;未传送完,循环
            ...                      ;已传送完
```

2. 中断方式

用查询方式使CPU与外设交换数据时,CPU要不断读取状态位,检查输入设备是否已准备好数据,输出设备是否忙碌或输出缓冲器是否已空。若外设没有准备就绪,CPU就必须反复查询,进入等待循环状态。由于许多外设的速度很低,这种等待过程会占去CPU的绝大部分时间,而真正用于传输数据的时间却很少,使CPU的利用率变得很低。如果有多个设备工作,还要轮流查询,这些设备的工作速度又往往各不相同,这不仅极大地浪费了CPU的时间,而且还会因为程序进入等待某些慢速外设数据的循环而造成快速外设数据的大量流失,为提高CPU的利用率和进行实时数据处理,CPU常采用中断方式与外设交换数据。

采用中断方式后,CPU平时可以执行主程序,只有当输入设备将数据准备好了,或者输出端口的数据缓冲器已空时,才向CPU发中断请求。CPU响应中断后,暂停执行当前的程

序,转去执行管理外设的中断服务程序。在中断服务程序中,用输入或输出指令在 CPU 和外设之间进行一次数据交换。等输入或输出操作完成之后,CPU 又回去执行原来的程序。有关中断的工作过程,我们将在第 8 章中作详细介绍。

3. DMA 方式

利用中断方式进行数据传送,可以大大提高 CPU 的利用率,但是在中断方式下,仍然必须通过 CPU 执行程序来完成数据传送。每进行一次数据传送,CPU 都要执行一次中断服务程序。这时,CPU 都要保护和恢复断点,通常还要执行一系列保护和恢复寄存器的指令,即保护现场,以便完成中断处理后能够正确返回主程序。显然,这些操作与数据传送没有直接关系,但是会花费掉 CPU 的不少时间。再说,8086 CPU 一旦进入中断后,指令队列就要清除,执行部件(EU)要等总线接口部件(BIU)将中断处理子程序中的指令取到队列后才执行;恢复断点时,指令队列也要被清除,执行部件也必须等总线接口部件把断点处的指令装入后才开始执行。所以,在这段时间内,执行部件和总线接口部件就不能并行工作,这也会造成数据传送效率的降低。当 CPU 与高速 I/O 设备如磁盘交换数据,或者与外设进行成组数据交换时,中断方式仍然显得太慢。为了解决这个问题,可采用一种称为 DMA(Direct Memory Access)的传送方式,也就是直接存储器存取方式。

DMA 方式也要利用系统的数据总线、地址总线和控制总线来传送数据。原先,这些总线是由 CPU 管理的,但是当外设需要利用 DMA 方式进行数据传送时,接口电路可以向 CPU 提出请求,要求 CPU 让出对于总线的控制权,用一种称为 DMA 控制器的专用硬件接口电路来取代 CPU,临时接管总线,控制外设和存储器之间直接进行高速的数据传送,快速完成交换一批数据的任务,而不要 CPU 进行干预。在 DMA 传送结束后,它能释放总线,把对总线的控制权又交还给 CPU。8237A 是一种典型的 DMA 控制器,其工作原理和使用方法等,我们将在第 11 章做专门介绍。

6.1.4 PC 机的 I/O 地址分配

当微型机系统中采用 I/O 单独编址方案来控制外部设备时,常用 74LS138 译码器和必要的逻辑门电路来设计 I/O 译码电路。这时,可将要参与编码的地址信号和指示 I/O 操作的控制信号接到译码器的输入端。当 I/O 指令执行时,译码器的输出端便能产生低电平的 I/O 端口选择信号,即片选(Chip Select,$\overline{CS}$)信号。这些片选信号被送到各 I/O 接口的控制端或片选端,就能选中相应的端口,对它进行 I/O 读或 I/O 写操作。下面给出 PC/XT 和 PC/AT 机的 I/O 端口地址分配表,并介绍 I/O 端口译码电路图。

1. PC/XT 机的 I/O 端口分配

在 IBM PC/XT 机中,中断控制、DMA 控制、动态 RAM 刷新、系统配置识别、键盘代码读取及扬声器发声等都是由可编程 I/O 接口芯片控制的。这些接口芯片包括:8259A 中断控制器、8237A-5 DMA 控制器、8255A-5 并行接口芯片、8253-5 计数器/定时器等。它们都安装在 PC/XT 机的系统板上,每块接口芯片都要使用 I/O 端口地址。在系统板上还有 8 个 I/O 扩展槽,也称为 I/O 通道。在每个扩展槽中,可插入 I/O 适配器(Adapter)插件,这些插件提供磁盘驱动器、打印机、CRT 显示器、异步通信设备等外设的接口,这些接口电路也需用 I/O 端口地址。系统对这些端口的地址有一个统一的安排。

在 8086/8088 系统中,可使用 16 根地址线($A_{15} \sim A_0$)对输入输出端口进行寻址,形成 64K 的 I/O 端口地址范围。但在 PC/XT 机系统中,只使用低 10 位有效地址($A_9 \sim A_0$)进行寻址,因此 I/O 端口地址空间只有 1KB。其中,A_9 位具有特殊意义,当 $A_9=0$ 时,寻址系统板上的 512 个端口;当 $A_9=1$ 时,寻址 I/O 通道上的 512 个端口。系统板和 I/O 通道上的 I/O 端口地址分配如表 6.1 所示。在表 6.1 中,系统板地址分成两个部分,前者为译码电路产生的地址,后者用括号括起来,它是 I/O 接口芯片实际使用的地址。

表 6.1 PC/XT 机的 I/O 端口分配表

分类	地址范围(H)	I/O 设备(端口)
系统板	000～01F(00～0F)	8237A-5 DMA 控制器
	020～03F(20～21)	8259A 中断控制器
	040～05F(40～43)	8253-5 计数器/定时器
	060～07F(60～63)	8255A-5 并行接口
	080～09F(80～83)	DMA 页寄存器
	0A0～0BF(A0)	NMI 屏蔽寄存器
	0C0～0DF	保留
	0E0～0FF	保留
I/O 通道	200～20F	游戏 I/O
	2F8～2FF	异步通信 2(COM 2)
	300～31F	实验卡(原型卡)
	320～32F	硬磁盘适配器
	378～37F	并行打印机接口
	380～38F	同步通信控制器
	3B0～3BF	单显/打印机适配器
	3F0～3F7	软磁盘适配器
	3F8～3FF	异步通信 1(COM 1)

I/O 通道上各设备的端口地址译码由各插件板自行完成,系统板上的 I/O 地址采用固定地址法译码逻辑,译码电路如图 6.7 所示。

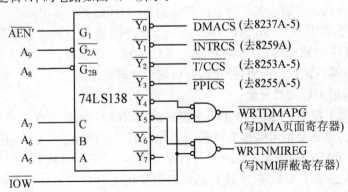

图 6.7 系统板上 I/O 端口译码电路

在图 6.7 中,各接口芯片的片选信号由 74LS138 译码电路产生,在 CPU 控制系统总线

第6章 I/O接口和并行接口芯片8255A

时，$\overline{AEN'}=1$，这时若 $A_9A_8=00$，则译码器工作，它根据输入信号 $A_7A_6A_5$ 进行译码，在 $\overline{Y_0}$ ~ $\overline{Y_7}$ 中产生一个低电平输出信号，作为对应接口控制电路的选中信号，接到相应接口芯片的 $\overline{CS}$ 端或控制端。该电路在 I/O 读写命令控制下进行工作。I/O 地址的低 4 位 A_3 ~ A_0 用作控制芯片内部寄存器的选择信号，这样每一个译码输出端都包含 $2^4=16$ 个端口地址。有些接口芯片内部有 16 个寄存器，例如 8237A-5 DMA 控制器，它就使用 00~0FH 共 16 个端口地址。但多数接口芯片内部没有 16 个寄存器，例如 8259A 只有 2 个寄存器，8253-5 和 8255A-5 各有 4 个寄存器。这时，较高地址位可以不用，仅用 A_1 和 A_0 等低地址位来选择端口。例如，8259A 中断控制器占用的端口地址范围为 020H~03FH，但实际只用到最低两个端口地址 20H 和 21H。而 NMI 屏蔽寄存器仅用了一个 I/O 地址 A0H。

2. PC/AT 机的 I/O 端口地址表

以 80286 为 CPU 的 PC/AT 机中，也只使用低 10 位地址信号进行译码形成 I/O 端口地址，地址范围为 000~3FFH，但使用两片 8237A-5 DMA 控制器，两片 8259A 中断控制器（分为主片和从片），定时器使用 8254-2。PC/AT 及其兼容机的 I/O 端口地址分配情况如表 6.2 所示。

表 6.2 PC/AT 及兼容机的 I/O 端口地址分配表

分类	地址范围(H)	I/O 设备（端口）
系统板	000~01F	DMA 控制器 1,8237A-5
	020~03F	中断控制器 1,8259A（主片）
	040~05F	定时器,8254-2
	060~06F	键盘接口处理器,8042
	070~07F	实时时钟,NMI 屏蔽寄存器
	080~09F	DMA 页寄存器,74LS612
	0A0~0BF	中断控制器 2,8259A（从片）
	0C0~0DF	DMA 控制器 2,8237A-5
	0F0	清除协处理器忙信号
	0F1	复位协处理器
	0F8~0FF	协处理器
I/O 通道	1F0~1F8	硬磁盘
	200~207	游戏 I/O 口
	278~27F	并行口 2(LPT2)
	2F8~2FF	串行口 2(COM2)
	300~31F	实验卡（原型卡）
	360~36F	保留
	378~37F	并行打印机口 1(LPT1)
	380~38F	SDLC,双同步通信口 2
	3A0~3AF	双同步通信口 1
	3B0~3BF	单色显示器/打印机适配器
	3C0~3CF	保留
	3D0~3DF	彩色/图形监视器适配器
	3F0~3F7	软磁盘控制器
	3F8~3FF	串行口 1(COM1)

6.2 8255A 的工作原理

8255A 是一种通用的可编程并行 I/O 接口芯片(Programmable Peripherial Interface,PPI),它是为 Intel 系列微处理器设计的配套电路,也可用在其它微处理器系统中。通过对它进行编程,芯片可工作于不同的工作方式。在微型计算机系统中,用 8255A 作接口时,通常不需要附加外部逻辑电路,就可直接在 CPU 与外设之间提供数据通道,因此它得到了很广泛的应用。

6.2.1 8255A 的结构和功能

8255A 的外部引脚和内部结构分别如图 6.8 和图 6.9 所示。

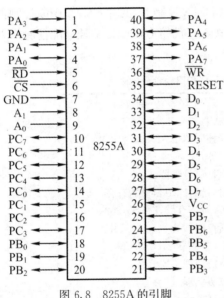

图 6.8 8255A 的引脚

由图 6.9 可见,8255A 由以下几个部分组成:数据端口 A、B、C(其中,C 口被分成 C 口上半部分和 C 口下半部分两个部分),A 组和 B 组控制逻辑,数据总线缓冲器和读/写控制逻辑。各组成部分及有关引脚的功能分述如下:

1. 数据端口 A、B 和 C

8255A 内部包含 3 个 8 位的输入输出端口 A、B 和 C,通过外部的 24 根输入输出线与外设交换数据或进行通信联络。端口 A 和端口 B 都可以用作一个 8 位的输入口或 8 位的输出口,C 口既可以作为一个 8 位的输入口或输出口用,又可作为两个 4 位的输入输出口(C 口上半部分和 C 口下半部分)使用,还常常用来配合 A 口和 B 口工作,分别用来产生 A 口和 B 口的输出控制信号和输入 A 口和 B 口的端口状态信号。

各端口在结构和功能上有不同的特点:

端口 A 包含一个 8 位的数据输出锁存器/缓冲器,一个 8 位的数据输入锁存器,因此,A 口作输入或输出时数据均能锁存。

端口 B 包含一个 8 位的数据输入/输出锁存器/缓冲器,一个 8 位的数据输入缓冲器。

端口 C 包含一个 8 位的数据输出锁存器/缓冲器,一个 8 位的数据输入缓冲器,无输入锁存功能,当它被分成两个 4 位端口时,每个端口有一个 4 位的输出锁存器。

与 3 个端口相连的 24 根输入输出引线分别是 $PA_7 \sim PA_0$,$PB_7 \sim PB_0$ 和 $PC_7 \sim PC_0$,这些线都与外部设备相连,具体作用与端口的工作方式有关。

2. A 组和 B 组控制逻辑

这是两组根据 CPU 的编程命令控制 8255A 工作的电路。它们内部有控制寄存器,用来接收 CPU 送来的命令字,然后分别决定 A 组和 B 组的工作方式,或对端口 C 的每一位执行置位/复位等操作。

8255A 的端口 A 和端口 C 的上半部分($PC_7 \sim PC_4$)由 A 组控制逻辑管理,端口 B 和端口 C 的下半部分($PC_3 \sim PC_0$)由 B 组控制逻辑管理。这两组控制逻辑都从读/写控制逻辑接受命令信号,从内部数据总线接收控制字,然后向各有关端口发出相应的控制命令。

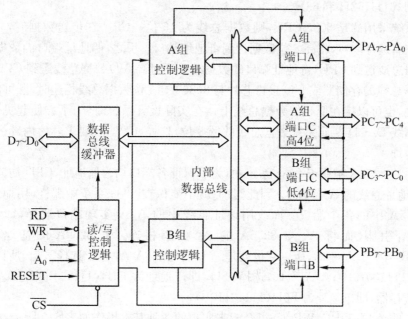

图 6.9 8255A 的内部结构

3. 数据总线缓冲器

这是一个双向三态的 8 位缓冲器,用作 8255A 和系统数据总线之间的接口。通过这个缓冲器和与之相连的 8 位数据总线 $D_7 \sim D_0$,接收 CPU 送来的数据或控制字,外设传送给 CPU 的数据或状态信息,也要通过这个数据总线缓冲器送给 CPU。

4. 读/写控制逻辑

这部分电路用来管理所有的内部或外部数据信息、控制字或状态字的传送过程。它接收从 CPU 的地址总线和控制总线来的信号,并产生对 A 组和 B 组控制逻辑进行操作的控制信号。

系统送到读/写控制逻辑的信号包括:

(1) RESET 复位信号,高电平有效。该信号有效时,将 8255A 控制寄存器内容都清 0,并将所有的端口(A、B 和 C)都置成输入方式。

(2) $\overline{CS}$ 片选信号,低电平有效,由地址总线经 I/O 端口译码电路产生。只有当该信号有效时,CPU 与 8255A 之间才能进行通信,也就是 CPU 可对 8255A 进行读/写等操作。

(3) $\overline{RD}$ 读信号,低电平有效。当 $\overline{RD}$ 为低时,CPU 可从 8255A 读取数据或状态信息。

(4) $\overline{WR}$ 写信号,低电平有效。当 $\overline{WR}$ 有效时,CPU 可向 8255A 写入数据或控制字。

(5) $A_1 A_0$ 端口选择信号。在 8255A 内部有 3 个数据端口(A、B、C)和一个控制字寄存器端口。当 $A_1 A_0 = 00$ 时,选中端口 A;$A_1 A_0 = 01$ 时,选中端口 B;$A_1 A_0 = 10$ 时,选中端口 C;$A_1 A_0 = 11$ 时,选中控制字寄存器端口。

如果8255A与8位数据总线的微处理器相连,只要将A_1A_0分别与地址总线的最低两位A_1A_0相连即可。比如,在以8088为CPU的PC/XT机中,地址总线高位部分(A_9~A_4)用于I/O端口译码,形成选择各I/O芯片的片选信号,低位部分(A_3~A_0)用于各芯片内部端口的寻址。若8255A的端口基地址为60H,则A口、B口、C口和控制字寄存器端口的地址分别为60H,61H,62H和63H。

如果系统采用的是8086 CPU,则数据总线为16位。CPU在传送数据时,总是将低8位数据送往偶地址端口,将高8位数据送到奇地址端口。反之,偶地址端口的数据总是通过低8位数据总线送到CPU,奇地址端口的数据总是通过高8位数据总线送到CPU。当仅具有8位数据总线的存储器或I/O接口芯片与8086的16位数据总线相连时,既可以连到高8位数据总线,也可以接在低8位数据总线上。在实际设计系统时,为了方便起见,常将这些芯片的数据线D_7~D_0接到系统数据总线的低8位,这样,CPU就要求芯片内部的各个端口都使用偶地址。

假设一片8255A被用于8086系统中,为了保证各端口均为偶地址,CPU访问这些端口时,必须将地址总线的A_0置为0。因此,我们就不能像在8088系统中那样,用地址线A_1A_0来选择8255A中的各个端口。而改用地址总线中的A_2A_1实现端口选择,即将A_2连到8255A的A_1引脚,而将A_1与8255A的A_0引脚相连。若8255A的基地址为F0H(11110000B),因A_2A_1=00,所以它也就是A口的地址;A_2A_1=01选择B口,所以B口的地址为F2H(11110010B);A_2A_1=10,选择C口,即口地址为F4H(11110100B);A_2A_1=11选中控制字寄存器,即口地址为F6H(11110110B)。

8255A的A_1A_0和$\overline{RD}$、$\overline{WR}$、$\overline{CS}$组合起来实现的各种基本操作如表6.3所示。

表 6.3 8255A 的基本操作

A_1	A_0	$\overline{RD}$	$\overline{WR}$	$\overline{CS}$	操作
0	0	0	1	0	端口A→数据总线
0	1	0	1	0	端口B→数据总线
1	0	0	1	0	端口C→数据总线
0	0	1	0	0	数据总线→端口A
0	1	1	0	0	数据总线→端口B
1	0	1	0	0	数据总线→端口C
1	1	1	0	0	数据总线→控制字寄存器
×	×	×	×	1	数据总线三态
1	1	0	1	0	非法状态
×	×	1	1	0	数据总线三态

当8255A用在8位数据总线的微处理器系统中时,端口选择信号输入端A_1A_0分别与地址总线的A_1A_0相连即可;而在16位数据总线的系统中,通常将地址总线的A_2A_1连到8255A的A_1A_0端。若它的数据线D_7~D_0接在CPU数据总线的低8位上,则要用偶端口地址来寻址8255A;而当D_7~D_0接在数据总线的高8位上时,要用奇地址口。

6.2.2 8255A 的控制字

8255A有两类控制字。一类控制字用于定义各端口的工作方式,称为方式选择控制字;

另一类控制字用于对 C 端口的任一位进行置位或复位操作,称为置位/复位控制字。对 8255A 进行编程时,这两种控制字都被写入控制字寄存器中。但方式选择控制字的 D_7 位总是 1,而置位/复位控制字的 D_7 位总是 0。8255A 正是利用这一位来区分这两个写入同一端口的不同控制字的,D_7 位也称为这两个控制字的标志位。下面介绍这两个控制字的具体格式。

1. 方式选择控制字

8255A 具有 3 种基本的工作方式,在对 8255A 进行初始化编程时,应向控制字寄存器写入方式选择控制字,用来规定 8255A 各端口的工作方式。这 3 种基本工作方式是:

方式 0——基本输入输出方式;

方式 1——选通输入输出方式;

方式 2——双向总线 I/O 方式。

当系统复位时,8255A 的 RESET 输入端为高电平,使 8255A 复位,所有的数据端口都被置成输入方式;当复位信号撤除后,8255A 继续保持复位时预置的输入方式。如果希望它以这种方式工作,就不用另外再进行初始化。

通过用输出指令对 8255A 的控制字寄存器编程,写入设定工作方式的控制字,可以让 3 个数据口以不同的方式工作。其中,端口 A 可工作于 3 种方式中的任一种;端口 B 只能工作于方式 0 和方式 1,而不能工作于方式 2;端口 C 常被分成两个 4 位的端口,除了用作输入输出端口外,还能用来配合 A 口和 B 口工作,为这两个端口的输入输出操作提供联络信号。

方式选择控制字的格式如图 6.10 所示。

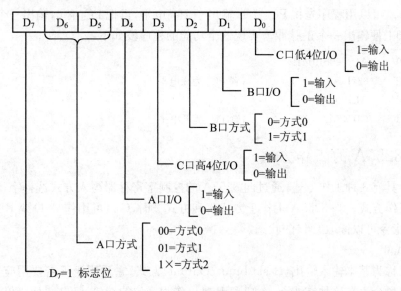

图 6.10 方式选择控制字格式

其中,D_7 位为标志位,它必须等于 1;$D_6 D_5$ 位用于选择 A 口的工作方式;D_2 位用于选择 B 口的工位方式;其余 4 位分别用于选择 A 口、B 口、C 口高 4 位和 C 口低 4 位的输入输出功能,置 1 时表示输入,置 0 时表示输出。

2. 置位/复位控制字

端口 C 的数位常用作控制或应答信号,通过对 8255A 的控制口写入置位/复位控制字,可使端口 C 的任意一个引脚的输出单独置 1 或置 0,或者为应答式数据传送发出中断请求信号。在基于控制的应用中,经常希望在某一位上产生一个 TTL 电平的控制信号,利用端口 C 的这个特点,只需要用简单的程序就能形成这样的信号,从而简化了编程。

置位/复位控制字的格式如图 6.11 所示。

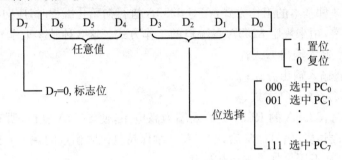

图 6.11 置位/复位控制字格式

D_7 位为置位/复位控制字标志位,它必须等于 0;$D_3 \sim D_1$ 位用于选择对端口 C 中某一位进行操作;D_0 位指出对选中位是置 1 还是清 0,$D_0 = 1$ 时,使选中位置 1;$D_0 = 0$ 时,使选中位清 0。

例如,设一片 8255A 的口地址为 60H~63H,PC_5 平时为低电平,要求从 PC_5 的引脚输出一个正脉冲。可以用程序先将 PC_5 置 1,输出一个高电平,再把 PC_5 清 0,输出一个低电平,结果,PC_5 引脚上便输出一个正脉冲。实现这个功能的程序段如下:

```
MOV    AL,00001011B
OUT    63H,AL            ;置 PC5 为高电平
MOV    AL,00001010B
OUT    63H,AL            ;置 PC5 为低电平
```

6.2.3　8255A 的工作方式

8255A 具有 3 种工作方式,通过向 8255A 的控制字寄存器写入方式选择字,就可以规定各端口的工作方式。当 8255A 工作于方式 1 和方式 2 时,C 口可用作 A 口或 B 口的联络信号,用输入指令可以读取 C 口的状态。

1. 方式 0

方式 0 称为基本输入输出(Basic Input/Output)方式,它适用于不需要用应答信号的简单输入输出场合。在这种方式下,A 口和 B 口可作为 8 位的端口,C 口的高 4 位和低 4 位可作为两个 4 位的端口。这 4 个端口中的任何一个既可作输入也可作输出,从而构成 16 种不同的输入输出组态。在实际应用时,C 口的两半部分也可以合在一起,构成一个 8 位的端口。这样 8255A 可构成 3 个 8 位的 I/O 端口,或 2 个 8 位、2 个 4 位的 I/O 端口,以适应各种不同的应用场合。

CPU 与这些端口交换数据时,可以直接用输入指令从指定端口读取数据,或用输出指

令将数据写入指定的端口,不需要任何其它用于应答的联络信号。对于方式 0,还规定输出信号可以被锁存,输入不能锁存,使用时要加以注意。

如果要使各端口都工作于方式 0,则方式选择字的格式如图 6.12 所示。

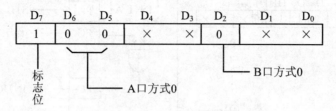

图 6.12 各端口均工作于方式 0 时的控制字

其中,$D_6 D_5 = 00$,选择 A 口工作于方式 0;$D_2 = 0$,选择 B 口工作于方式 0;$D_7 = 1$ 为标志位;余下的 $D_4 D_3$ 和 $D_1 D_0$ 这 4 位可以任意取 0 或取 1,由此构成 4 个端口的 16 种不同组态。

例如,设 8255A 的控制字寄存器的端口地址为 63H,若要求 A 口和 B 口工作于方式 0,A 口、B 口和 C 口的上半部分(高 4 位)作输入,C 口的下半部分(低 4 位)为输出,那么可用下列指令来设置这种方式:

```
MOV    AL,10011010B
OUT    63H,AL
```

2. 方式 1

方式 1 也称为选通输入/输出(Strobe Input/Output)方式。在这种方式下,A 口和 B 口作为数据口,均可工作于输入或输出方式。而且这两个 8 位数据口的输入、输出数据都能锁存,但它们必须在联络(handshaking)信号控制下才能完成 I/O 操作。端口 C 的 6 根线用来产生或接受这些联络信号。

选通输入/输出方式又可分以下几种情况:

1) 选通输入方式

如果 A 口和 B 口都工作于选通输入方式,则它们的端口状态、联络信号和控制字如图 6.13 所示。

当 A 口工作于方式 1,并作输入端口时,端口 C 的 PC_4、PC_5 和 PC_3 用作端口 A 的状态和控制线;当 B 口工作于方式 1,并作输入端口时,端口 C 的 PC_2、PC_1 和 PC_0 作端口 B 的状态和控制线。端口 C 还余下两位 PC_6 和 PC_7,它们仍可用作输入或输出,由方式选择控制字中的 D_3 位来定义 PC_6 和 PC_7 的传送方向。$D_3 = 1$ 时,PC_6 和 PC_7 作输入;$D_3 = 0$ 时,PC_6 和 PC_7 作输出。

各控制联络信号的意义分述如下:

(1) $\overline{STB}$(Strobe)选通信号,低电平有效,由外部输入。

当该信号有效时,8255A 将外部设备通过端口数据线 $PA_7 \sim PA_0$(对于 A 口)或 $PB_7 \sim PB_0$(对于 B 口)输入的数据送到所选端口的输入缓冲器中。端口 A 的选通信号 $\overline{STB_A}$ 从 PC_4 引入,端口 B 的选通信号 $\overline{STB_B}$ 由 PC_2 引入。

(2) IBF(Input Buffer Full)输入缓冲器满信号,高电平有效。

这是 8255A 送给外设的状态信号,当它有效时,表示输入设备送来的数据已传送到

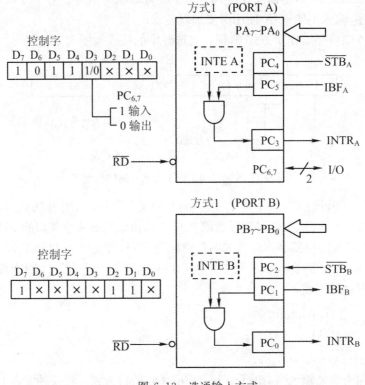

图 6.13 选通输入方式

8255A 的输入缓冲器中,即缓冲器已满,8255A 不能再接收别的数据。此信号可供 CPU 查询用。IBF 由 $\overline{STB}$ 信号所置位,而由读信号的后沿(也就是上升沿)将其复位,复位后表示输入缓冲器已空,又允许外设将一个新的数据送到 8255A。PC_5 作端口 A 的输入缓冲器满信号 IBF_A,PC_1 作 B 口的输入缓冲器满信号 IBF_B。

(3) INTE(Interrupt Enable)中断允许信号。

这是一个控制 8255A 是否能向 CPU 发中断请求的信号,它没有外部引出脚。在 A 组和 B 组的控制电路中,分别设有中断请求触发器 INTE A 和 INTE B,只有用软件才能使这两个触发器置 1 或清 0。其中 INTE A 由置位/复位控制字中的 PC_4 位控制,INTE B 由 PC_2 位控制。当我们对 8255A 写入置位/复位控制字使 PC_4 位置 1 时,INTE A 被置 1,表示允许 A 口中断;若使 PC_4 位清 0,则禁止 A 口发中断请求,也就是使 A 口处于中断屏蔽状态。同样,可以通过编程 PC_2 位来控制 INTE B,允许或禁止 B 口中断。特别要注意的是,由于这两个触发器无外部引出脚,因此,PC_4 或 PC_2 脚上出现高电平或低电平信号时,并不会改变中断允许触发器的状态。

(4) INTR(Interrupt Request)中断请求信号。

它是 8255A 向 CPU 发出的中断请求信号,高电平有效。只有当 $\overline{STB}$,IBF 和 INTE 三者都高时,INTR 才能被置为高电平。也就是说,当选通信号结束,已将输入设备提供的一个数据送到输入缓冲器中,输入缓冲器满信号 IBF 已变成高电平,并且中断是允许的情况下,8255A 才能向 CPU 发出中断请求信号 INTR。CPU 响应中断后,可用 IN 指令读取数据,读信号$\overline{RD}$的下降沿将 INTR 复位为低电平。INTR 通常和 8259A 的一个中断请求输入端 IR 相连,通过 8259A 的输出端 INT 向 CPU 发中断请求。A 口的中断请求信号 $INTR_A$ 由 PC_3 引脚输出,B 口的中断请求信号 $INTR_B$ 由 PC_0 引脚输出。

方式 1 选通输入时序如图 6.14 所示。

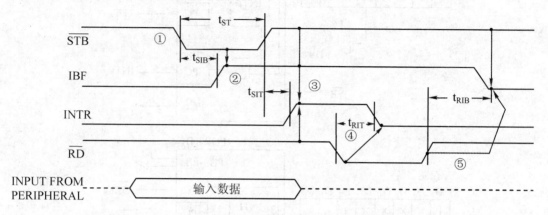

图 6.14 方式 1 选通输入时序

根据该时序图,我们来分析一下这种方式的工作过程:①当外设把一个数据送到端口数据线 $PA_7 \sim PA_0$(对于 A 口)或 $PB_7 \sim PB_0$(对于 B 口)后,就向 8255A 发出负脉冲选通信号 $\overline{STB}$,外设的输入数据锁存到 8255A 的输入锁存器中。②选通信号发出后,经 t_{SIB} 时间,IBF 有效,它作为对输入设备的回答信号,用于通知外设输入缓冲器已满,不要再送新的数据过来。③选通信号结束后,经 t_{SIT} 时间,若 $\overline{STB}$、IBF 和 INTE 三者同时为高电平,使 INTR 有效。这个信号可向 CPU 发中断请求,CPU 响应中断后,通过执行中断服务程序中的 IN 指令,使读信号 $\overline{RD}$ 有效(低电平)。④读信号有效后,经 t_{RIT} 时间后,使 INTR 变低,清除中断。⑤读信号结束后,数据已读入累加器,经 t_{RIB} 时间,IBF 变低,表示缓冲器已空,一次数据输入的过程结束,通知外设可以再送一个新的数据来。

对于 8255A,选通信号的宽度 t_{ST} 最小为 500ns,t_{SIB}、t_{SIT}、t_{RIB} 最大为 300ns,t_{RIT} 最大为 400ns。

2) 选通输出方式

如果 A 口和 B 口都工作于选通输出方式,那么它们的联络控制信号和控制字的格式则如图 6.15 所示。

在这种方式下,A 口和 B 口都作输出口,端口 C 的 PC_3、PC_6 和 PC_7 作 A 口的联络控制信号,PC_0、PC_1 和 PC_2 作 B 口的联络控制信号,端口 C 余下的两位 PC_4 和 PC_5 可作输入或输出,当方式选择字的 $D_3=1$ 时,PC_4 和 PC_5 作输入,$D_3=0$ 时,PC4 和 PC_5 作输出。

这时,各控制信号的意义如下:

(1) $\overline{OBF}$(Output Buffer Full)输出缓冲器满信号,输出,低电平有效。

当它为低电平时,表示 CPU 已将数据写到 8255A 的指定输出端口,即数据已被输出锁存器锁存,并出现在端口数据线 $PA_7 \sim PA_0$ 和 $PB_7 \sim PB_0$ 上,通知外设将数据取走。实际上,它是由 8255A 送给外设的选通信号。$\overline{OBF}$ 由输出命令 $\overline{WR}$ 的上升沿置成低电平,而外设回

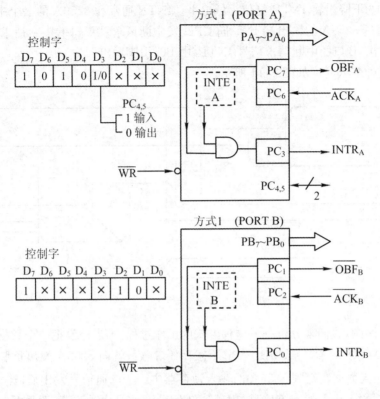

图 6.15 方式 1 输出端口状态和联络信号

答信号$\overline{ACK}$将其恢复成高电平。PC7 被指定作 A 口的输出缓冲器满信号$\overline{OBF_A}$,PC₁ 作 B 口的缓冲器满信号$\overline{OBF_B}$。

(2) $\overline{ACK}$(Acknowledge)外设的回答信号,低电平有效,由外设送给 8255A。

当它为低电平时,表示 CPU 输出到 8255A 的 A 口或 B 口的数据已被外设接受。PC₆ 被指定用作 A 口的回答信号$\overline{ACK_A}$,PC₂ 为 B 口的回答信号$\overline{ACK_B}$。

(3) INTE(Interrupt Enable)中断允许信号。

其意义与 A 口、B 口均工作于选通输入方式时的 INTE 信号一样。INTE 为 1 时,端口处于中断允许状态;INTE 为 0 时,端口处于中断屏蔽状态。A 口的中断允许信号 INTE A 由 PC₆ 控制,B 口的中断允许信号 INTE B 则由 PC₂ 控制,它们均由置位/复位控制字将其置为 1 或清为 0,以决定中断是允许还是被屏蔽。

(4) INTR(Interrupt Request)中断请求信号,高电平有效。

在中断是允许的情况下,当输出设备已收到 CPU 输出的数据之后,该信号变高,可用于向 CPU 提出中断请求,要求 CPU 再输出一个数据给外设。只有当$\overline{ACK}$、$\overline{OBF}$和 INTE 都为 1 时,才能使 INTR 置 1。写信号将 INTR 复位为低电平。INTR 通常与 8259A 的某一个中断输入引脚 IR 相连,通过 8259A 向 CPU 发中断请求。PC₃ 引脚被指定用作 A 口的中断请求信号线 INTR_A,PC₀ 为 B 口的中断请求信号线 INTR_B。

方式 1 选通输出时序如图 6.16 所示。

由该时序图可见,输出设备在中断方式下与 CPU 交换数据的过程大致是这样的:①当

8255A 的输出缓冲器空,且中断是开放的情况下,可向 CPU 发中断请求。CPU 响应中断后,转入中断服务程序,用 OUT 指令将 CPU 中的数据输出到 8255A 的输出缓冲器中,这时 $\overline{WR}$ 信号变低。②经 t_{WIT} 时间后清除中断请求信号 INTR。③此外,$\overline{WR}$ 信号的后沿使 $\overline{OBF}$ 有效,通知外设从 8255A 输出缓冲器中取走数据。④外设收到这个数据后,发回应答信号 $\overline{ACK}$。⑤$\overline{ACK}$ 有效之后,再经 t_{AOB} 时间,$\overline{OBF}$ 无效,表示缓冲器已空。⑥$\overline{ACK}$ 回到高电平后,经 t_{AIT} 时间,INTR 变高,向 CPU 发出中断请求,要求 CPU 送新的数据过来。数据传送的过程又将按上面的顺序重复进行。

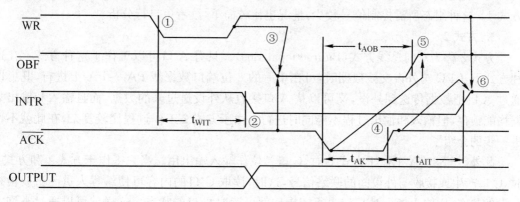

图 6.16 方式 1 选通输出时序

t_{WIT},t_{AOB},t_{AIT} 的最大时间分别为 850ns,350ns,350ns。

3) 选通输入/输出方式组合

8255A 工作于方式 1 时,还允许对 A 口和 B 口分别进行定义,一个端口作输入,另一个端口作输出。如果将 A 口定义为方式 1 输入口,而将 B 口定义为方式 1 输出口,则其控制字格式和联络控制信号如图 6.17(a)所示。在这种情况下,端口 C 的 $PC_0 \sim PC_5$ 作状态和控制线,C 口余下的两位 PC_6 和 PC_7 可作数据输入/输出用。当控制字的 $D_3 = 1$ 时,PC_6 和 PC_7 作输入;$D_3 = 0$ 时,PC_6 和 PC_7 作输出。

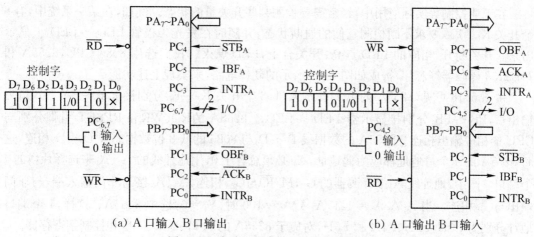

(a) A 口输入 B 口输出　　　　　　　　(b) A 口输出 B 口输入

图 6.17 方式 1 组合端口状态和控制字

当 A 口定义为方式 1 输出口、B 口定义为方式 1 输入口时,其方式控制字格式和联络控制信号如图 6.17(b)所示。这时,由 PC_6、PC_7 和 $PC_0 \sim PC_3$ 作控制信号,PC_4 和 PC_5 作输入或输出。当控制字的 $D_3 = 1$ 时,PC_4、PC_5 为输入;当 $D_3 = 0$ 时,PC_4、PC_5 为输出。

由图 6.17 可见,在选通输入/输出方式下,端口 C 的低 4 位总是作控制用,而高 4 位总有两位仍可用于输入或输出。因此,在控制字中,用于决定 C 口高半部分是输入还是输出的 D_3 位可以取 1 或 0,而决定 C 口低 4 位为输入或输出的 D_0 位可以是任意值。

对于选通方式 1,还允许将 A 口或 B 口中的一个端口定义为方式 0,另一个端口定义为方式 1。这种组态所需控制信号较少,情况也比较简单,读者可自行分析。

3. 方式 2

方式 2 称为双向总线方式(Bidirectional Bus)。只有 A 口可以工作于这种方式。在这种方式下,CPU 与外设交换数据时,可在单一的 8 位端口数据线 $PA_7 \sim PA_0$ 上进行,既可以通过 A 口把数据传送到外设,又可以从 A 口接收从外设送过来的数据,而且输入和输出数据均能锁存,但输入和输出过程不能同时进行。由于方式 2 工作过程比较复杂,在此就不作进一步的介绍了。

此外,当 8255A 工作于方式 0 时,C 口各位作输入输出用。当它工作于方式 1 和方式 2 时,C 口产生或接收与外设间的联络信号,这时,读取 C 口的内容可使编程人员测试或检查外设的状态,用输入指令对 C 口进行读操作就可读取 C 口的状态。这样就可以通过查询方式,使 CPU 与外设交换数据,从而避免采用复杂的中断处理方式。

6.3　8255A 的应用举例

本节通过实例来说明 8255A 在开关电路和键盘接口中的应用。此外,8255A 还可用于扬声器和 CRT 控制接口电路、A/D 和 D/A 接口电路等许多应用场合。

6.3.1　基本输入输出应用举例

在工业控制等实际应用中,经常需要检测某些开关量的状态。例如,在某一系统中,有 8 个开关 $K_7 \sim K_0$,要求不断检测它们的通断状态,并随时在发光二极管 $LED_7 \sim LED_0$ 上显示出来。开关断开,相应的 LED 点亮;开关合上,LED 熄灭。我们选用 8086 CPU,8255A 和 74LS138 译码器等芯片,构成如图 6.18 所示的硬件电路,来实现上述功能。

由图 6.18 可见,8255A 的 A 口作输入口,8 个开关 $K_7 \sim K_0$ 分别接 $PA_7 \sim PA_0$。B 口为输出口,$PB_7 \sim PB_0$ 分别接显示器 $LED_7 \sim LED_0$。8255A 的 $\overline{RD}$、$\overline{WR}$ 和 RESET 引脚分别与 CPU 的相应输出相连。8255A 的数据线 $D_7 \sim D_0$ 与 8086 的低 8 位数据总线 $D_7 \sim D_0$ 相连,这时 8255A 的 4 个口地址都应为偶地址,A_0 必须总等于 0,用地址线的 A_2、A_1 来选择片内的 4 个端口。图中,地址线 A_7 接译码器的 G_1,$M/\overline{IO}$ 与 $\overline{G_{2A}}$ 相连,A_6、A_5 接与非门输入端,与非门输出与 $\overline{G_{2B}}$ 相连。当 $A_7 A_6 A_5 = 111$,$A_4 A_3 A_0 = 100$ 时,$\overline{Y_4} = 0$,选中 8255A。这样,4 个端口地址分别为 F0H、F2H、F4H 和 F6H,对应于 8255A 的 A 口、B 口、C 口和控制字寄存器。

编程时先要确定方式选择控制字。由于 A 口工作于方式 0 输入,B 口为方式 0 输出,C 口未用,控制字中与 C 口对应的位可以被置为 0,这样,写入控制端口 F6H 的控制字为

第 6 章　I/O 接口和并行接口芯片 8255A

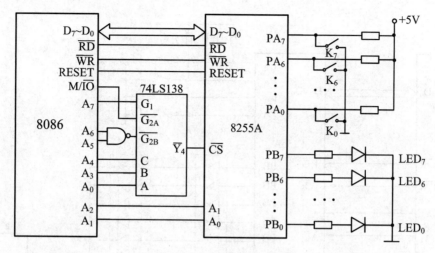

图 6.18　读开关状态连线图

10010000。完成初始化后，即可将 A 口的开关状态读入寄存器 AL。若开关合上，AL 中的相应位为 0，断开则为 1。当把 AL 中的内容从 B 口输出时，相应于 0 的位上的 LED 熄灭，表示对应的开关是合上的；否则 LED 点亮，指示开关断开。具体程序如下：

```
           MOV    DX,0F6H         ;控制字寄存器
           MOV    AL,10010000B    ;控制字
           OUT    DX,AL           ;写入控制字
TEST_IT：  MOV    DX,0F0H         ;指向 A 口
           IN     AL,DX           ;从 A 口读入开关状态
           MOV    DX,0F2H         ;指向 B 口
           OUT    DX,AL           ;B 口控制 LED,指示开关状态
           CALL   DELAY_20S       ;调用延时 20 秒子程序
           JMP    TEST_IT         ;延时 20 秒后再进行下一轮检测
DELAY_20S：…                      ;延时 20 秒子程序
```

下面再举一个读开关状态，用七段 LED 显示器显示开关状态的例子。

8255A 的 A 口接 4 个开关 $K_3 \sim K_0$，B 口的 7 位输出经 74LS04 反相驱动后接一个七段 LED 显示器。硬件连线图和七段 LED 显示器分别如图 6.19(a)和(b)所示。当开关都合上，即 $K_3K_2K_1K_0=0000$ 时显示 0，到开关都断开，即 $K_3K_2K_1K_0=1111$ 时，显示 F，共有 16 种状态，显示十六进制数字 0,1,2,…,F。

8255A 的 A 口工作于方式 0，输入，B 口工作方式 0，输出。七段 LED 显示器采用共阴极接法，其负端都连在一起后接地。$PB_0 \sim PB_6$ 分别接七段 LED 显示器的 a～g 段，当 $PB_i=0$ 时，经反相后使显示器的正端为高电平，相应段点亮；$PB_i=1$ 时，相应段熄灭。如果要显示数字 0，则应使 g 段熄灭，其余段点亮，应向 B 口输出代码 0100 0000B＝40H，其中最高位不用（可用作小数点），将其清 0；如要显示数字 1，则使 b,c 段点亮，其余段熄灭，其代码为 0111 1001B＝79H。由此可求得 0～F 的七段代码为：40H,79H,24H,30H,19H,12H,02H,78H,00H,18H,80H,03H,43H,21H,06H,0EH，其中字母 B 和 D 只能用小写字母 b 和 d

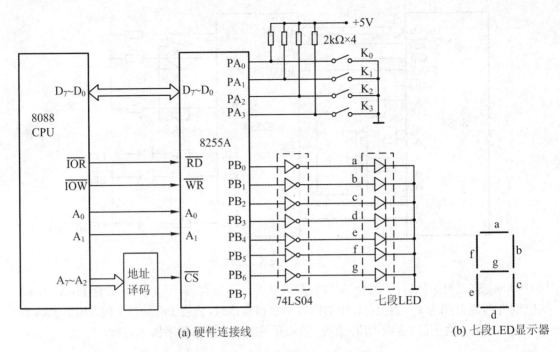

(a) 硬件连接线 (b) 七段LED显示器

图 6.19 用七段 LED 显示器显示开关状态

来表示。

设 8255A 的口地址为 60H～63H，则读开关状态并用七段 LED 显示器显示的程序为：

```
DATA      SEGMENT
TABLE     DB    40H,79H,24H,30H,19H,12H,02H,78H    ;0~F 的七段代码编码
          DB    00H,18H,80H,03H,43H,21H,06H,0EH
DATA      ENDS
CODE      SEGMENT
ASSUME    CS:CODE, DS:DATA
          MOV   AL,90H          ;A 口工作于方式 0,输入,B 口为方式 0,输出
          OUT   63H,AL          ;输出控制字
IN_PORTA: IN    AL,60H          ;读 A 口
          AND   AL,0FH          ;取低 4 位
          MOV   BX,OFFSET TABLE ;BX←七段代码表首地址
          XLAT                  ;查表,AL←(BX+AL)
          OUT   61H,AL          ;输出到 B 口
          CALL  DELAY           ;调用延时程序
          JMP   IN_PORTA        ;继续读开关,显示
DELAY:    :                     ;延时
          MOV   AH,4CH
          INT   21H             ;返回 DOS
CODE      ENDS
          END
```

6.3.2 键盘接口

在微型机系统中,键盘是一种最常用的外设,它由多个开关组合而成。下面以机械式开关构成的16个键的小键盘为例,来讨论键盘接口的工作原理。

设16个键分别为十六进制数字0~9和A~F,键盘排列、连线及接口电路如图6.20所示。16个键排成4行×4列的矩阵,接到微型机的一对端口上。端口由8255A构成,其中端口A作输出,端口B作输入。矩阵的4条行线接到输出端口A的PA_3~PA_0上,用程序能改变这4条行线上的电平。4条列线连到输入端口B的PB_3~PB_0上,4条行线还同时接到输入端口B的PB_7~PB_4上。这样,用输入指令读取B口状态时,可同时读取键盘的行列信号。

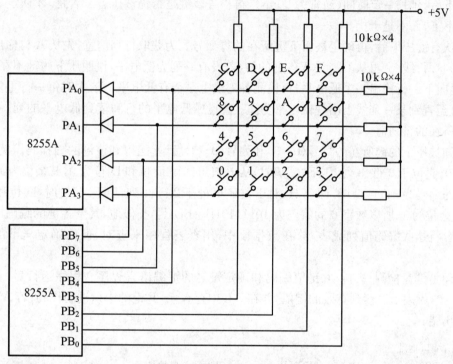

图 6.20 键盘接口电路

在无键压下时,由于接到+5V上的上拉电阻的作用,列线被置成高电平。压下某一键后,该键所在的行线和列线接通。这时,如果向被压下键所在的行线上输出一个低电平信号,则对应的列线也呈现低电平。当从B口读取列线信号时,便能检测到该列线上的低电平。读取B口的状态时,还能读到行线上的低电平信号。这样,根据读入的行和列状态中低电平的位置,便能确定哪个键被压下了。

识别键盘上哪个键被压下的过程称为键盘扫描,上述键盘的扫描包含以下几步:
(1) 检测是否所有键都松开了,若没有则反复检测。
(2) 当所有键都松开了,再检测是否有键压下,若无键压下则反复检测。
(3) 若有键压下,要消除键抖动,确认有键压下。
(4) 对压下的键进行编码,将该键的行列信号转换成十六进制码,由此确定哪个键被压下了。如果出现多键重按的情况,则只有在其它键均释放后,仅剩一个键闭合时,才把此键当作本次压下的键。

(5) 该键释放后,再回到(2)。

检测矩阵中是否有键压下的一种简单方法是,自输出口 A 向所有行线输出 0 电平,再通过 B 口的低 4 位读取列值,若其中有 0 值,便是有键压下了。

在开始一次扫描时,先应确认上一次压下的键是否已松开。即先向所有行线输出低电平,再读入各列线值,只有当所有的行线和列线均为高电平,表示以前压下的键都已释放了,才开始检测是否有键压下。

当检测到有键压下后,必须消除键抖动(Debance)。消除键抖动的常用方法是在检测到有键压下后,延长一定时间(通常为 20ms),再检查该键是否仍被压着。若是,才认定该键确实被按下了,而不是干扰。

确认有键压下后,再确定被压下键所在的行列号。为获取行列信息,先从 A 口输出一个低电平到一行线上,再从 B 口读入各列的值,若没有一列为低电平,说明压下的键不在此行。于是,再向下一行输出一个低电平,再检测各列线上是否有低电平。依次对每一行重复这个过程,直至查到某一列线上出现低电平为止。被置成低电平的行和读到低电平的列,便是被压下键所在的行列值。

已知被压下的键所在的行号($0\sim3$)和列号($0\sim3$)后,就能得到该键的扫描码。例如,对于数字 0,它位于 3 行、3 列,压下"0"键时,从 B 口可读得 D_7 位和 D_3 位为 0,其余位为 1,所以数字 0 的编码为 01110111B,即 77H;对于数字 6,处于 2 行、1 列,压下"6"键时,D_6 位和 D_1 位为 0,其余位为 1,所以数字 6 的编码为 10111101B=BDH。类似地,其余各键的编码也可一一求得。将这些编码值列成表,放在数据段中,用查表程序来查对,便能确定压下的是什么键。

下面是键盘检测、去抖动、键值编码和确定键名的汇编语言程序。程序运行后,若返回值 AH=0,就表示已读到有效的键值,并在 AL 中存有 0~F 键的十六进制代码;若 AH=1,则表示出错。

```
;端口地址
PORT_A      EQU     0FF9H           ;8255 A 口地址
PORT_B      EQU     0FFBH           ;8255 B 口地址
PORT_CTL    EQU     0FFFH           ;8255 控制口地址
;数据段,键盘扫描码表
DATA        SEGMENT
;                   0    1    2    3    4    5    6    7
TABLE       DB      77H, 7BH, 7DH, 7EH, 0B7H,0BBH,0BDH,0BEH
;                   8    9    A    B    C    D    E    F
            DB      0D7H,0DBH,0DDH,0DEH,0E7H,0EBH,0EDH,0EEH
DATA        ENDS
;堆栈段
STACK       SEGMENT STACK
            DW      50   DUP(0)
```

```
                TOP_STAC     LABEL        WORD
                STACK        ENDS
;代码段
                CODE         SEGMENT
                             ASSUME       CS:CODE,DS:DATA,SS:STACK
      START：    MOV AX,     STACK
                 MOV SS,     AX
                 LEA SP,     TOP_STACK
                 MOV AX,     DATA
                 MOV DS,     AX
;初始化 8255A,方式 0,A 口作输出,B 口和 C 口为输入
                 MOV DX,     PORT_CTL              ;指向控制口
                 MOV AL,     10001011B             ;控制字
                 OUT DX,     AL                    ;写入控制字
;向所有行送 0
                 MOV DX,     PORT_A                ;A 口
                 MOV AL,     00H
                 OUT DX,     AL                    ;向 A 口各位输出 0
;读列,查看是否所有键均松开
                 MOV DX,     PORT_B
      WAIT_OPEN： IN AL,     DX                    ;键盘状态读入 B 口
                 AND AL,    0FH                    ;只查低 4 位(列值)
                 CMP AL,    0FH                    ;是否都为 1(各键均松开)?
                 JNE        WAIT_OPEN              ;否,继续查
;各键均已松开,再查列是否有 0,即是否有键压下
      WAIT_PRES： IN AL,    DX                    ;读 B 口
                 AND AL,    0FH                    ;只查低 4 位
                 CMP AL,    0FH                    ;是否有键压下
                 JE         WAIT_PRES              ;无,等待
;有键压下,延时 20ms,消抖动
                 MOV CX,    16EAH
      DELAY：    LOOP DELAY                        ;延时 20ms
;再查列,看键是否仍被压着
                 IN AL,     DX
                 AND AL,    0FH
                 CMP AL,    0FH
                 JE         WAIT_PRES              ;已松开,转出等待压键
;键仍被压着,确定哪一个键被压下
                 MOV AL,    0FEH                   ;先使 $D_0$=0
                 MOV CL,    AL                     ;CL=1111 1110B
      NEXT_ROW： MOV DX,    PORT_A                 ;A 口
                 OUT DX,    AL                     ;向一行输出低电平
```

```
            MOV    DX,   PORT_B            ;B 口
            IN     AL,   DX                ;读入 B 口状态
            AND    AL,   0FH               ;只截取列值
            CMP    AL,   0FH               ;是否均为 1?
            JNE    ENCODE                  ;否,表示有键压下,转去编码
            ROL    CL,   01                ;均为 1,使下行输出 0
            MOV    AL,   CL
            JMP    NEXT_ROW                ;查看下行
    ;已找到有一列为低电平,对压键的行列值编码
    ENCODE: MOV    BX,   000FH             ;建立地址指针,先指向 F 键对应的地址
            IN     AL,   DX                ;从 B 口读入行列号
    NEXT_TRY: CMP  AL,   TABLE[BX]         ;读入的行列值与表中查得的相等吗?
            JE     DONE                    ;相等,转出
            DEC    BX                      ;不等,指向下一个(键值较小者)地址
            JNS    NEXT_TRY                ;若地址尚未减为负值,继续查
            MOV    AH,   01                ;若减为负值,置出错码 01→AH 中
            JMP    EXIT                    ;退出
    DONE:   MOV    AL,   BL                ;BL 中存有键的十六进制代码
            MOV    AH,   00                ;AH=0,读到有效键值
    EXIT:   HLT
    CODE    ENDS
            END
```

习 题

1. CPU 与外设交换数据时,为什么要通过 I/O 接口进行? I/O 接口电路有哪些主要功能?

2. 什么叫 I/O 端口?一般的接口电路中可以设置哪些端口?计算机对 I/O 端口编址时采用哪两种方法?在 8086/8088 CPU 中一般采用哪种编址方法?

3. CPU 与外设间传送数据主要有哪几种方式?

4. 说明查询式输入和输出接口电路的工作原理。(参考图 6.3 和图 6.5。)

5. 某一个微机系统中,有 8 块 I/O 接口芯片,每个芯片占有 8 个端口地址,若起始地址为 300H,8 块芯片的地址连续分布,用 74LS138 作译码器,试画出端口译码电路,并说明每块芯片的端口地址范围。(参考图 6.7。300H=1100000000 B,$A_9 \sim A_6$=1100,将它们接到 138 译码器的控制端,$A_5 \sim A_3$ 接 C、B、A。每块接口芯片占 8 个口地址,$A_2 \sim A_0$=000~111,它们只能用作接口芯片片内寻址,不能接到译码器上。)

6. 8255A 的 3 个端口在功能上各有什么不同的特点? 8255A 内部的 A 组和 B 组控制部件各管理哪些端口?

7. 8255A 有哪几种工作方式?各用于什么场合?端口 A、端口 B 和端口 C 各可以工作于哪几种工作方式?

8. 8255A 的方式选择字和置位复位字都写入什么端口?用什么方式区分它们?

第6章 I/O接口和并行接口芯片8255A

9. 若8255A的系统基地址为0F8H,且各端口都是偶地址,则8255A的3个输入输出端口地址和控制寄存器的地址各是多少?已知CPU的系统总线为$A_7 \sim A_0$,$D_7 \sim D_0$,$M/\overline{IO}$,$\overline{RD}$,$\overline{WR}$,RESET,试画出8255A的地址译码电路及它与CPU的系统总线相连的连线图。(参考图6.18的译码电路。$A_7 \sim A_5 = 111$,加门电路后与138译码器的控制端相连,A_4、A_3、A_0分别与译码器的C、B、A相连。连接数据线时注意是偶地址端口。)

10. 设8255A的A口、B口、C口和控制字寄存器的端口地址分别为80H、82H、84H和86H。要求A口工作于方式0输出,B口工作于方式0输入,C口高4位输入,低4位输出。试编写8255A的初始化程序。

11. 8255A的端口地址同第10题,要求PC_4输出高电平,PC_5输出低电平,PC_6输出一个正脉冲,试写出完成这些功能的指令序列。

12. 8255A的端口地址同第10题,若A口工作于方式0输入,B口工作于方式1输出,C口各位的作用是什么?控制字是什么?若B口工作于方式0输出,A口工作于方式1输入,C口各位作用是什么?控制字是什么?

13. 8255A的口地址为80H~83H,A口接8个开关$K_7 \sim K_0$,B口接8个指示灯$LED_7 \sim LED_0$,用来显示开关的状态,当开关合上时相应的指示灯点亮,断开时灯灭。试画出硬件连线图(含具体的译码电路),并编写实现这种功能的程序段。要求每隔20秒钟读一次,延时20秒的子程序名为DELAY_20S。(参考图6.18及相关程序,但不用考虑奇偶地址。)

14. 设8255A的口地址为60H~63H,A口接4个开关$K_3 \sim K_0$,B口接一个七段LED显示器,用来显示4个开关所拨通的十六进制数字0~F,开关都合上时,显示0,都断开时显示F,每隔20秒钟检测一次,七段LED显示器采用共阳极接法。试画出硬件连线图(不用画具体的译码电路),并编写相关的程序。(提示:参考图6.19及相关程序。但七段LED显示器的阴极要接到74LS04的各输出端,阳极则连在一起,经一个电阻接+5V。七段代码的编码要重新设置。)

第7章 可编程计数器/定时器 8253/8254

在微型计算机系统中,常需要用到定时功能。例如,在 IBM PC 机中,需要有一个实时时钟以实现计时功能,还要求按一定的时间间隔对动态 RAM 进行刷新。此外,扬声器的发声也是由定时信号来驱动的。在计算机实时控制和处理系统中,则要按一定的采样周期对处理对象进行采样,或定时检测某些参数等等,都需要定时信号。再者,在许多微机应用系统中,还会用到计数功能,需对外部事件进行计数。

Intel 8253 就是一种常用的计数器/定时器芯片,被称为可编程间隔定时器(Programmable Interval Timer,PIT)。8253 内部具有 3 个独立的 16 位计数器通道,通过对它进行编程,每个计数器通道均可按 6 种不同的方式工作,并且都可以按二进制或十进制格式进行计数,最高计数频率能达到 2MHz。8253 还适用于许多其它的场合,例如,用作可编程方波频率产生器、分频器、程控单脉冲发生器等等。

Intel 8254 是 8253 的增强型产品,它与 8253 的引脚兼容,功能几乎完全相同,不同之处仅在于以下两点:

(1) 8253 的最大输入时钟频率为 2MHz,而 8254 的最大输入时钟频率可高达 5MHz,8254-2 则为 10MHz。

(2) 8254 有读回(read-back)功能,可以同时锁存 1~3 个计数器的计数值及状态值,供 CPU 读取,而 8253 每次只能锁存和读取一个通道的计数器,且不能读取状态值。

下面主要以 Intel 8253 为例,介绍计数器/定时器芯片的基本工作原理和使用方法。在讨论计数器/定时器的应用实例时,将举例说明 8254 的读回功能。

7.1 8253 的工作原理

7.1.1 8253 的内部结构和引脚信号

8253 的内部结构和引脚信号分别如图 7.1(a)和(b)所示。

从图 7.1(a)可见,8253 内部包含数据总线缓冲器、读/写控制逻辑、控制字寄存器和 3 个结构完全相同的计数器,这 3 个计数器分别称为计数器 0、计数器 1 和计数器 2。各部分的功能和有关引脚的意义分别介绍如下:

1. 数据总线缓冲器

数据总线缓冲器是 8253 与系统数据总线相连接时用的接口电路,它由 8 位双向三态缓冲器构成,CPU 用输入、输出指令对 8253 进行读/写操作的信息,都经 8 位数据总线 $D_7 \sim D_0$ 传送,这些信息包括:

(1) CPU 在对 8253 进行初始化编程时,向它写入的控制字。

第 7 章 可编程计数器/定时器 8253/8254

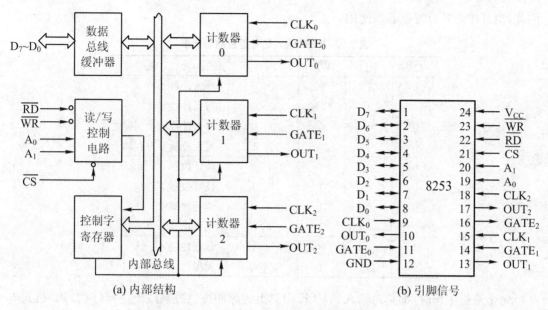

图 7.1 8253 的内部结构和引脚信号

(2) CPU 向某一计数器写入的计数初值。

(3) 从计数器读出的计数值。

2. 读/写控制逻辑

读/写控制逻辑接收系统控制总线送来的输入信号,经组合后形成控制信号,对各部分操作进行控制。可接收的信号有:

• $\overline{CS}$　片选信号,低电平有效,由地址总线经 I/O 端口译码电路产生。只有当$\overline{CS}$为低电平时,CPU 才能对 8253 进行读写操作。

• $\overline{RD}$　读信号,低电平有效。当$\overline{RD}$为低电平时,表示 CPU 正在读取所选定的计数器通道中的内容。

• $\overline{WR}$　写信号,低电平有效。当$\overline{WR}$为低电平时,表示 CPU 正在将计数初值写入所选中的计数通道中或者将控制字写入控制字寄存器中。

• $A_1 A_0$　端口选择信号。在 8253 内部有 3 个计数器通道(0~2)和一个控制字寄存器端口。当 $A_1 A_0 =00$ 时,选中通道 0;$A_1 A_0 =01$ 时,选中通道 1;$A_1 A_0 =10$ 时,选中通道 2;$A_1 A_0 =11$ 时,选中控制字寄存器端口。

各输入信号经组合形成的控制功能如表 7.1 所示。

3. 计数器 0~2

8253 内部包含 3 个完全相同的计数器/定时器通道,对 3 个通道的操作完全是独立的。每个通道都包含一个 8 位的控制字寄存器、一个 16 位的计数初值寄存器、一个计数器执行部件(实际的计数器)和一个输出锁存器。执行部件实际上是一个 16 位的减法计数器,它的起始值就是初值寄存器的值,该值可由程序设置。输出锁存器用来锁存计数器执行部件的值,必要时 CPU 可对它执行读操作,以了解某个时刻计数器的瞬时值。计数初值寄存器、计数器执行部件和输出锁存器都是 16 位寄存器,它们均可被分成高 8 位和低 8 位两个部分,因此，也可作为 8 位寄存器来使用。

表 7.1 8253 输入信号组合的功能表

$\overline{CS}$	$\overline{RD}$	$\overline{WR}$	A_1 A_0	功　能
0	1	0	0　0	写入计数器 0
0	1	0	0　1	写入计数器 1
0	1	0	1　0	写入计数器 2
0	1	0	1　1	写入控制字寄存器
0	0	1	0　0	读计数器 0
0	0	1	0　1	读计数器 1
0	0	1	1　0	读计数器 2
0	0	1	1　1	无操作
1	×	×	×　×	禁止使用
0	1	1	×　×	无操作

每个通道工作时，都是对输入到 CLK 引脚上的脉冲按二进制或十进制(BCD 码)格式进行计数。计数采用倒计数法，先对计数器预置一个初值，再把初值装入实际的计数器。然后，开始递减计数。即每输入一个时钟脉冲，计数器的值减 1，当计数器的值减为 0 时，便从 OUT 引脚输出一个脉冲信号。输出信号的波形主要由工作方式决定。同时，计数器的工作还受到从外部加到 GATE 引脚上的门控信号控制，它决定是否允许计数。

当用 8253 作外部事件计数器时，在 CLK 脚上所加的计数脉冲是由外部事件产生的，这些脉冲的间隔可以是不相等的。如果要用它作定时器，则 CLK 引脚上应输入精确的时钟脉冲。这时，8253 所能实现的定时时间，决定于计数脉冲的频率和计数器的初值，即

定时时间 = 时钟脉冲周期 t_c × 预置的计数初值 n

例如，在某系统中，8253 所使用的计数脉冲频率为 0.5MHz，即脉冲周期 $t_c = 2\mu s$，如果给 8253 的计数器预置的初值 n=500，则当计数器计到数值为 0 时，定时时间 T = $2\mu s$ × 500 = 1ms。

对 8253 来讲，外部输入到 CLK 引脚上的时钟脉冲频率不能大于 2MHz。如果大于 2MHz，则必须经分频后才能送到 CLK 端，使用时要注意。

8253 的 3 个计数器都各有 3 个引脚，它们是：

- $CLK_0 \sim CLK_2$　　计数器 0～2 的输入时钟脉冲从这里输入。
- $OUT_0 \sim OUT_2$　　计数器 0～2 的输出端。
- $GATE_0 \sim GATE_2$　　计数器 0～2 的门控脉冲输入端。

4. 控制字寄存器

控制字寄存器是一种只写寄存器，在对 8253 进行编程时，由 CPU 用输出指令向它写入控制字，来选定计数器通道，规定各计数器通道的工作方式、读写格式和数制。控制字的格式如图 7.2 所示。

- $SC_1 SC_0$　　通道选择位。由于 8253 内部有 3 个计数通道，需要有 3 个控制字寄存器分别规定相应通道的工作方式，但这 3 个控制字寄存器只能使用同一个端口地址，在对 8253 进行初始化编程，设置控制字时，需由这两位来决定向哪一个通道写入控制字。选择

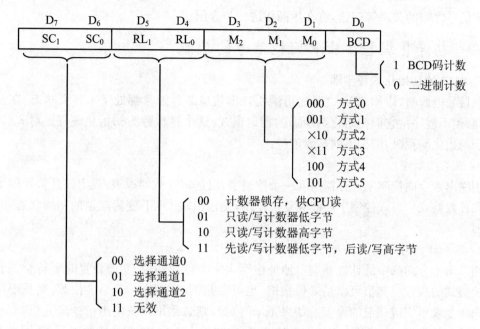

图 7.2 8253 控制字格式

$SC_1SC_0=00,01,10$ 分别表示向 8253 的计数器通道 0~2 写入控制字。$SC_1SC_0=11$ 时无效。

• RL_1RL_0　读/写操作位。用来定义对选中通道中的计数器的读/写操作方式。当 CPU 向 8253 的某个 16 位计数器装入计数初值,或者从 8253 的 16 位计数器读入数据时,可以只读写它的低 8 位字节或者高 8 位字节。RL_1RL_0 组成 4 种编码,表示 4 种不同的读/写操作方式,即:

• $RL_1RL_0=01$　表示只读/写低 8 位字节数据,只写入低 8 位时,高 8 位自动置为 0。

• $RL_1RL_0=10$　表示只读/写高 8 位字节数据,只写入高 8 位时,低 8 位自动置为 0。

• $RL_1RL_0=11$　允许读/写 16 位数据。由于 8253 的数据线只有 8 位($D_7 \sim D_0$),一次只能传送 8 位数据,所以读/写 16 位数据时必须分两次进行,先读/写计数器的低 8 位字节,后读/写高 8 位字节。

• $RL_1RL_0=00$　把通道中当前数据寄存器的值送到 16 位锁存器中,供 CPU 读取该值。

• BCD　计数方式选择位。当该位为 1 时,采用 BCD 码计数,写入计数器的初值用 BCD 码表示,初值范围为 0000~9999H,其中,0000 表示最大值 10000,即 10^4。例如,当我们预置的初值 n=1200H 时,就表示预置了一个十进制数 1200。当 BCD 位为 0 时,则采用二进制格式计数,写入计数器中的初值用二进制数表示。在程序中,二进制数可以写成十六进制数的形式,所以初值范围为 0000~FFFFH,其中 0000 表示最大值 65536,即 2^{16}。这时,如果我们仍预置了一个初值 n=1200H,就表示预置了一个十进制数 4608。

• $M_2 M_1 M_0$　工作方式选择位。8253 的每个通道都有 6 种不同的工作方式,即方式 0~5,当前工作于哪种方式,由这 3 位来选择。每种工作方式的特点、计数器的输出与输入及门控信号之间的关系等问题,将在后面作进一步介绍。

7.1.2 初始化编程步骤和门控信号的功能

1. 8253 的初始化编程步骤

刚接通电源时,诸如 8253 之类的可编程外围接口芯片通常都处于未定义状态,在使用之前,必须用程序把它们初始化为所需的特定模式,这个过程称为初始化编程。对 8253 芯片进行初始化编程时,需按下列步骤进行:

1) 写入控制字

用输出指令向控制字寄存器写入一个控制字,以选定计数器通道,规定该计数器的工作方式和计数格式。写入控制字还起到复位作用,使输出端 OUT 变为规定的初始状态,并使计数器清 0。

2) 写入计数初值

用输出指令向选中的计数器端口地址中写入一个计数初值,初值设置时要符合控制字中有关格式的规定。初值可以是 8 位数据,也可以是 16 位数据。若是 8 位数,则只要用一条输出指令就可完成初值的设置。如果是 16 位数,则必须用两条输出指令来完成,而且规定先送低 8 位数据,后送高 8 位数据。注意,计数初值为 0 时,也要分成两次写入,因为在二进制计数时,它表示 65536,BCD 计数时,它表示 10000。

由于 3 个计数器分别具有独立的编程地址,而控制字寄存器本身的内容又确定了所控制的寄存器的序号,因此,对 3 个计数器通道的编程没有先后顺序的规定,可任意选择某一个计数器通道进行初始化编程,只要符合先写入控制字,后写入计数初值的规定即可。

例 7.1 在某微机系统中,8253 的 3 个计数器的端口地址分别为 3F0H、3F2H 和 3F4H,控制字寄存器的端口地址为 3F6H,要求 8253 的通道 0 工作于方式 3,并已知对它写入的计数初值 n=1234H,试编写 8253 的初始化程序。

程序如下:

```
MOV    AL,   00110111B    ;控制字:选择通道 0,先读/写低字节,后高字节,方式 3,BCD 计数
MOV    DX,   3F6H         ;指向控制口
OUT    DX,   AL           ;送控制字
MOV    AL,   34H          ;计数值低字节
MOV    DX,   3F0H         ;指向计数器 0 端口
OUT    DX,   AL           ;先写入低字节
MOV    AL,   12H          ;计数值高字节
OUT    DX,   AL           ;后写入高字节
```

在计数初值写入 8253 后,还要经过一个时钟脉冲的上升沿和下降沿,才能将计数初值装入实际的计数器,然后在门控信号 GATE 的控制下,对从 CLK 引脚输入的脉冲进行递减计数。

2. 门控信号控制功能

门控信号 GATE 在各种工作方式中的控制功能如表 7.2 所示,其中符号"—"表示无影响。

表 7.2 门控信号 GATE 的控制功能

工作方式	GATE 为低电平或下降沿	GATE 为上升沿	GATE 为高电平
方式 0	禁止计数	—	允许计数
方式 1	—	从初始值开始计数,下一个时钟后输出变为低电平	—
方式 2	禁止计数,使输出变高	从初值开始计数	允许计数
方式 3	禁止计数,使输出变高	从初值开始计数	允许计数
方式 4	禁止计数	—	允许计数
方式 5	—	从初值开始计数	—

从表 7.2 可以看到,可以用门控信号的上升沿、低电平或下降沿来控制 8253 进行计数。对于方式 0 和方式 4,当 GATE 为高电平时,允许计数;当 GATE 为低电平或下降沿时,禁止计数。对于方式 1 和方式 5,只有当门控信号产生从低电平到高电平的正跳变时,才允许 8253 从初始值开始计数。但两者对输出电平的影响是有区别的,在方式 1 时,GATE 信号触发 8253 开始计数后,就使输出端 OUT 变成低电平,而方式 5 的 GATE 触发信号不影响 OUT 端的电平。对方式 2 和方式 3,GATE 为高电平时允许计数,低电平或下降沿时禁止计数,若 GATE 变低后又产生从低到高的正跳变时,将会再次触发 8253 从初值开始计数。

7.1.3 8253 的工作方式

8253 的每个通道都有 6 种不同的工作方式,下面分别进行介绍。

1. 方式 0　计数结束中断方式(Interrupt on Terminal Count)

此方式的定时波形如图 7.3 所示。工作过程如下:

当对 8253 的任一个通道写入控制字,并选定工作于方式 0 时,该通道的输出端 OUT 立即变为低电平。要使 8253 能够进行计数,门控信号 GATE 必须为高电平。如图 7.3 所示,设 GATE 为高电平。若 CPU 利用输出指令向计数通道写入初值 n(=4)时,则 $\overline{WR}_n$ 变成低电平。在 $\overline{WR}_n$ 的上升沿时,n 被写入 8253 内部的计数器初值寄存器。在 $\overline{WR}_n$ 上升沿后的下一个时钟脉冲的下降沿时,才把 n 装入通道内的实际计数器中,开始进行减 1 计数。也就是说,从写入计数器初值到开始减 1 计数之间,有一个时钟脉冲的延迟。此后,每从 CLK 引脚输入一个脉冲,计数器就减 1。总共经过 n+1 个脉冲后,计数器减为 0,表示计数计到终点,计数过程结束,这时 OUT 引脚由低电平变成高电平。这个由低到高的正跳变信号,可以接到 8259A 的中断请求输入端,利用它向 CPU 发中断请求信号。OUT 引脚上的高电平信号,一直保持到对该计数器装入新的计数值,或设置新的工作方式为止。

在计数的过程中,如果 GATE 变为低电平,则暂停减 1 计数,计数器保持 GATE 有效时的值不变,OUT 仍为低电平。待 GATE 回到高电平后,又继续往下计数。我们用图 7.3 中下半部分的波形来说明这种情况,这时,计数初值取 m=5。

按方式 0 进行计数时,计数器只计一遍。当计数器计到 0 时,不会再装入初值重新开始计数,其输出将保持高电平。若重新写入一个新的计数初值,OUT 立即变成低电平,计数器

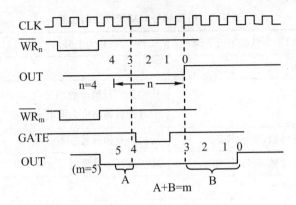

图 7.3　方式 0 波形图

将按照新的计数值开始计数。

2. 方式 1　可编程单稳态输出方式(Programmable One-short)

8253 工作于方式 1 时的波形如图 7.4 所示。工作过程如下：

当 CPU 用控制字设定某计数器工作于方式 1 时，该计数器的输出 OUT 立即变为高电平。在这种方式下，在 CPU 装入计数值 n 后，无论 GATE 是高电平还是低电平，都不进行减 1 计数，必须等到 GATE 由低电平向高电平跳变，形成一个上升沿后，才能在下一个时钟脉冲的下降沿，将 n 装入计数器的执行部件，同时，输出端 OUT 由高电平向低电平跳变。以后每来一个时钟脉冲，计数器就开始减 1 操作。当计数器的值减为零时，输出端 OUT 产生由低到高的正跳变。这样，就可在 OUT 引脚上得到一个负的单脉冲，单脉冲的宽度可由程序来控制，它等于时钟脉冲的宽度乘以计数值 n。

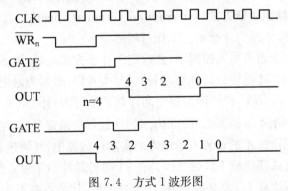

图 7.4　方式 1 波形图

在计数过程中，若 GATE 产生负跳变，不会影响计数过程的进行。但是如果在计数器回零前，GATE 又产生从低到高的正跳变，那么 8253 又将初值 n 装入计数器执行部件，重新开始计数，其结果会使输出的单脉冲宽度加宽。因此，只要计数器没有回零，利用 GATE 的上升沿可以多次触发计数器从 n 开始重新计数，直到计数器减为 0 时，OUT 才回到高电平。

在方式 1 时，门控信号的上升沿作为触发信号，使输出变低，当计数值变为 0 时，又使输出自动回到高电平。所以，这时的 8253 实际上处于一种单稳态工作方式。单稳态输出脉冲的宽度主要取决于计数初值的大小，但也受门控信号的影响，在单稳态受触发后输出未回稳态(高电平)时，若又受到触发，则会使单稳态输出的负脉冲变宽。

3. 方式 2 比率发生器(Rate Generator)

方式 2 的定时波形如图 7.5 所示。工作过程如下：

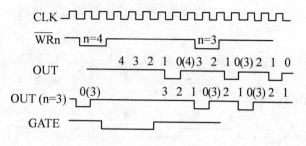

图 7.5 方式 2 波形图

当对某一计数通道写入控制字,选定工作方式 2 时,OUT 端输出高电平。如果 GATE 为高电平,则在写入计数值后的下一个时钟脉冲时,将计数值装入执行部件。此后,计数器随着时钟脉冲的输入而递减计数。当计数值减为 1 时,OUT 端由高电平变为低电平,待计数器的值减为 0 时,OUT 引脚又回到高电平,即低电平的持续时间等于一个输入时钟周期。与此同时,计数初值又被重新装入计数器,开始一个新的计数过程,并由此周而复始地循环计数。如果装入计数器的初值为 n,那么在 OUT 引脚上,每隔 n 个时钟脉冲就产生一个负脉冲,其宽度与时钟脉冲的周期相同,频率为输入时钟脉冲频率的 n 分之一。所以,这实际上是一种分频工作方式。

在操作过程中,任何时候都可由 CPU 重新写入新的计数值,它不会影响当前计数过程的进行。如图 7.5 所示,原来的计数值 n=4,在计数过程中计数值回零前,又写入新的计数值 n=3,8253 仍按 n=4 进行计数。当计数值减为 0 时,一个计数周期结束,8253 将按新写入的计数值 n=3 进行计数。

在计数过程中,当 GATE 变为低电平时,将迫使 OUT 变为高电平,并禁止计数；当 GATE 从低电平变为高电平,也就是 GATE 端产生上升沿时,则在下一个时钟脉冲时,又把预置的计数初值装入计数器,从初值开始递减计数,并循环进行。

当需要产生连续的负脉冲序列信号时,可使 8253 工作于方式 2。

4. 方式 3 方波发生器(Square Wave Generator)

方式 3 和方式 2 的工作相类似,但从输出端得到的不是序列负脉冲,而是对称的方波或基本对称的矩形波。当 GATE 为高电平时的输出波形如图 7.6 所示。工作过程如下：

当输入控制字后,OUT 端输出变为高电平。如果 GATE 为高电平,则在写入计数值后的下一个时钟脉冲时,将计数值装入执行部件,并开始计数。

如果写入计数器的初值为偶数,则当 8253 进行计数时,每输入一个时钟脉冲,均使计数值减 2。计数值减为 0 时,OUT 输出引脚由高电平变成低电平,同时自动重新装入计数初值,继续进行计数。当计数值减为 0 时,OUT 引脚又回到高电平,同时再一次将计数初值装入计数器,开始下一轮循环计数；如果写入计数器的初值为奇数,则当输出端 OUT 为高电平时,第一个时钟脉冲使计数器减 1,以后每来一个时钟脉冲,都使计数器减 2,当计数值减为 0 时,输出端 OUT 由高电平变为低电平,同时自动重新装入计数初值继续进行计数。这时第一个时钟脉冲使计数器减 3,以后每个时钟脉冲都使计数器减 2,计数值减为 0 时,OUT 端又回到高电平,并重新装入计数初值后,开始下一轮循环计数。这两种情况下,从 OUT 端输出的方波频率都等于时钟脉冲的频率除以计数初值。但要注意,当写入的计数初值为偶数时,输出完全对称的方波,写入初值为奇数时,其输出波形的高电平宽度比低电平多一个时钟周期。

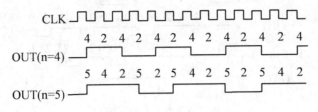

图 7.6 方式 3 波形图

在计数过程中,若 GATE 变成低电平时,就迫使 OUT 变为高电平,并禁止计数,当 GATE 回到高电平时,重新从初值 n 开始进行计数。

如果希望改变输出方波的速率,那么 CPU 可以在任何时候重新装入新的计数初值,在下一个计数周期就可按新的计数值计数,从而改变方波的速率。

5. 方式 4 软件触发选通(Software Triggered Strobe)

方式 4 的波形图如图 7.7 所示。工作过程如下:

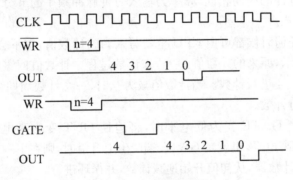

图 7.7 方式 4 波形图

当对 8253 写入控制字,进入工作方式 4 后,OUT 端输出变为高电平。如果 GATE 为高电平,那么写入计数初值后,在下一个时钟脉冲后沿将自动把计数初值装入执行部件,并开始计数。当计数值减为 0 时,OUT 端输出变低,经过一个时钟周期后,又回到高电平,形成一个负脉冲。方式 4 之所以称为软件触发选通方式,这是因为计数过程是由软件把计数初值装入计数寄存器来触发的。用这种方法装入的计数初值 n 仅一次有效,若要继续进行计数,则必须重新装入计数初值。如果在计数过程中写入一个新的计数值,那么将按新的计数初值进行计数,同样也只计一次。

如果在计数的过程中 GATE 变为低电平,则停止计数,当 GATE 变为高电平后,又重新将初值装入计数器,从初值开始计数,直至计数器的值减为 0 时,从 OUT 端输出一个负脉冲。

6. 方式 5 硬件触发选通(Hardware Triggered Strobe)

方式 5 也称为硬件触发选通方式,波形时序如图 7.8 所示。工作过程如下:

编程进入工作方式 5 后,OUT 端输出高电平。当装入计数值 n 后,不管 GATE 是高电

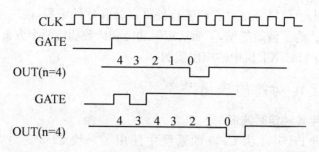

图 7.8 方式 5 波形图

平还是低电平,减 1 计数器都不会工作。一定要等到从 GATE 引脚上输入一个从低到高的正跳变信号时,才能在下一个时钟脉冲后沿把计数初值装入执行部件,并开始减 1 计数。当计数器的值减为 0 时,输出端 OUT 产生一个宽度为一个时钟周期的负脉冲,然后 OUT 又回到高电平。计数器回 0 后,8253 又自动将计数值 n 装入执行部件,但并不开始计数,要等到 GATE 端输入正跳变后,才又开始减 1 计数。由于从 OUT 端输出的负脉冲,是通过硬件电路产生的门控信号上升沿触发减 1 计数而形成的,所以这种工作方式称为硬件触发选通方式。

计数器在计数过程中,不受门控信号 GATE 电平变低的影响,但 GATE 的上升沿却能多次触发计数器,使它重新从计数初值 n 开始计数,直到计数值减为 0 时,才输出一个负脉冲。

如果在计数过程中写入新的计数值,但没有触发脉冲,则计数过程不受影响。当计数器的值减为 0 后,GATE 端又输入正跳变触发脉冲时,将按新写入的初值进行计数。

由上面的讨论可知,6 种工作方式各有特点,因而适用的场合也不一样。现将各种方式的主要特点概括如下:

对于方式 0,在写入控制字后,输出端即变低,计数结束后,输出端由低变高,常用该输出信号作为中断源。其余 5 种方式写入控制字后,输出均变高。方式 0 可用来实现定时或对外部事件进行计数。

方式 1 用来产生单脉冲。

方式 2 用来产生序列负脉冲,每个负脉冲的宽度与 CLK 脉冲的周期相同。

方式 3 用于产生连续的方波。方式 2 和方式 3 都实现对时钟脉冲进行 n 分频。

方式 4 和方式 5 的波形相同,都在计数器回 0 后,从 OUT 端输出一个负脉冲,其宽度等于一个时钟周期。但方式 4 由软件(设置计数值)触发计数,而方式 5 由硬件(门控信号GATE)触发计数。

这 6 种工作方式中,方式 0、1 和 4,计数初值装进计数器后,仅一次有效。如果要使通道再次按此方式工作,必须重新装入计数值。对于方式 2、3 和 5,在减 1 计数到 0 值后,8253会自动将计数值重装进计数器。

7.2 8253/8254 的应用举例

8253/8254 可以用在微型机系统中构成各种计数器、定时器电路或脉冲发生器等。使用 8253 时,先要根据实际需要设计硬件电路,然后用输出指令向有关通道写入相应的控制字和计数初值,对 8253 进行初始化编程,这样 8253 就可以工作了。由于 8253 的 3 个计数通道是完全独立的,因此,可以分别对它们进行硬件设计和软件编程,使三个通道工作于相同或不同的工作方式。为了清楚起见,下面从定时功能和计数功能两个方面来介绍 8253 的应用,然后给出 8253 在 PC/XT 机中的应用实例。

7.2.1 8253 定时功能的应用举例

1. 用 8253 产生各种定时波形

例 7.2 在某个以 8086 为 CPU 的系统中使用了一块 8253 芯片,通道的基地址为 310H,所用的时钟脉冲频率为 1MHz。要求 3 个计数通道分别完成以下功能:

(1) 通道 0 工作于方式 3,输出频率为 2kHz 的方波。
(2) 通道 1 产生宽度为 480μs 的单脉冲。
(3) 通道 2 用硬件方式触发,输出单脉冲,时间常数为 26。

试设计硬件电路,并编写各计数通道的初始化程序。

根据要求设计的硬件电路如图 7.9 所示,图中 8253 芯片的片选信号 $\overline{CS}$ 由 74LS138 构成的地址译码电路产生,只有当执行 I/O 操作(即 M/$\overline{IO}$ 为低)以及 $A_9A_8A_7A_6A_5=11000$,使 74LS138 的 $G_1\overline{G_{2A}}\overline{G_{2B}}=100$ 时,译码器才能工作。当 $A_4A_3A_0=100$ 时,$\overline{Y_4}=0$,使 8253 的片选信号 $\overline{CS}$ 有效,选中偶地址端口,端口基地址值为 310H。CPU 的 A_2、A_1 分别与 8253 的 A_1、A_0 相连,用于 8253 芯片内部寻址,使 8253 的 4 个端口地址分别为 310H、312H、314H 和 316H。8253 的 8 根数据线 $D_7 \sim D_0$ 必须与 CPU 的低 8 位数据总线 $D_7 \sim D_0$ 相连。另外,8253 的 $\overline{RD}$、$\overline{WR}$ 引脚分别与 CPU 的相应引脚相连。3 个通道的 CLK 引脚连在一起,均由频率为 1MHz(周期为 1μs)的时钟脉冲驱动。

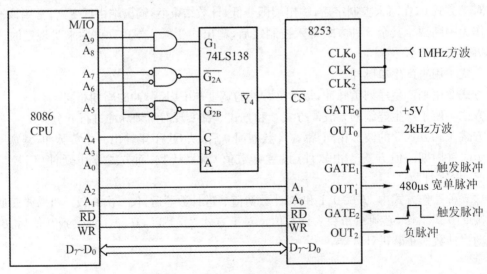

图 7.9 8253 定时波形产生电路

通道 0 工作于方式 3,即构成一个方波发生器,它的控制端 $GATE_0$ 须接 +5V,为了输出 2kHz 的连续方波,应使时间常数 $N_0=1MHz/2kHz=500$。

通道 1 工作于方式 1,即构成一个单稳态电路,由 $GATE_1$ 的正跳变触发,输出一个宽度由时间常数决定的负脉冲。此功能一次有效,需要再形成一个脉冲时,不但 $GATE_1$ 脚上要有触发,通道也需重新初始化。需输出宽度为 $480\mu s$ 的单脉冲时,应取时间常数 $N_1 = 480\mu s/1\mu s = 480$。

通道 2 工作于方式 5,即由 $GATE_2$ 的正跳变触发减 1 计数,在计到 0 时形成一个宽度与时钟周期相同的负脉冲。此后,若 $GATE_2$ 脚上再次出现正跳变,又能产生一个负脉冲。这里假设预置的时间常数为 26。

对 3 个通道的初始化程序如下:

```
;通道 0 初始化程序
    MOV   DX,  316H          ;控制口地址
    MOV   AL,  00110111B     ;通道 0 控制字,先读写低字节,后高字节,方式 3,BCD 计数
    OUT   DX,  AL            ;写入方式字
    MOV   DX,  310H          ;通道 0 口地址
    MOV   AL,  00H           ;低字节
    OUT   DX,  AL            ;先写入低字节
    MOV   AL,  05H           ;高字节
    OUT   DX,  AL            ;后写入高字节
;通道 1 初始化程序
    MOV   DX,  316H
    MOV   AL,  01110011B     ;通道 1 方式字,先读写低字节,后高字节,方式 1,BCD 计数
    OUT   DX,  AL
    MOV   DX,  312H          ;通道 1 口地址
    MOV   AL,  80H           ;低字节
    OUT   DX,  AL
    MOV   AL,  04H           ;高字节
    OUT   DX,  AL
;通道 2 初始化程序
    MOV   DX,  316H
    MOV   AL,  10011011B     ;通道 2 控制字,只读写低字节,方式 5,BCD 计数
    OUT   DX,  AL
    MOV   DX,  314H          ;通道 2 口地址
    MOV   AL,  26H           ;低字节
    OUT   DX,  AL            ;只写入低字节
```

2. 控制 LED 的点亮或熄灭

8253 的计数和定时功能,可以应用到自动控制、智能仪器仪表、科学实验、交通管理等许多场合。例如,工业控制现场数据的巡回检测,A/D 转换器采样率的控制,步进马达转动的控制,交通灯开启和关闭的定时,医疗监护仪器中参数越限报警器音调的控制等等。

例 7.3 利用 8253 来控制一个 LED 发光二极管的点亮和熄灭,要求点亮 10 秒钟后再让它熄灭 10 秒钟,并重复上述过程。试画出硬件连线图,并编写 8253 的初始化程序。

假设这是一个 8086 系统,8253 的各端口地址为 81H、83H、85H 和 87H。图 7.10 是其硬件电路。8253 的 8 根数据线 $D_7 \sim D_0$ 与 CPU 的高 8 位数据线 $D_{15} \sim D_8$ 相连,这样才能选

中奇地址端口。通道1的OUT_1与LED相连,当它为高电平时,LED点亮,低电平时,LED熄灭。只要对8253编程,使OUT_1输出周期为20秒,占空比为1:1的方波,就能使LED交替地点亮和熄灭10秒钟。若将频率为2MHz(周期为$0.5\mu s$)的时钟直接加到CLK_1端,则OUT_1输出的脉冲周期最大只有$0.5\mu s \times 65536 = 32768\mu s = 32.768ms$,达不到20秒的要求。为此,需用几个通道级连的方案来解决这个问题。

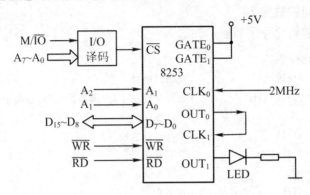

图 7.10 用 8253 控制 LED 点亮或熄灭

如图 7.10 所示,将频率为 2MHz 的时钟信号加在 CLK_0 输入端,并让通道 0 工作于方式 2。若选择计数初值 $N_0 = 5000$,则从 OUT_0 端可得到序列负脉冲,其频率为 2MHz/5000 = 400Hz,周期为 2.5ms。再把该信号连到 CLK_1 输入端,并使通道 1 工作于方式 3。为了使 OUT_1 输出周期为 20 秒(频率为 1/20 = 0.05Hz)的方波,应取时间常数 $N_1 = 400Hz/0.05Hz = 8000$。

初始化程序如下:

```
MOV  AL, 00110101B   ;通道0控制字,先读写低字节,后高字节,方式2,BCD计数
OUT  87H, AL
MOV  AL, 00H         ;计数初值低字节
OUT  81H, AL
MOV  AL, 50H         ;计数初值高字节
OUT  81H, AL
                     ;
MOV  AL, 01110111B   ;通道1控制字,先读写低字节,后高字节,方式3,BCD计数
OUT  87H, AL
MOV  AL, 00H         ;计数初值低字节
OUT  83H, AL
MOV  AL, 80H         ;计数初值高字节
OUT  83H, AL
```

7.2.2 8253/8254 计数功能的应用举例

8253/8254 可用于各种需要进行计数的场合。下面,我们用一个具体的例子来说明它在这方面的应用。假设一个自动化工厂需要统计在流水线上所生产的某种产品的数量,可

采用 8086 微处理器和 8253/8254 芯片来设计实现这种自动计数的系统。下面介绍这种自动计数系统的电路和控制软件的设计方法。

1. 硬件电路设计

这个自动计数系统由 8086 CPU 控制,用 8253 作计数器。此外,还要用到一片 8259A 中断控制器芯片和若干其它电路。图 7.11 仅给出了计数器部分的电路图,8086 和 8259A 未画在图上。

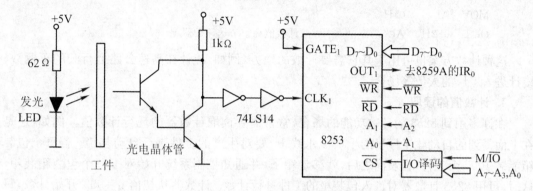

图 7.11 对工件进行计数的电路

电路由一个红外 LED 发光管、一个复合型光电晶体管、两个施密特触发器 74LS14 及一片 8253 芯片等构成。用 8253 的通道 1 来进行计数,工作过程如下:

当 LED 发光管与光电管之间无工件通过时,LED 发出的光能照到光电管上,使光电晶体管导通,集电极变为低电平。此信号经施密特触发器驱动整形后,送到 8253 的 CLK_1,使 8253 的 CLK_1 输入端也变成低电平。当 LED 与光电管之间有工件通过时,LED 发出的光被它挡住,照不到光电管上,使光电管截止,其集电极输出高电平,从而使 CLK_1 端也变成高电平。待工件通过后,CLK_1 端又回到低电平。这样,每通过一个工件,就从 CLK_1 端输入一个正脉冲,利用 8253 的计数功能对此脉冲计数,就可以统计出工件的个数来。两个施密特触发反相器 74LS14 的作用,是将光电晶体管集电极上的缓慢上升信号,变换成满足计数电路要求的 TTL 电平信号。

8253 的片选输入端 $\overline{CS}$ 接到 I/O 端口地址译码器的一个输出端,$\overline{RD}$ 和 $\overline{WR}$ 端分别与 CPU 的 $\overline{RD}$ 和 $\overline{WR}$ 信号相连。8253 的数据线 $D_7 \sim D_0$ 与 CPU 的低 8 位地址线相连,如前所述,这时 I/O 端口地址必须是偶地址,所以把 A_1 和 A_0 分别与 CPU 地址总线的 A_2 和 A_1 相连。8253 通道 1 的门控输入端 $GATE_1$ 接+5V 高电平,即始终允许计数器工作。通道 1 的输出端 OUT_1 接 8259A 的一个中断请求输入端 IR_0。

2. 初始化编程

硬件电路设计好后,还必须对 8253 进行初始化编程,计数电路才能工作。编程时,可选择计数器 1 工作于方式 0,按 BCD 码计数,先读/写低字节,后读/写高字节,根据图 7.2 可得到控制字为 01110001B。如果选取计数初值 n=499,则经过 n+1 个脉冲,也就是 500 个脉冲,OUT_1 端输出一个正跳变。它作用于 8259A 的 IR_0 端,通过 8259A 的控制,向 CPU 发出一次中断请求,表示计满了 500 个数,在中断服务程序中使工件总数加上 500。中断服务程序执行完后,返回主程序,这时需要由程序把计数初值 499 再次装入计数器 1,才能继续进行计数。

设 8253 的 4 个端口地址分别为 F0H,F2H,F4H 和 F6H,则初始化程序为：

```
MOV   AL,   01110001B        ;控制字
OUT   0F6H, AL
MOV   AL,   99H
OUT   0F2H, AL               ;计数值低字节送计数器 1
MOV   AL,   04H
OUT   0F2H, AL               ;计数值高字节送计数器 1
```

这种计数方案也可用于其它需要计数的地方,例如,统计在高速公路上行驶的车辆数、统计进入工厂的人数等场合。

3. 计数值的读取

在许多用到 8253 的计数功能的场合,常常需要读取计数器的现行计数值。例如,还是在上面提到的自动化工厂里的生产流水线上,要对生产的工件进行自动装箱。若每个包装箱能装 1000 个工件,在装满之后,就移走箱子,并通知控制系统开始对下一个包装箱装箱。这时,可用 8253 计数器对进入包装箱的工件进行计数。计数器从初值 n=999 开始计数,每通过一个工件,计数器就减 1。当计数器减为 0 时,向 CPU 发中断请求,通知控制系统自动移走箱子。

上述系统只有在计数器计满 1000 后,才会转到中断服务程序中去累计工件数。如果在箱子尚未装满时,想了解箱子中已装了多少个工件,那么可通过读取计数器的现行值来实现。这时,可先从计数器中读取现行的计数值,再用 1000 减去现行值,就可求得当前装入箱中的工件数。

在读计数器现行值时,计数过程仍在进行,而且不受 CPU 的控制。因此,在 CPU 读取计数器的输出值时,可能计数器的输出正在发生改变,即数值不稳定,可能导致错误的读数。为了防止这种情况发生,必须在读数前设法终止计数或将计数器输出端的现行值锁存。这可以采用下面两种方法：

一种方法是在读数前用外部硬件切断计数脉冲信号,或者使门控信号变为低电平,迫使 8253 停止计数。这种方法的缺点是需要硬件电路配合。此外,由于外部事件源被切断或正常的计数过程被禁止,干扰了实际的计数过程。因此,这不是一种好的方法,在我们这个例子里,就不宜采用这种读数方法。

另一种方法是先用计数器锁存命令锁存现行计数值,然后将它读出。如前所述,在每个计数通道中都有一个 16 位的输出锁存器,可以在任何时刻将计数器的现行值锁住。当需要读取计数器的现行值时,先向 8253 送一个控制字,并使控制字中的 $RL_1RL_0=00$,这表示向 8253 发了一个锁存命令,现行计数值立即被锁存起来。接下来,就可以从相应的计数器通道中读取计数值。该控制字中的 SC_1SC_0 用来确定要锁存的是 3 个计数器中的哪一个。控制字的低 4 位对锁存命令无影响,可以将它们置为 0。读取计数值的方法由对 8253 进行初始化编程时所写入的控制字中的 RL_1RL_0 位来确定,当 $RL_1RL_0=01$ 时,只读取计数器的低字节,$RL_1RL_0=10$ 时,只读取计数器的高字节,$RL_1RL_0=11$ 时,先读写计数器低字节,后读写高字节。

比较起来,第二种方法完全由软件实现,并可随时读取计数值,而且不会干扰正常的计数过程和引起错误,是常用的方法。上例中,在要读取箱子中的现行工件数时,可执行下面的程序段。

例7.4 对8253的计数器1发锁存命令,然后将计数值读出来,存放到AX中。程序如下:

```
MOV    AL,  01000000B    ;锁存计数器1命令
MOV    DX,  0F6H         ;控制口
OUT    DX,  AL           ;发锁存命令
MOV    DX,  0F2H         ;计数器1
IN     AL,  DX           ;读取计数器1的低8位数
MOV    AH,  AL           ;保存低8位数
IN     AL,  DX           ;读取计数器1的高8位数
XCHG   AH,  AL           ;将计数值置于AX中
```

由于在上述程序执行前,对8253进行初始化编程时,已将计数器1置为先读/写低8位数,后读/写高8位数,所以,程序可以根据这样的次序连续读取2个字节的数据。如果对计数器初始化为只读/写低8位或高8位数,则只允许读取一个字节。

在计数器的锁存命令发出后,锁存的计数值将保持不变,直至被读出为止。计数值从锁存器读出后,数值锁存状态即被自动解除,输出锁存器的值又将随计数器的值而变化。

利用这种方法读取8253的计数器值时,每执行一次锁存命令,只能锁存一个通道的计数值。如果想读取8253的3个计数器的值,就要向8253送3个锁存命令字。同样,用这种方法也可以读取8254的内部计数器的数值。但是对于8254来说,还有另外一种读回功能,一次可以锁存多个计数器的值,从而可连续读取1~3个计数器的值。

4. 8254的读回功能

当利用8254的读回(Read Back)命令功能,向8254的控制字寄存器写入一个读回命令字时,每次可锁存1~3个通道的计数值。此外,利用8254的读回功能,还可锁存1~3个计数通道的状态字,供CPU读取。通过读取状态字,可以核对向8254写入的控制字是否正确,还能了解当前输出引脚的电平状态,以及计数值是否已写入执行单元等。

8254的读回命令的格式如图7.12所示。其中,D_7D_6位为标志位,必须等于11(8253无此功能),用来表明这是读回命令字。D_0位为0。D_5位和D_4位分别用来决定是否要锁存计数器的数值及状态位的信息。$D_3 \sim D_1$位用来选择计数通道号。

当D_5位置0时,将锁存计数器的计数值。至于是锁存哪一个计数器的值,由$D_3 \sim D_1$位来决定。D_3位等于1,表示锁存计数器2的值,D_2或D_1等于1,则表示锁存计数器1或计数器0的值。这样,通过$D_3 \sim D_1$位的不同组合,可同时锁存一个、两个或三个计数器的值。计数器的值被锁存后,就能用前面介绍的读取8253计数值的类似方法来读取8254的计数值。该值被读出后,锁存器的输出又随计数的输出而变了。

若D_4位置0,将锁存计数器的状态信息。状态信息被锁存后,也可以由CPU用输入指令读回。用户通过读取状态信息,可核查所选中通道的计数值、工作方式、输出引脚OUT的现行状态及计数器是否已写入计数通道等信息。状态字的格式如图7.13所示。其中$D_5 \sim$

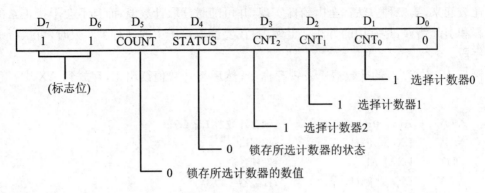

图 7.12　8254 的读回命令字格式

D_0 位即为写入该通道的控制字的相应部分，RW_1RW_0 相当于 8253 的 RL_1RL_0 位。具体意义如下：

RW_1RW_0　读/写操作位，反映对该通道的计数器所设置的读/写操作方式。

BCD　反映通道所设置的计数方式。

$M_2M_1M_0$　反映通道所设置的工作方式。

D_7　通道输出状态位。当 $D_7=1$ 时，表示输出高电平，$D_7=0$ 时，输出为低电平。

D_6　无效计数位（NULL COUNT），反映计数值是否已写入计数器执行单元。当向通道写入控制字和计数值后，$D_6=1$；当计数值写入计数器执行单元后，$D_6=0$。

D_7	D_6	D_5	D_4	D_3	D_2	D_1	D_0
OUTPUT	NULL COUNT	RW_1	RW_0	M_2	M_1	M_0	BCD

图 7.13　8254 的计数状态字

7.2.3　8253 在 PC/XT 机中的应用

1. 硬件电路和 3 个计数器的功能

1）硬件电路

在 PC/XT 机中，使用 8253-5 作计数器/定时器电路，8253-5 与 8253 的引脚和功能完全一致，仅在有些性能指标方面略高于 8253。图 7.14 是 8253-5 在 IBM PC/XT 机中的连线图。

从图 7.14 可以看到，8253-5 的 $\overline{RD}$、$\overline{WR}$ 信号与系统中相应的控制信号相连，A_1、A_0 与地址总线的对应端相连，$D_7 \sim D_0$ 与系统的 8 位数据总线相连，片选信号 $\overline{CS}$ 与 I/O 译码器的输出信号 $\overline{T/C\ CS}$ 相连，地址在 40H～5FH 范围内均有效（$A_9 \sim A_5=00010$）。ROM BIOS 访问 8253-5 时，内部 3 个计数器的端口地址分别为 40H、41H、42H，控制字寄存器的端口地址为 43H。外部时钟信号 PCLK 由 8284A 时钟发生器产生，其频率为 2.38636MHz，经 U21 二分频后，形成频率为 f=1.19318MHz 的脉冲信号，作为 3 路计数器的输入时钟。

2）3 个计数器的功能

8253-5 的 3 个计数器都有专门的用途，下面分别介绍它们的使用情况。

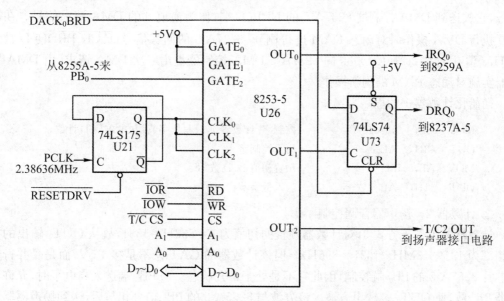

图 7.14 8253-5 在 PC/XT 机中的连线图

① 计数器 0 实时时钟

计数器 0 用作定时器，$GATE_0$ 接+5V，使计数器 0 处于常开状态，开机初始化后，它就一直处于计数工作状态，为系统提供时间基准。在对计数器 0 进行初始化编程时，选用方式 3（方波发生器），二进制计数。对计数器预置的初值 n=0，相当于 $2^{16}=65536$，这样在输出端 OUT_0 可以得到序列方波，其频率为 f/n=1.19318MHz/65536=18.2Hz。它经系统板上的总线 IRQ_0 被直接送到 8259A 中断控制器的中断请求端 IR_0，使计算机每秒钟产生 18.2 次中断，也就是每隔 55ms 请求一次中断。CPU 可以此作为时间基准，在中断服务程序中对中断次数进行计数，就可形成实时时钟。例如中断 100 次，时间间隔即为 5.5s。这对于时间精度要求不是非常高的场合是很有用的。

若用一个 16 位的计数器对中断次数进行计数，每中断一次，计数器加 1，当 16 位的计数器计满后产生进位时，表示产生了 65536 次中断，所经过的时间为 65536/18.2=3600s=1h。对 8253 的计数器 0 进行初始化编程的程序为：

```
MOV  AL,  00110110B    ;控制字：通道 0，先写低字节，后高字节，方式 3，二进制计数
OUT  43H,  AL          ;写入控制字
MOV  AX,  0000H        ;预置计数值 n=65536
OUT  40H,  AL          ;先写低字节
MOV  AL,  AH
OUT  40H,  AL          ;后写高字节
```

② 计数器 1 动态 RAM 刷新定时器

计数器 1 的 $GATE_1$ 也接+5V，使计数器 1 也处于常开状态，它定时向 DMA 控制器提供动态 RAM 刷新请求信号。初始化编程时，设置成方式 2（比率发生器），计数器预置的初值为 18。这样，从 OUT_1 端可输出负脉冲序列，其频率为 1.19318MHz/18=66.2878kHz，周期为 15.09μs。OUT_1 输出的负脉冲的上升沿使 D 触发器 U73 置 1，从 Q 端输出 DRQ_0

信号,它被送到 DMA 控制器 8237A-5 的 $DREQ_0$ 端,作为通道 0 的 DMA 请求信号。在通道 0 执行 DMA 操作时对动态 RAM 进行刷新,8237A-5 的回答信号 $\overline{DACK_0}\cdot\overline{BRD}$ 使 D 触发器 U73 清 0,这样每隔 $15.09\mu s$ 向 8237A-5 DMA 控制器提出一次 DMA 请求,由 DMA 控制器实施对动态 RAM 的刷新操作。

初始化计数器 1 的程序为:

```
MOV    AL, 01010101B    ;控制字:计数器 1,只写低字节,方式 2,BCD 计数
OUT    43H, AL          ;写入控制字
MOV    AL, 18H          ;预置初值 BCD 数 18
OUT    41H, AL          ;送入低字节
```

③ 计数器 2   扬声器音调控制

计数器 2 工作于方式 3,对计数器预置的初值为 n=533H=1331,故从 OUT_2 输出的方波频率为 1.19318MHz/1331=896Hz。但该计数器的 $GATE_2$ 不是接+5V,而是受并行接口芯片 8255A-5 的 PB_0 端控制,因此它不是处于常开状态。当 PB_0 端送来高电平时,允许计数器 2 计数,使 OUT_2 端输出方波。该方波与 8255A-5 的 PB_1 信号相与后,送到扬声器驱动电路,驱动扬声器发声。发声的频率由预置的初值 n 决定,发声时间的长短受 PB_1 控制,当 $PB_1=1$ 时,允许发声,当 $PB_1=0$ 时,禁止发声。通过控制 PB_1 与 PB_0 的电平,就可以发出各种不同音调的声音。由于 8255A-5 还控制其它设备,所以在控制扬声器发声的程序中,还必须保护 PB 端口原来的状态,这样就不会影响其它设备的工作。

初始化计数器 2 的程序为:

```
MOV    AL, 10110110B    ;控制字:计数器 2,先写低字节,后高字节,方式 3,二进制计数
OUT    43H, AL          ;写入控制字
MOV    AX, 533H         ;预置初值 n=533H
OUT    42H, AL          ;先送出低字节
MOV    AL, AH
OUT    42H, AL          ;后送出高字节
IN     AL, PORT_B       ;取 8255A B 口的当前值(口地址为 61H)
MOV    AH, AL           ;保存该端口的值
OR     AL, 03H          ;使 PB₁ 和 PB₀ 均置 1
OUT    PORT_B, AL       ;接通扬声器
```

以上程序使扬声器发出单一频率(896Hz)的声音。

2. PC/XT 机中的扬声器接口电路

扬声器是计算机的一个简单输出设备,用来产生一定音调的声响,进行必要的报警和提示,也可以通过编程,控制加到扬声器上的信号的频率,奏出乐曲来。在 PC/XT 机中,扬声器接口电路由 8255A-5、8253-5、驱动器和低通滤波器等构成,如图 7.15 所示。图中,8253-5 是音频信号源,8255A-5 作控制器,驱动器用来增大 8253-5 输出的 TTL 电平信号的驱动能力,低通滤波器将脉冲信号转换成接近正弦波的音频信号,去驱动扬声器发声。扬声器发声过程的控制方法如下:

8253-5 的计数器 2 的 CLK_2 端所加的时钟脉冲频率为 1.19318MHz。可根据这个频率

第7章 可编程计数器/定时器 8253/8254

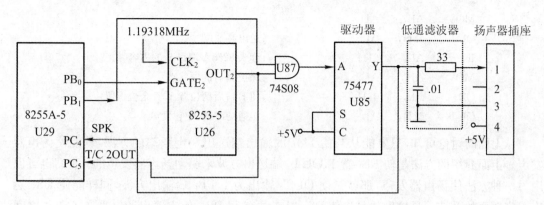

图 7.15 扬声器接口电路

和所要产生的声音频率,计算出定时常数,经编程让计数器 2 输出指定频率的波形。8255A-5 的 PB_0 接 8253-5 的 $GATE_2$,作为计数器的门控信号,允许或禁止 8253-5 计数。8255A-5 的 PB_1 接与门 U87 的一个输入端,用来对计数器 2 的 OUT_2 端输出的波形做进一步的控制。当 $PB_1=1$ 时,8253-5 从 OUT_2 输出的波形才能通过与门 U87 送到驱动器 75477 的 A 端,产生 1/2W 的驱动功率,再通过阻容低通滤波器,滤除高次谐波后送到扬声器插座,使之发声。当 8255A-5 的 $PB_1=0$ 时,OUT_2 输出的波形不能通过与门 U87,扬声器不会发声。这样,通过对 PB_1 电平的设置可控制扬声器发声时间的长短。当 $PB_1PB_0=11$ 时,扬声器能连续发声。

接口电路中的 T/C 2OUT 接 8255A-5 的 PC_5,CPU 可通过读取 PC_5 的状态来了解计数器的输出状态。驱动器 U85 的输出端 Y 接到 8255A-5 的 PC_4,CPU 可从这里读取驱动器输出到扬声器的信号的状态。

例 7.5 根据图 7.15 介绍的扬声器接口电路,编写一个产生指定频率为 f 的音频信号的通用发声程序。首先把 8253-5 的计数器 2 编程为工作方式 3。由于 $f_{CLK2}=1.19318MHz=1193180Hz$,为使输出端 OUT_2 得到频率为 f 的方波,必须向计数器 2 写入初值 n,其值为:

$$n=f_{CLK2}/f=1193180/f=1234DEH/f$$

这里,f 应为人耳能听到的音频频率,其范围为 20Hz~20000Hz,可以用十六进制数的形式事先存入 DI 寄存器。在程序中,为了求得 n,需要用字除法进行运算。即先将被除数的高字节(12H)送到 DX 中,低字节(34DEH)送到 AX 中,再除以 DI 中的数,在 AX 中得到的商就是初值 n。

下面是能产生频率为 f 的通用发声程序:

```
        MOV     AL,     10110110B   ;8253 控制字:通道2,先写低字节,后写高字节
                                    ;方式3,二进制计数
        OUT     43H,    AL          ;写入控制字
        MOV     DX,     0012H       ;被除数高位
        MOV     AX,     34DEH       ;被除数低位
        DIV     DI                  ;求计数初值n,结果在 AX 中
        OUT     42H,    AL          ;送出低 8 位
```

MOV	AL,	AH	
OUT	42H,	AL	;送出高 8 位
IN	AL,	61H	;读入 8255A 端口 B 的内容
MOV	AH,	AL	;保护 B 口的原状态
OR	AL,	03H	;使 B 口后两位置 1,其余位保留
OUT	61H,	AL	;接通扬声器,使它发声

　　从上面的讨论可知,只要能从与门 U87 的输出端送出一定频率的方波,就能使扬声器发声。上面介绍的方法是使 PB_1 置 1,OUT_2 端送出方波来驱动扬声器发声的。我们也可以用另一种方法使扬声器发声,那就是使 OUT_2 输出为 1,PB_1 端输出方波,同样能使 U87 送出一定频率的方波。具体做法是先使 PB_0 置 0,再编程 PB_1,使它输出的电平在 1 和 0 之间来回变化。这是因为 PB_0 接到 8253-5 计数器 2 的门控输入端 $GATE_2$,当 8253-5 工作于方式 3,门控信号为低电平时,输出端 OUT_2 恒为高电平,这样就允许 PB_1 产生的方波信号通过 U87 输出。这种方法在例 3.94 中已提及,不过在那里没有给出硬件电路。实现这种发声方案的程序如下:

	IN	AL,	61H	;读入 B 口状态
	AND	AL,	11111100B	;使 PB_0 置 0,OUT_2 输出高电平
BEEP:	XOR	AL,	02H	;PB_1 由 1→0 或由 0→1
	OUT	61H,	AL	
	MOV	CX,	320	
HERE:	LOOP	HERE		;延时
	JMP	BEEP		

　　读者可以根据上面讨论的方法,通过编程来控制 8253-5 的定时时间,使扬声器发出不同频率的声音,并设法控制它发声的时间长短,以形成各种调子的声响。

习　　题

　　1. 8253 芯片有哪几个计数通道?每个计数通道可工作于哪几种工作方式?这些操作方式的主要特点是什么?

　　2. 8253 的最高工作频率是多少?8254 与 8253 的主要区别是什么?

　　3. 对 8253 进行初始化编程分哪几步进行?

　　4. 设 8253 的通道 0～2 和控制口的地址分别为 300H,302H,304H 和 306H,系统的时钟脉冲频率为 2MHz,要求:

　　(1) 通道 0 输出 1kHz 方波;

　　(2) 通道 1 输出 500Hz 序列负脉冲;

　　(3) 通道 2 输出单脉冲,宽度为 $400\mu s$。

　　试画出硬件连线图,并编写各通道的初始化程序。(参考例 7.2。)

　　5. 设 8253 的口地址为 40H～43H,时钟频率 f＝5MHz,通道 2 接一个 LED 显示器。要求:LED 显示器点亮 4 秒钟后,再熄灭 4 秒钟,并不断重复该过程,试编写 8253 的初始化程序。(参考例 7.3。注意:5MHz 的时钟脉冲要经分频后才能接到 8253 的 CLK 端。)

6. 设某系统中 8254 芯片的口地址为 F0H～F3H,在对 3 个计数通道进行初始化编程时,都已设为先读写低 8 位,后读写高 8 位,试编程完成下列工作:

(1) 对通道 0～2 的计数值进行锁存并读出来；

(2) 对通道 0～2 的状态值进行锁存并读出来。

(参考图 7.12。先锁存 3 个计数器的计数值,再分别读取各计数器的计数值,然后锁存各计数器的状态值,先后读出来。)

7. 根据图 7.15,说明 PC 机中扬声器发声电路的工作原理,并编写产生频率为 1000Hz 的发声程序。(参考例 7.5。)

第8章 中断和可编程中断控制器 8259A

8.1 中　　断

8.1.1 中断概念和分类

1. 中断的定义和功能

所谓中断是指计算机在执行正常程序的过程中,由于某些事件的发生,需要暂时中止当前程序的运行,转到中断处理程序去处理临时发生的事件,处理完之后又恢复原来程序的运行,这个过程称为中断。

在第 6 章中曾讲到,CPU 采用查询方式与外设交换数据时效率很低,为提高 CPU 的利用率,提出了中断的概念。采用中断后,CPU 平时可以执行主程序,只有当输入设备将数据准备好了,或者输出缓冲器空了,才向 CPU 提出中断请求。CPU 响应中断后暂停当前程序的执行,转去为外设服务,服务完后又返回断点处,继续执行原来的程序。这样,大大提高了CPU 的利用率。随着计算机技术的不断发展,计算速度和性能的不断提高,中断的功能也越来越强。例如,在实时控制系统中,现场设备准备好数据后,可随时向 CPU 发出中断请求,CPU 收到中断请求后,便及时接收数据并进行处理,避免数据丢失;机器在运行过程中若发现故障,如电源掉电、奇偶校验错、运算中溢出错等,也能通过中断请求,要求进行及时妥善处理;此外,利用中断指令,还可以直接调用大量系统已编写好的中断服务程序,实现对硬件的控制。

2. 中断源和中断分类

引起中断的原因或能发出中断请求的来源称为中断源。8086 有两种中断源,一种是外部中断或硬件中断,它们从 CPU 的不可屏蔽中断引脚 NMI 和可屏蔽中断引脚 INTR 引入;另一种为内部中断或软件中断,是为解决 CPU 运行过程中出现的一些意外事件或便于程序调试而设置的。因此,根据引起中断的原因,可以把 8086 的中断分为外部中断和内部中断两大类。PC 机中 8086 CPU 的中断分类和中断源如图 8.1 所示。

1) 外部中断

从 NMI 和 INTR 引脚引入的中断属于外部中断。

其中,从 NMI 引脚引入的中断称为不可屏蔽中断。它用来应对比较紧急的情况,如存储器或 I/O 校验错、掉电、协处理器异常中断请求等,CPU 必须马上响应和处理,它不受中断标志 IF 的影响。通常采用边沿脉冲触发,当 8086 的 NMI 引脚上接收到由低到高的电平变化时,将自动产生类型号为 2 的不可屏蔽中断。

从 INTR 引脚引入的中断请求称为可屏蔽中断。只有当 CPU 的标志寄存器 FLAGS

的 IF=1 时,才允许响应此脚引入的中断请求;若 IF=0,即使外部有请求,也不能响应中断。在 PC 机中,这类中断是通过 8259A 可编程中断控制器的输出引脚 INT,连到 CPU 的 IN-TR 引脚上去的。8259A 的输入引脚 $IR_0 \sim IR_7$ 可引入 8 级中断,允许有时钟、键盘、串行通信口 COM1 和 COM2、硬盘、软盘、打印机等多个中断源,IR_2 为用户保留。经 8259A 判别后,选择优先级最高的设备向 CPU 提出中断请求。CPU 执行指令,运行到最后一个 T 状态时,对 INTR 线采样,若发现有中断请求信号,则将内部的中断锁存器置 1,在下一个总线周期便立即进入中断总线周期。

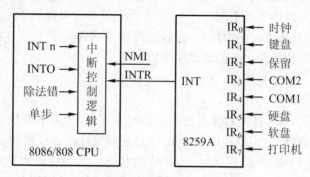

图 8.1 PC 机中 8086 的中断分类和中断源

2) 内部中断

内部中断不需要硬件支持,不受 IF 标志控制,不执行中断总线周期,除单步中断可通过 TF 标志允许或禁止外,其余都是不可屏蔽的中断。内部中断有以下几种:

(1) 除法错中断。CPU 在执行除法指令时,若发现除数为 0 或者所得的商超过了寄存器能容纳的范围,则自动产生一个类型为 0 的除法错中断。

(2) 单步中断。如果 CPU 的单步标志 TF 置 1,那么每执行完一条指令后,会自动产生类型为 1 的单步中断,CPU 响应中断后,暂停执行下条指令,转到单步中断服务程序去执行,其结果是将 CPU 的内部寄存器和有关存储器的内容显示出来,便于跟踪程序的执行过程,实现动态排错。

8086 中没有直接对标志寄存器的 D_8 位即 TF 标志置 1 或清 0 的指令,但可以通过堆栈操作指令改变 TF 的值。例如,要使 TF 标志置 1,可用如下程序段实现:

```
PUSHF              ;标志寄存器 FLAGS 入栈
POP    AX          ;AX←FLAGS 内容
OR     AX,0100H    ;使 AX(即标志寄存器)的 $D_8$=1,其余位不变
PUSH   AX          ;AX 入栈
POPF               ;FLAGS 寄存器←AX
```

用类似的方法将标志寄存器与 FEFFH 相与,可以使 TF 标志清 0,从而禁止单步中断。

(3) 溢出中断。在带符号数进行算术运算时,如果溢出标志 OF 置 1,则可由溢出中断指令 INTO 产生中断类型号为 4 的溢出中断。若 OF=0,则执行 INTO 指令后不会产生中断。因此在带符号数加、减指令后应安排一条 INTO 指令,一旦溢出就能及时向 CPU 提出中断请求,CPU 响应中断后可进行相应的处理。

(4) 软件中断指令 INT n。也称为软中断指令,其中 n 为中断类型号,其值在 0~255 的

范围内。它可以安排在程序的任何位置上。原则上讲,利用 INT n 指令能以软件方法调用所有 256 个中断的服务程序,尽管其中有些中断实际上是由硬件触发的。这样,除了在程序中需要调用特定的中断服务程序时插入 INT n 指令,以调用大量为外设服务的子程序外,还可以利用这种指令来调试各种中断服务程序。例如,可用 INT 2 指令执行 NMI 中断服务程序,从而不必在 NMI 引脚上加外部信号,便能对 NMI 子程序进行调试。

(5) 断点中断。在内部中断中,还有一种类型号为 3 的断点中断,它是一条单字节指令,专门为调试程序而设置的。如果在程序的关键位置设置了断点,每当程序运行到断点时便产生中断,这时也可以像单步中断一样,查看各寄存器和有关存储单元的内容。断点可以设在程序的任何地方并可以设多个断点,设置的方法是插入一条 INT 3 指令。利用断点中断可以调试一段程序,比单步中断的调试速度快得多。

3. 中断向量表

1) 中断响应和返回

CPU 每响应一次中断,首先要像远过程调用指令那样,把 CS 和 IP 寄存器的值也即断点(过程调用中称为返址)送到堆栈保护起来,而且还要将标志寄存器的值推入堆栈保护,保证在中断服务程序执行完后,能正确恢复 CPU 的状态。然后找到中断服务程序的入口地址,转去执行相应的中断服务程序。中断服务程序结束时,通过执行中断返回指令 IRET,从堆栈中恢复中断前 CPU 的状态和断点,返回正常程序继续执行。如何寻找中断服务程序的入口地址,是中断处理过程中的一个重要环节。

2) 中断向量表

中断服务程序的入口地址通常被称为中断向量(Interrupt Vector)或中断矢量。8086 可处理 256 类中断,类型号为 0～255(0～FFH)。每类中断有一个入口地址,需用 4 个字节存储 CS 和 IP,256 类中断的入口地址要占用 1K 字节,它们位于内存 00000～003FFH 的区域中,存储了这些地址的连续空间称为中断向量表或中断矢量表。

8086 CPU 的中断向量表如图 8.2 所示。对每种类型的中断向量,两个高字节存放中断服务程序入口地址的段地址(CS),两个低字节存放该段地址的偏移量(IP)。由于每个中断向量要占 4 个字节单元,所以必须将中断类型号 n 乘以 4 才能找到规定类型的中断向量。

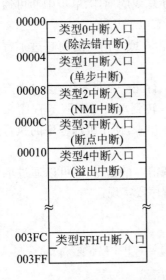

图 8.2 8086 CPU 的中断向量表

类型号为 0～4 的 5 个中断被定义为专用中断,它们分别是:除法错中断、单步中断、不可屏蔽(NMI)中断、断点中断和溢出中断,它们的中断服务程序的入口地址分别存放在 00H、04H、08H、0CH 和 10H 开始的 4 个连续单元中。例如,对类型号为 2 的 NMI 中断,它的中断服务程序的入口地址放在 00008～0000BH 单元之中,其中 CS 存放在 0000AH 开始的字单元中,IP 存放在 00008H 开始的字单元中。在 PC 机中,8259A 的中断输入端 IR_0～IR_7 引入的中断类型号为 08～0FH,不难求得它们的中断服务程序入口地址放在中断向量表中的什么位置上。

下面再举两个例子来说明中断类型号 n 与中断向量表的关系。

例 8.1 在某台微型机中,类型号 n=44H 的中断服务程序的入口地址为 3600:2000H,试说明这个入口地址是如何存放在中断向量表中的。

中断类型号 n=44H=01000100B,它的中断服务程序的入口地址应放在 44H×4 开始的 4 个字节单元中,乘 4 操作只要将类型号 n 左移 2 位,右边补 2 个 0 即可。44H×4=0100 0001 0000B= 0110H,从 0110H 开始存放 3600:2000H,如图 8.3 所示。

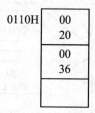
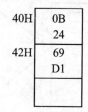

图 8.3 例 8.1 中断向量存放　　图 8.4 例 8.2 中断向量存放

例 8.2 若在中断向量表中,(0040H)=240BH,(0042H)=D169H,如图 8.4 所示,试问这 4 个单元中的内容对应的中断类型号 n=？该中断服务程序的起始地址是什么？

中断服务程序的入口地址从 0040H 单元开始存放,其类型号 n=40H/4=10H(右移 2 位),由图 8.4 可知,中断类型号为 10H 的中断服务程序的入口地址=D169:240BH。

中断向量是怎样设置到中断向量表中的？计算机开机复位后,会自动转到 FFFF0H 去执行启动程序,然后将存放在 ROM BIOS 数据区中的中断向量,装入 RAM 中的指定区域(000~3FFH),在那里形成一个中断向量表。此后,中断向量表可以由程序修改,用户程序可根据需要设置新的中断向量,并运行相应的中断服务程序。不过,机器重新启动(开机)后,中断向量表又会恢复到原状。

4. 中断优先级和中断嵌套

1) 中断优先级

8086 CPU 系统中有多个中断源,计算机运行中可能有多个中断源同时向 CPU 提出中断请求,CPU 必须按中断源的重要性和实时性等,为它们排出一个响应的次序,这个响应次序称为中断优先级。在 8086 中,中断优先级从高到低的次序为:

　　除法错、INT n、INTO　　　　;最高级,同一行的有同等优先级
　　NMI　　　　　　　　　　　　;次高级
　　INTR　　　　　　　　　　　 ;较低级
　　单步中断　　　　　　　　　　;最低级

其中,可屏蔽中断 INTR 由 8259A 引入,由它进一步控制 8 级可屏蔽中断的优先级。

2) 中断嵌套

CPU 响应中断时,会根据优先级先响应优先级高的,后响应优先级低的中断请求。CPU 正在执行优先级较低的中断服务程序时,如果有优先级较高的中断源提出请求,CPU 会将正在处理的中断暂时挂起,先为优先级高的中断服务,服务结束后再返回到刚才被打断的较低级的中断,这就是中断嵌套,中断嵌套仅用于可屏蔽中断之中。

机器进入中断服务程序之后,硬件会自动关中断,禁止别的中断进入。只有在中断服务

程序中,用 STI 指令将中断打开后,才允许高级中断进入,实现中断嵌套。中断服务程序结束前,要用 EOI 命令结束该级中断,并用 IRET 指令返回到中断前的断点处去继续执行原程序。

在 PC 机中,可屏蔽中断从 8259A 的 8 个输入端引入,一般情况下,优先级从高到低排列的次序为 $IR_0 \sim IR_7$,中断嵌套的示意图如图 8.5 所示。

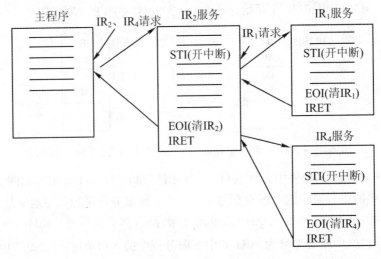

图 8.5 中断嵌套示意图

由图 8.5 可知,主程序在运行过程中,如 IR_2、IR_4 同时提出中断请求,则先为优先级高的中断 IR_2 服务,在 IR_2 的中断服务程序中用 STI 指令开中断,允许更高级中断进入。IR_2 服务过程中,IR_1 提出请求,则先将 IR_2 挂起,为 IR_1 服务。IR_1 服务结束前,用 EOI 命令清除 IR_1 的服务寄存器,结束 IR_1 中断,并用 IRET 指令返回 IR_2 服务程序,继续运行。运行至 EOI 命令时结束 IR2 的服务,响应 IR_4 的中断;IR_4 服务结束后,由 IRET 指令返回 IR_2 服务程序,最后从 IR_2 返回主程序。这样就完成了中断嵌套程序,而且是多重嵌套的中断程序的执行过程。在中断服务程序中,如果不安排开中断指令 STI,则高级中断不能打断低级中断,也就不能实现中断的嵌套。

8.1.2 中断的响应与处理过程

1. 中断响应过程

计算机执行每条指令的最后一个机器周期的最后一个 T 状态时,都要采样 NMI 和 INTR 中断请求引脚,看是否有中断请求信号。如果不可屏蔽中断引脚 NMI 上有中断请求,则不管标志寄存器 IF 的状态如何,CPU 在执行完当前指令后,立即转入中断处理程序去处理不可屏蔽中断。如果可屏蔽中断请求引脚 INTR 上有中断请求,只有在 IF=1,即中断是开放的情况下,才会响应中断,进入中断处理程序。可屏蔽中断的响应和处理流程如图 8.6 所示。

从图 8.6 可知,CPU 执行完一条指令后,若无外部中断请求,就继续取下一条指令执行。如有请求则响应中断,硬件自动完成关闭中断和保护断点的操作,将下条要执行指令的

CS 和 IP(即断点)推入堆栈,使中断处理完毕后能正确返回原程序继续执行。然后寻找中断服务程序的入口地址,找到入口地址后就转入相应的中断服务程序。进入中断服务程序后,先用 PUSH 指令将寄存器的内容推入堆栈,这就是保护现场。接着执行真正需要完成的中断服务任务,如采集或交换一个数据、显示一行信息等。接下来恢复现场,用 POP 指令从堆栈中弹出数据送回原寄存器中。结束中断前要用开中断指令使中断允许标志寄存器 IF 置 1,允许其它中断进入,最后安排一条中断返回指令 IRET,从堆栈中弹出断点,按堆栈中的 CS 和 IP 的值返回原程序运行。

这种中断响应和处理的过程,对一般计算机而言都是适用的,不同机器之间可能存在一些差别,例如:寻找中断服务程序入口地址的方法不同,PUSH、POP 指令中的寄存器名称不一样以及中断返回指令的形式也可能不一样。

2. 8086 的中断响应与处理

8086 的中断响应与处理的流程如图 8.7 所示,它分为中断查询、中断响应、中断处理和返回三个部分。

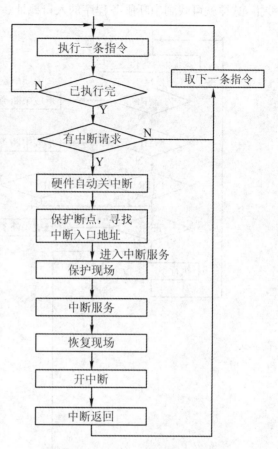

图 8.6 可屏蔽中断响应和处理流程

1) 中断查询

CPU 在每条指令执行完之前,按中断优先级的顺序分别检查是否有软中断、NMI、IN-TR 和单步中断,如果没有就继续执行下条指令,如果有则进入中断响应周期。

2) 中断响应

响应中断后根据不同的中断源形成不同的中断类型码,再根据中断类型码在中断向量表中寻找到各自的中断服务程序的入口地址,转入相应的中断处理程序。例如 n=2,则形成中断类型码 2,再在中断向量表中找到 n×4=2×4=8 开始的连续 4 个字节单元,从中取出 CS:IP,转去执行可屏蔽中断。

这里重点介绍一下从 INTR 引脚引入的可屏蔽中断的类型码是如何形成的。CPU 响应 INTR 中断后,要执行两个连续的中断响应 $\overline{INTA}$ 总线周期,每个总线周期包含 4 个时钟周期 $T_1 \sim T_4$,图 8.8 是可屏蔽中断响应总线周期的时序图。

第一个 $\overline{INTA}$ 周期,CPU 使数据线 $D_7 \sim D_0$ 浮空,呈高阻态,$T_2 \sim T_4$ 期间向 8259A 发第一个中断响应信号 $\overline{INTA}$,表示 CPU 已响应此中断,禁止其它总线控制器竞争总线。第二个 $\overline{INTA}$ 周期,CPU 向 8259A 发第二个 $\overline{INTA}$ 信号,8259A 收到后将中断类型号 n 置于数据总线上,这样就可找到中断服务程序的入口地址。

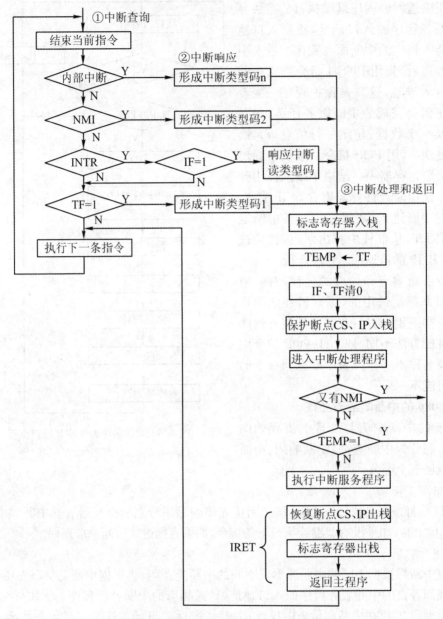

图 8.7　8086 的中断响应和处理流程图

从 8259A 的 $IR_7 \sim IR_0$ 上可引入 8 级中断,对 8259A 编程后,可形成 8 个中断类型码。每个中断类型码由 $D_7 \sim D_0$ 共 8 位组成,其中高 5 位 $D_7 \sim D_3$ 由用户通过对 8259A 编程来确定,在 PC/XT 机中为 00001,低 3 位 $D_2 \sim D_0$ 由 $IR_7 \sim IR_0$ 的序号决定,见表 8.1。

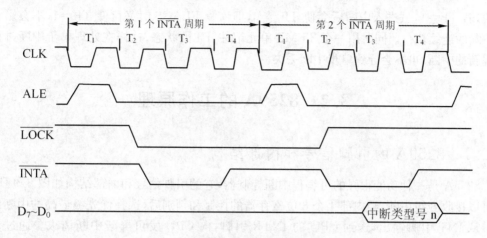

图 8.8 可屏蔽中断响应总线周期的时序图

表 8.1 8259A 的 8 级中断类型码的确定

$D_7 \sim D_3$	$D_2 \sim D_0$	中断类型号	中断输入引脚	中断源
00001	0 0 0	08H	IR_0	系统时钟
00001	0 0 1	09H	IR_1	键盘
00001	0 1 0	0AH	IR_2	保留
00001	0 1 1	0BH	IR_3	串口 2(COM2)
00001	0 1 0	0CH	IR_4	串口 1(COM1)
00001	1 0 1	0DH	IR_5	硬盘
00001	1 1 0	0EH	IR_6	软盘
00001	1 1 1	0FH	IR_7	打印机

由此可见,只要确定了中断型号的高 5 位,一片 8259A 的 8 级中断的中断类型码就都定下来了,而且还可定义系统时钟的优先级为最高,键盘中断次之,打印机的优先级最低。

3) 中断处理和返回

无论哪种类型的中断,响应中断后,中断处理的过程大致都是一样的。

(1) 由硬件自动完成以下工作:标志寄存器 FLAGS 的内容入栈;保护单步标志 TF;清 IF 标志,在中断处理过程中禁止其它中断进入(关中断),清 TF 标志,使 CPU 不会以单步形式执行中断处理程序;保护断点,CS:IP 入栈。

(2) 进入中断服务。进入中断处理程序后,如果在处理过程中又有 NMI 进入,NMI 中断处理后会清除 CPU 中锁存的 NMI 请求信号,使加在 CPU 上的 NMI 只会被 CPU 识别一次;接下来执行用户编写的中断服务程序,包含保护现场、中断处理和恢复现场程序。

(3) 执行用户编写的中断返回指令 IRET。使 CS:IP 出栈,恢复断点,并恢复标志寄存器 FLAGS 的内容,返回主程序,继续执行下一条指令。

这里还要说明两个问题,一是 8086 CPU 进入中断处理过程,硬件自动关中断,为什么返回前不需要用软件开中断? 这是因为中断前,只有 IF=1 才能进入 INTR 中断,用 IRET 指令返回,恢复 FLAGS 时,又将 IF 置 1,所以不需要再用指令开中断。另外,中断前 TF 也入栈,若 TF=1,虽进入中断后会使 TF 清 0,但恢复 FLAGS 时又可使 TF=1,不会影响单步中断的连续执行。同时用一个 TEMP 单元记住 TF 的状态,这样在处理单步中断过程中出现新的中断,也不会导致单步中断丢失。

8.2　8259A 的工作原理

8.2.1　8259A 的引脚信号和内部结构

8259A 是一种功能很强的可编程中断控制器,它的引脚信号和内部结构如图 8.9 所示。它可以接收 8 级中断,经内部 4 个 8 位寄存器的控制和判别后,选择优先级最高的中断请求信号从 INT 引脚输出,送到 CPU 的 INTR 引脚,向 CPU 发可屏蔽中断请求。通过多片 8259A 级联,组成主从式中断控制系统,可管理多达 64 级中断。

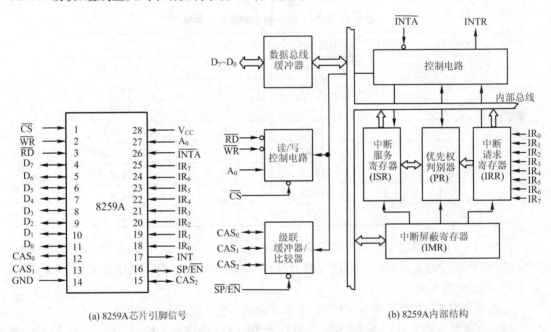

图 8.9　8259A 的引脚信号和内部结构

在 PC/XT 机中,8259A 和其它外围支持电路如 8255A、8253/8254 等一样,作为独立的芯片安装在系统主板上,而在 32 位微机中已看不到这些芯片了,它们被集成到南桥芯片中,各部分的功能已在原来芯片的基础上有进一步的提高,但其端口地址还是向前兼容的,基本工作原理也是一样的。所以还是有必要详细介绍这些接口芯片的原理和功能。下面介绍 8259A 芯片内部各部件及相关引脚的功能。

1. 中断请求寄存器 IRR(Interrupt Request Register)

它用来存放从外部 $IR_7 \sim IR_0$ 引脚上引入的所有中断请求信号,当某个 IR 端有中断请求信号时,就使 IRR 寄存器的相应位置 1,并允许多个中断请求信号同时进入。例如当 IR_7、IR_5、IR_2 上有中断请求时,IRR 被置成 10100100。当中断请求响应时,IRR 的相应位清 0。

外部的中断请求信号可以是高电平或上升沿触发,由软件编程定义。

2. 中断屏蔽寄存器 IMR(Interrupt Mask Register)

IMR 用于存放中断屏蔽信息,当屏蔽寄存器的某位置 1 时,禁止对应位的中断请求信号进入系统,这样可以有选择地禁止某些设备请求中断。

3. 中断服务寄存器 ISR(Interrupt Service Register)

ISR 用来保存当前正在处理的中断请求信号。当任一级中断被响应,CPU 正在执行它的中断服务程序时,该寄存器的相应位 IS_n 置 1,并一直保存到中断处理过程结束时为止。在多重中断的情况下,ISR 会产生多位置 1 的状态。

4. 优先级判决器 PR(Priority Resolver)

用于判别 IRR 寄存器中的中断优先级,选择优先级最高的中断请求到中断服务寄存器 ISR 中去,当多重中断出现时,PR 判定是否允许新出现的中断去打断正在处理的中断,让优先级更高的中断优先服务。

5. 控制电路

控制电路中有一组初始化命令字寄存器 $ICW_1 \sim ICW_4$ 和一组操作命令字寄存器 $OCW_1 \sim OCW_3$,这些寄存器按照编程设置的方式,管理 8259A 的全部工作。

控制电路能根据中断请求寄存器 IRR 的设置情况和优先级判决器 PR 的判定结果,向其它电路发控制信号。它能通过 INT 引脚向 CPU 发中断请求信号,并能接收来自 CPU 或总线控制器 8288 送来的中断响应信号 $\overline{INTA}$;中断响应期间,中断服务寄存器的相应位置 1,并发送相应的中断类型号 n,通过数据总线缓冲器输出到数据总线 $D_7 \sim D_0$ 上;中断服务程序结束时,按编程规定的方式结束中断。

6. 数据总线缓冲器

它用作 8259A 与 CPU 的接口。通过数据总线 $D_7 \sim D_0$,CPU 可向 8259A 写入控制字,接收 8259A 送出的中断类型号,还可以从 8259A 中读出状态字(中断请求、屏蔽、服务寄存器的状态)和中断查询字。

7. 读/写控制电路

用来接收 CPU 发送过来的读信号 $\overline{RD}$、写信号 $\overline{WR}$、地址信号以及经译码后产生的片选信号 $\overline{CS}$。一片 8259A 只占用两个 I/O 端口地址,8259A 的 A_0 引脚用来选择端口地址,在 PC/XT 机中,A_0 与地址总线的 A_0 相连,其口地址为 20H 和 21H。8259A 与 8086 CPU 相连时,它的 A_0 引脚与地址总线的 A_1 相连,$A_0 = 0$,选择偶地址口,$A_0 = 1$,选择奇地址口。

CPU 执行 OUT 指令时,$\overline{WR}$ 信号与 A_0 配合,将 CPU 通过数据总线 $D_7 \sim D_0$ 送来的控制字写入 ICW 和 OCW 寄存器;当 CPU 执行 IN 指令时,$\overline{RD}$ 信号与 A_0 配合,将 8259A 内部寄存器的内容通过数据总线 $D_7 \sim D_0$ 送给 CPU。

8. 级联缓冲器/比较器

一片 8259A 最多只能从 $IR_7 \sim IR_0$ 上引入 8 级中断,当需要引入的中断超过 8 级时,要用多片 8259A 构成主从关系,级联使用。级联时将从片的输出引脚 INT 接到主片的 IR_i 上,一片 8259A 主片可连接 1~8 块从片。级联使用时,主片和从片的 3 条级联信号线 $CAS_2 \sim CAS_0$ 分别并接在一起。系统中只有单片 8259A 时,从设备编程/允许缓冲线 $\overline{SP}/\overline{EN}$ 接高电平;有多片 8259A 时,主片的 $\overline{SP}/\overline{EN}$ 接高电平,从片的接低电平。

用多片 8259A 进行级联的大系统中，8259A 必须通过驱动器才能与数据总线相连，8259A 工作于缓冲方式；用单片或少量 8259A 的系统，8259A 可直接与数据总线相连，工作于非缓冲方式。

8.2.2 8259A 的工作方式

8259A 是可编程中断控制器，通过对它进行编程，写入初始化命令字 ICW 和控制命令字 OCW。CPU 可向它发各种控制命令，使 8259A 工作于不同的工作方式。主要工作方式有：设置优先级方式、中断屏蔽方式、结束中断方式和中断查询方式，下面分别介绍。

1. 设置优先级方式

1）全嵌套方式

这是一种最基本的工作方式，8259A 初始化后便自动进入这种方式。在这种方式下，从 8259A 各 IR_i 脚引入的中断请求具有固定的优先级，优先级从 $IR_0 \rightarrow IR_7$ 依次降低，IR_0 的优先级最高。中断响应后，中断服务寄存器 ISR 中的对应位 IS_n 置 1，并一直保持到中断结束时为止，中断类型号 n 出现在数据总线上，然后进入中断处理。结束中断时通常由 CPU 发 EOI 命令，使 IS_n 复位，也可用自动结束中断命令 AEOI 结束中断。中断处理过程中，允许高级中断打断低级中断，禁止低级或同级中断进入。

2）特殊全嵌方式

这种方式与全嵌套方式基本相同，但允许同级中断进入。

例 8.3 图 8.10 是同级中断示意图。图中从片的中断输出引脚 INT 接到主片的 IR_2 上，在主片看来，从片上的 8 级中断为同级中断。如果正在处理从片上的 IR_3 中断，则允许从片上的 $IR_0 \sim IR_2$ 进入，这就称为允许同级中断进入。当然，在 IR_3 中断处理程序中，要用 STI 指令开中断，才允许从片中断嵌套。但全嵌套方式禁止同级中断进入。

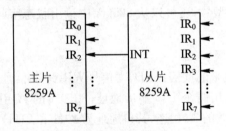

图 8.10 同级中断示意图

3）优先级自动循环方式

在这种方式下，各中断请求信号有同等的优先级，当 IR_i 服务完后，使 IR_i 的优先级排列到最低级，IR_{i+1} 的为最高级。初始状态下，优先级从高到低的顺序为 $IR_0 \rightarrow IR_7$。

例 8.4 优先级自动循环方式的示意图如图 8.11 所示。初始状态下优先级的顺序如图 8.11(a)所示，IR_0 为最高级，IR_7 为最低级，如果 IR_1、IR_3、IR_6 同时请求中断，则服务寄存器 ISR 的 IS_1、IS_3、IS_6 同时置 1。系统先为 IR_1 服务，服务完后 IS_1 清 0，并使 IR_1 的优先级成为最低级，IR_2 为最高级，优先级从高到低的顺序为：$IR_2 \rightarrow IR_7、IR_0、IR_1$，如图 8.11(b)所示。接着为 IR_3 服务，服务结束后 IS_3 清 0，并使 IR_3 为最低级，IR_4 为最高级，其余依次类推。

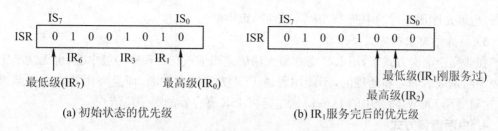

图 8.11 优先级自动循环方式

4) 优先级特殊循环方式

该方式也称为设置最低优先级方式,它与优先级自动循环方式类似,但刚开始的最低优先级是通过编程来设置的,而非 IR_7 为最低。设定了 IR_i 为最低优先级,则 IR_{i+1} 为最高优先级。

2. 中断屏蔽方式

对中断的管理中,除了可用 CLI 指令关中断,禁止所有可屏蔽中断进入外,还可在开中断的情况下,通过使中断屏蔽寄存器 IMR 的相应位置 1,来屏蔽某一级或某几级中断。有两种屏蔽方式。

1) 普通屏蔽方式

在这种方式下,将 IMR 中的某一位或某几位置 1,就可将相应的中断请求屏蔽。例如,使 IMR=00100100,则 IR_2 和 IR_5 上的中断请求被屏蔽。

2) 特殊屏蔽方式

特殊屏蔽方式下,在中断处理过程中仅屏蔽本级中断自身,高级中断或低级中断都允许进入。这主要是在某些特殊情况下,在处理高级中断时可以为响应低级中断提供方便。

3. 结束中断方式

当一个中断请求被响应后,服务寄存器的相应位 IS_n 置 1,中断处理结束后,应将 IS_n 清 0,以便响应别的中断请求,将 IS_n 清 0 的操作就是结束中断。结束中断的处理方式有自动结束中断方式(AEOI)和非自动结束方式两种,非自动结束方式又分为普通结束中断方式(EOI)和特殊结束中断方式(SEOI)。下面介绍这几种结束中断的方式。

1) 自动结束中断方式 AEOI

AEOI(Auto End of Interrupt)是一种比较简单的结束中断的方式。当 IR_i 上的中断请求信号被响应后,ISR 的相应位置 1,在 CPU 发来的第二个中断响应信号 $\overline{INTA}$ 结束时,自动将 ISR 的相应位清 0,结束中断。

采用这种方式结束中断,只要将 8259A 设置成 AEOI 自动结束中断方式,在中断结束时不要对 8259A 发任何命令就可结束中断。但在这种方式下,中断结束信号是 CPU 发来的,8259A 并不知道 CPU 在什么时候能将中断处理完毕。因此当下一个中断请求到来时,即使是低级中断,而且前一个中断请求尚未被 CPU 处理完毕,也能响应,这样可能会产生严重错误。这种方式通常在只有一片 8259A,多个中断不会嵌套的情况下使用。

2) 普通结束中断方式 EOI

这是一种常用的结束中断的方式,用于全嵌套方式下。当 CPU 处理完一个中断请求时,需向 8259A 发一个 EOI 命令,8259A 收到这个命令后,就将 ISR 寄存器中优先级最高的中断,也就是刚服务过的中断 IS_n 清零,从而结束中断。

3) 特殊结束中断方式 SEOI

在非完全嵌套方式下,用 ISR 寄存器无法确定当前正在处理哪一级中断,也无法确定哪一级中断是最后响应和处理的,不能用普通 EOI 方式结束中断,而是要用特殊方式结束中断,这时要用 OCW_2 命令中的 $L_2 \sim L_0$ 来指定将 ISR 寄存器的哪一位清 0。

4. 中断查询方式

如果 CPU 执行了关中断指令,或者 8259A 的 INT 引脚没有连到 CPU 的 INTR 上,CPU 就不能响应 8259A 发来的中断请求。这时若 CPU 要了解 8259A 的中断请求情况,就要用到中断查询方式,只要执行一条 IN 指令,读取中断查询字,就可查到 8259A 是否有中断请求以及哪一级请求的中断优先级最高。中断查询字的格式如图 8.12 所示。系统中的中断源超过 64 级时,也可采用中断查询的方式,不过实际系统中很少有这么多的中断源。

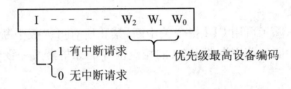

图 8.12 中断查询字的格式

8.2.3 8259A 的命令字及编程

为使 8259A 按预定的方式工作,必须对 8259A 进行编程,由 CPU 向它的控制寄存器发各种控制命令。控制命令分两类,一类是初始化命令字 $ICW_1 \sim ICW_4$,用来对 8259A 进行初始化;另一类是操作命令字 $OCW_1 \sim OCW_3$,用来定义 8259A 的操作方式。在 8259A 的操作过程中,允许重新设置操作命令字,动态地改变 8259A 的控制方式。这两类命令字被写入 8259A 的两个端口,一个端口为偶地址口,8259A 的引脚信号 $A_0 = 0$,另一个为奇地址口,$A_0 = 1$。在 PC/XT 机中,偶地址口为 20H,奇地址口为 21H。

1. 初始化命令字 ICW(Initialization Command Word)

4 个初始化命令字 $ICW_1 \sim ICW_4$ 按一定的顺序写入控制口,用以设置 8259A 的初始状态。在 8086 系统中,ICW_1、ICW_2 和 ICW_4 是必须要有的,ICW_3 只有在级联时需要。

1) ICW_1

ICW_1 的格式如图 8.13 所示。

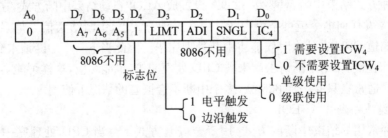

图 8.13 ICW_1 的格式

$A_0=0$,ICW_1要求写入偶地址口;D_4位是标志位,必须置1;$IC_4=1$,表示需要设置ICW_4;8259A单片使用时,SNGL=1,不要写入ICW_3,级联使用时,SNGL=0,要写入ICW_3;LIMT决定从IR_i上引入的中断请求是电平触发还是边沿触发,电平触发时该位置1,否则清0;$A_7\sim A_5$及ADI位在8086中不用,仅当8259A与8位处理器8085相连时使用。

2) ICW_2

ICW_2的格式如图8.14所示。

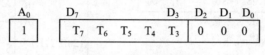

图8.14 ICW_2的格式

ICW_2必须紧跟在ICW_1后写入,$A_0=1$,写入奇地址口,无标志位。$T_7\sim T_3$位用于确定中断类型码n的高5位,低3位$D_2\sim D_0$则由8259A根据从IR_i上引入中断的引脚序号自动填入,从$IR_0\sim IR_7$的序号依次为000~111,其初值可以置为0。ICW_2的高5位内容是可以任选的,一旦高5位确定,一块芯片的8个中断请求信号$IR_0\sim IR_7$的中断类型号也就确定了。

例8.4 在PC/XT机中,ICW_2的高5位$T_7\sim T_3$=00001B,若从IR_5上引入中断请求,则其中断类型码n=? 如何设置ICW_2?

从IR_5上引入的中断类型号的低3位$D_2\sim D_0$=101B,由于高5位为00001B,所以从IR_5上引入的中断类型码n=00001101B=0DH,表示硬盘中断请求。设置ICW_2的指令为:

```
MOV  AL ,00001000B
OUT  21H ,AL
```

据此很容易知道,若ICW_2的高5位为01110B,则该片8259A引入的8级中断的中断类型号n=01110000B~01110111B=70H~77H。

3) ICW_3

ICW_3只在级联时使用,主片的ICW_3的格式如图8.15(a)所示。$S_i=0$,表示IR_i上未接从片,$S_i=1$表示IR_i上接有从片,i=0~7。从片ICW_3的格式如图8.15(b)所示,低3位说明从片接在主片的哪一个引脚上,$ID_2\sim ID_0$的编码为000~111,分别表示从片接在主片的IR_0~IR_7上。

例8.5 用3片8259A按照主从结构连接,如图8.15(c)所示。主片口地址为20H/21H,从片1口地址为A0H/A1H,从片2口地址为B0H/B1H。试求出3片8259A的ICW_3各是什么,并编程将ICW_3写入各芯片的奇地址端口中。

从图8.15(c)可以看出,主片的IR_2、IR_7上接有从片,所以主片的ICW_3=10000100B=84H,从片1接在主片的IR_2上,所以从片1的ICW_3=00000010B=02H;从片2接在主片的IR_7上,所以从片2的ICW_3=00000111B=07H。

对各芯片写入初始化命令字ICW_3的程序为:

```
MOV  AL, 84H           ;主片程序
OUT  21H, AL
```

```
MOV  AL, 02H        ;从片1程序
OUT  0A1H, AL
MOV  AL, 07H        ;主片2程序
OUT  0B1H, AL
```

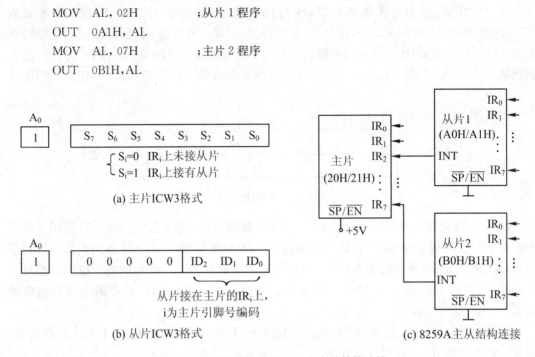

图 8.15 ICW_3 的格式和 8259A 主从结构连接

4) ICW_4

对于 8086 系统，ICW_4 必须设置，写入奇地址端口。无级联时，ICW_4 必须紧跟在 ICW_2 后写入，有级联时它紧跟 ICW_3 后写入。ICW_4 的格式如图 8.16 所示。

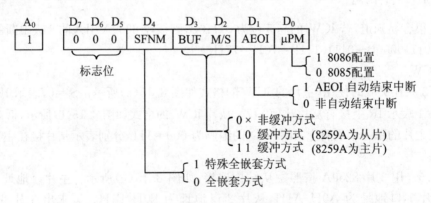

图 8.16 ICW_4 的格式

其中，位 $D_7 \sim D_5 = 000$ 为标志位；$\mu PM=1$，选择 8086 系统；AEOI=1，选择 AEOI 方式，即自动结束中断方式，AEOI=0，为非 AEOI（非自动结束中断）方式，须在中断服务程序中安排操作命令字 OCW_2，选择所需的方式结束中断；BUF 和 M/S 位配合使用，BUF=0 为非缓冲方式，8259A 直接与数据总线相连，BUF=1 为缓冲方式，8259A 通过缓冲器与数据总线相连，再由 M/S 位来决定 8259A 是主片（Master）还是从片（Slave），M/S=0 为从片，M/S=1 为主片；SFNM 位用于说明中断嵌套方式，SFNM=1，设置特殊全嵌套方式（Special

Fully Nested Mode),否则为一般全嵌套方式。

5) 初始化命令字写入流程图

8259A 的初始化命令字 ICW$_1$～ICW$_4$ 是在计算机加电后,由 CPU 按一定的顺序写入规定的端口,只有 ICW$_1$ 写入偶地址口,其余都写入奇地址口。8259A 初始化命令字写入的流程如图 8.17 所示。

初始化操作开始时,首先写入 ICW$_1$,D$_4$=1 为标志位;接着写入 ICW$_2$,确定中断类型码 n 的高 5 位;如果 ICW$_1$ 的 SNGL 位为 0,表示级联方式,紧接着要写入 ICW$_3$,分主、从片写入不同的 ICW$_3$,确定主片和从片的连接关系,否则不用写入 ICW$_3$;然后检查 ICW$_1$ 的 IC$_4$ 位,如 IC$_4$=1,则要写入 ICW$_4$,否则不用写入 ICW$_4$,8086 CPU 必须写入 ICW$_4$,用以规定中断嵌套方式和结束中断方式等。

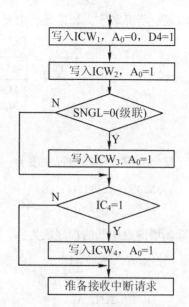

图 8.17 8259A 初始化命令字写入流程

初始化过程结束,8259A 进入所设置的状态后才能写入操作命令字 OCW。

例 8.6 在 PC/XT 机中,只使用一片 8259A,ROM BIOS 中对 8259A 进行初始化的程序为:

```
        MOV   AL,00010011B       ;ICW₁:边沿触发,单级,要 ICW₄
        OUT   20H,AL
        MOV   AL,00001000B       ;ICW₂:中段类型号基值为 08H
        OUT   21H,AL
        MOV   AL,00001001B       ;ICW₄:全嵌套,缓冲,非 AEOI
        OUT   21H,AL
```

2. 操作命令字 OCW(Operation Command Word)

在 8259A 工作期间,可以通过向它写入操作命令,让它按需要的方式工作。可以向 8259A 写入 3 个操作命令字 OCW$_1$～OCW$_3$,这些命令字用来发非 AEOI 方式结束中断的命令、优先级循环的命令、中断查询命令,还可设置或撤销 AEOI 循环命令、设置或撤销特殊屏蔽方式、读内部寄存器的状态,功能比较复杂,尤其是 OCW$_2$。

OCW 是在应用程序内部设置的,没有规定写入的先后顺序,但写入的端口地址有明确规定,OCW$_1$ 必须写入奇地址口,OCW$_2$ 和 OCW$_3$ 要求写入偶地址口。

1) OCW$_1$

OCW$_1$ 也称为中断屏蔽字,它用来直接对中断屏蔽寄存器 IMR 的各位进行置位和复位操作。当某个 M$_i$ 位置 1 时,相应的 IR$_i$ 的中断请求就被屏蔽掉了,清 0 时则允许中断。OCW$_1$ 的格式如图 8.18 所示。

屏蔽某个 IR$_i$ 中断,并不影响其它引脚上的中断请求。IMR 的内容允许随时被读出来,供 CPU 分析处理用。

例 8.7 某系统只允许键盘(IR$_1$)中断,其余位均被屏蔽,8259A 的口地址为 20H/21H,

试写入中断屏蔽字。如果系统中要新增键盘中断,其余屏蔽位不变,该如何设置屏蔽字。

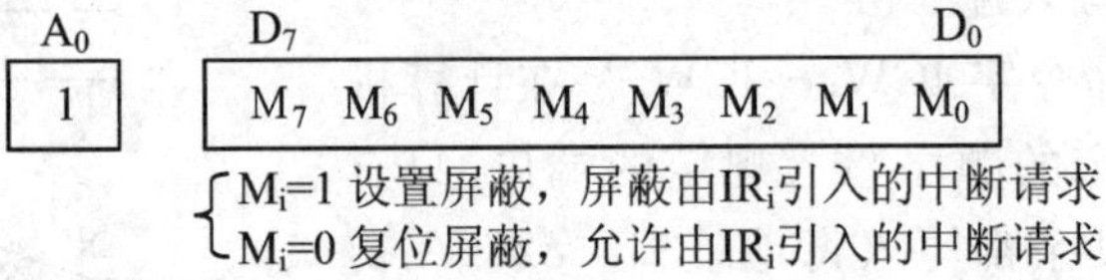

$$\begin{array}{c|c} A_0 & D_7 \quad\quad\quad\quad\quad\quad\quad D_0 \\ \hline 1 & M_7\ M_6\ M_5\ M_4\ M_3\ M_2\ M_1\ M_0 \end{array}$$

$\begin{cases} M_i=1\ 设置屏蔽,屏蔽由IR_i引入的中断请求 \\ M_i=0\ 复位屏蔽,允许由IR_i引入的中断请求 \end{cases}$

图 8.18 OCW_1 的格式

只允许键盘中断的程序段为:

```
    MOV  AL,11111101B    ;D1=0,IR1没被屏蔽,其余均被屏蔽
    OUT  21H,AL
```

新增键盘中断的程序段为:

```
    IN   AL,21H          ;任何时候都可用 IN 指令读出屏蔽字
    AND  AL,11111101B    ;仅使 D1 位清 0,其余位不变
    OUT  21H,AL          ;写入修改后的屏蔽字
```

由于可以对屏蔽寄存器进行读/写操作,因此可以用软件的方法测试屏蔽寄存器是否有问题。下面介绍 PC 机的 ROM BIOS 中的一段程序。

例 8.8 先将全 0 写入 8259A 的中断屏蔽寄存器 IMR,然后将其读出,检查结果是否为全 0,若是则正确,否则转出错处理程序。再写入全 1,作类似的检查,程序如下:

```
    CLI
    MOV  AL,0            ;OCW1,IMR 各位清 0
    OUT  21H,AL
    IN   AL,21H          ;AL←读出 IMR 内容,本指令不影响 FLAGS
    OR   AL,AL           ;IMR=0?
    JNZ  D6              ;非 0,转出错处理程序
    MOV  AL,0FFH         ;是 0,再将全 1 写入 IMR 寄存器
    OUT  21H,AL          ;写入 OCW1
    IN   AL,21H          ;读 IMR
    ADD  AL,1            ;IMR 各位置 1? 全 1+1 应为 00H
    JNZ  D6              ;非,转出错处理程序
    ⋮
D6:                      ;出错处理程序
```

2) OCW_2

OCW_2 是用来设置优先级循环方式和中断结束方式的命令字,其格式如图 8.19 所示。

在命令字中,$D_4D_3=00$,是 OCW_2 的标志位。R、SL、EOI 要组合起来使用,各自也有单独的含义,具体为:

- R(Rotate) 表示中断优先级是否按循环方式设置,R=1 表示采用循环方式,否则为非循环方式。
- SL(Specific Level) 表示 OCW_2 中的 $L_2 \sim L_0$ 是否有效,SL=1 为有效,否则为无效。

- EOI(End of Interrupt) 结束中断命令,EOI=1,使当前 ISR 寄存器的相应位清 0。当 ICW_4 中的 AEOI=0,表示非自动结束中断时,可用这个命令来结束中断。

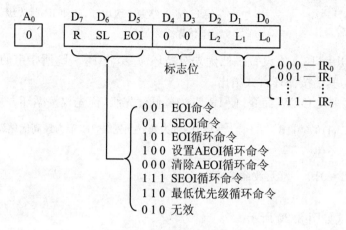

图 8.19 OCW_2 的格式

$L_2 \sim L_0$ 在 SL=1 时,配合 R、SL、EOI 的设置来确定一个中断优先级的编码,$L_2 \sim L_0$ 的 8 种编码为 000~111,分别与 $IR_0 \sim IR_7$ 相对应。

对 R、SL、EOI 进行不同的设置,具有不同的意义。具体为:

- R SL EOI=001 发 EOI 命令。在中断服务程序结束时,IRET 指令前,发 EOI 命令结束中断,将服务寄存器中刚服务过的 IS_n 位清 0,结束中断。设置命令的方法是将 00100000B=20H 输出到 8259A 的偶地址口中。EOI 命令是最常用的中断结束命令。

例 8.9 在 PC 机的中断服务程序中设置中断结束命令,使相应的 IS_n 清 0,程序段如下:

```
MOV  AL,20H        ;OCW₂的 EOI 命令
OUT  20H,AL        ;发 EOI 命令
```

- R SL EOI=011 发 SEOI 命令。在中断服务程序结束时,发特殊结束中断命令 SEOI,到底结束哪一级中断由 $L_2 \sim L_0$ 指定,将相应的 IS_n 清 0。

例 8.10 发特殊结束中断 SEOI 命令,结束 5 级中断。

```
MOV  AL,01100101B  ;OCW₂的 SEOI 命令,L₂~L₀=101
OUT  20H,AL        ;将 IS₅清 0,结束 5 级中断
```

- R SL EOI=101 发 EOI 循环命令。采用 EOI 方式结束中断,将刚服务过的优先级最高的 IS_n 清 0,同时将刚结束的中断请求 IR_i 的优先级设为最低级,使 IR_{i+1} 置为最高级,将优先级置为自动循环方式。

- R SL EOI=100 设置 AEOI 循环命令。使 8259A 采用自动结束中断方式结束中断,CPU 响应中断,在中断总线周期的第二个 $\overline{INTA}$ 脉冲结束时,将 ISR 寄存器的相应位清 0,并使优先级置为自动循环方式。

- R SL EOI=000 发清除 AEOI 循环方式命令。

- R SL EOI=111 发 SEOI 循环命令。采用特殊结束中断方式结束中断,使 ISR 寄存器中由 $L_2 \sim L_0$ 指定的相应 IS_n 位清 0,并将优先级置为自动循环方式。

例 8.11 要求发 OCW_2 命令,结束 2 级中断,并使优先级置为自动循环方式。

  MOV AL,11100010B ;OCW_2 的 SEOI 循环命令,$L_2 \sim L_0 = 010$
  OUT 20H,AL   ;使 IS_2 清 0,结束 2 级中断,并使 IR_2 优先级为最低
            ;IR_3 优先级为最高

- R SL EOI=110 发设置最低优先级循环命令,将 $L_2 \sim L_0$ 所指定的中断请求 IR_i 设置为最低优先级,其余按循环方式给出。

例 8.12 要求发 OCW_2 命令,使 IR_3 设为最低优先级,优先权按循环方式给出。

  MOV AL,11000011B ;将 IR_3 置为最低优先级,IR_4 置为最高优先级
  OUT 20H,AL

- R SL EOI=010 为无效命令字。

3) OCW_3

OCW_3 的格式如图 8.20 所示。

其中 D_4D_3 位=01,为标志位,以与 ICW_1 相区别,它们都被写入偶地址中;D_6D_5 位用来说明是撤销还是设置特殊屏蔽方式,$D_6D_5 = 11$ 时,设置特殊屏蔽方式,$D_6D_5 = 10$ 时撤销这种方式;P 位为中断查询(Poll)位,若 P=1,表示向 8529A 发中断查询命令,紧接着执行一条 IN 指令,可读取中断查询字。中断查询字的格式见图 8.12,最高位用来说明是否有中断,若为 1,表示有中断请求,否则为无请求,最低 3 位指出优先级最高的中断请求的编码;RR 位为读寄存器,RR=1,允许读 IRR 或 ISR 寄存器的内容,RIS=0,表示下次执行 IN 指令,$\overline{RD}$ 有效时,读取中断请求寄存器 IRR 的内容,若 RIS=1,则读取中断服务寄存器 ISR 的内容,当 RR=0 时,为无效命令。

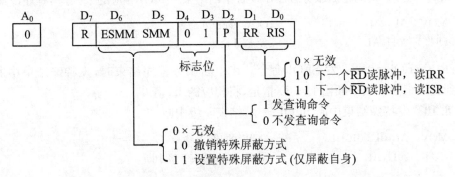

图 8.20 OCW_3 的格式

CPU 向 8259A 发出 OCW_3 的命令后,若 P=1,或 RR=1,则可以从偶地址口读取中断查询字或 IRR、ISR 寄存器的内容。但 P 的优先级最高,首先读到的是中断查询字,所以要读 IRR 或 ISR 寄存器时,应使 P 位=0。另外,读中断屏蔽寄存器 IMR 时,是从奇地址口读出的,而且任何时候都可以读取,不会与此命令相混淆。

例 8.13 编写读取中断屏蔽字、中断查询字及中断服务寄存器的程序段。

读取中断屏蔽字的程序段:

  IN AL,21H   ;从奇地址口读 IMR,获得中断屏蔽字

读取中断查询字的程序段：

```
MOV  AL,00001100B        ;OCW₃,P=1
OUT  20H,AL              ;OCW₃写入偶地址口
IN   AL,20H              ;AL←中断查询字。若 AL=10000110B
                         ;表示有中断请求,且 IR₆ 上的优先级最高
```

读取中断服务寄存器程序段：

```
MOV  AL,00001011B        ;OCW₃,RR RIS=11,下次读 ISR
OUT  20H,AL              ;OCW₃写入偶地址口
IN   AL,20H              ;AL←ISR 内容
```

8.3　8259A 应用举例

8.3.1　8259A 的级联使用

1. 8259A 级联使用实例

例 8.14　某系统中用两片 8259A 级联组成中断系统。8259A 主片的 IR_1、IR_5 上引入两个中断源,其中断类型码分别为 31H、35H,中断服务程序的入口地址分别为 1000:2000H 和 1000:3000H。从片接在主片的 IR_3 上,从片的 IR_4、IR_5 上引入两个中断源,其中断类型码分别为 44H、45H,中断服务程序的入口地址分别为 2000:3600H 和 2000:4500H。8259A 主片口地址为 C8H/C9H,从片口地址为 CAH/CBH。要求画出硬件连线图,并编写 8259A 的主片和从片的初始化程序。

级联电路的硬件连线图如图 8.21 所示,4 个中断服务程序的入口地址表如图 8.22 所示。对于 31H 号中断,它的中断服务程序的入口地址位于 31H×4=0C4H 开始的 4 个连续单元中。31H=00110001B,要将它乘以 4,只要左移 2 位,再在后面补 2 个 0,便得到 0C4H。其余的中断类型号也可用类似方法求得。

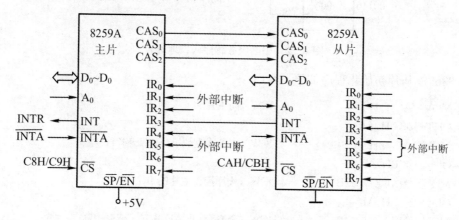

图 8.21　级联电路的硬件连线图

对 8259A 主片初始化的程序如下：

```
MOV  AL,00010001B    ;ICW₁,边沿触发,级联使用,要 IC₄
OUT  0C8H,AL
MOV  AL,00110000B    ;ICW₂,中断类型码 n=30H~37H
OUT  0C9H,AL
MOV  AL,00001000B    ;ICW₃,主片的 IR₃ 上接有从片
OUT  0C9H,AL
MOV  AL,00010001B    ;ICW₄,特殊全嵌套,非缓冲,非 AEOI 方式结束中断
OUT  0C9H,AL
MOV  AL,11010101B    ;OCW₁,允许 IR₅、IR₃、IR₁中断,其余位屏蔽
OUT  0C9H,AL
```

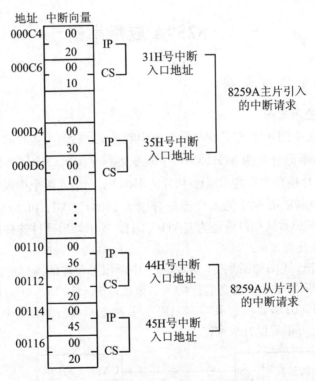

图 8.22 中断服务程序入口地址表

对 8259A 从片初始化程序如下:

```
MOV  AL,11H          ;ICW₁,同主片
OUT  0CAH,AL
MOV  AL,40H          ;ICW₂,中断类型码 n=40H~47H
OUT  0CBH,AL
MOV  AL,00000011B    ;ICW₃,从片接在主片的 IR₃ 上
OUT  0CBH,AL
MOV  AL,00000001B    ;ICW₄,全嵌套,非 AEOI 方式结束中断
OUT  0CBH,AL
MOV  AL,11001111B    ;OCW₁,允许从 IR₅、IR₄引入中断,其余屏蔽
```

第 8 章 中断和可编程中断控制器 8259A

    OUT 0CBH,AL

  至于如何将这些中断服务程序的入口地址用程序置入中断向量表,将在例 8.17 中介绍。

2. PC/AT 机中的 8259A 级联电路

  在 PC/XT 机中,只用一片 8259A 控制整个中断系统,它允许接收 8 级中断,中断源如图 8.1 所示,其中 IR_2 为用户保留。在 PC/AT 机中,中断源多于 8 个,因此要用 2 片 8259A 构成主从级联连接。主片功能与 PC/XT 机中 8259A 的功能相同(向前兼容),从片负责管理新增加的中断源,如第二硬盘、80287 协处理器等。从片的中断输出信号 INT 与主片的保留引脚 IR_2 相连,作为主片的输入信号。PC/AT 机中的 8259A 级联电路如图 8.23 所示。

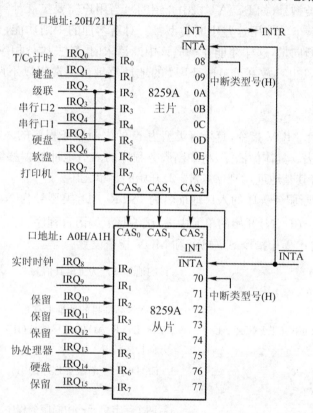

图 8.23 PC/AT 机中的 8259A 级联电路

  由两片 8259A 构成的中断级联电路可接收 15 级中断,从外部引入到 8259A 的 IR_i 上的中断请求信号,在 PC/XT 和 PC/AT 机中均被重命名为 IRQ_i,以与 8259A 的引脚信号相区别。8259A 主片口地址为 20H/21H,8 级中断的中断类型号为 08H~0FH,从外部引入的中断请求信号为 $IRQ_0 \sim IRQ_7$。从片口地址为 A0H/A1H,其中断类型号为 70H~77H,外部引入的中断请求信号为 $IRQ_8 \sim IRQ_{15}$,其中 $IRQ_{10} \sim IRQ_{12}$、IRQ_{15} 保留给用户使用。

  主片的 IRQ_0、IRQ_1 为系统板(主板)上用的信号,IRQ_2 作为级联信号,它们都没有引到 ISA 总线上。从片的 IRQ_8、IRQ_{13} 也没有引到 ISA 总线上,其余的中断请求信号都引到了 ISA 总线上。在 15 级中断中,由于主片采用了特殊嵌套方式,允许同级中断进入,从片接在主片的 IR_2,采用全嵌套方式,从片不再接下级从片,不存在同级中断。因此两片 8259A 的中断优先级从高到低排列的顺序为：IRQ_0、IRQ_1、$IRQ_8 \rightarrow IRQ_{15}$、$IRQ_3 \rightarrow IRQ_7$。在32位微机中，$IRQ_{12}$、$IRQ_{15}$分别用于控制鼠标和硬盘。

8.3.2 中断向量的设置和中断处理程序设计实例

1. 中断向量的设置

PC机对256类中断，有些已分配了固定的功能，规定了中断服务程序的入口地址。如类型号为0～4，为专用中断，类型号为5，为打印屏幕中断，类型号为08～FH，是分配给8259A的中断，在4.2.2节，也对有些规定类型的中断作了介绍。除此之外，还有一些保留给用户使用的中断类型号（如PC/AT机中介绍的），当用户需要扩展计算机的功能时，就可以在设计的功能扩展卡上使用这些中断类型号。对新增加的中断功能，必须要在中断向量表中建立相应的中断向量，这样才能在响应该中断请求时，转去执行相应的中断服务程序。用户设置的中断向量也要放在000～3FFH的地址范围内。常用以下两种方法设置中断向量。

1) 用指令直接进行设置

这种方法是利用MOV指令，直接将类型为N的中断服务程序的入口地址送到中断向量表的相应单元中去。具体做法是：将中断服务程序的入口地址的偏移地址，送到4×N开始的字单元中，并将其基地址送到(4×N+2)开始的字单元中。

例8.15 设中断服务程序的入口地址名为INTR_AD，类型号为N，要求将INTR_AD的CS:IP置入0000:(4×N)开始的单元中去，试编写汇编语言程序。

方法一，用字符串操作指令STOSW和MOV指令设置。

```
        MOV   AX,0                ;目的地址基址为ES,其值为0
        MOV   ES,AX
        MOV   DI,N*4               ;DI←N×4,即目的地址偏移量
        MOV   AX,OFFSET INTR_AD    ;AX←INTR_AD的偏移地址(IP)
        CLD                        ;方向标志清0
        STOSW                      ;(ES:DI)←中断服务程序的IP
        MOV   AX,CS
        STOSW                      ;后两个字节单元←中断服务程序的CS
         ⋮
INTR_AD:                           ;中断服务程序
        PUSH  AX                   ;保护现场
        PUSH  BX
         ⋮                         ;中断处理
        POP   BX                   ;恢复现场
        POP   AX
        IRET                       ;中断返回
```

方法二，直接用MOV指令设置。

```
        MOV   AX,0
```

```
        MOV   ES,AX                    ;目的地址基址
        MOV   BX,N*4                   ;目的地址偏移量
        MOV   AX,OFFSET INTR_AD
        MOV   ES:[BX],AX                ;置入偏移地址
        MOV   AX,SEG INTR_AD
        MOV   ES:[BX+2],AX              ;置入段基地址
          ⋮
INTR_AD:                                ;中断服务程序
          ⋮
        IRET
```

2) 利用 DOS 功能调用设置

DOS 功能调用专门提供了在中断向量表中设置和取得中断向量的手段,功能号分别为 25H 和 35H。

(1) 设置中断向量

入口参数　　DS:DX=中断向量(中断服务程序入口地址)
　　　　　　AL=中断类型号 N
　　　　　　AH=25H(DOS 功能号)
执行　　　　INT　21H 指令
结果　　　　将 AL 中指定的中断类型号为 N 的中断向量(DS:DX)置入中断向量表中

(2) 取得中断向量

入口参数　　AL=中断类型号 N
　　　　　　AH=35H(DOS 功能号)
执行　　　　INT 21H 指令
结果　　　　N 号中断的中断向量从中断向量表里取到 ES:BX 中

如果用自己编写的中断处理程序代替系统中原来的中断处理功能时,应先保存原中断向量,再设置用户自己的新中断向量,程序结束前则要恢复原中断向量。

例 8.16　利用 DOS 功能调用,编写设置和取得中断向量的程序段。

```
        MOV   AL,N                    ;中断类型号 N
        MOV   AH,35H
        INT   21H                     ;取 N 号中断向量,存放到 ES:BX 中
        PUSH  ES                      ;将原中断向量送堆栈保存
        PUSH  BX
        PUSH  DS                      ;保存 DS
        MOV   AX,SEG INTR_AD
        MOV   DS,AX                   ;DS←用户新中断向量段基址
        MOV   DX,OFFSET INTR_AD       ;DX←用户新中断向量偏移量
        MOV   AL,N                    ;新中断向量类型号
        MOV   AH,25H
```

```
        INT    21H                    ;设置新中断向量
        POP    DS                     ;恢复 DS
         ⋮
        POP    DX                     ;恢复原中断向量
        POP    DS
        MOV    AL,N
        MOV    AH,25H
        INT    21H
        RET
INTR_AD:
         ⋮                            ;用户编写的中断服务程序
        IRET
```

在例 8.14 中,用两片 8259A 级联构成中断系统,系统中有 4 个中断源,各自都有自己的中断类型号和中断服务程序的入口地址(中断向量),应将它们的中断向量设置到中断向量表中,才能转去执行相应的中断服务程序。下面介绍其中的一段中断向量设置程序,其余的可用类似方法设置。

例 8.17 将类型号 N=31H 的中断向量 1000:2000H 设置到中断向量表中,程序如下:

```
        MOV    AX,1000H
        MOV    DS,AX                  ;DS←段基地址
        MOV    DX,2000H               ;DX←偏移地址
        MOV    AL,31H                 ;中断类型号 N
        MOV    AH,25H                 ;DOS 功能号
        INT    21H                    ;设置中断矢量
```

2. 中断处理程序设计实例

例 8.18 编写中断处理程序,要求主程序运行时,每隔 10 秒钟响铃一次,并在 CRT 上显示一行信息"The bell is ring.",运行一定时间后停止运行。

在 PC 机中,8253 通道 0 的 OUT_0 端不断输出频率 f=18.2Hz 的方波,它被送到 8259A 的 IR_0 端作为时基,每秒产生 18.2 次中断,即每隔 55ms 执行一次"INT 8H"中断程序。PC 机每产生一次中断都要调用一次 N=1CH 的中断处理程序,该处理程序只有一条 IRET 指令,不做其它工作,实际上只是为用户提供一个中断类型号。用户若有周期性的定时工作要做,就可以利用系统定时器的中断间隔,用自己设计的程序替代原有的 1CH 中断处理程序。

1CH 号为用户所用的中断,可能被其它程序所用,所以在编写新的中断处理主程序时,要先保存当前中断向量(1CH 号中断),再设置新的中断向量(完成响铃、显示工作),结束时恢复原中断向量。主程序和响铃显示程序的流程图分别如图 8.24(a)、(b)所示。

主程序设置完新的中断向量后,就设置中断屏蔽字,允许 IR_0 中断,也就是允许 8253 通道 0 送来的定时中断请求中断。平常执行延时程序等待中断,每隔 10 秒,就转去执行一次中断处理程序。中断服务程序的功能就是显示一行信息并响铃一次。每中断一次,计数器 COUNT 的值减 1,中断 182 次后,10 秒时间到,这是因为 55ms/次×182 次=10010ms≈10s。COUNT 的值减为 0,又将 182 送至 COUNT,置为初值。程序如下:

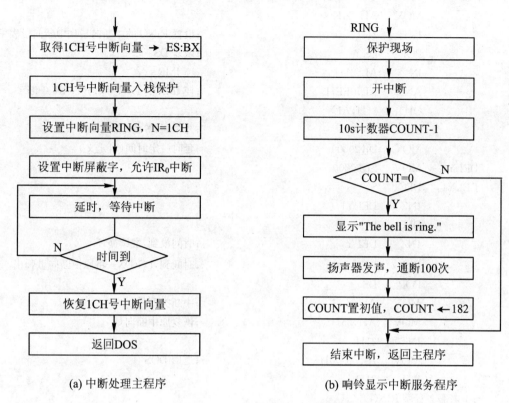

(a) 中断处理主程序　　　　　　　(b) 响铃显示中断服务程序

图 8.24　例 8.18 的程序流程图

```
DATA    SEGMENT                             ;数据段
COUNT   DW      1                           ;10s 计数器首次值置为 1
MESS    DB      'The bell is ring.',0AH,0DH,'$'   ;要显示的信息
DATA    ENDS
;主程序
CODE    SEGMENT
ASSUME CS:CODE,DS:DATA
START:  MOV     AX,DATA                     ;设置数据段
        MOV     DS,AX
        MOV     AL,1CH
        MOV     AH,35H                      ;取得 1CH 的中断向量
        INT     21H                         ;ES:BX←中断向量
        PUSH    ES
        PUSH    BX                          ;1CH 中断向量入栈保护
        PUSH    DS                          ;保护 DS
        MOV     DX,OFFSET RING              ;DS:DX←RING 的基地址和偏移量
        MOV     AX,SEG RING
        MOV     DS,AX
        MOV     AL,1CH                      ;RING 的中断类型号
```

```
                MOV     AH,25H
                INT     21H                     ;设置 RING 的中断向量到中断向量表中
                POP     DS                      ;恢复 DS
                IN      AL,21H                  ;读 IMR
                AND     AL,0FEH                 ;使 IMR 的 $D_0$ 位=0,允许 $IR_0$ 中断
                OUT     21H,AL
                STI                             ;开中断,等待定时中断
                MOV     DI,20000                ;延时一定时间(自定义)
        DELY:   MOV     SI,30000
        DELY1:  DEC     SI
                JNZ     DELY1
                DEC     DI
                JNZ     DELY                    ;时间没到,继续循环
                POP     DX                      ;时间到,DS:DX←将原中断向量弹出
                POP     DS
                MOV     AL,1CH                  ;中断类型号
                MOV     AH,25H                  ;恢复原中断向量
                INT     21H
                MOV     AX,4C00H                ;返回 DOS
                INT     21H
;中断服务程序 RING
        RING    PROC    NEAR
                PUSH    DS                      ;保护现场
                PUSH    AX
                PUSH    CX
                PUSH    DX
                MOV     AX,DATA                 ;设置数据段
                MOV     DS,AX
                STI                             ;开中断,允许中断嵌套
                DEC     COUNT                   ;10s 计数器 COUNT 减 1
                JNZ     EXIT                    ;非 0,10s 时间未到,则退出
                MOV     DX,OFFSET MESS          ;是 0,10s 到,显示提示信息
                MOV     AH,09H
                INT     21H
                MOV     DX,100                  ;扬声器通断 100 次
                IN      AL,61H                  ;扬声器发声程序
                AND     AL,0FCH                 ;使 8255A 的 $PB_1PB_0$=00
        SOUND:  XOR     AL,02H
                OUT     61H,AL                  ;61H 口的 $D_1$ 位($PB_1$)由 1→0,由 0→1
                MOV     CX,140H                 ;延时,使方波有一定宽度
        WAIT1:  LOOP    WAIT1
                DEC     DX                      ;通断 100 次了吗?
```

```
              JNE     SOUND              ;没有,继续发声
              MOV     COUNT,182          ;已满 100 次,COUNT←182
    EXIT:     MOV     AL,20H             ;用 EOI 命令结束中断
              OUT     20H,AL
              POP     DX                 ;恢复现场
              POP     CX
              POP     AX
              POP     DS
              IRET                       ;返回主程序,等待下次中断
    RING      ENDP
    CODE      ENDS
              END     START
```

这是一个比较复杂的程序。实际工作中也有许多中断处理的例子,有些中断处理程序比较简单,但需要设计相关的硬件电路。比如,我们可以用 8253 做定时器,将它的某一计数器的输出端 OUT_i 接到中断控制器 8259A 的输入端 IR_i 上,8255A 的 A 口和 B 口分别用来控制读开关和显示开关状态。则可以通过对 8253 进行编程,每隔一定时间(如 2 秒钟)中断一次,在中断处理程序中,读一次开关,并在 8255A 的 B 口显示开关的状态。在中断处理程序中,还需要安排保护现场、恢复现场和返回断点等指令。

习 题

1. 什么叫中断?中断的主要功能是什么?

2. 什么叫中断源?8086 CPU 的中断源有哪几种?根据中断源分类,8086 的中断分哪几类?

3. 8086 的外部中断从哪些引脚引入?内部中断有哪几种?

4. 中断向量表用来存放什么信息?它位于内存的什么区域内?

5. 在 PC 机中,哪几个中断被定义为专用中断?它们的中断服务程序入口地址放在中断向量表的什么地方?在 8259A 的中断输入端 $IR_0 \sim IR_7$ 引入的中断类型号为 08~0FH,它们的中断服务程序入口地址放在何处?

6. 如果中断类型号 n=4,它的中断服务程序的入口地址 CS:IP=0485:0016H,它在中断向量表中如何存放?

7. 若中断向量表中地址为 0040H 单元中存放 240BH,0042H 单元中存放 D169H,则这些单元对应的中断类型号是什么?该中断服务程序的起始地址是什么?

8. 在 8086 中,中断优先级从高到低的顺序是如何排列的?

9. 在 PC 机中,从 8259A 引入 8 级中断 $IR_0 \sim IR_7$,其中 IR_0 的优先级最高,如果有 IR_2 和 IR_5 同时提出中断请求,参考图 8.5,说明如何实现中断嵌套?

10. 根据可屏蔽中断响应和处理的流程图,说明硬件自动完成哪些功能,怎样编写中断服务程序。(提示:中断服务程序包含保护现场、中断服务、恢复现场和中断返回。)

11. 8086 中断响应和处理有哪些主要步骤?

12. 8259A 内部有哪些寄存器?其主要功能是什么?

13. 设置中断优先级时,全嵌套与特殊全嵌套有什么区别？为什么要设置优先级自动循环方式？

14. 如何结束中断？8259A 结束中断有哪几种方式？

15. 如果 8259A 的口地址为 20H/21H,要求设置该芯片的中断类型号 n=08H~0FH,怎样编程设置 ICW_2？如果系统中只允许时钟、键盘和硬盘中断,怎样编程设置 OCW_1？（参考例 8.4、例 8.7 和表 8.1。）

16. 在 PC 机中,执行下列两组指令后,各完成什么功能？（参考例 8.9 和例 8.10。）

  （1）MOV AL, 20H   （2）MOV AL, 01100011B
    OUT 20H, AL   OUT 20H, AL

17. 设 8259A 的口地址为 A0H/A1H,编写读中断查询字和中断请求寄存器的程序段,如果读取的中断查询字=1000 0010B,其含义是什么？（参考例 8.13。）

18. 有两片 8259A 采用级联方式组成中断系统,主片的 IR_0 和 IR_4 上接有外部中断,中断类型号为 30H 和 34H,主片口地址为 C8H/C9H。从片接在主片的 IR_3 上,从片的 IR_1 和 IR_2 上接有外部中断,其中断类型号 n=41H 和 42H,从片口地址为 CAH/CBH。试分别编写主片和从片的初始化程序,并画出硬件连线图。（参考例 8.14 和图 8.21。）

19. PC/AT 机中,两片 8259A 构成级联电路,已知主片口地址为 20H/21H,从片口地址为 A0H/A1H,试编程设置:主片和从片的中断类型号分别为 08H~0FH 和 70H~77H。

20. 编程将中断类型号 n=44H,中断服务程序的入口地址为 CS:IP=2000:3600H 的中断向量设置到中断向量表中。（参考例 8.17。）

第 9 章 串行通信和可编程接口芯片 8251A

9.1 串行通信的基本概念和 EIA RS-232C 串行口

计算机与外部的信息交换称为通信,基本的通信方式有两种,一种是并行通信,另一种是串行通信。

并行通信时,数据各位同时传送。例如,CPU 通过 8255A 与外设交换数据时,就采用并行通信方式。这种方式传输数据的速度快,但使用的通信线多,如果要并行传送 8 位数据,需要用 8 根数据线,另外还要加上一些控制信号线。随着传输距离的增加,通信线成本的增加将成为突出的问题,而且传输的可靠性随着距离的增加而下降。因此并行通信适用于近距离传送数据的场合。

在远距离通信时,一般都采用串行通信方式。它具有需要的通信线少和传送距离远等优点。串行通信时,要传送的数据或信息必须按一定的格式编码,然后在单根线上,按一位接一位的先后顺序进行传送。发送完一个字符后,再发送第二个。接收数据时,每次从单根线上一位接一位地接收信息,再把它们拼成一个字符,送给 CPU 作进一步处理。当微机与远程终端或远距离的中央处理机交换数据时,都采用串行通信方式。采用串行通信的另一个出发点是,有些外设,如调制解调器(MODEM)、鼠标器等,本身需要用串行方式通信,因为这些设备是以串行方式存取数据的。此外,有些外设,如打印机、绘图仪等,除了使用并行方式外,也可采用串行方式与计算机通信,例如,目前的激光打印机大多采用传输速度很高的 USB 串行接口了。

下面先介绍串行通信中涉及的一些基本概念,然后介绍一种串行接口标准——EIA RS-232C 串行口。

9.1.1 串行通信的基本概念

1. 数据传送方向

串行通信时,数据在两个站(或设备)A 与 B 之间传送,按传送方向可分成单工、半双工和全双工三种不同的方式。

1) 单工(Simplex)

单工数据线仅能在一个方向上传输数据,两个站之间进行通信时,一边只能发送数据,另一边只能接收数据。现在把这种通信方式称为单向通信,类似于广播方式。

2) 半双工(Half Duplex)

在半双工方式中,数据可在两个设备之间向任一个方向传输,但两个设备之间只有一根传输线,故同一时间内只能在一个方向上传输数据,不能同时收发。无线电对讲机就是半双工传输的一个例子,一个人在讲话的时候,另一个人只能听着,因为一端在发送信息时,接收端的电路是断开的。

3) 全双工(Full Duplex)

如果在一个数据通信系统中,对数据的两个传输方向采用不同的通路,这样的系统就可以工作在全双工方式。采用全双工的系统可以同时发送和接收数据,电话系统就是全双工传送数据的一个例子。计算机的主机和显示终端(它由带键盘的显示器构成)进行通信时,通常也采用全双工方式。一方面,键盘上敲入的字符可以送到主机内存;另一方面,主机内存的信息可以送到显示终端。在键盘上敲入一个字符后,并不立即显示出来,而是等计算机收到该字符后,再回送给终端,由终端将该字符显示出来。这样,对主机而言,前一个字符的回送过程和后一个字符的输入过程是同时进行的,并通过不同的线路进行传送,即系统工作于全双工方式。

2. 串行传送的两种基本工作方式

串行通信有两种基本工作方式:异步方式和同步方式。

1) 异步方式(Asynchronous)

采用异步方式时,数据发送的格式如图 9.1 所示。

不发送数据时,数据信号线总是呈现高电平,处于 MARK 状态,也称为空闲状态。当有数据要发送时,数据信号线变成低电平,并持续一位的时间,用于表示字符的开始,这一位称为起始位。起始位之后,在信号线上依次出现待发送的每一位字符数据,最低有效位 D_0 最先出现,因此它被最早发送出去。采用不同的编码方案,待发送的每个字符的位数就不同,它可以由 5 位、6 位、7 位或 8 位构成。当字符用 ASCII 码表示时,数据位占 7 位($D_0 \sim D_6$)。在数据位的后面有一个奇偶校验位,加上这一位后,使字符中"1"的位数为奇数(进行奇校验时)或偶数(进行偶校验时),系统中也可以不用奇偶校验位。在奇偶校验位的后面至少应有一位高电平表示停止位,用于指示字符的结束。停止位可以是一位,也可以是一位半或两位。如果传输完一个字符后立即传输下一个字符,那么后一个字符的起始位就紧跟在前一个字符的停止位之后,否则停止位后又进入空闲状态。

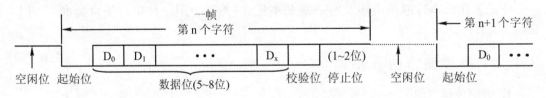

图 9.1 异步串行数据发送格式

可见,用异步方式发送一个 7 位的 ASCII 字符时,实际需发送 10 位、10.5 位或 11 位信息。如果用 10 位来发送的话,就意味着发送过程中将会浪费百分之三十的传输时间。为了提高串行数据传输的速率,可以采用同步传送方式。

2) 同步方式(Synchronous)

串行同步字符的格式如图 9.2 所示。没有数据发送时,传输线处于 MARK 状态。为了表示数据传输的开始,发送方先发送一个或两个特殊字符,该字符称为同步字符。当发送方和接收方达到同步后,就可以一个字符接一个字符地发送一大块数据,而不再需要用起始位和停止位了,这样就可以明显地提高数据的传输速率。采用同步方式传送数据时,在发送过程中,收发双方还必须用同一个时钟进行协调,用于确定串行传输中每一位的位置。接收数据时,接收方可利用同步字符将内部时钟与发送方保持同步,然后将同步字符后面的数据逐位移入,并转换成并行格式,供 CPU 读取,直至收到结束符为止。

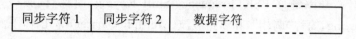

图 9.2 同步串行数据发送格式

3. 串行传送速率

在串行通信中,常用波特率(Baud Rate)来表示数据传送的速率。在计算机中,每秒钟内所传送数据的位数称为波特率,单位为波特(Bd),实际上它是传送每一位信息所用时间的倒数。如果一个串行字符由 1 个起始位、7 个数据位、1 个奇偶校验位和 1 个停止位等 10 个数位构成,每秒钟传送 120 个字符,则数据传送的波特率为:

$$10\ 位/字符 \times 120\ 字符/秒 = 1200\ 位/秒 = 1200\ 波特$$

传送每位信息所占用的时间为:

$$1s/1200 = 0.833ms$$

异步串行传送常用的波特率为 110,300,600,1 200,2 400,4 800,9 600,19 200,28 800,36 400,57 600 波特,它也是国际上规定的标准波特率。同步传送的波特率高于异步传送方式,可达到上千兆波特。

4. 串行通信接口芯片 UART 和 USART

由于计算机是按并行方式传送数据的,当它采用串行方式与外部通信时,必须进行串并行变换。发送数据时,需通过并行输入、串行输出移位寄存器,将 CPU 送来的并行数据转换成串行数据后,再从串行数据线上发送出去;接收数据时,则需经串行输入、并行输出移位寄存器,将接收到的串行数据转换成并行数据后送到 CPU 去。另外,在传送数据的过程中,需要一些握手联络信号,确保发送方和接收方以相同的速度工作,同时还要检测传送过程中可能出现的一些错误等等,这就需要有专门的可编程串行通信接口芯片来实现这些功能。通过对这些接口芯片进行编程,可以设定不同的工作方式、选择不同的字符格式和波特率等。

常用的通用串行接口芯片有两类,一种是仅用于异步通信的接口芯片,称为通用异步收发器 UART(Universal Asynchronous Receiver-Transmitter),如 National Semiconduct INS 8250 就是这种器件,IBM PC 机中用 INS 8250 作串行接口芯片。另一种芯片既可以工作于异步方式,又可工作于同步方式,称为通用同步异步收发器 USART(Universal Synchronous-Asynchronous Receiver-Transmitter),如 Intel 8251A 就是这种器件。本章重点讨论 8251A 芯片的工作原理及使用方法。

5. 调制解调器

使用 UART 或 USART 接口芯片设计的串行接口,数据传输距离局限在数千英尺之内,不适宜于长距离传送。为了能长距离发送串行数据,常常利用标准电话线进行传送,因其传输线路及连接设备均已具备了。但电话线只能传送带宽为 300Hz~3000Hz 的音频信号,它不能直接传送频带很宽的数字信号。解决这个问题的方法是,在发送数据时,先把数字信号转换成音频信号后,再利用电话线进行传输,接收数据时又将音频信号恢复成数字信号。能将数字信号转换成音频信号及将音频信号恢复成数字信号的器件称为调制解调器,即 MODEM(Modulator-Demodulator)。

数字调制的主要形式有幅度(Amplitude)调制或幅移键控 ASK(Amplitude-Shift Keying,简称"调幅")、频率键移 FSK(Frequency-Shift Keying,简称"调频")、相位键移 PSK(Phase-Shift Keying,简称"调相")和多路载波(Muitiple Carrier)等几种,下面扼要介绍前两种调制方法。

1) 幅度调制

它用改变信号幅度的方法来表示数字信号 0 和 1。一种常用的调幅方法为:当接通频率为 387Hz 的正弦波时表示数字 1,断开正弦波时表示数字 0,调幅波形如图 9.3 所示。

幅度调制的另一种方法是,调幅时总是有正弦波输出,一种输出幅度表示数字 0,另一种幅度表示数字 1。幅度调制方式仅用于非常低速的反向通道传输,或与其它类型调制方法(如相位调制)协同使用。

2) 频率键移调制(FSK)

频率键移调制(FSK)是一种常用的调制方法,它用一种频率信号表示数字 0,另一种频率信号表示数字 1,波形如图 9.4 所示。

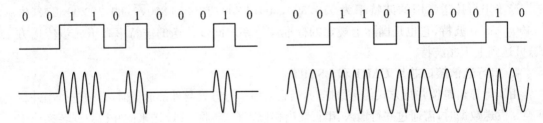

图 9.3 用调幅正弦波表示数字 1 和 0　　　　图 9.4 用两种不同频率(FSK)表示数字 1 和 0

为了实现全双工通信,常使用四种不同的频率来表示不同方向上的两种不同数字。例如,对于 Bell 103A,300Bd FSK MODEM 标准,规定在一个方向上用 2025Hz 的频率表示 0,用 2225Hz 表示 1;在另一个方向上用 1070Hz 表示 0,用 1270Hz 表示 1。该标准是基于贝尔电话公司的 DeFacto 标准。

当 MODEM 将数字 0 和 1 调制成音频信号时,音频信号的频率必须落在电话线的带宽范围内,而且音频的最大调制率为传输带宽的一半。比如,假设一个两芯电话线的最大带宽为 2400Hz(不能超过 3000Hz),则在该电话线上,半双工信号的最大调制速率只有 1200Bd;对于全双工通信而言,每个方向传输要用一半带宽,则在双芯电话线上每个方向上的最大调制速率只有 600Bd。如果使用四芯电话线,每个方向有自己的线路,因而每个方向的最大调制速率可达 1200Bd。所以,采用这种简单的 FSK 调制方法,只能局限于以 1200Bd 的速率在两芯电话线上进行半双工通信,或以 1200Bd 的速率在四芯电话线上进行全双工通信。

9.1.2　EIA RS-232C 串行口

在 20 世纪 60 年代,随着串行通信技术在计算机领域中的广泛使用,电子工业协会 EIA

（Electronic Industry Association）开发了一个 EIA RS-232C 串行接口标准，这里 RS 意为推荐标准（Recommend Standard）。这个标准对串行接口电路中所用的插头插座的规格、各引脚的名称和功能、信号电平等均做了统一的规定，各厂家必须按此标准来配置串行接口，以便于互连。

RS-232C 标准具体规定如下：

1. 信号电平

逻辑高电平：有负载时为 $-3V\sim-15V$，无负载时为 $-25V$。

逻辑低电平：有负载时为 $+3V\sim+15V$，无负载时为 $+25V$。

通常使用 $\pm12V$ 作为 RS-232C 电平。但由于如今广泛使用的计算机本身及 I/O 接口芯片多采用 TTL 电平，即 $0\sim0.8V$ 为逻辑 0，$+2V\sim+5V$ 为逻辑 1，显然，它与 RS-232C 电平不匹配。为此，必须设计专门的电路来进行电平转换。

典型的电平转换电路是 MAX232 和 MAX233，见图 9.5 所示，它们仅需 $+5V$ 电源供电，使用十分方便。这两种电平转换器均可将 2 路 TTL 电平转换成 RS-232C 电平，也可将 2 路 RS-232C 电平转换成 TTL 电平。使用时要注意的是 MAX232 需外接 5 个 $1\mu F$ 的电容，而 MAX233 不需外接电容，使用起来更加方便，但 MAX233 的价格要略高一点。

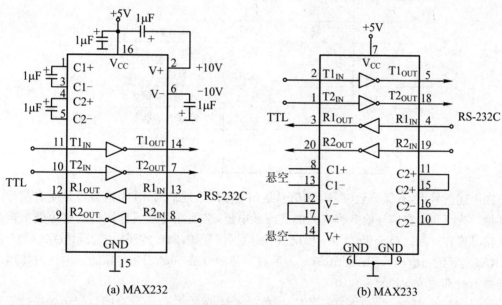

图 9.5 两种 RS-232C 串行口电平转换器

2. 接插件规格

RS-232C 串行接口规定使用 25 芯的 D 型插头插座进行连接，其引脚形状和引脚号如图 9.6(a)所示。对不需要用 25 芯引脚的系统上，常采用 9 芯 D 型接插件，其形状和引脚号如图 9.6(b)所示。图 9.6(a)和(b)给出的都是凸型接插件。此外，还有凹型接插件，使用这些插件时，需要注意在插头座上所标的引脚序号。

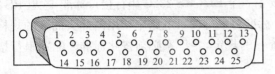
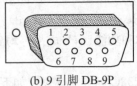

(a) 25 引脚 DB-25P　　　　　　(b) 9 引脚 DB-9P

图 9.6　RS-232C 的接插件（凸型）

3. 信号定义

RS-232C 标准对 25 芯插件的每一个引脚的信号名称、功能等都做了具体规定，还有几个引脚未定义或予以保留，以备今后扩充时用。在多数应用情况下，仅用到其中的少数几个引脚信号，表 9.1 给出了最基本引脚的名称和功能，9 芯插件的主要信号也在表中给出。

表 9.1　RS-232C 最基本引脚的名称和功能

9 芯引脚号	25 芯引脚号	名　称	功　　能
	1	GND	保护地
3	2	TxD	发送数据
2	3	RxD	接收数据
7	4	$\overline{\text{RTS}}$	请求发送
8	5	$\overline{\text{CTS}}$	清除发送
6	6	$\overline{\text{DSR}}$	数据装置准备好
5	7	GND	信号地
1	8	$\overline{\text{CD}}$	载波信号检测
4	20	$\overline{\text{DTR}}$	数据终端准备好
	9, 10	—	保留
	11, 18, 25	—	未定义

在上述信号中，有保护地（1 脚）和信号地（7 脚）两个地信号，其中信号地是所有信号的公共地。为了防止在信号地上感应大的交流地电流，必须在终端或计算机的电源处把这两个地信号连在一起。对于 TxD 和 RxD 这两根数据信号线，EIA 的逻辑 1 表示数字位的 1 或 MARK（实际的负电压），EIA 的逻辑 0 表示数字位的 0 或 SPACE（实际的正电压），使用电平转换器时都加了反相器。

实际应用时，最常用的方法是采用三线传输的最小方式进行通信，即只使用发送数据线 TxD、接收数据线 RxD 及地线这 3 根信号线进行通信。地线可与 25 芯插座的 1、7 脚相连。

9.2　可编程串行通信接口芯片 8251A

8251A 是 Intel 公司生产的一种通用同步/异步数据收发器（USART），被广泛应用于以 Intel 8088 和 8086 等为 CPU 的微型计算机中。它作为可编程通信接口器件，能工作于全双工方式，而且既可工作于同步方式，又可工作于异步方式。

第9章 串行通信和可编程接口芯片 8251A

工作于同步方式时,通过对 8251A 进行编程,可选择每个字符的数据位数为 5 位~8 位,数据传送的波特率为 DC(直流)~64K 位/秒,还可选择内同步或外同步字符。

工作于异步传送方式时,通过编程可选择每个字符的数据位数(5 位~8 位)、波特率系数(时钟速率与传输速率之比,可为 1、16 和 64)、停止位位数(1 位、1.5 位或 2 位),能够检查假启动位,并且能自动产生、检测和处理中止符等。异步传送的波特率为 DC~19.2K 位/秒。

无论工作于同步方式还是异步方式,均具有检测奇偶校验错、溢出错和帧错误的功能。下面介绍 8251A 的工作原理和编程方法。

9.2.1 8251A 的内部结构和外部引脚

8251A 的内部结构方框图和外部引脚图分别如图 9.7 和图 9.8 所示。它内部由数据总线缓冲器、接收缓冲器、接收控制电路、发送缓冲器、发送控制电路、读/写控制逻辑和调制解调器等电路组成,内部总线实现各部件相互间的通信。

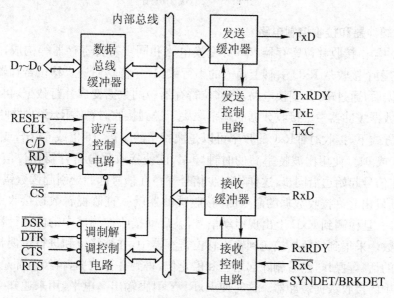

图 9.7 8251A 内部结构方框图

8251A 内部各部件及外部各有关引脚的功能分述如下:

1. 数据总线缓冲器

它用作 8251A 与系统数据总线之间的接口,内部包含 3 个三态、双向、8 位缓冲器,它们是状态缓冲器、接收数据缓冲器和发送数据/命令缓冲器。前两个缓冲器分别用于存放 8251A 的状态信息和它所接收的数据,CPU 可用 IN 指令从这两个缓冲器中分别读取状态信息和数据。发送数据/命令缓冲器用来存放 CPU 用 OUT 指令向 8251A 写入的数据或命令(控制)字。

与数据总线缓冲器有关的引脚有 $D_7 \sim D_0$ 数据线,它们与系统的数据总线相连,除用来在 8251A 和 CPU 间传送数据外,还传送 CPU 对 8251A 的编程命令和 8251A 送往 CPU 的状态信息。

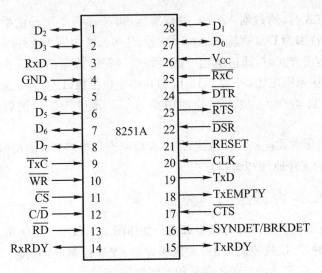

图 9.8　8251A 引脚图

2. 接收缓冲器和接收控制电路

接收缓冲器由接收移位寄存器、串/并变换电路和同步字符寄存器等构成，在时钟脉冲的控制下，它逐个接收从 RxD 引脚上输入的串行数据，并将它们送入移位寄存器，待接收到一个字符数据后，通过串/并变换电路，将移位寄存器中的数据变成并行数据，再通过内部总线送到接收数据缓冲器中。接收数据的速率取决于送到接收时钟端 $\overline{RxC}$ 的时钟频率。

在异步方式下，接收时钟 $\overline{RxC}$ 的频率可以是波特率的 1 倍、16 倍或 64 倍，或者说波特率系数为 1、16 或 64。使用比波特率高的时钟频率，能使接收移位寄存器在位信号的中间同步，而不是在信号起始边沿同步，这样将减少信号噪声在信号起始处引起读数错误的机会。

当 CPU 发出允许接收数据的命令时，接收缓冲器就一直监视着数据接收引脚 RxD 上的信号电平，一旦检测到 RxD 上出现启动信号，就启动接收控制器中的内部计数器，对时钟频率进行计数。采集到的数据被送到输入移位寄存器中，并被移位和进行奇偶校验（如果设置奇偶校验的话）等操作，然后删除起始位和停止位，得到并行数据，再经内部总线送到数据总线缓冲器中的接收数据缓冲器。这时使 RxRDY 引脚输出高电平，用来通知 CPU，8251A 已从外部接收一个字符，等待送到 CPU 去。当 RxRDY 引脚上产生高电平时，芯片内部状态寄存器中的 RxRDY 位也被置成高电平。

对于同步传送方式，又分内同步和外同步两种情形。

工作于内同步方式时，CPU 发出允许接收和进入搜索命令后，就一直监测 RxD 引脚，把接收到的每一位数据送入移位寄存器，并与同步字符寄存器的内容进行比较。若两者不相同，则继续接收数据和进行移位比较等操作；若两者相同，则 8251A 将 SYNDET 引脚置为高电平，表示已实现同步过程。如果对 8251A 编程为采用双同步字符方式工作，则需搜索到两个同步字符后，才认为已实现同步。

若采用外同步方式工作，则由外部电路来检测同步字符。外部检测到同步字符后，就从同步输入端 SYNDET 输入一个高电平，通知 8251A，当前已检测到同步字符，8251A 就会立即脱离对同步字符的搜索过程。只要 SYNDET 上的高电平能维持一个 $\overline{RxC}$ 时钟周期，

8251A 便认为已达到了同步。实现同步之后,接收器才能接收同步数据。首先,接收器利用时钟信号对 RxD 线进行采样,然后把采得的数据送到移位寄存器中,每当接收到的数据位数达到一个字符所规定的数位时,就将移位寄存器里的内容经内总线送到输入缓冲器中,同时使 RxRDY 引脚上输出高电平,表示已收到一个可用字符。

与接收端有关的信号有:

- RxD(Receiver Data) 接收数据,输入。

外部串行数据从 RxD 引脚逐位移入接收移位寄存器中,经串并变换,变成并行数据后,便进入接收数据缓冲器,等待输入到 CPU 去。

- RxRDY(Receiver Ready) 接收数据准备好,输出,高电平有效。

此信号有效时,表示接收数据缓冲器中已收到一个字符数据,可将其输入到 CPU 去。当 8251A 与 CPU 之间采用中断方式传送数据时,RxRDY 可作为中断请求信号,由中断服务程序用 IN 指令读入数据;在查询方式时,此信号可作为一个状态信号,当程序查到此信号为高电平时,由 IN 指令读取数据。每当 CPU 从 8251A 的接收数据缓冲器中读取一个字符后,RxRDY 就复位为低电平,等到下次接收到一个新字符后,才又变为有效的高电平。

- SYNDET/BRKDET(Sync Detect/Break Detet) 同步检测/断点检测,输入或输出。

8251A 工作于同步方式和异步方式时,该引脚有不同的用处。

当 8251A 工作于同步方式时,它用于同步检测,系统复位时,此引脚变成低电平。对于内同步方式,它为输出信号。如 8251A 检测到了同步字符(在双同步字符情况下,需检测到第二个同步字符)后,SYNDET 输出高电平,表明 8251A 已达到了同步状态。CPU 执行一次读状态操作后,SYNDET 被自动复位。对于外同步方式,SYNDET 为输入信号,该引脚由低电平变为高电平时,使 8251A 在下一个 $\overline{RxC}$ 的上升沿开始接收字符,一旦达到同步,SYNDET 端的高电平可以去除。对 8251A 编程为外同步检测时,内同步检测是被禁止的。

当 8251A 工作于异步方式时,该引脚为断点检测端,BRKDET 是输出信号。每当 8251A 从 RxD 端连续收到两个由全 0 数位组成的字符(包括起始位、停止位和奇偶校验位)时,该引脚输出高电平,表示当前线路上无数据可读,只有当 RxD 端收到一个"1"信号或 8251A 复位时,BRKDET 才复位,变成低电平。断点检测信号可作为状态位,由 CPU 读出。

- $\overline{RxC}$(Receiver Clock) 接收时钟,由外部输入。

$\overline{RxC}$ 决定 8251A 接收数据的速率,当 8251A 工作于同步方式时,$\overline{RxC}$ 端输入的时钟频率应等于接收数据的波特率。如采用异步工作方式,它的频率可以是波特率的 1 倍、16 倍或 64 倍。接收时钟应与对方的发送时钟相同。

3. 发送缓冲器和控制电路

当 CPU 要向外部发送数据时,先用 OUT 指令把要发送的数据经 8251A 的发送数据缓冲器并行输入并锁存到发送缓冲器中,再由发送缓冲器中的移位寄存器将并行数据转换成串行数据后,经 TxD 引脚串行发送出去。

对于异步传送方式,发送控制器能按程序规定的字符格式,给发送数据加上起始位、奇偶校验位和停止位,然后从起始位开始,经移位寄存器移位后,逐位将数据从数据输出线 TxD 上发送出去。发送速率取决于 $\overline{TxC}$ 引脚上接的发送时钟频率,$\overline{TxC}$ 的频率可以是发送波特率的 1 倍、16 倍或 64 倍。

对于同步传送方式,发送器在发送数据字符之前,先送出 1 个或 2 个同步字符,然后逐位输出串行数据。在同步发送时,字符之间是不允许存在空隙的,若由于某种原因(如出现更高优先级的中断)迫使 CPU 在发送过程中停止发送字符,8251A 将不断地自动插入同步字符,直到 CPU 送来新的字符后,再重新输出数据。同步传送时,数据传输率等于 $\overline{\text{TxC}}$ 的时钟频率。

与发送端有关的信号有:
- TxD(Transmitter Data) 发送数据,输出。

8251A 把 CPU 送来的并行数据转换成串行格式后,逐位从 TxD 引脚发送到外部。
- TxRDY(Transmitter Ready) 发送器准备好,输出,高电平有效。

当允许 8251A 发送数据,而且数据总线缓冲器中的发送数据/命令缓冲器为空时,TxRDY 有效,它表示发送缓冲器已准备好从 CPU 接收一个数据。对于中断传送方式,TxRDY 有效时请求中断,由中断服务程序用 OUT 指令从 CPU 输出一个数据到 8251A。在查询方式下,TxRDY 可作为状态信号,当 CPU 检测到该信号有效时,才向 8251A 输出一个数据。当 CPU 向 8251A 输出一个并行数据后,TxRDY 被清为低电平。
- TxE(Transmitter Empty) 发送器空,输出,高电平有效。

当发送器空信号有效时,表示 8251A 发送器中的并行到串行转换器空,也即已完成一次发送操作,缓冲器中已无数据可向外部发送。在异步传送方式下,由 TxD 引脚向外部输出空闲位;在同步传送方式下,由于不允许在字符间留有空隙,所以就由 TxD 引脚向外部输出同步字符。当 8251A 从 CPU 接收到一个数据后,TxE 便成为低电平。
- $\overline{\text{TxC}}$(Transmitter Clock) 发送器时钟,输入。

$\overline{\text{TxC}}$确定 8251A 的发送速率。对于同步方式,$\overline{\text{TxC}}$端输入的时钟频率应等于发送数据的波特率;对于异步方式,可由软件定义发送的时钟是波特率的 1 倍、16 倍或 64 倍。

4. 读/写控制电路

读/写控制电路用来接收 CPU 的控制信号和控制命令字,决定 8251A 的工作状态,并向 8251A 内部其余功能部件发相应的控制信号。

从 CPU 送到读/写控制电路的控制信号有:
- RESET 复位信号,输入,高电平有效。

RESET 信号有效时,8251A 进入空闲(Idle) 状态,等待对芯片进行初始化编程。在用指令对 8251A 写入复位命令字后,也能使它进入空闲状态。
- CLK 时钟,输入。

时钟信号用来产生 8251A 内部的定时信号。对于同步方式,CLK 的频率必须比 $\overline{\text{TxC}}$ 和 $\overline{\text{RxC}}$ 大 30 倍,对于异步方式,CLK 的频率应比 $\overline{\text{TxC}}$ 和 $\overline{\text{RxC}}$ 大 4.5 倍。
- $\overline{\text{WR}}$ 写,低电平有效。

当 $\overline{\text{WR}}$ 为低电平时,表示 CPU 正在把数据或控制字写入 8251A。
- $\overline{\text{RD}}$ 读,低电平有效。

当 $\overline{\text{RD}}$ 为低电平时,表示 CPU 正从 8251A 读出数据或状态信息。
- $\overline{\text{CS}}$ 片选信号,低电平有效。

当$\overline{CS}$为低时,8251A芯片被选中,可以对它进行读写操作。当$\overline{CS}$为高时,数据总线处于浮空状态,不能对该芯片进行读写操作。$\overline{CS}$由地址译码电路产生。

- C/$\overline{D}$(Control/Data) 控制/数据信号,输入。

当C/$\overline{D}$=1时,表示当前通过数据总线传送的是控制信息或状态字,当C/$\overline{D}$=0时,传送的是数据信息。C/$\overline{D}$、$\overline{RD}$、$\overline{WR}$和$\overline{CS}$这几个信号组合起来组成的读写操作如表9.2所示。

表 9.2 8251A 读写操作表

C/$\overline{D}$	$\overline{RD}$	$\overline{WR}$	$\overline{CS}$	操 作
0	0	1	0	CPU 从 8251A 读数据
0	1	0	0	CPU 向 8251A 写数据
1	0	1	0	CPU 读取 8251A 的状态字
1	1	0	0	CPU 向 8251A 写入控制字
×	1	1	0	数据总线浮空
×	×	×	1	数据总线浮空

由表9.2可知,对8251A读写数据时,C/$\overline{D}$=0,选择数据端口;向8251A写入控制字或从8251A读取状态字时,C/$\overline{D}$=1,使用控制端口。

5. 调制解调器控制电路

当终端和远程计算机或计算机与远程中央处理机之间进行通信时,可用8251A作远距离通信接口芯片,并需与调制解调器相连,经标准电话线传输数据。8251A用4条信号线,即$\overline{DTR}$、$\overline{DSR}$、$\overline{RTS}$和$\overline{CTS}$来实现与MODEM之间的通信联络,联络方式分为同步方式和异步方式两种。在异步方式时,$\overline{RxC}$和$\overline{TxC}$信号的频率可以是波特率的1倍、16倍或64倍,它们由波特率产生器提供,也可以用时钟信号CLK经过8253分频后形成。8251A与同步方式MODEM连接时,$\overline{RxC}$和$\overline{TxC}$信号直接由调制解调器提供,其频率与波特率的数值相等。

9.2.2 8251A 的编程

8251A是一种多功能的串行接口芯片,使用前必须向它写入方式字及命令字等,对它进行初始化编程后,才能收发数据,使用中可以利用状态字来了解它的工作状态。方式字用来确定8251A的工作方式,如规定它工作于同步还是异步方式,传送的波特率及字符长度各是多少,是否允许奇偶校验等。命令字控制8251A按方式字所规定的方式进行工作,如允许或禁止8251A收发数据,启动搜索同步字符,迫使8251A内部复位等。

下面先给出对8251A进行初始化编程的流程图,然后对方式字、命令字及状态字的格式分别进行介绍。

1. 8251A 的编程流程图

当系统上电后用硬件电路使8251A复位,或通过软件编程使它复位后,就可对8251A进行初始化编程了。对8251A进行初始化编程的流程图如图9.9所示。

由图9.9可见,系统复位后首先应将方式字写入控制口,它用来确定8251A的工作方式。若将8251A置成同步工作方式,则在方式字后,需往控制口写入1个或2个同步字符,同步字符的个数由方式字的有关位决定。在同步字符之后,往控制口写入命令字。若置为

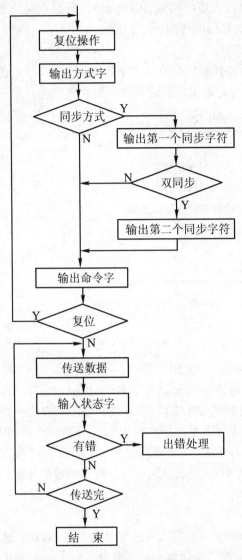

图 9.9 8251A 编程流程图

异步工作方式,则在输出方式字后,紧跟着就往控制口写入命令字。写入命令字后就使 8251A 处于规定的工作状态,准备发送或接收数据了。

在传送数据的过程中,若需要改变传送方式,则必须写入使 8251A 内部复位的命令字,然后再重新写入新的方式字和命令字。8251A 在工作过程中,还允许用 IN 指令读取 8251A 的状态字,用于了解 8251A 的当前工作状态,以便控制 CPU 与 8251A 之间的数据交换。

2. 方式字、命令字和状态字的格式

1) 方式字

8251A 的方式字的格式如图 9.10 所示。

方式字的最低两位(D_1D_0)用来定义 8251A 的工作方式,当它们不等于全 0 时,8251A 工作于异步方式。异步方式字的格式如图 9.10(a)所示。

B_2B_1 的三种不同取值用来确定波特率系数,也就是 $\overline{TxC}$、$\overline{RxC}$ 信号与波特率之间的系数,它们之间有如下关系:

收发时钟频率 = 收发波特率 × 波特率系数

若收发时钟频率为 19200,波特率系数为 ×16,则收发波特率为 19200/16=1200。

L_2L_1 位用来定义数据字符的长度,可以是 5 位、6 位、7 位或 8 位。PEN 和 EP 位决定是否有校验位及是奇校验还是偶校验。S_2S_1 位用于决定停止位的个数。

当方式字的最低两位 D_1D_0 = 00 时,8251A 工作于同步方式,同步方式字的格式如图 9.10(b)所示。

ESD 位为外同步检测位,当它为 1 时,8251A 工作于外同步方式,SYNDET 为输入;当它为 0 时,工作于内同步方式,SYNDET 为输出。SCS 位为单字符同步位,当 SCS=1 时,8251A 使用单同步字符;当 SCS=0 时,采用双同步字符。L_2、L_1 及 EP、PEN 位的意义与异步方式字相同。

2) 命令字

8251A 的命令字格式如图 9.11 所示。

TxEN 位是允许发送位。只有当 TxEN=1 时,才允许发送器通过 TxD 引脚向外发送数据。

第 9 章 串行通信和可编程接口芯片 8251A

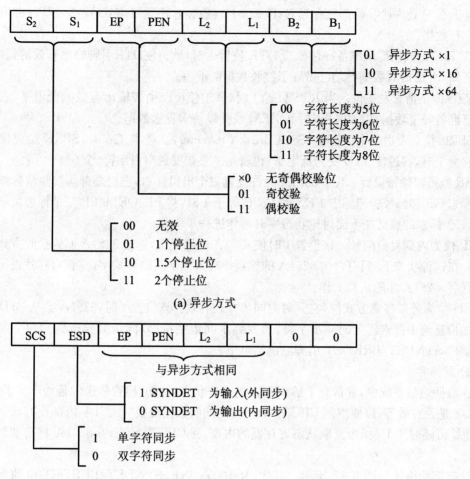

(a) 异步方式

(b) 同步方式

图 9.10 8251A 方式字格式

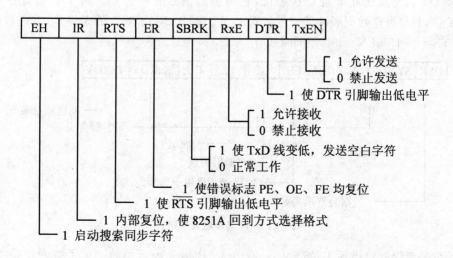

图 9.11 8251A 命令字格式

RxE 位是允许接收位。只有当 RxE=1 时,接收器才能通过 RxD 线接收从外部发送过来的串行数据。

DTR 位是数据终端准备好位。当 DTR 位置 1 时,就迫使 $\overline{\text{DTR}}$ 引脚输出有效的低电平,用以通知 MODEM,数据终端已做好了接收数据的准备。

RTS 位是请求发送位。当 RTS 位置 1 时,就迫使 $\overline{\text{RTS}}$ 引脚输出有效的低电平,表示计算机已准备好了数据,用该信号向 MODEM 或外设请求发送数据。

SBRK 位是发送空白字符位(Send Break Character)。正常工作时,SBRK 位应保持为 0,当它为 1 时,就迫使 TxD 变为低电平,也就是一直在发送空白字符(全 0)。

ER 位是清除错误标志位。8251A 允许设置三个出错标志,它们是奇偶校验错标志 PE、溢出标志 OE 和帧校验错标志 FE。当 ER 位等于 1 时,将 PE、OE 和 FE 三个标志位同时清 0。这三个标志的意义在下面讨论状态字时再作进一步说明。

IR 位为内部复位信号。该位置 1 时使 8251A 内部复位,迫使 8251A 回到接收方式字的状态。在这种状态下,只有再向 8251A 的控制口写入一个新的方式字,重新对芯片进行初始化编程后,8251A 才能正常工作。

EH 位为外部搜索方式位,它只对内同步方式有效。该位置 1 时,8251A 会从 RxD 引脚输入的信息流中搜索特定的同步字符,若找到了同步字符(双同步时要搜索到两个同步字符),就使 SYNDET/BRKDET 引脚输出高电平。

3) 状态字

在数据通信系统中,常常要了解 8251A 的工作状态,例如,检查传送中是否产生了错误,TxRDY 是否有效等,以便控制 CPU 与 8251A 之间的数据交换。8251A 内部设有状态寄存器,CPU 可随时用 IN 指令读取状态寄存器的内容,在 CPU 读状态时,8251A 将自动禁止改变状态。

状态字的格式如图 9.12 所示。其中,RxRDY、TxE、SYNDET/BRKDET 位的意义与同名引脚的功能完全相同,其余位意义如下:

TxRDY 位是发送器准备好状态位,它与引脚信号有些区别。对于状态寄存器中的 TxRDY 位,只要发送数据缓冲器空就被置 1;而引脚 TxRDY 置 1 的条件是,发送数据缓冲器空、$\overline{\text{CTS}}=0$ 和 TxEN=1 必须同时成立。

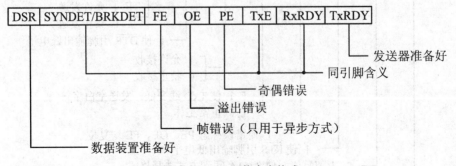

图 9.12　8251A 状态字格式

PE 位是奇偶校验错标志位(Parity Error)。PE=1 表示当前产生了奇偶校验错误,它并不中止 8251A 的工作。

OE 位是溢出(丢失)错误标志位(Overun Error)。若 CPU 还没把输入缓冲器中的前一个字符取走,新的字符又被送入缓冲器,OE 标志位便被置 1,表示产生了溢出。该标志位不禁止 8251A 工作,但发生溢出时,前一个字已经丢失。

FE 位为帧错误标志位(Frame Error),只用于异步方式。一帧数据必须以起始位开始,停止位结束,中间是字符位和奇偶校验位(若允许校验的话)。如果任意一个字符的结束处没有检测到有效的停止位,那么 FE 标志置 1。该标志不禁止 8251A 工作。

当向 8251A 输出命令字并使 ER 位置 1 时,则 PE、OE 和 FE 这三个标志被复位。

DSR 位是数据装置准备好位。当 DSR＝1 时,表示调制解调器已准备好发送数据,这时输入引脚$\overline{\text{DSR}}$产生有效的低电平。

3. 8251A 初始化编程举例

1)异步方式初始化程序

在接通电源时,8251A 能通过硬件电路自动进入复位状态,但不能保证总是正确地复位。为了确保送方式字和命令字之前 8251A 已正确复位,应先向 8251A 的控制口连续写入 3 个全 0,然后再向该端口送入一个使 D_6 位等于 1 的复位控制字(40H),用软件命令使 8251A 可靠复位。它被复位后,就可向它写入方式字和命令字,这两个字都被写入控制口。8251A 是通过写入次序来区分这两个字的,先写入的是方式字,在方式字后送入控制口的是命令字。

另外要注意,对 8251A 的控制口进行一次写入操作后,需要有写恢复时间。若 CLK 引脚上输入时钟信号的周期为 T,须经过 16 个时钟周期(16T)后才能再写入第二个字。即两次写操作之间必须延时 16 个时钟周期才能保证可靠写入。最简单的做法是在两次写操作之间插入几条指令,再加上 OUT 指令本身要 8 个时钟周期,使延时时间足以超过 16 个时钟周期。下面给出能实现这种延时功能的程序段,为便于多次调用,程序段以宏指令的形式给出。

```
REVTIME  MACRO
         MOV    CX,02        ;4 个时钟周期
D0:      LOOP   D0           ;17 个或 5 个时钟周期
         ENDM
```

但在向 8251A 写入数据字符时,不必考虑这种恢复时间,这是因为 8251A 必须等前面一个字符移出后,才能写入新字符,移位所需的时间远大于恢复时间。

例 9.1 若要求 8251A 工作于异步方式,波特率系数为 16,具有 7 个数据位,一个停止位,有偶校验,控制口地址为 3F2H,写恢复时间程序为 REVTIME,试编写对 8251A 进行初始化的程序。

程序如下:

```
         MOV    DX,  3F2H           ;控制口
         MOV    AL,  00H
         OUT    DX,  AL             ;向控制口写入"0"
         REVTIME                    ;延时,等待写操作完成
         OUT    DX,  AL             ;向控制口写入第二个"0"
```

```
        REVTIME                      ;延时
        OUT    DX, AL                ;向控制口写入第三个"0"
        REVTIME                      ;延时
        MOV    AL, 40H               ;复位字
        OUT    DX, AL                ;写入复位字
        REVTIME                      ;延时
        MOV    AL, 01111010B         ;方式字:波特率系数为16,7个数据位,一个停止位,偶校验
        OUT    DX, AL                ;写入方式字
        REVTIME                      ;延时
        MOV    AL, 00010101B         ;命令字:允许接收发送数据,清错误标志
        OUT    DX, AL                ;写入命令字
```

2) 同步方式初始化程序

若 8251A 工作于同步方式,则初始化 8251A 时,先和异步方式一样,向控制口写入 3 个 0 和一个软件复位命令字(40H),接着向控制口写入方式字,然后再往控制口送同步字符。

若方式字中规定为双同步字符,则需对控制口再写入第二个同步字符。常用 ASCII 字符集中的 16H 作为收发双方同意的同步字符。写入同步字符后,再对 8251A 的控制口写入一个命令字,选通发送器和接收器,允许芯片对 RxD 引脚上送来的数据位搜索同步字符。

例 9.2　设 8251A 的控制口地址为 3F2H,写恢复延时程序为 REVTIME,如要求 8251A 工作于同步方式,采用双同步字符、奇校验、数据位为 7 位,试编写 8251A 写入复位字以后的初始化程序。

程序如下:

```
        ⋮                            ;先向控制口写入 3 个 0,再送复位字 40H
        MOV    DX, 3F2H              ;控制口
        MOV    AL, 00011000B         ;方式字:双同步,内同步,奇校验,7个数据位
        OUT    DX, AL                ;送方式字
        REVTIME                      ;延时
        MOV    AL, 16H
        OUT    DX, AL                ;送入第一个同步字符
        REVTIME
        OUT    DX, AL                ;送入第二个同步字符
        REVTIME
        MOV    AL, 10010101B         ;命令字:启动搜索同步字符,错误标志复位,允许收发
        OUT    DX, AL
```

9.2.3　8251A 应用举例

1. 8251A 与 CPU 及外设的连接

假设我们用 8251A 构成的串行接口与 CRT 显示器或鼠标器等外设相连,并工作于异步方式,这时,就不需要用到上述那些控制 MODEM 的信号。图 9.13 是 8251A 与 CPU 及某个具有串行接口的外设连线示意图。

第 9 章 串行通信和可编程接口芯片 8251A

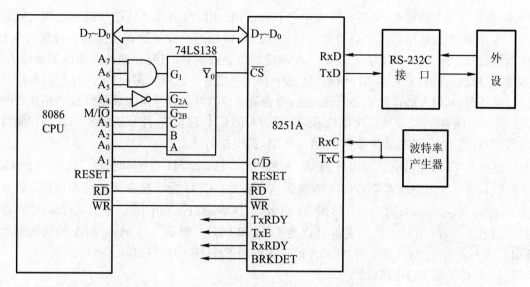

图 9.13 8251A 与 CPU 及外设的连线图

从图 9.13 可以看到,8251A 的信号可分成两组,一组是 8251A 与 CPU 之间的接口信号,另一组是它与外设之间的接口信号。

1) 8251A 与 CPU 之间的连线

如图 9.13 所示,8251A 的 $\overline{RD}$、$\overline{WR}$、CLK 和 RESET 信号可直接与 CPU 的相应引脚相连。而 8251A 的数据线 $D_7 \sim D_0$ 与 CPU 的低 8 位数据总线 $D_7 \sim D_0$ 相连,$C/\overline{D}$ 与系统地址总线 A_1 相连。地址总线的其余位经译码后产生片选信号,与 8251A 的 $\overline{CS}$ 相连。

TxRDY、TxE、RxRDY 和 BRKDET 都是 8251A 的输出信号,它们是 CPU 与 8251A 之间的收发联络信号。在查询方式时,它们被用作状态信号;在中断方式时,TxRDY 和 RxRDY 可作为向 CPU 请求发送或接收数据的中断请求信号。

2) 8251A 与外设之间的连线

在这组引线中,RxD 接收外设送来的串行数据,TxD 向外设发送串行数据。为了符合 RS-232C 串行接口标准对信号电平的要求,在接口电路中具有专门的电平变换电路,发送数据时,将 TTL 电平的 TxD 信号转换为 RS-232C 电平;接收数据时,则把 RS-232C 电平的 RxD 信号转换为 8251A 能接受的 TTL 电平。

发送时钟输入端 $\overline{TxC}$ 和接收时钟输入端 $\overline{RxC}$ 连在一起,由波特率产生器为它们提供所需要的时钟脉冲信号。

3) 端口地址译码电路

我们已经知道 8251A 是具有 8 位数据总线的接口芯片,$C/\overline{D}$ 端为 1 时,选中控制口,传送控制信号和状态信号;$C/\overline{D}=0$ 时,选中数据口,传送数据信息。如果 8251A 与 8 位数据总线的微机相连,通常只要将 $C/\overline{D}$ 与最低位地址线 A_0 相连,高位地址线用于端口地址译码,产生片选信号。这样,当 $A_0=0$ 时,选中数据口;$A_0=1$ 时,选中控制口。例如:数据口为 F0H,控制口为 F1H。

如果 8251A 与 16 位数据总线的 CPU(如 8086)相连,则它既可以与数据总线的高 8 位相连,也可与低 8 位相连,但是必须遵守以下约定:低 8 位数据总线总是与偶地址单元或端口相连,而高 8 位数据总线总是与奇地址单元或端口相连。若要使 8 位接口芯片仅与低 8 位数据总线相连,同时又要能区分 8251A 的控制口和数据口,只要让地址总线的最低位 A_0 参加 I/O 端口译码,只有在 $A_0=0$ 时,才选中 8251A 芯片。这样可保证 CPU 对 8251A 进行读写操作时,8251A 的口地址必为偶地址,符合低 8 位数据总线总是与偶地址端口相连的约定。另一方面,将地址总线的次低位 A_1 与 8251A 的 C/$\overline{D}$ 端相连,用于选择 8251A 的控制口或数据口,当 $A_1=0$ 时,选中数据口;$A_1=1$ 时,选中控制口。

从图 9.13 的译码电路可以看到,$A_7A_6A_5A_4=1111$ 和 M/$\overline{IO}=0$ 时,使 74LS138 的 $G_1=1$,$\overline{G_{2A}}=\overline{G_{2B}}=0$,译码器 74LS138 的使能信号有效。CPU 为了选中偶地址端口,A_0 必须为 0,若 $A_3A_2A_0=000$,则 74LS138 的 $\overline{Y_0}$ 有效,可选中 8251A。由于 A_1 未参加译码,它可以是 1 或者 0,于是 8251A 的口地址可以为 F0H 和 F2H。当 $A_1=0$ 时,8251A 的口地址为 F0H,选中数据口;当 $A_1=1$ 时,8251A 的口地址为 F2H,选中控制口。

2. 双机通信接口电路设计

利用 RS-232C 串行口进行较近距离串行通信时,CPU 和大多数外设相连或 CPU 与 CPU 之间进行通信时,不需要使用 MODEM,通常采用三线传输的最小方式进行通信。下面,我们举一个实际例子来说明 8251A 和 RS-232C 的使用方法。

假如有两台以 8086 为 CPU 的微机之间需进行通信,它们用 8251A 作接口芯片,通过 RS-232C 串行接口实现通信,硬件电路如图 9.14 所示。在图 9.14 中仅画出一台微机的接口电路,另一台微机的接口部分完全是类似的。

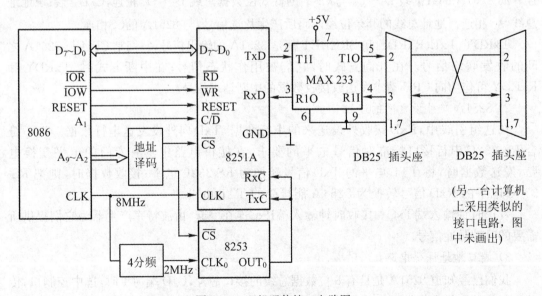

图 9.14 双机通信接口电路图

由图 9.14 可见,8251A 的 RESET 信号与 CPU 的相应端相连,$\overline{RD}$、$\overline{WR}$ 信号与 CPU 端的 $\overline{IOR}$、$\overline{IOW}$ 相连,M/$\overline{IO}$ 无须参加译码。8251A 的 $D_7 \sim D_0$ 和 8086 的低 8 位数据线 $D_7 \sim D_0$ 相连,8251A 的片选信号由地址译码电路提供,C/$\overline{D}$ 与地址总线的 A_1 相连,用于选择数据口和控制口,A_1A_0 线也可用来选译 8253 的 4 个端口地址。这些信号的连接方法前面已介

绍过了。

从图 9.14 还可以看到，8251A 的主时钟和 CPU 使用同一个时钟 CLK，这里假设主时钟 CLK 的频率为 8MHz。CLK 还经分频电路分频后形成 2MHz 的信号，送到 8253 的 CLK_0 输入端，再经 8253 分频后，送到 8251A 的 $\overline{RxC}$ 和 $\overline{TxC}$ 端，作 8251A 的接收时钟和发送时钟。

若 8253 工作于方式 3，串行数据传送的波特率为 9600Bd，波特率系数为 16，则 $\overline{RxC}$ 和 $\overline{TxC}$ 的频率应是：

$$9600 \times 16 = 153600Hz = 0.1536MHz$$

8253 的通道 0 的分频系数约为：

$$n = 2MHz/0.1536MHz = 13$$

这样，系统工作时，便可从 OUT_0 端得到频率为 0.1536MHz 的方波信号，作为 8251A 的接收时钟信号 $\overline{RxC}$ 和发送时钟信号 $\overline{TxC}$。从上面计算分频系数 n 的式子可以看出，n 是一个近似值，因此 $\overline{RxC}$、$\overline{TxC}$ 信号有误差，实际应用时，应尽量设法选取精确的数值。

由于 8251A 的输入输出信号均是 TTL 电平，与 RS-232C 的电平不一致，因此输出信号 TxD 要经 MAX233 等线路驱动器转换成 RS-232C 电平后才能将数据发送出去；反之，另一台计算机送来的 RxD 信号是 RS-232C 电平，也要经 MAX233 等线路驱动器转换成 TTL 电平后才能送给 8251A。另外，在使用 RS-232C 标准的 25 芯接插件时要注意，不能直接将双方的输出信号线（2 脚）接在一起，也不能直接将输入信号线（3 脚）接在一起，这样将无法工作，而必须采用交叉连接的方法。也就是说将第一台机器的发送端 TxD（2 脚）与第二台机器的接收端 RxD（3 脚）相连，将第二台机器的发送端与第一台机器的接收端相连，这样才能使一方发送数据，另一方接收数据。

假如第一台计算机所用的 8251A 的数据口和控制口地址分别为 1F0H 和 1F2H，两台机器之间采用查询方法、异步传送、半双工通信。发送数据时，发送端 CPU 不断查询 TxRDY 的状态是否为有效的高电平，若为高，表示发送缓冲器空，可用 OUT 指令向 8251A 输出一个数据字节。接收数据时，CPU 不断检测 RxRDY 是否为有效的高电平，若为高则表示接收数据已准备好，CPU 可用 IN 指令从 8251A 输入一个数据。设第一台计算机要求发送的数据存放在以 BUFF_T 为始址（偏移量）的内存单元中，发送数据个数为 COUNT_T，接收数据存放到以 BUFF_R 为始址的内存单元中，接收数据个数为 COUNT_R，则对于第一台计算机来说，发送一批数据的初始化程序和控制数据传送的程序为：

```
        ⋮                    ;先向控制口写 3 个 0，再向控制口写入 40H
                             ;使系统复位
BEG_T:  MOV   DX, 1F2H      ;控制口
        MOV   AL, 7AH       ;方式字:异步方式,7 个数据位,1 个停止位
                             ;偶校验、波特率系数为 16
        OUT   DX, AL
        MOV   CX, 02H       ;延时
D1:     LOOP  D1
        MOV   AL, 11H
```

```
            OUT    DX, AL              ;清除错误标志,允许发送
            MOV    CX, 02H             ;延时
    D2:     LOOP   D2
            LEA    DI, BUFF_T          ;发送缓冲区始址
            MOV    CX, COUNT_T         ;发送数据个数
    NEXT_T: IN     AL, DX              ;读入状态
            TEST   AL, 01H             ;TxRDY 有效吗?
            JZ     NEXT_T              ;否,则等待
            MOV    DX, 1F0H            ;是,数据口地址送 DX
            MOV    AL, [DI]            ;从缓冲区取一个数据
            OUT    DX, AL              ;向 8251A 输出一个数据
            INC    DI                  ;修改缓冲区指针
            MOV    DX, 1F2H
            LOOP   NEXT_T              ;没送完则继续
             ⋮                         ;送完
```

同一台机器上接收一批数据的初始化程序和控制数据传送的程序为：

```
             ⋮                         ;使系统复位
    BEG_R:  MOV    DX, 1F2H            ;控制口
            MOV    AL, 7AH
            OUT    DX, AL              ;送出方式字,同发送部分
            MOV    CX, 02H             ;延时
    D3:     LOOP   D3
            MOV    AL, 14H
            OUT    DX, AL              ;输出命令字:清错误标志,允许接收
            MOV    CX, 02H             ;延时
    D4:     LOOP   D4
            LEA    DI, BUFF_R          ;接收数据缓冲区始址
            MOV    CX, COUNT_R         ;接收数据个数
    NEXT_R: IN     AL, DX              ;读入状态字
            TEST   AL, 02H             ;RxRDY 有效吗?
            JZ     NEXT_R              ;否,循环等待
            TEST   AL, 38H             ;是,查是否有错
            JNZ    ERROR               ;有错,则转出错处理程序
            MOV    DX, 1F0H            ;无错
            IN     AL, DX              ;读入一个数据
            MOV    [DI], AL            ;输入数据→缓冲区
            INC    DI                  ;修改缓冲区指针
            MOV    DX  1F2H
            LOOP   NEXT_R              ;数据传送没完成则继续
             ⋮                         ;完成
    ERROR:   ⋮                         ;出错处理
```

同样，在第二台计算机上，也需要编写类似的初始化程序和数据收发程序。两台计算机之间进行通信时，双方的波特率必须一致。

事实上，一台计算机不仅可以与另一台计算机进行通信，还可与 CRT 终端、单片机开发系统或其它具有串行接口的外设通信。发送时钟 $\overline{\text{TxC}}$ 可以用 8253 一类的定时器/计数器电路对主时钟分频后产生，也可以由专门的波特率产生器提供。数据传送可以采用全双工方式，这时双方可以同时收发数据。

习 题

1. 串行通信与并行通信的主要区别是什么？各有什么优缺点？
2. 在串行通信中，什么叫单工、半双工、全双工工作方式？
3. 什么叫同步工作方式？什么叫异步工作方式？哪种工作方式的效率更高？为什么？
4. 用图表示异步串行通信数据的位格式，标出起始位、停止位和奇偶校验位，在数字位上标出数字各位发送的顺序。
5. 什么叫波特率？常用的波特率有哪些？
6. 若某一终端以 2400 波特的速率发送异步串行数据，发送1位需要多少时间？假设一个字符包含7个数据位、1个奇偶校验位、1个停止位，发送1个字符需要多少时间？
7. 什么叫 UART？什么叫 USART？列举典型芯片的例子。
8. 什么叫 MODEM？用标准电话线发送数字数据为什么要用 MODEM？调制的形式主要有哪几种？
9. RS-232C 的逻辑高电平与逻辑低电平的范围是什么？怎样与 TTL 电平的器件相连？规定用什么样的接插件？
10. 若 8251A 的端口地址为 3F0H、3F2H，要求 8251A 工作于异步工作方式，波特率因子为 16，有7个数据位，1个奇校验位，1个停止位，试对 8251A 进行初始化编程。（参考例9.1。）
11. 设 8251A 的控制口地址为 82H，要求 8251A 工作于内同步方式，同步字符为 2 个，用偶校验，7 个数据位，试对 8251A 进行初始化编程。（参考例9.2。）
12. 在一个以 8086 为 CPU 的系统中，若 8251A 的数据端口地址为 84H，控制口和状态口的地址为 86H，CPU 的系统总线信号为 $A_7 \sim A_0$、$D_7 \sim D_0$、$\overline{\text{IOR}}$、$\overline{\text{IOW}}$（无 M/$\overline{\text{IO}}$）和 RESET，试画出地址译码电路、数据总线以及控制总线的连线图。（参考图9.13。）
13. 某双机通信系统，用 8088 作 CPU，8251A 和 8253 为接口芯片，它们的端口基地址分别为 300H 和 304H，通过 RS-232C 实现通信，时钟频率为 2MHz，传送的波特率为 4800Bd，波特率系数为 16。

(1) 试画出硬件连线图（只需画一台机器）；

(2) 编写从发送缓冲器 BUF_T 发送一个数据和接收一个数据存入 BUF_R 的程序。（参考图9.14和相关的程序。）

第10章 模数(A/D)和数模(D/A)转换

10.1 概 述

当用计算机来构成数据采集或过程控制等系统时,所要采集的外部信号或被控制对象的参数,往往是温度、压力、流量、声音和位移等连续变化的模拟量。但是,计算机只能处理不连续的数字量,即离散的有限值。因此,必须用模数转换器即 A/D 转换器(Analog to Digital Converter,ADC),将模拟信号变成数字量后,才能送入计算机进行处理。计算机处理后的结果,也要经过数模转换器即 D/A 转换器(Digital to Analog Converter,DAC),转换成模拟量后,在示波器上显示结果波形或者驱动执行部件,达到控制的目的。

10.1.1 一个实时控制系统

一个包含 A/D 和 D/A 转换器的实时闭环控制系统的框图如图10.1所示。

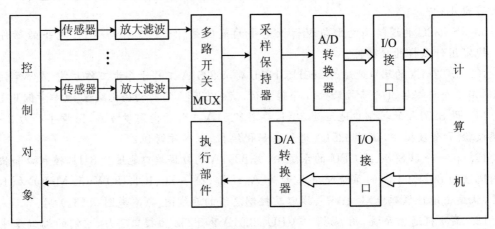

图 10.1 包含 A/D 和 D/A 的实时控制系统

在图 10.1 中,A/D 和 D/A 转换器分别是模拟量输入和模拟量输出通路中的核心部件,后面两节将对它们作较详细的讨论。如果将如图 10.1 所示的实时闭环系统中的 D/A 转换通路去掉,则成了一个将现场模拟信号变为数字信号,并送计算机进行处理的数据采集系统。反之,若系统中只包含 D/A 转换通路,就构成了一个程序控制系统。

在数据采集系统中,自外界输入的各种非电模拟信号,一般都要像图 10.1 所示那样,先由传感器把它们转换成模拟电流或电压信号,才能被进一步处理和加到 A/D 转换器去转换成数字量。大多数传感器产生的信号都很微弱,必须用高输入阻抗的运算放大器对其进行放大,使它们达到一定的幅度。必要时还要进行滤波,选取信号中一定频率范围内的成分,去掉各种干扰和噪声。若信号的大小与 A/D 转换器的输入范围不一致,还需进行电平转换。

在实时控制或多路数据采集系统中,常常要同时测量几路甚至几十路信号,经常采用多路开关对被测信号进行切换,使各路信号共用一个 A/D 转换器,这样不仅能降低成本,而且还能减小系统的体积和功耗。多路切换的方法有两种:一种是如图 10.1 那样,外加多路模拟开关 MUX(Multiplexer),实现多路信号的切换;另一种是选用内部带多路转换开关的 A/D 转换器。例如,后面将要介绍的 ADC0809,就是带有 8 路模拟开关的 A/D 转换器。由于 D/A 转换器比较便宜,所以在 D/A 通道中较少使用多路开关。

10.1.2 采样、量化和编码

模拟信号经预处理后从多路开关输出时,信号幅度已达到几伏的数量级,它还必须经过采样、量化和编码的过程才能成为数字量。

1. 采样和量化

采样就是按相等的时间间隔 t 从电压信号上截取一个个离散的电压瞬时值,这些值都有精确的大小。严格地讲,必须用无穷多位小数才能真正表示出它们的电压值来,但实际上只能把这些采集下来的电压瞬时值表示到一定的精度。

如图 10.2 所示,有一个被采样的信号电压的幅度范围为 0~7V,若把它们分为 8 层,包括电平 0V 在内,每个分层为 1V,然后看每个采样处于哪个分层之中,该分层的起始电平就是这个采样的数字量。例如,t_0 时刻采样的实际值为 3.7V,它处于 3~4V 分层中,因此它的数字量就是 3;其余依次类推。这个过程称为量化。每个分层所包含的最大电压值与最小电压值之差为 1V,它被称为量化单位,用 q 表示。量化单位越小,精度越高。每秒内采集的数字量数目称为采样率(Sampling Rate),用 f_s 表示。

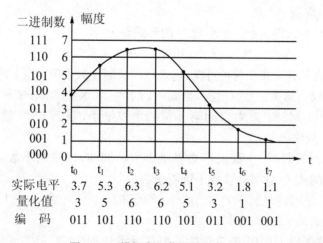

图 10.2 模拟电压信号被量化的例子

A/D 转换器输出的数字量,可采用若干种代码表示。图 10.2 中采用二进制编码,即用 000~111 分别表示数字量 0~7。

从量化过程可以看出,t 越小,采样率 f_s 越高,每秒内采集的点数就越多,采得的值便越接近于原信号。但若 f_s 太大,模数转换实现起来就比较困难,成本也会显著提高。

在对模拟信号进行采样时,为了与计算机表示数的方法一致,分层数必须是 2^n。例如,图 10.2 中的分层数为 $2^3=8$,或 $n=3$。实际的 A/D 转换器,n 通常为 8,10,12,16 等。为简单起见,常用位数 n 来表示 A/D 转换器的分辨率(Resolution),它表明 A/D 转换器能分辨最小量化信号的能力。

每个 A/D 转换器都有一个允许的最大输入电压范围,通常还有一个参考电压 V_R 输入引脚,在输入电压值范围内改变 V_R 的值,可以设定 A/D 转换器能够转换的电压范围,也即指定它的量程。

例如,一个 8 位的 A/D 转换器,它将把输入电压信号分成 $2^8=256$ 层,如果它的量程为 0～5V,那么它能分辨的最小的量化信号电平,即量化单位为:

$$q=\frac{电压量程范围}{2^n}=\frac{5.0V}{256}\approx 0.019V=19mV$$

q 正好是 A/D 输出的数字量中最低位 LSB=1 时所对应的电压值,因而也称为 1LSB。

2. 编码

经采样和量化后,模拟量转化成了数字量,数字量可以用不同的代码来表示,这就是数字量的编码。编码的形式有好几种,例如,二进制码、BCD 码、ASCII 码等。各器件采用的编码方式在制造过程就固定好了,有些器件可通过外部连线,选择几种编码方式。最常用的编码形式有自然二进制编码和双极性二进制编码两种,下面仅对自然二进制码做一些介绍。

前面我们已经讲到,量化过程是先将一个由参考电压 V_R 设定的满量程(FSR)电压值分成 2^n 等分,然后将采样所得的模拟量与这些分层进行比较,看落在哪个分层范围内,便量化成相应的数字量。输入模拟量与满量程相比得到的是一个分数,若以满量程为 1,则这个比值总是小于 1 的小数。为此,数据转换中常用二进制小数形式表示数字量,这就是自然二进制码,或称为自然二进制小数码。

n 位自然二进制小数码表示一个小数 N 的形式是:

$$N=d_1 2^{-1}+d_2 2^{-2}+\cdots+d_n 2^{-n}$$

式中,系数 d_i 的取值只有 0 或 1 两种可能,它表示二进制小数中第 i 位上的数码,2^{-n} 表示了小数中各位上的加权。第 1 位加权最大,当 $d_1=1$ 时,它对 N 的贡献(加权)最大,等于 1/2,它被称为最高有效位 MSB;最右边的第 n 位的加权最小,等于 $1/2^n$,被称为最小有效位 LSB,实际上就等于量化单位 q。

采用自然二进制编码时,小数点不必表示出来。例如,二进制小数 0.110101 被记作 110101。根据上面的式子,它可转换成十进制小数:

$$N=1\times 0.5+1\times 0.25+0\times 0.125+1\times 0.0625+0\times 0.03125+1\times 0.015625$$
$$=0.828125=82.8125\%$$

也就是说,二进制码 110101 所表示的模拟量是满量程的 82.8125%。如果用 V_R 表示参考电压,即满量程值,用 V_X 表示实际模拟电压值,则

$$V_X=V_R\times N$$

当 $V_R=+10V$ 时,数字量 110101 表示模拟电压为:$V_X=10V\times 0.828125=8.28125V$。

而当 $V_R=+5V$ 时,它表示的模拟电压为:$V_X=5V\times 0.828125=4.140625V$。

可见,A/D 转换器的量程不同,同一个数字量所表示的模拟量大小也不一样。如前所

述,我们可以通过改变 A/D 和 D/A 转换器的参考电压,来改变它们的量程。

若已知参考电压 V_R 和模拟电压 V_X,也可以计算出 V_X 的数字量 N 来。例如,当 V_R = +5V,V_X = 1.0V 时,V_X 的数字量为:

$$N = V_X/V_R = 1.0V/5.0V = 0.2$$

将它转换成二进制小数,结果为 0.2 = 0.00110010,由于在机器中小数点不表示出来,所以用 00110010 或 32H 来表示 V_X 的数字量。

表 10.1 列出了在满量程 FSR 分别为 5V 和 10V 的情况下,4 位二进制小数码的表示方法。

表 10.1 4 位(n=4)二进制小数码的表示

输入模拟量	二进制小数	输出数码	对应电压	
			FSR=+5V	FSR=+10V
0	0.0000	0000	0.000	0.000
1/16FSR	0.0001	0001	0.312	0.625
2/16FSR	0.0010	0010	0.625	1.250
3/16FSR	0.0011	0011	0.937	1.875
⋮	⋮	⋮	⋮	⋮
15/16FSR	0.1111	1111	4.687	9.375

从表 10.1 可知,数字量的最大值(全 1 或满码)并不等于满量程电压,它等于 FSR×$(1-2^{-n})$,也就是说,它比满量程小 1LSB。例如,在 FSR=+5V 时,满码 1111 表示 5V×$(1-2^{-4})$=4.6875V。如果用的是 12 位 A/D 转换器,满码为 1111 1111 1111,它对应的电压值为 5V×$(1-2^{-12})$=4.9988V。

要是 A/D 转换器允许输入双极性信号,如±5V,为了表示 V_X 的极性,还可用双极性码来表示数字量。D/A 转换是 A/D 转换的逆过程,量化和编码的原理对 D/A 也是适用的。

10.2 D/A 转 换 器

模数和数模转换中的核心部件是 A/D 转换器和 D/A 转换器。由于 D/A 转换器的原理比较简单,而且大部分 A/D 转换器内部还包含 D/A 转换电路,因此,我们先来介绍 D/A 转换器的工作原理和使用方法。

10.2.1 D/A 转换器原理

D/A 转换器是把输入的数字量转换为与输入量成比例的模拟信号的器件。多数 D/A 转换器把数字量(如二进制编码)变成模拟电流,如果要将其转换成模拟电压还要使用电流/电压转换器(I/V)来实现。少数 D/A 转换器内部有 I/V 变换电路,可直接输出模拟电压值。I/V 转换电路由运算放大器构成。

为了了解 D/A 转换器的工作原理,先分析一下如图 10.3 所示的 4 路输入加法器电路,即权电阻网络 D/A 转换器。

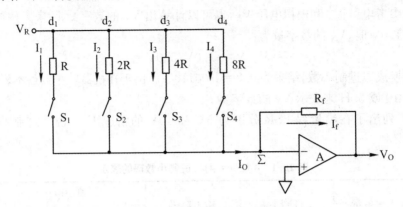

图 10.3 权电阻网络 DAC

图 10.3 中,$d_1 \sim d_4$ 为 4 位输入数字量,R、2R、4R 和 8R 为加权电阻,$S_1 \sim S_4$ 是电子模拟开关。当某位 $d_i=1$ 时,相应开关闭合,接通权电阻;$d_i=0$ 时,开关断开。运算放大器的同相输入端(+)接地,由于运放的输入阻抗非常高,流入反相输入端(-)的电流几乎为 0,同相端与反相端之间的电流也非常小,所以反相输入端的电压也为 0,与同相端的电位相等,Σ 点被称为虚地点。参考电压 V_R 为权电阻支路提供权电流,各支路中电流的大小与权电阻成反比关系。

流入相加点 Σ 的总电流为:

$$I_O = d_1 I_1 + d_2 I_2 + d_3 I_3 + d_4 I_4$$

$$= d_1 \frac{V_R}{R} + d_2 \frac{V_R}{2R} + d_3 \frac{V_R}{4R} + d_4 \frac{V_R}{8R}$$

$$= \frac{2V_R}{R}(d_1 2^{-1} + d_2 2^{-2} + d_3 2^{-3} + d_4 2^{-4})$$

由于流入运算放大器的电流为 0,故 $I_f = I_O$。又因为 Σ 点虚地,所以运放的输出电压 $V_O = -I_f \cdot R_f$。这样,对于同样的输入数据,当参考电压 V_R 改变时,I_O 和 V_O 均随之而改变。若固定 V_R,则输出电压 V_O 与输入数字量成正比关系。

如果 $R_f = R/2$,输入数字量 $d_1 d_2 d_3 d_4 = 1000$,$V_R = +5V$,则输出电压

$$V_O = -I_O \times R_f$$

$$= -\frac{2V_R}{R} \times \left(1 \times \frac{1}{2} + 0 \times \frac{1}{4} + 0 \times \frac{1}{8} + 0 \times \frac{1}{16}\right) \times \frac{R}{2}$$

$$= -\frac{1}{2} V_R = -2.5V$$

这样,用二进制数字控制开关的通断,就可产生相应的输出电压信号。但是,与模数转换器只能包含有限数目的分层数那样,数模转换器中的开关和权电阻的数目也是有限的,因此,D/A 转换器输出的电压仅是某些固定的值。例如,对于上面的例子,输入数字量的范围限制在 0000~1111B 内,相应的输出电压值也只有 16 种,它们的大小落在 0V 到 $V_R(1-2^{-4})V$ 范围内。在用 D/A 转换器形成一个波形时,就要每隔一定的时间 Δt,由程序将一个数字量送给 DAC,形成一个电压值。结果,当你用示波器观察这个波形时,会

发现波形上有许多台阶,它们就是由这些不连续的电压值形成的。Δt 越小,这些台阶就越窄;D/A 转换器中所包含的开关和权电阻数越多,也就是说 D/A 的位数越多,任意两个相邻的数字量形成的电压台阶之间的高度差也就越小,即输出波形与真实的模拟信号越接近。

从上面的例子可以看出,D/A 转换器的核心部分是一组按输入二进制数字控制开关产生二进制加权电流的部件。实现 D/A 转换的方案还有好几种,如 R-2R 梯形电阻网络 DAC,2^nR 电阻分压式 DAC 等,它们都被做在集成电路芯片内部,在此就不一一介绍了。

10.2.2 D/A 转换器的主要性能指标

1. 输入数字量

多数 D/A 转换器只接受自然二进制编码,少数产品采用双极性二进制编码或 BCD 编码等。输入数据的格式一般都是并行码。输入数据的逻辑电平一般为 TTL 电平,少数产品还可能接受 CMOS 或 PMOS 电平的数字量。

2. 输出模拟量

多数 D/A 转换器是电流输出型,手册上总是给出在规定的参考电压 V_R(或 V_{ref})下,输入为满码时的输出电流表达式。有些器件有一对电流输出引脚 I_{O1} 和 I_{O2},也记为 I_{OUT1} 或 I_{OUT2},例如,8 位 D/A 转换器 DAC0832 的输出电流为:

$$I_{O1} = \frac{V_R}{15k\Omega} \times \frac{输入数字量}{256}$$

$$I_{O2} = \frac{V_R}{15k\Omega} \times \frac{255-输入数字量}{256}$$

输入为满码时的输出电流为:

$$I_{O1} = \frac{V_R}{15k\Omega} \times \frac{255}{256}$$

$$I_{O2} = 0$$

式中,数值 15kΩ 表示 DAC 内部 R-2R 电阻网络中的电阻阻值。为了将输出电流转换成输出电压,可在 DAC 的输出端加一个由运算放大器 A 和反馈电阻 R_f 构成的 I/V 转换电路。通常,R_f 做在D/A转换器的内部,在 D/A 片子上有专门的引脚,并让 R_f 的大小与权电阻相同。这样,只需用一个运放就能构成 I/V 转换电路,如图 10.4 所示。

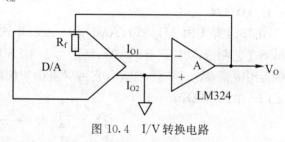

图 10.4 I/V 转换电路

从图 10.4 中的 I/V 转换电路可得到如下的输出电压表达式:

$$V_O = -I_{O1} \cdot R_f$$

$$= -\frac{V_R}{15k\Omega} \cdot \frac{输入数字量}{256} \cdot 15k\Omega$$

$$= -V_R \cdot \frac{输入数字量}{256}$$

由此可知,输出电压仅与参考电压和输入数字量有关。

3. 分辨率(Resolution)

分辨率的概念在前面已经提到,它是指输入数据发生 1 LSB 的变化时所对应的输出模拟量的变化,分辨率 Δ 与输入数字量的位数 n 之间有如下关系:

$$\Delta = \frac{FSR}{2^n}$$

式中,FSR 是 D/A 转换器的满量程,它近似等于输入为满码时的输出电压值。通常也用百分数来表示分辨率。例如:

对于 8 位 D/A 转换器,$2^n=256$,其分辨率为 $1/256 \times FSR = 0.39\%$ FSR

对于 12 位 D/A 转换器,$2^n=4096$,其分辨率为 $1/4096 \times FSR = 0.0244\%$ FSR

由于分辨率与转换器的位数之间具有固定的对应关系,一般简单地用它们的位数来表示分辨率,如 D/A 转换器的分辨率可以是 8,10,12,16 位等等。

4. 精度(Accuracy)

由于转换器内部电路的误差等原因,当送一个确定的数字量给 DAC 后,它的实际输出值与该数值应产生的理想输出值之间会有一定的误差,它就是 D/A 转换器的精度,通常用此差值与满量程输出电压或电流的百分比来表示。例如,某一转换器的电压满量程为 10V,其精度为 0.02%,则输出电压的最大误差为 $10.0V \times 0.02\% = 20mV$。一般 D/A 转换器的误差应不大于 1/2 LSB。

5. 建立时间(Setting Time)

建立时间也称为稳定时间,用 t_S 表示,它是指从数字量输入到建立稳定的输出电流的时间。超高速的 DAC,$t_S < 100ns$;较高速的 DAC,$t_S = 1\mu s \sim 100ns$;高速 DAC,$t_S = 10\mu s \sim 1\mu s$;低速 DAC 的 $t_S > 100\mu s$。例如,12 位 D/A 转换器 DAC1210 的 $t_S = 1\mu s$。

10.2.3 D/A 转换器 AD7524、DAC0832 和 DAC1210

1. AD7524

AD7524 是美国 AD 公司(Analog Device)生产的 8 位电流输出型 D/A 转换器,采用 CMOS 工艺制造,功耗只有 10mW,精度为 1/8 LSB。它被设计成单电源供电,而且电源电压的范围很宽,从 +5V 到 +15V,它可以直接与使用 +5V 电源的微机总线相连。图 10.5 是它的一个实用电路。

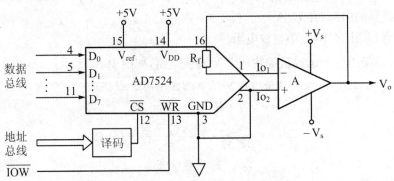

图 10.5 AD7524 的一个实用电路

CPU 把 AD7524 当成一个由 8 位数据锁存器构成的输出端口,由地址总线经译码后形成的 I/O 片选信号与 AD7524 的 $\overline{CS}$ 端相连,赋予它一个端口地址。系统总线的 I/O 写信号 $\overline{IOW}$ 接到它的写使能端 $\overline{WR}$。当用输出指令将待转换的 8 位数据从数据总线 $D_7 \sim D_0$ 送到 DAC 时,$\overline{WR}$ 和 $\overline{CS}$ 有效,转换立即开始,经 t_S 时间后,转换结束。实际上转换进行得很快,一条 OUT 指令执行完后,转换就结束了。这就是说,只要 CPU 选中 D/A 转换器的端口,执行一条 OUT 指令,就可实现一次 D/A 转换。

转换结束后,在互补的电流输出端 I_{O1} 和 I_{O2} 端可得到输出电流,经 I/V 转换电路后,在 V_O 端形成模拟电压。V_O 的大小由输入数字量和参考电压 V_{ref} 决定,V_{ref} 允许的范围为 ±10V,本例中 $V_{ref}=+5V$,其输出电压为:

$$V_O = -V_R \frac{输入数字量}{256}$$

通常再在输出端加一级反相型电压跟随器,使 $V_O' = V_O$。所以当输入数字量为 0 时,$V_O' = 0V$;当数字量为 FFH 时,$V_O' = 4.98V$。如果把输出信号 V_O 与示波器的 Y 轴相连,再把两者的地连在一起,就可在示波器上观察 D/A 转换后的输出波形。

通过编程来改变送给 DAC 的数据和控制向 DAC 发送数据的时间,就能用它来产生各种波形。下面是用如图 10.5 所示的电路形成特定波形的两个编程例子。

例 10.1 设图 10.5 中 DAC 的口地址为 80H,要求输出从 0V 向 4.98V 线性增长的周期性锯齿波。程序如下:

```
START:   MOV    AL,0FFH        ;初值为 FFH
AGAIN:   INC    AL             ;AL 增 1
         OUT    80H,AL         ;D/A 转换
         CALL   DELAY          ;延时
         JMP    AGAIN
```

输出波形如图 10.6 所示。实际上,波形是由 255 个阶梯波组成的,阶梯的宽度由程序中 DELAY 子程序的延时时间决定。

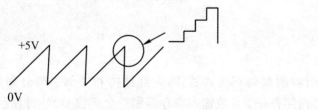

图 10.6 输出锯齿波   图 10.7 输出三角波

例 10.2 要求用如图 10.5 所示的电路,形成如图 10.7 所示的正向和反向三角波,波形下限的电压为 0.5V,上限的电压为 2.5V。

由于 1LSB=5V/256=0.019V,所以下限电压对应的数据为:

$$0.5V/0.019V = 26 = 1AH$$

上限电压对应的数据为:

$$2.5V/0.019V = 128 = 80H$$

程序段如下:

```
BEGIN: MOV    AL,1AH      ;下限值
UP:    OUT    80H,AL      ;D/A 转换
       INC    AL          ;数值增 1
       CMP    AL,81H      ;超过上限了吗？
       JNZ    UP          ;没有,继续转换
       DEC    AL          ;超过了,数值减量
DOWN:  OUT    80H,AL      ;D/A 转换
       DEC    AL          ;数值减 1
       CMP    AL,19H      ;低于下限了吗？
       JNZ    DOWN        ;没有
       JMP    BEGIN       ;低于,转下一个周期
```

用 8 位 DAC 还可产生方波、梯形波和正弦波等。形成方波最容易,只要先输出一个下限电平,再用延时程序将其保持 t_1 时间,再输出一个高电平,并将它保持 t_2 时间,然后重复上述过程。梯形波则是由方波和三角波结合而成的。若要形成其它一些复杂的周期性波形,只要将一个周期的波形数据存在内存中,由程序将它们依次取出来送给 DAC,并重复这个过程。必要时,还能用 A/D 转换器从实际的波形上采集并整理后,获得所需的周期数据。

2. DAC0832

1) 性能指标

NSC 公司(National Semiconductor Corporation)生产的 DAC0832,是一种内部带有数据输入寄存器的 8 位 D/A 转换器,采用低功耗 CMOS 工艺制成,芯片内有 R-2R 梯形电阻网络,用于对参考电压产生的电流进行分流,完成模数转换,转换结果以一组差动电流 I_{OUT1} 和 I_{OUT2} 输出。它可直接与 8088、8086 等微处理器的总线相连。

主要参数为:

    分辨率　　　　8 位
    转换时间　　　1μs
    满量程误差　　±1LSB
    参考电压　　　±10V
    单电源　　　　+5V～+15V

2) 内部结构和引脚功能

DAC0832 是一种具有 20 个引脚的双列直插式器件,内部结构和外部引脚分别如图 10.8(a)和(b)所示。在 DAC0832 内部有一个 8 位输入寄存器和一个 8 位 DAC 寄存器,它们可以分别选通。这样,就可以把从 CPU 送来的数据先打入输入寄存器,在需要进行 D/A 转换时,再选通 DAC 寄存器,实现 D/A 转换,这种工作方式称为双缓冲工作方式。

各引脚的功能分述如下:

· V_{REF}　参考电压输入端。根据需要接一定大小的电压,由于它是转换的基准,要求数值正确,稳定性好,常用稳压电路产生,或用专门的参考电压源提供。

· V_{CC}　工作电压输入端。

· A_{GND}　为模拟地,D_{GND} 为数字地。在模拟电路中,所有的模拟地都要连在一起,数字地也要连在一起,然后将模拟地和数字地连到一个公共接地点,以提高系统的抗干扰能力。

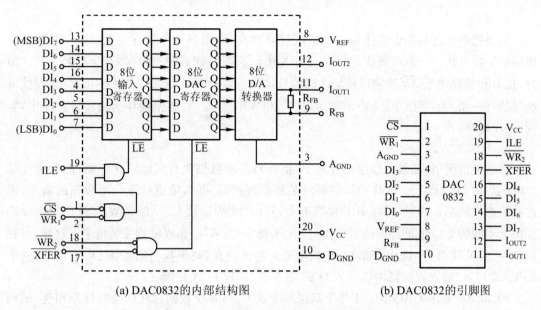

(a) DAC0832的内部结构图　　　　(b) DAC0832的引脚图

图 10.8　DAC0832 的内部结构图和外部引脚图

- $DI_7 \sim DI_0$　数据输入。可直接连到数据总线,也可以经 8255A 等并行 I/O 接口与数据总线相连。其中 DI_7(MSB)为最高有效位,DI_0(LSB)为最低有效位。
- I_{OUT1} 和 I_{OUT2}　互补的电流输出端。为了输出模拟电压,输出端需加 I/V 转换电路。
- R_{FB}　片内反馈电阻引脚。与运放配合构成 I/V 转换器。
- ILE　输入锁存使能信号输入端,高电平有效。
- $\overline{CS}$　片选信号输入端。
- $\overline{WR_1}$ 和 $\overline{WR_2}$　两个写命令输入,均为低电平有效。
- $\overline{XFER}$　传输控制信号输入端,低电平有效。

当 ILE 为高电平,$\overline{CS}$和$\overline{WR_1}$同时为低电平时,在片内,输入寄存器的锁存使能端$\overline{LE}$为高电平,这时,8 位数字量可以通过 DI 引脚输入寄存器;当$\overline{CS}$或$\overline{WR_1}$由低变高时,$\overline{LE}$变成低电平,数据被锁存在输入寄存器的输出端。

对于 DAC 寄存器来说,当$\overline{XFER}$和$\overline{WR_2}$同时为低电平时,DAC 寄存器的锁存使能端$\overline{LE}$为高电平,DAC 寄存器中的内容与输入寄存器的输出数据一致;当$\overline{WR_2}$或$\overline{XFER}$由低变高时,$\overline{LE}$变成低电平,输入寄存器送来的数据被锁存在 DAC 寄存器的输出端,即可加到 D/A 转换器去进行转换。

3)三种工作方式

改变图 10.8 中几个控制信号的时序和电平,就可使 DAC0832 处于不同的工作方式。下面介绍这几种工作方式。

① 直通方式

当 ILE 接高电平,$\overline{CS}$、$\overline{WR_1}$、$\overline{WR_2}$ 和$\overline{XFER}$都接数字地时,使得输入寄存器和 DAC 寄存器均处于直通方式,8 位数字量一旦到达 $DI_7 \sim DI_0$ 输入端,就立即加到 8 位 D/A 转换器,被转换成模拟量。

② 单缓冲方式

只要把两个寄存器中的任何一个接成直通方式,而用另一个锁存数据,DAC 就可处于单缓冲工作方式。一般的做法是将 $\overline{WR_2}$ 和 $\overline{XFER}$ 都接地,使 DAC 寄存器处于直通方式。另外,把 ILE 接高电平,$\overline{CS}$ 接端口地址译码信号,$\overline{WR_1}$ 接 CPU 系统总线的 $\overline{IOW}$ 信号,这样便可通过执行一条 OUT 指令,选中该端口,使 $\overline{CS}$ 和 $\overline{WR_1}$ 有效,将数据锁存到输入寄存器中,实现 D/A 转换。

③ 双缓冲方式

在这种情况下,需要在程序的控制下,把要转换的数据先打入输入寄存器,然后再在某个时刻启动 D/A 转换。这样可以做到对某数据转换的同时,能进行下一个数据的输入,因此转换速度较高。这时,可将 ILE 接高电平,$\overline{WR_1}$ 和 $\overline{WR_2}$ 接 CPU 的 $\overline{IOW}$,$\overline{CS}$ 和 $\overline{XFER}$ 分别接两个不同的 I/O 地址译码信号。执行 OUT 指令时,$\overline{WR_1}$ 和 $\overline{WR_2}$ 均变低电平。这样,可先执行一条 OUT 指令,选中 $\overline{CS}$ 端口,把数据写入输入寄存器;再执行第二条 OUT 指令,选中 $\overline{XFER}$ 端口,把输入寄存器内容写入 DAC 寄存器,实现 D/A 转换。

例 10.3 要求 DAC0832 工作于双缓冲方式下,与 8 位数据总线的微处理器相连,试画出硬件连线路,并编写相关的程序。

所设计的硬件电路如图 10.9 所示。其中,$\overline{CS}$ 的口地址为 320H,$\overline{XFER}$ 的口地址为 321H,当 CPU 执行第一条 OUT 指令,选中 $\overline{CS}$ 端口时,选通输入寄存器,将累加器中的数打入输入寄存器。再执行第二条 OUT 指令,选中 $\overline{XFER}$ 端口,把输入寄存器的内容写入 DAC 寄存器,并启动 D/A 转换。执行第二条 OUT 指令时,AL 中的数据为多少是无关紧要的,目的是使 $\overline{XFER}$ 有效。

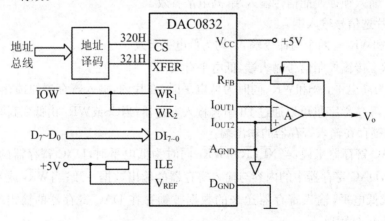

图 10.9 DAC0832 与 8 位数据总线微机的连线图

把一个数据经两次锁存,通过 DAC0832 输出的典型程序段如下:

```
MOV     DX,  320H          ;指向输入寄存器
MOV     AL,  DATA          ;DATA 为被转换的数据
OUT     DX,  AL            ;数据打入输入寄存器
INC     DX                 ;指向 DAC 寄存器
OUT     DX,  AL            ;选通 DAC 寄存器,启动 D/A 转换
```

要产生不同的波形,只要改变被转换数据 DATA 的值即可。

3. DAC1210

DAC1210 是 12 位高分辨率电流输出型 D/A 转换器,它是一种具有 24 引脚的双列直插式器件,也是 NSC 公司的产品,输入信号电平与 TTL 电平兼容。它的主要指标为:电流建立时间 $t_S=1\mu s$,工作电压+5V~+15V,参考电压范围为±25V。它的工作原理与 8 位的 DAC0832 没有多大的区别。图 10.10 是 DAC1210 的逻辑图。

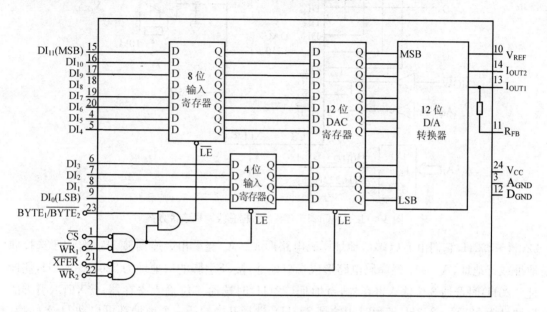

图 10.10 DAC1210 的逻辑图

DAC1210 的输入寄存器由 8 位和 4 位两个寄存器构成,它们都在 $\overline{CS}$、$\overline{WR_1}$ 为低电平时才允许输入数据,而 8 位寄存器还要求 $BYTE_1/\overline{BYTE_2}$($B_1/\overline{B_2}$)端为高电平时才能输入。它有 DI_{11}~DI_4 和 DI_3~DI_0 共 12 根数据输入线,可直接与 16 位总线的 CPU 相连,也可以与 8 位数据总线的 CPU 接口。

例 10.4 将 DAC1210 接到具有 8 位数据总线的微处理器,试画出硬件连线图,并编写 D/A 转换程序。

硬件连线图如图 10.11 所示。图中,DI_{11}~DI_4 与数据总线相连,而 DI_3~DI_0 并接到数据总线的高 4 位上,$\overline{WR_1}$ 和 $\overline{WR_2}$ 与系统总线的 $\overline{IOW}$ 相连,12 位数据应分两次写入输入寄存器,写入方法如下:

先执行 OUT 指令,使 $\overline{CS}$ 和 $\overline{WR}$ 产生负脉冲,$B_1/\overline{B_2}$ 端为高,写入高 8 位数据 DI_{11}~DI_4。这时,因 $\overline{CS}$ 和 $\overline{WR}$ 的低电平,使 12 位数据中的高 4 位也写进了 4 位输入寄存器。再执行第二条 OUT 指令,使 $\overline{CS}$、$\overline{WR}$ 变为负脉冲,并使 $B_1/\overline{B_2}$ 变低,写入低 4 位数据,这时高 8 位输入寄存器被禁止,4 位输入寄存器的内容被更新,写入了所需的低 4 位值。第三步再对另一个端口执行 OUT 指令,使 $\overline{XFER}$ 和 $\overline{WR_2}$ 有效,将已存在两个输入寄存器里的 12 位数据一起写入 12 位 DAC 寄存器,并启动 D/A 转换。经 $1\mu s$ 后,在输出端便得到转换结果。

由上可知,控制 DAC1210 的转换共要用到 3 个 I/O 端口,假设这 3 个端口的地址为

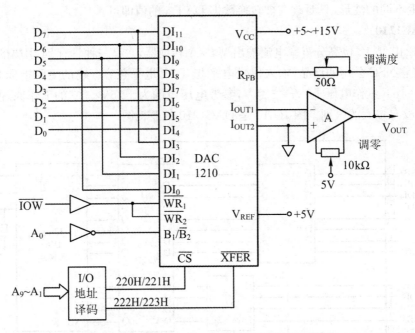

图 10.11　DAC1210 与 8 位数据总线微机连接方案

220H~222H，它们由 I/O 端口地址译码电路形成。A_0 经反相后连到 $B_1/\overline{B_2}$ 端，用于选择偶地址或奇地址，$A_9 \sim A_1$ 经译码电路形成端口地址，接 $\overline{CS}$ 引脚的口地址为 220H~221H，偶地址(220H)时选通 8 位输入寄存器，奇地址(221H)时选通 4 位输入寄存器；接 $\overline{XFER}$ 引脚的口地址为 222H~223H(编程时用的是 222H)，选择其中的任一个地址都可启动 D/A 转换。若待转换的数字量在 BX 寄存器的低 12 位，则完成一次 D/A 转换的程序如下：

```
START:  MOV   DX,  220H    ;指向 220H 端口
        MOV   CL,  4       ;移位次数
        SHL   BX,  CL      ;BX 中数左移 4 次后向左对齐
        MOV   AL,  BH      ;取高 8 位
        OUT   DX,  AL      ;写入 8 位输入寄存器
        INC   DX           ;口地址=221H
        MOV   AL,  BL      ;取低 4 位
        OUT   DX,  AL      ;写入 4 位输入寄存器
        INC   DX           ;口地址=222H
        OUT   DX,  AL      ;启动 D/A 转换，AL 中可为任意值
        ⋮
```

10.3　A/D 转 换 器

10.3.1　A/D 转换器原理

实现 A/D 转换的基本方法有十几种，常用的有计数法、逐次逼近法、双斜积分法和并行

转换法。由于逐次逼近式 A/D 转换具有速度快、分辨率高等优点，而且采用这种方法的 ADC 芯片成本较低，因此在计算机数据采集系统中获得了广泛的应用。为此，我们仅介绍逐次逼近式 A/D 转换器的原理和它们的使用。

这类 A/D 转换器的转换原理是建立在逐次逼近的基础上的，即把输入电压 V_i 和一组从参考电压分层得到的量化电压进行比较，比较从最大的量化电压开始，由粗到细逐次进行，由每次比较的结果来确定相应的位是 1 还是 0。不断比较，不断逼近，直到两者的差别小于某一误差范围时即完成了一次转换。

这种逐次比较的过程与天平称量物体的过程很相似。若我们要用天平称量一个实际重量为 27.4 克的重物，天平具有 32 克、16 克、8 克、4 克、2 克和 1 克等 6 种砝码。称量时，先从最重的砝码试起，称量过程可用表 10.2 来说明。经过 6 步操作后，天平基本平衡，由于最小的砝码是 1 克，没有更小的砝码可用了，所以称量已告结束。结果为：

$$M_X = 0 \times 32 + 1 \times 16 + 1 \times 8 + 0 \times 4 + 1 \times 2 + 1 \times 1 = 27 \text{（克）}$$

表 10.2 一个 27.4 克重物的称量过程

次序	加砝码	天平指示	操作	记录
1	32 克	超重	去码	$X_1 = 0$
2	16 克	欠重	留码	$X_2 = 1$
3	8 克	欠重	留码	$X_3 = 1$
4	4 克	超重	去码	$X_4 = 0$
5	2 克	欠重	留码	$X_5 = 1$
6	1 克	平衡	留码	$X_6 = 1$

它与实际重量之间的误差为 0.4 克。由于砝码是以二进制加权分布的，因此也可以用二进制码 $d_1 d_2 d_3 d_4 d_5 d_6 = 011011$ 来表示该物体的重量。

如果再增加 0.5 克、0.25 克两种砝码，将使称量结果更精确。这时，相当于 n=8，即用 8 位二进制 01101101 来表示称量结果，也就是 27.25 克。

逐次逼近 A/D 转换器就像一架电子自动平衡天平。以一个量程为 +5V 的 4 位逐次逼近式 ADC 为例，用它来转换一个 $V_i = 3V$ 的电压量，由于 n=4，它有 4 个以二进制码表示的电子砝码，它们与电压量的对应关系如表 10.3 所示。

表 10.3 4 个电子砝码与电压的对应关系

代码	相应的电压
1000	$5V \times 2^{-1} = 2.5V$
0100	$5V \times 2^{-2} = 1.25V$
0010	$5V \times 2^{-3} = 0.625V$
0001	$5V \times 2^{-4} = 0.3125V$

逐次逼近式 A/D 转换器的原理如图 10.12 所示，它由逐次逼近寄存器 SAR、D/A 转换

器、比较器 A、缓冲器等组成。SAR 中包含一个移位寄存器、一个数据寄存器及决定去/留码的逻辑电路等几部分,它们在时钟脉冲 CLK 的作用下有次序地进行操作。D/A 转换器用来形成电子砝码,送到比较器 A 的"-"输入端。比较器相当于天平的杠杆和指针,它对从"+"端输入的模拟电压 V_i 和从"-"端输入的电子砝码进行比较,如果 V_i 大于所加的砝码,则输出为 1,SAR 中的去/留码逻辑决定保留这个砝码,否则就去除这个砝码。

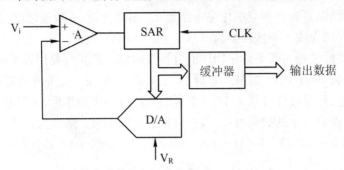

图 10.12 逐次逼近式 A/D 转换器的原理

对于 $V_i=3V$,$n=4$ 的情况,转换过程如下:

在时钟驱动下,SAR 中的移位寄存器的 MSB 位加码,其编码为 1000。D/A 转换器将它转换成 2.5V 电压,送到比较器 A 的"-"输入端,与 V_i 进行比较,由于 2.5V<3V,所以去/留逻辑保留最高位的 1,即这次比较结果为 1。

移位寄存器对第二位加码,由于上次比较后最高位保留了 1,因此,送到 DAC 的代码为 1100,DAC 的输出电压就是 2.5V+1.25V=3.75V,它与 3V 进行比较。由于 3.75V>3V,所以要去掉这位,本次结果为 0。

同理,可对第三、第四位进行加码,整个比较过程如表 10.4 所示。

表 10.4 4 位逐次逼近式 A/D 转换过程

($V_R=+5V$,$V_i=3.0V$)

次序	试探码	D/A 输出	去留码	本次结果
1	1000	2.5V<V_i	留	1000
2	1100	3.75V>V_i	去	1000
3	1010	3.125V>V_i	去	1000
4	1001	2.8125V<V_i	留	1001

经过 4 次比较后,比较过程结束,最后在 SAR 的数据寄存器中的结果是 1001,它就是 $V_i=3V$ 所对应的数字量。它通过缓冲器输出,表示的实际电压为 2.8125V。这个数字量与输入电压之间的误差为 2.8125V-3V=-0.1875V,由于该 A/D 转换器的量化单位(1LSB)为 0.3125V,这时的量化误差已小于 1LSB。

若要提高精度,可再增加几位,相当于再用更小的电子砝码进行比较。例如,将上述的 A/D 转换器增加到 8 位,相当于再增加 4 个电子砝码:0.15625V,0.078125V,0.0390625V 和 0.01953125V。仿照上述步骤,3V 输入电压可转换成二进制码 1001 1001,它表示的实际电压为 2.98828125V,它和 3V 之间的误差为 0.01171875V,小于量化单位 0.0195321V。可见,增加位数后转换精度明显提高了。

逐次逼近式 A/D 转换器每进行一次比较,即决定数字码中的一位码的去/留操作,需要 8 个时钟脉冲。这样,一个 8 位转换器完成一次转换需要 $8\times 8=64$ 个时钟脉冲,再加上准备与结束阶段需要几个时钟脉冲,这就是转换器的转换时间 t_C。大致认为经 64 个时钟脉冲后,8 次比较完成,通过缓冲器可输出数字量结果。

大部分 A/D 转换器的时钟是由外部提供的,也有一些片子可用外接的 RC 网络来设定时钟频率。很容易根据时钟频率来估计出转换器的转换时间。例如,ADC0809 是一种 8 位逐次逼近式 A/D 转换器,典型的工作时钟频率为 640kHz,每个时钟脉冲的周期为 $1/(640\times 10^3)$s。于是,完成一次转换的时间大约为:

$$t_C=64\times \frac{1}{640\times 10^3}s=0.0001s=100\mu s$$

例如,工作频率 $f=500$kHz,则 $t_C=128\mu s$。

与 DAC 一样,ADC 也有若干性能指标,例如:分辨率、精度、转换时间、孔径时间、输入电压范围、输出数据格式、参考电压范围等,由于 A/D 转换器和 D/A 转换器具有互逆的关系,在理解了 D/A 转换器的性能指标的基础上,不难掌握 A/D 转换器的性能指标的含义,从而能根据需要选择合适的器件。

10.3.2 A/D 转换器 ADC0809 和 AD574A

1. ADC0809

为便于用户构成多通道数据采集系统,一些厂家将多路模拟开关和 8 位 A/D 转换器集成在一个芯片内,构成多通道 ADC,其中,以 NSC 公司的 8 通道 8 位 A/D 转换器 ADC0809 较为常见。下面介绍它的基本原理和使用方法。

1) 引脚

ADC0809 的引脚排列如图 10.13 所示,各引脚的功能如下:

• $IN_7 \sim IN_0$ 8 通道模拟量输入端。

• $D_7 \sim D_0$ 结果数据输出端。其中 D_7 为最高有效位 MSB,D_0 为最低有效位 LSB。

• START 启动转换命令输入端。在该引脚上加高电平,即开始转换。

• EOC 转换结束指示脚。平时它为高电平,在转换开始后及转换过程中为低电平,转换一结束,它又变回高电平。

• OE 输出使能端。此引脚上加高电平,即打开输出缓冲器三态门,读出数据。

• C、B 和 A 通道号选择输入端。其中 A 是 LSB 位,这三个引脚上所加电平的编码为 000 ~111 时,分别对应于选通通道 $IN_0 \sim IN_7$。例如,

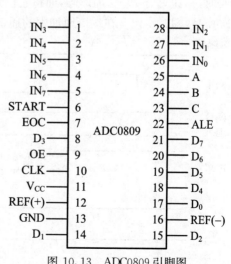

图 10.13 ADC0809 引脚图

当 C、B 和 A 为 100 时,选中通道 IN_4,011 时选中通道 IN_3。(这三个引脚信号也被记作 ADD C、ADD B 和 ADD A。)

* ALE　通道号锁存控制端。当它为高电平时,将 C、B 和 A 三个输入引脚上的通道号选择码锁存,也就是使相应通道的模拟开关处于闭合状态。实际使用时,常把 ALE 和 START 连在一起,在 START 端加高电平启动信号的同时,将通道号锁存起来。

* CLK　ADC0809 需要外接时钟,可从此脚接入。当 $V_{CC}=+5V$ 时,允许的最高时钟频率是 1280kHz,这时可达到 $t_C=50\mu s$ 的最快转换速率。ADC0809 典型的时钟频率为 640kHz,转换时间是 $100\mu s$。

* REF(+),REF(−)　两个参考电压输入脚。通常将 REF(−)接模拟地,参考电压从 REF(+)引入。当 REF(+)=+5V 时,输入范围为 0~+5V。

2) 工作过程

图 10.14 是 ADC0809 的定时图。对指定的通道采集一个数据的过程如下:

(1) 选择当前转换的通道,即将通道号编码送到 C、B 和 A 引脚上。

(2) 在 START 和 ALE 脚上加一个正脉冲,将通道选择码锁存并启动 A/D 转换。可以通过执行 OUT 指令产生负脉冲,经反相后形成正脉冲,也可由定时电路或可编程定时器提供启动脉冲。

(3) 转换开始后,EOC 变低,经过 64 个时钟周期后,转换结束,EOC 变高。

(4) 转换结束后,可通过执行 IN 指令,设法在 OE 脚上形成一个高电平脉冲,打开输出缓冲器的三态门,让转换后的数字量出现在数据总线上,并被读入累加器中。

用 ADC0809 来设计实用的数据采集系统时,除了要考虑采样率的控制和转换结束的检测方法外,还要设计合适的通道选择方案。例如,可用软件延时、定时中断或周期脉冲控制采样率,以及用延时程序、查询 EOC 电平或用 EOC 的正跳变请求中断来判断某个通道转换的结束。而向 ADC0809 提供通道号的方法也有好几种。例如,可先从数据总线送出通道号,用一个锁存器将它们锁存在 C、B 和 A 引脚上后,再启动转换。也可以在进行 I/O 地址译码时,不让 $A_2 \sim A_0$ 参加译码,而将它们连到 C、B 和 A 端,当执行 OUT 指令启动各通道的转换时,同时将包含在端口地址中的通道号送给 ADC0809。

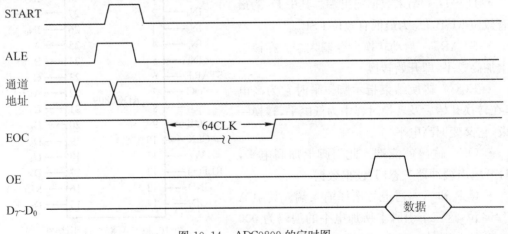

图 10.14　ADC0809 的定时图

假设 8 个通道均接有模拟输入信号,可以编写一个循环程序,从通道 0 开始,依次启动各通道转换并读取数据,通常将这样的操作称为进行一遍扫描。多通道 ADC 工作时,必须等一个通道转换结束后,才能启动另一个通道转换,因此扫描一遍,也就是每个通道都采集一个数据,至少需要 8 倍的转换时间,这就限制了多通道 ADC 的最高采样率。在同样的时钟频率下,8 通道均使用时,ADC0809 的最高采样率便是单通道时的 1/8。

3) 多通道数据采集方案

下面讨论采用 ADC0809 的两种多通道数据采集方案。

① 用定时中断控制采样率,用地址信号选择通道的方案

如果要在 PC/XT 机上采用 ADC0809 设计一块 8 通道的数据采集卡,要求以 200Hz 的速率对每个通道均采集 1024 个数据,也就是每隔 5ms 对各通道轮流采集一个数据,然后将它们存到数据段中以 DBUF 为起始地址的数据缓冲区中。数据存放的次序须与通道号一致,即从通道 0 开始,先依次存入每个通道的第一个数据,再存入各通道的第二个数据,直到各通道都存满 1024 个数据为止。

我们可以选用 8253 芯片来产生定时脉冲,控制采样率。假设加到 8253 的 CLK_0 的时钟脉冲频率为 1MHz,编程使通道 0 工作于方式 2,由于采样率 $f_S=200Hz$,当选用时间常数为 1MHz/200Hz=5000 使 8253 工作时,则可从 OUT_0 端输出 200Hz 的负脉冲序列,即每隔 5ms 会从 8253 的 OUT_0 引脚输出一个正跳变脉冲,该脉冲加到 PC 机上为用户保留的 IRQ_2 中断请求输入端,即加到系统板上 8259A 的 IR_2 引脚上,在 8259A 的控制下定时向 CPU 发中断请求,在每次中断时进行采样。在每次中断出现后,在中断服务程序中用 OUT 指令启动转换,然后查询 EOC 引脚的状态,当 EOC 为高时,表示转换结束,这时可用 IN 指令读入结果。轮流启动各通道的转换并读取数据,存入数据缓冲区,就完成一次扫描。这样可获得精确的采样间隔。

采样电路如图 10.15 所示,图中仅画出了 ADC0809 部分的电路,因 8253 部分的电路较简单,故图中没有画出来。

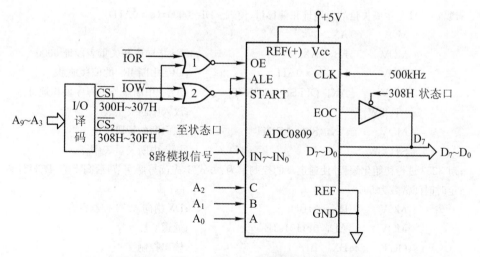

图 10.15 用 ADC0809 设计的多路数据采集电路

由图 10.15 可见,地址总线 $A_9 \sim A_3$ 经 I/O 地址译码器形成片选信号 $\overline{CS_1}$ 和 $\overline{CS_2}$,$\overline{CS_1}$ 选中 8 个 I/O 地址 300H~307H,地址线 $A_2 \sim A_0$ 接到 ADC 的 C、B 和 A 引脚,使每个 I/O 口地址对应于一个模拟量输入通道。$\overline{CS_2}$ 选中 8 个口地址 308H~30FH,可作状态口地址等用。接到 ADC 的时钟信号 CLK 是从系统时钟分频而来的,频率为 500kHz。ADC 的数据输出线与 CPU 的数据总线相连。当 CPU 执行 OUT 指令时,只要端口地址范围在 300H~307H 之内,$\overline{CS}$ 和 $\overline{IOW}$ 便有效,或非门 2 输出高电平脉冲,加在 START 和 ALE 脚上,启动 A/D 转换,同时还将 $A_2 \sim A_0$ 的编码,也就是通道号锁存,选择 OUT 指令指定的输入通道上的模拟信号进行转换。EOC 引脚通过一个三态门接到数据总线中的 D_7,构成一个状态口,它的地址为 308H。在启动脉冲结束后,先查 EOC 状态是否为低电平,若为低电平表示已开始转换,再查 EOC 是否变成高电平,若为高电平说明转换已结束,就可用 IN 指令读取结果。PC/XT 机中 8259A 的口地址为 20H 和 21H,设数据采集卡上 8253 的通道 0 和控制寄存器的口地址分别为 318H 和 31BH。完成上述功能的程序如下:

```
DATA    SEGMENT                         ;数据段
DBUF    DB   8*1024   DUP(?)            ;数据区(8×1024 字节)
DATA    ENDS
 ...                                    ;堆栈段
;————————————————————————————
;数据采集子程序
CODE    SEGMENT                         ;代码段
        ASSUME   CS:CODE,DS:DATA
AD_8    PROC    FAR
        MOV     AX, DATA
        MOV     DS, AX                  ;DS 指向数据区段址
        CLI                             ;禁止中断
        CLD                             ;清方向标志
;设置 0AH 号中断矢量的段地址和偏移量,使 ES:DI=0000:(4*0AH)
        MOV     AX, 0
        MOV     ES, AX                  ;ES 指向中断矢量表段址 0000
        MOV     DI, 4*0AH               ;DI=中断 IR₂ 的偏移地址
        MOV     AX, OFFSET ADINT        ;AX=中断服务子程序偏移地址
        STOSW                           ;放入中断矢量表
        MOV     AX, SEG ADINT           ;取中断矢量段地址
        STOSW                           ;放入中断矢量表中
;对 8253 进行初始化编程,使通道 0 的控制字为:方式 2,先读写低字节,后高字节,BCD 计数
;定时时间常数为 5000
        MOV     DX, 31BH                ;DX 指向 8253 控制寄存器
        MOV     AL, 00110101B           ;通道 0 控制字
        OUT     DX, AL                  ;输出控制字
        MOV     DX, 318H                ;DX 指向 8253 通道 0
        MOV     AX, 5000H               ;时间常数
```

```
                OUT     DX, AL                  ;先送低 8 位
                MOV     AL, AH
                OUT     DX, AL                  ;后送高 8 位
;对 8259A 设置屏蔽字,仅允许 8259A 的 IR2 和键盘中断,其余禁止
                MOV     AL, 11111001B           ;屏蔽字
                OUT     21H, AL                 ;向屏蔽寄存器输出屏蔽字
;设置数据缓冲区始址到 SI 中,计数初值到 BX 中,等待中断,每通道采完 1024 个数后结束中断
                MOV     SI, OFFSET DBUF         ;SI 指向数据缓冲区始址
                MOV     BX, 1024                ;BX 中存数据计数器初值
                STI                             ;开中断,等待中断
AGAIN:          CMP     BX, 0                   ;每中断一次 BX-1,BX 减 1 后为 0?
                JNZ     AGAIN                   ;BX≠0,未采完,循环等待中断
                MOV     AL, 11111101B           ;采完,禁止 IR₂ 中断
                OUT     21H, AL
                MOV     AH, 4CH                 ;退出中断
                INT     21H
                RET                             ;从子程序返回
AD_8            ENDP                            ;AD_8 过程结束
;————————————————————————————————
;中断服务程序,对每个通道均采集一个数据,存进 DBUF
ADINT           PROC    NEAR
                MOV     CX, 0008H               ;设置通道计数器初值
                MOV     DX, 300H                ;DX 指向 ADC 通道 0
NEXT:           OUT     DX, AL                  ;启动一次转换
                PUSH    DX                      ;保存通道号
                MOV     DX, 308H                ;DX 指向状态口 308H
POLL:           IN      AL, DX                  ;读入 EOC 状态
                TEST    AL, 80H                 ;EOC(D₇)=0? 即开始转换了?
                JNZ     POLL                    ;非 0,循环等待
NO_END:         IN      AL, DX                  ;EOC=0,已开始转换
                TEST    AL, 80H                 ;再查 EOC 是否为 1
                JZ      NO_END                  ;EOC=0,等待转换结束
                POP     DX                      ;EOC=1,恢复通道地址
                IN      AL, DX                  ;读取结果
                MOV     [SI], AL                ;存储到缓冲区中
                INC     DX                      ;DX 指向下一个通道
                INC     SI                      ;地址指针指向下一个缓存单元
                LOOP    NEXT                    ;通道计数器减 1,结果非 0 则循环
                DEC     BX                      ;为 0,缓冲数据计数器减 1
                MOV     AL, 20H
                OUT     20H, AL
                STI                             ;开放中断
```

```
            IRET                            ;自中断返回
  ADINT     ENDP
  CODE      ENDS
            END
```

如果将上述电路中的 EOC 引脚悬空,也可以在启动每个通道的转换后,调用一个延时程序来等待转换结束,然后读取数据。如前所述,延时量应大于所用时钟频率下 ADC 的转换时间,在本例中,ADC 的工作频率为 500kHz,转换时间为 120μs,所以有 150μs 的延时已足够了。

从原理上讲,也可以用表示转换结束的 EOC 输出去请求 CPU 中断,由中断服务程序读取数据,这样能更充分地利用 CPU 的时间。但实际工作中很少有人这样做,因为这会形成两个中断源,而 PC 机上能供用户使用的中断很有限。采样率是数据采集系统中的最主要矛盾,所以总采用中断的办法来控制它,而转换结束的检测就比较灵活,软件延时方法能节省一个状态口,因此也经常使用。

② 用 8255A 控制 ADC0809 的方法

如果系统中有 8255A,用它来设计数据采集系统,能较方便地将 ADC 接口到 CPU 总线,并采用查询法检测转换结束标志。图 10.16 是采用 8255A 控制 ADC0809 的一种方案。

图 10.16 中,ADC 的输出接在 8255A 的 A 口,将 A 口编程为方式 0,输入方式。C 口的高 4 位编程为输入,低 4 位为输出。ADC 的 START 和 ALE 与 PC_3 相连,由 CPU 控制 PC_3 发启动信号和通道号锁存信号,$PC_2 \sim PC_0$ 输出 3 位通道号地址信号。EOC 输出信号和 PC_7 相连,CPU 通过查询 PC_7 的状态,控制数据的输入过程。在启动脉冲结束后,先要查到 EOC 为低电平,表示转换已开始。然后继续查询,当发现 EOC 变高,便说明转换已结束。由于 EOC 还和输出使能端 OE 相连,转换结束时 OE 也变高,使 ADC 的输出缓冲器打开,数据出现在 A 口上,可由 IN 指令读入 CPU。

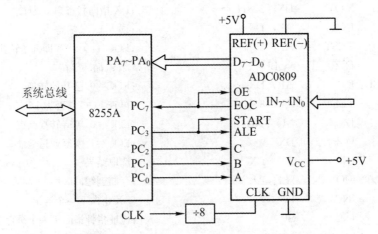

图 10.16 用 8255A 控制 ADC0809 的电路图

假设系统分配给 8255A 的端口地址为 320H～323H。又设,已完成对 8255A 的初始化编程,并使 ES 和 DS 有相同的段基地址。若要求 ADC0809 将 8 路模拟量转换成 8 个数字量后,存放到内存中段基地址为 ES,偏移量从 DATA_BUF 开始的存储单元中,则用

ADC0809 完成一次 8 路模拟量的采集子程序 AD_SUB 如下：

```
AD_SUB    PROC    NEAR
          MOV     CX,8                ;CX 作数据计数器
          CLD                         ;清方向标志
          MOV     BL,00H              ;模拟通道号存在 BL 中
          LEA     DI,DATA_BUF         ;缓冲区偏移地址
NEXT_IN： MOV     DX,322H             ;C 口地址
          MOV     AL,BL
          OUT     DX,AL               ;输出通道号
          MOV     DX,323H             ;指向控制口
          MOV     AL,00000111B        ;PC3 置 1
          OUT     DX,AL               ;送出开始启动信号
          NOP                         ;延时
          NOP
          NOP
          MOV     AL,00000110B        ;PC3 复位
          OUT     DX,AL               ;送出结束启动信号
          MOV     DX,322H             ;DX 指向 C 口
NO_CONV： IN      AL,DX               ;读入 C 口内容
          TEST    AL,80H              ;查 PC7,即 EOC 信号
          JNZ     NO_CONV             ;PC7=1,还未开始转换,等待
NO_EOC：  IN      AL,DX               ;PC7=0,已启动转换
          TEST    AL,80H              ;再查 PC7
          JZ      NO_EOC              ;PC7=0,转换未结束,等待
          MOV     DX,320H             ;PC7=1,转换结束,DX 指向 A 口
          IN      AL,DX               ;读入数据
          STOS    DATA_BUF            ;存入 ES 段的数据缓冲区
          INC     BL                  ;指向下个通道
          LOOP    NEXT_IN             ;尚未完成 8 路转换则循环
          RET                         ;已完成,返回
AD_SUB    ENDP
```

本例中没有指定采样率,用于实际系统上时,可以根据要求的采样速率,参考上面几个例子中介绍的方法,用定时中断来控制采样率。这时,子程序 AD_SUB 的内容必须放入中断服务程序中。

2. 12 位 A/D 转换器 AD574A

AD574A 是一种带有三态缓冲器的 A/D 转换器,可以直接与 8 位或 16 位微机总线接口,芯片内有高精度的参考电压源和时钟电路,所以不需要外接时钟和参考电压等电路就可以正常工作。此外,芯片内还含有逐次逼近式寄存器 SAR、比较器、控制逻辑、DAC 转换电路及三态输出缓冲器等。

1) AD574A 的引脚

AD574 的引脚排列如图 10.17 所示,下面介绍各引脚的功能。

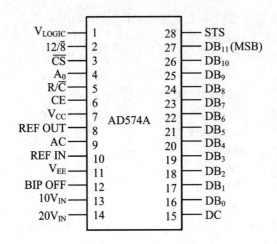

图 10.17 AD574A 的引脚图

① 电源和地
- V_{CC}　+12V 或 +15V 电源,输入。
- V_{EE}　-12V 或 -15V 电源,输入。
- V_{LOGIC}　逻辑电源,接 +5V。
- REF OUT　输出 10V 基准电压。
- REF IN　参考电压输入引脚。
- AC　模拟地(Analog Common)。
- DC　数字地(Digital Common)。

② 模拟量输入
- $10V_{IN}$　量程为 0~+10V 的单极性输入端(10V Span Input)。
- $20V_{IN}$　量程为 0~+20V 的单极性输入端(20V Span Input)。
- BIP OFF　双极性偏置输入端(Bipolar Offset),量程为 -5V~+5V。

③ 数据输出引脚
- $DB_{11} \sim DB_0$　共 12 条输出引线,其中,DB_{11} 为最高有效位,DB_0 为最低有效位。

④ 控制和状态信号
- CE　芯片使能引脚,高电平有效。
- $\overline{CS}$　片选信号,低电平有效。
- $R/\overline{C}$　读/转换控制信号(Read/Convert),高电平时为读,低电平时为转换信号。

以上信号中,只有当 CE 和 $\overline{CS}$ 同时有效时,AD574A 才工作(启动转换或读出转换结果),这时,如果 $R/\overline{C}$ 为低电平,则启动 AD574 进行 A/D 转换;如果 $R/\overline{C}$ 为高电平时,则可从 $DB_{11} \sim DB_0$ 读出数字量。

- $12/\overline{8}$　数据模式选择端(Data Mode Select)。当它为高电平时,从 $DB_{11} \sim DB_0$ 输出 12 位数据,低电平时,12 位数据要分两次输出。
- A_0　字节地址短周期信号(Byte Address Short Cycle),用于选择转换数据的长度。转换开始后,A_0 为低电平,使 AD574A 初始化为 12 位转换,高电平则仅产生 8 位短周期转换。在读出操作时,$12/\overline{8}$为低电平时,A_0用于选择读出三态输出缓冲器中的高8位($A_0=0$)还是低4位($A_0=1$)数据;若$12/\overline{8}$为高电平,则A_0不起作用。

- STS 状态输出信号,它用于指示转换的状态。当它为高电平时表示正在转换,低电平时表示转换已结束。

各控制信号的真值表如表10.5所示。

表 **10.5** 控制信号真值表

CE	$\overline{CS}$	$R/\overline{C}$	$12/\overline{8}$	A_0	操 作
0	×	×	×	×	无作用
×	1	×	×	×	无作用
1	0	0	×	0	启动12位转换
1	0	0	×	1	启动8位转换
1	0	1	V_{LOGIC}	×	并行输出12位数据
1	0	1	DC	0	输出高8位数据
1	0	1	AC	1	输出低4位并附加4个0

2) 单极性和双极性输入

AD574工作于单极性和双极性输入的连线图分别如图10.18(a)和(b)所示。

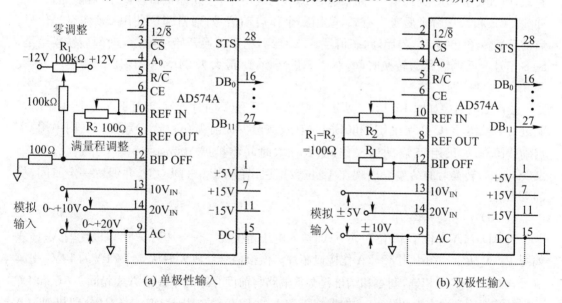

(a) 单极性输入　　　　　　(b) 双极性输入

图 10.18　AD574A 单极性和双极性连线图

对于单极性输入方式,当输入范围在0~+10V时,从$10V_{IN}$引脚输入,当信号电压范围在0~+20V时,则从$20V_{IN}$引脚输入。图10.18(a)中100kΩ的电位器R_1用于零调整,当模拟量输入为0V时,12位输出数字量应为0,若不是全0,则需调整调零电位器。100Ω的电位器R_2用于满量程调整,当模拟量输入为最大值(10V或20V)时,12位输出数字量为全

1,若不是全 1,则调整电位器 R_2。对于双极性输入,同样,R_1 和 R_2 分别用于零调整和满量程调整,但 R_1 和 R_2 的阻值均为 100Ω,满量程输入电压范围为 ±5V 或 ±10V。

3) 工作时序

AD574A 很容易与 8 位或 16 位微机及其它数字系统接口。工作时序如图 10.19 所示。

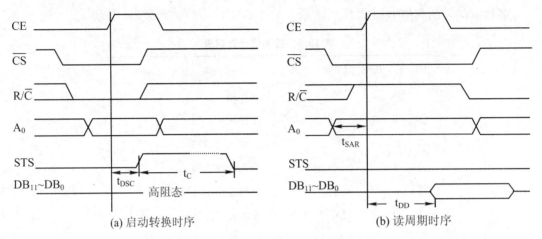

图 10.19 启动 AD574A 工作的时序

启动转换的时序如图 10.19(a)所示。启动 AD574A 开始转换时,必须使 CE 和 $\overline{CS}$ 同时有效,而且要求 R/$\overline{C}$ 为低电平,如果这时 R/$\overline{C}$ 为高电平,会立即执行读操作,可能导致总线冲突。CE 和 $\overline{CS}$ 中哪个后变为有效,就用哪个作启动信号,通常建议使用 CE 作启动信号。启动后最多经 400ns(t_{DSC})后,状态信号 STS 变高,指示转换开始,再经 t_C 时间后转换结束,STS 信号变低。t_C 称为转换时间,对于 8 位转换,t_C 最大为 24μs,对于 12 位转换,t_C 最大为 35μs。

读周期的时序如图 10.19(b)所示。它要求 CE 和 $\overline{CS}$ 同时有效,而且 R/$\overline{C}$ 为高电平时开始进行读操作,R/$\overline{C}$ 必须在 CE 和 $\overline{CS}$ 同时有效前至少提前 150ns(t_{SAR})就变高。图中用 CE 启动读操作,如果用 $\overline{CS}$ 启动读操作,那么存取时间将扩展 100ns。读操作开始后最多经 200ns(t_{DD}),转换后的结果就出现在 12 位数据引出线 $DB_{11} \sim DB_0$ 上,并保留一定时间,供 CPU 读取。

4) AD574A 应用举例

若 AD574A 工作于 12 位转换方式,输入电压范围为 0~+10V,采用单极性输入,连线如图 10.20 所示。图中用 8255A 作接口芯片。模拟信号经放大后从 AD574A 的 10V_{IN} 引脚输入,12/$\overline{8}$ 与 +5V 相连,调零和满量程调整电路与前面介绍的单极性方式相同。AC 和 DC 分别与模拟地和数字地相连,A_0 接地,AD574A 的 12 位输出引脚 $DB_{11} \sim DB_0$ 分别与 8255A 端口 A 的低 4 位、端口 B 的 8 位输入输出引线相连。

对 8255A 编程时,A 口和 B 口都工作于方式 0,输入,它们用来读取转换后的 12 位数字量。C 口上半部分为输入,用于读取状态信息;下半部分为输出,用来输出控制信号,启动 AD574A 转换或发出读取结果数据的命令。设 8255A 的口地址为 F0H~F3H,则启动 AD574A 转换和读取转换结果的程序段如下:

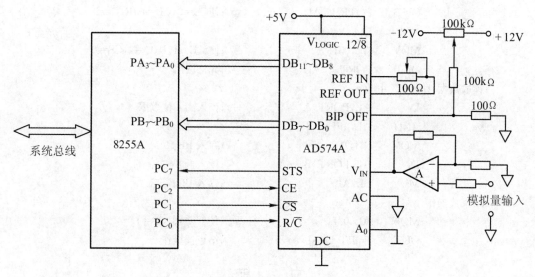

图 10.20 AD574A 的接口电路

```
;8255A 的端口地址
POTR_A    EQU    0F0H              ;A 口地址
PORT_B    EQU    0F1H              ;B 口地址
PORT_C    EQU    0F2H              ;C 口地址
PORT_CTL  EQU    0F3H              ;控制口地址
          ⋮
;8255A 控制字:A 口和 B 口工作于方式 0,A 口、B 口和 C 口的上半部分为输入,C 口的下半部分
;为输出。
          MOV    AL,10011010B      ;方式字
          OUT    PORT_CTL,AL       ;输出方式字
;启动 A/D 转换
          MOV    AL,00H
          OUT    PORT_C,AL         ;使CS,CE,R/C 均为低
          NOP                      ;延时
          NOP
          MOV    AL,04H
          OUT    PORT_C,AL         ;使 CE=1,启动 A/D 转换
          NOP                      ;延时
          NOP
          MOV    AL,03H
          OUT    PORT_C,AL         ;使 CE=0,CS=R/C=1,结束启动状态
READ_STS: IN     AL,PORT_C         ;读 STS 状态
          TEST   AL,80H            ;转换完(STS=0)了吗?
          JNZ    READ_STS          ;否,则循环等待
;转换完成,启动读操作
          MOV    AL,01H
```

```
            OUT    POTR_C,AL              ;使CS=0,CE=0,R/C=1
            NOP
            MOV    AL,05H                 ;使CE=1,R/C=1,CS=0
            OUT    PORT_C,AL              ;允许读出
    ;读取数据,存入 BX 中
            IN     AL,PORT_A              ;读入高 4 位数据
            AND    AL,0FH
            MOV    BH,AL                  ;存入 BH
            IN     AL,PORT_B              ;读入低 8 位
            MOV    BL,AL                  ;存入 BL
    ;结束读操作
            MOV    AL,03H                 ;使 CE=0,CS=1
            OUT    PORT_C,AL              ;结束读操作
```

习　　题

1. 包含 A/D 和 D/A 的实时控制系统主要由哪几部分组成？什么情况下要用多路开关？

2. 什么叫采样、采样率、量化、量化单位？12 位 D/A 转换器的分辨率是多少？

3. 某一 8 位 D/A 转换器的端口地址为 220H，已知延时 20ms 的子程序为 DELAY_20MS，参考电压为+5V，输出信号(电压值)送到示波器显示，试编程产生如下波形：

(1) 下限为 0V，上限为+5V 的三角波。(参考例 10.2。)

(2) 下限为 1.2V，上限为 4V 的梯形波。

4. 利用 DAC0832 产生锯齿波，要求 0832 工作于双缓冲方式，与 8 位数据总线相连，地址译码器输出的口地址为 300H 和 301H。试画出硬件连线图，并编写有关的程序。(参考例 10.3。)

5. 已知地址译码器输出的译码信号可选中的口地址为 300H/301H，302H/303H，试画出 DAC1210 与 8 位数据总线的微处理器相连的硬件连接图。若待转换的 12 位数字量存在 BUFF 开始的单元中，试编写完成一次 D/A 转换的程序。(参考例 10.4。)

6. 利用 ADC0809 等芯片设计的 8 通道 A/D 转换电路如图 10.15 所示。

(1) 试画出利用 74LS138 译码器生成 $\overline{CS_1}$(口地址为 300H～307H)和 $\overline{CS_2}$(口地址为 308H～30FH)的译码电路。地址总线为 $A_9 \sim A_3$，读、写信号用 $\overline{IOR}$、$\overline{IOW}$，译码电路不需要用 $M/\overline{IO}$ 信号。

(2) 编写一段数据采集程序，要求对 ADC0809 的每个通道各采集一个数据，存入 BUF 开始的内存单元中。

(参考根据图 10.15 编写的数据采集子程序，但只要采集 8 个数据。)

7. 利用 8255A 和 ADC0809 等芯片设计 PC 机上的 A/D 转换卡，设 8255A 的口地址为 3C0H～3C3H，要求对 8 个通道各采集 1 个数据，存放到数据段中以 D_BUF 为起始地址的缓冲器中。

(1) 试画出硬件连线图。

(2) 编写完成上述功能的程序。

(参考图 10.16 及相关的程序。)

8. 利用 8255A 和 AD574A 设计数据采集系统,输入模拟电压为 0~+10V,若每秒采集 100 个数据,转换后的数据字存放在 W_BUF 开始的缓冲器中,低字节在前,高字节在后,采满 16K 字节的数据后停止工作。

(1) 试画出硬件连线图。

(2) 编写启动 AD574A 工作和读取转换结果的子程序。

(参考图 10.20 及相关的程序。)

第 11 章　DMA 控制器 8237A

利用 DMA 方式传送数据时,数据的传送过程完全由硬件控制,这种硬件电路称为 DMA 控制器,它具有以下基本功能:

(1) 能向 CPU 提出 DMA 请求,请求信号加到 CPU 的 HOLD 引脚上。

(2) CPU 响应 DMA 请求后,DMA 控制器从 CPU 那儿获得对总线的控制权。在整个 DMA 操作期间,由 DMA 控制器管理系统总线,控制数据传递,CPU 则暂停工作。

(3) 能提供读/写存储器或 I/O 设备的各种控制命令。

(4) 确定数据传输的起始地址和数据的长度,每传送一个数据,能自动修改地址,使地址增 1 或减 1,数据长度减 1。

(5) 数据传送完毕,能发出结束 DMA 传送的信号。

CPU 在每一个非锁定时钟周期结束后,都要检测 HOLD 线上是否有 DAM 请求信号,若有,可转入 DMA 工作周期。

8237A 就是一种高性能的可编程 DMA 控制器,它内部有 4 个独立的通道,每个通道都具有 64K 地址和字节的计数能力,并具有 4 种不同的传送方式:单字节传送、数据块传送、请求传送和级联传送方式,通过级联,可以扩大通道数。

对于每个通道的 DMA 请求可以允许或者禁止。4 个通道的 DAM 请求有不同的优先级,优先级可以是固定的,也可以是循环的。任一通道完成数据传送之后,会产生过程结束信号 $\overline{EOP}$(End of Process),同时结束 DMA 传送,还可以从外界输入 $\overline{EOP}$ 信号,中止正在执行的 DMA 传送。

8237A DMA 控制器可以处于两种不同的工作状态:

(1) 在 DMA 控制器未取得总线控制权时,必须由 CPU 对 DMA 控制器进行编程,以确定通道的选择、数据传送的方式和类型、内存单元起始地址、地址是递增还是递减以及要传送的总字节数等等,CPU 也可以读取 DMA 控制器的状态。这时,CPU 处于主控状态,而 DMA 控制器就和一般的 I/O 芯片一样,是系统总线的从属设备,DMA 控制器的这种工作方式称为从态方式。

(2) 当 DMA 控制器取得总线控制权以后,系统就完全在它的控制之下,使 I/O 设备和存储器之间或者存储器与存储器之间进行直接的数据传送,DMA 控制器的这种工作方式称为主态方式。

8237A 芯片的内部结构和外部连接与这两种工作状态密切相关。

11.1 8237A 的组成和工作原理

11.1.1 8237A 的内部结构

8237A 的内部结构如图 11.1 所示,它主要由 5 个部分组成。下面分别进行介绍。

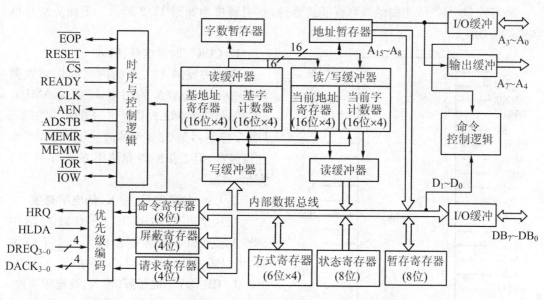

图 11.1 8237A 的内部结构图

1. 时序与控制逻辑

8237A 处于从态时,该部分电路接收系统送来的时钟、复位、片选和读/写控制等信号,完成相应的控制操作;主态时则向系统发出相应的控制信号。

2. 优先级编码电路

该部分电路根据 CPU 对 8237A 初始化时送来的命令,对同时提出 DMA 请求的多个通道进行排队判优,以决定哪一个通道的优先级最高。对优先级的管理有两种方式:固定优先级和循环优先级。无论采用哪种优先级管理,一旦某个优先级高的设备在服务时,其它通道的请求均被禁止,直到该通道的服务结束时为止。

3. 数据和地址缓冲器组

8237A 的 $A_7 \sim A_4$、$A_3 \sim A_0$ 为地址线;$DB_7 \sim DB_0$ 在从态时传输数据信息,主态时传送地址信息。这些数据引线、地址引线都与三态缓冲器相连,因而可以接管或释放总线。

4. 命令控制逻辑

该部分电路在从态时,接收 CPU 送来的寄存器选择信号($A_3 \sim A_0$),选择 8237A 内部相应的寄存器;主态时,对方式字的最低两位($D_1 D_0$)进行译码,以确定 DMA 的操作类型。$A_3 \sim A_0$ 与 $\overline{IOR}$、$\overline{IOW}$ 配合可组成各种操作命令。

5. 内部寄存器组

8237A 内部的其余部分主要为寄存器。每个通道都有一个 16 位的基地址寄存器、基字计数器、当前地址寄存器和当前字计数器,都有一个 6 位的工作方式寄存器。8237A 有 4 个 DMA 通道,因此,上述这几种寄存器在片内各有 4 个。片内还各有一个命令寄存器、屏蔽寄存器、请求寄存器、状态寄存器和暂存寄存器。上述这些寄存器均是可编程寄存器。另外还有字数暂存器和地址暂存器等不可编程的寄存器。

11.1.2　8237A 的引脚功能

8237A 是一种 40 引脚的双列直插式器件,其引脚排列如图 11.2 所示。下面分别介绍各引脚的功能。

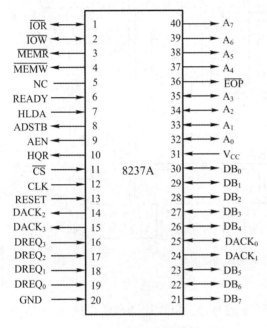

图 11.2　8237A 的引脚

1. CLK　时钟信号,输入

它用来控制 8237A 的内部操作和数据传送速率。8237A 的时钟频率为 3MHz,8237A-5 的时钟频率可达到 5MHz。8237A-5 DMA 控制器是 8237A 的改进型产品,工作速度较高,但工作原理和使用方法与 8237A 完全一样。

2. $\overline{CS}$　片选信号,输入,低电平有效

在从态工作方式下,$\overline{CS}$ 有效时选中 8237A,这时 DMA 控制器作为一个 I/O 设备,可以通过数据总线与 CPU 通信。

3. READY　准备好,输入,高电平有效

当参与 DMA 传送的设备中有慢速 I/O 设备或存储器时,可能要求延长读/写操作周期,这时可使 READY 变成低电平,使 8237A 可在 DMA 周期中插入等待周期 T_W。当存储器或外设准备就绪时,READY 端变成高电平。

4. $A_3 \sim A_0$　最低 4 位地址线,三态,双向

在从态时,它们是输入信号,用来寻址 DMA 控制器的内部寄存器,使 CPU 对各种不同的寄存器进行读写操作,即对 8237A 进行编程。在主态时,输出的是要访问内存的最低 4 位地址。

5. $A_7 \sim A_4$　4 位地址线,三态,输出

这 4 位地址线始终工作于输出状态或浮空状态。在主态时输出 4 位地址信息 $A_7 \sim A_4$。

6. $DB_7 \sim DB_0$　8 位数据线,三态,输入/输出

它们被连到系统数据总线上。从态时,CPU 可用 I/O 读命令从数据总线上读取 8237A 的地址寄存器、状态寄存器、暂存寄存器和字计数器的内容,CPU 还可以通过这些数据线用 I/O 写命令对各个寄存器进行编程。在主态时,高 8 位地址信号 $A_{15} \sim A_8$ 经 8 位的 I/O 缓冲器从 $DB_7 \sim DB_0$ 引脚输出,并由 ADSTB 信号将 $DB_7 \sim DB_0$ 输出的信号锁存到外部的高 8 位地址锁存器中,它们与 $A_7 \sim A_0$ 输出的低 8 位地址线一起构成 16 位地址。当 8237A 工作于存储器到存储器的传送方式时,先把从源存储器中读出来的数据,经这些引线送到 8237A

的暂存寄存器中,再经这些引线将暂存器中的数据写到目的存储单元中。

7. AEN 地址允许信号,输出,高电平有效

AEN 信号使地址锁存器中锁存的高 8 位地址送到地址总线上,与芯片直接输出的低 8 位地址一起,构成 16 位内存偏移地址。AEN 信号也使与 CPU 相连的地址锁存器无效,这样就保证了地址总线上的信号来自 DMA 控制器,而不是来自 CPU。

8. ADSTB 地址选通信号,输出,高电平有效

当它有效时,选通外部的地址锁存器,将 $DB_7 \sim DB_0$ 上输出的高 8 位地址送到外部的地址锁存器中。

9. $\overline{IOR}$ I/O 读信号,双向,三态,低电平有效

从态时,它作为输入控制信号,送入 8237A,当它有效时,CPU 读取 8237A 内部寄存器的值。主态时,它作为输出控制信号,与 $\overline{MEMW}$ 相配合,控制数据由外设传送到存储器中。

10. $\overline{IOW}$ I/O 写信号,双向,三态,低电平有效

在从态时,它是输入控制信号,当它有效时,CPU 向 DMA 控制器的内部寄存器中写入信息,对 8237A 进行初始化编程。在主态时,作输出控制信号,与 $\overline{MEMR}$ 相配合,把数据从存储器传送到外设。

11. $\overline{MEMR}$ 存储器读,三态,输出,低电平有效

主态时,它既可与 $\overline{IOW}$ 配合把数据从存储器读出送外设,也可用于控制内存间数据传送,使数据从源地址单元中读出。从态时该信号无效。

12. $\overline{MEMW}$ 存储器写,三态,输出,低电平有效

主态时,它既可与 $\overline{IOR}$ 配合把数据从外设写入存储器,也可用于内存间数据传送的场合,控制把数据写入目的单元。同样,从态时该信号无效。

13. $DREQ_3 \sim DREQ_0$ 通道 3~0 的 DMA 请求信号,输入

当外设请求 DMA 服务时,就向 8237A 的 DREQ 引脚送出一个有效的电平信号,有效电平的极性由编程确定。在固定优先级情况下,$DREQ_0$ 的优先级最高,$DREQ_3$ 的优先级最低,但优先权可通过编程改变。

14. HRQ 保持请求信号,输出,高电平有效

这个信号送到 CPU 的 HOLD 端,是向 CPU 申请获得总线控制权的 DMA 请求信号。8237A 任一个未被屏蔽的通道有 DMA 请求(DREQ 有效)时,都可使 8237A 的 HQR(Hold Request)端输出有效的高电平。

15. HLDA 保持响应信号,输入,高电平有效

与 CPU 的 HLDA(Hold Acknowledge)端相连。当 CPU 收到 HRQ 信号后,至少必须经过一个时钟周期后,使 HLDA 变高,表示 CPU 已把总线的控制权交给 8237A 了,8237A 收到 HLDA 信号后,就开始进行 DMA 传送。

16. $DACK_3 \sim DACK_0$ 通道 3~0 的 DMA 响应信号,输出

其有效电平的极性由编程确定。当 8237A 收到 CPU 的 DMA 响应信号 HLDA,开始 DMA 传送后,相应通道的 DACK(DMA Acknowledge)有效,将该信号输出到外部,通知外部电路现已进入 DMA 周期。

17. $\overline{EOP}$ 传输过程结束信号,双向,低电平有效

在 DMA 传送时,当 DMA 控制器的任一通道中的字计数器减为 0,再由 0 减为 FFFFH

而终止计数时,会在 $\overline{\text{EOP}}$ 引脚上输出一个有效的低电平信号,作为 DMA 传输过程结束信号。8237A 也允许从外部输入一个低电平信号到 $\overline{\text{EOP}}$ 引脚上来终止 DMA 传送。不论是内部计数结束引起终止 DMA 过程,还是外部终止 DMA 过程,都会使请求寄存器的相应位复位。如果对 8237A 的方式寄存器编程,将通道设置成自动预置状态的话,那么该通道完成一次 DMA 传送,出现 $\overline{\text{EOP}}$ 信号后,又能自动恢复有关寄存器的初值,继续执行另一次 DMA 传送。

11.1.3 8237A 的内部寄存器

8237A 的内部可编程寄存器主要有 10 种,列于表 11.1 中,其内容可由 CPU 读出或者按要求写入。下面先分别介绍这些寄存器的功能,再给出它们的端口地址,另外还要介绍 3 条软件命令。

表 11.1 8237A 的内部寄存器

名 称	位数	数	量
当前地址寄存器	16	4	(每通道一个)
当前字计数寄存器	16	4	(每通道一个)
基地址寄存器	16	4	(每通道一个)
基字计数寄存器	16	4	(每通道一个)
工作方式寄存器	6	4	(每通道一个)
命令寄存器	8	1	(4个通道公用一个)
状态寄存器	8	1	(4个通道公用一个)
请求寄存器	4	1	(每通道1位)
屏蔽寄存器	4	1	(每通道1位)
暂存寄存器	8	1	(4个通道公用一个)

1. 当前地址寄存器

每个通道都有一个 16 位的当前地址寄存器,用于存放 DMA 传送的存储器地址值。每传送一个数据,地址值自动增 1 或减 1,以指向下一个存储单元。在编程状态下,CPU 可以用输出指令对该寄存器写入初值,也可以由输入指令读出该寄存器中的值,但是每次只能读/写 8 位数据,所以对该寄存器的读/写操作要分两次进行。如果将工作方式寄存器编程为自动预置操作,则当 DMA 传送结束,产生 $\overline{\text{EOP}}$ 信号后,会自动将基地址的值重新装入该寄存器中。

2. 当前字计数寄存器

每个通道都有一个 16 位的当前字计数寄存器,它的初值比实际传送的字节数少 1,该值是在编程状态下由 CPU 写入的。在进行 DMA 传送时,每传送一个字节,字计数器的内容自动减 1,当它的值减为 0,再由 0 减为 FFFFH 时,将产生终止计数信号 TC(Terminal Count)。若选择自动预置操作方式,则在 $\overline{\text{EOP}}$ 信号有效时,会自动将基字计数寄存器的内容重新装入该寄存器。

3. 基地址寄存器

每个通道都有一个 16 位的基地址寄存器,它用来存放对应通道当前地址寄存器的初值,该值是在 CPU 对 DMA 控制器进行编程时,与当前地址寄存器的值一起被写入的,即两个寄存器有相同的写入端口地址,编程时写入相同的内容。但基地址寄存器的内容不能被 CPU 读出,也不能被修改。设置该寄存器的目的主要在于当执行自动预置操作时,使当前地址寄存器能恢复到初始值。

4. 基字计数寄存器

每个通道都有一个 16 位的基字计数寄存器,用于存放对应通道当前字计数器的初值,该值也是在 CPU 对 8237A 进行编程时与当前字计数器一起被写入的,且两者具有相同的写入端口,写入相同的内容。该寄存器的内容也不能被 CPU 读出,它主要用于自动预置操作时使当前字计数器恢复初值。

5. 命令寄存器

命令寄存器是一个 8 位寄存器,用来控制 8237A 的操作。编程状态时,由 CPU 对它进行编程,设置 8327A 的操作方式,复位时将其清除。命令寄存器的格式如图 11.3 所示。

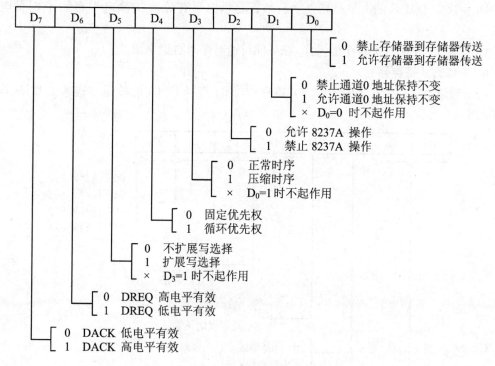

图 11.3　命令寄存器格式

D_0 位用于决定是否能进行存储器到存储器传送操作。若 $D_0=1$,则允许这种操作,并规定先用通道 0 从源地址存储单元读入数据字节,再放到暂存器中,然后由通道 1 把数据字节写到目的地址存储单元,接着将两通道的地址分别加 1 或减 1,通道 1 的字计数器减 1,当字计数器减为 0 时,产生终止计数信号 TC,并输出 $\overline{EOP}$ 信号,终止 DMA 服务。

D_1 位用于执行存储器到存储器传送操作时,决定是否允许通道 0 的地址保持不变。当 $D_1=1$ 时,可以使通道 0 在整个传送过程中保持同一地址,这样可以把这个地址单元中的数(也即同一个数据)写到一组存储单元中去,例如,可以使一批存储单元均清 0。$D_1=0$ 时禁止这种操作。当然，当 $D_0=0$ 时，不允许在存储器间直接进行数据传送，这种方法也就无效。

D_2 位用来表示允许还是禁止 8237A 工作，当它为 0 时允许 8237A 工作，否则禁止工作。

D_4 位控制优先权。D_4 位为 0 时，为固定优先权，这时规定通道 0 的优先级最高，通道 1 次之，通道 3 最低。当 $D_4=1$ 时，为循环优先权，它使刚服务过的通道 i（i 表示通道号）的优先权变成最低，而让通道 i+1 的优先权变为最高，当 i+1＝4 时，使通道号回 0。例如，如果某次传输前优先权从高到低的次序为 2－3－0－1，那么在通道 2 进行一次传输后，优先级次序变成 3－0－1－2，通道 3 完成传输后优先级次序成为 0－1－2－3，等等，随着 DMA 操作的不断进行，优先权也不断循环变化，这样可以防止某一通道长时间占用总线。但要注意，任一个通道进入 DMA 服务后，其它通道均不能去打断它，这一点和 8259A 的管理方式不同。

D_6 位决定 DREQ 的电平是高电平有效还是低电平有效，0 为高电平有效，1 则低电平有效。

D_7 位决定 DACK 的电平是高电平有效还是低电平有效，1 为高电平有效，0 时低电平有效。

D_3 位和 D_5 位是有关时序的操作，在后面讨论时序时再做介绍。

6. 工作方式寄存器

每个通道都有一个 6 位的工作方式寄存器，用于选择 DMA 的传送方式和类型等，其格式如图 11.4 所示。

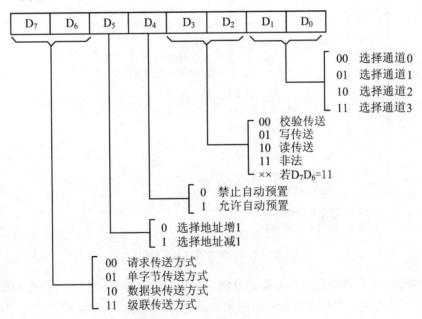

图 11.4 工作方式寄存器格式

D_1D_0 位用于选择通道，$D_7 \sim D_2$ 这 6 位是工作方式控制位。由于 4 个通道的方式寄存器使用相同的 I/O 端口地址，向方式寄存器写入方式字时，用最低两位 D_1D_0 来选择到底向哪个通道写入工作方式字。

第 11 章 DMA 控制器 8237A

D_3D_2 位决定所选通道的 DMA 操作的传送类型。8237A 共有 3 种 DMA 传送类型：读传送、写传送和校验传送。读传送将数据从存储器传送到 I/O 设备中去，8237A 发出 $\overline{MEMR}$ 和 $\overline{IOW}$ 信号；写传送是把外部设备的数据写到存储器中，8237A 发出 $\overline{IOR}$ 和 $\overline{MEMW}$ 信号；校验传送是一种伪传送，8237A 也会产生地址信息和 $\overline{EOP}$ 信号，但不会发出对存储器和 I/O 设备的读写控制信号，这种功能一般是在对器件进行测试时才使用。

D_4 位定义对所选通道是否进行自动预置操作。如果 $D_4=1$，则选择自动预置。这时，每当产生有效的 $\overline{EOP}$（不管是由内部 TC 或者外界产生的）信号后，该通道将自动把基地址寄存器和基字计数器的内容分别重新置入当前地址寄存器和当前字计数器中，达到重新初始化的目的。这样既不需要 CPU 的干预，又能自动执行下一次 DMA 操作。当 $D_4=0$ 时，禁止自动预置。值得注意的是，如果某通道被置为具有自动预置功能，那么该通道的对应屏蔽位必须为 0，表示清除屏蔽。

D_5 位是方向控制位。若 $D_5=0$，表示数据传送的顺序由低地址向高地址方向进行，每传送一个字节，地址增 1。若 $D_5=1$ 时，操作由低地址向高地址方向进行，每传送一个字节，地址减 1。

D_7D_6 位用来定义所选通道的操作方式，8237A 进行 DMA 传送时，有 4 种传送方式，它们是：

1) 单字节传送方式

在这种方式下，每进行一次 DMA 操作，只传送一个字节的数据。传送后字计数器减 1，地址寄存器加 1 或减 1（由 D_5 位决定），保持请求信号 HRQ 无效，并释放系统总线。当字计数器由 0 减为 FFFFH 时，产生终止信号 TC。

为了保证请求信号 DREQ 得到确认，在 DMA 响应信号 DACK 变为有效之前，DREQ 必须一直保持有效。但是，如果执行一次 DMA 传送后，即使 DREQ 继续保持有效，8237A 的保持请求信号 HRQ 输出仍要进入无效状态，并将总线让给 CPU，让 CPU 控制总线至少一个总线周期。由于 DREQ 仍处于有效状态，HRQ 很快会再次变为有效，当 8237A 收到 CPU 发来的新的 HLDA 信号后，又开始下一个字节的传送。这样，在 8080A/8085A 及 8086/8088 系统中，能保证在两次 DMA 传送之间，CPU 可执行一次完整的总线操作。

2) 数据块传输方式

在这种传送方式下，当 DREQ 有效，芯片进入 DMA 服务以后，可以连续传输数据，一直到一批数据传送完毕，字计数器由 0 减为 FFFFH 产生 TC 信号或外部送来有效的 $\overline{EOP}$ 信号时，8237A 才释放总线，结束 DMA 传输。

3) 请求传送方式

这种传送方式与数据块传送方式相类似，也可以连续传送数据，直到字计数器由 0 减为 FFFFH 产生 TC 或外界送来有效的 $\overline{EOP}$ 信号时才停止传送。但与数据块传送方式不同之处在于，每传送一个字节后，8237A 都要对 DREQ 端进行测试，一旦检测到 DREQ 信号无效，则马上停止传送。在这种情况下，8237A 会把地址和字计数器的中间值保存在相应通道的现行地址和字计数器中，但测试 DREQ 状态的过程仍在不断进行。只要外设准备好了新的数据，使 DREQ 再次变为有效后，又可使 DMA 传输从断点处继续进行下去。

4) 级联传送方式

级联传送方式将多个 8237A 连在一起，以便扩充系统的 DMA 通道。级联传送方式的连线如图 11.5 所示。

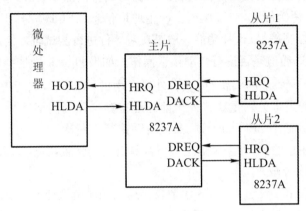

图 11.5　8237A 级联方式连线图

从图 11.5 中可以看到 8237A 从片的 HRQ 和主片的 DREQ 端相连，从片的 HLDA 和主片的 DACK 相连。而主片的 HRQ 和 HLDA 分别与微处理器的 HOLD 和 HLDA 相连。1 块主片最多允许与 4 块从片相连，若用 5 片 8237A 芯片构成两级 DMA 系统，可得到 16 个 DMA 通道。编程时主片应置为级联传送方式，从片不用设成级联方式，而是设成其它三种工作方式之一。

7. 请求寄存器

在 8237A 内部有一个 4 位的请求寄存器，每位对应一个通道。相应请求位置 1 时，对应的通道可产生 DMA 请求，清 0 时不产生请求。它们可用硬件方法由外部送到 DREQ 线上的请求信号使相应位置 1，产生 DMA 请求。当 8237A 工作于数据块传送时，也可用软件方法使请求位置 1 或清 0，而且每个通道的请求位可以分别进行设置。可对请求寄存器写入通道请求字来设置这 4 个请求位，请求字格式如图 11.6 所示。

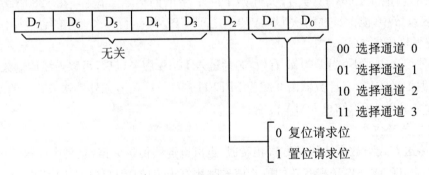

图 11.6　通道请求字格式

由图 11.6 可见，请求字中的 D_1D_0 位用来选择通道号，D_2 位用来设置相应通道的请求位，即指定该通道是否设置 DMA 请求。软件请求位是不能被屏蔽的，其优先权同样受优先权逻辑的控制，TC 或外部的 $\overline{EOP}$ 信号能将相应的请求位清 0，RESET 信号则使整个请求寄存器清 0。

8. 屏蔽寄存器

8237A 内部有一个 4 位的屏蔽寄存器,每位对应一个通道。相应屏蔽位置 1 时,禁止对应通道的 DREQ 请求进入请求寄存器,屏蔽位复位时,允许 DREQ 请求。

如果某通道初始化时处于禁止自动预置方式,则该通道产生 $\overline{EOP}$ 信号时,它所对应的屏蔽位就置位,禁止该通道产生 DMA 请求。RESET 信号可使整个屏蔽寄存器置位,这时禁止所有通道产生 DMA 请求,直到用一条清除屏蔽寄存器的软件命令使之复位后才允许接收 DMA 请求。

对 8237A 允许写入两种屏蔽字,使各屏蔽位置位或复位。两种屏蔽字需写入不同的端口地址中。

1) 通道屏蔽字

与请求寄存器的编程一样,可用指令对屏蔽寄存器写入通道屏蔽字来对单个屏蔽位进行操作,使之置位或复位。通道屏蔽字的格式与通道请求字的格式相类似,如图 11.7 所示。

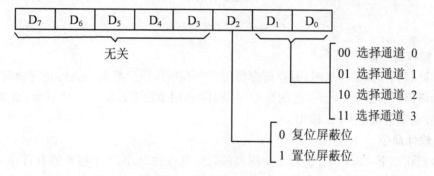

图 11.7 通道屏蔽字格式

2) 主屏蔽字

另外,8237A 还允许使用主屏蔽命令来设置通道的屏蔽触发器。主屏蔽字格式如图 11.8 所示。

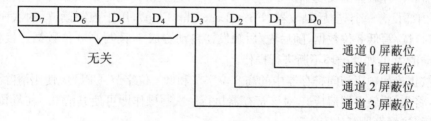

图 11.8 主屏蔽字格式

由图 11.8 可见,$D_3 \sim D_0$ 位对应通道 $3 \sim 0$ 的屏蔽位,在各个屏蔽位中,0 表示清除屏蔽位,1 表示置位屏蔽位,这样,利用一条主屏蔽字命令就可以一次完成对 4 个通道的屏蔽位的设置。

在需要同时清除 4 个通道的屏蔽位时,还可用软件命令实现。

9. 状态寄存器

8237A 内部的 8 位状态寄存器用来存放状态信息,可供 CPU 读出。状态信息的低 4 位用来表示哪些通道已达到计数终点 TC,哪些尚未达到。只要通道计数达到终点或外界送来有效的EOP信号,相应位就被置成1,否则被清0。高4位表示哪些通道的DMA请求还未被处理,有请求存在的那些位被置1,无请求的被清0。状态寄存器的格式如图11.9所示,这些状态位在复位或被读出后均被清除。

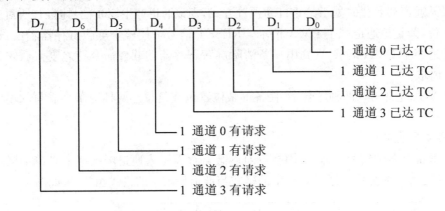

图 11.9 状态寄存器格式

10. 暂存寄存器

在存储器到存储器传送时,暂存寄存器用来保存所传送的数据。当传送完成时,暂存寄存器中始终保存着最后一个传送的数据字节,除非用 RESET 信号将其清除,在编程状态下,这个数据字节可由 CPU 读出。

11. 软件命令

在编程状态下,8237A可执行3个附加的特殊软件命令,这3个特殊的软件命令并不关心数据的具体格式,只要对特定的端口地址进行一次写操作,命令就会生效。这3条软件命令是:

1) 清除先/后触发器

由于8237A的数据线 $DB_7 \sim DB_0$ 的宽度只有8位,一次只能传送一个字节,而各通道的地址寄存器和字计数器的长度都是16位,CPU读写这些寄存器时必须分两步进行。为此,在8237A内部设有一个先/后触发器(First/Last Flip-Flop),用于控制读/写的次序。当触发器清0时,读/写低8位数据,随后先/后触发器自动置成1,读写高8位数据。接着,该触发器又自动清为0,如此循环不断进行操作。

为了按正确的顺序访问寄存器中的高8位字节和低8位字节,CPU应使用清除先/后触发器指令,将先/后触发器清成0,对该寄存器执行一次写操作即可使其清0。在复位和EOP信号有效后,该触发器复位为0。

2) 主清命令

主清命令也称为复位命令,其功能与 RESET 信号相同,它可以使命令寄存器、状态寄存器、请求寄存器、暂存寄存器和内部先/后触发器均清0,而把屏蔽寄存器置1。8237A被复位后,进入空闲状态。

3) 清除屏蔽寄存器

该命令能清除4个通道的全部屏蔽位,允许各通道接受 DMA 请求。

12. 各寄存器对应的端口地址

对 8237A 的内部寄存器进行读写操作时，$\overline{CS}$端必须为低电平，才能选中 8237A 芯片，该信号由高位地址经译码后产生。

8237A 的 $A_3 \sim A_0$ 线用于选择 8237A 内部的不同寄存器，这些寄存器占有 16 个 I/O 端口地址。常把 8237A 的 $A_3 \sim A_0$ 与系统地址总线的低位地址线 $A_3 \sim A_0$ 相连，以产生寄存器选择信号，而系统高位地址线经译码后形成 I/O 端口选择信号。

例如，在 PC/XT 机中，高位地址线 $A_9 \sim A_4 = 000000$ 时，经 I/O 译码电路，选中 8237A 芯片，使该芯片的$\overline{CS}$有效。地址总线的 $A_3 \sim A_0$ 与 8237A 的相应引脚相连，用于片内寻址，这 4 位为 0000 时，选中的端口地址为 000H，它作为 DMA 的基地址，我们用 DMA 来表示。在执行 IN AL,DMA 指令时，读信号$\overline{IOR}$有效，选中当前地址寄存器，并将该寄存器的内容读出来送到 AL 寄存器中。执行 OUT DMA,AL 指令时，写信号$\overline{IOW}$有效，将 AL 寄存器中的内容写入通道 0 的基地址与当前地址寄存器中。当 $A_3A_2A_1A_0 = 1000$ 时，端口地址为 DMA+08H，执行 IN 指令时，$\overline{IOR}$有效，选中状态寄存器，执行 OUT 指令时，$\overline{IOW}$有效，选中命令寄存器。

8237A 各寄存器与读写端口配合后形成的 I/O 端口地址的分配如表 11.2 所示。其中，基地址 DMA=000H。

由表 11.2 可知，每个通道的基地址和当前地址寄存器合用一个端口，故在进行写入操作时，它们被装入相同的初始值，但当前地址寄存器的值可由 CPU 读出，而基地址的值不能被读出。另外，有些端口（如 09H 和 0AH 等）只能进行写入操作，不允许读出（表中用"—"表示），使用时要注意。

表 11.2 8237A 内部寄存器口地址分配表

I/O 口地址 十六进制	寄 存 器	
	读（$\overline{IOR}$有效）	写（$\overline{IOW}$有效）
00	通道 0 当前地址寄存器	通道 0 基地址与当前地址寄存器
01	通道 0 当前字计数寄存器	通道 0 基字计数与当前字计数寄存器
02	通道 1 当前地址寄存器	通道 1 基地址与当前地址寄存器
03	通道 1 当前字计数寄存器	通道 1 基字计数与当前字计数寄存器
04	通道 2 当前地址寄存器	通道 2 基地址与当前地址寄存器
05	通道 2 当前字计数寄存器	通道 2 基字计数与当前字计数寄存器
06	通道 3 当前地址寄存器	通道 3 基地址与当前地址寄存器
07	通道 3 当前字计数寄存器	通道 3 基字计数与当前字计数寄存器
08	状态寄存器	命令寄存器
09	—	请求寄存器
0A	—	屏蔽寄存器（通道屏蔽字）
0B	—	工作方式寄存器
0C	—	清除先/后触发器
0D	暂存寄存器	主清命令寄存器
0E	—	屏蔽寄存器（清除屏蔽）
0F	—	屏蔽寄存器（主屏蔽字）

11.2 8237A 的时序

11.2.1 外设和内存间的 DMA 数据传送时序

8237A 主要用于外设和内存之间进行高速的数据传输,其时序如图 11.10 所示。

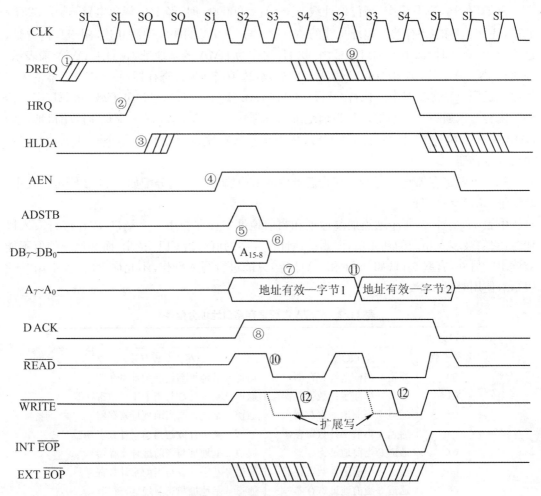

图 11.10 外设和内存间 DMA 数据传送时序

8237A 有两个主要的工作周期,即空闲周期(Idle Cycle)和有效周期(Active Cycle)。每个周期由若干个状态构成。8237A 设有 7 个独立的操作状态:SI、S0、S1、S2、S3、S4 和 SW,每个状态包含一个时钟周期。

在 7 个状态中,SI 是非操作状态,当 8237A 未接到 DMA 请求时便进入 SI 状态,在此状态下,8237A 可由 CPU 编程,预置操作方式。状态 S0 是 DMA 服务的第一个状态,这时 8237A 已向 CPU 的 HOLD 引脚发出一个 DMA 请求信号,但还没收到回答信号,当 8237A 收到 CPU 的应答信号 HLDA 后,就意味着 DMA 传送已开始。S1、S2、S3 和 S4 是 DMA 服务的工作状态,必要时还可以由慢速设备使用 8237A 的 READY 线,在 S2 和 S4 或 S3 和 S4 之间插入等待状态 SW。

11.2.2 空闲周期、有效周期和扩展写周期

1. 空闲周期

系统复位后或无 DMA 请求时处于空闲周期,这时 DMA 处于从态方式。在空闲周期的每一个时钟周期,8237A 都对 DREQ 线进行采样,以确定是否有 DMA 请求,若无请求则一直处于 SI 状态。同时还对 $\overline{CS}$ 端进行采样,若 $\overline{CS}$ 为低电平,而 DREQ 也为低(无效)则进入程序状态。这时,CPU 可对 8237A 进行编程,把数据写入内部寄存器,或者从内部寄存器中读出内容进行检查,$\overline{IOR}$ 和 $\overline{IOW}$ 信号控制读/写操作,地址信号 $A_3 \sim A_0$ 用于选择内部寄存器的口地址。

2. 有效周期

当 8237A 在 SI 状态采样到外部有效的 DMA 请求信号 DREQ 后①,就向 CPU 发 DMA 请求信号 HRQ②,并进入有效周期 S0 状态,等待 CPU 发出允许 DMA 操作的回答信号 HLDA。此时,8237A 仍可接受 CPU 的访问,S0 是由从态转至主态的过渡阶段。若在 S0 周期的上升沿采样到 HLDA 信号(高电平)③,则表示 CPU 已交出系统总线的控制权,下一个周期便进入 DMA 传送状态周期 S1,DMA 处于主态工作方式。

一个完整的 DMA 传送周期由 S1、S2、S3 和 S4 共 4 个状态组成。在 S1 状态周期,地址允许信号 AEN 有效④,把要访问的存储单元的高 8 位地址 $A_{15} \sim A_8$ 送到数据总线 $DB_7 \sim DB_0$ 上⑤,并发地址选通信号 ADSTB,其下降沿(S2 周期内)把高 8 位地址锁存到外部的地址锁存器中⑥。低 8 位地址 $A_7 \sim A_0$ 由 8237A 直接送到地址总线上⑦,在整个 DMA 传送中都要保持住。

S2 状态周期用来修改存储单元的低 16 位地址。此时,8237A 从 $DB_7 \sim DB_0$ 线上输出这 16 位地址的高 8 位 $A_{15} \sim A_8$,从 $A_7 \sim A_0$ 线上输出低 8 位。另外,8237A 向外设输出 DMA 响应信号 DACK⑧,并使读或写信号有效,这样外设与内存间可在读写信号控制下交换数据。通常 DREQ 信号必须保持到 DACK 有效之后才能失效,失效允许有一个时间范围,图中用多条斜线表示⑨。

若对命令寄存器的 D_3 位编程,设定为正常时序后,工作时序中将会出现 S3 状态⑩,用来延长读脉冲,即延长取数时间。如果用压缩时序工作,就没有 S3 状态,直接由 S2 状态进入 S4 状态。

在 S4 状态,8237A 对传输模式进行测试,如果不是数据块传输方式,也不是请求传送方式,则在测试后可立即回到 S1 或 S2 状态。在数据块传送方式下,S4 后应接着传送下一个字节,在大部分情况下,地址高 8 位不变,每传送 256 个数据字节才变一次,仅低 8 位地址增 1 或者减 1。因此,在大部分情况下锁存高 8 位地址的 S1 状态就用不着了,可以直接由 S4 周期进入 S2 周期,从输出低 8 位地址起执行新的读写命令⑪,一直到数据传送完毕,8237A 又进入 SI 周期,等待新的请求。

3. 扩展写周期

从上面的讨论中可以看出,8237A 用正常时序工作时,一般要用到 3 个时钟周期 S2、S3 和 S4。在系统特性许可的范围内,为了加快传送速度,8237A 可以采用压缩时序,将传送时

间压缩到两个时钟周期 S2 和 S4 内,压缩时序只能出现在连续传送数据的 DMA 操作中。无论是正常时序还是压缩时序,当高 8 位地址要修正时,S1 状态仍必须出现。

如果外设的速度比较慢,那么必须采用正常时序工作。如果正常时序仍然不能满足要求,以至于还是不能在指定时间内完成存取操作,那么就要在硬件上通过 READY 信号使 8237A 插入等待状态 SW。有些设备是利用 8237A 送出的 $\overline{IOW}$ 信号或者 $\overline{MEMW}$ 信号的下降沿产生 READY 响应的,而这两个信号都是在传送过程的最后才送出的,为了使 READY 信号提前到来,将写脉冲拉宽,并且使它们提前到来,这就要用到扩展写信号方法⑫。扩展写功能是通过对命令寄存器的 D_5 位的设置来实现的,当 D_5 位置 1 时,写信号被扩展到 2 个时钟周期。

在 S3 后半个周期,8237A 检测 READY 输入信号,若其为低则插入等待状态 SW(图 12-10 中未画出 SW 状态),直到 READY 变为高电平,才进入 S4。在 S4 结束时,8237A 完成数据传输。对于慢速的存储器和 I/O 设备,进行 DMA 传送时,可插入等待周期。

11.3 8237A 的编程和应用举例

11.3.1 PC/XT 机中的 DMA 控制逻辑

1. 各通道功能

在 PC/XT 机中,用一片 8237A-5 构成 DMA 控制电路形成 4 个 DMA 通道,提供数据宽度为 8 位的 DMA 传输。使用固定优先级,所以通道 0 的优先级最高,通道 3 最低。这 4 个 DMA 通道的功能分配如下:

　　通道 0　用于动态 RAM 的刷新
　　通道 1　为用户保留
　　通道 2　用于软盘 DMA 传送
　　通道 3　用作硬盘 DMA 传送

虽然 8237A 既能提供外设和存储器之间的 DMA 传输,也能进行存储器和存储器之间的 DMA 传输,但是在 PC/XT 机的 BIOS 初始化系统时,将 8237A 的存储器和存储器间传送方式禁止掉了,因此,只用它实现外设和内存间的高速数据交换。PC/XT 机的 DMA 控制逻辑包括 DMA 控制电路和应答控制电路两个部分,下面主要介绍 DMA 控制电路。

2. DMA 控制电路

PC/XT 机中的 DMA 控制电路如图 11.11 所示。它由 8237A-5 DMA 控制器、地址驱动器、地址锁存器和页面寄存器等器件组成。

在 DMA 服务期间,直接从 8237A-5 的 $A_7 \sim A_4$ 和 $A_3 \sim A_0$ 输出低 8 位地址,在整个 DMA 传输周期中这些地址信号都是稳定的,它们被送到地址驱动器 U12(74LS244)的输入端。

仅在 S1、S2 状态,从数据线 $DB_7 \sim DB_0$ 输出高 8 位地址 $A_{15} \sim A_8$,因此要用三态地址锁存器由 ADSTB 选通信号将其锁存。

PC机的存储器有20根地址线,能对1MB的空间进行寻址,而8237A-5只能提供16位地址,即最多只能形成64KB的地址信息。为了实现对全部内存空间的寻址,在PC/XT中设置了一个页面寄存器74LS670(U10),用来产生存储器的高4位地址$A_{19} \sim A_{16}$,8237A-5则管理低16位地址$A_{15} \sim A_0$。通过对页面寄存器的编程,便可以在1M内存范围内寻址。但是,在DMA传输过程中,页面寄存器的值是固定的,即总是指向内存中某个64KB的地址范围。

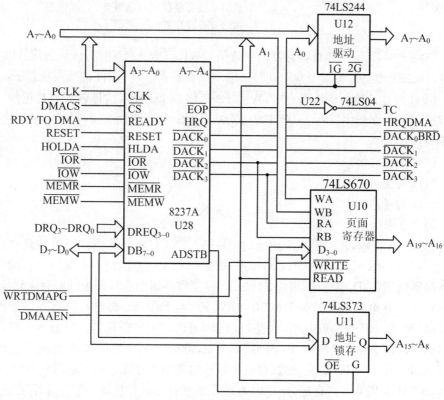

图11.11 PC/XT机的DMA控制逻辑

页面寄存器内部有4个可以由程序读写的寄存器,每个寄存器对应一个DMA通道,长度均为4位。对于每一个DMA通道来说,页面寄存器的4位输入接到系统数据总线的$D_3 \sim D_0$,4位输出接系统地址总线的$A_{19} \sim A_{16}$。当控制信号$\overline{WRITE}$为低电平时,可从数据总线的低4位$D_3 \sim D_0$将最高4位地址信息写入该通道的页面寄存器。寄存器号由WA、WB译码产生,WA、WB分别与地址总线的最低两位A_1、A_0相连,其编码如表11.3所示。

表11.3 74LS670内部寄存器写入功能

WRITE	WB	WA	功　能	对应通道
0	0	0	写入0号寄存器	未用
0	0	1	写入1号寄存器	通道2
0	1	0	写入2号寄存器	通道3
0	1	1	写入3号寄存器	通道1

当控制端 $\overline{\text{READ}}$ 为低电平时，将某一个内部寄存器的地址信息从输出端读出，读出时寄存器号由 RB、RA 编码产生，读出功能编码如表 11.4 所示。

表 11.4　74LS670 内部寄存器读出功能

$\overline{\text{READ}}$	RB	RA	功　能	对应通道
0	0	0	读出 0 号寄存器	未用
0	0	1	读出 1 号寄存器	通道 2
0	1	0	读出 2 号寄存器	通道 3
0	1	1	读出 3 号寄存器	通道 1

系统中将 WRITE 信号和页寄存器的片选信号 $\overline{\text{WRTDMAPG}}$ 相连，该片选信号由 I/O 端口地址译码电路产生，$A_9 \sim A_5 = 00100$ 时可选中页寄存器芯片，因此在编程状态下，当 CPU 对 80H～9FH 口地址执行输出指令时，$\overline{\text{WRTDMAPG}}$ 为低电平，这样就可将数据线 $D_3 \sim D_0$ 上的内容写入页寄存器中。在 PC/XT 的 ROM BIOS 中，页面寄存器写入地址与通道号的对应关系为：

　　83H 为通道 1

　　81H 为通道 2

　　82H 为通道 3

　　通道 0 未用

在进行 DMA 传输，并输出页面地址时，$\overline{\text{DMAAEN}}$（它来自总线使用权仲裁电路）必为低电平，它与 U11 的 $\overline{\text{OE}}$，U12 的 $\overline{\text{1G}}$、$\overline{\text{2G}}$ 相连，可输出低 16 位地址信息 $A_{15} \sim A_0$；同时，它还与页面寄存器的 READ 端相连，可将 74LS670 内部寄存器中的页面地址信息送到地址总线的 $A_{19} \sim A_{16}$ 上。在电路中 RA 与 DACK_3 相连，RB 与 DACK_2 相连。当通道 2 进行 DMA 传送时，DACK_2 即 RB 变为低电平，由表 11.4 知，可选中 1 号寄存器。当通道 3 进行 DMA 传送时，DACK_3 即 RA 变为低电平，由表 11.4 知，可选中 2 号寄存器，当通道 1 进行 DMA 传送时，DACK_2 和 DACK_3 必为无效(高电平)，这时选中 3 号寄存器。通道 0 对应 0 号寄存器，在 PC/XT 中未用 0 号寄存器，这是因为通道 0 用来对动态 RMA 进行刷新，在这种情况下，不必使用页面寄存器。

3. DMA 应答控制电路

在 DMA 控制逻辑中，对所有想利用 PC/XT 机上的 8237A 进行 DMA 传输的外设或它们的接口电路，必须设有相应的 DMA 应答电路，实现与 8237A 进行通信联络，包括发出 DMA 请求，接收 8237A 发回的应答信号 DACK，以及能接收表示 DMA 传输结束的 $\overline{\text{EOP}}$ 信号而发出中断请求等功能。如果外设的速度较慢，还要有能向 8237A 发出插入等待状态的 READY 信号的逻辑电路。在外设希望 DMA 服务时，通过 I/O 扩展槽中的 PC 总线 $\text{DRQ}_3 \sim \text{DRQ}_1$，把请求信号送到 8237A-5 相应的 DREQ 端；在进入 DMA 服务时，8237A-5 向请求服务的设备输出回答信号 DACK，允许外部设备与内存间进行数据传输。

11.3.2　8237A 的一般编程方法

8237A 应用于不同场合时，对它进行编程的方法也不尽相同，下面以在外设与内存间进行 DMA 数据传送为例来说明它的编程方法。

第11章 DMA控制器8237A

1. 编程步骤

利用8237A实现外设与内存间的数据传送时,可按以下几步对它进行初始化编程:

(1) 输出主清命令,使8237A复位。

(2) 写入基地址和现行地址寄存器,确定起始地址。

(3) 写入基字和现行字计数器,确定要传送的字节数。

(4) 写入方式寄存器,指定工作方式。

(5) 写入屏蔽寄存器。

(6) 写入命令寄存器。

完成上述步骤后,8237A便处于待命状态。若外设通过 PC 总线的 $DRQ_1 \sim DRQ_3$ (DRQ_0 为系统板所用,对动态 RAM 进行刷新),将有效的 DMA 请求信号送到 8237A 的某个通道的 DREQ 引脚上,就可启动该通道的 DMA 传送过程。如果系统工作于数据块传送方式,那么也可用软件方法启动指定通道,这就需要用到第 7 步。不过,PC/XT 不支持块传送方式。

(7) 写入请求寄存器。

2. 编程举例

在某一个系统中,用一片 8237A 设计了 DMA 传输电路,8237A 的基地址为 00H。要求利用它的通道 0,从外设(如磁盘)输入一个 1K 字节的数据块,传送到内存中 6000H 开始的区域中,每传送一个字节,地址增 1,采用数据块连续传送方式,禁止自动预置,外设的 DMA 请求信号 DREQ 和响应信号 DACK 均为高电平有效。则初始化 8237A 的程序如下:

```
        DMA    EQU   00H              ;8237A 的基地址为 00H
;输出主清命令
               OUT   DMA+0DH,AL       ;发总清命令
;将基地址 6000H 写入通道 0 基地址和当前地址寄存器,分两次进行
               MOV   AX,6000H         ;基地址和当前地址寄存器
               OUT   DMA+00H,AL       ;先写入低 8 位地址
               MOV   AL,AH
               OUT   DMA+00H,AL       ;后写入高 8 位地址
;把要传送的总字节数 1K=400H 减 1 后,送到基字计数器和当前字计数器
               MOV   AX,0400H         ;总字节数
               DEC   AX               ;总字节数减 1
               OUT   DMA+01H,AL       ;先写入字节数的低 8 位
               MOV   AL,AH
               OUT   DMA+01H,AL       ;后写入字节数的高 8 位
;写入方式字:数据块传送,地址增量,禁止自动预置,写传送,选择通道 0
               MOV   AL,10000100B     ;方式字
               OUT   DMA+0BH,AL       ;写入方式字
;写入屏蔽字:通道 0 屏蔽位清 0
               MOV   AL,00H           ;屏蔽字
               OUT   DMA+0AH,AL       ;写入 8237A
;写入命令字:DACK 和 DREQ 为高电平,固定优先级,非存储器间传送
```

```
            MOV   AL,10000000B       ;命令字
            OUT   DMA+08H,AL         ;写入 8237A
;写入请求字:通道 0 产生请求
            MOV   AL,04H             ;请求字
            OUT   DMA+09H,AL         ;将请求字写入 8237A,用软件方法启动 8237A 工作
```

11.3.3 PC/XT 机上的 DMA 控制器的使用

为了掌握对 8237A 的编程方法,下面再举一个在 PC/XT 机上对 8237A 进行初始化和测试的程序的例子来说明非数据传送的 DMA 程序的编写方法。在 PC/XT 上,8237A 的基地址为 00H。在开机后必须对 8237A 进行测试,方法为:先对地址为 DMA+0~DMA+7 的 8 个可读写的寄存器都写入 FFFFH,然后将它们的值读出来,看读出的值与写入的值是否相等,之后把写入值改为 0000H,再进行同样的测试。在测试过程中,如发现读出的值与写入的值不一致,表示测试没有通过。下面是实施这种测试的程序段的主要内容:

```
DMA     EQU   00H                   ;DMA 基地址
;先送命令字,禁止 8237A 工作
            MOV   AL,04              ;命令字:禁止 DMA 控制器工作
            OUT   DMA+08H,AL         ;输出命令字到 8237A
            OUT   DMA+0DH,AL         ;发总清命令
;第一遍,将通道 0~3 的基地址和当前地址寄存器均置为 FFFFH,第二遍均置为 0000H
            MOV   DX,DMA             ;通道 0 的地址寄存器端口
            MOV   AL,0FFH            ;AL=FFH
C8:         MOV   CX,0008H           ;循环次数为 8
WRITE:      MOV   BH,AL              ;放进 BX 以便比较
            MOV   BL,AL              ;第一遍,AL=FFH,第二遍为 00H
            OUT   DX,AL              ;写入低 8 位
            OUT   DX,AL              ;写入高 8 位
            INC   DX                 ;建立下个寄存器口地址
            LOOP  WRITE              ;写 4 个通道,8 个端口
;对通道 0 写入方式字:单字节,地址增量,允许自动预置,读传送
            MOV   AL,58H             ;通道 0 方式字
            OUT   DMA+0BH,AL         ;写进通道 0
;设置命令字:DACK 低电平有效,DREQ 高电平有效,正常时序滞后写,固定优先权
;允许 DMA 工作,禁止存储器到存储器操作(各通道相同)
            MOV   AL,00H             ;8237A 命令字
            OUT   DMA+08H,AL         ;输出到 8237A
;对通道 1~3 置方式字:单字节,地址增量,禁止自动预置,校验传输
            MOV   AL,41H             ;通道 1 方式字
            OUT   DMA+0BH,AL         ;对通道 1 写入方式字
            MOV   AL,42H             ;通道 2 方式字
            OUT   DMA+0BH,AL         ;对通道 2 写入方式字
```

```
            MOV  AL,43H              ;通道3方式字
            OUT  DMA+0BH,AL          ;对通道3写入方式字
;设置屏蔽字,使4个通道的屏蔽位均清0,都去除屏蔽
            MOV  AL,00H              ;屏蔽字
            OUT  DMA+0FH,AL          ;输出到8237A
;对通道0～3的地址值和计数值进行测试,看读出的值是否与写入的值(在BX中)相等
            MOV  DX,DMA              ;指向通道0地址寄存器
            MOV  CX,0008             ;循环次数
     READ:  IN   AL,DX               ;读低字节
            MOV  AH,AL               ;存入AH
            IN   AL,DX               ;读高字节进AL
            CMP  AX,BX               ;读出的值与写入的值相等吗?
            JNE  STOP                ;不等,则转STOP
            INC  DX                  ;相等,则指向下一个寄存器口地址
            LOOP READ                ;测下一个寄存器
            MOV  DX,DMA              ;测完,DX指向8237A的基地址
            INC  AL                  ;AL←AL+1
            JZ   C8                  ;若AL=00H,写入此值,再测一遍
             ⋮                       ;若AL=01H,结束测试
             ⋮                       ;继续对8237A进行初始化
     STOP:  HLT                      ;如出错则停机
```

在以上程序中,初始化程序部分将通道0置为读出传输,而通道1～3为校验传输,这是一种虚拟传输,不修改地址,也并不真正传输数据,所以地址寄存器的值不变。在校验程序中,仅对通道1～3的地址寄存器的值进行测试,看其是否与写入的初值相等。

习　题

1. 一般DMA控制器应具有哪些基本功能?
2. 什么是8237A DMA控制器的主态工作方式?什么是从态工作方式?在这两种工作方式下,各控制信号的功能是什么?为什么地址总线A_3～A_0是双向总线?
3. 8237A DMA控制器的当前地址寄存器、当前字节寄存器、基地址寄存器和基字节寄存器各保存什么值?
4. 8237A具有几个DMA通道?每个通道有哪几种传送方式?各用于什么场合?什么叫自动预置方式?
5. 8237A可执行哪几条软件命令?
6. 若8237A的端口基地址为000H,要求通道0和通道1工作在单字节读传输,地址减1变化,无自动预置功能。通道2和通道3工作在数据块传输方式,地址加1变化,有自动预置功能。8237A的DACK为高电平有效,DREQ为低电平有效,用固定优先级方式启动8237A工作,试编写8237A的初始化程序。

第12章 总线技术

12.1 总线概述

总线(Bus)就是一组信号线的集合,用来组成系统的标准信息通道。总线标准定义了各引线的信号、电气和机械特性,使计算机系统内部的各部件之间以及外部的各系统之间建立信号联系,进行数据传递和通信。有了总线标准,就可根据标准来设计和生产兼容性很强的计算机模块和外设,因而能方便地将这些模块和设备组合、配置成各种用途的计算机;在此基础上设计的软件也会具有很好的兼容性,便于系统的扩充和升级;这些产品还便于故障诊断和维修,降低生产和维护成本。因此,总线标准的引入,带来了计算机的模块化结构,并进而促进了计算机技术方面的合理分工,加快了计算机技术的发展步伐。

12.1.1 总线的分类

总线技术应用十分广泛。从芯片内部各功能部件的连接,到各芯片间的互联,再到主板和适配器卡的连接,以及计算机与外设间的连接,甚至在工业控制中应用广泛的现场总线,都是通过不同的总线方式来实现的。

根据总线内部信号传输的类型,可分为数据总线、地址总线、控制总线和电源总线。依据总线在系统结构中的层次位置,可分为片内总线、片间总线、内总线和外总线。按总线的数据传输方式,可分为串行、并行总线。在工业控制应用场合,则分成片间总线、板级总线以及机箱总线、设备互连总线、现场总线及网络总线等。

图12.1是计算机的总线结构示意图,清楚地表明了片内、片间、内、外总线的层次关系。内总线将各种功能相对独立的模板与主机板有机连接,实现系统内各模板间的信息传送,构成一台功能完整的计算机;外总线将计算机与必要的外设、数据采集设备、局域网乃至另一台计算机连接,进行通信与信息交换,构成能实现工业测控或其它任务的实用系统。

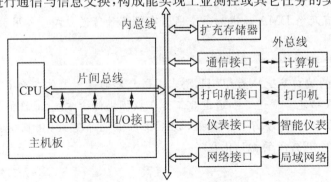

图 12.1 计算机总线结构示意图

1. 片内总线

片内总线(On-chip Bus)也叫元件级总线,是集成电路内部连接各功能单元的信息通路。例如,CPU 的片内总线,负责连接 ALU、寄存器、控制器等部件。它由芯片生产厂家设计,计算机系统的设计者可不必关心。需要时,用户也可根据 ASIC(专用集成电路)技术,借助 EDA(电子设计自动化)工具,选择适当的片内总线,设计合乎自己要求的芯片。

2. 片间总线

片间总线(Chip Bus)也叫片总线,它限制在一块电路板内,实现板内各元器件的互连。例如,在主板上实现 CPU 与存储器、I/O 接口、译码电路之间连接的地址、数据、控制和电源总线等,是大家已很熟悉的一种总线。各种 I/O 扩展卡上也包含了通过片间总线连接的 CPU、RAM、ROM 和 I/O 接口等芯片。相对于一台完整的计算机,各板卡只是一个子系统,是一个局部,因此片间总线也被称为局部总线(Local Bus)。

3. 内总线

内总线(Internal Bus)也叫系统总线或板级总线,用于微型机内部各板卡之间的连接,以扩展系统功能,即主板上 I/O 扩展槽中所用的总线。它是微型机系统中最重要的一种总线,常称为"微机总线",如 PC 总线、ISA 总线、EISA 总线、MCA 总线、PCI 总线以及现代计算机上的 PCI Express 总线等。虽然前几种总线大多成了计算机的历史,但今天尚在流行的多种系统总线都是从它们发展而来。

4. 外总线

计算机之间或计算机与外设间的信息通路称为外总线(External Bus)。由于生产外设的厂家众多,技术规范不易统一,因此外总线的种类很多,大致可按照数据的传送方式,将它们归入串行总线和并行总线两大类。

1) 串行总线

串行总线的优点是电缆线数少,便于远距离传送,最明显的缺点是传输速度较慢,接口程序较复杂。RS-232C 是大家已经熟悉的串行接口,它是计算机与外设之间,或不同测试系统之间,最简单、最普遍的连接方法。由于是一对一传输,在简单或低速系统情况下,还有一定的实用价值。

RS-422A 和 RS-485 是在 RS-232 基础上发展起来的两种串行总线。RS-422A 支持一点对多点通信,用双端线以差动收发方式传送信号,能连 32 个收发器,在最高传输速率 10Mbps(per second,每秒)时,传输距离 120m,在速率、距离和抗干扰等方面均优于 RS-232C。RS-485 也支持一点对多点通信,可用双绞线按总线拓扑式结构,形成基于 RS-485 的通讯网络,最多挂 32 个结点,在测控系统中用得较普遍,但不能满足高速测试系统的应用要求。此外,还有 I^2C、SCI、SPI 等一些串行总线,有的已在前面作过简单介绍,它们大多仍在单片机和嵌入式系统领域广泛使用。USB 和 IEEE 1394 是当前流行的两种串行总线,发展势头很好,将在本章最后做较详细介绍。

2) 并行总线

在集成式自动测试系统中,计算机与测试设备靠得较近,为提高数据传输速率,大多用并行总线连接。其优点是信号线各自独立,传输速度快,接口简单,缺点是电缆数较多。硬盘接口标准 IDE、SCSI 以及 IEEE 488 等属于标准并行总线,MXI 则是一种高性能非标准并行总线,应用前景很好。

12.1.2 总线的性能指标与总线标准

1. 总线的性能指标

总线标准种类繁多,所采用的技术也是五花八门,不过总可以从下面这些方面来评价一种总线的性能,其中最重要的是前三个指标:

(1) 总线频率:一般指总线每秒能传输数据的次数(Transfer/s,简写成 T/s),也称为总线传输速率,更多的时候采用单位 MHz。它是衡量总线性能的一个重要指标,但不是传统意义上的时钟频率。总线频率越高,传输速度越快。例如,ISA 的总线频率为 8MHz,PCI 则有 33.3MHz、66.6MHz 两种总线频率。

(2) 总线宽度:又称总线位宽,是总线可同时传输的数据位数,用位(bit)表示,如 8 位、16 位、32 位总线等。总线越宽,在相同时间内能传输的数据就更多。

(3) 总线带宽:又称总线最大数据传输速率,是总线每秒传输的最大字节数,单位 MB/s,是最重要的总线指标。影响传输速率的因素有总线宽度、总线频率等。一般

$$总线带宽(MB/s) = 总线宽度/8 \times 总线频率 \tag{12.1}$$

例 12.1 求 33.3MHz@32 位总线的带宽。

题目表示的意思是 32 位宽度的总线工作在 33.3MHz 频率上,因此

$$总线带宽 = 32b/8 \times 33.3 \text{ MHz} = 133.2\text{MB/s}$$

并行总线一次能传输多位数据,但并行传输的信号间会存在干扰,频率越高,位宽越大,干扰就越严重,因此要大幅提高其带宽非常困难。串行总线则可凭借高频率优势获得高带宽。为弥补只能传送一位数据的不足,串行总线常用多条管线(或通道)传输,其带宽为

$$带宽 = 总线频率 \times 管线数 \tag{12.2}$$

(4) 同步方式:此方式下,总线上主、从模块进行一次数据传输的时间是固定的,并严格按系统时钟来统一传输操作,传输速率很高。异步方式则是应答式传输,允许从模块调整响应时间,即传输周期是可改变的,因而会减小总线带宽,但能提高适应性和灵活性。

(5) 信号线数:它是数据、地址、控制和电源总线数的总和,与总线性能不成正比。

(6) 总线控制方式:包括并发工作、自动配置、仲裁方式、逻辑方式、计数方式等。

(7) 总线的定时协议:为使源与目的同步,需要有信息传送的时间协议。分为同步总线定时、异步总线定时、半同步总线定时。

(8) 负载能力:指总线上最多能连接的器件数,一般指总线上的扩展槽个数。

2. 总线标准

总线标准对系统总线的插座尺寸、引线数目、信号和时序作出统一规定,使厂商能生产符合标准的计算机零部件。标准内容主要包括:

(1) 机械特性。规定模板尺寸、插头、连接器的形状、尺寸等规格,如插头与插座的尺寸、形状、引脚的个数与排列顺序、接头处的可靠接触等。

(2) 电气特性。规定信号的逻辑电平、最大额定负载能力、信号传递方向和电源电压等。

(3) 功能特性。规定每个引脚的名称、功能、时序及适用协议。

(4) 时间特性。每根信号线上的信号时序。

不同总线,标准的具体内容会有所不同。例如,内总线标准的机械特性包括模板尺寸、接插件尺寸和针数,电气特性包括信号的电平与时序。外总线标准的机械特性包括接插件型号和电缆线,电气特性包括发送与接受信号的电平与时序,功能特性则包括发送和接受双方的管理能力、控制功能和编码规则等。

12.1.3 几种典型的计算机总线

1. 个人机总线

(1) PC 总线。这是 1981 年 IBM 公司推出第一台 IBM PC 机时所用的总线,也是最早的计算机总线。PC 总线含 62 根信号线,按两列分布在主板上的 8 个 62 脚双列总线插槽中,每列 31 根,各插槽的同号引脚接到一起,然后连到相应的信号线。在插槽中可插入各种 I/O 功能扩展卡,例如,显示器适配卡、声卡、数据采集卡等。由于 IBM PC 和 PC/XT 机上的 CPU 都是工作在 4.77MHz 的 8088 上,所以 PC 总线只有 20 根地址线和 8 根双向数据线。控制线除存储器读/写、I/O 读/写外,还有从 8259A 的 $IR_2 \sim IR_7$ 引出的 6 级中断请求信号,来自 8237A-5 的 3 个 DMA 请求及响应信号等。此外,还有迫使 CPU 让出总线控制权的地址允许信号 AEN,表示 DMA 传输结束的计数信号 T/C,I/O 通道奇偶校验信号,插入等待周期的 I/O 通道准备好信号,系统总清信号等。它们是 8086 总线的扩展和重新驱动,与 8086 CPU 最大组态下的总线信号较为相似,但又不完全相同。例如,PC 总线上不再有三态信号线,地址和数据总线不再分时使用。

(2) ISA 总线。PC/XT 和 PC/AT 机相继问世后,由于其总线的开放性,全世界的 PC 制造商纷纷向 IBM 靠拢,PC 兼容机开始风靡全球。1984 年,PC/AT 总线被确定为 IEEE-P996 标准,也称为工业标准体系结构(Industry Standard Architecture),即 ISA 总线标准。它用在基于 80286 的 PC/AT 机上,也可用到 386/486 机上。它在 PC 总线基础上增加了 36 根信号线,数据总线扩充到 16 位,地址总线 24 位,中断增到 15 个,并提供中断共享,DMA 通道也扩充到 8 个。其最大传输速率 8MB/s,比 PC 总线快了近一倍,并允许多个 CPU 共享系统资源。ISA 插槽是在 62 线 PC 插槽基础上加了 32 线,既适用于 16 位数据总线,又能插 PC 总线扩展卡。

(3) EISA 总线。这是 1989 年 Compaq 等 9 家 PC 兼容机制造商,为 32 位机推出的扩展 ISA(Extended ISA)总线。数据和地址总线均为 32 位,寻址 4GB 内存,兼容 ISA 的 8MHz 时钟,支持 32 位突发式数据传送,速率达 33MBps。I/O 总线与 CPU 总线分离并可低速率运行以支持 ISA 卡。支持总线主控技术(Bus Master)、中断共享、DMA 共享、扩展卡自动配置等技术。能自动进行 32/16/8 位数据间的转换,保证不同 EISA 卡、ISA 卡间的相互通信。EISA 采用双层插槽,顶层为 ISA 的 98 个信号,低层是新增的 100 个 EISA 信号,能兼容两种扩展卡。它与 ISA 完全兼容,其性能在当时很先进,适合高速局域网、快速大容量磁盘及高分辨率图形显示,大型网络服务器的设计大多选用了 EISA 总线。

2. 测控机箱底板总线

随着计算机被广泛应用,内总线已不再限于构建计算机,还成了工业控制现场以及测控系统和仪器的总线标准,大量用于专用计算机控制系统的设计,因而也称为测控机箱底板总线。其中,STD 标准总线、MultiBus 多总线、CAMAC 计算机自动测量及控制总线、PC/104 总线等几种曾在工业界很流行的内总线,大部分已被淘汰,下面对目前尚在使用的几种内总线标准作些简单介绍。

(1) VME(Versamodule Eurocard),通用底板总线。1981 年根据面向 M68000 CPU 的 VERSA 总线和 Eurocard 印刷电路板标准所提出的板卡标准,1987 年被 IEEE 接受为万用背板总线(Versatile Backplane Bus)标准。它主要面向计算机,但其高数据带宽在数字测量与数字信号处理应用中颇具优势,基于 VME 总线的仪器模块市场巨大。美国国防部曾在美军中实施了发展基于 VME 总线自动测试系统的计划。

(2) VXI(VMEbus eXtension for Instrumentation),VME 总线在仪器领域的扩展。由于 VME 不是面向仪器的总线标准,因此美国的 HP、Tektronix 等五家著名的仪器公司,于 1987 年提出了专门针对模块化仪器设计的 VXI 总线,1992 年成为 IEEE 1155 标准。该标准采用了 32 位 VME 体系结构,但又做了很多改进,使不同厂家的 VXI 总线产品相互兼容,特别是使用接触非常可靠的针孔式连接器来连接插件与底板插槽。

(3) Compact PCI(cPCI),紧凑型 PCI 总线。它是 1994 年国际 PCI 制造商协会(PCI-MG)提出的,采用国际标准的高密度、屏蔽式、针孔式总线连接器,连接很可靠。其数据总线宽度为 32/64 位,最高传输速率可达 528 MB/s。并专门制定了总线的热插拔规范,允许在计算机运行状态下插入或拔出 cPCI 卡,进一步提高了它在工业测控领域的适用性。它不仅在通讯、网络、计算机电话等行业发挥作用,还大量应用于实时控制、产业自动化、实时数据采集和军事系统等需要高速运算的场合,并受到了有模块化和高可靠度需求的医疗仪器、航空航天、智能交通等领域的欢迎。

(4) PXI(PCI eXtensions for Instrumentation),PCI 在仪器领域的扩展。1997 年美国 National Instruments 公司推出,用于测控设备机箱底板总线的规范,也是 PCI 总线的增强与扩展,电气上与 cPCI 总线兼容。为适合于测控仪器、设备或系统的要求,还增加了系统参考时钟、触发器总线、星型触发器和局部总线等内容。

3. 仪器与计算机互连总线

测量仪器机箱与计算机的互连总线属于外总线。其中,IEEE 488 总线仍将在一些低速系统中使用,而在高速系统中将被 SCSI 总线代替。MXI 总线将作为 VXI 机箱与计算机互连的标准总线。但由于 USB、IEEE 1394 等串行总线在传输速率上取得了重要突破,且价格便宜,有可能逐步代替现有的其它并行或串行互连总线,并成为测量和仪器网络总线之一。

(1) IEEE 488 总线又称 GPIB(General Purpose Interface Bus),即通用接口总线。它是 20 世纪 70 年代 HP 公司推出的台式仪器接口总线,通过插入计算机的 GPIB 卡,用 24 或 25 线电缆连接仪器,能适应微机总线的发展。它只有 8 根数据线,速率 1Mbps,传输距离 20m,但至今仍是仪器、仪表及测控系统与计算机互连的主流并行总线。常采用 VXI 与 GPIB 总线混合应用的方案,即 VXI 总线计算机通过 GPIB-VXI 接口和 GPIB 电缆实施工业控制。此外,以 PCI 为基础的 PXI 系统,也都具有 GPIB 接口。所以,在较长时间内,GPIB 仍将在中、低速的计算机外设总线应用中占一定比例。

(2) SCSI 总线。在第 5 章介绍磁盘接口时已经提到,它不仅是硬盘接口,也是一种广泛应用于小型机的高速数据传输技术,有应用范围广、多任务、带宽大、CPU 占用率低以及热插拔等优点。1979年以来,出现了SCSI 1/ 2/ 3、Ultra2/3/60/320 SCSI等多个版本。其数据线为9位,宽度为8/16/32位,接口带宽从4MB/s发展到了320MB/s。需要插一张SCSI卡,其上有一个相当于CPU的芯片,由它控制SCSI设备,能处理大部分事务,降低了CPU占用率。它支持多种接口类型,包括传统的DB-25接插头以及50/68针不同密度的接插头,传输距离3.2~7.1m,最多连7个同/异步SCSI外设,包括高速硬盘以及磁带、CD-ROM、可擦写光盘、打印机、扫描仪、通讯设备和高速数据采集系统等。

(3) MXI总线,即多系统扩展接口总线(Multi-system eXtension Interface bus)。它是1989年NI公司推出的32位高速并行互连总线,速度可达23Mbps,传输距离20m。MXI总线采用硬件映像通讯,一根电缆上可接8个MXI器件,通过读写相应的地址空间,便可访问其它器件的资源,无需软件协议。基于VXI总线的测控机箱大都用这种总线与计算机互连。

12.2 PCI 总 线

12.2.1 局部总线

局部总线(Local Bus)是指在少数模块间交换数据的总线。例如,CPU到北桥的总线,内存到北桥的总线。它们本质上属于处理器的延伸线路,与处理器同步操作,其协议也比较简练,讲究实用与高效。PCI总线是一种典型的局部总线,用于CPU与高速外设间的数据交换;AGP是图形卡和北桥之间的局部总线;PCI-X则是PCI总线的扩展版本。

1. PCI总线

VLSI技术的飞速发展,使CPU的速度超过了ISA、EISA总线的极限,导致硬盘、图形加速卡、高速网卡、视频系统和数据采集设备等高速外设,只能通过慢速而狭窄的路径与CPU交换数据。为打破这个瓶颈,Intel公司在1992年发布80486处理器的同时,提出了32位的PCI总线,并由厂商代表组成的PCI特殊兴趣小组PCI SIG来管理。

PCI的含义是周边部件互连(Peripheral Component Interconnect),是一种高性能的局部并行总线。从结构上看,PCI好像是插在ISA总线与CPU之间的一种总线,在两者之间起缓冲隔绝作用。一些高速外设,如图形卡、网络适配器和硬盘控制器等,可从ISA总线上卸下,直接通过PCI总线挂接到CPU总线上,使之与高速CPU总线相匹配。

PCI1.0规范工作在33MHz@32位,传输带宽132MB/s(即33MHz×32bit/8),支持64位数据传送,带宽可扩展到264MB/s。为达到更高的性能,后续版本又提出了66MHz@64位的PCI规范,带宽达到了528MB/s。

此外,还支持多总线主控模块、线性突发读写和并发工作方式,具有处理器独立性、缓冲隔绝、即插即用、兼容性强和成本较低等特点。其性能与ISA总线相比有极大改善,基本上能适应当时CPU的发展现状。不久,PCI基本统一了ISA、VESA、EISA等总线的规格,成为个人计算机中的总线插槽主流。

2. AGP接口规范

PCI总线优点显著,能充分发挥CPU的性能。但是132MB/s的带宽,依然满足不了3D

显卡的要求。例如,显示 1024×768×16 位真彩色 3D 图形时,要求 200MB/s 以上的纹理数据传输速度。同时,显卡的发展也遇到了增加显存导致成本提高的问题。解决的办法是将图形数据从显卡内存移到主存,以减少显存容量。然而,图形数据在主存中处理后,仍要通过 PCI 总线送回显卡去显示,数据传输量之大,PCI 总线难以胜任。

为此,Intel 在 1996 年 7 月推出了加速图形接口(Accelerated Graphics Port,AGP),作为 PCI 的补充,是显卡专用的局部总线。如图 12.2 所示,AGP 显卡直接与北桥芯片相连,并通过该接口让显示芯片与系统主存直接相连,使主存中的 3D 图形数据绕开带宽窄的 PCI 总线,直接送进显卡以提高带宽。在 32 位总线时,有 66/133MHz 两种总线频率,带宽达 266/533MB/s。此后,又推出了 AGP 2×、4×以及传输速度高达 2.1GB/s 的 AGP 8×。

AGP 接口是在 PCI2.1 规范基础上扩充修改而成,它增加的主要特点包括:采用数据读写的流水线操作来减少内存等待时间,提高了数据传输速度。采用双时钟技术,在时钟脉冲的上升沿和下降沿都传输数据,因而能在 66MHz 时钟时达到 133MHz 的传输速率。地址信号与数据信号分离,提高了随机内存访问的速度。并行操作,允许在 CPU 访问系统 RAM 的同时,AGP 显卡访问 AGP 内存。显示带宽不与其它设备共享,进一步提高了系统性能。

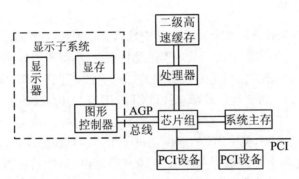

图 12.2 具有 AGP 接口的系统结构框图

3. PCI-X 总线

PCI 成为主流总线后,用户再次发现,即使 66MHz@64 位 PCI 总线提供的 533MB/s 带宽,也无法满足需要了。因此,PCI SIG 在 1999 年提出了 PCI-X 总线,它是 PCI 的扩展,在 PCI 基础上增加了不少新特点,也增加了插槽引脚数。PCI-X1.0 规范允许总线工作在 133MHz@32/64 位,最大带宽达 1.066GB/s,是 PCI1.0 的 8 倍。它具有如下这些技术特点:

(1) 支持 66/100/133MHz 等三种总线频率,且能随不同设备而改变。

(2) 特征段技术,让每件总线事务都附带一个 36 位的特征域,指示该事务的开始位置、插入顺序、事务长度和是否需要缓冲检测,从而能追踪穿过总线的数据,需要时将它在队列中向前移动,增强并行穿越总线的能力。

(3) 分离事务(多任务),允许一个正在向某个特定目标设备请求数据的设备,在目标设备准备好发送数据之前,处理来临的其它任何事情。增强了奇偶错误管理。

(4) 允许目标设备仅与单个 PCI-X 设备交换数据,若 PCI-X 设备没有任何数据传送,总线会自动将它移除,以减少 PCI 设备间的等待周期。

在相同的总线频率下,PCI-X 能提供比 PCI 高 14%～35% 的性能。它主要应用在服务器上。对于那些要求高带宽、高传输率的光纤接口、千兆以太网卡和高数据吞吐量的磁盘阵列控制卡,PCI-X 133 能较好地发挥它们的优势。

12.2.2 PCI 总线简介

1. PCI 总线信号

主设备和目标设备交换数据也称为交易(Transaction)。每个 PCI 数据传输操作都是主设备启动传输,而目标设备接收数据。主设备可请求控制总线,成为总线主,目标设备则不能。因此,主设备比目标设备要多 2 个用于总线仲裁的信号。

PCI 主设备的总线信号如图 12.3 所示,左边是 49 个符合 PCI 主设备的必选信号,除仲裁信号 REQ♯ 和 GNT♯ 外,其余 47 个信号也符合目标设备。右边为可选信号。各信号线上均标出了传输方向,信号后的"♯"表示该信号低电平有效,与名称上加横杠含义相同。

这些信号可从功能上分成几类:

(1) 系统信号。包括频率为 33/66MHz 的时钟信号 CLK 和复位信号 RST♯。

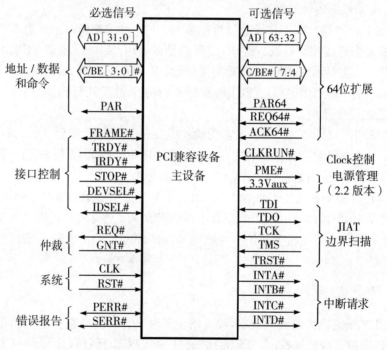

图 12.3 PCI 局部总线信号

(2) 地址/数据和命令。32 位地址/数据多路复用信号 AD[31:0],32 位总线命令/字节使能复用信号 C/BE[3:0]♯,奇偶校验信号 PAR。

(3) 接口控制。即交易控制信号,实现 1 个或多个数据传送,包括周期帧信号 FRAME♯、目标设备准备好 TRDY♯、启动方准备好 IRDY♯、停止数据传送 STOP♯、初始化设备选择 IDSEL♯、设备选择信号 DEVSEL♯ 等控制信号。

(4) 仲裁信号。每个 PCI 主设备通过总线占用请求 REQ♯ 和总线允许 GNT♯ 这对仲裁信号连到 PCI 仲裁器上。

（5）错误报告信号。含数据奇偶校验错 PERR♯和系统错误报告 SERR♯两个信号。

（6）64 位扩展信号。用来实现 32 位到 64 位的扩展，包括高 32 位地址/数据信号 AD[63:32]、高位总线 C/BE[7:4]♯、高位双字奇偶校验 PAR64、64 位传送请求 REQ64♯、64 位传送响应 ACK64♯等信号。

（7）其他信号。除了以上信号外，PCI 总线还包含用于便携式设备的时钟控制信号 LCKRUN♯，4 条中断请求线 INTA♯~INTD♯，电源管理信号 PME♯，3.3Vaux 辅助电源信号，可由厂家定义，用于 PCI 设备的在电路测试的一组边界扫描信号 JIAT。

2. PCI 总线的特点

（1）数据传输速率高。PCI 不仅能实现高速数据传输，而且还支持线性突发传送（Burst Transfer）：传送内存中的连续数据块时，只在传送第一个数据时才给出地址，后续数据的地址会自动+1。因此 CPU 能以接近自身总线的速度全速访问适配卡，适用于高清晰度电视与 3D 信号。

（2）减少存取延迟。能减小 PCI 总线设备的存取延迟，从而缩短外设取得总线控制权所需的时间，保证数据传输的畅通。

（3）独立于处理器。PCI 总线通过桥接器与 CPU 总线连接，是 CPU 与外设间的缓冲器，CPU 不需要去直接控制外设。这样，任何类型的 CPU 都可以接到 PCI 总线上，外设驱动程序与 CPU 的类型无关，用户可随意增添外设，等于延长了 PCI 的生命期。

（4）具有并行总线操作能力。PCI 桥接器支持完全总线并行操作，与处理器总线、PCI 总线和扩展总线同步使用。

（5）即插即用。安装扩展卡时，不需要调整跳线开关或 DIP 配置开关，系统嵌入自动配置软件，在加电时根据配置寄存器的内容，自动配置 PCI 扩展卡，为板卡分配存储地址、端口地址、中断等信息，保证系统协调工作，不发生资源冲突。

（6）兼容性好易于扩展。总线信号少，32/64 位插槽引脚数为 124/188，但必选信号较少，主设备只要 49 个，目标设备 47 个。有不少保留脚可用于扩充，每隔几个脚就有一根地线，抗干扰能力强。允许主板上使用多种扩展卡，可以是 3.3/5V 卡和长/短/变高卡，十分灵活。

12.2.3 PCI 总线的应用

由于 PCI 总线的高性能和低成本，被应用于多种平台和体系结构中。图 12.4 是用 PCI 总线构建的计算机系统结构框图。PCI 总线通过一个 PCI 总线桥（北桥）与 CPU 连接，支持 PCI 总线的外设板卡，如硬盘驱动器卡、网卡、图形适配器卡等高速外设则挂接在 PCI 总线上。ISA 总线与 PCI 总线之间由扩展总线桥（南桥）连接，基本 I/O 设备以及一些兼容 ISA 总线的外设，可挂接在 ISA 总线上。整个系统结构层次分明。可见，PCI 是介于 CPU 总线和系统总线之间的一级总线，可以看作是来自 CPU 的延伸线路，不受制于 CPU，能与 CPU 同步操作，这就是它称为局部总线的原因。它在 CPU 和高速外设之间架起了一座桥梁，可缩短外设取得总线控制权所需的时间，提高数据吞吐量。

北桥芯片主要决定主板的规格、对硬件的支持以及系统的性能，它连接着 CPU、内存、

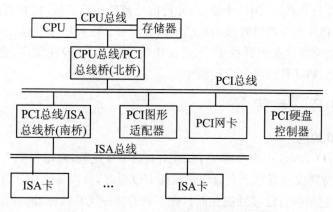

图 12.4 基于 PCI 总线的计算机系统结构图

AGP 总线。主板支持什么 CPU,支持哪种速度的 AGP 显卡,支持何种频率的内存,都是由北桥芯片决定的。北桥芯片往往有较高的工作频率,所以发热量高,需要加散热器。

南桥芯片主要决定主板的功能,主板上的各种接口(如串口、USB)、PCI 总线(连接电视卡、声卡等)、IDE 接口(连接硬盘、光驱)以及扩展卡(连接声卡、RAID 卡、网卡)等,都归南桥芯片控制。

这种以桥的方式,将两类不同结构的总线"粘合"在一起的技术,特别能适应系统的升级换代。当 CPU 更新换代时,只需改变 CPU 总线和更换北桥芯片,而原有外设及其适配卡仍可保留下来继续使用。

对设备进行自动检测和配置,实现即插即用功能,是 PCI 总线的一个重要特点。每个 PCI 功能卡上有一组配置寄存器,上电时操作系统配置软件扫描配置寄存器,来了解总线上有哪些设备以及它们的厂商标识、设备标识、版本 ID 号等信息,并确定它们需要多大的存储空间和 I/O 空间。当确认 PCI 设备存在后,进一步访问其它配置寄存器,提供 256 字节的配置空间结构,用来支持该 PCI 设备的硬件配置。根据配置寄存器的内容,就可以编写一个枚举当前机器上 PCI 设备的程序,把各 PCI 设备的具体配置情况列举出来。

PCI 总线的推出,使 PC 机对高速外设的支持能力得到极大提高。但 PCI 的规范十分复杂,直接对 PCI 接口进行开发设计难度较大。广泛采用的开发方法有两种:一种是通用的 PCI 接口方案,可采用 CPLD 或 FPGA 可编程逻辑器件来实现 PCI 接口功能,为了达到 PCI 指标的苛刻要求,需要作大量的逻辑验证和时序分析工作。另一种方法是采用专门的 PCI 接口芯片,来实现 PCI 协议的转换,用户只要学习专用接口芯片的规范,就可完成 PCI 总线应用的开发设计,是一种简便快捷的方法。常用的 PCI 总线控制芯片有 AMCC 公司的 5933x 系列,PLX 公司的 9052、9080 系列等。

12.3 PCI Express 总线

进入 21 世纪后,计算机领域里的新技术和新设备层出不穷,游戏、视频点播和音频再分配等多媒体应用越来越广泛。人们普遍通过网络,利用台式机和笔记本电脑来处理视频和音频数据流。然而,PCI2.2 或 PCI-X 规范缺乏对这种时间序列数据流的支持,而且 PCI 总线下的各种设备并行互联,共用一个带宽,并行信号容易相互干扰,频宽也跟不上,运行中常出现堵塞。此外,PCI 电压难以降低的缺陷也凸显出来。在经历了长达 10 年的修补后,PCI 总线已无法满足微型机性能提升的要求,必须由带宽更大、适应性更广、更具发展潜力的新一代总线取而代之,PCI-E 总线便应运而生。

12.3.1 PCI-E 总线简介

1. PCI E 1.0 规范

2002 年 7 月,PCI SIG 小组公布了 PCI Express 1.0 规范,简写为 PCI-E、PCIE 或 PCIe。Express 是高速、特别快的意思。它属于第三代 I/O 总线,所以简称 3GIO(Third Generation Input/Output)。它是一直延续到现在而长盛不衰的新一代总线标准。

根据总线信道数量和路径宽度不同,PCI-E 有×1、×4、×8 和×16 等几种通道规格,而×2 规格被用于内部接口。它们也代表了不同的传输速度,×1 规格速度 250MB/s,而×16 的速度就是×1 的 16 倍,即 4GB/s。×1 和×16 规格最常用。每种通道的插槽长度不一样,短的插卡可以插入长的插槽中,反之则不行。

2. PCI-E 标准的优势

PCI-E 是一种全新的总线规范,它吸取了 PCI 总线的精华,同时增加了不少更先进的技术。它的优势主要体现在以下几方面:

(1) 采用 P2P(点对点)的串行传输机制。从并行到串行是 PCI-E 最根本的变化。各设备可以并发地与 CPU 直接通信并获得最大带宽,它们互不影响,也不存在争抢带宽问题,因此能支持多种传输速率,显然比 PCI 等总线的共享并行架构更加灵活。

(2) 工作频率非常高。PCI 的总线频率普遍为 33/66MHz,AGP 的最高频率也只有 533MHz,而 PCI-E 的基础总线频率为 100MHz,通过锁相环电路可以提高到 2.5GHz,极大地提高了数据传输速度。

(3) 支持双向传输模式,可运行于全双工模式。PCI 总线每周期只能发送一个数据,而 PCI-E 总线每个周期的上行、下行都能传输数据,仅此一点,带宽就翻了一倍。

(4) 支持数据分通道传输。这也是×1、×4、×8、×16 代表的含义,能使带宽翻番上涨。

(5) 加强了质量控制措施。PCI-E 中引入了服务质量、电源管理、数据完整性、热插拔(Hot Swap)等多种技术,保障了数据的传输质量。

(6) 供电能力提高到了 75W。比 AGP 插槽的 35W 明显提高,足够为多数显卡供电。

(7) 支持+3.3V、+3.3Vaux 和+12V 三种电压。其中的+3.3Vaux 是辅助电源,它能在系统挂起模式下提供较小的电流。

(8) 与原有 PCI 兼容。PCI-E 只是南桥的扩展总线,与操作系统无关,因此在主板上,PCI-E 接口将和 PCI 接口共存一段时间,便于用户升级。

(9) 与 PCI 软件 100%兼容,无需驱动程序和操作系统的支持即可使用。

3. PCI-E 的应用

PCI-E 的最大特点是它的通用性,不仅可将它用于南桥和其它设备的连接,而且可延伸到芯片组间的连接,甚至可以用于连接图形芯片。这样,整个 I/O 系统将重新统一起来,更进一步简化计算机系统,增加计算机的可移植性和模块化。由于 PCI-E 总线的诸多技术优势,很快就成为主流总线。从 PCI/AGP 总线升级到 PCI-E 总线时,正值显卡飞跃性的发展,PCI-E 超高的带宽极大地释放了显卡的运算能力,因此专用的显卡总线 AGP 也没有了用武之地,I/O 总线和显卡总线又重新统一到了 PCI-E 总线上。

PCI-E 是能够提供巨大带宽和丰富功能的新式图形架构,它可以大幅提高 CPU 和图形处理器 GPU 之间的带宽,因而能使用户更完美地享受影院级的图像效果,并获得无缝多媒体体验。采用 PCI-E 总线技术的计算机,已被广泛应用于基于互联网流媒体在线直播、视频会议系统、VOD 点播、远程监控、远程教学、DVD 制作、硬盘播出、广告截播、媒体资产管理等领域。

4. ExpressCard 技术

为了进一步推广 PCI-E 标准,2003 年春,PCMCIA 协会公布了一个 ExpressCard 标准,承诺向台式机和笔记本电脑提供更薄、更快、更轻的扩展模块。计算机用户可方便地将这类模块插入系统,来添加存储器、有线或无线通讯卡及安全装置等硬件功能。

ExpressCard 技术采用最新的 PCI-E 总线标准和 USB2.0 接口,在外设与主机间直接提供热插拔式的连接,不需要在系统的芯片组与插槽之间架设一个桥接芯片。紧跟着 USB3.1 标准的发布,又出台了 ExpressCard 2.0 标准,提供多方面的应用模式,用来解决目前大吞吐量的数据传输瓶颈。这项技术允许 PC 机与笔记本电脑共享更多外设,不但节省用户投资,而且还能为高速数据交换带来便利。

12.3.2 PCI-E 总线的发展

1. PCI-E 2.0

2007 年 1 月 PCI Express 2.0 标准发布,它将总线频率从 2.5GHz 提高到了 5GHz,其它性能指标也都翻了一倍。例如:

(1) 带宽翻倍:将单通道 PCI-E ×1 的带宽提高到了 500MB/s,也就是双向 1GB/s。

(2) 通道翻倍:显卡接口标准升级到 PCI-E ×32,通道数提高了一倍,带宽高达 32GB/s。

(3) 插槽翻倍:芯片组/主板默认应该拥有两条 PCI-E ×32 插槽。

(4) 功率翻倍:提供的电力从 75W 提高到 200W。这样,如显卡等一些功耗大的插卡,就不需要再带电源适配器了。

为了减少高速传输过程可能出错而加入了校验码,PCI-E 的信号编码采用了 8b/10b 方式。虽然会浪费 20% 的带宽,但是这样可以保证高速数据传输的一致性。同样的校验码技术也出现在 USB3.1 和 SATA3.0 中。对于 8b/10b 编码,每 10 位编码中只有 8 位是真实数据,这时就不再用 1:8 进行位-字节的单位换算,而要用 1:10 了。例如,USB3.1 的速度为 5Gbps,按以前的 1:8 换算,5Gbps/8=625MB/s,考虑进校验码后,5Gbps/10=500MB/s。同样,SATA 3.0 的速度 6Gbps,即 600MB/s,而非 750MB/s。

这样,串行 PCI-E 的带宽就要用下式来计算:

带宽(MB/s) = 总线频率(MHz) × 每周期数据位(b) × 总线通道数 × 编码方式 /8

(12.3)

例 12.2 试计算常见的 PCI-E 2.0 ×16 插槽的传输总带宽。

PCI-E 2.0 ×16 插槽的最高总线频率为 5GHz，全双工模式下每个周期可传输 2bit 数据，共有 16 条通道，采用 8/10 编码，每 8 位为 1 字节，将它们代入公式(12.3)，就可算出它的传输总带宽为

$$5000 \times 2 \times 16 \times (8/10)/8 = 16000(MB/s) = 16GB/s$$

2. PCI-E 3.0

2010 年 11 月，PCI-E 3.0 的最终规范发布。新规范可应用在所有计算机和外设中，例如服务器、工作站、台式机和笔记本电脑。PCI-E 3.0 的目标依然围绕着"提速"二字展开。它向下兼容 PCI-E 2.0 和 PCI-E 1.0，与同等情况下的 PCI-E 2.0 规范比较，性能指标提高了一倍，总线频率从 PCI-E 2.0 的 5GHz 提高到了 8GHz，显著提高了总线带宽，×32 端口的双向传输速率可以高达 32Gbps。

提高带宽可以从这几个方面入手：

(1) 提高运行频率。工作频率是基础，因此曾设想继续将总线频率提高一倍，到 10GHz。但这样做会面临很大的问题，因为 10GHz 基本是铜质线缆的速度极限了。这就要在电气设计方面下很多功夫，技术难度太大，实现的成本会很高。

(2) 增扩通道数。PCI-E 2.0 已有 32 通道，但应用得很少，增扩到 64 通道的必要性不大，这会导致主板插槽和显卡接口都得重新设计。

(3) 修改编码方式。PCI-E 采用 8b/10b 编码来提高数据传输的可靠性，20%的带宽不能用于数据传输，主要是为了平衡电流信号。这在带宽较低的情况下影响不大，但是带宽越高，浪费就很明显了。为此，PCI-E 3.0 规范将编码方式改成了 128b/130b，即每 130 位数据编码中，才加入 2 位无用信息，使通道的利用率大大提高，可以确保 98.5%的传输效率。前两个版本的 8b/10b 编码方式，传输效率只有 80%，因此传输效率提升了 23%。

除了改变编码方式，PCI-E 3.0 又将总线频率从 5GHz 提高到了 8GHz。这是对制造难度、成本、功耗、复杂性和兼容性等诸多方面进行综合、平衡之后的结果。

例 12.3 试计算 PCI-E 3.0 架构下的×16 通道的带宽。

PCI-E 3.0 规范下的×16 通道的最高总线频率为 8GHz，即 8000MHz，全双工模式下每个周期可传输 2 位数据，共有 16 条通道，采用 128/130 编码，每 8 位为 1 字节，把它们代入公式(12.3)，就可计算出它的传输总带宽为

$$8000 \times 2 \times 16 \times (128/130)/8 = 31500(MB/s) = 31.5GB/s \approx 32GB/s$$

而 PCI-E 2.0 的×16 通道带宽是 16GB/s。可见，双管齐下，使得 PCI-E 3.0 的带宽再次翻倍，实现了预期目标。

PCI-E 3.0 的其它增强之处，还包括数据复用指示、原子操作(执行时不能被中断的操作)、动态电源调整机制、延迟容许报告、宽松传输排序、基地址寄存器(BAR)大小调整、I/O 页面错误等。它保持了对 PCI-E 2.x/1.x 的向下兼容，继续支持 2.5GHz、5GHz 的信号机制。

表 12.1 是概括了 4.0 版在内的所有 PCI-E 版本的主要技术规范。可见，PCI-E 3.0 架构的单信道(×1)单向带宽就可接近 1GB/s，而 16 信道(×16)的双向总带宽达到了 32GB/s。

表 12.1 PCI-E 技术规范概要

PCI 架构	PCI-E 1.0	PCI-E 2.0	PCI-E 3.0	PCI-E 4.0
发布时间	2002 年	2007 年	2010 年	2016 年
编码方式	8b/10b	8b/10b	128b/130b	128b/130b
编码效率	80%	80%	98.5%	98.5%
传输速率	2.5GT/s	5GT/s	8GT/s	16GT/s
×1 单向带宽	250MB/s	500MB/s	1GB/s	2GB/s
×16 双向带宽	8GB/s	16GB/s	32GB/s	64GB/s
首款芯片组	Intel ICH6	Intel X58	IntelX79	N/A

PCI-E 3.0 发布后，Intel 首先将它应用于 X79 芯片组和基于 Sandy Bridge 处理器的服务器上。2012 年 1 月，AMD 公司也推出了首款支持 PCI-E 3.0 的高档显卡 AMD Radeon HD7970，随后又发布了 HD7950、HD7800 系列显卡，均对 PCI-E 3.0 提供了支持。NVIDIA 下一代的开普勒显卡也对 PCI-E 3.0 规范提供全面支持。PCI-E 总线被誉为主板上的高速铁路，PCI-E 3.0 发布后，很快就被计算机与外设厂家广泛应用于他们的新一代产品设计。

3. PCI-E 4.0

与 CPU 和显卡 1 至 2 年就要更换一代的速度相比，系统总线发展得很慢。三十年来，虽然先后出现了好几种系统总线，但只有 ISA 总线（1982 年发布）、PCI 总线（1992 年发布）和 PCI-E 总线（2002 年发布）是生命力最强的总线规范，每隔 10 年才更换一次架构。PCI-E 总线在显卡上的应用很成功，实际上它更多的是作为系统总线存在的。如今，主板上 PCI-E 通道数量的多寡，已是衡量主板性能等级的重要指标。

2017 年 10 月 26 日，PCI SIG 正式发布了双向带宽为 64GB/s 的 PCI-E 4.0 标准。这个版本依然使用 128b/130b 编码方案。尽管带宽翻倍，但仍难满足高性能服务器、网络产品等对大容量数据的高速传输需求。PCI SIG 表示，这只是个过渡版本，双向带宽达到 128GB/s 的 PCI-E 5.0 标准将会在 2019 年推出。如前所述，对于铜质线缆，10GHz 频率已是极限，新标准的速度继续翻倍，就可能需要更换材料，将会给主板、显卡以及 CPU 带来新的挑战。因此，Intel 和 AMD 的产品需要在 1～2 年后才能支持 PCI-E 4.0 标准。

12.4 USB 总线

USB（Universal Serial Bus）通用串行总线是一种外部总线，用于计算机与外设的连接和通讯。USB 标准是 1994 年底由 IBM、Compaq、Intel、Microsoft、NEC 等多家公司联合提出的，很快就被大量应用于鼠标、键盘、U 盘、移动硬盘等多种外设，并随之成功替代大部分串口和并口，成为个人机、手机、视频设备和许多智能外设的必配接口。

12.4.1 USB 总线简介

1. USB 的特点

USB 总线经过二十多年的发展，已经从最早的 1.0 版发展到今天的 3.2 版，可用表 12.2

来比较几个 USB 版本的不同,特别是它们在速度性能上的差别。

表 12.2 USB 总线的版本规范

USB 版本	代号	最大传输速率	最大输出电流	推出时间
USB1.0	Low-Speed	1.5Mbps (192KB/s)	5V/500mA	1996 年 1 月
USB1.1	Full-Speed	12Mbps (1.5MB/s)	5V/500mA	1998 年 9 月
USB2.0	High-Speed	480Mbps (60MB/s)	5V/500mA	2000 年 4 月
USB3.1(Gen1)	SuperSpeed	5Gbps (500MB/s)	5V/900mA	2008 年 11 月
USB3.1(Gen2)	SuperSpeed+	10Gbps (1250MB/s)	20V/5A	2013 年 12 月
USB3.2	SuperSpeed++	20Gbps (2500MB/s)	20V/5A	2017 年 9 月

USB 总线具有以下几个特点:

(1) 传输速度快。USB 提供的数据传输速度从 192KB/s 的低速,到目前正广泛使用的 USB3.1 的 500MB/s 超高速,覆盖了很大的范围。

(2) 连接简单快捷。支持热插拔与即插即用,可在通电状态下任意插拔,而且主机能自动识别 USB 设备。

(3) 通用连接器。4 针 USB 连接器可连接多种外设,用来替代硬盘的 IDE 接口、串行的鼠标接口和并行的打印机接口等。

(4) 无须外接电源。插头插入时电源先接上,能从总线向设备提供+5V/500mA 或 900mA 的电源,用作键盘、鼠标、U 盘等低功耗设备的电源,包括向手机充电等。二代的 USB3.1(Gen2)则能向设备提供 20V/5A 的电源。

(5) 扩充外设能力强。USB 采用星形层式结构和 Hub 技术,理论上允许一个主控机连接 127 个外设,两个外设间的距离可达 5m,而且还有专门的无线 USB 规范。

2008 年发布的 USB3.0 规范,后来改为一代 USB3.1(Gen1),其 500MB/s 的速度被誉为电缆上的 PCI-E 标准,在与 USB2.0 兼容的同时,它还有若干增强功能。例如,极大提高了带宽,新增加 4 根信号线,以对偶单纯形四线制差分信号的形式,进行双向并发(即全双工)数据流传输,实际速率能达 3.2Gbps(即 400MB/s)。增加了新的电源管理功能,传输采用中断驱动协议,在有中断请求前,可让设备转入待机、休眠和暂停等低功耗状态。能让主机更快地识别器件。

USB3.1(Gen2)也称为加强版,实现了 10Gbps 的速率,被称为"SuperSpeed+",以满足传输速率的更高要求,供电能力提高到了 20V/5A(100W)。它还仿照 PCI-E 3.0 使用 128b/132b 编码,使传输损耗率大幅下降到 3%(4/132)。改进的 Type C 型 9 针接口还支持显示输出,适用于视频信号的传输。

2. 其他相关规范

(1) USB OTG 协议。随着 USB 应用领域的扩大,人们希望 USB 设备能摆脱主机控制,两个 USB 设备能直接互连。鉴于此,2001 年推出了 USB On-The-Go 协议 1.0(OTG1.0),后来又发布了 USB2.0 OTG,直接交换数据的速度达到 480Mbps。此后发布的 USB OTG 是对 USB2.0 规范的补充,设备将完全抛开 PC,既可作主机,也可当外设(两用 OTG),

与另一个符合 OTG 协议的设备直接进行点对点通讯。这样，不需计算机参与，既可把数码相机连到打印机上打印照片，也可将它与 U 盘或移动硬盘连接进行照片下载。例如 MAX3301E 是 Maxim 公司的一款 USB OTG 收发器，可用于两用 OTG 外设的设计。

（2）无线 USB 规范。无线 USB 规范（Wireless USB,WUSB）是 2005 年颁布的，是对 USB 规范的扩展。它定义了一个易用的无线接口，具有有线 USB 技术的高速率和安全性。

3. USB 接口规范

1）USB 接口的机械规范

图 12.5(a)是 USB 的产品标识(logo)，图 12.5(b)是 USB1.0/2.0 连接器，分为标准口和 Mini 口两类，各包括 A、B 两种规格，均有 USB 标识，自左至右依次是 Mini-A 插头、Mini-B 插头、B 插头、A 插座和 A 插头。A/B 型接口的 4 根信号线为＋5V(红色)、D－(白)、D＋(绿)和地(黑)。Mini 口在 D＋和地之间插入了一个 ID 信号，A 型接地，B 型悬空。电缆一端是上行 A 插头，连到主机或集线器(Hub)；另一端为下行 B 插头，与设备相连。

(a) USB标识　　　　　　　(b) USB连接器

图 12.5　USB1.0/2.0 连接器

USB3.1 接口有 A/B/BM/MINI/MICRO 等多种，图 12.6 是 3 个例子。其中，(a)是 A 型插头，4 根粗线为 USB2.0，较长的＋5V 和地能保证电源先接通；5 根细线是 USB3.1，中间为地，2 根发送线靠读者。(b)是双层 BM 型插头，大孔上下各有 2 根 USB2.0 线，小孔中是 5 根 USB3.1 线。(c)是 Micro-B 型 9 针连接器。另外，USB3.1 连接器的塑料部分规定为蓝色。(d)是 USB3.1 新增加的 Type C 型 9 针接口，可以双面插入。

(a) A型插头　　(b) BM型插座　　(c) Micro-B型连接器　　(d) Type C型接口

图 12.6　USB3.1 连接器

2）USB 设备的电气连接

如图 12.7(a)，USB2.0 电缆中的 D＋、D－是双绞信号线，传输表示数据的差分信号 (Differential Signal)，V_{BUS}（即 V_{CC}）和 GND 为设备提供＋5V 电源。连接线最长 5 m，信号线要有屏蔽层以减小干扰。图 12.7(b)是全速 USB 设备的连接方法。设备端的 D＋接 1 个 1.5 kΩ 上拉电阻 Rpu，发送器一端接 2 个 15KΩ 下拉电阻 Rpd。无设备连接时主机检测到 D＋、D－接近地电平。设备接上后，两端连通，D＋经 Rpu 和 Rpd 对＋5V 分压后，使 D＋线上电压接近 Vcc，而 D－仍为低电平。只要此电压保持时间超过 2.5 μs，计算机就认为已有设备接上。若 D+和 D−电压都在 0.8V 以下,并持续 2.5 μs 以上,便表示设备已断开。由 D+高、D−低便可知是全速设备。低速设备要将 Rpu 接到 D−上,由 D+低、D−高来区分出来。

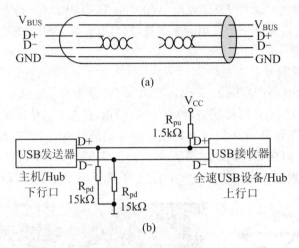

图 12.7 全速 USB 设备的连接

3) USB 设备及其体系结构

USB 是通用串行总线,运行过程中外设可被随时添加、设置、使用或拆除。一个完整的 USB 系统,由安装在主机上的 USB 主控制器和根集线器(Root Hub,RHub)以及 USB 集线器(USB Hub)、USB 设备、电缆等硬件,再加上 USB 主控制器驱动程序、USB 总线驱动程序、USB 设备驱动程序等软件构成。下面对这些概念做些简单介绍。

有三类 USB 设备:

(1) USB 主机(USB Host)。提供 USB 驱动程序模块,对 USB 设备进行配置并管理总线。

(2) USB 集线器(Hub)。一个 Hub 有 1 个上游接口和 4 个(或 7 个)下游接口,以扩展连接多个 USB 设备。Hub 由中继器和控制器构成,对所接设备进行电源管理和信号分配,并检测和恢复总线故障。主机中有一个 RHub,用来连接次级 Hub 和 USB 设备。

(3) USB 设备。连在 USB 总线上的外设。

可用菊花链形式扩充连到主机的 USB 外设,形成图 12.8 的金字塔型结构,内部的物理连接是一个层叠的星型拓扑结构,Hub 位于每个星的中心。最多可有 7 层,连接多达 127 个外设和 Hub。

Hub 可用外接电源供电,并为其每个下游插口提供 500mA 电流。它也可通过总线供电,即从上游插口吸取 500mA,自身消耗 100mA,并为 4 个下游插口各提供 100mA。USB3.1 则能从上游吸取 900mA 电流。

4) USB 的管理

(1) 端点(End Point)。每个 USB 外设只有一个逻辑地址,外设中的每个寄存器有不同的端点号,主机通过地址和端点号与每个端点通信。

(2) 管道(Pipe)。数据传送发生在主机软件与 USB 设备端点之间,端点和主机软件的

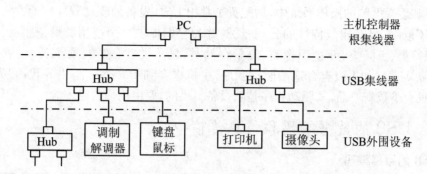

图 12.8 USB 系统的拓扑结构

联合称为管道。管道分为流管道和消息管道,中断、批量和同步传输通过流管道,控制传输通过消息管道。

(3) USB 描述符(USB Describer)。设在内存中以记载 USB 设备的属性和配置信息,包括设备、设置、接口和端点等几种描述符,向主机提供设备的产品信息、标准版本号、供电方式、使用的驱动程序、设备地址、传输类型、数据包大小和带宽请求等信息。

可用图 12.9 来大致表示 USB 的系统结构。

(4) USB 主控制器与主控制器驱动程序。主机中至少有一个 USB 主控制器(USB HC)芯片,常用 Intel 的 UHCI(通用主控制器接口)芯片,或 Microsoft、Compaq、NSC 联合设计的 OHCI(开放主控制器接口)芯片作 USB 主控制器。为管理该芯片,应在主机中安装相应的 USB 主控制器驱动程序(Host Controller Driver,HCD),负责最底层的调度、队列和控制器管理,以及数据的位编码、封包、循环校验、发送、错误处理等。

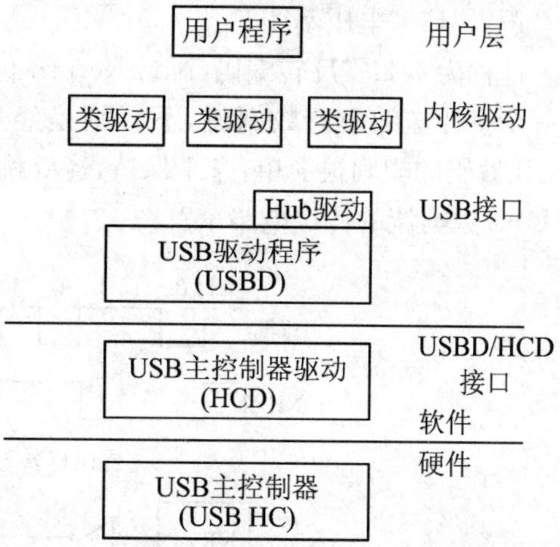

(5) USB 驱动程序。简称 USBD(USB Host Driver),是 USB 系统软件与用户软件间的接口,位于 HCD 之上,独立于硬件,为用户软件提供使用 USB 设备的功能,以管理每个 USB 设备,包括配置管理、用户管理、总线管理和数据传输,还负责 USB 电力和带宽的自动处理,并管理 Hub 和设备的动态插拔。

图 12.9 USB 的系统结构示意图

(6) USB 控制器和 USB 设备驱动程序。每个 USB 设备中必须有一个 USB 控制器,它由一个 USB 收发器与控制它的单片机组成,如 Philips 公司的 PDIUSBP12 和 NSC 公司的 USBN9603 等都是收发器芯片。有些单片机中植入了 USB 控制器,如 Cypress 公司的 EZ-USB FX 和 Microchip 公司的 PIC16C765 芯片。这样,每个 USB 设备就要有一个设备驱动程序,主机通过它来管理该设备,并依靠 USBD 为用户软件提供与该设备的接口和管道,控制它与主机间的数据流传输。

PC 机和手提电脑的操作系统中,均配置了常用 USB 设备的驱动程序。通常将 USB 设备分成类(Class),具有相似特性的分到一类,并为它们提供一个通用的设备驱动程序。例如,人机接口类、音频类、静止图像类、海量存储类、显示类、图像类、通信类、电源供给类、Hub 类设备等等。如果没有合适的驱动程序,主机也会到 InterNet 上去寻找,并为用户自动安装。只有少数新产品,其驱动程序是随设备提供的,要由用户自己安装。

12.4.2 USB 的数据编码和信息传输

1. USB 的数据编码

USB 传输时,先要将数据转换成 NRZI 码,与时钟一起调制后再传输。为保证转换的连续性,在编码时还要进行位插入操作,并被封装成有固定时间间隔的数据包和附上同步信号,使接收方能还原出总线时钟信号,实现解码。

1) NRZI 编码

USB 电缆上传送的不是用电平高低来代表逻辑"0"和"1"的数据流,而是一种在 D+和 D-线上变化的差动信号,摆幅 3.3V,用它们的翻转和不变表示 0 和 1。即定义

逻辑"0" 电压跳变(即 0 变为 3.3V,或 3.3V 变为 0)

逻辑"1" 电压不变

这称为不归零反转编码(Non-Return-to-Zero Inverted Code,NRZI)。图 12.10(a)上行是一个待传送的串行数据流,下行则是经过 NRZI 编码后实际发送的数据流波形。可见 NRZI 编码的规则很简单:逢 1 保持,逢 0 跳变,NRZI 译码则采用相反的操作。图 12.10(b)是 USB 数据流的传送电路示意图。

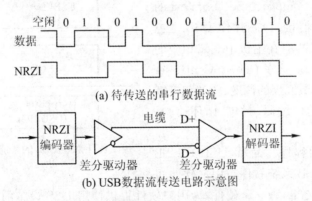

(a) 待传送的串行数据流

(b) USB 数据流传送电路示意图

图 12.10 NRZI 编码与数据流的传送

2) 位填充

这种数据流既无时钟也无选通信号,解码器在每 1 位时间检测是否发生跳变,同时依靠跳变与所收到数据保持同步。但一长串连续的 1 无电平跳变,会使接收器丢失同步信号。为此要进行位填充(Bit-stuffing),即连续发送 6 个 1 后,强制在码流中加进一个跳变(0)。接收方会执行位反填充(unBit-stuffing)操作丢弃这个 0。图 12.11 顶行是要发送数据,含有 8 个 1 的长串。中间是加填充位后的数据,填充位插在第 6、7 个 1 之间,使第 7 个 1 的发送延迟了一位。最下面是实际发送的 NRZI 数据流。要求接收器能自动判定连续 6 个 1 后发

生跳变,并将这个跳变丢弃。若原始数据的第 7 位是 0,会照样进行位填充操作。

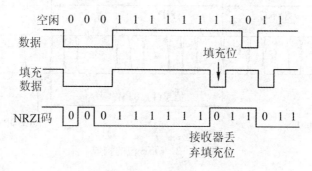

图 12.11 位填充实例

2. USB 的传输方式

USB 有 4 种数据流类型:① 控制信号流:设备插入时与系统软件间的控制信息传输,不允许出错或丢失。② 实时数据流:连续的固定速率数据的传输,要求低延时传送,应开辟较大缓冲区,并确保低误码率。③ 块数据流:大批量数据的传送。④ 中断数据流:少量随机输入信号的传输,如事件通知信号、字符或坐标等。

与数据流类型对应,USB 有 4 种数据传输方式,也称为事务格式。即:

(1) 控制传输(双向),主要传输对设备的控制指令、设备状态查询及确认命令,用于连接时的设备枚举,设备按 FIFO 原则处理这些数据和命令。

(2) 批量(Bulk)传输(单/双向),传输时间性不强但要求可靠的大批量数据,若传输出错应重新传输,用于 U 盘、打印机、数码相机等。

(3) 同步(Isochronous)传输(单/双向),传输那些速率固定、时间性强的连续实时数据,出错也不重传,如 USB 摄像头、麦克风、扬声器、数字电话等。

(4) 中断传输(单向),主机按一定间隔向键盘、鼠标、操纵杆等输入设备轮询(Polling),在端点需要被关注时,输入小量数据,但应及时处理。

3. USB 包

USB 总线的数据传输包含一个或多个事务处理(Transaction,PCI 总线中称为交易),而事务是由信息包(Packet)组成的,包是 USB 信息交换的基本单位。由于是串行通信,所有构成包的信息串,都按自左到右、先低位、后高位的顺序传输。下面的讨论针对传输速率 12Mbps 的全速 USB。

1) 包的构成

一个信息包由起始、同步、信息和终止几部分组成,如图 12.12 所示。

• 起始　D+、D−同时切换到相反的极性,让接收方知道马上开始发送信息了。

• 同步　接着连发 6 个跳变,并保持当前状态 2 个码位,形成同步(SYNC)信号,让接收方跟上步伐。高速 USB 的 SYNC 长 32 码位。

• 信息　信息从第 9 个码位开始,可含 1~1025 个字节,首字节必须是包标识符(Packet Identification,PID),指示包里的内容。选项是要发送的信息,内容与长度可以不同。

• 终止　D+和 D−保持两个码位低电平,标识信息包结束(End of Packet,EOP)。

正因为信息包有如此完美的封装,主机才可采取"广播"的形式,沿着 USB 的塔形信号

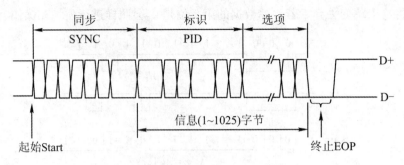

图 12.12 USB 包的构成

链路向下传输信息包,遇到地址符合的设备时才被捕获,很像 InterNet 的信息传输方式。当然,它们也可以由外设发出,上行传输。

2) 包的类型

用 8 位 PID 编码的低 4 位来区分不同的包,高 4 位是低 4 位的补码,用作校验。如表 12.3 所列,包分成 4 类。令牌包对随后要发的数据包进行设置,握手包确认发出的数据包被对方接收的情况,PRE 则是用于低速连接的专用包。USB2.0 在此基础上又增加了 7 种 PID,主要用于高速传输。

表 12.3 USB 的信息包

PID 类型	PID	名称	PID[3:0]	简要说明
Token 令牌包	OUT	输出	0001	主机→设备,含地址+端点号
	IN	输入	1001	主机←设备,含地址+端点号
	SOF	帧开始	0101	帧开始令牌,并含帧序号
	SETUP	建立	1101	主机控制设备的设置包,含地址+端点号
Data 数据包	DATA0	数据 0	0011	数据包 0
	DATA1	数据 1	1011	数据包 1
Handshake 握手包	ACK	确认	0010	接收数据正确应答包
	NAK	不确认	1010	无法接收或发送数据
	STALL	挂起	1110	设备被挂起,请主机插手解决故障
Special 专用包	PRE	前同步	1100	预告要与低速设备通信

3) 包的格式

USB 采用基于 PID 的数据传输协议,所有包都由若干个域组成,包括:同步域 SYNC:打头的 8 位同步信号。类型域 PID:8 位 PID,指定包的类型。地址域 ADDR:7 位设备地址。端点域 ENDP:4 位端点号。检查域 CRC:5/16 位循环冗余校验码。数据域 DATA:要传输的数据。

例如,主机要求某个 USB 设备传回数据,RHub 就广播如下格式的接收包(IN):

SYNC(8 位)—PID(8 位)—ADDR(7 位)—ENDP(4 位)—CRC(5 位)

该接收包的 PID 域包含了 IN 命令，ADDR 域规定了应输入数据的 USB 设备，ENDP 域指定数据端口。该设备响应后，将传回如下格式的数据包：

SYNC(8 位)—PID(8 位)—DATA(0~8192 位)—CRC(16 位)

其中的 PID 域包含 OUT 命令，DATA 则是要传回的数据。RHub 收到该数据包后发出握手包，报告传送的结果，即：

SYNC(8 位)—PID(8 位)

其中的 PID 域可能包含了 ACK(确认包)、NAK(不确认包)或 STALL(挂起包)。

4. USB 设备的枚举

假如要下载数码相机中的照片，将 USB 电缆 B 插头插入相机，A 插头插进计算机 USB 口，打开相机电源。计算机很快发现有个 USB 设备联机了，并判断出是静止图像类设备。它先去操作系统提供的常用类型 USB 驱动程序中寻找；若未发现适用的，便在机器里寻找已为该相机安装的 USB 驱动程序；若仍没找到，便上网搜索或要求插入设备驱动程序光盘，指定目录，进行加载。这称为 USB 设备的枚举(Enumeration)。枚举是个很复杂的过程，涉及不少数据交换和设备请求操作，详细的枚举过程就不做介绍了。

12.5 IEEE 1394 总线

12.5.1 1394 总线简介

1. 1394 总线的发展

1986 年 Apple 公司提出了一种与平台无关的高速串行总线，称为 FireWire(火线)接口，Sony 公司称为 i.Link，TI 公司则称为 Lynx。尽管各厂商注册的商标名称不同，实质都是 IEEE 1394 接口。该接口标准包括如下几个版本：

• IEEE 1394-1995)(FireWire S400)　1995 年发布的 IEEE 1394 串行总线接口标准，其特点是传输速度快。有 4、6 针两类接口。6 针是 FireWire 标准，4 针传数据，2 针为外设提供电源；4 针的是 i.Link 标准，无电源线。传输距离 5m，实际达到 30m，可支持 63 个设备。两种传输方式：1)背板模式(Backplane)，速率为 12.5/25/50Mbps，适用于多数高带宽传输。2)电缆模式(Cable)，速率 100/200/400 Mbps，分别称为火线 S100、S200 和 S400，S 代表 Speed。S200 就足以传输未压缩的高质量数字电影。S400 是改进版，传输距离扩到 50m。

• IEEE 1394b-2002(FireWire S800)　高传输率与长距离版本，带宽为 800Mbps。接头从 6 针变成 9 针，可根据传输距离与速率，分别选用五类非屏蔽双绞线(CAT-5)、塑料或玻璃光纤。在用 CAT-5 双绞线、速度 100Mbps 时传输距离可达 100m。是针对视频、音频、控制及计算机设计的唯一的家庭网络标准。

• IEEE 1394c-2006(FireWire S800T)　2007 年制定的与 RJ45 网卡接口相同的新接头规格，可用同样接口连接 1394 设备和双绞线的以太网设备。

• IEEE 1394-2008(FireWire S1600 和 S3200)　2008 年批准的新规范，传输速率达到 1.6Gbps(S1600)和 3.2Gbps(S3200)，即每秒 400MB。与 S400 和 S800 端口兼容，不用更换

传输线缆与接口就可平滑过渡。S3200 具有端对端的传输架构,两设备可不经过 PC 直接交换数据;传输距离达到 100m 时,S3200 仍可保证优秀的性能。

2. 1394 总线的特点

1) 1394 技术的优点

(1) 速度很快。1394 是 USB3.1 之前速度最快的串行总线,尤其是 Cable 模式很适合高速硬盘、多媒体数据和数字视频流的实时传输。串行传输更能提高时钟速率,又采用了 DS-Link 编码技术,把时钟信号变化转变为选通信号变化,高速率也不易引起失真。

(2) 与 USB 一样支持热插拔和即插即用。新设备接入时会用广播方式把标识码通知网上所有设备,从而成为网络的一员。

(3) 传输距离长。电缆线长度在 4.5m 以内能保证数据的实际传输速率,采用光纤可实现 100m 范围内的设备互连。

(4) 对等网络和点对点通信。所有连接设备利用端对端(Peer to Peer,PTP)技术,建立起一种对等互联网络,实现不经 Hub 的点对点连接,不用 PC 机控制,各外设间即可彼此传递信息。于是具有 1394 端口的数码相机可直接连到 1394 接口硬盘上,将照片保存到硬盘。此外,两台 PC 机还可共享同一个 1394 外设,这是 USB 或其它任何 I/O 协议都无法做到的。

(5) 支持同步和异步传输。1394 同时具有同步与异步传输方式。由于总线的公平仲裁机制,同步传输有较高优先级,能保证设备持续使用所需的带宽,特别适合于影音数据的实时传输。

(6) 互联设备多。可以像 USB 那样采用嵌套的星形拓扑结构。每个 1394 设备都具有 I/O 接口,因此可采用节点串联方式,一次性连接最多 63 个设备,还允许最多 1023 条总线相互连接。

(7) 向设备提供电源。1394 的 4 针接口不含电源线,在数码相机和 DV 等小型设备上应用。6 针接口含 2 条电源线,可向设备提供 8~40V/1.5A 电源。因此,能在无 AC 电源适配器情况下,将硬盘和 CD-RW 光驱等外设连到 PC 机。

(8) 体积小、使用方便。1394 的 6 芯电缆直径才 6mm,插座也很小,很适用于笔记本电脑等小型设备。电缆可随时拔出或插入,也不需要加接与电缆阻抗匹配的终端器,便于用户安装和使用设备。

2) IEEE 1394 标准的主要缺点

(1) 成本较高。因无 PC 机主板芯片组对 1394 技术提供支持,要靠外接控制芯片来实现它,加大了 PC 机成本,所以主要用于服务器和笔记本电脑。这也影响了它在低、中档产品中的推广应用。

(2) 占用系统资源多。1394 总线需要占用大量系统资源,若要在 PC 机中实现对 1394 标准的支持,应使用高速 CPU。

(3) 不适合组建计算机网络。虽然可将各种 1394 设备按菊花链形式连接成一个网络,但内含的设备都是家用电器和计算机外设等,不适合构建真正的计算机网络。

3) 1394 与 USB 的比较

在 USB1.1 时代,1394a 接口在速度上占据了很大优势。USB2.0 推出后,1394a 不再占速度优势。同时,多数主流 PC 机未配 1394 接口,须另购 1394 卡,因此 USB 成了绝大多数低、中档外设的通用接口。但 1394 接口支持点对点的通信，也支持热插拔，设备还可与硬盘直接交换数据，受到了海量数据处理领域的青睐。1394b 推出后不久，便取代了 USB2.0，成为外接计算机硬盘的最佳接口。它除了用作高速外置式硬盘、CD-ROM、DVD-ROM 等的数据接口外，还在数字视音频消费市场获得了广泛应用，成为数字摄像机、数码相机、电视机顶盒、家庭游戏机以及扫描仪、彩色打印机等外设的主要接口，为全数字化拍摄到制作环境的开辟做出了贡献。此外，1394 接口还能为设备提供很大功率的电能(30V/1.5A)，可当作电源线，为移动装置提供充电功能，很受用户欢迎。

2008 年，几乎同时发布了 USB3.1(Gen1) 与 1394-2008 规范。它们在数据传输性能上差别并不大，但为相应的设备配置 1394 接口，技术更复杂，费用更高。这就使 USB 接口获得了更多的发展机会，几年之内，USB3.1(Gen2) 和 USB3.2 新版本相继发布，USB 正在成为计算机和通信技术领域里应用最广泛的接口。

12.5.2 IEEE 1394 规范的主要内容

1. 电缆及连接

IEEE 1394 使用 6 针、4 针和 9 针等三种接口。

(1) 6 针接口。图 12.13 是 6 针接口的电缆截面、布线和外形图。两对双绞线，接收、发送各一对，另有两根电源线。

(2) 4 针接口。取消了 6 针接口中的两根电源线，以节省空间。

(3) 9 针接口。FireWire800 缆线为 9 针配置，除 6 针的信号外，另两针用于接地屏蔽，保护线路免受干扰，还有一针暂未使用。

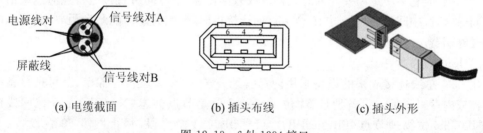

(a) 电缆截面　　　　　(b) 插头布线　　　　　(c) 插头外形

图 12.13　6 针 1394 接口

因 S800 能兼容 S400，故两种标准能共存于同一总线上。为此，市场上出现了多种转接器，图 12.14 是它们转接时的接线示意图，要注意信号线的交叉互连。

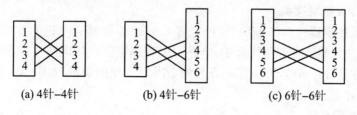

(a) 4针–4针　　　　　(b) 4针–6针　　　　　(c) 6针–6针

图 12.14　三种 1394 接口的互连

2. 1394 网络的拓扑结构

IEEE 1394 控制芯片最多只能提供 3 个接口,因此可采用菊花链或树型结构来连接设备,构成 1394 网络。图 12.15 是基于 PCI 总线的 1394 网络树状连接示意图。

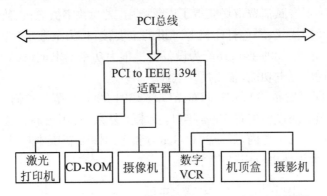

图 12.15 连接在 PCI 总线上的 IEEE 1394 树型拓扑结构

1) 网络结构

1394 网络由网段(bus)和节点(node)构成。网段就是图 12.15 那样的一个局部串行总线;节点即网络上的连接端点,大多是一个可寻址设备。如图,1394 接口需要主适配器与系统总线相连,其功能集成在主板芯片组的 PCI 到 ISA 总线的桥芯片中,1394 插座则设置在机箱背面。这个主端口就是树形配置结构的根节点,CD-ROM 和数字 VCR 则是枝节点,其余都是叶节点。每个节点都可作为根节点向下延展,当增添和移除设备时,网络会自动重组。一个主端口最多可连接 63 台设备,两个相邻节点间的电缆最长为 4.5m。网络上会有一台计算机,但它不一定需要介入总线仲裁或数据传送,节点间可直接进行点对点通信。两节点间通信时,中间最多可经过 15 个节点的转接再驱动,因此通信的最大距离为 72m,电缆不需要终端器。

2) 1394 设备的寻址

用 l394 总线连接起来的设备采用内存编址方法,各设备就像存储单元,可把设备当成寄存器或内存来寻址。设备地址 64 位,最高 16 位是节点标志(Node-ID):10 位网段标志(bus-ID)和 6 位物理节点(Physical-ID),可标识 1024 个网段,每个网段 63 台设备(节点 3FH 用于广播)。其余 48 位是寻址节点缓存区、私有区和定时寄存器。局部总线间可用网桥互连。每个节点拥有 256Tb 地址空间,一个局部总线的地址空间达到 16Pb。一个 1394 网络最多能包含 1024 条局部总线,可支持 16Eb 地址空间。

3. IEEE 1394 标准架构

开放式主机控制器接口(OHCI)规范定义了 1394 总线接入主机的方式,即图 12.16 所示的 1394 分层协议集。在四层协议中,链路层和物理层由硬件电路实现,而交易层和总线管理层则是固件(firmware),即保存在设备的 EPROM 里的驱动程序。厂商根据 OHCI 来设计 1394 控制器芯片。

1) 串行总线管理层

提供总线的全部控制功能,包括确保所有连接设备的电力供应,优化定时机制,分配异步传输的通道 ID 和总线带宽以及处理基本错误提示等。

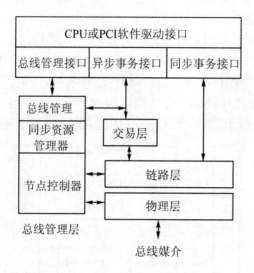

图 12.16　IEEE 1394 协议的分层结构

2）交易层

针对异步数据包传输事务定义的请求及响应协议，实现异步数据包的传输，包括读操作、写操作和锁定操作。

3）链路层

主要完成异步和同步数据包的发送、接收以及循环周期控制。由图可见，链路层可以不通过交易层，直接为应用程序提供同步数据传送服务。

4）物理层

物理层位于整个传输接口的最底层，主要功能包括：

(1) 完成总线初始化。初始化发生在总线重新上电、有节点加入或移出，或总线应用层要求总线复位时。初始化由各节点物理层实现，除了要选择一个根节点，由它负责总线基本管理外，还要完成总线拓扑结构的识别，包括分配各节点标识和建立总线速度拓扑图。

(2) 实现总线仲裁。仲裁机制保证在同一时刻总线上只能有一个节点发送数据包。它为同时到达的总线访问请求排优先权，并为同步和异步传输提供了等时仲裁和公平仲裁服务。总线时间被分成 125 μs 的均等间隔，其中 80% 传输同步数据包，构成同步设备的专用数据通道，直到数据传送完毕。间隔的 20% 留给异步传输，若同步带宽未被完全使用，剩下的也可供异步传输用。在指定间隔内，各等待发送异步数据包的节点，只能发送一次异步数据包，要等下个间隔到来后才能再次请求发送。这种混合传输机制，有利于音视频流等实时数据的传输，也能有效利用总线带宽资源。

(3) 数据包的接收、发送和转发。物理层完成所有数据包的收发并实现接收数据包的解码和发送数据包的编码，还要完成对接收数据的本地时钟同步，并实现接收数据包的转发。异步传输时，当接收方收到数据包后会传回确认信息。若未收到，便启动错误修复机制。对于同步传输，发送方竞争到一个特定带宽的数据通道后，将通道 ID 附加在所要传输的数据中一起发送，接收方对数据流进行检测，只接收有特定 ID 的数据包。对于 S400，每个同步数据包不得超过 4 KB，异步数据包不得超过 2 KB。

4. IEEE 1394 接口器件

设计 1394 接口需采用专门的 1394 控制器芯片。例如，TI 的 TSB43AB21/23 便是 1394a 集成链路控制器，符合 PCI2.2、1394a-2000 及 OHCI 1.1 标准。其中，21 芯片集成了一个速率为 400Mbps 的单端口物理层，具有硬件增强模式，能更好支持数字视频和 MPEG 数据流的接收和发送；23 芯片则是一个三端口版本，可用它设计出同时支持单/双/三端口的 1394 接口。图 12.17 是用 21 芯片设计的 PCI 总线-1394 卡原理框图。

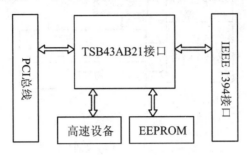

图 12.17 PCI-1394 卡原理框图

习　题

1. 什么是总线？依据总线在系统结构中的层次位置，总线可分为哪几类？
2. 什么是总线标准？制定总线标准有哪些好处？总线标准应包括哪些内容？
3. 简要说明 PC 总线、ISA 总线和 EISA 总线的区别与联系。
4. 简述 PCI 总线的特点，为什么 PCI 总线也被称为局部总线？
5. 简述基于 PCI 总线的计算机系统的结构特点，并说明什么是南桥和北桥，它们在系统中起什么作用？（参考图 12.4）
6. PCI-X 总线名称中的 X 代表什么意思？PCI-X 总线有哪些主要特点？简要说明它与 PCI 总线的联系与区别。
7. 请解释热插拔的含义，比较它与即插即用功能的不同，并举出至少三种总线板卡或接头可以热插拔的总线名称。
8. AGP 属于何种总线？AGP 主要采用了哪些方法（至少说出 4 种）来提高计算机显示图形的速度？
9. 与 PCI 以及 PCI-X 总线比较，PCI-E 总线的最大特点是什么？试用公式(12.3)来验证表 12.1 中所列出的四代 PCI-E 标准的带宽指标。
10. 什么是 USB 总线？它属于哪一类总线？主要有哪些特点？为什么 USB 总线会被广泛采用？
11. 试比较 IEEE 1394-2008 和 USB3.1 总线标准的速度指标，并分析这两种串行总线的其他优缺点。

第 13 章　32 位微型机的基本工作原理

第 2 章已简要介绍了各种 32 位微处理器的结构和工作模式,下面将进一步介绍处理器内部的寄存器、保护模式下的内存管理方法、中断和异常及任务切换等工作原理。

13.1　寄　存　器

寄存器是微处理器中很重要的部件。32 位微处理器的寄存器可以分成三大类:第一类是用户级寄存器,也就是设计应用程序时必须要用到的寄存器,这对要进行汇编语言程序设计的读者来说是必须掌握的。第二类是系统级寄存器,它包括控制寄存器和支持存储器管理的段表寄存器。控制寄存器主要是供操作系统使用的,操作系统设计人员要熟悉这些寄存器。存储器管理寄存器在应用程序设计时不能被直接使用,但系统运行期间可能被系统软件访问(间接使用),因此也被称为程序不可见寄存器。第三类是程序调试寄存器。对于 PⅡ处理器增加了 mm7～mm0 寄存器,从 PⅢ处理器开始又增加了 xmm7～xmm0 寄存器,用 SIMD 技术进行汇编语言程序设计时,会用到这些寄存器。本节主要介绍用户级寄存器和支持存储器管理的段表寄存器。

13.1.1　用户级寄存器

用户级寄存器也称为应用程序设计寄存器,在编写汇编语言程序前,必须弄清楚这些寄存器的名称、功能和用法。图 13.1 是 8086～Pentium 处理器内部的用户级寄存器。

图 13.1 中有阴影的是 8086 的 16 位寄存器,这是大家所熟悉的。80386～Pentium 中的 32 位寄存器的名称在原有 16 位寄存器前加上"E"。这类寄存器又可以分成通用寄存器、指令指针和标志寄存器、段寄存器等 3 类,下面分别进行介绍。

1. 通用寄存器

8 个 32 位通用寄存器如图 13.1(a)所示,它们是 EAX、EBX、ECX、EDX、ESP、EBP、ESI 和 EDI。它们又含有与 8086 兼容的 8 个 16 位寄存器及 8 个 8 位寄存器。例如,EAX 为 32 位寄存器,也可作为 16 位寄存器 AX 或两个 8 位寄存器 AH、AL 被引用。

通用寄存器主要在算术运算、逻辑运算及内存寻址时作地址寄存器用,支持 8 位、16 位和 32 位的数据操作。这些寄存器在完成某些特定的操作时,还有一些隐含的用法,例如,在字符串操作时,ESI 用来寻址源串数据,EDI 则用来寻址目的串数据。

2. 指令指针和标志寄存器

指令指针寄存器 EIP 和标志寄存器 EFLAGS,如图 13.1(b)所示。

1) 指令指针寄存器 EIP

8086 中指令指针为 16 位的 IP。32 位机的指令指针寄存器为 32 位的 EIP,它指向要执

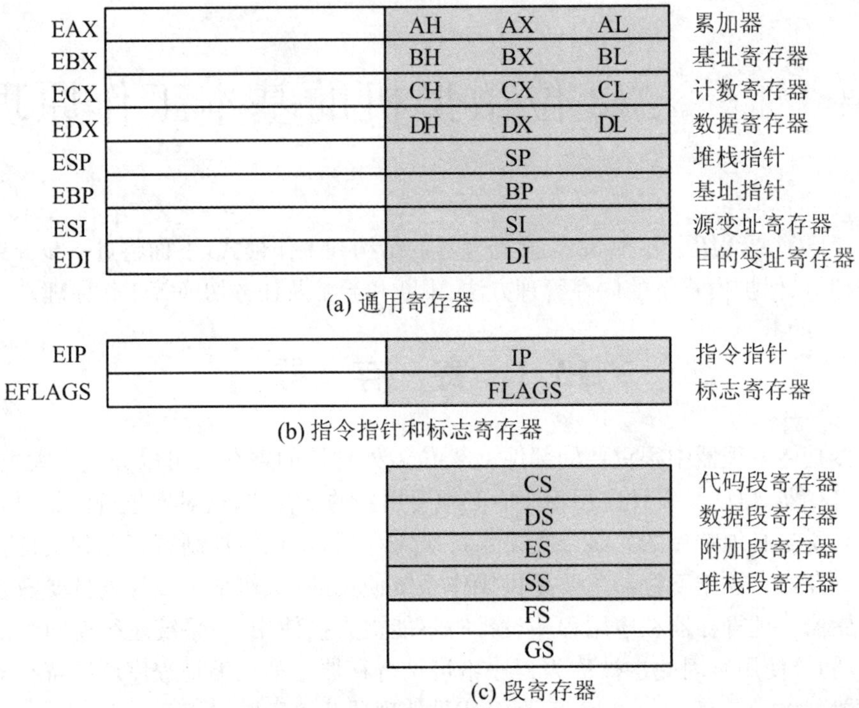

EAX
AH AX AL
累加器
EBX
BH BX BL
基址寄存器
ECX
CH CX CL
计数寄存器
EDX
DH DX DL
数据寄存器
ESP
SP
堆栈指针
EBP
BP
基址指针
ESI
SI
源变址寄存器
EDI
DI
目的变址寄存器
(a) 通用寄存器
EIP
IP
指令指针
EFLAGS
FLAGS
标志寄存器
(b) 指令指针和标志寄存器
CS
代码段寄存器
DS
数据段寄存器
ES
附加段寄存器
SS
堆栈段寄存器
FS
GS
(c) 段寄存器

图 13.1 用户级寄存器

行的下一条指令的偏移地址，顺序执行指令时，EIP 或 IP 会自动进行修改，程序中的转移指令、返回指令及中断指令也能对 EIP 或 IP 修改，但程序员不能直接对它们进行存取操作。

2）标志寄存器 EFLAGS

EFLAGS 中包含若干状态标志和控制标志。状态标志由微处理器执行某种操作后自动设置。例如，加法运算后，处理器会根据运算结果将溢出标志 OF 设置为 1 或是 0，程序测试这些标志的状态后，可以决定下一步如何处理，若 OF=1，则进行出错处理，否则顺序执行下一条指令。控制标志可以控制处理器的某些操作。

Pentium Pro 处理器的标志寄存器如图 13.2 所示。其中，位 11～0 与 8086 兼容，不再赘述。80386 增加了位 17～12，80486 增加了位 18。位 21～19 为 Pentium Pro 处理器新增加的标志位，其功能较复杂，在此仅给出其名称。386 及以上的 IA-32 结构的计算机中新增标志位的意义如下：

31 22 21 20 19 18 17 16 15 14 13 12 11 0
ID VIP VIF AC VM RF 0 NT IOPL O D I T S Z 0 A 0 P 0 C

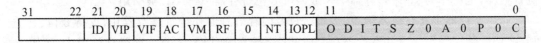

图 13.2 Pentium Pro 的标志寄存器

· IOPL(Input/Output Privilege Level) I/O 优先级域。

两位宽字段，用于决定 I/O 地址空间的特权级，可设置 0～3 共 4 个特权级。若当前特权级(Current Privilege Level，CPL)在数值上小于 IOPL，则 I/O 指令可顺利执行，否则会产生一种保护异常。例如，当某 I/O 设备的特权级 IOPL=2 时，若当前特权级 CPL=0，则I/O

指令可顺利执行。
- NT(Nested Tast)　嵌套任务位。

用于指示当前执行的任务是否嵌套在另一个任务中,该位的置位和复位通过向其它任务的控制转移来实现。IRET 指令会检测 NT 的值。若 NT=0,则执行中断的正常返回；NT=1,则执行任务切换操作。
- RF(Resume)　恢复标志。

RF 标志与调试寄存器(断点设置)一起使用,断点处理前在指令边界上检查 RF 的状态。如 RF=1,则给出排错故障标志,下条指令的任何调试故障都被忽略,调试失败后,强迫程序恢复执行；如 RF=0,调试故障被接收,指令断点可以产生调试异常。每条指令成功执行完毕,如无故障出现,则 RF 被自动清 0。
- VM(Virtual 8086 Mode)　虚拟 8086 模式或 V86 模式。

该位置 1 时,处理器将在虚拟 8086 模式下工作；若 VM=0,则工作于保护模式。
- AC(Alignment Check)　对界检查位。

仅用于 80486 CPU,进行字或双字操作时,用于检查地址是否处于字或双字边界上。AC=1,地址不处于字或双字边界上,否则在边界上。

以下 3 位是 Pentium Pro 处理器新增加的标志位。
- VIF(Virtual Interrupt Flag)　虚拟中断标志。
- VIP(Virtual Interrupt Pending)　虚拟中断挂起标志。
- ID(Indetification)　标识标志。用来指示 Pentium/Pentium Pro 对 CPUID 指令的支持状态。

3. 段寄存器

在 8086 CPU 中,段寄存器用来存放段基地址的值,每个段的长度固定为 64KB。在 80386 中,除了原有的段寄存器 CS、DS、SS 和 ES 外,又增加了两个新的段寄存器 FS 和 GS,没有另外给它们命名,如图 13.1(c)所示。在 80386 工作于实模式和 V86 模式时,段寄存器中存放 16 位段基地址,与 8086 CPU 兼容。在保护模式下,段的信息太多。例如,不仅要存放段基地址,还要在 1 字节~4GB 的内存空间中寻址；对应段可能已装入内存,也可能要从磁盘上调入内存；段有各种类型；还要考虑优先级及各种保护功能等。因此,16 位段寄存器根本无法完全描述段的所有信息。于是,6 个段寄存器中存放的不再是段基地址,而是存放一种称为段选择子(Segment Selector)的指示器。段选择子也称为段选择符,通过它可以找到段的全部信息。

段的全部信息存放在段描述符(Segment Descriptor)中,每个段描述符的长度为 8 字节,用它来存放段的基地址、段的长度范围以及段的各种属性,段描述符的格式将在 13.2 节讨论。描述符放在两张表中,一张为全局描述符表(Global Descriptor Table,GDT),另一张为局部描述符表(Local Descriptor Table,LDT)。如果有多个任务都要用到某个段描述符,则将此段描述符放入 GDT 中。GDT 中存放着由操作系统管理的段描述符,它不能被应用程序直接修改；LDT 中包含的仅仅是单个任务所使用的描述符。

段选择子的格式如图 13.3 所示,它由 3 部分组成。

1) RPL(Requist Priviledge Level)

请求优先级。用它给段选择子赋予一个特权属性,可以是 0~3 级。

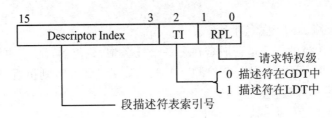

图 13.3　段选择子格式

2) TI(Table Indicator)

TI 位用来说明段选择子指向的段描述符在 GDT 中还是在 LDT 中。TI=0,段描述符在 GDT 中;TI=1,段描述符在 LDT 中。

3) Descriptor Index

段描述符索引。用来表示段描述符在描述符表中的序号,共 13 位,允许寻找 $2^{13}=8192$ 个描述符,根据索引号可以在相应的 GDT 或 LDT 表中找到相应的描述符。

13.1.2　系统级寄存器

这类寄存器包括控制寄存器和系统段表寄存器。

1. 控制寄存器

控制寄存器 CR0～CR4 决定处理器的操作模式和现行执行任务的特征状态,主要供操作系统使用。控制寄存器如图 13.4 所示。其中,CR4 是 Pentium 以上处理器新增加的控制寄存器,由于其功能比较复杂,在此不作具体介绍了。

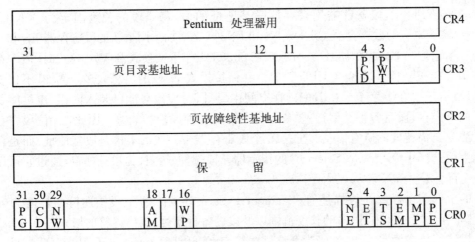

图 13.4　控制寄存器

下面主要介绍 CR0～CR3 的含义。

1) CR0 控制寄存器

包含控制操作模式的控制标志位,并给出处理器的状态位,其中控制标志位可以通过指令来设置。Pentium Pro 处理器的 CR0 定义的控制位,意义如下:

- PG(Paging Enable)　允许分页位。PG=1,允许分页操作;PG=0,禁止分页操作。

• PE(Protection Enable) 保护模式允许位。PE=1，启动系统进入保护模式；PE=0，系统以实模式方式工作。

PE 和 PG 组合起来，可以提供 3 种工作环境，如表 13.1 所示。

表 13.1 PE 和 PG 组合提供的工作环境

PG	PE	工作环境
0	0	实地址方式，与 8086 兼容
0	1	不分页保护方式，有分段功能，但无分页功能
1	0	未定义
1	1	分页保护方式，具有分页、分段功能

有关保护模式下存储器分段和分页的概念将在下一节中介绍。

• MP(Monitor Corprocessor) 和 TS(Task Switched) 协处理器监控位和任务切换位。80386 是一个多任务系统，在任务切换时，系统硬件总是使 TS 置 1，如此时 MP 置 1，则 CPU 在执行 WAIT 指令时，会产生一个"协处理器无效"信号，即产生异常 7。

• EM(Emulation) 模拟协处理器控制位。EM=1 时，指示处理器内部或外部没有 80x87 协处理器，这样执行协处理器指令时会产生异常，用软件可以模拟协处理器；EM=0 时，协处理器存在，从 80486 开始，EM 肯定为 0，因为协处理器在处理器芯片内部。

• ET(Extension Type) 处理器扩展类型控制位。在 80386/80486 中，ET=1，支持 80387 协处理器工作；ET=0，则用 80287 协处理器。P6 系列和 Pentium 4 处理器保留此位。

• NE(Numeric Error) 数字错误位。用来控制是由中断向量 16 还是由外部中断来处理未屏蔽的浮点异常。NE=1，当执行 80x87 FPU 指令发生故障时，用异常 16 处理；NE=0，则用外部中断处理。

• WP(Write Protect) 写保护位。用来保护管理程序写访问用户级的只读页面。WP=1，强制任意特权级写入只读页面时会发生"故障"；WP=0，允许只读页面由特权级 0～2 写入。

• AM(Alignment Mask) 对界屏蔽位。用来控制 EFLAGS 中的对界检查位(AC)是否允许进行对界检查。AM=1，允许 AC 位进行对界检查；AM=0，禁止 AC 位进行对界检查。

• NM(Not Write-Through) 非写通位。用来选择片内数据 Cache 的操作模式。NW=1，禁止写通，写命中，不修改主存；NW=0，允许写通。所谓"写通"是要求 Cache 写命中时，Cache 与存储器同时完成写修改，即处理器的写操作贯通 Cache，直达存储器。

• CD(Cache Disable) Cache 禁止位。用来控制是否允许向片内 Cache 填充新数据。当 Cache 未命中时，CD=0，允许填充 Cache；CD=1，禁止填充 Cache。

2) CR1 保留

3) CR2 页故障线性基地址(Page Fault Linear Address)寄存器

用来存放发生故障中断(异常 14)之前所访问的最后一个页面的线性地址，发生页故障时报告出错信息。当发生页异常时，处理器把引起异常的线性地址保存到 CR2 中。操作系统中的页异常处理程序可以检查 CR2 的内容，查出线性地址空间中的哪一页引起本次异常。当控制寄存器 CR0 中的 PG=1，即允许分页时，CR2 才是有效的。

4) CR3 页目录基地址寄存器

它用来存放页目录表的物理基地址。当 Pentium Pro 处理器使用分页寄存器管理机制时,页目录是按页(4KB 为一页)对齐的,也就是说必须从低 12 位地址为 0 的那些地方开始分页。例如,可以从 0000 0000H、0000 1000H、0002 8000H 等地址处分页,这些地址称为基地址。CR3 的高 20 位用来放页目录的基地址的高 20 位,低 12 位应该为 0,才能构成基地址。但系统中还将位 3、位 4 分别定义成 PWT 和 PCD。也就是说 CR3 的低 12 位一般为 0,而位 3、位 4 允许为 1,这两位的功能如下:

• PWT(Page Write-Through) 页面写通位。用于指示页面是写通还是写回:PWT=1,外部 Cache 对页面进行写通;PWT=0,外部 Cache 对页面进行写回(Write-Back)。

• PCD(Page Cache Disable) 页面 Cache 禁止位。用于指示页面 Cache 的工作情况:PCD=0,允许片内页 Cache;PCD=1,禁止片内页 Cache。

2. 系统段表寄存器

1) 各种描述符表

在 32 位处理器中,为了对存储器实现分段管理,系统把段的有关信息,即段的线性基地址、段的长度和属性,全部放在 8 字节"描述符"数据结构中,并把系统中所有的描述符编成表,放在存储区域中称为描述符表的地方,供硬件查找和识别。这些表分别称为:

(1) 全局描述符表(Global Descriptor Table,GDT)。

(2) 中断描述符表(Interrupt Descriptor Table,IDT)。

(3) 局部描述符表(Local Descriptor Table,LDT)。

全局描述符表 GDT 和中断描述符表 IDT 是面向系统中所有任务的,是全局性的表;局部描述符表是面向某一任务的,每个任务可以都有一个独立的 LDT。对于分段机制来说,这些表都是非常重要的。

在分段机制中,除了用到上述 3 种表之外,32 位处理器为支持多任务操作,要实现从一个任务切换到另一任务的操作,在硬件上还为每个任务设置了一种称为任务状态段(Task State Segment,TSS)的系统段,它保存了当前正在处理器上执行的任务的各种重要信息。对于任务状态段 TSS,也要由 TSS 描述符来说明该特殊段的起始地址、限长和属性信息。

2) 系统段表寄存器组成

由于上述 3 种表和一个特殊的 TSS 段都位于内存中,为了寻找和定义这些描述符表和 TSS 系统段,确定它们的线性基地址及表的长度等信息,系统中设置了全局描述符表寄存器 GDTR、中断描述符表寄存器 IDTR 和局部描述符表寄存器 LDTR,它们分别用来寻址对应的描述符表;另外,用任务状态段寄存器(Task State Segment Register,TR)来寻址任务状态段 TSS。GDTR 和 IDTR 用来管理全局描述符表和中断描述符表这两张系统表,所以这两个寄存器也称为系统表寄存器。TSS 为系统段,LDT 也作为系统段来寻址,LDTR 和 TR 这两个寄存器用来管理这两个系统段,因此它们也称为系统段寄存器。4 个寄存器的组成如图 13.5 所示。

3) GDTR 和 IDTR 寄存器功能

系统表寄存器 GDTR 和 IDTR 如图 13.5(a)所示。全局描述符表寄存器 GDTR 指向 GDT 表,48 位的 GDTR 定义 GDT 表的线性基地址和限长,基地址说明 GDT 表中字节为 0 的表项的线性基地址值,它指向表头;限长说明 GDT 表的长度,实际指向表的最后一个偏移地址。如限长=0FFFH,则说明 GDT 表的字节编号为 000~0FFFH,表的长度=0FFFH+1=1000H。

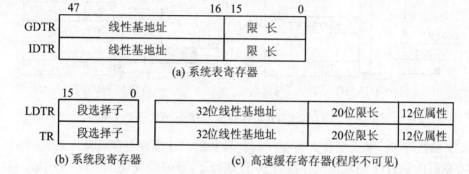

图 13.5 段表寄存器

GDT 表中含有可供系统中所有任务使用的段描述符,如操作系统用的数据段、堆栈段和任务状态段,还包含各个局部描述符表 LDT 的描述符,最多可存放 $2^{13}=8192$ 个描述符,但 0 号为空表,不能用,如果访问 GDT 表中的 0 号描述符,将产生异常。

中断描述符表寄存器 IDTR 指向 IDT 表,也由基地址和限长两部分组成。IDT 表中存放中断或异常的描述符,每个中断或异常处理程序有一个对应的描述符,最多可以有 256 项。

GDTR 和 IDTR 与对应的 GDT 表和 IDT 表的关系如图 13.6 所示。

GDTR 的值由下述指令装入:

    LGDT   mem48   ;mem48 为 48 位的内存操作数,包含基地址和限长

IDTR 的值由下述指令装入:

    LIDT   mem48   ;mem48 为 48 位的内存操作数,包含基地址和限长

由此可知,只要对 GDTR 和 IDTR 两个寄存器装入一定的数值,给出这两张表的线性基地址和段限长,就完全可以在内存中对 GDT 表和 IDT 表进行定位了。

4) LDTR 寄存器的功能

LDTR 寄存器由 16 位的选择子和 64 位的高速缓冲寄存器组成,如图 13.5(b)、(c)所示。要定位 LDT 表,当然要通过 LDTR 寄存器来实现,但局部描述符表 LDT 的寻址方式与上述两种表不一样。

LDT 表是面向某个任务的,该任务所在的存储区作为对应任务的一个系统段,其位置由 16 位选择子指出。为了访问局部描述符表 LDT,需要在 LDTR 中装入当前任务的 LDT 描述符,再由描述符的值来确定 LDT 表的表头基地址、段限长及属性信息。LDTR 的值由下列指令装入:

    LLDT   reg16/mem16   ;操作数的内容应为 16 位的 LDT 段选择子

由上可知,LDTR 寄存器中只要包含 16 位段选择子,就可以从 GDT 表中找到相应的

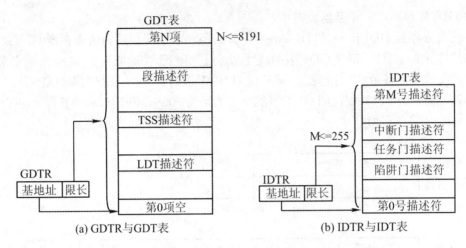

图 13.6　GDTR、IDTR 寄存器与 GDT 表、IDT 表的关系

64 位 LDT 描述符了。那么为什么还要有一个 64 位的高速缓冲寄存器呢？原因是如果在每次访问存储器时都通过 LDTR 寄存器的 16 位选择子，就必须先访问 GDT 表中的 LDT 描述符，再读出描述符内容，并译码得到描述符的各种信息，这样效率太低。为此，在系统中设有一个与 LDTR 相关联的 64 位寄存器，当使用 LLDT 指令加载 64 位 LDT 系统段描述符信息（包含 32 位线性基地址、20 位限长及各种属性）时，同时把描述符信息加载到高速缓冲寄存器中，如图 13.7 所示。这样，以后只要从高速缓存中找到 LDT 描述符信息，而不用每次去访问 GDT 表了，除非重新装载新的 LDT 描述符。这个高速缓冲寄存器对程序员来说是不可见的。

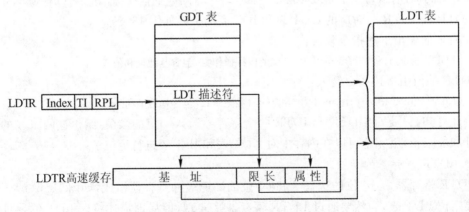

图 13.7　LDTR 与 GDT 表及 LDT 表的关系

5）TR 寄存器的功能

能在任务或进程之间快速切换是多任务/多用户操作系统的一个重要属性，每一个任务都有一个与之相关联的任务状态段（Task State Segment，TSS），TSS 保存着当前任务的所有环境，如寄存器、内存地址空间、I/O 地址空间等信息。TSS 位于内存中，它由任务状态段寄存器 TR 和 TSS 的描述符来定位。

TR 的用法与 LDTR 有类似之处，它也由 16 位的选择子和 64 位的高速缓冲寄存器组

成,并由下述指令装入 16 位选择子的值:
　　LTR　reg16/mem16　　;操作数为 16 位寄存器或内存变量

TR 的功能和工作过程如图 13.8 所示。先由 TR 的 16 位选择子在 GDT 表中找到当前任务的 TSS 描述符,根据描述符可读出 TSS 段的基地址、限长及属性,在读出描述符信息的同时,也把它们加载到了 64 位缓冲寄存器中,避免 TR 的 16 位选择子访问存储器时,每次都要从 GDT 中访问 TSS 描述符,使任务执行的效率更高。

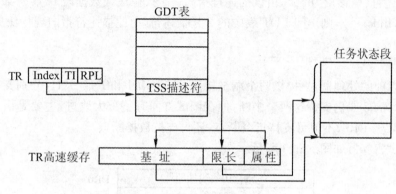

图 13.8　TR 的工作过程

3. 段寄存器和描述符表的关系

通过对段表地址寄存器的介绍,可以看到在内存中存有全局描述符表 GDT 和局部描述符表 LDT,分别用来存放全局描述符和局部描述符,由 GDTR 和 LDTR 来寻址,也就是确定它们在内存中的位置。通过段寄存器中的段选择子可以找到描述符表中的某一个描述符。下面用图 13.9 进一步说明段寄存器和描述符的关系,并讨论 LDT 表为什么要通过 GDT 表来定位,具体怎样定位等问题。

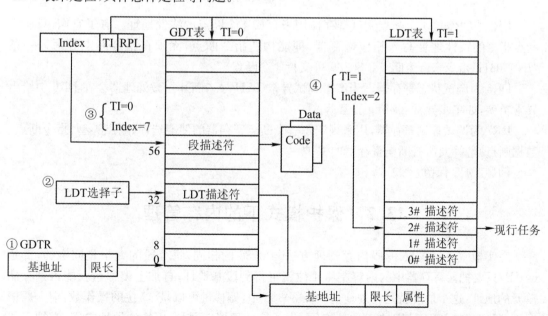

图 13.9　段寄存器与描述符表的关系

由图 13.9 可以看到：① GDTR 寄存器给出 GDT 表的基地址和限长，定位 GDT 表。② 任务切换时，任务状态段 TSS 中有一个 16 位的 LDT 段选择子，它的 TI=0，用来在 GTD 表中定位某一任务的 LDT 表。设其 Index=4，则选中 GDT 表中的 4 号段描述符，因每个描述符占 8 字节，所以 4 号描述符相对于 GDT 的基地址的偏移量为 32，再从该单元开始取出 LDT 描述符，得到基地址、限长和属性信息，由基地址和限长的值就可以定位 LDT 表了。③ 若某一个段寄存器（例如 CS、DS）装入的段选择子，它的 TI=0，Index=7，则指向 GDT 表中的 7 号描述符（偏移量为 56），由该描述符指向一个代码段或数据段。④ 若某一个段寄存器的 TI=1，Index=2，则访问 LDT 表中的 2 号描述符，由此描述符指向现行任务段。

13.1.3 程序调试寄存器

80386 以前的处理器，只提供两个调试接口：INT 01H 和 INT 03H，分别支持单步中断与断点中断。80386 仍支持这两个中断，但在调试方面有了重大改进，主要是引入了 8 个调试寄存器 DR7~DR0，不但可支持指令断点，还可支持数据断点。

8 个调试寄存器如图 13.10 所示。

断点0的线性地址	DR0
断点1的线性地址	DR1
断点2的线性地址	DR2
断点3的线性地址	DR3
保　　留	DR4
保　　留	DR5
调试状态寄存器	DR6
调试控制寄存器	DR7

图 13.10　调试寄存器

DR3~DR0 这 4 个断点调试寄存器用来存放 4 个断点的线性地址。有了它们，只需将断点指令的线性地址写入相应寄存器，即能构造指令断点，无须在指令断点处写入一条"INT 03H"指令来产生断点。80386 可支持 4 个断点。

DR6 为调试状态寄存器。当产生调试异常（01H 号中断）时，微处理器会在 DR6 中给出异常类型，如单步异常、Debug 异常等。

DR7 为调试控制寄存器，用来规定每一个断点寄存器的使能选择、断点类型（指令断点、数据断点）选择及所有断点寄存器的保护。

DR4、DR5 保留。

13.2　保护模式下的内存管理

在实模式下，80386 的段内存管理方法与 8086 的相同，每个段的大小是固定的，都是 64KB，只要把段寄存器中的内容左移 4 位就可得到段基地址，再加上偏移量就能得到存储单元的地址，这个地址就是物理地址。在 80386 中，偏移量可以是 32 位的操作数，但一般情况下，仍旧只能访问 1MB 内存地址空间，为了使处理器能寻址 4GB 的地址空间，必须工作在保护模式下。

在保护模式下,采用了全新的段内存管理技术来进行内存管理。在 80386 中,不是简单地由段寄存器中的值直接获得对应的段基地址,而是采用可变长的分段技术,每一个段的大小从 1 字节～2^{32} 字节(4GB),随数据结构和代码模块的大小而定,使用起来灵活方便。而且在分段时,还对每一段赋予属性和保护信息,进行 4 级保护,实现程序与程序之间、用户与操作系统之间的隔离和保护,能有效地防止在多任务环境下各模块对存储器的越权访问,为多任务操作系统提供优化支持。此外,还采用分页管理技术,将 4KB 的内存空间作为一页来处理,这正好相当于磁盘系统中的一个簇,便于将磁盘等存储设备的存储空间有效地映射到内存,与分段技术相结合,使虚拟存储空间(实际放在磁盘上)大大超过物理地址,可达到 64TB 之多。还有,在多任务系统中,有了分页功能后,只要把每个活动任务当前所需的少量页面放在存储器中,其余放在磁盘上,可以明显地提高存取数据的效率。采用分页技术的另一个好处是,用户不必关心物理地址是否连续,可将不连续的内存区域连在一起,在线性地址空间上视为连续,这样能有效利用内存碎片。

下面介绍保护模式下的内存管理技术,先介绍分段技术,后讨论分页技术。为简单起见,主要以 80386 为例来进行讨论。

13.2.1 段内存管理技术

为了掌握保护模式下的段内存管理技术,首先要对 32 位系统中的 3 种存储器地址空间:逻辑地址、线性地址和物理地址的概念有一个基本的了解,弄清楚它们彼此间的关系,同时要熟悉段描述符的格式、功能和用法。

1. 逻辑地址、线性地址和物理地址

1) 逻辑地址(Logic Address)

对段内存空间进行寻址的地址称为逻辑地址,也叫做虚拟地址(Virtual Address),这是应用程序设计人员进行编程设计时要用到的地址。逻辑地址由一个 16 位的段选择子和 32 位偏移量两部分组成。段选择子存放在段寄存器中;偏移量也称为偏移地址或有效地址。逻辑地址可以用"段选择子:偏移地址"这种形式来表示。

前面已经讲到,在保护模式下,段寄存器中存放的不是段基地址,而是"段选择子",通过它可以找到段的全部信息,段选择子的格式见图 13.3。段的全部信息由 64 位"段描述符"来说明,它们可以放在全局描述表 GDT 或局部描述符表 LDT 中。

进行汇编语言程序设计,涉及存储器操作数时,需要了解偏移地址的计算方法。在 8086 CPU 中,涉及存储器操作数时,偏移地址为:

$$偏移地址 = 基址 + 变址 + 位移量$$

只有 BX、BP 可作基址寄存器用,SI、DI 可作变址寄存器用,而且只有这 4 个寄存器可以放在方括号[ ]中进行寻址,构成偏移地址。

80386 CPU 提供了更加灵活的寻址方式,偏移地址根据下式计算:

$$偏移地址 = 基址 + 变址 * 比例因子 + 位移量$$

存放基地址的寄存器可以是 32 位通用寄存器,它们是:EAX、EBX、ECX、EDX、ESP、EBP、ESI 和 EDI;变址寄存器可以是除 ESP 以外的任一个 32 位通用寄存器;比例因子可以是 1,2,4 和 8;位移量为 8 位或 32 位的立即数。

2) 物理地址(Physical Address)

物理地址是指内存芯片阵列中每个阵列所对应的唯一的地址,32 位地址线可直接寻址 $2^{32}=4GB$ 内存单元。

3) 线性地址(Linear Address)

它是沟通逻辑地址与物理地址的桥梁,32 位微处理器芯片内的分段部件将逻辑地址空间转换成 32 位的线性地址。在保护模式下,每个段选择子中的 Index 指向 GDT 或 LDT 中的一个描述符,从段描述符表中可以读出相应的线性基地址值,再将它与 32 位偏移地址相加,就可以形成线性地址。

例如,对于下述含有存储器操作数的指令:

  MOV AX,[EAX+ECX*2+100H]

段选择子默认在 DS 寄存器中,由 DS 中的段选择子可找到对应的段描述符,从而获得段线性基地址;有效地址 EA=EAX+ECX*2+100H。将基地址与有效地址相加就可得到线性地址。

4) 地址转换框图

在 80386 中,分段部件首先将逻辑地址(段选择子:偏移地址)转换成线性地址。如果分页功能被禁止,则线性地址就是物理地址;如果允许分页,则分页部件再将线性地址转换成物理地址。地址转换框图如图 13.11 所示。转换过程如下:

从段寄存器中取出段选择子的值,段寄存器可以是 CS,DS,SS,ES,FS,GS 中的一个。若段选择子中的 TI=0,则到全局描述符表 GDT 中找相应段的段描述符,否则到 LDT 表中找。根据描述符中的索引值可以从 GDT 或 LDT 表中找到某一个段描述符。如 Index=5,则可找到 5 号段描述符。由段描述符可以得到该段的 32 位段基地址或称为线性基地址,还可得到段限长。偏移地址的计算方法前面已介绍过了,它可以由立即数或一、两个寄存器的值构成,分段部件把各地址分量送到一个加法器中形成偏移地址,再经一个加法器与段描述符中给出的段基地址相加,得到线性地址。另外,还通过一个 32 位的减法器与段的界限进行比较,检查是否越界,若越界则要进行异常处理。

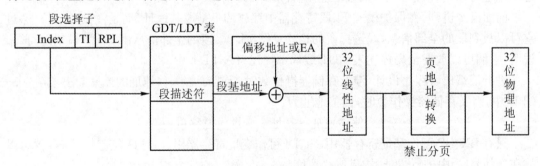

图 13.11 逻辑地址、线性地址和物理地址转换框图

得到 32 位线性地址后,如果分页部件处于允许状态,即控制寄存器 CR0 的允许分页位 PG=1,则通过页转换机制将线性地址转换成物理地址;如果 PG=0,则禁止分页,线性地址就是物理地址。

在80386中,地址流水线具体体现在有效地址的形成、逻辑地址到线性地址的转换和线性地址到物理地址的转换这3个动作的重叠执行上。

为了加深对段选择子的理解,下面再举两个有关段选择子设置的具体例子。

例13.1 有一个段描述符,放在全局描述表的第9个项中,该描述符的请求特权级为2,求该描述符的选择子。

由于请求特权级RPL=2,所以选择子的D_1D_0位=10;

段描述符放在全局描述符表GDT中,因此TI位即D_2位=0;

索引号为9,所以$D_{15} \sim D_3$= 0 0000 0000 1001。

因此该段选择子的值为:0000 0000 0100 1010,各位含义如图13.12所示。

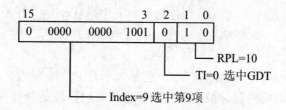

图13.12 例13.1中段选择子的值

例13.2 某一个段描述符的选择子为0000 1001 0000 0100,请解释该选择子的含义。选择子各位的含义如图13.13所示。

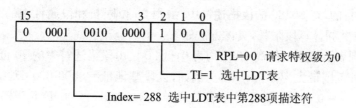

图13.13 例13.2中段选择子的意义

RPL=00,表示选择子的请求优先级为0;

TI=1,表示段描述符在LDT中;

描述符索引号Index=0 0001 0010 0000B=0120H=288,表明选择子所访问的描述符在LDT中的第288项。

2. 段描述符

为了实现分段管理,80386把有关段的信息都放在段描述符数据结构中,并把系统中所有的描述符编成表,放在内存中,以便硬件查找。由段选择子可以找到相应的段描述符项。

段描述符分为内存段描述符、系统段描述符和门描述符3类,由描述符中属性部分的描述符类型(Descriptor type)标志位S来决定。当S=1时,为内存段描述符,对应的段为代码段、数据段或堆栈段;当S=0时,为系统段描述符和门描述符。下面分别进行介绍。

1) 内存段描述符

每个段描述符都由8字节组成,它分为3部分:段基地址(Base Address)、段限长(Limit)和段属性(Attribute),格式如图13.14所示。

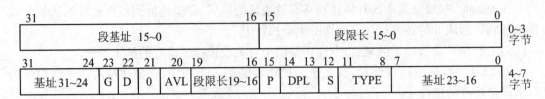

图 13.14 段描述符的格式

对于内存段描述符,S 位=1,各部分功能如下:

① 段基地址

段基地址是 32 位的线性基地址 $A_{31}\sim A_0$,指出一个段的起始位置,它可以是 32 位线性地址中的任一个地址,允许段从 4GB 线性地址空间中的任何地方开始分段。在段描述符表中,32 位线性基地址分三个地方存放,主要是为了与 80286 兼容。

② 段限长

段限长用 20 位表示,分两个地方存放,也是为了与 80286 兼容。限长决定了段的可寻址范围。描述符中的限长值包含段的最后偏移地址,这样,段的长度=段限长+1。由于段的大小可以在 1 字节~4GB 范围内变化,段的限长值应该是 32 位,从 $0\sim(2^{32}-1)$。例如,段的基地址如果是 0000 0000H,段限长为 FFFF FFFFH,则说明段的可寻址范围为 0000 0000H~FFFF FFFFH,可寻址整个 4GB 的线性地址空间。

但在段描述符中,段限长没有用 32 位表示,而只用 20 位来决定限长。为了达到能表示限长大到 2^{32} 的目的,在 80386 的段描述符中,采用 20 位限长和段属性中的 G 位(第 2 个双字中的位 23)来共同计算段限长,具体方法如下:

若 G=0,则表示段限长的高 12 位均为 0,低 20 位由段描述符中的 20 位限长值来表示,这时段的可寻址范围最大为 2^{20}=1MB。例如,设段基地址=0000 0000H,描述符中的段限长=FFFFFH,G=0,则该段可寻址范围为 0000 0000H~000F FFFFH,其限长就是 FFFFFH,段的长度为 1MB。

若 G=1,则:

段限长=描述符中的 20 位限长左移 12 位+FFFH
　　　=描述符中的 20 位限长×1000H+FFFH

例如,我们仍设段基地址=0000 0000H,描述符的段限长=FFFFFH,由于 G=1,所以该段限长值应该=FFFFFH*1000H+FFFH=FFFF FFFFH,因此,段寻址范围为 0000 0000H~FFFF FFFFH,可以寻址整个 4GB 的地址空间。

由此可知:当 G=0 时表明限长以字节为单位计算;当 G=1 时表明限长以页为单位计算,1 页=4KB。

③ 段内存属性

描述符中其它字段表示内存属性,各位的意义如下:

• G(Granularity) 粒度属性　　上面已经讲过,即:当 G=0 时表示限长以字节为单位计算;当 G=1 时表示限长以页(4KB)为单位计算。

• D(Default Operation Size/Stack Point Size/and or Upper Bound)　它有 3 个功能:

(1) 对于指令代码段的描述符,D 位说明此段指令执行的代码是 32 位还是 16 位,即 D

=1表示是32位指令;D=0表示是16位指令。

（2）对于数据段的段描述符,D位用于决定内存段的上界,即D=1表示上界为4GB的段,可以访问32位的段;D=0表示上界只有64KB,只能访问16位的段,用来与80286兼容。

（3）对于堆栈段的段描述符,用来说明堆栈指针用32位还是16位寄存器,即D=1用32位ESP寄存器作堆栈指针;D=0用16位SP寄存器作堆栈指针,与80286兼容。

- P(Segment Present) 段存在位　P=1表示该段已装入主存;P=0表示该段目前不在主存中,要从磁盘上调进来,假如此时访问该段,就会产生"段不存在异常"。
- DPL(Descriptor Privilege Level) 段描述符优先级　共2位,它指出对应段的保护级别。
- S(Descriptor type) 描述符类型标志　S=1该描述符为内存段或非系统段描述符,段中存放程序代码或数据;S=0该描述符为系统段描述符或门描述符。
- AVL(Available for use by System Software)　该标志提供给系统软件用。80386对AVL不作任何解释,可将其清0。
- 位21保留　总是将其清0。
- Type 类型域　4位Type字段(位11~8)定义了内存段描述符的类型,其含义如表13.2所示。从表13.2可以看出:

表13.2　内存段描述符中Type字段的含义

十进制值	Type域				类型	含义
	11 EXP	10 E	9 W	8 A		
0	0	0	0	0	Data	只读
1	0	0	0	1	Data	只读,已访问过
2	0	0	1	0	Data	读/写
3	0	0	1	1	Data	读/写,已访问过
4	0	1	0	0	Data	只读,向下扩展限长
5	0	1	0	1	Data	只读,向下扩展限长,已访问过
6	0	1	1	0	Data	读/写,向下扩展限长
7	0	1	1	1	Data	读/写,向下扩展限长,已访问过
		C	R	A		
8	1	0	0	0	Code	只执行
9	1	0	0	1	Code	只执行,已访问过
10	1	0	1	0	Code	可执行/读
11	1	0	1	1	Code	可执行/读,已访问过
12	1	1	0	0	Code	只执行,相容
13	1	1	0	1	Code	只执行,相容,已访问过
14	1	1	1	0	Code	可执行/读,相容
15	1	1	1	1	Code	可执行/读,相容,已访问过

（1）第11位(EXP)为可执行位,用它来区分是代码段还是数据段,若D_{11}=1,且描述符

类型位 S=1,则对应的段一般为代码段,可执行;$D_{11}=0$,且描述符类型位 S=1,则对应的段为数据段,不可执行。

(2) 第 8 位是访问位(A),若 A=1 表示已访问过;A=0 表示没有访问过。操作系统利用 A 位,对给定段进行使用率统计。

当类型号为 0~7(即 EXP=0),也就是对应于数据段(含堆栈段)时:

(3) 第 10 位(E)为扩展方向位,若 E=1 动态向下扩展(Expand Down)。存的数越多,地址越小,实际指的是堆栈段;E=0 向上扩展(Expand Up)。存的数越多,地址越大,实际指的是数据段。

(4) 第 9 位为写位,若 W=0 不可写;W=1 可写,堆栈段的 W 位必须为 1。

当类型号为 8~15(即 EXP=1),也就是对应于代码段时:

(5) 第 10 位(C)为相容(Conforming)位,也称为一致性位,若 C=1 本代码能被调用并执行;C=0 本代码不能被当前任务所调用。

(6) 第 9 位(R)为读位,若 R=0 此段为代码段,不可读;R=1 此段为代码段,可读。

注意:代码段是决不允许写入的,而堆栈段必须能写入。有关类型(Type)与保护机制的关系,说明如下:

在保护模式下,与内存打交道的指令,处理器都要对其进行类型检查,当某一个涉及内存段描述符的段选择子要装到段寄存器时,会进行类型检查以确定该选择子能否装入段寄存器。例如,只有段描述符类型为可执行的段选择子,才能装入 CS 寄存器。

例 13.3

  MOV AX,段选择子   ;AX←选择子
  MOV CS,AX   ;CS←选择子

通过上述两条指令,试图将段选择子装入 CS 寄存器,但只有当该选择子指向的段描述符中 Type=8~15 时,也就是可执行/只执行类型才允许装入,否则会产生异常。

同样,只有 Type=2,3,6,7,也就是可读可写的描述符的选择子,才能装入 SS 寄存器。而 Type=8,9,12,13,即不可读的段描述符的选择子,不能装入数据段寄存器 DS。

下面举例说明内存段描述符的设置方法。

例 13.4 如内存段描述符的 8 个字节为 00CF 9A00 0000 FFFFH,试说明该描述符的含义。

该内存段描述符可以用图 13.15 来表示,图中将用十六进制数表示的 8 字节内存段描述符改成用二进制数来表示。

31							16	15				0	
段基址 15~0								段限长 15~0					0~3 字节
0000	0000	0000	0000					1111	1111	1111	1111		
31	24	23	22	21	20	19	16	15	14 13 12	11	8	7	0
基址 31~24		G	D	0	AVL	段限长19~16		P	DPL	S	TYPE	基址 23~16	4~7 字节
0000	0000	1	1	0	0	1111		1	00 1	1	1010	0000 0000	

图 13.15 例 13.4 内存段描述符的图示

由图 13.15 可知,段基地址位 31~24＝00H,位 23~16＝00H,位 15~0＝0000H,所以段基地址位 31~0＝0000 0000H;段限长位 19~16＝0FH,位 15~0＝FFFFH,所以段限长位 19~0＝FFFFFH。由于 G＝1,所以限长应以 4KB 为单位。

实际限长＝FFFFFH * 1000H＋FFFH
　　　　＝FFFF FFFFH

属性位 D＝1 表示此段为 32 位代码;DPL＝00 表示代码段的优先级为 0 级,属于最高级;P＝1 说明该段已装入主存;S＝1 该段为系统段;TYPE＝1010 说明该段是可执行、可读的代码段。

例 13.5 有一个 32 位的堆栈段,段基址为 8ABE F000H,该段限长为(32K－1)字节,段的优先级为 0,试求出堆栈段的描述符。

可以按照以下步骤来求解:
(1) 将基地址 8ABE F000H 分 3 段填入相应字段。
(2) 因段限长＝32K－1＝7FFFH,用 20 位字段可以表示限长,故取 G＝0,不用左移,而且有段限长 19~16＝0H,段限长 15~0＝7FFFH。
(3) 因为是堆栈段,类型需置成可读/写,向下扩展限长,未访问过且是数据段而非代码段,所以 TYPE＝6。
(4) 其余位 DPL、P、S 与上例相同。

综合以上结果,就可以得到如图 13.16 所示的堆栈段描述符。

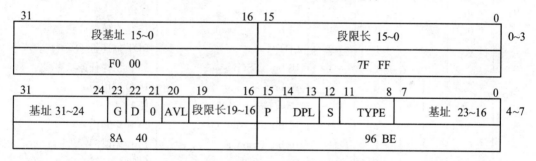

图 13.16　例 13.5 的堆栈段描述符表示

2) 系统段描述符和门描述符

除了内存段描述符外,还有系统段描述符和门描述符,这两类描述符表中的属性位 S＝0。系统段描述符用于描述有关 80386 操作系统的表和任务等信息。系统中,任务状态段 TSS 为系统段,局部描述符表 LDT 也作为一种系统段来看待。

下面先叙述任务状态段 TSS 和门的基本概念,再介绍各种描述符的格式和含义。

① 任务状态段 TSS

TSS 是为了在发生任务切换时保存环境而设计的一种数据结构。80386 中,每一个任务都有自己的 TSS,用于保存任务的环境。TSS 属于系统段,它在内存中由低位和高位两部分组成。低位部分由微处理器定义,它对应一个任务的各种信息,存放各种寄存器的值,占用 104(0~67H)个字节。高位部分可以由操作系统定义,存放与此任务有关的数据,如调度优先级、文件描述符表、外设 I/O 寄存器的值以及任务的页目录、页表等。为创建一个新任务,操作系统必须为其建立一个 TSS,并将其初始化,然后由微处理器自动维护低位部分,而操作系统维护高位部分。TSS 的格式将在 13.4 节介绍。

② 门(Gate)

门实际上是一种转换机构。在保护模式下,当程序的控制由一个代码段(源代码段)转到另一个目标代码段时,往往通过门来实现。门是在目标代码段的入口处设置的,用于控制对该目标代码段访问的权限。门有 4 种类型:调用门(Call Gate)、任务门(Task Gate)、中断门(Interrupt Gate)和陷阱门(Trap Gate)。调用门用来改变任务或程序的特权,通过调用门,可以使优先级别低的代码转到优先级高的或同级代码去。任务门用来切换任务,中断门和陷阱门用于指向系统的中断和异常处理程序。

③ 系统段描述符和门描述符中 TYPE 字段的含义

系统段描述符、门描述符与内存段描述符的大部分字段是相同的,但当 S=0,选中系统段描述符和门描述符时,TYPE 字段的含义与内存段的是不一样的。表 13.3 列出了系统段描述符和门描述符中 TYPE 字段的含义。

表 13.3 系统段描述符和门描述符中 Type 字段的含义

十进制值	Type 域				Descriptor	中文含义
	11	10	9	8		
0	0	0	0	0	Reserved	保留
1	0	0	0	1	16-bit TSS(Available)	16 位有效任务状态段
2	0	0	1	0	LDT	LDT 描述符
3	0	0	1	1	16-bit TSS(Busy)	16 位忙碌任务状态段
4	0	1	0	0	16-bit Call Gate	16 位调用门
5	0	1	0	1	Task Gate	任务门
6	0	1	1	0	16-bit Interrupt Gate	16 位中断门
7	0	1	1	1	16-bit Trap Gate	16 位陷阱门
8	1	0	0	0	Reserved	保留
9	1	0	0	1	32-bit TSS(Available)	32 位有效任务状态段
10	1	0	1	0	Reserved	保留
11	1	0	1	1	32-bit TSS(Busy)	32 位忙碌任务状态段
12	1	1	0	0	32-bit Call Gate	32 位调用门
13	1	1	0	1	Reserved	保留
14	1	1	1	0	32-bit Interrupt Gate	32 位中断门
15	1	1	1	1	32-bit Trap Gate	32 位陷阱门

从表 13.3 可以看到:

(1) 当 Type=1,3,9 和 11 时,为任务状态段 TSS 的描述符。TSS 中包含一个任务的全部信息以及与嵌套任务连接的信息,包括关于某一个任务状态段的位置、长度和优先级的信息。TSS 处于忙碌状态时,意味着本任务为当前任务;如果不忙,则指出该任务是否有效。类型字段也指出对应段是 16 位(80286)的任务还是 32 位(80386)的任务状态段。

(2) Type=2 时，对应一个局部描述符表 LDT。对一个特定的任务来说，只有一个 LDT。在多任务系统中，会有多个 LDT 描述符，它们分别对应于各个任务的 LDT。

(3) Type=4,5,6,7,12,14,15 时，均为门描述符。

(4) 其余情况，即 Type=0,8,10,13 为保留。

④ 任务状态段 TSS 的描述符和 LDT 描述符

TSS 位于内存中，微处理器通过任务状态寄存器 TR 和 TSS 描述符来定位 TSS 段。TSS 描述符的格式如图 13.17 所示。

基址 15~0					限长 15~0				0
基址 31~24	G	0 0	AVL	限长 19~16	P	DPL	0	TYPE	基址 23~16	+4

图 13.17 TSS 描述符的格式

由图 13.17 可知，TSS 描述符定义了任务状态段在内存中的线性基地址、段限长和类型。根据表 13.3 可知，类型字段 Type=1,3,9,11 分别用来定义 16 位有效的 TSS、16 位忙碌的 TSS、32 位有效的 TSS 和 32 位忙碌的 TSS。对当前正在执行的任务，微处理器会自动将其类型置成"忙碌"状态。如果企图切换到一个忙碌的 TSS，则会产生一般性保护异常。另外要指出的是，TSS 描述符只能放在 GDT 中，不能放在 LDT 中，否则会引起非法的 TSS 异常。TSS 的限长必须大于等于 67H，这是因为 TSS 的低位部分的偏移量为 0~67H。如果限长小于 67H，当切换到此 TSS 对应的任务时，则会产生非法 TSS 异常（异常号为 0AH）。

LDT 描述符与 TSS 描述符的格式是类似的，只是类型字段 TYPE=0010。但门描述符与系统段描述符的格式有些差别，下面进行讨论。

⑤ 门描述符

门描述符的格式如图 13.18 所示。

段选择子 15~0				偏移量 15~0		0
偏移量 31~16	P	DPL	0	TYPE	参数计数器	+4

图 13.18 门描述符格式

从图 13.18 中可以看到，门描述符的属性位存放在字节 4 和 5 中，其意义如下：

• P 存在位　P=1 表示门有效；P=0 表示门无效，使用无效门将引起异常。

• DPL 描述符优先级　定义访问该门的任务应具备的优先级。

• TYPE 域　用来定义门的类型，它可以定义 16/32 位的调用门、任务门、中断门和陷阱门，如表 13.3 所示。

• 参数计数器　仅用于调用门，记录要从主程序堆栈复制到被调用子程序堆栈的参数数目，对于 32 位 CPU，参数长度为双字(32 位)。

对于调用门描述符，段选择子和偏移量指向要调用的子程序的目标代码的起始地址。任务门描述符中，只有段选择子起作用，它指向 GDT 中的一个 TSS 描述符，偏移量则不起作用。中断门和陷阱门的描述符有一点区别，进入中断门时，标志寄存器 EFLAGS 中 IF 标志自动清 0,关闭中断,而进入陷阱门时不会关闭中断。这两种门描述符中的选择子和偏移量构成中断处理子程序或陷阱处理程序的入口地址。

13.2.2 分页内存管理技术

分页内存管理是 80386 对 8086 微处理器的主要功能扩充。采用分页管理,便于实现虚拟存储器管理,可以方便地以页(Page)为单位把内存空间映射到磁盘空间,分页还能明显提高存取数据的效率,有效利用内存碎片。

80386 采用固定大小的页,以 4KB 作为一个页。4GB 的内存空间可以被分成 2^{20} 个页面,能被 4KB 整除的那些地址(后 3 位=000H)处可以开始分页,如从 0000 0000H、0000 1000H 和 0000 3000H 处都可以开始分页。

分段技术将逻辑地址转换成了线性地址。当控制寄存器 CR0 的 PE 字段设为 0 而禁止分页时,线性地址就是物理地址;在 PE=1 允许分页时,需通过分页部件把线性地址转换成物理地址。如何进行分页?怎样将线性地址转换成物理地址?下面将讨论这些问题。

1. 页目录与页表

80386 采用了两层表来实现分页管理。第一层表称为页目录(Page Director),第二层表称为页表(Page Table)。页目录和页表结构如图 13.19 所示。

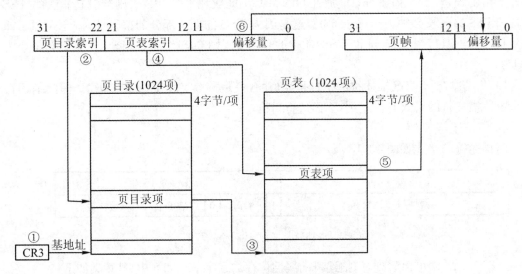

图 13.19 页目录和页表结构

页目录表中包含 2^{10}=1024 个页目录项(Director Entry),每项为 4 字节(32 位);页表中也包含 1024 个 32 位的页表项(Page Table Entry),每个页表项对应一个 4KB(即一页)的连续物理内存空间。每个页目录项对应的页表最多可以有 1024 个,故整个页目录最多可映射的物理地址空间大小为 1024 页目录项×1024 页表项/页目录项×4KB/页表项=4GB。

分页机制将 32 位线性地址分成 3 部分:

(1) 线性地址的高 10 位(位 31~22)作为页目录的索引号,指向 2^{10}=1024 个页目录项中的某一项。页目录项中每项长度为 32 位,其中高 20 位指向页表基地址,低 12 位为其属性。

(2) 线性地址的中间 10 位(位 21～12)作为页表的索引,指向 1024 个页表项中的某一项,页表项中每项长度也是 32 位,其中高 20 位对应物理地址的高 20 位,这 20 位物理地址也称为页帧(Page Frame),低 12 位为其属性。

(3) 线性地址的低 12 位(位 11～0)作为页面的偏移地址,也就是物理地址的低 12 位。

为什么要采用看起来比较麻烦的两级页表结构来进行页管理呢?这是因为 80386 中页表项共有 $2^{20}=1024\times1024$ 个,每项占 4 字节,如果所有的页表项都存储在一张表中,则该表将占用 $2^{20}\times4$ 字节=4MB 字节的连续物理存储空间。为避免页表占有如此巨大的物理存储空间资源,所以页表采用了两级表的结构,每级 10 位,2 张表总共只需占用(1024 项×4 字节/项)×2=1024×8=8KB 内存空间。

图 13.19 所示的两层页表的工作过程大致如下:① 32 位的控制寄存器 CR3 指向页目录的基地址,用来存放页目录表在存储器中的起始物理地址。由于页目录表占用 4K 字节,CR3 的低 12 位一般都设为 0,保证页目录表始址的选取总是从能被 4K 整除的地方开始。例如,设 CR3=0000 8000H,则页目录表的基地址为 0000 8000H,表占用的地址范围为 0000 8000H～0000 8FFFH。但 CR3 寄存器的位 4 和位 3 可以分别定义为 PCD 和 PWT 字段。当 CR3 的低 12 位都为 0 时,表示允许片内页缓存与写回。② 10 位页目录索引号指向 1024 个页目录项中的某一项。③ 每个页目录项占 4 字节(32)位,其中高 20 位为下一层表即页表的基地址,低 12 位为其属性。④ 10 位页表索引号指向 1024 个页表项中的某一项。⑤ 每个页表项也占 32 位。根据索引号从页表项中取出某一项,32 位中的高 20 位作为物理地址的高 20 位,即页帧。⑥ 线性地址的低 12 位直接指向物理地址的低 12 位。这样,利用两层表,加上 CR3 寄存器,就可以从 32 位线性地址求得 32 位物理地址了。

2. 页目录项和页表项格式

前面已经讲到,每个页目录项和页表项都由 4 字节(32 位)组成,它们的格式基本相同,高 20 位为页帧地址,低 12 位为属性。80486 和 Pentium 的页表项格式如图 13.20 所示,在 80386 的页表项中,位 4 和位 3 均被清 0。页目录项格式也与此相类似。

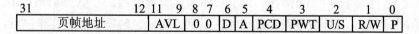

图 13.20　80486 和 Pentium 的页表项格式

1) 页帧地址

页帧地址实际上就是一个页的物理地址的起始基地址,也就是物理地址的高 20 位,从位 31～12。对于页目录项,页帧地址给出页表的起始地址的高 20 位。

2) 属性位

属性位由位 12～0 给出,它们包括以下这些属性:

· P(Present)存在位　P=1,表示页表或页目前在主存中;P=0,对应的页不在主存中,要从磁盘中调进来。若此时访问该页,则会产生页异常(异常 14),并把引起异常的线性地址保存到 CR2 寄存器中。产生页异常时,操作系统会把此页表或页从磁盘中取出,装到主存中,并重新启动刚才引起异常的指令。对于应用程序来说,完全觉察不到所发生的一切,仿佛允许它访问 64TB 的地址空间一样。

- R/W 读写位 R/W＝1 表示此目录项/页表项是可读/写、可执行的；R/W＝0 则表示该项可读、可执行，但不能进行写操作。对于优先级为 0、1 和 2 的程序，此项被忽略。
- U/S(User/Supervisor)用户/超级用户位 U/S＝1 程序可在任意优先级上执行，包括在用户级即 3 级上执行；U/S＝0 程序只能在 0、1、2 级上执行。
- A(Access)存取位或访问位 当此页目录或页表被存取时，386 将此位置 1，表示该项已被访问过。
- D(Dirty)脏位或已写标志位 用来报告对某一页的写操作的情况。当某一页从磁盘调进内存时，操作系统使 D＝0，如果以后对此页进行过写操作，则使 D 位置 1，并保持 1。当选中某页调往磁盘时，如 D 仍为 0，说明此页一直没有被写过。如果该页是从磁盘调进来的，则当前内存中的页内容与磁盘中的一致，无需再写入磁盘，省去了这一操作过程。在页目录项中 D 位无意义，因为对此类项不会有写操作。可见，A、D 位可以用来跟踪页的使用情况。
- AVL 域 这两位一般供操作系统记录页的使用情况，如记录页面使用次数等，处理器不会对其进行修改。
- PWT(Page Write Transparent)页透明写位 用于控制写策略。PWT＝1 表示当前页采用写通策略；PWT＝0 允许写回。
- PCD(Page Cache Disable)页 Cache 禁止位 用于控制超高速缓存。PCD＝1 允许在片内超高速缓存中进行超高速缓存操作；PCD＝0 禁止超高速缓存操作。

3. 将线性地址转换成物理地址的实例

前面已介绍了通过两级页表转换，将线性地址转换成物理地址的大致工作过程，下面举一个实例来进一步具体说明线性地址是如何转换成物理地址的。

例 13.6 设系统的线性地址为 1234 5678H，CR3＝0000 8000H，求对应的物理地址，并说明转换过程。

可以将 32 位线性地址分成 3 部分：最高 10 位为 00 0100 1000B＝048H，将其作为页目录索引；中间 10 位为 11 0100 0101B＝345H，作为页表索引；后 12 位为 678H，不用转换，直接作为 12 位物理地址。转换过程示意图如图 13.21 所示。转换分以下几步进行：

① 查询 CR3，得知 CR3＝0000 8000H，将其作为页目录表的物理基地址。

② 取线性地址的高 10 位 00 0100 1000B＝048H，作为页目录索引号。由于每个目录项占 4 个字节，所以要将索引号乘以 4 即左移 2 位，才能得到页目录项的首字节地址，也就是页目录项的偏移地址。本例中偏移地址为 048H×4＝120H。

③ 求页目录项始址的物理地址。其值＝CR3 中的基地址＋页目录项的偏移地址＝0000 8000H＋120H＝0000 8120H。

④ 查页目录项的内容。假设查得该目录中的 4 字节内容(0 8120H)＝0001 0021H，其中高 20 位为 0 0010H，它将作为下一级表即页表的基地址的高 20 位。而低 12 位为属性，它等于 021H，根据图 13.21 所示的页表项属性位内容可知：P＝1 页表存在；A＝1 该目录被访问过；U/S＝0 只能在 0、1、2 级上访问；R/W＝0，由于 U/S＝0，该项被忽略；D＝0 对页目录项无意义。

⑤ 页表索引序号由线性地址的中间 10 位给出，其值为 345H。同样因为页表项每项占

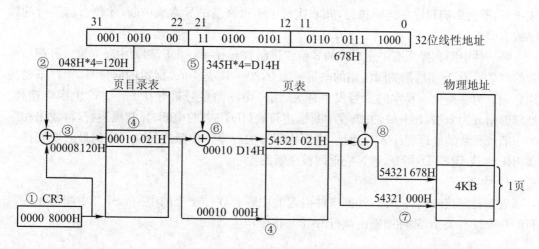

图 13.21 线性地址转换成物理地址的实例

4 字节,所以页表项的偏移地址为 345H * 4＝0D14H。

⑥ 页表项的物理地址为其基地址＋偏移量＝0001 0000H＋0D14H＝0001 0D14H。

⑦ 从指定页表项中查得其内容,即(01 0D14H)＝54321 021H。其中高 20 位 54321H 即为物理地址的页帧值,也就是说该页的基地址为 54321000H。后 12 位为属性,它与页目录的属性相同。

⑧ 物理地址＝页帧＋线性地址＝5432 1000H＋678H＝5432 1678H。

至此,通过一个实例,我们从线性地址求得了物理地址。

在保护模式下,对于 Pentium Pro 及以上的处理器,通过物理地址扩展后可以访问 36 位即 64GB 的物理地址空间,每页大小可以是 4KB、2MB 或 4MB。

13.3 保护模式下的中断和异常

13.3.1 中断和异常

在实模式下,中断可以是由外部事件引起的,它们从 NMI 和 INTR 引脚引入处理器;也可以是由软中断指令 INT n 或 CPU 在运行过程中发生一些意外情况所引起的。这与 8086 的中断系统是一致的。

在保护模式下,典型的中断是随机产生的,可以由外部事件引起,如指示 I/O 设备的一次操作已完成,需要处理器为外设服务,也可以由软中断指令 INT n 引起。但当处理器执行某些指令,检测到错误条件或出现异常情况时,则产生异常(Exception)。例如执行除法指令时,除数等于 0,或检查到页异常,段不存在,发现特权级不正常等情况,使指令不能成功执行,这时就会产生异常。将软中断指令 INT 3 和溢出中断指令 INTO 也归类于异常,而不把它们称为中断,这是因为执行这两条指令时会产生异常事件。

当 IA-32 结构的处理器接收到一个中断或检测到一个异常时,就把当前运行的程序或任务自动挂起,转去执行中断或异常处理程序。处理程序完成后,处理器恢复被中断的程序或任务,不会影响程序的连续执行,除非执行了不可恢复的异常或中断,才使当前运行的程序被迫中止。

每一种中断和异常有一个对应的8位二进制数n,n=0~255,称为中断向量。分配给异常的向量号为0~31,例如除法错的向量号为0,20~31是Intel保留的向量号,用户不要使用它们。为了避免与异常向量号发生冲突,用户中断向量号最好在32~255范围内选择。处理器用n为索引(Index),去查找中断描述符表(IDT)中的中断/异常描述符,再找出相应的中断或异常的处理程序入口地址,进而执行有关程序。中断或异常程序的最后要安排一条IRET(或IRETD)指令,通过它返回被中断的程序。

1. 中断

处理器能接收两种中断:外部事件引起的中断和软件产生的中断。外部中断与正在执行的指令没有关系,软件中断由执行INT n指令产生。

1) 外部中断

IA-32结构的处理器采用高级可编程中断控制器(Advanced Programmable Interrupt Controller,APIC)来处理外部中断。APIC由三部分组成:Local APIC模块、I/O APIC模块和总线(P4或Xeon处理器中称为系统总线,P6系列处理器中称为三线APIC总线),三者之间的关系如图13.22所示。

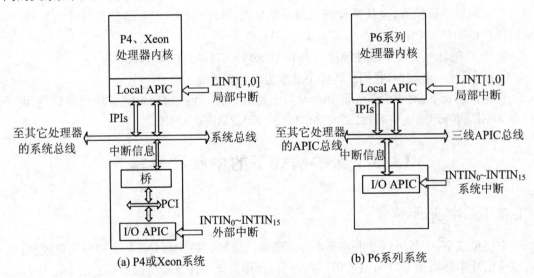

(a) P4或Xeon系统　　　　　　　(b) P6系列系统

图 13.22　Local APIC、I/O APIC 和总线之间的关系

Local APIC是集成到处理器芯片内的一个模块,其内部含有中断请求寄存器(IRR)、中断服务寄存器(ISR)、触发模式寄存器(TMR)、中断结束寄存器(EOIR)、中断判优电路以及中断命令寄存器(ICR)等。它可以接收两类中断:一种是局部中断(Local Interrupt),它可以从处理器的LINT[1,0]引脚引入,也可以从Local APIC模块内部产生;另一种是系统中断,它由外部引脚引入,经I/O APIC模块产生中断。

I/O APIC模块安装在系统板上,通过系统总线或三线APIC总线实现APIC技术。I/O APIC可接收外部硬件中断请求,并决定中断的向量号。这些向量号经系统总线或三线APIC总线送到Local APIC进行处理。

当系统中含有多个处理器时，Local APIC 还可通过系统总线或三线 APIC 总线，将处理器间中断(Inter-Processor Interrupts, IPIs)发送至另一个 IA-32 结构的处理器，或通过总线接收其它处理器送来的 IPIs 中断信号。

下面介绍各种外部中断源。

① 局部中断

对于局部中断，一种是直接从 LINT[1,0]（即 LINT1 和 LINT0）引脚引入；另外一种由 Local APIC 模块内部产生，包括 APIC 定时器中断、性能监控中断、热传感器中断和 APIC 内部错中断。在 Local APIC 模块内部，针对上述 5 类局部中断源，设置了相应的局部中断向量表(Local Vector Table, LVT)，用程序来设定每种本地中断的向量号及其它有关信息，并将中断信息传送到处理器内核进行处理。

直接从 Local APIC 的 LINT1 和 LINT0 引脚引入的局部中断，由 EFLAGS 寄存器的 IF 位来决定是否允许 Local APIC 中断。当 IF=1 时，允许 Local APIC 中断，从 LINT[1,0]引入的局部中断，可通过 LVT 与处理器的任何异常或中断向量关联；当 IF=0 时，Local APIC 功能被禁止，或者说绕过了 APIC 中断功能。通过对 LVT 的编程，可把 LINT[1,0]当作 NMI 和 INTR 使用，与 8259A 中断控制器保持兼容。例如，可将 LINT1 引脚作 NMI 中断用，将中断向量号设为 2。系统中是否有 Local APIC，可通过执行 CPUID 指令来检测，指令执行前，将 EAX 置 1，指令执行后检查 EDX 的内容，若 EDX 的位 9 等于 1，表示 APIC 存在，否则无 APIC 功能。80486 及早期的 Pentium 无 LINT[1,0]引脚功能。

由 Local APIC 模块内部产生的 4 种中断如下：

· APIC 定时器中断　IA-32 结构的处理器将 8253/8254 的基本功能集成到了 Local APIC 的模块中，由该模块中的除法配置寄存器(Divide Configuration Register, DCR)对处理器的时钟信号进行分频，作为计数器减 1 操作的速率。计数初值装入模块中的初值计数寄存器(Initial Count Register, ICR)后，定时器开始工作，按规定的速率进行减 1 操作，当减为 0 时，则产生定时器中断。

· 性能监控中断　Local APIC 模块中的性能监控计数器(Performance-monitoring Counter)用于监督处理器的性能，由 32 位的事件计数器控制，必须对它设置一个初值。事件计数器指定事件的类型和事件计数的门槛，当事件发生的次数大于或等于某一值时，性能计数器才开始增 1 计数。计满初值时将产生溢出中断，溢出出现时，可以了解处理器的状态和程序执行状态，分析程序性能。

· 热传感器中断　当处理器内核温度超过预置值时，内部热传感器(Thermal Sensor)发出触发信号，引起热传感器中断，这样可防止处理器内核温度过高而损坏机器。

· APIC 内部错中断　Local APIC 检测到错误状态时，产生 APIC 内部错中断。例如，使用非法寄存器时将会产生这类中断。

② 系统中断

系统中的 PCI、IDE、ISA 设备等，都可将中断请求信号送到 I/O APIC 的中断请求引脚 $INTIN_0 \sim INTIN_{15}$ 上，产生系统中断请求。I/O APIC 模块内没有优先级判优电路，它顺序查询这 16 个中断请求引脚，确定中断的向量号，并提交给 Local APIC 进行处理。

③ 内部处理器间中断 IPIs

在多处理器(Multiple Processor,MP)系统中,处理器向它的 Local APIC 模块中的中断命令寄存器 ICR 写入命令字,即启动内部处理器间中断 IPIs。IPIs 也能被传送到系统中的另一个 IA-32 结构处理器。

除了上述中断外,还可从处理器的 RESET#、FLUSH#、STPCLK#、SMI#、R/S# 和 INIT# 等引脚引入中断。

2) 软件中断

利用软件中断指令 INT n 产生的中断称为软件中断,中断向量号 n 可以是 0~255。例如,INT 35 指令就是调用 n = 35 的中断。如果 n=2,将调用不可屏蔽中断,但 NMI 中断处理硬件并没有被激活。对于用 INT n 指令产生的软件中断,不能用 EFLAGS 中的 IF 标志屏蔽,IF 标志也不影响 NMI 硬件中断。

2. 异常

1) 异常的来源和分类

异常的来源有 3 个:处理器在执行程序时检测到的各种程序错异常;软件产生的异常,它由执行 INTO、INT 3 和 BOUND 指令时产生;机器检查错异常,其向量号为 18。根据引起异常的程序是否能恢复及恢复点的不同,又可把异常处理程序分为 3 类:故障(Fault)、陷阱(Trap)和中止(Abort),对应的异常处理程序分别被称为故障、陷阱和中止处理程序。

① 故障

故障通常是指一种能被修正的异常,一旦故障排除,程序就可恢复执行。发现故障后,处理器会把有故障指令执行前的状态保存起来,将指向该指令的 CS:EIP 作为返址保存在异常处理程序的返回堆栈中,而不是将该指令的下一条指令的地址作为返址。例如,当一条指令执行期间,发现段不存在,则应立即停止执行该指令,并通知系统产生了故障,转入相应的故障处理程序,通过加载段的方法来排除故障,故障排除后,重新执行该指令。

② 陷阱

一旦执行一条陷阱指令,立即产生异常。当控制转移到异常处理程序时,所保存的断点 CS:EIP 指向引起陷阱指令的下一条将要执行的指令。单步和断点指令(INT 3)就是陷阱的很好例子。如果在指令执行期间遇到这样的异常,则先将该指令执行完毕,再使 CS:EIP 指向下一条要执行的指令,并通知系统,一个陷阱已产生。

③ 中止

中止是系统出现严重情况时所产生的一种异常,引起中止的指令的位置无法精确确定。产生中止时,正在执行的程序不能被恢复执行。系统接收中止后,处理程序要重新建立各种表格,可能需要重新启动操作系统。中止用来报告服务错,如硬件故障,系统表中出现非法或不一致的值。

异常用来向操作系统报告不正常或不合法的各种事件,它是一种允许操作系统保持对各种资源进行控制的强制机制。许多指令执行时不符合规范,可能出现各种情况,就会产生不同的异常。进行中断或异常处理时,要将 EFLAGS、CS、EIP 等值压入堆栈,以便正确返回。有些异常发生时,还会产生错误代码,也要将其压入堆栈,错误代码用于帮助异常处理程序,确定异常产生的原因。与段相关的错误代码的格式如图 13.23 所示,各位的意义介绍

如下:

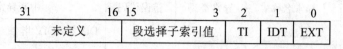

图 13.23 与段相关的错误代码

- EXT 该位置 1 时表明,由一个外部事件(如硬件中断)引发异常。
- IDT 该位置 1 时指明,索引部分引用的是 IDT 中的门描述符,即微处理器从 IDT 表中读出门描述符时发生了异常;否则说明引用的是 GDT 或 LDT 中的描述符。
- TI 仅当 IDT 位=0 时才有意义。TI=0 表明异常是由 GDT 中的段描述符引起的,TI=1 表明是由 LDT 引起的。
- 段选择子索引值 引起异常段的段选择子。

2) 异常类型

保护模式下的异常和中断如表 13.4 所示。向量号为 0~255,其中:0~19 为异常号,32~255 为中断号,20~31 为保留的向量号。某些异常还以错误码的形式,提出一些附加信息,传递给异常处理程序,出错代码列中用"有"表示;有些无错误代码,则用"无"表示。

80386 定义了 14 个异常,矢量号为 0~16(其中 2 号为非异常,15 号保留),从 80486 起增加了对界检查错异常(♯AC),P6 系列增加了机器检查错异常(♯MC),P Ⅲ 增加了 SIMD 浮点异常(♯XF)。

由表 13.4 可发现,保护模式下的许多中断向量号的分配与实模式下的中断向量号发生了冲突。实模式下的中断向量号,是 IBM 公司分配给基于 8086/8088 为 CPU 的 PC 机及后来的 PC/AT 机的。表 13.4 中的向量号是 Intel 公司为 80386~Pentium 定义的,从而造成了一定的混乱。例如,Pentium 处理器执行 BOUND 指令时,若操作数越界,则会产生类型为 5 的中断,但 PC/XT 和 PC/AT 机的 BIOS 不支持越界中断处理功能,而是将中断 5 安排为屏幕打印功能。另外,8259A 主片产生的中断号是 08H~0FH,与表 13.4 中给出的 80386 规定的异常号是冲突的,80386 之所以要把 08H~0FH 作为 INTR 中断号,是为了与 8086/8088 CPU 保持兼容。尽管安排上发生了这样的冲突,但以 80386 和 Pentium 为 CPU 的微机系统,仍可以保持与以 8086/8088 为 CPU 的微机系统兼容,因为当 80386 和 Pentium 工作于实模式下时,几乎不会发生那些中断向量号与外部硬件中断请求时所提供的中断向量号存在冲突的异常。要注意的是,在保护模式下,必须重新设置 8259A 中断控制器,以产生不与异常相冲突的硬件中断向量。

下面对各类异常做些分析说明。

① 异常 0—除法错(Divide Error,♯DE)

当执行 DIV 或 IDIV 指令时,如除数为 0 或两个数相除后商太大,在结果操作数中容纳不下商时,产生这种故障。

② 异常 1—调试异常(Debug,♯DB)

调试异常有故障类型的,也有陷阱类型的。当产生调试异常时,微处理器会在调试状态寄存器 DR6 中给出异常类型(如单步异常,Debug 异常),并指出断点 3~0 的线性地址是否已设置好。DR6 寄存器各位的意义如图 13.24 所示。

表 13.4 保护模式下的异常和中断

向量号	助记符	异常名称	异常类型	错误代码	中断异常来源
0	#DE	除法错	故障	无	DIV 和 IDIV 指令
1	#DB	调试异常	故障/陷阱	无	任何指令代码或数据或 INT 1 指令
2	—	NMI 中断	中断	无	外部不可屏蔽中断
3	#BP	断点	陷阱	无	INT 3 指令
4	#OF	溢出	陷阱	无	INTO 指令
5	#BR	越界异常	故障	无	BOUND 指令
6	#UD	无效操作码	故障	无	非法指令编码
7	#NM	设备无效	故障	无	浮点或 WAIT 指令
8	#DF	双重故障	中止	有(0)	任何可产生异常、NMI、INTR 的指令
9		协处理器段越界	故障	无	浮点指令
10	#TS	无效 TSS	故障	有	任务切换或 TSS 存取
11	#NP	段不存在	故障	有	装载段寄存器或访问系统段
12	#SS	堆栈段故障	故障	有	堆栈操作和装载 SS 寄存器
13	#GP	通用保护	故障	有	任何访问存储器和保护检查指令
14	#PF	页故障	故障	有	任何访问存储器指令
15	—	Intel 保留,不要用		无	
16	#MP	X87 FPU 浮点错	故障	无	浮点或 WAIT 指令
17	#AC	对界检查错	故障	有(0)	访问存储器地址未对准
18	#MC	机器检查错	中止	无	内部机器错或总线错
19	#XF	SIMD 浮点异常	故障	无	SSE 和 SSE2 浮点指令
20~31	—	Intel 保留,不要用			
32~255	—	用户定义中断	中断		外部中断或 INT n 指令

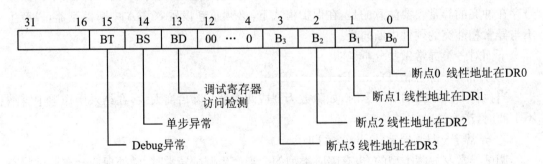

图 13.24 DR6 寄存器各位的意义

DR7 为调试控制寄存器,用来规定每一个断点寄存器的使能选择、断点类型选择及所有断点寄存器的保护。

③ 异常 3－断点异常(Breakpoint,♯BP)

由 INT 3 指令引起。

④ 异常 4－溢出异常(Overflow,♯OF)

当执行 INTO 指令后,EFLAGS 的 OF＝1 时,则产生溢出异常。OF＝0 时,继续执行 INTO 后面的指令。

⑤ 异常 5－越界异常(BOUND Range Exceeded,♯BR)

当执行 BOUND 指令时,若被测试的值超过了指令中给定的范围,则产生越界异常。

⑥ 异常 6－无效操作码(Invalid Opcode,♯UD)

也称为非法操作码(Undefined Opcode,♯UD)。从 CS:EIP 指定的位置开始,如果有一个或连续多个字节所包含的内容,不是 IA-32 结构指令集中的任何一条指令,则产生异常。有 3 种情况会发生这样的故障：

(1) 操作码字段不是合法的 IA-32 结构指令。

(2) 要求使用存储器操作数的场合,却使用了寄存器操作数。

(3) 不能被加锁的指令前使用了 Lock 前缀。

⑦ 异常 7－设备不可用(Device Not Available 或 No Math Coprocessor,♯NM)

在没有 80387 协处理器的系统中,可用该异常的处理程序代替协处理器的软件模拟器。从 80486 开始,在芯片内肯定有 80387 芯片,所以不会再产生异常 7。

⑧ 异常 8－双重故障(Double Fault,♯DF)

在一个段或页异常被检测到的同时,又检测到另一个异常,则产生双重故障异常,它属于中止异常一类。保存在双重故障处理程序的返回堆栈中的 CS:EIP 是不正确的。双重故障通常指示系统出现了严重的问题,如段描述符表、页表或中断描述符出现了问题,其错误代码为 0。

⑨ 异常 9－协处理器段越界(Coprocessor Segment Overrun,保留)

当某条浮点指令的操作数超出段界限时,产生协处理器段越界异常。例如,有一条浮点指令,操作数占 8 字节,存储在一个地址为 0～FFFFFH 的段中,如果指定操作数的首地址偏移量为 FFFFCH,则操作数所占地址的偏移范围为 FFFFCH～1FFFF3H,这样就有 4 个字节不能在指定段中,于是会产生段越界异常。

该异常也属于中止类异常,引起该异常的指令不能被重新启动,486 以上的处理器不再产生此类异常。

⑩ 异常 10－无效 TSS(Invalid TSS,♯TS)

指示与任务状态段 TSS 相关的错误,可能是在任务切换或执行某些使用 TSS 段中信息的指令时,发生了除段不存在以外的段异常,因而产生无效 TSS 故障。

⑪ 异常 11－段不存在(Segment Not Present,♯NP)

当处理器把描述符装入除 SS 以外的其它段寄存器的高速缓冲寄存器时,如发现位 P＝0,即对应段不存在,则在引用此描述符时就发生段不存在故障。关于堆栈段的问题,由堆栈段故障处理。段不存在异常为故障类异常,只要段不出现异常,引起故障的指令是可以重新执行的,处理程序使此段的位 P＝1,则产生此故障的指令将会被重新执行。

⑫ 异常12—堆栈段故障(Stack-Segment Fault,♯SS)

当处理器检测到用SS寄存器寻址的段出现某种问题时,就发生堆栈段故障。出现下列情况时,会产生堆栈段故障：

(1) SS寄存器寻址操作中,偏移地址超出段界限所规定的范围。如执行PUSH、POP、ENTER、LEAVE指令时,堆栈空间太小,会产生该异常,此时的错误代码为0。

(2) 在由特权级变换所引起的对内层堆栈操作时,偏移地址超出段界限规定的范围。此时出错代码中包含有内层堆栈的选择子。

(3) 把描述符装入SS寄存器的高速缓冲寄存器时,发现描述符中的位P=0。这种情况可发生于任务切换、级间调用、级间返回、LSS指令、MOV到SS或POP到SS的指令中。此时的错误代码包含有对应的选择子。

⑬ 异常13—通用保护(General Protection,♯GP)

除了明确列出的段异常外,其它的段异常都作为通用保护通知系统。引起这种故障的原因很多,例如：

(1) 访问CS、DE、ES、FS或GS段时,超过段限长；

(2) 向代码段或只读数据段执行写入操作；

(3) 对只能执行的代码段执行读出操作；

(4) 执行Call或Jump指令,切换到一个正在忙的任务；

(5) 执行INT n指令,CPL＞(中断门、陷阱门、任务门的)DPL；

(6) 对于Call、Jump、Return指令的目标代码,选择子为零；

(7) 执行SSE或SSE2指令,试图访问128位存储器,指令要求16位对准,但数据不位于16位边界上。

⑭ 异常14—页异常(Page Exception,♯PF)

当分页机制被启用,CR0寄存器的位PG=1,允许分页操作的情况下,指令进行存储器访问时,被访问的线性地址所在的页目录或页表项的存在位P=0(即页未驻留在内存),或当前的过程没有足够的特权级访问指示的页,则发生页异常。此时,处理器把引起故障的线性地址装入CR2寄存器,并提供一个错误代码,指示引起页故障的原因。

与页有关的错误代码的格式如图13.25所示。

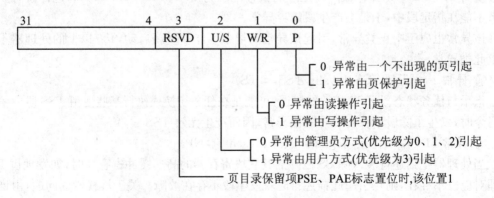

图13.25 与页相关的错误代码格式

⑮ 异常16－协处理器浮点错(FPU Floating-Point Error,Math Fault,♯MF)

在CR0寄存器的数字错误(NE)位置1的情况下,如80x87 FPU浮点部件检测到一个浮点错,则微处理器在ERROR引脚上给出一个浮点错信号。只有当处理器在执行一条x87 FPU或WAIT/FWAIT指令时,处理器才会检查该引脚,以确定是否产生了浮点异常,如出错,则把浮点异常通知系统。执行SIMD指令时检查到的浮点异常由异常19(♯XF)处理。

⑯ 异常17－对界检查错(Alignment Check Exception,♯AC)

当EFLAGS的AC位为1,访问存储器的数据段或堆栈段时,如出现错误的对界地址,则产生对界检查错异常。例如,访问一个字单元时,应该是偶地址单元;双字单元的地址应能被4整除;双精度浮点数的地址应能被8整除等等。如果地址不在这些边界上,则产生边界检查错异常。此故障仅在执行特权级为3的程序时才可能产生,80486以上的机器才有此异常功能。

⑰ 异常18－机器检查异常(Machine-Check Exception,♯MC)

当处理器检测到一个内部机器错或总线错,或者由外部智能体(agent)检测到一个总线错,控制寄存器CR4的允许机器检查位MCE置为1时,产生机器检查错异常。仅Pentium以上的计算机才有此异常功能,执行CPUID指令可以检测是否存在机器检查异常这种特征。

⑱ 异常19－SIMD浮点异常(SIMD Floating-Point Exception,♯XF)

当执行SSE或SSE2指令时,检测到浮点错误,则产生SIMD浮点异常。

向量号32～255是为用户定义的中断,不能用作异常。处理器可以完成以下工作:

(1) 执行INT n指令,n = 32～255。

(2) 当中断向量号为32～255时,响应INTR引脚或从Local APIC上来的中断请求。

13.3.2 保护模式下中断和异常的处理

在实模式下,中断的转移方法与8086的相同:中断服务程序的入口地址存放在中断向量表中,每个中断类型号对应一个表项,每项占4字节,CPU读取中断类型号后将其乘以4,作为访问中断向量表的偏移量,读取表中的CS:IP就能自动转入相应的中断处理程序。

在保护模式下响应中断和异常时,不使用实模式下的中断向量表,而是使用中断描述符表IDT,CPU把中断向量号N作为中断描述符表IDT的索引,在IDT表中找到相应的描述符,再根据描述符转到相应的中断或异常处理程序。

1. 中断描述符表IDT和门描述符

1) 中断描述符表IDT

与GDT表和LDT表一样,IDT表也是一个8字节描述符阵列,在整个系统中,GDT表和IDT表都只有一个,而且都是全局性的描述符表,但GDT表的第0项不能包含一个描述符,而IDT表可以包含。

IA-32结构的处理器能识别256个中断向量号。设中断向量号为N,则由N×8可以在IDT表中找到相应的中断描述符。例如,N=2时,从IDT表中偏移地址为N×8=16处可以找到2号描述符。因为每个描述符占8字节,所以IDT表最大长度为256项×8字节/项=2KB,而GDT表和LDT表最多可以有2^{13}=8192项,最大长度为8192项×8字节/项

=64KB。

IDT 表中包含的描述符只能是中断门、陷阱门或任务门描述符,也就是说,在保护模式下,CPU 只能通过中断门、陷阱门或任务门才能转到相应的中断或异常处理程序。IDT 表可以位于存储器的任意地方,它在内存中的起始地址和限长由中断描述符表寄存器 IDTR 来确定。两者之间的关系见前述图 13.6(b)。

2) 中断门、陷阱门和任务门描述符

这些描述符的含义已在 13.2.1 节介绍过,其格式见图 13.18。任务门描述符的 TYPE 字段等于 0101。

2. 中断响应和异常处理的步骤

由硬件自动实现的中断响应和异常处理,按下列步骤进行各种检查,如检查通过,则执行下一步。

1) 超限检查

首先检查中断向量号 N 所索引的门描述符是否超出 IDT 的界限,如超出,则引起通用保护故障(♯GP),出错码$=N\times 8+2$。

2) IDT 表中的门描述符检查

对从 IDT 中取出的门描述符,分解出段选择子、偏移量和描述符属性类型,并进行相关的检查。IDT 中的描述符只能是任务门、16/32 位中断门或陷阱门,否则会引起通用保护故障(♯GP),出错码$=N\times 8+2$。

3) 特权级检查

如果是由 INT n、INT 3 或 INTO 指令引起的中断或异常,还要进行特权检查,检查中断门、陷阱门或任务门中的 DPL,看是否满足 CPL<=DPL。如果不能满足,则产生通用保护异常。这种限制能阻止运行在 3 级上的应用程序或过程,用软件方式去访问紧急的异常处理程序,如页故障处理程序等。所以应将这些处理程序置于更高优先级(数字上更小)的代码段。对于硬件产生的中断和处理器检测到的异常等其它情况,处理器对中断门和陷阱门中的 DPL 则忽略不查。

此外,门描述符的 P 位必须等于 1,表示门描述符是一个有效项,否则会引起段不存在异常,错误代码为$=N\times 8+2$。

4) 转入中断或异常处理程序

根据门描述符的类型,分别转入相应的中断或异常处理程序,后面将分类讨论。对于异常处理程序,还要根据异常类型确定返回点,如有错误代码,则要在执行异常处理程序之前,将符合错误代码格式的出错码压入堆栈。

3. 各种转移方式

处理器处理中断或异常时,先用中断或异常向量号 N 作为索引(Index),指向 IDT 表中的一个描述符。若 Index 指向一个中断门或陷阱门,则处理器调用中断或异常处理程序,类似于用 call 指令去调用一个调用门;如果 Index 指向任务门,则处理器执行任务切换操作,转到中断或异常处理程序,类似于用 call 指令去调用一个任务门。

1) 通过中断门或陷阱门的转移

通过中断门或陷阱门的转移过程如图 13.26 所示,该过程由硬件自动完成,转移过程分为以下几步：

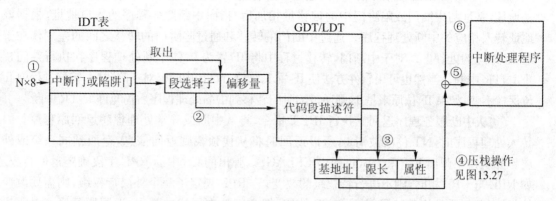

图 13.26 通过中断门或陷阱门的转移示意图

① 用中断向量 N 作为索引，由 N×8 选中 IDT 表中的一个中断门或陷阱门描述符。

② 从 IDT 表中取出门描述符并作相关检查。门描述符包括段选择子、偏移量和相关的属性信息，段选择子用于访问 GDT 或 LDT 中的一个代码段描述符，该描述符必须指向一个可执行的程序段。门描述符中的偏移地址规定中断/异常处理程序在程序段中的偏移地址。对于属性要进行各种检查：若描述符中的选择子为零，则产生通用保护异常；如取到的为非代码段描述符，表示不可执行，也产生通用保护异常；还要进行特权级检查。

③ 把代码段描述符装入 CS 的高速缓冲寄存器。把描述符装入 CS 高速缓冲寄存器后，还要检查门描述符给出的表示中断处理程序代码入口的偏移地址是否超出界限，如超出界限，则产生通用保护异常。

④ 压栈操作。对于特权级没有改变的情况，压栈操作用来保护断点和标志寄存器，堆栈结构如图 13.27(a)所示，分以下几步进行：

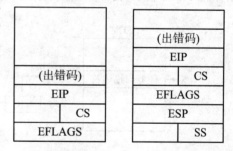

图 13.27 通过中断门或陷阱门的堆栈结构

（1）先将标志寄存器 EFLAGS 压入堆栈，然后将 EFLAGS 中的 NT 和 TF 位清 0。将 TF 置 0 表示处理程序不允许单步执行，NT 置 0 表示处理程序执行到 IRET 指令，从中断返回时，返回到同一个任务而不是一个嵌套任务。如果转移是通过中断门进行的，则使 IF 位也清 0。

（2）将 CS 及 EIP 的当前值压入堆栈，以便中断处理完成后返回断点，接着把 DPL 字段设置到 CPL 中。

（3）如有出错码，则将错误代码压入堆栈，只有异常操作才可能出现错误代码。

注意：每次堆栈操作都按一个双字进行，16 位的 CS 要扩展成 32 位压入堆栈中，其中高 16 位未作定义。

对于特权级改变的情况，切换操作发生在通过中断门由外层向内层转移时，这时应先将外层堆栈的指针 SS:ESP 压入堆栈中，再将 EFLAGS 和断点 CS:EIP 压入堆栈，如有错误代码，还要将其压入栈中。堆栈结构如图 13.27(b)所示。

⑤ 转入中断处理程序。由 CS 高速缓冲寄存器中的基地址指向中断服务程序代码段的基地址,基址与中断门或陷阱门中的偏移量相加后,指向中断服务程序的入口地址,根据该地址转入相应的中断处理程序。通过中断门的转移和通过陷阱门的转移之间的差别仅在于对 IF 标志的处理上。对于中断门,转移过程中将 IF 置为 0,使中断处理程序在执行期间禁止 INTR 中断。当然也可用软件方法使 IF 置 1,允许 INTR 中断。对于陷阱门,转移过程中 IF 位保持不变,如果 IF 位原来是 1,则通过陷阱门转移到中断处理程序后仍允许 INTR 中断。

⑥ 从中断服务程序返回。执行 IRET 指令,将从中断或异常处理程序返回原程序。因转入处理程序时,NT 位已被清 0,所以返回时将从栈顶找到返回信息,返回到同一级或外层。先从栈中弹出 EIP 和 CS,再弹出 EFLAGS。弹出的 CS 中的 RPL 字段确定返回特权。如 RPL 与 CPL 相同,则不进行特权级的改变;若 RPL 规定了一个外层特权级,则需要改变特权级,此时需要恢复外层 ESP 和 SS 的值,把它们从内层栈中弹出,返回原程序。对于提供错误代码的异常处理程序,必须先从栈中弹出错误代码,再执行 IRET 指令,以便找到返回地址及保存在栈中的 EFLAGS 的值。

2) 通过任务门的转移

如果响应中断时,中断向量号所索引的描述符是任务门描述符,那么控制转移到一个作为独立任务形式出现的处理程序。任务门中的"TSS 段选择子"指向 GDT 表中的一个可用的"TSS 描述符",由它指向对应的 TSS 段,再转移到相应的中断处理程序。转移过程示意图如图 13.28 所示,具体步骤如下:

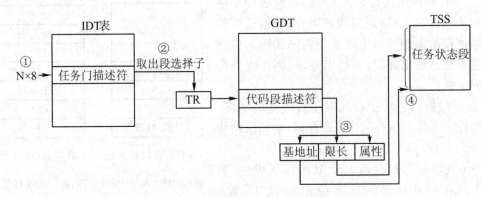

图 13.28 通过任务门转移的示意图

① 由中断向量号 N 作为索引,由 N×8 选中 IDT 中的一个任务门描述符。

② 将任务门中的 TSS 段选择子装入任务寄存器 TR,由 TR 在 GDT 表中选中 TSS 描述符。

③ 将 TSS 描述符装入 TR 高速缓冲存储器。

④ 根据 TR 高速缓冲存储器中的内容确定任务状态段 TSS 的基地址、限长等,再由 TSS 段转入相应的中断或异常处理程序。

另外,通过任务门的转移,进入中断或异常处理程序时,要使 EFLAGS 中的嵌套标志 NT 位置 1,表示是嵌套任务。用 IRET 指令返回时,沿 TSS 中的链接字段返回到最后一个被挂起的任务。通过任务门的转移,情况比较复杂,将在任务切换中作进一步介绍。

3) 转移方式比较

对中断的响应和异常的处理,可通过使用中断门或陷阱门,由当前任务内的一个过程进行处理,也允许通过任务门由另一个任务进行处理。

由当前任务内的过程进行处理较为简单,并可以很快转移到处理程序。但处理程序要负责保存及恢复处理器的寄存器内容,以便利用 IRET 指令从中断或异常处理程序返回原程序。

通过任务门转移的优点是:中断程序或任务的所有寄存器内容全部自动保存。处理中断或异常时,新的 TSS 允许处理程序使用一个新的 0 级堆栈,防止系统崩溃。处理程序可以与其它任务相隔离。缺点是:任务切换时,必须保存所有的机器状态,比使用中断门或陷阱门转移的速度慢,有些中断可能得不到及时处理。

因此,要求快速响应的中断,可以通过中断门或陷阱门进行处理。要注意的是 80x86 的程序决不能调用一个低特权级的过程,因此在使用中断门时,中断处理程序应该安排在 0 级上,使 RPL=0,这样它可以转到任何级别的程序去处理。否则,若正在特权级 0 执行程序时发生中断,就不能进入中断处理程序而引起通用异常。中断处理程序使用任务门时,可以安排其它的优先级,这是因为任务切换可以从任何特权级切换到目标任务的任何特权级。此外,使用独立任务的处理方法处理中断或异常时,处理程序可以得到很好的隔离。

13.4 任务切换

13.4.1 任务结构和任务切换数据结构

一个程序连同它的数据,在处理器上的一次动态执行过程被称为任务(Task)。实际上,任务的概念可以扩展到一个程序或者一个过程的执行,一个操作系统服务功能的实现,一个中断或异常的处理,乃至一个功能内核的执行。处理器可以根据需要调度(dispatch)、执行(executive)和挂起(suspend)一个任务。任务间的控制转移也称为任务切换,可以从一个任务控制转移到另一个任务,它是 32 位机段模式中最复杂的部分。

IA-32 结构提供一种保护任务状态、调度任务以执行任务以及从一个任务切换到另一个任务的机制。当工作在保护模式下,处理器的所有操作都发生在一个任务之内,即使是最简单的系统,也必须定义一个任务。复杂系统则利用处理器的任务管理功能来支持多任务应用。

1. 任务结构

任务结构主要由两个部分组成:任务的执行空间和任务状态段 TSS。

任务的执行空间包含一个代码段、一个堆栈段、一个或几个数据段。如果一个操作系统或执行程序使用特权级保护机制,任务的执行空间也会为每个特权级分别提供各自的堆栈。

TSS 用来说明组成执行空间的段,提供任务状态信息的存储空间。在多任务系统中,TSS 也会提供任务链接机制。一个任务由该任务的 TSS 段描述符的选择子来识别。当一个任务要装入处理器执行时,先要把 TSS 描述符的 16 位段选择子和 64 位描述符,先后装入任务寄存器 TR 以及 TR 的高速缓冲器中。由 TR 选择子可以找到 TSS 描述符;根据描述符中的基地址、限长和段描述符属性等信息,找到相应的任务状态段 TSS;再由 TSS 找到任务的执行空间,执行相应的操作。

2. 任务切换用到的数据结构

IA-32 结构的处理器,使用几个专用的数据结构来支持多任务,通过这些数据结构和寄存器,处理器可以高速地从一个任务切换到另一个任务。这些数据结构包括:任务状态段 TSS,任务状态段 TSS 描述符,任务寄存器 TR 和任务门描述符,它们可以存放在 LDT、GDT 或 IDT 表中;此外,还有 EFLAGS 寄存器中的任务嵌套标志 NT。

1) 任务状态段 TSS

任务状态段 TSS 是一种包含有关任务重要信息的特殊的存储段,它不是用来存储代码或数据,而是保存任务状态或上下文关系,用来支持任务调用、返回以及任务间的嵌套。TSS 的基地址、限长和段属性由 TSS 描述符提供。TSS 属于系统段,它在内存中由低位和高位两部分组成。低位部分由处理器定义,对应一个任务的各种信息,占用 104 个字节,地址为 00H～67H。高位部分从 68H 开始,由操作系统定义。TSS 低位部分的格式如图 13.29 所示。

下面讨论任务状态段的低位部分。它分成两种域:动态域和静态域。

① 动态域(Dynamic field)

在任务切换期间,当一个任务被挂起时,处理器修改动态域。动态域包含如下内容:

(1) 通用寄存器 EAX,ECX,EDX,EBX,ESP,EBP,ESI 和 EDI。

(2) 段选择子 ES,CS,SS,DS,FS 和 GS 寄存器。

(3) EFLAGS 寄存器。

(4) 指令指针 EIP。

(5) 上一个任务的 LINK 域,任务嵌套时用。

I/O位图偏址		0	T	64H
0		LDT段选择子		60H
0		GS		5CH
0		FS		58H
0		DS		54H
0		SS		50H
0		CS		4CH
0		ES		48H
	EDI			44H
	ESI			40H
	EBP			3CH
	ESP			38H
	EBX			34H
	EDX			30H
	ECX			2CH
	EAX			28H
	EFLAGS			24H
	EIP			20H
	CR3			1CH
0		SS2		18H
				14H
0		SS1		10H
				0CH
0		SS0		08H
				04H
0		LINK		00H

图 13.29 TSS 低位部分的格式

如果想从正在运行的任务(任务 1)跳转到另一个任务(任务 2)去,则两个任务的 TSS 段的动态域内容会发生这样的变化:在任务切换前,CPU 将被挂起任务(任务 1)动态域的内容,保存到它自身的 TSS 段(TSS1)中。例如,把通用寄存器 EAX～EDI 的值,存入 28H～44H 单元中,EFLAGS 的值,存入 24H 单元中等。接着,把被调用要执行的任务(任务 2)动态域的内容,从任务 2 的 TSS2 段中取出,并装入相应的寄存器中。例如,把 28H～44H 的内容,分别装入通用寄存器 EAX～EDI 中,从 4CH 单元中取出任务 2 的 CS 值,装入 CS 寄存器中,从 20H 中取出任务 2 的 EIP 值,装入 EIP 寄存器中等。然后,根据新的 CS 和 EIP 开始执行新的任务(即任务 2)。

② 静态域(Static field)

任务切换时,处理器读出静态域,通常不修改它们。当一个任务创建时,要对这些域进行设置。静态域包括:

(1) LDT 段选择子　包含任务的 LDT 段选择子,用来给出每个任务自己的 LDT 表,允许任务地址空间与其它任务隔开。实际上,多个任务也可以共享同一个 LDT。作为任务切换的一部分,处理器也能切换到另一个 LDT 去。

(2) CR3　CR3 寄存器也称为页目录基址寄存器(Page-Directory Base Register,PDBR),它包含任务所用的页目录的物理基地址。在任务切换过程中,CR3 也被重新装入,允许每个任务有自己的系列页表。有了 LDT 和 CR3 这些保护功能,能够帮助任务间的隔离,保护它们不相互干扰。

(3) 特权级 0～2 的堆栈指针　如果同一任务中不同特权级别的程序共享一个堆栈,则在不同特权级过程嵌套调用较深时,会导致堆栈崩溃。为避免发生这类事情,任务的每一个特权级都应建立一个独立的堆栈。这样,当从低特权级转换到内层特权级时,可以把外层低级堆栈指针压到内层堆栈中,返回时再恢复外层堆栈指针。在 TSS 段中,存有 0～2 级共 3 个内层堆栈指针 SS0:ESP0～SS2:ESP2。但没有指向 3 级的堆栈指针,这是因为 3 级在最外层,其权限最低,任何一个向内层转移的操作都不可能转移到 3 级。如果 3 级任务被挂起,只需要把指向 3 级任务的指针,保存到 TSS 段的 SS:ESP 映象中,所以不需要再设特权级为 3 的堆栈指针了。

(4) T(debug trap)标志　位于字节 64H 的 D0 位称为调试自陷位,即 T 位。当通过任务切换进入一个新任务后,如新任务的 TSS 段的位 T=1,那么在任务切换过程完成之后,新任务的第一条指令执行之前,将产生一个调试自陷,即产生异常。此时,处理器就可做一些事情,如统计此任务被切换的次数,检查此时 TSS 的各个值等。T 位允许软件根据需要在任务间有效地共享调试寄存器,而不会因为具有这样的功能而加重标准任务切换的负担。

(5) I/O 允许位图基地址(I/O Map Base Address)　I/O 允许位图被放在 TSS 段中的高位部分,它在 TSS 段中的基地址由偏移地址为 66H 处存放的 16 位值决定。I/O 允许位图最大长度为 64K 位,即 8K 字节,其作用是决定处理器对某任务使用 I/O 地址的控制能力,每位控制一个 I/O 端口地址,可寻址 64K 个 8 位 I/O 端口。在位图中,若某位为 0,则允许对应的 I/O 端口进行操作;若某位等于 1,则仅当 CPL<=IOPL,或者说当前 I/O 特权级不低于 IOPL 时,允许 I/O 操作。

2) 任务状态段描述符(TSS Descriptor)

任务状态段 TSS 也和其它段一样,需要由一个段描述符来定义,它的基址、限长以及 DPL、粒度(G)、存在标志(P)等属性字段,与数据段描述符相同。由于 TSS 段的最小长度为 68H 字节(0～67H),所以限长必须大于或等于 67H。属性字段中,位 S=0,说明是系统段描述符或门描述符。具体格式见图 13.17。

Type 字段用来说明任务类型。与任务切换有关的类型有:Type=0010 时,对应一个局部描述符表 LDT;Type=1001 时,说明是 32 位的有效任务状态段;Type=1011 时,说明是 32 位忙任务状态段,忙任务指的是现在正在运行或被挂起的任务。

每个任务都有两种状态:有效状态和忙状态。因为任务不可递归调用,即不能自己调用自己,所以当前执行任务的 TSS 的类型会被处理器自动置成"忙",如切换到忙的 TSS 时,会产生通用保护异常(♯GP);另外,TSS 段描述符只能放在 GDT 中,不能放在 LDT 或 IDT 中,否则也会产生非法 TSS 异常(♯TS);还要注意的是应将 TSS 描述符的选择子装入 TR 寄存器,如果想选择 TSS,却把选择子装进一个段寄存器,也将产生♯GP 异常。

3) 任务寄存器(Task Register,TR)

TR 用来存放 16 位段选择子,通过它可以在 GDT 表中找到当前任务的 TSS 描述符。根据描述符可以读出 TSS 段的基地址、限长和属性。在读出 64 位段描述符信息的同时,也把它加载到了 64 位高速缓存寄存器中,这样可以使任务执行的效率更高。TR、GDT 表和 TSS 之间的关系见图 13.8。

如处理器执行"JMP 段选择子:偏移量"指令时,由该段选择子指向的是 GDT 表中的 TSS 描述符,则该段选择子的内容就被装到 TR 寄存器中,也就是说给 TR 寄存器赋值,同时将偏移量丢弃。再根据找到的 TSS 段,转去执行相应的任务。类似地,由"CALL 段选择子:偏移量"指令也能从 GDT 表中直接找到 TSS 描述符,从而完成任务切换。

如果执行 JMP 和 CALL 指令时,段选择子指向 GDT/LDT 表中的任务门描述符,也能给 TR 寄存器赋值,间接找到相应的 TSS 段。

4) 任务门描述符(Task-Gate Descriptor)

任务门描述符也称为任务门,其格式见图 13.18,其中 TYPE=0101B,见表 13.3。在任务门描述符中,TSS 段选择子字段指向 GDT 表中的一个 TSS 描述符,偏移量则不起作用。TSS 段选择子也装入 TR 寄存器,由它找到 GDT 表中的 TSS 描述符,进而找到 TSS,转去执行相应的任务。任务门描述符可以放在 GDT 表或 LDT 表中,也可以放在 IDT 表中。下面举例说明任务门描述符在 LDT 表中的工作情况。

例 13.7 执行指令"CALL　r32:偏移量",寻址 TSS 段。

我们可以参照图 13.30 来理解这条指令的工作过程:

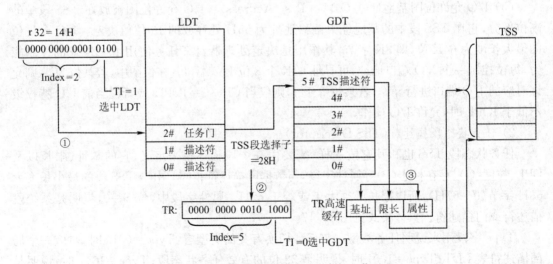

图 13.30　任务门描述符在 LDT 中的工作过程

① 如 16 位段选择子 r32=14H,则 TI=1,Index=2,选择子指向 LDT 表中的 2 号任务

门描述符。

② 处理器将2号任务门描述符的TSS段选择子(假设＝28H)装入TR寄存器。该选择字表示TI＝0,Index＝5,指向GDT表中的5号TSS描述符。

③ 从GDT表中取出5号TSS描述符,并装入TR高速缓存寄存器中,由该寄存器指向相应的TSS段。

从上例可以看到,任务门是通过指向任务门描述符中的"TSS段选择子"来间接定位任务的。为什么要用间接的方法进行任务切换,而不直接使用指向TSS的描述符的选择子来定位呢？这是因为TSS描述符只能放在GDT表中。不通过任务门,直接用指向TSS描述符的选择子的方法定位任务,只能在0特权级时才能使用。而任务门可以放在GDT中,也可以放在LDT或IDT中,采用任务门,就可以在任何特权级上定位任务,方便地达到任务切换的目的。当由中断或异常产生任务切换时,可以从IDT中的任务门描述符,找到GDT表中的TSS描述符,从而指向TSS段。

5) EFLAGS寄存器中的任务嵌套标志NT

NT＝1时,由IRET返回指令执行任务切换操作。该标志的功能将在介绍任务嵌套时讨论。

13.4.2 任务切换方式

系统从执行某一个任务的状态,转换到另外一个任务去执行,称为任务切换。任务切换可以有以下4种方式。

1. 直接通过TSS段进行任务切换

当段间转移指令JMP或段间调用指令CALL所含指针的选择子,指示一个可用任务状态段TSS描述符时,正常情况下就发生由当前任务向该TSS对应的目标任务的切换。指令形式为：

  JMP 选择子:偏移量

  CALL 选择子:偏移量

指令中的选择子装入TR寄存器,偏移量被丢弃。TR指向GDT表中的TSS描述符。目标任务的入口点由TSS描述符中的CS:EIP字段所规定的指针确定。

处理器采用与访问数据段相同的规则,控制对TSS段描述符的访问。TSS段描述符中的DPL,规定了访问该段描述符的最外层特权级,只有同级或更高级的程序,才可访问相应的TSS段。同时还要求指示它的选择子的RPL满足：RPL<＝TSS的DPL。只有满足这些条件,才开始进行任务切换。图13.31给出了采用这种方式进行任务切换的过程。

2. 通过任务门进行任务切换

段间转移指令JMP或段间调用指令CALL指向任务门,通过任务门中的TSS段选择子,指向GDT表中的TSS描述符,切换到TSS描述符所对应的目标任务。指令的形式也是：

  JMP 选择子:偏移量

  CALL 选择子:偏移量

指令中的选择子可指向LDT中的任务门,也可指向GDT中的任务门,指令中的偏移地址也被丢弃。这样,用不同的选择子可以访问同一个任务门描述符,工作过程如图 13.32 所示。

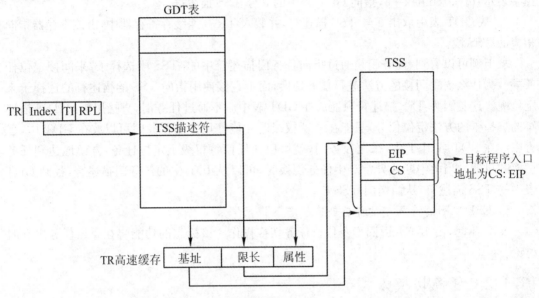

图 13.31　直接通过 TSS 进行任务切换

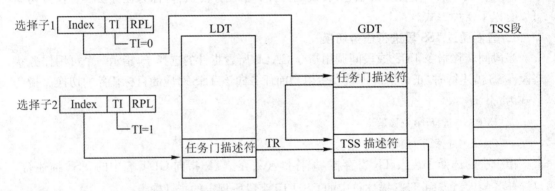

图 13.32　不同选择子通过任务门访问同一个 TSS 描述符

　　与处理器访问数据段相类似,任务门的 DPL 规定了访问该任务门的最外层特权级,只有更高级的程序才能访问它;任务门选择子的 RPL 也应满足 RPL<=任务门的 DPL;任务门内的 TSS 段选择子,应指示 GDT 表中的可用的 TSS 描述符;对 TSS 描述符的 DPL 不作特权检查。

3. 通过中断或异常指向 IDT 表中的任务门进行任务切换

　　处理器响应中断或产生异常时,若中断向量号所索引的描述符是任务门描述符,那么控制将转移到一个作为独立任务出现的处理程序。如果中断或异常号为 N,则任务切换过程见前面介绍的图 13.28。由 N×8 作为索引号,指向 IDT 表中的某一任务门描述符,再由该任务门描述符,指向 GDT 表中的 TSS 描述符,进而找到相应的 TSS 段。

4. 通过中断返回指令进行任务切换

若 EFLAGS 寄存器的位 NT=1,通过中断返回指令 IRET 返回时,将切换到上一个任务。有关内容将在后面作进一步讨论。

由此可知,任务切换都要通过 TSS 描述符来找到 TSS 段,根据 TSS 描述符中的 CS:EIP 转向目标代码段。从这个角度来说,任务切换可以有下面几种方式:

(1) 通过执行 JMP/CALL 指令,直接指向 GDT 中的 TSS 描述符。

(2) 通过执行 JMP/CALL 指令,指向 GDT/LDT 中的任务门,再由任务门中的 TSS 段选择子指向 TSS 描述符,进而指向 GDT 中的 TSS 描述符。

(3) 由中断/异常向量指向 IDT 中的任务门,用同样的办法指向 GDT 中的 TSS 描述符。

(4) 另外,当 EFLAGS 寄存器中的 NT=1 时,由 IRET 指令也能引起任务切换。

存放在 LDT、GDT 或 IDT 表中的任务门,可以指向同一个任务,如图 13.33 所示。

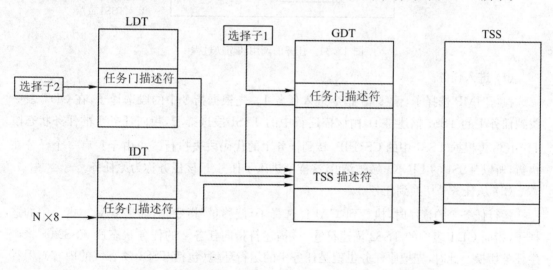

图 13.33 存放在 LDT、GDT 和 IDT 中的任务门指向同一个任务

13.4.3 任务调用、链接和切换过程

利用 JMP 指令、CALL 指令、中断或异常,可以进入一个任务或调用一个任务来执行。当一个任务在执行时,又可以通过 JMP 指令、CALL 指令、中断或异常、中断返回指令切换到另一个任务去。切换到一个新任务时,处理器要完成一系列操作。

1. 任务的调用和切换

利用 CALL 指令或由中断引发任务切换时,当前运行任务的环境被自动保存到它自身的 TSS 段中,当前任务(原任务)被挂起。新任务的状态装入处理器中,这样可以转向新任务去运行。原任务的 TSS 段选择子,装入新任务的 TSS 段的 LINK 域中。在新任务中执行 IRET 指令时,将从新任务的 TSS 段的 LINK 域中,取出原任务的 TSS 段选择子,正确返回原任务。下面举例说明具体的工作过程。

例 13.8 利用 JMP 指令,进入一个任务,设这个当前正在运行的任务为任务1。执行任务1时，由CALL指令转向新任务2，这两个任务的任务状态段分别为TSS1和TSS2。在任务2执行IRET指令，可以返回到任务1。任务的调用和切换过程大致如图13.34所示。

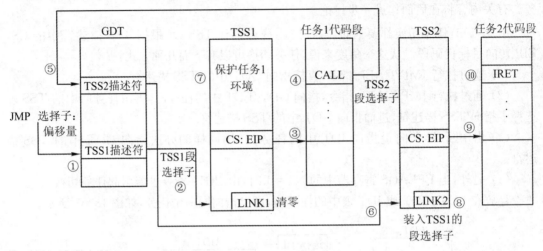

图 13.34 任务的调用和切换过程

(1) 进入任务。

执行"JMP 选择子:偏移量"指令进入任务1。先根据指令中的段选择子，在GDT表中找到任务1的TSS1描述符①，由该描述符中的TSS1段选择子，指向任务1的任务状态段TSS1②，再根据TSS1中的CS:EIP，转到任务1的代码段去执行③。由于只有一个任务在执行，所以TSS1的LINK1域被清0，这样就进入了任务1，该任务称为原任务。

(2) 从任务1切换到任务2。

运行任务1的程序时，执行到"CALL 选择子:偏移量"指令④，如果CALL指令中的选择子，指向GDT表中的TSS2描述符⑤，该描述符指向任务2的任务状态段TSS2⑥，将产生任务切换。此时，先把原任务也就是任务1的运行环境(包括TSS1动态域的内容)，保存到TSS1中⑦，再把任务1的TSS段选择子，装入TSS2的LINK2域中⑧，然后把TSS2中的动态域内容装入处理器，处理器根据TSS2中的CS:EIP，转到任务2的代码段去运行⑨，实现了由任务1切换到任务2的过程。当然，利用中断、异常或JMP指令也可切换到任务2去。

(3) 从任务2返回到任务1。

运行任务2程序，执行到IRET指令时⑩，则从TSS2的LIKN2域中取出TSS1段选择子，装入TR寄存器，据此又可进行任务切换，由任务2返回到任务1。此时，一方面保存任务2的运行环境，将TSS2的通用寄存器等内容，保存到TSS2的动态域中，另一方面恢复任务1的运行环境，把TSS1中动态域的内容，装入处理器的相应寄存器中，继续执行任务1。不过，如通过JMP指令进行任务切换时，则不能用IRET指令返回到任务1。

2. 任务的链接和TSS段中的LINK域

一个任务在执行时，又去调用另一个任务，则在当前运行的任务和被调用的任务之间产生了任务切换。被调用的任务也被称为嵌套任务，它被嵌套在原任务中。任务嵌套时，由TSS中的LINK域和EFLAGS中的NT标志，共同控制任务的链接和程序的走向。

TSS 段中的前面任务 LINK 域(Previous Task Link Field),也称为返回链接(Backlink),简称 LINK 域,它和标志寄存器 EFLAGS 中的 NT 标志一起,共同控制嵌套任务返回到它的前面任务去。NT 标志用来说明当前运行的任务,是否被嵌套在另一个任务中,NT=1 表示嵌套,否则就表示没有嵌套。当由 CALL 指令、中断或异常引起任务切换,产生任务嵌套时,处理器修改 LINK 域,将现在正在执行任务的 TSS 段选择子,复制到新任务的 TSS 段的 LINK 域中,并使 EFLAGS 的 NT 位置 1。当由软件用 IRET 指令挂起新任务时,处理器可利用新任务中的 LINK 域和 NT 标志,返回到前面任务去。要注意的是,由 JMP 指令引起的任务切换,新任务不能嵌套,此时 NT=0,前面任务的 LINK 域无效。

多重嵌套时,NT 标志和 LINK 域的设置情况如图 13.35 所示,其中 A 为顶级任务,B 为嵌套任务,C 为更深的嵌套任务。运行过程如下。

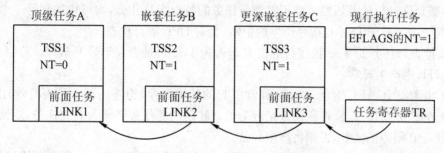

图 13.35 NT 和 LINK 域的设置

先运行当前任务 A,由于任务 A 没有嵌套在其它任务中,它是顶级任务,所以 EFLAGS 标志中的 NT=0,前面任务 LINK1 域等于 0。

运行任务 A 时,指向任务 A 的 TSS 段描述符中 TYPE 字段中的忙标志 Busy=1。若出现了中断或执行了 CALL 指令,产生了任务切换,则由任务 A 切换到任务 B。此时,任务 B 被激活成为有效任务,指向任务 B 的忙标志 Busy 置 1,任务 A 的忙标志则保持不变;A 任务的运行环境保存到 TSS1 中,此时 TSS1 的 NT 位=0。因为任务 B 嵌套在任务 A 中,所以使 EFLAGS 的 NT 标志置 1,还要修改动态域,使 TSS2 的 NT 位置 1。同时将前面任务 A 的 TSS1 段选择子,装入任务 B 的 LINK2 域中,以便返回任务 A。B 任务的 TSS2 的动态域内容送入处理器。

同样,运行任务 B 时,如切换到任务 C(非 JMP 指令),则任务 B 的 TSS2 段选择子装入 TSS3 的 LINK3 中,任务 C 也成为忙任务。任务 A 转到 C 的过程称为任务的链接。

在任务 C 中执行 IRET 指令时,TSS3 中的 NT 位清 0,根据 LINK3,取出 TSS2 的选择子装入 TR,返回任务 B,任务 C 从忙变为有效任务。同样,在任务 B 中执行 IRET 指令,使 TSS2 的 NT 位清 0,根据 LINK2,返回任务 A。由于任务 A 的 LINK1=0,链接结束,TSS1 中的 LINK1 字段不会被别的任务访问。从任务 C 返回任务 A 的过程也称为任务的解链。同样,由 JMP 指令引起的任务切换不能被解链。

3. 任务切换的过程

前面介绍了任务调用、链接和任务切换的大致过程。实际上,任务切换时还要进行种种检查,工作过程很复杂。下面介绍任务切换时,处理器完成的主要操作步骤,说明如何从当前正在运行的原任务切换到新任务中去。

(1) 获得新任务的 TSS 段选择子。对于执行 JMP、CALL 指令引起的任务切换,可从指令的操作数中直接获得,或通过任务门间接获得;如任务切换由中断或异常引起,则先由 IDT 表中找到任务门,再间接获得 TSS 段选择子;对于由 IRET 指令引起的任务切换,则从前面任务的 LINK 域中获取。

(2) 进行特权级检查,确定是否允许当前任务切换到新任务去。对于 CALL 和 JMP 指令,将用访问数据段权限的规则来进行特权级检查。当前任务或老任务的 CPL 和指向新任务的段选择子的 RPL,必须<=TSS 描述符或任务门中的 DPL,即 CPL<=DPL,RPL<=DPL,这表明由 CALL 和 JMP 指令产生的任务切换,只能转移到同级或低级任务去。对于中断(INT n 指令产生的中断除外)、异常以及 IRET 指令产生的任务切换,则不管 DPL 的值是什么,都允许进行任务切换。即不管当前任务的特权级是什么,均可切换到另一个任务的任何特权级去。对于 INT n 指令产生的中断,会对 DPL 进行检查。

(3) 检查新任务的 TSS 描述符的位 P 是否为 1,限长是否大于等于 67H。若位 P≠1 或限长<67H,则产生异常。

(4) 由 JMP、CALL 指令、中断或异常引起的任务切换,检查新任务是否有效;由 IRET 指令引起的任务切换,则检查新任务是否为忙。转向的新任务必须为有效任务,返回后去执行的新任务必须为忙任务,否则将产生异常。

(5) 检查当前任务的 TSS、新任务的 TSS,以及任务切换时用到的所有段描述符,是否已按页存入系统存储器中。

(6) 设置原任务 TSS 段描述符中的忙标志位。如果任务切换是由 JMP 或 IRET 指令引起的,则处理器将忙标志清 0,这是因为执行 JMP 指令不会引起任务嵌套,切换发生后不能将当前任务置为忙。执行 IRET 指令,是进行解链操作,当前任务不再嵌套在其它任务中了,所以也不是忙任务了;如果任务切换是由 CALL 指令、中断或异常引起的,则忙标志保持置 1,指示原任务忙。这样,用 IRET 指令返回时,可以正确返回到原任务,因为系统要求返回的任务必须为忙任务。

(7) 修改原任务 TSS 段描述符的 EFLAGS 中的 NT 标志。如果任务切换是由 IRET 指令引起的,则处理器使 NT 标志清 0,表示该任务不嵌套在另一个任务中了;如果任务切换由 CALL、JMP 指令、中断或异常引起,则 NT 标志不变。

(8) 把当前(老)任务的状态保存到当前任务的 TSS 中,类似于保护现场。处理器先通过 TR 的高速缓存找到当前任务 TSS 的基地址,然后把所有通用寄存器 EAX~EDI、段寄存器 CS~FS、EFLAGS 寄存器以及指令指针寄存器 EIP 的值都保存到当前 TSS 中。

(9) 设置新任务的 TSS 段中 EFLAGS 的 NT 位。如果任务切换由 CALL 指令、中断或异常引起,则处理器使 NT 标志位置为 1,表示新任务嵌套在当前任务中;如果任务切换由 IRET 指令引起,表示执行任务返回操作,则处理器将从保存在堆栈中的 EFLAGS 映像中恢复 NT 标志,也就是将堆栈中的 NT 标志送至新任务的 TSS 段的相应位;如果任务切换由 JMP 指令引起,则 NT 标志不变。

(10) 设置新任务 TSS 描述符中的忙标志。若任务切换由 JMP、CALL、异常、中断引起,则忙标志由 0 置为 1;若任务切换由 IRET 指令引起,则忙标志仍保持 1。

(11) 使控制寄存器 CR0 中的 TS 标志置 1，表示产生了任务切换。该标志的映像存储在新任务的 TSS 中。

(12) 将新任务 TSS 的段选择子和段描述符，分别装入 TR 和 TR 的高速缓冲寄存器中，指向新任务的 TSS 段，当然也要经过一系列检查后，才能进行 TR 的装载。此时，如果所有的检查和保存操作都已成功完成，处理器就进行任务切换。如果步骤(1)~(12)中出现不可恢复的错误，处理器不完成任务切换，而是返回到引起任务切换的指令执行前的状态。

(13) 将新任务的 TSS 中的各种状态装入处理器中，这些状态包括 LDTR 寄存器、CR3 寄存器、EFLAGS 寄存器、EIP 寄存器、通用寄存器以及段寄存器的段描述符部分，装载的过程中也要进行各种检查。

(14) 开始执行新任务。

有关中断和异常以及任务切换的编程实例，涉及需要设置各种段表(如 GDT 表、LDT 表、IDT 表、TSS 段)和描述符，还要考虑不同特权级之间的转换等问题，程序很长，也很复杂，这里就不再给出了。

习　题

1. Pentium 处理器与 8086 CPU 相比，增加了哪些用户级寄存器？
2. 系统表寄存器 GDTR、IDTR 包含什么内容？系统段寄存器 LDTR、TR 的功能是什么？为什么要用高速缓冲寄存器？
3. 指令 MOV　BX，[ECX+EBX*4+20H]完成什么操作？
4. 有一个段描述符，存放在 GDT 表中的第 25 项中，该描述符的请求特权级为 3，求该描述符的选择子。(参考例 13.1。)
5. 某内存段描述符为 014F 9800 1200 FFFFH，其含义是什么？(参考图 13.14。)
6. 段描述符的属性位 S=0 或 S=1 时，各寻址什么描述符？
7. 参考例 13.6，简要说明从线性地址求对应的物理地址的工作过程。
8. 在保护模式下，处理器能接收哪两种中断？其中外部中断由哪些原因引起？
9. 什么情况下会产生异常？异常的来源有哪几个？异常处理程序分哪几类？
10. 通过中断门或陷阱门、任务门，如何转到相应的中断处理程序去？(参考图 13.26 和图 13.28。)
11. 任务切换用到哪些数据结构？任务切换有哪几种方式？
12. 说明执行"CALL r32：偏移量"指令的大致工作过程。(参考例 13.7。)

第 14 章 32 位机的指令系统和程序设计

8086 CPU 只能处理 8 位和 16 位操作数,而 80386~Pentium 除了保持与 8086 兼容,可以直接处理 8/16 位操作数外,还增加了许多新的指令,并能直接处理 32 位操作数。80486 DX 和 Pentium 芯片内还包含一个数字协处理器,可以用它完成复杂的浮点运算。对于 8086 和 80386,协处理器作为独立的部件,置于 CPU 芯片之外。至于奔腾处理器的 SIMD 指令及编程方法,比起 80386 来说又要复杂得多,也非常有用,特别是在 3D 图像处理等方面,有许多独到之处。本章先介绍 80386 新增指令和相关的程序设计实例,再介绍奔腾处理器的 SIMD 技术和浮点数的表示方法,然后讨论 SIMD 指令系统、基于 SIMD 指令的程序设计方法。

14.1 80386 新增指令和程序设计

80386 和 80387 的指令相当丰富,功能很强而且十分灵活,按用途可分为三大类:整数指令、操作系统指令和浮点指令。本节主要介绍部分整数指令,重点是对 8086 指令集进行了较强功能扩充的那些新指令,包括它们的寻址方式、指令特点和功能,并给出几个程序设计实例,使大家能初步掌握 32 位微处理器的汇编语言程序设计方法。

14.1.1 80386 的寻址方式

80386 的寻址方式与 8086 类似,也可以分成三大类:立即数寻址、寄存器寻址和存储器寻址方式,但操作数可以是 8 位、16 位和 32 位。下面以 MOV 指令的源操作数为例来概要介绍这几种寻址方式,主要介绍 32 位存储器寻址方式。

1. 立即数寻址方式

在这种寻址方式下,操作数以立即数的形式出现在指令中。

例 14.1

```
    MOV    EBX, 12345678H              ;EBX←12345678H
    MOV    DWORD PTR[MEM], 0100FF20H   ;双字存储单元←0100FF20H
```

2. 寄存器寻址方式

操作数在寄存器中称为寄存器寻址方式。寄存器与寄存器之间、寄存器与存储器之间可以互相传送数据。

例 14.2

```
    MOV    EAX,EBX              ;EAX←EBX
    MOV    M_DWORD,EDX          ;存储单元←EDX
```

要注意的是,对于 MOV 指令,目标操作数与源操作数的长度必须一致,段寄存器之间

不能传送数据,CS 不能作目的操作数,因此,下面 3 条指令是非法的:

```
MOV    AL,EBX          ;两操作数长度不一致
MOV    DS,ES           ;段寄存器间不能传送数据
MOV    CS,BX           ;CS 不能作目的操作数
```

3. 存储器寻址方式

与 8086 一样,在这种寻址方式下,指令的操作数都放在存储器中,需用不同的方法求得操作数的物理地址,来获得操作数。按照 80386 的存储器组织方法,应用程序设计人员可使用的地址称为逻辑地址。在保护模式下,有了逻辑地址,计算机会自动计算出线性地址,并把它转换成物理地址,再从中取出存储器操作数,或者将别的操作数送至该存储单元。

逻辑地址由段选择子和偏移地址两部分组成,段选择子存放在段寄存器中,为方便起见,这里用"段寄存器:偏移量"来表示逻辑地址,可以用显式、隐式或默认方式来指定段寄存器。由段选择子可以从 GDT 或 LDT 表中找到相应的段描述符,从而获得段基地址等信息。段基地址加上偏移地址等于物理地址。偏移地址的计算公式为:

偏移地址 = 基址 + 变址 * 比例因子 + 位移量

基址寄存器:EAX,EBX,ECX,EDX,EBP,ESP,EDI,ESI
变址寄存器:EAX,EBX,ECX,EDX,EBP,EDI,ESI
比例因子: 1,2,4,8
位移量: 8 位/32 位立即数

在指令中,对构成偏移地址的基址和变址寄存器要加上方括号[ ],例如,[EAX+40H],[EBP+EAX*4+100H]等都表示存储器操作数。当这些操作数中的方括号内出现 ESP 或 EBP 时,则段寄存器使用 SS,其余情况默认用 DS 作段寄存器。如果要用 ES、FS 或 GS 作段寄存器,必须采用段超越前缀来表示,如 FS:[EBX+EAX],GS:[ECX+EAX*8+80H]。

按照偏移量的计算方法,4 个分量可以有不同的组合,又构成了不同的寻址方式,从而使 32 位处理器可以在 4GB 范围内寻址。下面仅举几个例子来说明。

例 14.3
```
MOV    EDX,[EAX + ESI]      ;源操作数地址为 DS:[EAX + ESI]
                            ;采用基址变址寻址方式
```

例 14.4
```
MOV    EAX,[ESI+EBP + 54]   ;源操作数地址为 SS:[ESI + EBP + 54]
                            ;采用带位移量的基址变址寻址方式
```

例 14.5
```
MOV    BX,[EDX+4*ESI+60H]   ;源操作数地址为 DS:[EDX + 4 * ESI + 60H]
                            ;采用带位移量的基址比例因子寻址方式
```

处理器可以工作在实模式下,在这种模式下,存储器操作数也是由段寄存器和偏移量两部分组成,段寄存器中存放的是段基地址,物理地址=段基址*10H+偏移量。

偏移地址的表示方法与保护模式下的公式是一样的,即也可以用基址、变址、比例因子和位移量 4 部分来表示,而且基址和变址可以用 32 位寄存器来表示,只是计算物理地址的

方法与保护模式下的不一样。例如，对于下述指令：

    MOV   EAX,   [EBX+ESI*8+25H]

在实模式下，物理地址等于 DS*10H+(EBX+ESI*8+25H)。

在保护模式下，段寄存器也是 DS，但它存放的不再是段基地址，而是段选择子，这时不能再按实模式下的计算公式去求物理地址，而是要采用 13.3 节所讲的分段和分页技术去求得物理地址。我们主要考虑处理器工作于保护模式下的情形。

14.1.2 80386 的新增指令

80386 的许多指令与 8086 兼容，只是操作由 8 位、16 位变成 32 位，有关这方面内容就不介绍了，下面介绍一些新增加的指令。

1. 数据传送指令

1) 通用数据传送指令

当源操作数和目的操作数的长度不一样时，是不能用 MOV 指令来传送数据的，但如果要传送数据，可以使用零扩展指令 MOVZX 和符号扩展指令 MOVSX 来实现。

例 14.6

    MOVZX   AX,BH

设该指令执行前，AX=1234H，BH=9EH，指令执行过程中，将 BH 中的内容 9EH 零扩展为 009EH，再传送至 AX。

所以指令执行后，AX=009EH，BH=9EH。

例 14.7

    MOVSX   AX,BH

设该指令执行前，AX=1234H，BH=9EH=10011110B，指令执行过程中将 9EH 用符号扩展为 FF9EH，即把 BH 寄存器的符号位"1"扩展到目的操作数 AX 的高半部分 AH 中。

所以指令执行后，AX=FF9EH，BH=9EH。

2) 堆栈操作指令

对于堆栈操作指令 PUSH 和 POP，也有扩展功能。

PUSH 指令的操作数除了可以是 16 位或 32 位的寄存器/存储器外，还可以是 8/16/32 位立即数，但 POP 指令的操作数不能用立即数。

例 14.8

    PUSH   1234H   ;将立即数 1234H 压入堆栈
    PUSH   EAX   ;将 32 位寄存器 EAX 的内容压入堆栈

但是下面的指令是错误的：

    POP   5678H   ;POP 指令不能用立即数作操作数

此外，还增加了 PUSHA 和 PUSHAD 指令，用一条指令就可以将所有通用寄存器的内容压入堆栈。这样在编程序时可以节省许多指令。

例 14.9

    PUSHA   ;将 AX,CX,DX,BX,SP,BP,SI,DI 顺序压入堆栈
    PUSHAD   ;将 EAX,ECX,EDX,EBX,ESP,EBP,ESI,EDI 顺序压入堆栈

用 POPA 和 POPAD 指令可以进行相反的弹出操作。

3) 地址目标传送指令

这类指令用来传送 6 字节地址指针,地址指针存放在 6 个连续的存储单元中,目的地址为"段寄存器:双字通用寄存器"。这类指令中,源操作数必须是存储器操作数;目的操作数为双字通用寄存器,段寄存器隐含在操作码中。

例 14.10

```
LDS  EBX,MEM        ;DS:EBX←MEM 单元开始的内容
LES  EDI,MEM        ;ES:EDI←MEM 单元开始的内容
LSS  ESP,MEM        ;SS:ESP←MEM 单元开始的内容
LFS  EDX,MEM        ;FS:EDX←MEM 单元开始的内容
LGS  ESI,MEM        ;GS:ESI←MEM 单元开始的内容
```

这些指令适用于 32 位微机的多任务操作系统中,使一条指令完成多种功能。

2. 算术运算指令

算术运算指令包括加、减、乘、除 4 种运算,还有一些调整指令和数据类型转换指令。下面主要介绍乘法扩展指令和数据类型转换指令。

1) 乘法指令

8086 中,无符号数乘法指令 MUL 和整数乘法指令中都只能有一个源操作数,而且该操作数不能是立即数,另一个操作数默认放在累加器中。例如,指令 IMUL BL,表示将 AL 与 BL 相乘后,乘积送入 AX 中。32 位乘法指令允许有 2 个或 3 个操作数,而且操作数可以是立即数。两种扩充指令如下:

(1) 立即数乘法指令。

这类指令允许用一个立即数与寄存器或存储器操作数相乘,结果放在指定的寄存器中,立即数乘法指令只能用于带符号数相乘的场合。

例 14.11

```
IMUL EBX, 10              ;EBX←EBX * 10
IMUL BX,  CX,123          ;BX←CX * 123
IMUL EAX, EBX,40H         ;EAX←EBX * 40H
IMUL ECX, [EBX+EDI],50    ;ECX←50 * 双字存储单元内容
```

(2) 寄存器与存储器相乘指令。

允许任一个 8 位、16 位或 32 位的寄存器操作数和另一个相同长度的寄存器或存储器操作数相乘,结果放在寄存器中。

例 14.12

```
IMUL AX,  BX           ;AX←AX * BX
IMUL EAX, EDX          ;EAX←EAX * EDX
IMUL ECX, MEM_DW       ;ECX←内存单元内容 * ECX
```

上述两类 IMUL 扩充指令中,因被乘数、乘数和积的长度一致,相乘后就可能发生溢出,溢出时,OF 标志置 1。这两类扩展指令增加了灵活性,但因容易产生溢出而限制了它们的应用。

2) 数据类型转换指令

在 8086 中有两条指令可以完成数据类型转换:一条是 CBW 指令,将字节转换成字;另一

条是 CWD 指令,将字转换成双字。80386 中除了有上述两条指令外,又增加了以下两条指令:
  CWDE   ;将 AX 中的字扩展成 EAX 中的双字
  CDQ   ;将 EAX 中的双字扩展成 EDX,EAX 中的 4 字

这些指令的操作数都在累加器中,通常安排在除法指令前面,用于产生双倍字长的被除数,将累加器中的符号位进行扩展。

例 14.13 对于 CWDE 指令:
如果指令执行前,AX=1234H,那么指令执行后,EAX=00001234H;
如果指令执行前,AX=8000H,那么指令执行后,EAX=FFFF8000H。

3. 移位指令

80386 增加了两条多字节左移指令 SHLD 和多字节右移指令 SHRD,也称为双精度移位指令。这类指令的格式为:
  SHLD OP1, OP2, imm8/CL
  SHRD OP1, OP2, imm8/CL

它们有 3 个操作数,第一操作数 OP1 可以是 16 位/32 位的寄存器或存储器,第 2 操作数 OP2 为 16 位/32 位的寄存器,第 3 操作数为 8 位立即数或 CL 寄存器,后者用来表示移位次数。

例 14.14
  SHLD EAX,EBX,4
其功能是将 EAX 左移 4 位,将 EBX 的高 4 位移入 EAX 的低 4 位。
设指令执行前,EAX=12345678H,EBX=87654321H,
则指令执行后,EAX=23456788H。

例 14.15
  SHRD EBX, EDX, CL   ;设 CL=4
指令功能:将 EBX 的内容右移 4 位,高 4 位由 EDX 的低 4 位补充。
设指令执行前,EBX=12345678H,EDX=87654321H,
则指令执行后,EBX=11234567H。

4. 字符串操作指令

1) 基本字符串操作指令

80386 的字符串操作指令与 8086 的基本一样,也包含字符串传送 MOVS、字符串比较 CMPS、字符串扫描 SCAS、字符串装入 LODS 和字符串存储 STOS 共 5 大类指令。每类指令除了可以进行字节、字操作之外,还可以按双字操作。下面就以字符串传送指令为例来进行说明。

字符串传送指令可以有 4 种形式:MOVS、MOVSB、MOVSW 和 MOVSD。它们均用 ESI 作源变址寄存器,EDI 为目的变址寄存器,ECX 中存放要传送的字节、字或双字数。

例如,双字字符串传送指令 MOVSD 的功能为:将以 DS:[ESI]为始址的双字传送到以 ES:[EDI]开始的目的地址单元中去,每传送一个双字,ESI 和 EDI 分别增 4 或减 4,若 DF 标志为 0,则加 4,如果 DF=1,则减 4。但 CX 在每次传送后,仍减 1,表示传送了一个双字。下面再用具体的例子来进一步说明 MOVSD 的操作过程。

例 14.16
  MOVSD

设指令执行前，ESI=00112233H,EDI=44556677H；

　　　　　　　DS:[ESI]中的内容=12345678H(源地址内容)；

　　　　　　　ES:[EDI]中的内容=87654321H(目的地址内容)；

　　　　　　　DF=0,ECX=5。

则指令执行后，ESI=00112237H(加 4),EDI=4455667BH(加 4)；

　　　　　　　DS:[ESI]中的内容=12345678H(不变)；

　　　　　　　ES:[EDI]中的内容=12345678H(由源地址单元送过来)；

　　　　　　　ECX=4(减 1)。

使用字符串操作指令时，也可以在指令前加重复前缀 REP、REPE、REPZ、REPNE、REPNZ,以便重复执行串操作。

2) 输入输出字符串操作指令

80386 还增加了两条输入串操作指令 INS 和输出串操作指令 OUTS。INS 指令允许从一个输入端口读入一串数据,传送到以 ES:[EDI]为始址的一连串存储单元中,OUTS 指令则可以从以 DS:[ESI]开始的连续存储单元向输出口写入一串数据。端口号必须放在 DX 寄存器中。

INS 指令可以有 INSB、INSW 和 INSD 三种形式,分别表示字节串、字串或双字串输入操作。每输入一个数据,EDI 增或减 1,2,4。DF=0 时,为增量操作,DF=1 时为减量操作。OUTS 指令的形式为 OUTSB、OUTSW 和 OUTSD,传送过程中,ESI 根据 DF=0 或 1 作增量或减量操作。使用输入输出字符串操作指令时,也可以在指令前加 REP 等重复前缀,以便重复执行串操作。

例 14.17

　　　INSD

设指令执行前，EDI=00000052,DX=004CH(端口号)；

　　　　　　　DF=0,DX 端口内容=FFFFD832H(源)。

则指令执行后，EDI=00000056(加 4)；

　　　　　　　ES:[EDI]=FFFFD832H,表示将源数据传到了目的地。

5. 转移指令

转移指令包含无条件转移、条件转移、调用和返回指令。下面介绍 80386 中无条件转移和条件转移指令的一些特点。

1) 无条件转移指令 JMP

指令格式:JMP　　　目标地址

指令功能:表示跳转到指令中指定的偏移量处执行。目标地址可以是一个标号,包含 32 位偏移量；也可以是一个内存操作数,32 位指针位于内存中。

例 14.18

　　　JMP　　label

设 label=00001234H,

则指令执行后,EIP=00001234H。

例 14.19

  JMP [EBX+EDI*4]

设指令执行前,DS:[EBX+EDI*4]指向的 32 字节内存单元内容为 2000FAB0H。

则指令执行后,EIP=2000FAB0H。

2) 条件转移指令 Jcc

这类指令有 JO、JNO、JB、JC 等,共有 16 种,形式与 8086 的条件转移指令相同,但 8086 相对地址用 1 字节表示,转移的范围仅为(-128~+127),而 80386 相对转移地址可用 4 字节表示,范围大多了。

例 14.20

  JO LAB_N

如果指令执行前,EIP=12340000H,则近标号 LAB_N 在 JO 指令后偏移 200H。

指令执行后,如果 OF=1,则 EIP=12340200H;如 OF=0,则执行下条指令。

6. 条件设置指令

指令格式:SETcc 8 位寄存器或存储器

指令中条件 cc 可以是 O、NO、C、NC 等,共有 16 种,与 Jcc 指令中的条件一样。如果条件成立,则使 8 位寄存器或存储器操作数置 1,否则清 0。

例 14.21

  SETZ BL   ;若 ZF=1,则使 BL 置 1;否则 BL 清 0

  SETNBE MEM8 ;若 CF=0 和 ZF=0(不低于等于,即高于)

         ;则使 MEM8 单元置 1;否则清 0

这类指令可用来帮助高级语言评估布尔代数式,简化编译过程。

7. 位处理指令

32 位系统常用来处理大块数据,但也常常要对某些位组成的阵列进行操作;另外,计算机处理图像和语音数据时,也常常要用到位处理功能。为了实现位处理功能,80386 设置了位处理指令,包含位测试和位扫描指令,有些位测试指令的功能很强,也很复杂。

1) 位测试指令

这类指令可以有如下几种形式:

  BT OP1,OP2 ;位测试

  BTR OP1,OP2 ;位测试,并复位

  BTS OP1,OP2 ;位测试,并置位

  BTC OP1,OP2 ;位测试,并求反

这类指令均有 2 个操作数,第一个操作数 OP1 可以是 16/32 位的寄存器或存储器,第二个操作数 OP2 为 8 位立即数或 16/32 位寄存器。当 OP2 为寄存器时,其长度应与 OP1 相同。

例 14.22

  BT EAX,5   ;EFLAGS 的 CF 位←EAX 的位 5 的值

  JC BIT5_S   ;若 CF=1,则转移;否则执行下条指令

例 14.23

  BTC EBX,7   ;EFLAGS 的 CF 位←EBX 的位 7 的值

         ;然后再对 EBX 的位 7 求反

设指令执行前,EBX=12345678H;
则指令执行后,CF=0（因 EBX 的位 7=0）;
　　　　　　　EBX=123456F8H（EBX 位 7 取反）。

例 14.24
　　　　BTR　　CX,AX
设指令执行前,CX=FFFFH,AX=0006H,
指令功能:将 CX 的位 6 送到 EFLAGS 的 CF 中,再将 CX 的位 6 清 0。
所以指令执行后, CF=1,CX=FFBFH。

上面的例子都是比较简单的,它们的第二操作数 OP2 的值较小,这时 OP1 是被测的数,OP2 指出被测位的序号。指令执行时先将被测位的值送 EFLAGS 的 CF 中去,然后将该位或清 0 或置 1 或求反。但当 OP2 大于 8 时,要对其求模才能得到被测位数,而且这类指令可访问的位串的范围是很大的,当 OP2 为 16 位操作数时,可访问(−32K～(32K−1))范围内的位串;当 OP2 为 32 位操作数时,可访问(−2G～(2G−1))内的位串。当 OP1 为存储器操作数时待测数的地址由下式给出:

待测数的地址=OP1 + K * OP2/(OP1 的位数),

当 OP1 的位数为 16 时,K=2;当 OP1 的位数为 32 时,K=4。

例 14.25
　　　　BT　　EAX,54H
指令执行前,EAX=8000ABCDH,
待测位的序号 i=OP2%(OP1 的位数),% 为取余数,OP1 的位数为 32 位,所以 i=54H%32=20,即要测试位串的第 20 位。接着将 EAX 的位 20 送到 EFLAGS 的 CF 中。
因为 EAX 的位 20 等于 0,所以 CF=0。对于 BT 指令,EAX 的内容不变。

例 14.26
　　　　BT　　DWORD PTR ARRAY,EAX
(1) 指令执行前,EAX=04A6B48H,它大于 8,所以要对它求模,也就是取余数。
OP1 为 32 位操作数,所以待测位的序号为:
　　　i=EAX % 32 = 04A6B48H % 32 = 8,即要测试第 8 位。
(2) 再求待测数的地址:
　　　设 OP1 即 ARRAY=1000H,由于 OP1 的位数为 32 位,所以 K=4。
　　　待测数的地址=OP1 + K * OP2/(OP1 的位数)
　　　　　　　　　=1000H + 4 * 04A6B48H/32
　　　　　　　　　=1000H + 4 * 2535H=1000H+94D4=0A4D4H
表示从 1000H 处偏移了 2535 * 4 个 byte(4 个字节表示双字)。
(3) 再从 0A4D4H 双字单元中取出一个数,将其第 8 位送到 CF 中。

2) 位扫描指令
有两条位扫描指令:
① 前向扫描指令 BSF:　　BSF　OP1,OP2
OP1 为 16/32 位的寄存器,OP2 可以是 16/32 位的寄存器/存储器,两者长度必须一致。

其功能为:对 OP2 指定的字或双字从低位向高位(向左)扫描,遇到第一个"1"时停止扫描,并将其索引号送入 OP1 中。

如果源操作数 OP2=0,则 ZF 置 1,否则 ZF 清 0。

例 14.27

  BSF EAX,EBX

设指令执行前,EBX=12003180H,

指令功能:从低位向高位扫描,扫到位 7 时不等于 0,就将索引号 7 送入 EAX。

指令执行后,EAX=0000 0007H。

② 逆向扫描指令 BSR: BSR OP1,OP2

对 OP2 自高位向低位(向右)扫描,遇到第一个内容为 1 的位则停止扫描,并将该位的索引号送入 OP1 中。

8. 部分操作系统类指令

这些指令通常只用在操作系统代码中,不会出现在应用程序中,也就是说,一般情况下它们只能在 0 级特权级上运行。

1) 加载和存储指令

前面已介绍过 4 条指令:LGDT,LIDT,LLDT 和 LTR,它们分别用来加载 GDT 表寄存器、IDT 表寄存器、LDT 表寄存器和任务寄存器 TR。与这些加载指令相对应的还有 4 条存储指令:SGDT,SIDT,SLDT 和 STR,分别用来将 GDT 表寄存器、IDT 表寄存器、LDT 表寄存器和任务寄存器 TR 存储到存储器中。4 条存储指令可以在 0~3 级上运行。

例 14.28

  SGDT MEMORY   ;将 GDTR 的内容存储到以 MEMORY 开始的 6 个字节单元中
  SLDT [EAX]   ;将 LDTR 内容存储到 EAX 指出的字单元中

2) 设置和存储控制寄存器指令

  MOV CRn, EAX ;将 EAX 的值赋予 CR0、CR2 或 CR3 中的一个
  MOV EBX, CRn ;将 CR0、CR2 或 CR3 的值存到 EBX 中

3) 设置和存储调试寄存器指令

  MOV DRn, EAX ;将 EAX 的值赋予 DR0~DR3、DR6、DR7 中的一个
  MOV EBX, DRn ;将调试寄存器的值存到 EBX 中

14.1.3 程序设计实例

掌握了 80386 的寻址方式和指令系统后,就可以利用 386 的 32 位指令来进行汇编语言程序设计了。不过,由于目前很多 PC 机上没有汇编语言程序的开发环境,而绝大多数人熟悉 C 语言的编程方法,因此可以采用在 C 语言中调用汇编语言程序段(函数)的方法来进行编程,或者说将汇编语言嵌入到 C 语言中去。利用嵌入式汇编程序,无须额外的汇编及连接步骤,就可以将汇编语言指令直接嵌入到 C 或 C++源程序中。

下面以当前流行的 VC 6.0 为编程环境,举例说明在 C 程序中嵌入汇编语言程序的基本步骤。这些例子稍加修改便可以运行在其它的 C 语言编译环境中。基本的编程和调用步骤如下:

(1) 与所有的 C 程序一样,在程序的开头必须用 #include 语句包含进需要用到的头文件。例如,用 #include<stdio.h>语句把 C 语言标准 I/O 库函数包含进程序;其次是对必要的变量和数据进行定义。

(2) 用关键字_asm 和 { } 将要调用的汇编语言程序段(函数)嵌入到 C 语言程序中,也可以认为是用它们将汇编指令与 C 程序分隔开来,汇编语言程序段(函数)放在{ }中。

(3) 为便于 C 编译程序把嵌入的汇编语言程序当成函数调用,必须将这段汇编程序定义成函数,并在函数名之前说明函数返回参数的类型,同时在函数名后面的括号内说明输入参数及它们的类型,例如,int(整型)、float(浮点数)、void(无数据类型)等。

(4) 可以用_stdcall、_declspec(naked)等定义函数的调用方式。默认的返回值是放在 EAX 寄存器中的。

(5) 编写 C 语言主程序 main( )。主程序常常用来显示提示信息、调用汇编语言程序和显示程序运行结果等。用 C 语言编程来完成显示提示信息和程序运行结果是很方便的,如果要用汇编语言来实现这种功能,则必须在 DOS 环境下,利用 DOS 功能调用,即 INT 21H 来实现。现在 DOS 已用得很少了,我们何不采用目前广泛使用的 VC 来完成这些功能呢?还要注意的是,VC 6.0 只能在 Windows 下运行,不允许使用 INT 21H 中断功能调用。

为使读者初步掌握 386 汇编语言程序设计以及它们与 C 语言混合编程的方法,下面用 3 个编程的实例加以说明。

例 14.29 冒泡法排序程序。

所谓排序就是将内存中的一个无序数列按"从大到小"或"从小到大"的次序排列的一种操作。排序可以有多种方法,其中"冒泡法排序"是一种常用的方法。可以将内存中 n 个无序数据看作重量各不相同的气泡,数的大小代表气泡的重量,垂直排列在内存中。根据重气泡在下、轻气泡在上的原则,从下到上进行扫描,如果违反原则,就交换位置,经(n-1)次比较后,最轻的气泡冒到了最上面。再进行第二次扫描,经(n-2)次扫描后,第二轻的气泡又冒到了上面。经(n-1)轮扫描后,次序就按轻者在上、重者在下的原则全部都排好了。

用此方法可对内存中的无序数据排序。设有一个 n=6 的无序数列(可以是 32 位数):42,75,21,13,36,24 存于内存中,如图 14.1(a)所示,进行第一次扫描时,将序号为 0 和 1 的数据 42 和 75 相比较,违反了"上小下大"的原则,所以要交换位置,得到(b)图;再对 1 号和 2 号数据 42 和 21 做比较,无须交换,得到(c)图;如此重复,直到经(n-1)=5 次比较后,最小的数 13 冒到了最上面。接着进行第二次扫描,这次只要进行(n-2)=4 次两两比较就能使第二小的数 21 冒到上面。经(n-1)次扫描后,就将 6 个数据按"上小下大"的次序完全排好了。

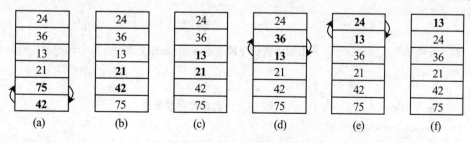

图 14.1 冒泡法排序示意图

下面给出实现冒泡法排序的程序。为便于阅读，C语言程序一般都用小写字母书写，嵌入的汇编语言程序用大写或小写表示都可以，这里采用大写字母表示，以与前面介绍的指令书写格式一致。

```c
#include <stdio.h>                              // 包含头文件
int nums[] = {24,36,13,21,75,42};               // 内存中待排序的6个无序数的数组nums
//——————————用汇编语言编写的冒泡法排序函数——————————
void __stdcall bubble(int *nums,int count)      //定义bubble函数
{
    __asm {                                     // 在C++语言中插入汇编语言程序
        MOV     ESI,[nums]              ;ESI中存储了数组nums的起始地址
        MOV     ECX,[count]             ;需排序数的个数,作为参数传递给函数bubble
        DEC     ECX                     ;对于n个数的排序,只需n-1次扫描
    outloop:
        CMP     ECX,1                   ;检查排序是否结束
        JL      done                    ;ECX<1,转,表明排序已经完成
        MOV     EDX,0                   ;EDX←序号初值0,每比较一次,EDX加1
        MOV     EAX,[ESI]               ;EAX←从数组中取一个数
    innerloop:
        CMP     EDX,ECX
        JGE     bottom                  ;完成一轮扫描,转
        INC     EDX                     ;未完成,指向下一对数据
        MOV     EBX,[ESI+EDX*4]         ;EBX中放入上边的数
        MOV     EAX,[ESI+EDX*4-4]       ;EAX中放入下边的数
        CMP     EBX,EAX                 ;比较两个数的大小
        JBE     innerloop               ;上面数较小或两者相等则无须交换,转
    swap:
        MOV     [ESI+EDX*4-4],EBX       ;上面数较大则交换这两个数
        MOV     [ESI+EDX*4],EAX
        JMP     innerloop               ;进行下两个数据的比较
    bottom:
        DEC     ECX                     ;扫描次数减1
        JMP     outloop                 ;进行下一次扫描
    done:
    }
}
//——————————汇编语言程序段结束,以下为主程序——————————
int main()
{
    int i = 0;                                  //打印排序前数组
    printf("bubble sort\n");
    printf("before:\n");
    for(i = 0; i < 6; i++) {
```

```
            printf("%d ",nums[i]);
        }
        bubble(&nums[0],6);              //调用 bubble 函数,实现排序算法
        printf("\nafter:\n");            //打印排好序的数组
        for(i = 0; i < 6; i++) {
            printf("%d ",nums[i]);
        }
        return 0;
    }
```

程序在 VC6.0 中编译通过。程序运行后,数据按从大到小的顺序存储在数组中,显示结果为:

```
bubble sort
before:
24 36 13 21 75 42
after:
13 21 24 36 42 75
```

例 14.30 字符串查找程序。

在源字符串中,查找是否含有目标字符串,如有,则将目标字符串在源字符串中首次出现的位置序号送给 EAX 寄存器,否则,将－1 赋予 EAX。

程序中,设源字符串为:This is a string ,目标串为:str,各寄存器存放如下参数:

DS:ESI　源串指针。

ES:EDI　目标串指针。

ECX　　源串长度。即确定要搜索的范围,可以只搜索源字符串中前几个字符。这里
　　　　ECX=16,也就是搜索全部的源字符串。

EBX　　目标串长度。将要搜索的字符串的长度送入 EBX 中,这里是 3,也就是在源
　　　　字符串中,搜索由"stroke"字符串中前 3 个字符组成的字符串"str"。

完整的程序如下:

```
#include <stdio.h>                       //头文件
#include <string.h>
char astr[] = {16,"This is a string"};   //源字符串(含长度)
char bstr[] = {3,"str"};                 //目标字符串(含长度)
int __stdcall strsearch(char * astr,char * bstr)   //定义 strsearch 函数
{
    __asm {                              //在 C++语言中插入汇编语言程序
        CLD                              ;递增方向
        MOV     EBX,[astr]               ;EBX←源串始址
        MOVZX   ECX,BYTE PTR [EBX]       ;ECX←源字符串的长度

        INC     EBX
        MOV     EDI,EBX                  ;EDI←取一个源字符串
```

```
        MOV     EBX,[bstr]                  ;EBX←目标串长度
        INC     EBX
        MOV     ESI,EBX                     ;ESI←目标串首地址
        MOVZX   EAX,BYTE PTR [ESI]          ;读入目标串中的第一个字符's'到 al 中
        INC     ESI
    first_ch:
        REPNE   SCASB                       ;在源串中搜索是否有's'
        JECXZ   not_found                   ;没找到或比完了,转
        PUSH    ECX                         ;找到了,参数入栈
        PUSH    EDI
        MOV     EBX,[bstr]
        MOVZX   ECX,BYTE PTR [EBX]
        DEC     ECX                         ;第一个字符已经比较过了
        PUSH    ESI
        REPE    CMPSB                       ;比较下一个字符
        POP     ESI
        POP     EDI
        POP     ECX
        JNE     first_ch                    ;某次比较不相等,转
    found:
        MOV     EBX,[astr]                  ;找到了,计算目标串首次出现的位置并存入 EAX
        MOVZX   EAX,[EBX]
        SUB     EAX,ECX
        JMP     quit
    not_found:
        MOV     EAX,-1                      ;没有找到则 EAX 中返回-1
    quit:
    }
}
int main()                                  //主函数
{
    printf("string search\n");
    printf("source string: %s\n",&astr[1]);
    printf("search string: %s\n",&bstr[1]);
    printf("pos is %d\n",strsearch(&astr[0],&bstr[0]));   //调用 strsearch 函数
    return 0;
}
```

在主函数 main 中调用 strsearch 函数,以显示搜索的结果,在 strsearch 函数中实现了字符串查找算法。程序在 VC 6.0 中编译通过。程序运行后显示:

```
string search
source string: This is a string
search string: str
pos is 11
```

程序运行结果表明,在"This is a string"字符串中的第 11 个字符开始找到了字符串"str"。

例 14.31 阶乘运算程序。

在数学上,阶乘是个很重要的函数,其运算公式为:

n! = n * (n−1) * (n−2) * ⋯ * 1

可以采用两种方法实现阶乘运算:一种是按上述公式简单地将各数进行连乘;另一种是使用递归调用的方法计算阶乘。

所谓递归调用,就是将 n! 的值用(n−1)! 来表示,即:

n = n * (n−1)!

以 5! 为例,函数调用过程为:

fun(5) = 5 * fun(4)
      = 5 * 4 * fun(3)
      = 5 * 4 * 3 * fun(2)
      = 5 * 4 * 3 * 2 * fun(1)
      = 5 * 4 * 3 * 2 * 1 * fun(0)
      = 5 * 4 * 3 * 2 * 1 * 1 = 120

32 位寄存器能表示的最大阶乘为 13!。下面给出用两种方法求 5 的阶乘的程序。

```
#include <stdio.h>
#include <string.h>
int __stdcall fact1(int num)               //定义函数 fact1,用连乘法求阶乘
{
    __asm {                                //在 C++语言中插入用连乘法编写的汇编语言程序
        MOV   EAX,[num]                    ;EAX←需要求阶乘的数
        MOV   ECX,EAX
        DEC   ECX
    top:
        IMUL  EAX,ECX                      ;采用递减连乘计算阶乘
        LOOP  top
    }
}
__declspec (naked) int fact2(int num)      //定义函数 fact2,用递归法求阶乘
{
    __asm{
        MOV   ECX,[ESP+4]                  //在 C++语言中插入用递归法编写的汇编语言程序
        MOV   EAX,1
        PUSH  ECX                          ;传递参数入栈
        CALL  __fact                       ;调用递归函数
        RET
    __fact:
        MOV   ECX,[ESP+4]                  ;取入口参数
        DEC   ECX
```

```
        CMP   ECX,1
        JBE   end
        PUSH  ECX                    ;若比1大,继续入栈,递归调用自己
        CALL  __fact
    end:
        MOV   ECX,[ESP+4]
        IMUL  EAX,ECX                ;不断从堆栈中弹出数据相乘
        RET   4                      ;返回,并且从栈中弹出 4byte 的入口参数
    }
}
int main()                           //主函数
{
    int i = 5;
    printf("\n %d! =",i);
    printf("%d\n",fact1(i));         //调用 fact1,用连乘法求 5!
    printf("%d! =",i);
    printf("%d (recursive)\n",fact2(i));  //调用 fact2,用递归法求 5!
                                     //这里采用__declspec( naked )等定义函数的(naked)
                                     //会把数5作为入口参数 push 到堆栈中
    return 0;
}
```

程序在 VC 6.0 中编译通过。程序执行结果为：

  5! =120

  5! =120（recursive）

程序运行过程说明如下：

(1) 在主函数 main 中先调用 fact1,采用连乘法求 5!,运算结果作为 fact1 的返回参数,可以显示出来。

(2) 再调用 fact2 函数,这里采用"__declspec（naked）"定义函数。首先执行一条"PUSH"指令,将5压入堆栈,并将"ruturn 0"所在的地址压入堆栈,再从__asm{……}的第一条指令开始执行。

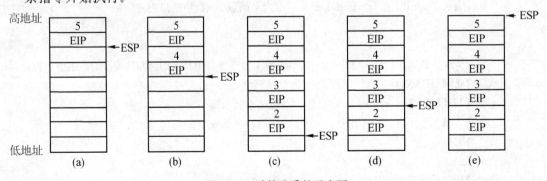

图 14.2 计算阶乘的示意图

(3) 进入__asm｛……｝程序后,从堆栈[ESP+4]处取出一数"5",将其作为递归调用的参数压入堆栈,执行第一条 CALL __fact 指令,EIP 入栈,开始执行递归调用过程,如图 14.2(a)所示。

(4) 递归调用__fact,从中取出参数 5,将其减 1,若比 1 大,继续压入堆栈,直至将 2 压入堆栈为止,如图 14.2(b)和(c)所示。

(5) 转"end:"开始的语句执行,不断从栈中弹出数据作乘法运算,如图 14.2(d),直至所有参数都相乘完毕,如图 14.2(e)所示。再返回主程序,结束操作。

14.2 浮点数的表示方法和奔腾处理器的 SIMD 技术

Intel 奔腾处理器采用了单指令多数据(Single-Instruction Multiple Data,SIMD)技术,使一条指令能同时对多个数据进行相同的操作,在多媒体技术、数值计算、语音识别、图像处理、3D 图形渲染、视频编解码以及矩阵运算等方面得到了广泛的应用。SIMD 技术不仅能处理整数、字符串等,还能处理浮点数。

14.2.1 浮点数的表示方法

1. 浮点数及其标准

前面讨论过的无符号整数、带符号整数、字符串、ASCII 码和 BCD 码等,都无法表示分数或小数,而许多物理量既包含整数部分,又包含小数部分,这些数称为实数。由于计算机能表示的数的位数是有限的,不能精确地表示出所有的实数,只能表示无穷个实数中的一个小的子集,利用这个子集可以解决绝大多数的实际问题。

计算机可以用定点数来表示一个实数,规定小数点在固定的位置,但用这种方法表示的数的范围很小,许多数都无法表示。而浮点数是指小数点可以浮动的数,它在保证比较精确地表示数据的同时,还能有效地拓展数的表示范围,因此计算机中都用浮点数来表示实数。例如,对于十进制数 5.2,可以表示成以下各种形式:

5.2×10^0

0.52×10^1

520×10^{-2}

最常用的是第一种形式,将小数点放在第一个非零数字的后面,称为规格化(Normalized form)浮点数。也就是说,数 5.2 用 5.2×10^0 来表示。用这种方式可以表示各种实数,例如:

123.5 表示成 1.235×10^2

0.087 表示成 8.7×10^{-2},等等

对于计算机来说,它所处理的数都是二进制数,计算机中的浮点数可以使二进制小数点浮动。不同的 CPU 有不同的浮点运算部件,80x86 处理器有对应的 80x87 协处理器,奔腾处理器内部集成有浮点部件 FPU,利用这些部件,通过浮点指令就可以进行浮点运算。

早在 1979 年之前,就有许多大型计算机采用了浮点数据类型,但却没有一种统一的浮点表示方法,以至于同一个程序在不同的计算机上运行,得到的结果也不一样。为了解决此问题,Intel 公司提出了浮点标准,IEEE 成立了浮点运算标准委员会,开发出了 IEEE 标准

754浮点数(IEEE Standard 754 Floating Point Numbers)。它已被工业界广泛接受,是当今计算机中实数表示的最通用方法,可用于 PC、Macintoshs 和 UNIX 平台的计算机中。下面主要介绍符合 IEEE 标准 754 浮点数的表示方法。14.3 节将介绍奔腾处理器的 SIMD 技术中用到的浮点指令,对于使用 80 位浮点寄存器的一般浮点指令,就不介绍了。

2. 浮点数的表示方法

1) 浮点数的基本组成部分和格式

浮点数由 4 个基本部分(域)组成:符号(sign)、指数(exponent)、尾数(mantissa)或小数(fraction)和偏移量(bias)。其中符号用一位表示,该位为 0 表示正数,为 1 表示负数。指数域有正负之分,指数的基数隐含值为 2,不用表示出来。尾数也称为有效数,是浮点数的小数部分,用来表示数位的精度。偏移量稍后进行说明。

浮点数分为两类:32 位单精度(Single Precision)浮点数和 64 位双精度(Double Precision)浮点数。浮点数每个域的位数如表 14.1 所示。

表 14.1 浮点数每个域的位数

类型	符号(s)	指数(e)	小数(f)	偏移量(b)
单精度浮点数	1〔位 31〕	8〔位 30～23〕	23〔位 22～0〕	127〔2^7-1〕
双精度浮点数	1〔位 63〕	11〔位 62～52〕	52〔位 51～0〕	1023〔$2^{10}-1$〕

32 位单精度浮点数和 64 位双精度浮点数的格式如图 14.3 所示。

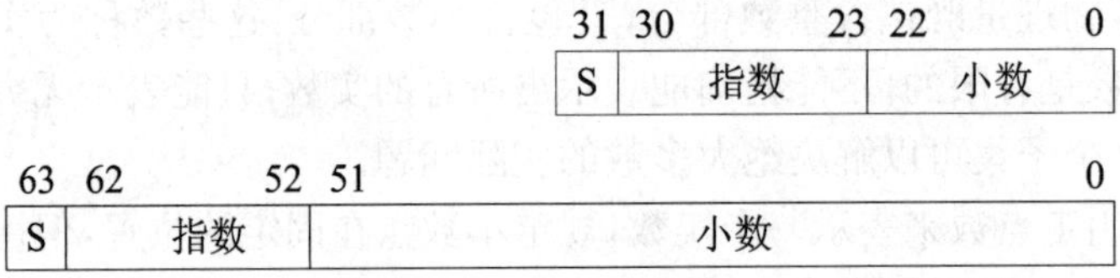

```
      31 30        23 22                0
      | S |   指数   |       小数        |

  63 62         52 51                      0
  | S |   指数    |          小数           |
```

图 14.3 浮点数的格式

2) 规格化浮点数的表示方法

计算机中的数都用二进制表示,各数位不是 1 就是 0,因此表示规格化浮点数时,小数点左边的第一位非零数字永远只会是 1,这个"1"可以默认,不用占一位,省出的一位可以贡献出来给有效数位部分使用,以提高数的精度。有效数部分只需给出小数的数位值。

例如,当一个单精度的浮点数的尾数(小数部分)为 0110…101 时,它所表示的实际数为
$1.0110\cdots101B = 1 + 0\times2^{-1} + 1\times2^{-2} + 1\times2^{-3} + \cdots + 1\times2^{-21} + 0\times2^{-22} + 1\times2^{-23}$

指数部分应该是带符号的整数,它由指数域(e)和偏移量(b)两部分组成。单精度浮点数的 e 占 8 位,偏移量的位数为 $2^7-1=127$;双精度浮点数的 e 占 11 位,偏移量的位数为 $2^{10}-1=1023$。计算一个数的指数值时,要将浮点数的 e 字段中给出的值减去偏移量 b,才能得到实际的指数值 e',即 e'= e−b。这使得在比较数的大小时,可以将浮点数字段中给出的指数值 e 都当作正数看待,e 值大的数其值就大,e 值小的数其值就小。因此,采用这种表示方法,具有便于对数据进行比较大小的优点。对于规格化单精度浮点数,e 值的范围是 0000 0001～1111 1110 = 1～254,再减去一个偏移量(b = 127),就可以得到浮点数的实际指数值;对于规格化双精度浮点数,e 值的范围是 000 0000 0001～111 1111 1110 = 1～2046,实际的指数值为 e−1023。e 等于全 0 或者全 1 为保留值,用来表示特别的数。

规格化单精度浮点数的计算公式为:

$(-1)^s \times (1.f_{23}f_{22}\cdots f_0) \times 2^{(e-127)} = (-1)^s \times (1+f_{23}\times 2^{-1} + f_{22}\times 2^{-2}\cdots + f_0\times 2^{-23}) \times 2^{(e-127)}$

规格化双精度浮点数的计算公式为:

$(-1)^s \times (1.f_{51}f_{50}\cdots f_0) \times 2^{(e-1023)} = (-1)^s \times (1+f_{51}\times 2^{-1} + f_{50}\times 2^{-2}\cdots + f_0\times 2^{-52}) \times 2^{(e-1023)}$

其中,s 为符号位,f_i 为小数部分的数值,可以是 1 或 0。

下面给出计算 3 个单精度浮点数的实例,如表 14.2 所示。

表 14.2 求单精度浮点数的实例

序号	符号位(s)	指数(e)	小数(f)
1	0	1000 1110	00010…0
2	1	0111 1100	01100…0
3	0	0111 1111	00000…0

(1) 对于数 1,s=0 表示是正数;指数 e=1000 1110B=142,实际指数值 e′=142-127=15;有效位中,小数点左边的"1"隐含不写,只给出小数部分,尾数为 0.00010…0。

所以该数的实际值为:

$(-1)^0 \times (1+0\times 2^{-1}+0\times 2^{-2}+0\times 2^{-3}+1\times 2^{-4}+\cdots+0\times 2^{-23}) \times 2^{(e-b)}$

$=(1+2^{-4}) \times 2^{(142-127)}$

$=1.0625 \times 2^{15}$

$=34816$

(2) 对于数 2,s = 1 表示是负数;实际指数值 e′=e-b = 0111 1100B-127=124-127=-3;有效位为 0.0110…0。

所以该数的实际值为:

$(-1)^{-1} \times (1+1\times 2^{-2}+1\times 2^{-3}+\cdots+0\times 2^{-23}) \times 2^{(e-b)}$

$=-(1+0.375) \times 2^{-3}$

$=-1.375 \times 2^{-3}$

$=-0.171875$

(3) 对于数 3,s =0 表示是正数;实际指数值 e′=e-b = 0111 1111B-27 = 127-127=0;有效位为 0.0000…0。

所以该数的实际值为:

$(-1)^0 \times (1+ 0\times 2^{-2}+0\times 2^{-3}+\cdots+0\times 2^{-23}) \times 2^{(e-b)}$

$=1\times 2^0 =1$

也就是说,数字+1 用浮点数表示时,其值为 3F80 0000H,或 0x3F80 0000。

3) 特别数的表示方法

上面所述的是规格化浮点数的表示方法,还有一些非常小或者非常大的数以及 0,无法用规格化的表示方法来表示,而要用特殊的方法来表示。这些特别的数分别为:零、微小数(Denormals)、无穷数(Infinities)和非数字数(Not a Number, NaN)。由于指数域为全 0 或全 1 是保留值,在正常数的浮点数中没有用到它们,所以可以用来表示特别的浮点数,下面以 32 位单精度浮点数为例,来说明特别数的表示方法。

① 零

零的指数 e ＝ 0000 0000(保留值)，f ＝ 000…0，其值 V ＝ ＋0 或者 －0，只有在用作除数时才有 ＋0 和 －0 的区别，否则无区别。

② 无穷数

无穷数的指数 e ＝ 1111 1111(保留值)，其有效数字 f ＝ 000…0，s 为符号位；其值可以是 ＋∞ 或 －∞。

③ 微小数

微小数用来表示非常小的数。由于计算机中用来表示数的数位是有限的，不能精确的表示所有的数。用规格化形式表示正的浮点数时，有一个最小值，比这个最小值再小一点的数就是"0"，这种从最小数到 0 之间的变化称为陡然下溢。IEEE 标准 754 浮点数为最小的正数和零之间提供了平滑过渡，它在两者之间插入了一系列从小到大，比零大，又比最小的规格化数小的数，这些数称为正的微小数。有了这些微小数，就可以在最小数到零之间"逐渐下溢"，减少了精度的丢失。同样在负的最大数和零之间也可插入负的微小数。

微小数的指数 e ＝ 0000 0000(保留值)，f ＝ 000…001～111…111，注意 f ≠ 全 0，以与数字 0 相区别。其值 $V = (-1)^s \times 0.f \times 2^{(-b+1)}$，其中 s 为符号位，对于单精度浮点数，b＝127，对于双精度数，b＝1023。

④ 非数字

非数字(NaN)仅仅具有数字的形式，但是它并不是数字。它又可以分为两类：信号的非数字(Signaling NaN，SNaN)和静的非数字(Quiet NaN，QNaN)。对于 SNaN，指数 e ＝ 1111 1111(保留值)，f ＝ 000…001～011…111，即 f 的最高有效位被清 0；对于 QNaN，指数 e ＝ 1111 1111(保留值)，f ＝ 100…001～111…111，即 f 的最高有效位被置 1。S 均用来表示符号位。在操作中使用了 SNaN，会引起非法操作异常，而用 QNaN，不会引起异常。

各种单精度浮点数的表示方法如表 14.3 所示，其中 b＝127，指数域 e 和小数位 f 的位数分别为 8 和 23。

表 14.3 单精度浮点数的表示方法

符号位(s)	指数(e)	小数	实际值	浮点数类型
0	0000 0001	$f = f_{23} f_{22} \cdots f_0$	$+1.f \times 2^{(e-b)}$	正常实数
1	～1111 1110		$-1.f \times 2^{(e-b)}$	
0	0000 0000	f ＝ 0000…00	＋0	＋0
1	0000 0000	f ＝ 0000…00	－0	－0
0	0000 0000	f ＝ 000…01	$+0.f \times 2^{(-b+1)}$	微小数
1	0000 0000	～011…111	$-0.f \times 2^{(-b+1)}$	
0	1111 1111	f ＝ 000…00	无	SNaN
1	1111 1111	～011…111		（信号的非数字）
0	1111 1111	f ＝ 100…00	无	QNaN
1	1111 1111	～111…111		（静的非数字）
0	1111 1111	f ＝ 0000…00	＋∞	＋∞
1	1111 1111	f ＝ 0000…00	－∞	－∞

对于双精度浮点数,b=1023,指数域 e 和小数位 f 的位数分别为 11 和 52,其它的表示方法与单精度浮点数是类似的。

下面是用单精度浮点数表示的一些数的实例,先看一些特别数的例子。

+0 可以表示为 0　0000 0000　000 0000 0000 0000 0000 0000
−0 可以表示为 1　0000 0000　000 0000 0000 0000 0000 0000
+∞ 可以表示为 0　1111 1111　000 0000 0000 0000 0000 0000
−∞ 可以表示为 1　1111 1111　000 0000 0000 0000 0000 0000
NaN 可以表示为 0　1111 1111　000 0010 0000 0000 0000 0000
NaN 可以表示为 1　1111 1111　001 0001 0001 0010 1010 1010

再看一些正常数的例子。

例 14.32

设:$s=0, e=1000\ 0000B=128, f=000\cdots00B$

则:实际值为:$V = (-1)^s \times (1+f) \times 2^{(e-b)}$
$\qquad\qquad\qquad = +1 \times 2^{(128-127)}$
$\qquad\qquad\qquad = 2$

即 2 的浮点数表示为 0100 0000 0000 0000 0000 0000 0000 0000B = 4000 0000H。

例 14.33

设:$s=1, e=1000\ 0001B=129, f=1010\cdots00B$

则:实际值为:$V = (-1)^s \times (1+f) \times 2^{(e-b)}$
$\qquad\qquad\qquad = -1 \times (1+2^{-1}+2^{-3}) \times 2^{(129-127)}$
$\qquad\qquad\qquad = -(1+0.5+0.125) \times 4$
$\qquad\qquad\qquad = -6.5$

即 −6.5 的浮点数表示为 C0D0 0000H。根据上表很容易求得 40D0 0000H 表示+6.5。

14.2.2　奔腾处理器的 SIMD 技术

SIMD 技术的核心是在单一处理器中,一条指令能同时对多个数据进行相同的操作。典型的 SIMD 操作如图 14.4 所示。

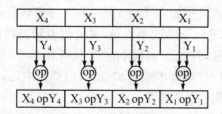

图 14.4　典型的 SIMD 操作

在图 14.4 的上部是两个 64 位的寄存器或存储单元,每个寄存器可存放 4 个独立的字数据 X_4、X_3、X_2、X_1 和 Y_4、Y_3、Y_2、Y_1,每个数据长 16 位。对这两个寄存器中两两对应的 4 组数据,可以同时分别用 op 运算符进行计算,op 可以是加、减、乘、除等算术运算符,也可以是各种逻辑运算符。如果要进行 X_4+Y_4、X_3+Y_3、X_2+Y_2、X_1+Y_1,普通指令需要做 4 次运算;利用一条 SIMD 指令,选择 op 为加法运算符,一次就可以完成 4 组数据的加法运算操作,运算速度提高了 4 倍。64 位寄存器还可以存放 8 个字节数据,一条 SIMD 指令可同时完成 8 组数据的相同操作。对于 128 位的寄存器或存储器,一条 SIMD 指令可同时完成 16 组字节数据的相同操作。

Intel IA-32 结构的 SIMD 技术,由 MMX、SSE 和 SSE2 三个部分组成,其中 MMX 技术是伴随着 Pentium Ⅱ 处理器而诞生的,随后 Pentium Ⅲ 处理器采用了 SSE 技术,Pentium 4 处理器则引入了 SSE2 技术,三种技术的主要特点分述如下:

1. MMX 技术

多媒体扩展(Multi Media eXtension,MMX)技术引入了 8 个 64 位寄存器 mm7~mm0,如图 14.5(a)所示。而 SSE 和 SSE2 技术则引入 8 个 128 位寄存器 xmm7~xmm0,如图 14.5(b)所示。

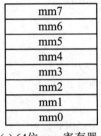
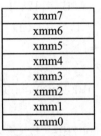

(a) 64 位 mmx 寄存器   (b) 128 位 xmm 寄存器

图 14.5 SIMD 寄存器

采用 MMX 寄存器,可以将多个数据打包后,存放在一个 64 位寄存器中,称为压缩(Packed)数据。64 位寄存器中可以存放 8 个压缩字节整型数(Packed Byte Integers)、4 个压缩字整型数(Packed Word Integers)或两个压缩双字整型数(Packed Doubleword Integers);也可以存放一个 64 位的 4 字(Quadword)数据。64 位数据既可以存放在 MMX 寄存器中,也可以存放在存储器中。利用 SIMD 指令,可以对上述几种不同数据结构的整型数进行运算。MMX 寄存器的格式和数据结构如图 14.6(a)所示,只能完成 64 位整型数操作。

视频会议、活动图像、二维和三维图形等,所有具有重复性和顺序性整数计算的应用程序,几乎都可采用 MMX 技术。例如,图像处理中,一个像素数据通常用一个字节(8bit)来表示 0~255 级灰度值,0 表示黑色,255 表示白色,灰度值表示黑白的程度。在 MMX 中,8 个像素被压缩成一个 64 位的数,并存入 MMX 的 64 位寄存器中,执行 MMX 指令时,一次可以同时取出 8 个像素值,并行进行算术或逻辑运算,运算完成后,再同时存入 MMX 寄存器中,这就大大提高了图像数据的处理速度。

此外,MMX 还采用饱和运算这一新的运算方式,它是相对环绕运算而言的。在环绕计算中,上溢(8 位数>255)或下溢(8 位数<0)时,结果数据被截断,仅保留结果的低位部分,这显然是错误的。在饱和运算下,如果结果产生上溢或者下溢,就将其数据限定在该数据类型所允许的上限或下限上。这种运算方式在彩色图像运算中,使得运算出来的色彩在溢出情况下,可以保持全黑或全白,而不会产生环绕运算方式下的彩色反转现象。

MMX 技术没有定义新的寄存器,它的 8 个 64 位寄存器和原来的 80x87 浮点寄存器是共享的,一个80X87的浮点寄存器长80位,它的低64位被用作MMX寄存器,这样,一个应用程序在执行MMX指令的时候,就不能同时进行浮点操作了。因为处理器要花掉大量的时钟周期,去维护寄存器状态从MMX操作和浮点寄存器之间的切换,所以MMX技术只能处理64位整型数,不能进行浮点运算。

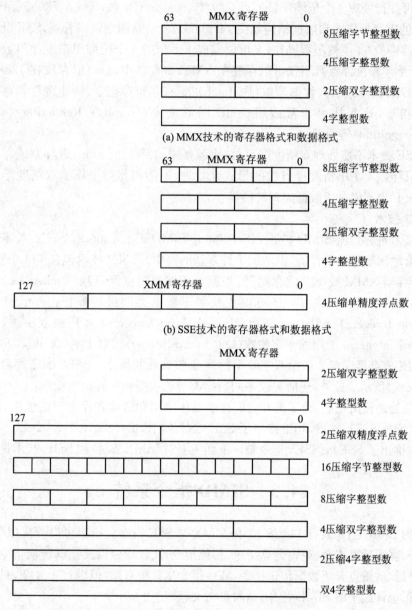

图14.6 SIMD技术的寄存器和数据结构

另外要说明的是,在执行MMX指令时,如操作数为存储器单元,只有在数据对齐时,也就是逻辑地址能被16整除的存储器单元才能使用。在没有对齐的情况下,要比普通指令多花费额外的分配对齐的操作时间。

2. SSE 技术

从 Pentium Ⅲ 处理器开始,增加了 8 个 128 位寄存器 xmm7~xmm0,如图 14.5(b)所示。利用 128 位的 xmm 寄存器,采用流单指令多数据扩展(Streaming SIMD Extension,SSE)技术,可并行处理 4 个压缩单精度浮点数(Packed Single-Precision Floating-Point Values)。SSE 的寄存器格式和数据结构如图 14.6(b)所示。从图中可以看到,SSE 既可以完成 MMX 寄存器中的 64 位整型数操作,又可以完成 128 位的 4 个压缩单精度浮点数操作。同样,128 位压缩单精度浮点数不仅可以存放在 XMM 寄存器中,也可以存放在 128 位的存储器单元中。SSE 技术还引入数据预取(Prefetch)指令、非暂存指令、高速缓存和存储器调整(Ordering)指令,这些技术非常适用于 3D 图形渲染(Graphics Rendering)、语音识别(Speech Recognition)等领域。

但是 SSE 技术不能处理双精度浮点数,也就是说,128 位的 xmm 寄存器或存储器中的压缩数据,只能以 4 个单精度浮点数的形式来处理,不能当作两个压缩双精度浮点数来操作。此外,SSE 也不能完成数据类型转换操作。

3. SSE2 技术

SSE2 技术也称为流 SIMD 扩展 2(Streaming SIMD Extension 2,SSE2)技术。与 SSE 相比,它没有增加额外的寄存器,但增加了许多新的操作。SSE2 技术包含 144 条指令,可以对 128 位寄存器 XMM 或 128 位存储器,按两个压缩双精度浮点数(Packed Double-Precision Float-Point Value)来操作,还可以当成如下数据类型进行操作:16 压缩字节整数(Packed Byte Integers)、8 压缩字整数(Packed Word Integers)、4 压缩双字整数(Packed Double Word Integers)、2 压缩 4 字整数(Quadword Integers)、双 4 字(Double Quadword)。也可用 MMX 寄存器完成 2 压缩双字整型数、4 字整型数的操作。SSE2 的寄存器和数据结构如图 14.6(c)所示。此外,还能完成不同数据类型的数据相互转换的操作。

当 64 位处理器出现后,为了提升它们在多媒体应用和游戏程序方面的性能,Intel 不断地对 SIMD 流技术进行扩展,相继推出了 SSE3、SSSE3、SSE4、SSE4.1、SSE4.2 等扩展指令集,AMD 也推出了 SSE4a、SSE5 指令集。下面主要对 MMX、SSE 和 SSE2 技术进行介绍。

14.3 SIMD 指令系统

SSE2 的 SIMD 指令共有 144 条,含有 MMX 和 SSE 指令。指令可以分成以下几类:数据传送指令、算术运算指令、逻辑运算指令、移位指令、比较指令以及数据转换指令。本节概要介绍各类指令,重点介绍数据传送指令,有些指令尽管很有用,但因过于复杂,只能简单提及一下,如果想详细了解 SIMD 指令,请看参考文献[7~9]。

SIMD 指令中的操作数可以是寄存器、存储器和立即数,数据长度可以是 32/64/128 位。SIMD 指令所用符号约定如下:

  mm: $mm_7 \sim mm_0$,64 位寄存器

  xmm: $xmm_7 \sim xmm_0$,128 位寄存器

  r: 32 位通用寄存器 EAX、EBX、ECX、EDX、ESP、EBP、ESI、EDI

m32： 32位存储器操作数
m64： 64位存储器操作数
m128： 128位存储器操作数
imm： 立即数

指令中的操作码即指令助记符通常由英文缩写组成，80x86指令的操作码都比较短，如MOV、ADD、PUSH等。SIMD指令的操作码则比较长，在MOV、ADD之后通常要加1~n个字母，用来说明不同的数据传送指令或加法指令，如MOVD(传送双字)、MOVAPS(传送对齐的压缩单精度浮点数)、ADDPS(压缩单精度浮点数加法)。MMX指令中，还可以在指令前加P，表示压缩数据类型，如PADDB(压缩字节加法指令)。还有一些操作码看起来很复杂，它由多个英文单词缩写组成，如 UNPCKLPS（Unpack and Interleave Low Packed Single-Precision Floating-Point Values），表示"打散和交织低位压缩单精度浮点数"指令。虽然SIMD指令很多，有些指令的助记符比较长，但记住了这些助记符的英文缩写的含义后，理解SIMD指令也就不会感到太困难了。

下面给出SIMD指令中常用词语的英文全称及缩写(在括号中)和含义：

Aligned(A)：对齐，逻辑地址能被16整除的存储器单元

Unaligned(U)：非对齐，逻辑地址不能被16整除的存储器单元

Packed(P)：压缩数据，一个寄存器或存储单元中存放多个字节、字、双字、4字整型数或多个浮点数

Packed Single-Precision Floating-Point Values(PS)：压缩单精度浮点数

Packed Double-Precision Floating-Point Values(PD)：压缩双精度浮点数

Scalar Single-Precision Floating-Point Values(SS)：标量单精度浮点数，仅低32位有效

Scalar Double-Precision Floating-Point Values(SD)：标量双精度浮点数，仅低64位有效

Double Word(D)：双字整型数

Quad Word(Q)：4字整型数

Double Quadword(DQ)：双4字整型数

另外，还有一些常用的和容易理解的词语及其缩写，例如，Byte(B)、Word(W)、High(H)、Low(L)等，就不再一一列举了。有些特殊的词语及其缩写，将另行介绍。

下面分类介绍部分常用指令的功能。

14.3.1 数据传送指令

1. MOVD(Move Double Word) 传送32位双字指令

指令格式和功能：

  MOVD 目的,源   ;目的←源

指令的具体格式为：

  MOVD mm, r/m32   ;mm←r/m32中的双字
  MOVD r/m32, mm   ;r/m32←mm中的双字

MOVD   xmm, r/m32   ;xmm←r/m32 中的双字
MOVD   r/m32, xmm   ;r/m32←xmm 中的双字

数据传送的通路如图 14.7 所示。

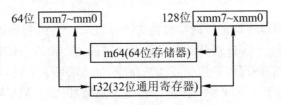

图 14.7   MOVD 指令传送数据通路

由图 14.7 可以看到，MOVD 指令共有 8 条数据传送通路，对于每条数据通路，源操作数和目的操作数的长度是不一样的。当 32 位源操作数 m32 或 r 的内容，送到 64 位寄存器 mm 时，是送到 mm 的低 32 位，同时将目的操作数 mm 的高 32 位清零，零扩展至 64 位，如图 14.8(a) 上半部分所示。反之，64 位的 mm 寄存器中的源操作数，送到 32 位的 m32 或 r 时，只传送 mm 的低 32 位，64 寄存器 mm 的高 32 位保持不变，如图 14.8(b) 上半部分所示。32 位 r/m32 与 128 位寄存器 xmm 交换数据时，情况也是类似的，只是传送低 32 位数据，传送数据的示意图分别如图 14.8(a) 和 (b) 的下半部分所示。

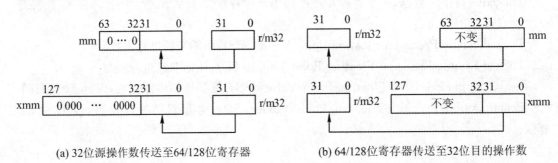

(a) 32 位源操作数传送至 64/128 位寄存器   (b) 64/128 位寄存器传送至 32 位目的操作数

图 14.8   源和目的操作数长度不一致时传送数据示意图

2. MOVQ(Move Quardword) 传送 64 位 4 字指令

指令格式和功能：

MOVQ   目的，源   ;目的←源

指令的具体格式如下：

MOVQ   mm, mm/m64
MOVQ   mm/m64, mm
MOVQ   xmm1, xmm2/m64
MOVQ   xmm2/m64, xmm1

MOVQ 指令传送数据的示意图如图 14.9 所示，MOVQ 指令可以在 64 位寄存器 mm 之间传送数据，允许从一个 64 位寄存器传送到另一个 64 位寄存器，也可以在 64 位寄存器 mm 和 64 位存储器 m64 之间交换数据。在 128 位寄存器 xmm 之间传送 64 位数据时，仅传

送低 64 位数,高 64 位不变;64 位存储器操作数送到 128 位寄存器 xmm 时,送到 xmm 的低 64 位,xmm 的高 64 位清零。反之,当 xmm 中的数据送至 m64 时,传送的是 xmm 中的低 64 位,xmm 中的高 64 位不变。

为简单起见,在 14.4 节给出的程序设计实例中,数据传送指令的数据长度都是一样的。

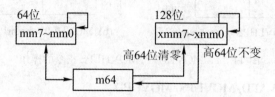

图 14.9　MOVQ 指令传送数据示意图

3. MOVLPS/MOVHPS

(1) MOVLPS 传送 2 个低位压缩单精度浮点数指令。

指令格式:

　　MOVLPS　　xmm, m64　　;xmm 的低 64 位←m64 中的 2 个压缩单精度浮点数
　　　　　　　　　　　　　　;xmm 的高 64 位保持不变
　　MOVLPS　　m64, xmm　　;m64←xmm 低 64 位中的 2 个压缩单精度浮点数

(2) MOVHPS 传送 2 个高位压缩单精度浮点数指令。

指令格式:

　　MOVHPS　　xmm, m64　　;xmm 的高 64 位←m64 中的 2 个压缩单精度浮点数
　　　　　　　　　　　　　　;xmm 的低 64 位保持不变
　　MOVHPS　　m64, xmm　　;m64←xmm 高 64 位中的 2 个压缩单精度浮点数

图 14.10 是 MOVLPS/MOVHPS 指令的执行示意图,它们只能在 xmm 寄存器与 m64 存储器之间交换 64 位数据,不能在寄存器之间或存储器之间交换数据,xmm 寄存器中不传输部分的内容保持不变。

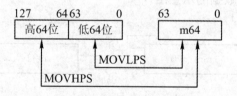

图 14.10　MOVLPS/MOVHPS 指令执行示意图

4. MOVLPD/MOVHPD

(1) MOVLPD 传送一个低 64 位压缩双精度浮点数。
(2) MOVHPD 传送一个高 64 位压缩双精度浮点数。

这两条指令与前面讲的 MOVLPS/MOVHPS 形式上是类似的,但前面指令传送的是 2 个 64 位单精度浮点数,这两条指令传送的是一个 64 位双精度浮点数。

5. MOVLHPS/MOVHLPS

(1) MOVLHPS 将 2 个压缩单精度浮点数从低位传到高位,操作过程如图 14.11(a)所示。

· 439 ·

(2) MOVHLPS 将 2 个压缩单精度浮点数从高位传到低位,操作过程如图 14.11(b)所示。

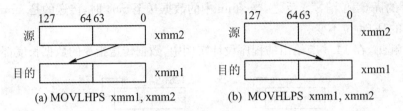

(a) MOVLHPS xmm1,xmm2　　(b) MOVHLPS xmm1,xmm2

图 14.11　MOVLHPS/MOVHLPS 指令的操作

6. MOVAPS/MOVAPD/MOVUPS/MOVUPD

(1) MOVAPS 传送对齐的压缩单精度浮点数。

指令格式:

  MOVAPS　　xmm1,xmm2/m128　　　　;xmm1←xmm2/m128 中的压缩单精度浮点数
  MOVAPS　　xmm2/m128,xmm1　　　　;xmm2/m128←xmm1 中的压缩单精度浮点数

这条指令允许在 xmm 寄存器之间、xmm 与存储器操作数 m128 之间,传送压缩单精度浮点数据,并要求 m128 的逻辑地址是对齐的,也就是从能被 16 整除的地方开始。

(2) MOVAPD 传送对齐的压缩双精度浮点数。

(3) MOVUPS 传送没有对齐的压缩单精度浮点数。

(4) MOVUPD 传送没有对齐的压缩双精度浮点数。

后面 3 条指令与第一条指令的格式类似,但传送数据类型不同。

7. MOVSS/MOVSD

(1) MOVSS 传送标量(低 32 位)单精度浮点数。

指令格式:

  MOVSS　　　xmm1,xmm2/m32　　　　;xmm1←xmm2/m32 中的低 32 位单精度浮点数
  MOVSS　　　xmm2/m32,xmm1　　　　;xmm2/m32←xmm1 中的低 32 位单精度浮点数

图 14.12 是指令传送数据的示意图。

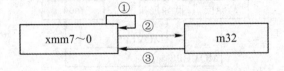

图 14.12　MOVSS 指令传送数据示意图

① 当源和目的操作数均为 xmm 时,仅传送低 32 位,高 96 位(127~32)不变;

② 当源操作数为 xmm,目的操作数为 m32 时,仅传送低 32 位;

③ 当源操作数为 m32,目的操作数为 xmm 时,将 m32 送到 xmm 的低 32 位,目的操作数 xmm 的高位(127~32)清零。

(2) MOVSD 传送标量(低 64 位)双精度浮点数。

与 MOVSS 类似,但标量指的是低 64 位,传送的数据为双精度浮点数。

8. UNPCKLPS/UNPCKHPS

(1) UNPCKLPS 打散和交织低位压缩单精度浮点数指令,把源和目的操作数的低位部分打散后存到目的操作数中。

指令格式:UNPCKLPS xmm1,xmm2/m128

操作示意图如图 14.13(a)。

(2) UNPCKHPS 打散和交织高位压缩单精度浮点数指令,把源和目的操作数的高位部分打散后存到目的操作数中。

指令格式:UNPCKHPS xmm1,xmm2/m128

操作示意图如图 14.13(b)。

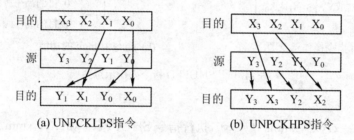

图 14.13 打散和交织压缩单精度浮点数指令

9. UNPCKLPD/UNPCKHPD

(1) UNPCKLPD 打散和交织低位压缩双精度浮点数指令。

指令格式:UNPCKLPD   xmm1,xmm2/m128

操作示意图如图 14.14(a)。

(2) UNPCKHPD 打散和交织高位压缩双精度浮点数指令。

指令格式:UNPCKLHPD   xmm1,xmm2/m128

操作示意图如图 14.14(b)。

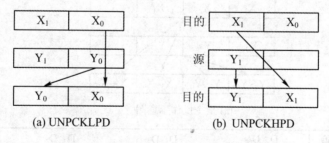

图 14.14 打散和交织压缩双精度浮点数指令

10. SHUFPD

SHUFPD(Shuffle Packed Double-Precision Floating Point Values)混合(交叉操作)压缩双精度浮点指令。

指令格式:SHUFPD   xmm1,xmm2/m128,imm8

指令功能:将目的操作数的高位或低位双精度浮点数送到目的低位;将源操作数的高位

或低位双精度浮点数送到目的高位。到底送高位还是低位,由第 3 个操作数 imm8 来决定:imm8 的位 $D_0=0$ 时,目的操作数的低位送到目的低位,否则,将目的操作数高位送到目的低位;imm8 的位 $D_1=0$ 时,将源操作数的低位送到目的的低位,否则,将源操作数高位送到目的低位。操作示意图如图 14.15 所示。

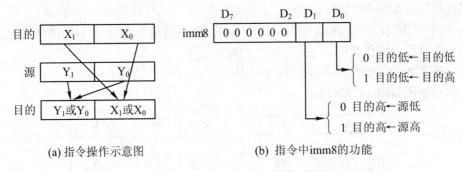

(a) 指令操作示意图　　　　　　(b) 指令中 imm8 的功能

图 14.15　SHUFPD 指令操作示意图

例如:

设:xmm1=x1,x0,xmm2=y1,y0,执行指令 SHUFPD　xmm1,xmm2,imm8。

若 imm8=00000010B,即位 $D_1D_0=10$,则指令执行后,xmm1=y1,x0(源高,目的低);

若 imm8=00000011B,即位 $D_1D_0=11$,则指令执行后,xmm1=y1,x1(源高,目的高)。

11. SHUFPS

SHUFPS(Shuffle Packed Single-Precision Floating Point Values)混合(交叉操作)压缩单精度浮点指令。

指令格式:SHUFPS　xmm1,xmm2/m128,imm8

指令功能:从目的操作数的 4 个压缩单精度浮点数中,取 2 个传送到目的操作数低 4 字中;从源操作数的 4 个压缩单精度浮点数中,取 2 个传送到目的的高 4 字中;第 3 个操作数 imm8 是 8 位立即数,它用来决定将哪个浮点数送至目的地。

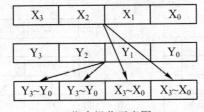

(a) 指令操作示意图

imm8 各字段编码	$D_7 D_6$	$D_5 D_4$	$D_3 D_2$	$D_1 D_0$
0　0	目的127~96←Y_0	目的95~64←Y_0	目的63~32←X_0	目的31~0←X_0
0　1	目的127~96←Y_1	目的95~64←Y_1	目的63~32←X_1	目的31~0←X_1
1　0	目的127~96←Y_2	目的95~64←Y_2	目的63~32←X_2	目的31~0←X_2
1　1	目的127~96←Y_3	目的95~64←Y_3	目的63~32←X_3	目的31~0←X_3

(b) 指令中 imm8 的编码和功能

图 14.16　SHUFPS 指令功能

指令的操作示意图如图14.16(a)所示,imm8 的编码和功能如图14.16(b)所示。imm8 的 D_1D_0 决定将目的操作数的哪一个传送到目的 31～0 位,如 $D_1D_0=00$,表示将 x0 送到目的 31～0 位,$D_1D_0=01$,则将 x1 送到目的 31～0 位。D_3D_2 决定将目的操作数的哪一个传送到目的 63～32 位,位 D_5D_4 决定将源操作数的哪一个传送到目的 95～64 位,位 D_7D_6 决定将源操作数的哪一个传送到目的 127～96 位。

例如:设 xmm1=x3x2x1x0,xmm2=y3y2y1y0,imm8=10 00 10 00B=88H(0x88),
执行指令 SHUFPS   xmm1,xmm2,0x88 后,目的操作数 xmm1=y2y0x2x0。
又如:设 xmm1=x3x2x1x0,xmm2=y3y2y1y0,imm8=11 01 11 01B=DDH (0xDD),
执行指令 SHUFPS   xmm1,xmm2,0xDD 后,目的操作数 xmm1=y3y1x3x1。
这条指令看起来比较麻烦,但很有用处,后面讲到 SIMD 程序设计实例时,还要多次用到这条指令。

12. PSHUFD (Shuffle Packed Double Words) 混合压缩双字指令

指令格式:PSHUFD   xmm1,xmm2/m128,imm8

指令功能:将源操作数的某一个双字传送到目的操作数,由第 3 个操作数决定如何传送。指令的操作示意图如图 14.17 所示。

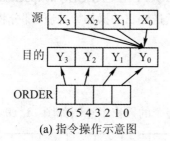

(a) 指令操作示意图　　　　(b) 指令中imm8(ORDER)的功能

图 14.17　PSHUFD指令执行示意图

第 3 个操作数 imm8(ORDER)为 8 位立即数 D_7～D_0,其中位 D_1D_0 决定将 X_3～X_0 中的哪一个双字传送到 Y_0 所在的单元,如 ORDER 的 $D_1D_0=00$,则将 X_0 传送到 Y_0 单元,$D_1D_0=10$,则将 X_2 传送到 Y_0 单元。ORDER 的 D_3D_2 决定将 X_3～X_0 中的哪个双字传送到 Y_1 单元。位 D_5D_4 决定将 X_3～X_0 中的哪个双字传送到 Y_2 所在的单元。位 D_7D_6 决定将什么内容送到 Y_3 单元。

13. PUNPCKHBW/PUNPCKHWD/PUNPCKHDQ/PUNPCKHQDQ-Unpacked High Data

这是一组将源和目的操作数的高位部分数据分别取出,打散后交错送到目的操作中去,而低位部分被忽略的指令。指令操作码的前几个字符都是 PUNPCKH,后跟不同的字符,实现不同的功能。分别为:将高位字节打散后送字单元(后跟 BW),高位字打散后送双字单元(后跟 WD),高位双字打散后送 4 字单元(后跟 DQ),高位 4 字单元打散后送双 4 字单元(后跟 QDQ)的操作。

例如,PUNPCKHBW 的指令格式为:

PUNPCKHBW　　mm,mm/m64　　　;源和目的操作数均为 64 位
PUNPCKHBW　　xmm1,xmm2/m128　;源和目的操作数均为 128 位

对于源和目的操作数均为 64 位的 PUNPCKHBW 的操作示意图如图 14.18 所示，从源和目的操作数的高位部分每次各取一个字节，拼成一个字，送到目的操作数中，每个操作数都取 4 个字节，可以拼成 4 个字(8 个字节)。

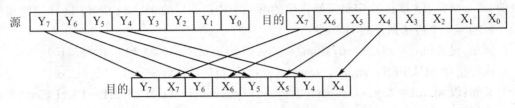

图 14.18　64 位 PUNPCKHBW 的操作示意图

对于源和目的操作数均为 128 位的寄存器或存储器，也是取高位部分，但应各取 8 个字节，交叉存入目的操作数中。对 m128 存储器操作数，边界必须是对齐的。

指令 PUNPCKHWD/PUNPCKHDQ 的格式和指令 PUNPCKHBW 的格式是类似的，操作数可以是 64 位，也可以是 128 位。但指令 PUNPCKHQDQ 只有如下一种形式：

PUNPCKHDQD   xmm1，xmm2/m128

14. PUNPCKLBW/PUNPCKLWD/PUNPCKLDQ/PUNPCKLQDQ-Unpacked Low Data

将源和目的操作数的低位部分分别取出，打散后送到目的操作数，高位部分将被忽略。PUNPCKLBW 的指令格式为：

PUNPCKLBW   mm，mm/m32
PUNPCKLBW   xmm1，xmm2/m128

源和目的操作数均为 64 位的 PUNPCKLBW 指令的操作示意图如图 14.19 所示。

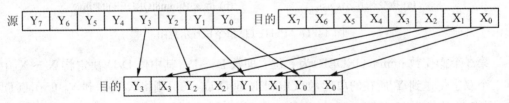

图 14.19　64 位 PUNPCKLBW 的操作示意图

同样，对于源和目的操作数均为 128 位的寄存器或存储器，也是取低位部分，但应各取 8 个字节，交叉存入目的操作数中。对 m128 存储器操作数，边界必须是对齐的。

指令 PUNPCKLWD/PUNPCKLDQ 的格式和指令 PUNPCKLBW 的格式是类似的，操作数可以是 64 位，也可以是 128 位。但指令 PUNPCKLQDQ 只有如下一种形式：

PUNPCKHDQD   xmm1，xmm2/m128

14.3.2　算术运算指令

算术运算指令完成加法、减法、乘法、除法、求倒数、求平方根和求平方根倒数等运算。通常，参加运算的两个数分别存放在源和目的操作数单元中，每个单元可以存放多个数据，最适合用 SIMD 指令对多个数据进行并行运算。

1. 加法指令

1) ADDPS/ADDPD

- ADDPS　压缩单精度浮点数加法。

指令格式：ADDPS　xmm1，xmm2/m128　　　；xmm1←xmm1+xmm2/m128

源和目的操作数都是压缩单精度浮点数，对应的数并行相加，结果存入目的操作数中。

- ADDPD　压缩双精度浮点数加法。

指令格式：ADDPD　xmm1，xmm2/m128　　　；xmm1←xmm1+xmm2/m128

源和目的操作数都是压缩双精度浮点数，对应的数并行相加，结果存入目的操作数中。

2) ADDSS/ADDSD

- ADDSS　标量单精度浮点数加法。

指令格式：ADDSS　xmm1，xmm2/m32

源和目的操作数都是压缩单精度浮点数，仅将源和目的操作数中的2个低32位单精度浮动点数相加，结果存入目的操作数中。

- ADDSD　标量双精度浮点数加法。

指令格式：ADDSD　xmm1，xmm2/m64

源和目的操作数都是压缩双精度浮点数，仅将源和目的操作数中的2个低64位双精度浮动点数相加，结果存入目的操作数中。

3) PADDB/PADDW/PADDD/PADDQ-Add Packed Integers

压缩整型数（带符号数）加法指令。源和目的操作数都是压缩整型数，可以分成多个字段相加，每个字段的最高位为符号位，但不设标志位，运算结果也不影响标志位，所以编程时要考虑运算后数据不能产生溢出，如出错，也无法查出来。

- PADDB　压缩字节加法指令。

指令格式：

　　PADDB　mm，mm/m64

　　PADDB　xmm1，xmm2/m128

例如，执行指令 PADDB　mm1，mm2 时，将64位的目的操作数 mm1 和源操作数 mm2 各分成8个字节，每个字节数据都是带符号数，最高位为符号位，对应位的数据并行相加，执行过程如图14.20所示。源和目的操作数为128位时，分16个字节并行相加。

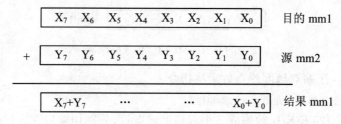

图 14.20　压缩字节加法指令 PADDB

- PADDW　压缩字加法指令，将64位分成4个字，或将128位分成8个字，并行相加。

- PADDD　压缩双字加法指令，将64位分成2个双字，或将128位分成4个双字，并行相加。

• PADDQ 压缩4字加法指令,将64位看作1个4字,或将128位分成2个4字,并行相加。

4) PADDUSB/PADDUSW-Add Packed Unsigned Integers with Unsigned Saturation

压缩无符号整型数字节/字饱和加法指令,把参加运算的源和目的操作数,都当成无符号整型数再相加,对于字节饱和指令 PADDUSB,参加运算的每个8位数的范围为0~255,当运算结果<0 或>255 时,结果保持极限值(0 或 255)不再发生变化,表示饱和了,不会出现图像反转的现象,这在图像处理中很有用处。对于 PADDUSW 指令,参加运算的每个数都是 16 位数,其范围为 0~65535,超过范围也能使数据保持不变。其它方面与前面讲的两条指令类似。

5) PADDSB/PADDSW-Add Packed Signed Integers with Signed Saturation

压缩带符号整数饱和加法指令,可按字节或字相加。把参加运算的数当成带符号数。指令格式也与2条带符号数加法指令类似。PADDSB 的操作过程与 PADDB 的操作过程相类似,如图 14.20 所示,参加运算的每个8位数的范围为-128~+127。不同点在于,当运算结果<-128 或>127 时,结果保持极限值(-128 或 127)不再发生变化,表示饱和了,不会出现图像反转的现象。对于 PADDSW 指令,参加运算的每个数都是 16 位数,其范围为 -32768~+32767,超过范围也能使数据保持不变。

2. 减法指令

将 ADD 改成 SUB,进行减法操作,指令形式与加法指令类似。

3. 乘法指令

1) MULPS/MULPD

• MULPS 压缩单精度浮点数乘法指令。

指令格式:MULPS xmm1,xmm2/m128

例如,指令 MULPS xmm1,xmm2 ;xmm1←xmm1×xmm2,执行的示意图如图 14.21。

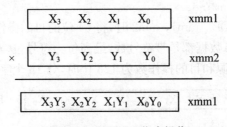

图 14.21 MULPS 指令操作

• MULPD 压缩双精度浮点数乘法指令。

指令格式:MULPD xmm1,xmm2/m128

指令功能:将 128 位操作数当成2个双精度浮点数,分别相乘后存入目的操作数中。

2) MULSS/MULSD

• MULSS 标量单精度浮点数乘法指令。

指令格式:MULSS xmm1,xmm2/m32

源操作数为 xmm2 时,指令操作示意图如图 14.22 所示。如源操作数为 32 位的存储器操作数 m32，则 m32 与 xmm1 中的 X_0 相乘后存入 xmm1 的低 32 位中。

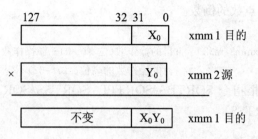

图 14.22 MULSS 指令操作示意图

- MULSD 标量双精度浮点数乘法指令，参加乘法运算的数为 64 位双精度浮点数。

指令格式：MULSD xmm1，xmm2/m64

4. 除法指令

1) DIVPS/DIVPD

- DIVPS 压缩单精度浮点数除法指令。

指令格式：DIVPS xmm1，xmm2/m128

源和目的操作数都是 xmm 寄存器，DIVPS 指令的操作示意图如图 14.23 所示。

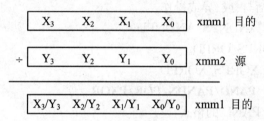

图 14.23 DIVPS 指令的操作示意图

- DIVPD 压缩双精度浮点数除法指令。

把参加运算的数都当成双精度浮点数。

2) DIVSS/DIVSD

- DIVSS 标量单精度浮点数除法指令。

指令格式：DIVSS xmm1，xmm2/m32

指令功能：将目的操作数的低 32 位除以源操作数的低 32 位，结果存入目的操作数中，目的操作数的高位部分(127～32)保持不变。

- DIVSD 标量双精度浮点数除法指令。

指令格式：DIVSD xmm1，xmm2/m64

指令功能：将目的操作数的低 64 位除以源操作数的低 64 位，结果存入目的操作数中，目的操作数的高位部分(127～64)保持不变。

5. 求倒数指令 RCPPS/RCPSS

- RCPPS(Computes Reciprocals of Packed Single-Precision Floating-Point Values)

计算压缩单精度浮点数的倒数。

指令格式：RCPPS xmm1，xmm2/m128 ;目的操作数←源操作数中单精度浮点数的倒数

- RCPSS(Computes Reciprocals of Scalar Single-Precision Floating-Point Values)

计算标量单精度浮点数的倒数。

指令格式：

    RCPSS   xmm1，xmm2/m32   ;目的操作数(位 31～0)←源操作数(位 31～0)的倒数

                                      ;目的操作数的高位(127～32)不变

此外，还有求平方根指令 SQRTPS/SQRTPD、SQRTSS/SQRTSD 和求平方根倒数的指令 RSQRTPS/RSQRTSS。

14.3.3 逻辑运算指令

1. 对单精度/双精度浮点数进行按位操作的指令

(1) 逻辑与指令 ANDPS/ANDPD-Bitwise Logical AND：

- ANDPS   压缩单精度浮点数按位逻辑与操作指令。

指令格式：

    ANDPS   xmm1，xmm2/m128   ;目的操作数←源操作数与目的操作数按位逻辑与

- ANDPD   压缩双精度浮点数按位与操作，指令格式与 ANDPS 类似。

此外，还有以下几条逻辑操作指令，可以对压缩单精度浮点数/压缩双精度浮点数进行逻辑运算，逻辑运算包括与、或、异或操作。

(2) 逻辑与非指令 ANDNPS/ANDNPD。

(3) 逻辑或指令 ORPS/ORPD。

(4) 逻辑异或指令 XORPS/XORPD。

2. MMX 逻辑指令 PAND/PANDN/POR/PXOR

MMX 逻辑与指令 PAND 的格式：

    PAND   mm，mm/m64

    PAND   xmm1，xmm2/m128

还有其它几条 MMX 逻辑与非、或、异或指令，它们的操作数的格式也是类似的。

14.3.4 移位指令

移位指令包括压缩数据逻辑左移、逻辑右移、算术右移指令，压缩数据可以是字节、字和4字，分别对这些数据进行移位操作，对每个数据的移位操作方式与 8086 CPU 的 16 位移位指令相同。另有 2 条双 4 字逻辑左移和逻辑右移指令，其压缩数据只能是双 4 字一种形式。

1. PSLLW/PSLLD/PSLLQ-Shift Packed Data Left Logical

压缩数据字/双字/4 字逻辑左移指令，3 条指令的目的操作数和源操作数都具有相同的格式。

- PSLLW   压缩字数据逻辑左移指令。

指令格式：

    PSLLW   mm，mm/m64

    PSLLW   xmm1，xmm2/m128

    PSLLW   mm，imm

    PSLLW   xmm1，imm

指令功能:将指令中的目的操作数 mm 或 xmm 按字左移,移位次数在源操作数中。左移时,目的操作数的低位不断补 0,当移位次数>15 时,目的操作数置为 0。

目的操作数为 64 位时的压缩字数据逻辑左移指令 PSSLW 操作如图 14.24 所示,其中 COUNT 表示移位次数,"<<"表示左移操作。

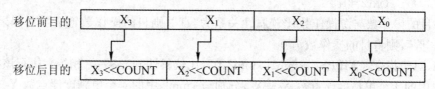

图 14.24 压缩字数据逻辑左移指令操作

- PSLLD 压缩双字数据逻辑左移指令。

指令中的目的操作数是双字数据,进行左移操作,移位次数>31 时,目的操作数置为 0。

- PSLLQ 压缩 4 字数据逻辑左移指令。

指令中的目的操作数是 4 字数据,进行左移操作,移位次数>63 时,目的操作数置为 0。

2. PSRLW/PSRLD/PSRLQ-Shift Packed Data Right Logical

压缩数据字/双字/4 字逻辑右移指令。指令的操作数与压缩数据左移指令是一样的。对目的操作数进行逻辑右移时,高位不断补 0。当字、双字、4 字逻辑右移指令的移位次数分别大于 15、31、63 时,目的操作数清 0。

3. PSRAW/PSRAD-Shift Packed Data Right Arithmetic

压缩数据字/双字算术右移指令。与压缩数据逻辑右移指令类似,但算术右移后,高位用原来的符号位填补。

4. PSLLDQ-Shift Double QuadWord Left Logic 双 4 字逻辑左移指令

指令格式:PSLLDQ   xmm1,imm8

将 128 位目的操作数分成两个 4 字,分别左移。移位次数在源操作数中,当移位次数>15 时,目的操作数清 0。

5. PSRLDQ-Shift Double QuadWord Right Logic 双 4 字逻辑右移指令

指令格式与 PSLLDQ 类似。同样,当移位次数>15 时,目的操作数清 0。

14.3.5 比较指令

比较(Compare)指令可以对压缩单精度浮点数/压缩双精度浮点数、标量单精度浮点数/标量双精度浮点数进行比较。

1. CMPPS 压缩单精度浮点数比较指令

指令格式:CMPPS   xmm1,xmm2/m128,imm8

指令功能:将目的操作数 xmm1 和源操作数 xmm2/m128 中的 4 个单精度浮点数,分别进行比较(目的在前,源在后),比较结果根据第 3 个操作数 imm8 来决定,imm8 称为比较属性(Comparison Predicate)。属性可以为:

imm8 = 0   EQ(=)
       1   LT(<)
       2   LE(<=)

3 UNORD(非顺序)
4 NE(≠)
5 NLT(≮)
6 NLE(≠且≮)
7 ORD(顺序)

如果目的操作数与源操作数比较属性关系为"真",则目的操作数置全"1";如果比较属性关系为"假",则将目的操作数清 0。

例如,对于指令"CMPPS xmm1,xmm2,0",比较属性 imm8＝0(相等),执行该指令时,将 xmm1 中的 4 个单精度浮点数 $X_3 \sim X_0$,分别与 xmm2 中的 4 个单精度浮点数 $Y_3 \sim Y_0$,分 4 个字段进行比较。

如果比较结果为 $X_3 \neq Y_3, X_2 \neq Y_2, X_1 = Y_1, X_0 \neq Y_0$,则

目的操作数 xmm1＝00000000 00000000 FFFFFFFF 00000000H。

指令的执行过程如图 14.25 所示。

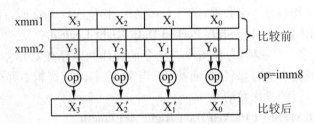

图 14.25 CMPPS 指令执行过程

如果指令中的比较属性 $imm8=1, X_i < Y_i$ 时,比较结果为真,则使目的操作数 X_i' 置为全 1,否则将 X_i' 清 0。

除了第 3 个操作数 imm8 是比较大小操作符外,还有两种情况:操作数 imm8＝Order(顺序)是指两个操作数均是非数字 NaN;imm8＝Unorder(非顺序)是指两个操作数只有一个是 NaN。对于整型数据,不存在所谓的 NaN,它的任何编码都对应一个数据;而对于浮点数据,有的编码就不是一个数据,也可能是一个无穷大的数。

2. CMPPD 压缩双精度浮点数比较指令

与 CMPPS 指令类似,但参加比较的数为两个压缩双精度浮点数。

3. CMPSS 标量单精度浮点数比较指令

指令格式:CMPSS xmm1,xmm2/m32,imm8

指令功能:将目的操作数 xmm1 的低 32 位与 xmm2 的低 32 位或 m32 进行比较,比较方法与 CMPPS 相同,imm8 也是比较属性,如果比较结果为"真",则目的操作数的低 32 位置全"1";否则将其置全 0。目的操作数的高位(127～32 位)一直保持不变。

4. CMPSD 标量双精度浮点数比较指令

指令格式:CMPSD xmm1,xmm2/m64,imm8

源和目的操作数中的双精度浮点数只比较低 64 位,其余与 CMPSS 类似。

5. COMISS 比较标量顺序单精度浮点数和设置标志寄存器指令

指令格式:COMISS xmm1,xmm2/m32

xmm1 为第一个源操作数(源 1)，xmm2/m32 为第二个源操作数(源 2)，将源 1 和源 2 的低 32 位单精度浮点数进行比较，根据比较条件，若结果为"真"，则设置相应的 ZF、PF、CF 标志，若结果为"假"，则使 OF、AF、SF 置 0。

比较条件为：

UNORDERED：	ZF,PF,CF←111	；源 1 和源 2 中任一个为 QNaN 或 SNaN，为"真"
≥：	ZF,PF,CF←000	；源 1 低 32 位≥源 2 低 32 位，为"真"
<：	ZF,PF,CF←001	；源 1 低 32 位≥源 2 低 32 位，为"真"
=：	ZF,PF,CF←100	；源 1 低 32 位≥源 2 低 32 位，为"真"

6. COMISD 比较标量顺序双精度浮点数和设置标志寄存器指令

指令格式：COMISD　xmm1，xmm2/m64

将第一个源操作数和第二个源操作数中的低 64 位双精度浮点数进行比较，比较方法和 COMISS 类似。

14.3.6　数据转换指令

SSE2 技术包含 22 条数据转换指令，允许不同类型的数据之间进行相互转换，这给编程提供了很大方便，限于篇幅，只能做些简单说明。例如，在编写图像处理程序时，先将原始的整型数据转换成单精度浮点数据，然后就可以进行各种复杂的运算。

这类指令的助记符有两种形式：

一种形式的指令为 CVTxx2yy。指令中的 CVT 表示是数据转换指令，xx 为转换前的数据类型，yy 为转换后的数据类型。

例如，指令 CVTDQ2PS(Convert Packed Double Word Integers to Packed Single-Precision Floating-Point Values)，其功能为：将 4 压缩双字整数(DQ)转换为压缩单精度浮点数(PS)，英文中的"to"在指令中都用"2"来表示，便于阅读。转换结果根据四舍五入原则取舍。

另一种形式的指令为 CVTTxx2yy。助记符 CVT 后面的 T 是英文"Truncate"的缩写，意为截尾，即将小数部分去掉。

例如，将数字 102.88 进行转换，若用前面介绍的 CVT 指令转换，四舍五入后得到的结果为 103；若用 CVTT 指令转换，则将小数部分去掉，得到的结果为 102。

从一种数据类型的数转换成另一种数据类型的数时，数据的长度可以是相同的，也可以是不同的，还可能将数据截断，或对目的操作数的高位补 0。128 位的 4 双字型整数转换为 4 单精度浮点数时，转换前后数据的长度是相同的；对于不同长度的数据转换，可以将位数多的数转换为位数少的数，如将 2 个双精度浮点数(128 位)转换成双字整数(64 位)。还可以将位数少的数转换成位数多的数，如将 2 单精度浮点数(64 位)转换成 2 双精度浮点数(128 位)；截断型转换的例子为：将标量单精度浮点数(128 位)转换成双字整数(32 位)。

下面给出几条指令。

1. CVTDQ2PS

指令格式：CVTDQ2PS　xmm1，xmm2/m128

指令功能：将 4 个压缩双字整数(DQ)转换成压缩单精度浮点数(PS)。源操作数可以是 xmm 寄存器或 128 位存储器，目的操作数为 xmm 寄存器，操作过程如图 14.26 所示。

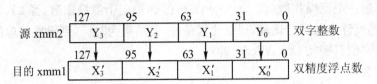

图 14.26 CVTDQ2PS 指令操作

2. CVTDQ2PD

指令格式：CVTDQ2PD　xmm1，xmm2/m64

指令功能：将两个压缩双字整数（DQ）转换成压缩双精度浮点数（PD）。源操作数可以是 64 位存储器 m64，或者是 128 位寄存器 xmm 的低 64 位数，操作过程如图 14.27 所示。

此外还有许多条数据转换指令，如：

```
CVTPD2DQ   xmm1,xmm2/m128    ;128 位压缩双精度浮点数→4 字整数
CVTPD2PI   mm,xmm/m128       ;128 位压缩双精度浮点数→2 压缩双字整数
CVTPI2PS   xmm,mm/m64        ;2 个压缩双字→2 个单精度浮点数
CVTTPS2DQ  xmm1,xmm2/m128    ;截断的压缩单精度浮点数→压缩双字整数
CVTTSS2SI  r32,xmm/m32       ;截断的标量单精度浮点数→双字整数
```

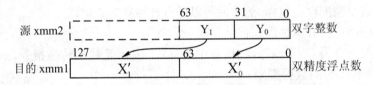

图 14.27 CVTDQ2PD 指令操作

对于这些指令就不一一详细介绍了，必要时可以参考相关的手册。

14.4 利用 SIMD 指令进行程序设计

利用 SIMD 指令可以使一条指令同时完成多种相同的运算，本节将举例说明利用 SIMD 指令进行程序设计的方法。

在编写这些程序时，也和 14.1 节一样，采用汇编语言和 C 语言混合编程的方法来设计程序。这里设定程序的运行环境为 Visual C++.NET，也可以选择 Visual Studio 2005、Visual Studio 2008 等运行环境。对数据和变量进行定义时，首先要申明数据的类型，说明参加运算的数是定点数还是浮点数，如果是浮点数，还要说明是否是对齐的浮点数，是单精度浮点数还是双精度浮点数，它们是如何存放的等等。汇编语言程序则主要由 SIMD 指令组成。

例 14.34 编程调整数据结构的例子。

已知 dy=0.2345，要求编程调整数据结构，使 xmm4 寄存器中的值为：1－dy,dy,1－dy,dy。

这是一个汇编语言和 C 语言混合编程的例子。程序如下：

```
int main()                                   //主程序,用C语言编写
{
    _declspec(align(16)) float  f[4];        //声明16位对齐的浮点数,该数组有4个元素
    float myone=1.0;                         //定义浮点数 myone
    float dy=0.2345;                         //定义浮点数 dy

    _asm                                     //在C++语言中插入汇编语言程序
    {
      movd      xmm1, myone                  //xmm1=0,0,0,1 16位浮点数送低位
      movd      xmm4, dy                     //xmm4=0,0,0,dy
      subps     xmm1, xmm4                   //xmm1=0,0,0,1-dy 标量相减
      unpcklps  xmm4, xmm1                   //xmm4=0,0,1-dy,dy 两数低位打散交织存放
      movaps    xmm1, xmm4                   //xmm1=0,0,1-dy,dy
      movlhps   xmm4, xmm1                   //xmm4=1-dy,dy,1-dy,dy  源低位送目的高位
      movaps    f, xmm4                      //f为数组地址
    }
    printf("xmm4 中的值为:%f, %f, %f, %f\n", f[3], f[2], f[1], f[0]);
                                             //打印出寄存器 xmm4 中的4个浮点数值
}
```

程序运行结果是在 CRT 上显示:

  xmm4 中的值为:0.76550, 0.23450, 0.76550, 0.23450

例 14.35 访问存储器的例子。

定义3个数组 a,b,c,每个数组存放4个数据。要求:a 数组存放的数据为 0,1,2,3;b 数组的数是 a 数组的 10 倍;c 数组的数据等于 a 数组和 b 数组之和。然后将各数组中的数据依次存放在内存单元中,并将 c 数组的值打印出来,试编程实现该功能。

程序如下:

```
void accessMem()                             //定义函数
{
    _declspec (align(16)) float a[4];        //声明由16位对齐的4个浮点数组成的a数组
    _declspec (align(16)) float b[4];        //声明由16位对齐的4个浮点数组成的b数组
    _declspec (align(16)) float c[4];        //声明由16位对齐的4个浮点数组成的c数组

    for(int I = 0;  I < 4;  I++)             //初始化a[4]和b[4]
    {
      a[I] = I;
      b[I] = 10 * I;
    }
    _asm                                     //用汇编语言编程求数组c的值
    {
      push      ebx
```

```
        lea     ecx,a[0]        //将数组 a 的初始地址读入 ecx
        lea     edx,b[0]        //将数组 b 的初始地址读入 edx
        leae    bx,c[0]         //将数组 c 的初始地址读入 ebx
        movaps  xmm0,[ecx]      //将[ecx]指定的 a 数组内容读入 xmm0
        movaps  xmm1,[edx]      //将[edx]指定的 b 数组内容读入 xmm1
        addps   xmm0,xmm1       //a 数组与 b 数组内容相加,存入 xmm0
        movaps  [ebx],xmm0      //c 数组存入[ebx]所指定的内存单元
        pop     ebx
    }
    printf( "C 数组的值为:%f， %f， %f， %f\n", c[0], c[1], c[2], c[3]);
                                //打印 c 数组内容
}
int main()                      //主程序
{
    accessMem();                //调用函数
    getchar();
    return 0;
}
```

程序运行后在 CRT 上显示:
　　0, 11, 22, 33

例 14.36 沿水平方向累加 xmm0 寄存器中的 4 个浮点数。

已知 xmm0 寄存器中存放的 4 个单精度浮点数为 x3＝0.76550, x2＝0.23450, x1＝0.76550, x0＝0.23450。试编程沿寄存器的水平方向累加 xmm0 寄存器中的 4 个浮点数的值,并存入 xmm0 中;打印出寄存器 xmm0 中的值和水平方向累加 4 个浮点数累加后的和。

```
int main()                      //主程序
{
    _declspec(align(16))float   f[4]; //声明 16 位对齐的浮点数,该数组有 4 个元素
    f[0] = 0.234500;            //给 x0 赋值
    f[1] = 0.765500;            //给 x1 赋值
    f[2] = 0.234500;            //给 x2 赋值
    f[3] = 0.765500;            //给 x3 赋值
    float   myfloat;            //声明 myfloat 为单精度浮点数

    _asm                        //嵌入汇编语言程序,求 4 个浮点数之和
    {
        movaps   xmm0,f         // xmm0 = x3, x2, x1, x0 初始值(保持不变)
        movaps   xmm1,xmm0      // xmm1 = x3, x2, x1, x0
        movhlps  xmm2,xmm1      // xmm2 = ——, ——, x3, x2 源高→目的低
        addss    xmm1,xmm2      // xmm1 = x3, x2, x1,(x0＋x2) 标量加
        unpcklps xmm2,xmm0      // xmm2 = x1, x3, x0, x2 源和目的低半部分打散→目的
        movhlps  xmm3,xmm2      // xmm3 = ——, ——, x1, x3 源高→目的低
```

```
        addss     xmm1,xmm3      // xmm1 = x3, x2, x1, (x0+x2+x3) 标量加
        unpcklps  xmm3,xmm0      // xmm3 = x1, x1, x0, x3 源和目的低半部分打散→目的
        movhlps   xmm2,xmm3      // xmm2 = x1, x3, x1, x1 源高→目的低
        addss     xmm1,xmm2      // xmm1 = x3, x2, x1, (x0+x2+x3+x1) 标量加
        movss     myfloat,xmm1   //标量传送,得到4个数的累加结果
    }
    printf("寄存器 xmm0 中的值为%f,  %f,  %f,  %f\n",f[0],f[1],f[2],f[3]);
    printf("水平方向累加 4 个浮点数累加后的和为:%f",myfloat);
}
```

程序运行结果为在 CRT 上显示如下信息:

　　寄存器 xmm0 中的值为:0.23450,0.76550,0.23450,0.76550
　　水平方向累加 4 个浮点数累加后的和为:2.000000

例 14.37 AoS-SoA 的转换程序。

通常,数据存放形式都采用结构阵列(Array of Structure,AOS)形式,在 3D 图像处理中,如每个点的坐标值为(X,Y,Z),颜色值为 c(color),则点 P_1、P_2……表示成 $P_1(X_1,Y_1,Z_1,C_1)$,$P_2(X_2,Y_2,Z_2,C_2)$……数据存放在以 inData 为始址的内存单元中,如图 14.28(a)所示。如果要对 4 个点的 X 坐标进行相同的操作,比如加 1,则需要进行 4 次加法运算。假如调整数据结构,采用阵列结构(Structure of Array,SOA),将 4 个 X、4 个 Y、4 个 Z 和 4 个 C 分别作为一个坐标项,放在一起,存放在以 outData 为始址的内存单元,每个数据占 32 位(4 字节),如图 14.28(b)所示。这样每个坐标项可以放在一个 128 位寄存器中,利用 SIMD 指令,4 个数可以同时进行加法运算,一次可以同时处理 4 个点的 X 坐标的加 1 运算,明显提高了运算速度。运算结果仍存放在以 outData 为始址的内存单元中。

实际应用时,可以利用 SIMD 指令,先将 AoS 结构的数据转换成 SoA 结构,以便对数据进行并行运算。之后将 SoA 结构数据转换回 AoS 结构,仍旧可以得到一个个坐标点的数值。数据转换程序如下:

1. AoS 结构数据转换成 SoA 结构

AoS 结构数据转换成 SoA 结构数据的操作,也就是将图 14.28 中(a)形式的数据转换成(b)形式的数据,输入数据起始地址为 inData 或 inData+0H,其余数据依次存放在内存中,而输出数据始址则为 outData 或 outData+0H,也依次存放在内存中。

AoS 转换成 SoA 的程序 AoS.cpp 清单如下:

```
    typedef struct _VERTEX_AoS {
        float x, y, z, color;      //定义 AoS 结构浮点数 x, y, z, c
    } Vertex_aos;                  // AoS 结构声明

    typedef struct _VERTEX_SoA {
        float x[4], float y[4], float z[4];
        float color[4];            //定义 SoA 结构浮点数
    } Vertex_soa;                  // SoA 结构浮点数声明
```

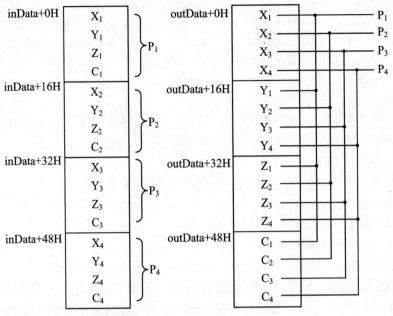

(a) AoS结构数据存放形式　　(b) SoA结构数据存放形式

图 14.28　AoS 结构和 SoA 结构数据的存放形式

```
void swizzle_asm(Vertex_aos * inData, Vertex_soa * outData)    //由 AoS=>SoA
{
//输入数据 inData：x1y1z1c1—x2y2z2c2—x3y3z3c3—x4y4z4c4
//输出数据 outData：x1x2x3x4—y1y2y3y4—z1z2z3z4—c1c2c3c4
_asm {
        mov     ecx, inData           // 取 AoS 结构数据首地址
        mov     edx, outData          // 取 SoA 结构数据首地址
        movlps  xmm7, [ecx]           // xmm7 = — — — — y1 x1 取 AoS 数据,只传送低 64 位
        movhps  xmm7, [ecx+16]        // xmm7 = y2 x2 y1 x1 下个数据送寄存器高 64 位
        movlps  xmm0, [ecx+32]        // xmm0 = — — — — y3 x3 第 3 个数据,传送低 64 位
        movhps  xmm0, [ecx+48]        // xmm0 = y4 x4 y3 x3 第 4 个数据,传送高 64 位
        movaps  xmm6, xmm7            // xmm6 = y2 x2 y1 x1
        shufps  xmm7, xmm0, 0x88      // xmm7 = x4 x3 x2 x1
        shufps  xmm6, xmm0, 0xDD      // xmm6 = y4 y3 y2 y1
                                      //同理,处理每个数据项的后 2 个浮点数
        movlps  xmm2, [ecx+8]         // xmm2 = — — — — c1 z1 第一个数据项后 2 个数
        movhps  xmm2, [ecx+24]        // xmm2 = c2 z2 c1 z1
        movlps  xmm1, [ecx+40]        // xmm1 = — — — — c3 z3
        movhps  xmm1, [ecx+56]        // xmm1 = c4 z4 c3 z3
        movaps  xmm0, xmm2            // xmm0 = c2 z2 c1 z1
        shufps  xmm2, xmm1, 0x88      // xmm2 = z4 z3 z2 z1 => Z
        shufps  xmm0, xmm1, 0xDD      // xmm6 = c4 c3 c2 c1 => C
```

```
        movaps  [edx], xmm7              // store X
        movaps  [edx+16], xmm6           // store Y
        movaps  [edx+32], xmm2           // store Z
        movaps  [edx+48], xmm0           // store C
                                         // 将 AoS 结构数据转换成了 SoA 结构数据
    }
}
```

2. SoA 结构数据转换成 AoS 结构

从 SoA 结构转换成 AoS 的操作过程与上面相反,它是将图 14.28(b)形式的数据转换成 14.28(a)形式的数据,程序清单如下:

```
void deswizzle_asm(Vertex_soa * inData, Vertex_aos * outData)
{
_asm {
        mov     ecx, inData              //取 SoA 结构数据首地址
        mov     edx, outData             //取 AoS 结构数据首地址
        movaps  xmm7, [ecx]              // xmm7= x4 x3 x2 x1
        movaps  xmm6, [ecx+16]           // xmm6 = y4 y3 y2 y1
        movaps  xmm5, [ecx+32]           // xmm5= z4 z3 z2 z1
        movaps  xmm4, [ecx+48]           // xmm4= c4 c3 c2 c1
                                         //SoA 结构数据分别装入 4 个寄存器
        movaps  xmm0, xmm7               // xmm0= x4 x3 x2 x1 暂存数据
        unpcklps xmm7, xmm6              // xmm7=y2 x2 y1 x1 源和目的低位打散交织存放
        movlps  [edx], xmm7              // v1 = y1 x1 — —
        movhps  [edx+16], xmm7           // v2 = y2 x2 — —
        unpckhps xmm0, xmm6              // xmm0= y4 x4 y3 x3
        movlps  [edx+32], xmm0           // v3 = y3 x3 — —
        movhps  [edx+48], xmm0           // v4 = y4 x4 — —
        movaps  xmm0, xmm5               // xmm0= z4 z3 z2 z1
        unpcklps xmm5, xmm4              // xmm5= c2 z2 c1 z1
        unpckhps xmm0, xmm4              // xmm0= c4 z4 c3 z3
        movlps  [edx+8], xmm5            // v1 = c1 z1 y1 x1
        movhps  [edx+24], xmm5           // v2 = c2 z2 y2 x2
        movlps  [edx+40], xmm0           // v3 = c3 z3 y3 x3
        movhps  [edx+56], xmm0           // v4 = c4 z4 y4 x4
    }
}

int main()
{
    _declspec(align(16)) Vertex_aos var_aos[4];     //in,定义输入数据
    _declspec(align(16)) Vertex_soa var_soa;        //out,定义输出数据
```

```c
                                              //初始化 AoS 数据
        for(int i=0; i<4; i++)                //初始化 AoS 数据
        {
            var_aos[i].x=1;                   //给输入数据赋值
            var_aos[i].y=2;
            var_aos[i].z=3;
            var_aos[i].color=4;
        }
        printf("调整前:\n");
        for(int i = 0;i<4 ;i++)
        {
            printf("%f, %f, %f, %f \n",var_aos[i].x,var_aos[i].y,var_aos[i].z,var_aos[i].color);
        }
        swizzle_asm(var_aos,&var_soa);
        printf("AOS->SOA 调整后:\n");
        printf("%f, %f, %f, %f\n", var_soa.x[0], var_soa.x[1], var_soa.x[2], var_soa.x[3]);
        printf("%f, %f, %f, %f \n", var_soa.y[0], var_soa.y[1], var_soa.y[2], var_soa.y[3]);
        printf("%f, %f, %f, %f \n", var_soa.z[0], var_soa.z[1], var_soa.z[2], var_soa.z[3]);
        printf("%f, %f, %f, %f \n", var_soa.color[0], var_soa.color[1], var_soa.color[2], var_soa.color[3]);
        getchar();

        printf("SoA->AoS 调整后:\n");
        deswizzle_asm(&var_soa,var_aos);
        printf("%f, %f, %f, %f \n", var_aos[0].x, var_aos[0].y, var_aos[0].z, var_aos[0].color);
        printf("%f, %f, %f, %f \n", var_aos[1].x, var_aos[1].y, var_aos[1].z, var_aos[1].color);
        printf("%f, %f, %f, %f \n", var_aos[2].x, var_aos[2].y, var_aos[2].z, var_aos[2].color);
        printf("%f, %f, %f, %f \n", var_aos[3].x, var_aos[3].y, var_aos[3].z, var_aos[3].color);
        getchar();
        return 0;
    }
```

设调整前的原始数据为:

1.000000, 2.000000, 3.000000, 4.000000

1.000000, 2.000000, 3.000000, 4.000000

1.000000, 2.000000, 3.000000, 4.000000

1.000000, 2.000000, 3.000000, 4.000000

则程序运行前后的结果如下:

AoS→SoA 调整后:

1.000000, 1.000000, 1.000000, 1.000000

第14章 32位机的指令系统和程序设计

2.000000,2.000000,2.000000,2.000000

3.000000,3.000000,3.000000,3.000000

4.000000,4.000000,4.000000,4.000000

SoA→AoS 调整后：

1.000000,2.000000,3.000000,4.000000

1.000000,2.000000,3.000000,4.000000

1.000000,2.000000,3.000000,4.000000

1.000000,2.000000,3.000000,4.000000

习　题

1. 已知：AX=5678H,BX=12FFH,下列指令分别完成什么功能？

(1) MOVZX　AX,BL　　　　　　(2) MOV　AX,BH

2. 下列每条指令各完成什么功能？

(1) PUSH　　3200H　　　　　　(2) PUSHAD

(3) IMUL　　EBX,ECX,35H　　　(4) IMUL　EAX,[EBX+ECX],20H

(5) SHLD　　EBX,ECX,2　　　　(6) MOVSD

(7) JMP　　label　　　　　　　(8) JMP　　[EBX+ECX*5]

3. 在C语言中嵌入汇编语言程序的设计中,有哪些基本的编程和调用步骤？

4. 浮点数由哪几个基本部分组成？32位单精度浮点数和64位双精度浮点数各以什么格式来表示？(参考表14.1和图14.3。)

5. 将下列32位浮点数转换为十进制数。(参考表14.2。)

(1) 4618 0000H　　　　　　　(2) B630 0000H

(3) 3F80 0000H　　　　　　　(4) 4310 0000H

6. 将下列十进制数转换为32位单精度浮点数。(参考例14.32、例14.33和表14.3。)

(1) 1　　(2) 2　　(3) −6.5　　(4) 0　　(5) +∞　　(6) −∞

7. 写出下列名称的英文全称和中文含义。

(1) SIMD　　　(2) MMX　　　(3) SSE　　　(4) SSE2

8. 说明下列指令各完成什么功能。

(1) MOVD　　　mm0,eax　　　　(2) MOVQ　　　mm7,m64

(3) MOVLPS　　xmm7,m128　　　(4) MOVHPS　　xmm5,m128

(5) MOVLHPS　xmm3,xmm1　　　(6) MOVHLPS　xmm1,xmm3

(7) MOVAPS　　xmm0,m128　　　(8) MOVAPS　　xmm2,xmm3

(9) MOVSS　　m128,xmm1　　　(10) MOVSD　　xmm0,xmm1

(11) UNPCKLPS xmm3,xmm0　　　(12) UNPCKHPS xmm1,m128

(13) SHUFPS　　xmm7,xmm0,0x88　(14) SHUFPS　　xmm6,xmm0,0xDD

(15) ADDPS　　xmm1,xmm2　　　(16) ADDSS　　xmm1,xmm2

(17) MULPS　　xmm1,xmm2　　　(18) CVTDQ2PS xmm1,xmm2

9. 在编写3D图像处理程序时,为什么要设计AoS-SoA的转换程序？(参考例14.37。)

第 15 章 微型计算机系统结构

本章主要介绍基于 16/32/64 位处理器的台式 PC 机的典型结构,内容以 Intel 的芯片技术为主线。由于前面详细讲述了 16 位 CPU 的知识,对 PC/XT 的系统板做进一步的了解,能够很快地形成一台完整的微型计算机的概念,巩固本课程学过的大部分知识,也有助于进一步了解高档 PC 机的结构。32 位系统的重点放在几种代表性处理器的配套芯片组以及主板结构上。前面章节没有对 64 位处理器进行过专门讨论,因此也在这里做些扼要介绍。至于目前正在快速发展的多核处理器,其原理之复杂,不是本课程能够讲清楚的,需要涉及不少计算机体系结构的知识和许多崭新的 IT 技术,因此只能顺着其发展步子做些简要的论述,着重说一下它们的特点,使大家对当前微型计算机的发展概貌有一定的了解。

15.1 PC/XT 机的系统板

我们已在前面对构成微型机系统的各主要部件做了较详细的讨论,现在再通过对 PC/XT 系统基本结构的简要介绍,尤其是系统板电路图的详细分析,来说明如何将各种基本部件连接起来,组成一台完整的微型计算机的过程。

PC/XT 系统的最基本配置包括主机箱、键盘和显示器等部件,还可配上打印机、绘图仪等其它外设,构成微型计算机系统。

主机箱是 PC 机的核心,它内部的主体是一块系统板,上面装有 PC/XT 机的主要部件。此外,机箱内还有电源、扬声器、一个硬盘驱动器和一个软盘驱动器,它们通过接插件直接与系统板相连。I/O 设备都必须通过各自的适配卡(Adapter)才能连到系统板。适配卡做成标准的 62 芯接插件卡,插在系统板上的 8 个 62 脚 I/O 扩展槽里,插槽接脚连到 PC/XT 的系统总线信号,这样就可以通过插槽方便地扩展 PC/XT 的功能。

图 15.1 是 PC/XT 机的系统板电路原理图,其中的大部分电路大家都很熟悉,由图可以看出各种电路的关联,再通过下面的简要说明,你就能知道怎样将这些电路组合起来,去构成一台实用的微型计算机。

15.1.1 CPU 子系统

CPU 子系统由 8088 CPU、8284A 时钟产生器、8288 总线控制器、74LS373(或 8282)地址锁存器、74LS244、74LS245 数据缓冲器或 8286 数据收发器等组成,必要时可插入 8087 协处理器。8087 直接与 8088 的地址总线、数据总线和控制总线相连,这样 8087 可跟踪和译码由 8088 取出的每条指令。通常从存储器中取出的指令都由 8088 执行,当取到换码指令时,就由 8087 执行。

第 15 章 微型计算机系统结构

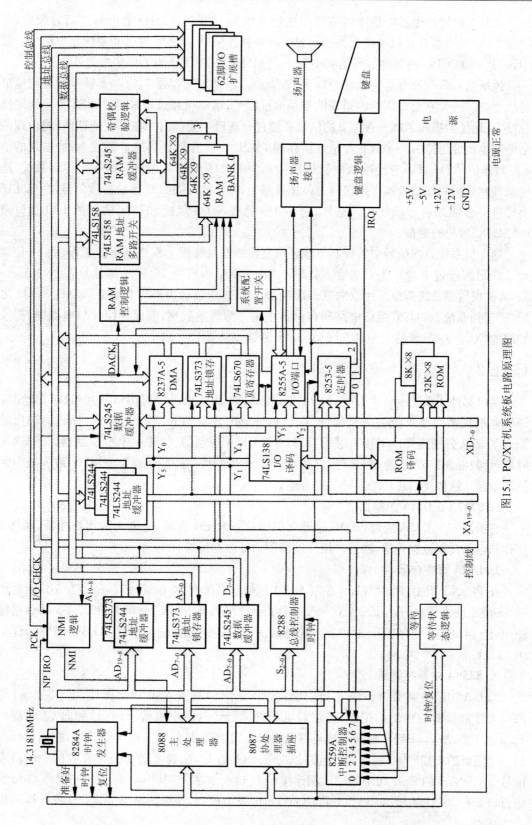

图15.1 PC/XT机系统板电路原理图

8284A 时钟产生器将晶体振荡器产生的频率为 14.31818MHz 的信号进行分频后，向 8088 CPU 及微型计算机系统提供所需要的时钟脉冲信号、准备好信号和系统复位信号。其中，送到 8088 CPU 的时钟信号的频率为 4.77MHz，这是 CPU 的工作脉冲信号。

地址信号分三部分送到地址总线上，$A_{19} \sim A_{16}$ 经地址锁存器 74LS373 锁存后送到地址总线上；$A_{15} \sim A_8$ 在总线周期内呈现的都是地址信号，所以可经过缓冲器 74LS244 送到地址总线上；地址数据线 $AD_7 \sim AD_0$ 上的信号要经过分离后才能送出。在总线周期内，先出现的是低 8 位地址信号 $A_7 \sim A_0$，它经地址锁存器 74LS373 锁存后送到地址总线上；后出现的是 8 位数据信号 $D_7 \sim D_0$，它经过双向数据缓冲器 74LS245 驱动后送出。这 3 组控制总线、地址总线和数据总线信号被直接送到 I/O 扩展槽上，组成 62 芯的 PC 系统总线信号，在那儿还要经进一步驱动后才能使用。这样，通过 PC 总线，8088 就能和扩展槽上的 I/O 端口及 RAM、ROM 进行通信。

这 3 组系统总线信号中的控制总线还可直接控制系统板上其它电路的工作，而 20 位地址总线则需经过 3 片三态缓冲器 74LS244 进一步驱动成为 20 根外部地址总线 $XA_{19} \sim XA_0$，8 根数据总线需经 1 片双向三态缓冲器 74LS245 驱动为外部数据总线 $XD_7 \sim XD_0$ 之后，再送到系统板的其它接口电路和存储器上去。为简单起见，前面介绍接口电路时，把信号前的"X"省去了，统称为地址总线 $A_{19} \sim A_0$ 和数据总线 $D_7 \sim D_0$。

15.1.2 接口部件子系统

接口部件子系统由一片 I/O 译码电路 74LS138 和一组可编程接口芯片组成，74LS138 译码器根据系统要求统一进行编址，端口地址分配表见第 6 章的表 6.1。译码器输出端 $Y_0 \sim Y_5$ 依次分别连接以下接口芯片：8237A-5 DMA 控制器、8259A 中断控制器、8253-5 定时器/计数器、8255A-5 通用 I/O 接口芯片、74LS670 DMA 页寄存器及 NMI 不可屏蔽中断控制电路。这些接口芯片的主要功能分述如下：

1. 8237A-5 DMA 控制器

它提供 4 个 DMA 通道，其中，通道 0 用作动态 RAM 刷新，通道 1 为用户保留，通道 2 用作软盘驱动器数据传送，通道 3 用作硬盘驱动器数据传送。

2. DMA 页寄存器

在 PC/XT 机中，用 8237A-5 控制 DMA 传输。系统有 20 根地址线，8237A-5 只能管理低 16 位地址线 $A_{15} \sim A_0$，其中，$A_7 \sim A_0$ 直接由 8237A-5 输出，$A_{15} \sim A_8$ 自 8237A-5 的数据线输出，经 74LS373 锁存后形成，而高 4 位地址 $A_{19} \sim A_{16}$ 则由页面寄存器 74LS670 产生，详见图 11.11。

3. 8259A 中断控制器

8259A 中断控制器可提供 8 级中断，其中，0 级中断输入端 IR_0（图中用"0"表示）与 8253-5 计数器 0 的输出端相连，接收对电子钟进行计时的中断请求，每秒钟向 CPU 提出 18.2 次中断请求。1 级中断输入端与键盘接口电路相连，接收键盘的中断请求，每当机器收到一个键盘的扫描码时，键盘接口电路就向 8259A 的 IR_1 引脚上送出一个有效的中断请求信号。8259A-5 的 2～7 级中断输入端连接到 I/O 扩展槽上，其中，2 级为用户保留，3 级为串行口 2(COM2)，4 级为串行口 1(COM1)，5 级为硬盘，6 级为软盘，7 级为并行打印机所用。

4. 8253-5 计数器/定时器

8253-5 计数器/定时器内部有 3 个计数器通道,各计数通道功能如下:

通道 0 经编程用作定时器,每秒钟产生 18.2 次输出信号,送到 8259A 中断控制器的 IR_0 输入端,为系统提供稳定的时间基准。8088 对时间基准进行计数,就可用来计时。

通道 1 用作动态 RAM 刷新定时,大约每隔 15 μs 产生一次输出信号,请求执行动态 RAM 刷新操作。在 PC/XT 机中,用 8237A-5 DMA 控制器的通道 0 对动态 RAM 进行刷新。8253-5 通道 1 的输出信号送往 8237A-5 的通道 0,定时产生刷新请求信号。通道 2 向扬声器接口电路输出方波,为扬声器发声提供基本的音调。用程序设定通道 2 输出波形的频率和延续时间,就能控制扬声器的音调和发声时间的长短。

5. 8255A-5 通用接口芯片

8255A-5 通用接口芯片具有 3 个 8 位的端口 A、B 和 C,各端口功能如下:

系统刚加电时,处于自检方式,端口 A 用来输出当前检测部件的标志。在平时,端口 A 用来读取键盘的扫描码。

端口 B 工作于输出方式,用来输出一些控制信号。例如:允许 RAM 进行奇偶校验信号 $\overline{\text{ENB RAM PCK}}$(低电平有效)、允许 I/O 通道校验信号 $\overline{\text{ENABLE I/O CK}}$(低电平有效)、清除键盘数据信号和控制扬声器发声信号。

端口 C 工作于输入方式,其中,低 4 位用来读取系统配置 DIP 开关的设置情况,高 4 位用来读取系统板和 I/O 扩展板上的 RAM 的奇偶校验情况及读取扬声器的状态。

15.1.3 存储器子系统

在 PC/XT 机中,8088 CPU 管理 20 位存储器地址信号,系统具有 $2^{20}=1\text{MB}$ 存储空间,地址范围为 00000H~FFFFFH。1M 字节的存储空间分为 3 个区域:RAM 区、I/O 缓冲 RAM 区和 ROM 区。存储空间的地址分配如图 15.2 所示。

各区域的使用情况说明如下:

1. RAM 区

从 00000H~9FFFFH 范围内的 640KB 内存区域为 RAM 区,也称为常规内存区,用来运行操作系统和应用程序或用作数据区。其中 00000H~003FFH 的 1KB 内存区域为 BIOS 数据区,存放中断矢量表。

2. I/O 缓冲 RAM 区

从地址 A0000H 开始的 128KB 存储空间称为 I/O 缓冲 RAM 区,用作字符/图形显示缓冲区,保存显示屏幕上要显示的信息。对于不同的显示适配卡,使用的显示 RAM 区域各不相同。

IBM 单色显示器适配卡 MDA(Monochrome Display Adapter)只能提供字符显示功能,每屏最多显示 80×25 = 2000 个字符,每个字符占用两个字节,其中,一个字节存放该字符的 ASCII 码,另一个字节规定字符的属性,例如:亮度、背景、前景和闪烁等。单显使用的显示缓冲器容量为 4KB,地址范围为 80000H~B0FFFH。

IBM 彩色显示适配卡 CGA(Color Graphics Adapter)能提供彩色图形显示功能。当它

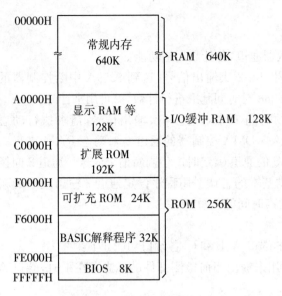

图 15.2 PC/XT 机的内存分配图

工作于 640×200 的高分辨率单色显示方式时,需占用 640×200/8＝16000 字节内存单元(每单元存放 8 个像素),即约需 16KB 的显示内存,显示缓冲器的地址范围为 B8000H~BBFFFH。若用 CGA 卡显示彩色图形时,其分辨率还将降低。

对于以后生产的 PC 机上使用的增强型图形适配卡 EGA(Enhance Graphics Adapter)、视频图形显示阵列卡 VGA(Video Graphics Array)和 Super VGA 卡等高分辨率图形适配卡,则要用到全部 128KB 显示 RAM 区。各种显示 RAM 芯片分别被安装在各显示适配卡上。

3. ROM 区

存储空间的最后 256KB 是系统 ROM 区,这个区域安排的都是只读存储器 ROM。地址范围为 C0000H~EFFFFH 的 192KB 区域称为扩展 ROM 区,用来安装系统中的控制 ROM 和扩展 ROM。其中 C0000H~C7FFFH 为高分辨率显示适配器卡的控制 ROM,它作为图形显示卡上的 BIOS,用来管理这些高档显示器的工作。可见,显示适配卡工作时,既要用到显示 RAM,又要用到扩展 ROM。各种显示卡占用的存储空间如表 15.1 所示。

表 15.1 各种显示卡使用的存储器地址分配表

显示卡种类	显示 RAM 空间(H)	板上显示 RAM 总容量	扩展 ROM 空间(H)
MDA	B0000~B0FFF(4K)	4KB	无
CGA	B8000~BC000(16K)	16KB	无
EGA	A0000~BFFFF(128K)	256KB	00000~C3FFF(16K)
VGA	A0000~BFFFF(128K)	256KB	00000~C5FFF(24K)
Super VGA	A0000~BFFFF(128K)	512KB~1024KB	00000~C7FFF(32K)

由表 15.1 可见,对于高档显示器,所需的显示 RAM 容量可能比 128KB 大得多,如 Super VGA 卡上需用 512KB~1024KB 显示缓冲器,而系统仅提供 128KB 显示 RAM 空间。实际使用时,可将显示缓冲器分成 8 个页面,每次只显示其中一个页面(128KB)的内容,在显示一个页面的同时,也能对别的页面实施处理。显示完一个页面后快速切换到另一个页面,看起来仿佛各个页面同时在显示一样,这样就解决了显示 RAM 空间小和实际用显示缓冲器容量大的矛盾。

扩展 ROM 中地址为 C8000H~CBFFFH 的 16KB ROM 空间为硬盘驱动程序所用,其余的扩展 ROM 区地址为 CC000H~EFFFFH,系统中尚未使用,用户可用来安装固化的 ROM 程序。

系统中最后64KB存储器区域是基本系统ROM区。包括24KB的可扩充ROM空间，32KB的BASIC解释程序以及8KB的基本输入输出系统程序（ROM BIOS）。当初BASIC解释程序是为无磁盘的用户所设置的，后来就无用处了，仅仅是为了兼容性才保留这个存储区域。

15.2 32位微型机的典型结构

15.2.1 主板的组成

主板作为计算机的重要组成部件，已经成为计算机行业的一个领域。主板的更新换代起因于CPU和与它配套的芯片组的更新换代。在32位微型计算机的主板上，主要包含以下这些部件：

1. CPU芯片

主板和安装在主板上的CPU决定了微型机性能的好坏。80386或80486 CPU芯片可以直接插进主板上的CPU插座(Socket)。部分32位处理器，如Pentium II、III和AMD K7 Athlon等，则改用了插槽(Slot)，CPU封装在一块电路板上，必须像功能扩展卡那样插入插槽。之后，大部分32位和全部64位处理器，又都返回到了插座形式，形状、体积和针脚数会有所不同。例如，32位的Pentium 4(P4)处理器，就用过Socket 423和478等针脚式插座。从64位的P4 HT开始，CPU都采用了平面网格阵列（Land Grid Array，LGA）封装技术。原来芯片底部的引脚改为775个触点，针脚则安装在方形的插槽下端，用一个扣架将芯片压进插槽，让底部的触点碰到针脚的弹性触须。这样，引脚不必焊死在插座上，可随时解开扣架更换芯片。此外，部分使用在笔记本电脑上的CPU芯片采用球栅网格阵列（Ball Grid Array，BGA）封装，手机CPU芯片、内存芯片和南桥、北桥芯片等都采用BGA封装，引脚焊接后不能再把芯片卸下来。

2. 内存条插槽

在PC/XT中，一部分存储器芯片直接安装在主板的双列直播式插座上，大容量的存储器则以内存条的形式，插入主板的内存条插槽中，以扩充系统的内存容量。可用于32位PC机的内存条在结构上有单列直插(SIMM)和双列直插(DIMM)两类。能接受何种容量和速度规格的内存条，由主板上的芯片组控制。如前所述，随着计算机技术的发展，内存条也在不断地变化，不同时期的32位PC机，能配置FPM、EDO、BEDO DRAM（Burst EDO DRAM）、SDRAM、RDRAM和DDR-SDRAM等内存条。

3. 外部Cache

32位处理器一般有两级Cache。在80486和Pentium中，L1 Cache容量较小，内置于CPU中；L2 Cache通常安装在主板上，容量可达到256KB或512KB。在后来的P4和P4 HT处理器中，L2达到了1MB，能显著提高CPU访问内存的速度。有的处理器（如Pentium Pro）已将L2 Cache连同CPU封装在一起，容量为256KB或512KB。

4. 总线插槽

主板上有多个总线插槽或扩展槽，根据计算机技术的发展，先后有ISA、EISA、MCA、

PCI、AGP 等总线的扩展槽，大多数主板上同时存在两种或三种总线插槽，以适应不同的扩展卡。在 P4 时代，32 位机上用得最多的是 PCI 总线扩展槽，也常伴有少量的 ISA 插槽和 AGP 图形卡插槽。

5. 配置芯片和器件

主板上包含各种接口芯片和器件，它们协调配合以使 CPU 和整个计算机系统正常工作。主要有以下几种芯片和部件：

(1) 芯片组芯片。我们已知道在 PC/XT 机的主板上有一组接口芯片，如 8253 计数器/定时器、8259A 中断控制器、8237 DMA 控制器等，用来实现各种接口功能。32 位微型计算机同样需要这一类接口电路及支持电路来控制 PC 机的工作。但从 80286 起，就不再采用独立的接口芯片，在主板上也看不到这些器件了，而是采用大规模集成电路技术，将众多的接口芯片及支持电路，按不同功能分别集成到几块芯片中，构成芯片组（Chipset）芯片。不同的 Intel 处理器需要与不同的芯片组配套使用。例如，386 和 486 PC 机时代，与 EISA 总线主板配套的 82350 芯片系列，包含了 82357 ISP（Integrated System Peripheral，集成系统外设）、82358 EBC（EISA 总线控制器）和 82352 EBB（EISA 总线缓冲器）等芯片，其中的 82357 芯片中就包含了 82C37A、82C59A 和 82C54 的主要功能，能提供 7 个 8/16/32 位的 DMA 通道，5 个定时器/计数器通道，2 个 8 通道的中断控制器等等。尽管这些接口芯片都集成到芯片组芯片中去了，但许多芯片的端口地址仍与 PC/XT 机的兼容。例如端口 40H，仍是计数器/定时器通道 0 的端口地址，为系统提供频率 f=18.2 次/秒的时间基准。

(2) 系统 BIOS 芯片。PC 系列的 BIOS 芯片中的程序用来完成启动，上电自检，基本 I/O 设备（键盘、显示器、打印机等）的驱动，引导 DOS 启动等功能，其程序固化在 ROM 芯片中，称为 ROM BIOS。早期 PC 机上的 BIOS 芯片由 27C512 等 EPROM 芯片承担，586 以后的 PC 机则采用 EEPROM 做 BIOS 芯片，它可以被快速电擦除。

(3) CMOS RAM 芯片。从 286 PC 机开始，主板上增加了一块称为 CMOS 芯片的 IC 电路 MC146818A，内含一个实时时钟（Real-time Clock，RTC），以提供系统日期和时间，还包含 64 字节低功耗 SRAM，可保存硬件有关的 BIOS 配置参数，要用电池供电。自 386 开始，此芯片被集成到了专门的外设控制器芯片中，例如 84 引脚的 82C206 芯片，它是 CS8221 PC/AT、OPTi 486WB 486AT 等好几款芯片组的成员之一。其中除 CMOS RAM 和 RTC 外，还包含 2 片 82C37、2 片 82C59 和 1 片 82C54，等于加进了上述 82357 ISP 芯片的功能。在 586 以后的主板上，CMOS 与 RTC 被集成到了 DS1287 芯片中。现在，它们的功能都由南桥芯片提供。随着微型机的发展，需要设置的 BIOS 参数增多了，CMOS RAM 容量也增大到 128 或 256 字节。

(4) 其它器件。主板上的其它器件还包括：晶体振荡器、键盘插座、电源插座、扬声器插座等。随着各种新的芯片组芯片和新的总线技术等的不断涌现，主板也在不断更新和演变。

15.2.2 Pentium Ⅱ 主板

随着 PCI 总线 2.2 版本的出现和 Pentium Ⅱ 处理器的诞生，出现了具有 PCI 总线和所谓"北桥"和"南桥"芯片组的主板，比较典型的 PⅡ 主板是 440BX AGP 主板，以它为例简单介绍 PⅡ 主板的基本结构和功能特点。

1. 具有 PCI 总线的 PⅡ 主板

图 15.3 是 440BX AGP 主板的结构框图，主板的核心部件是 CPU 和两块接口芯片。CPU 采用 PII 处理器，主频范围 233～400MHz。用两块接口芯片构成芯片组，一块是 Intel 440BX 芯片组的 82433BX 芯片，习惯称为北桥。另一块为 Intel 82371 AB/EB PCI/ISA IDE 加速器，也称为 PⅡX4E，它是一块多功能 I/O 芯片，也叫南桥。它们为主板提供多种新的接口技术，如 USB 接口、IDE 接口和 AGP 接口。

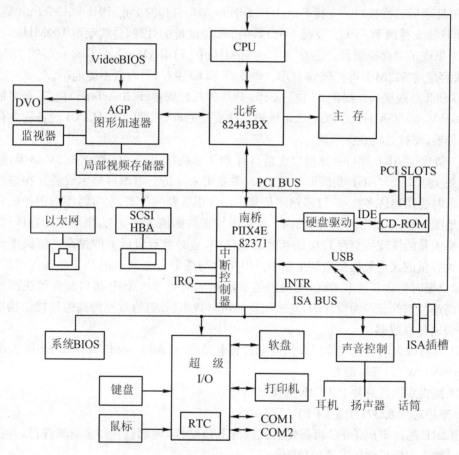

图 15.3　具有 PCI 总线的 PⅡ 主板结构

北桥在主处理器和 PCI 总线间提供桥接，起到信号的双向翻译作用，为主处理器提供数据缓冲和二级 Cache，负责管理主存，还通过 AGP 接口管理图形显示设备。

南桥是连接 PCI 和 ISA 总线的桥接器件。它还支持连接硬盘的 IDE 接口，通过 Super I/O 接口与键盘、鼠标、软驱和打印机等外设相连，并支持 USB 接口。此外，PIIX4E 还提供了全部的即插即用兼容功能，只要将扩展卡插入扩展槽中，系统就能自动进行扩展卡的配置，保证系统资源的合理分配。

无论是在主板上还是在方框图中，若 CPU 在上方，那么紧靠它的就是北桥，下面才是南桥，与看地图时的"上北下南"一致。南桥离 CPU 较远，靠近 PCI 插槽，因为它连接的 I/O 总线较多，离处理器远一点有利于布线。相对于北桥，其数据处理量不大，一般都不覆盖散热片。

下面再对北桥和南桥的功能作些具体介绍。

2. 北桥芯片 82443BX

82443BX 首次使用四端口加速技术,把 CPU、主存、AGP 端口和 PCI 总线相互连接起来,并控制它们间的数据传送,从多方面提高了系统的性能。它具有 492 个引脚,主要功能包括:

(1) 处理器总线接口。支持 Slot 1 和 Socket 370 引脚的 PⅡ、PIII 和 Celeron(赛扬)处理器,而且能支持两个 CPU。支持 64 位数据、36 位地址的处理,总线频率 100MHz。

(2) 集成了主存控制器。主存为 100/66MHz 的 SDRAM。3 个双面安装的 DIMM 插槽,最大容量为 512MB,可扩展到 1GB。也支持 EDO 主存,但两者不能混用。

(3) PCI 总线接口。提供 32 位的 CPU-PCI 仲裁扩展器(PCI Arbiter)接口,最多能提供 6 个 3.3/5V、30/33MHz 的 PCI v2.1 插槽。并支持处理器总线、AGP、PCI 设备到主存的并发数据传输,支持总线业务延期。

(4) 集成了 AGP 接口。该接口支持具有 PCI 总线接口的 AGP 2×3.3V 显卡,数据传输率达到 133MHz。AGP 是图形加速端口,主要用来支持三维图形显示设备。在进行三维图形显示时要用到许多技术,纹理贴图是其中一项很重要的技术,它可将图形图像或背景图案像贴墙纸一样贴在三维图案的表面。所用的纹理数据越多越复杂,则显示的物体越逼真。但需要将大量的纹理数据存放在显卡上的显存中,这必然导致成本的提高。解决矛盾的办法是将大容量的纹理数据存储到主存中。但主存与图形卡之间是用 PCI 总线连接的,传输 3D 图像数据时仍嫌其速率太低,无法满足显示速度的要求。AGP 接口是为解决图形纹理数据的高速传输的瓶颈而设计的,它采用新型接口技术标准,通过一种高速连接结构实现从主存中快速存取数据。

(5) 具有强大的省电功能以及高级配置和电源接口(Advanced Configuration and Power Interface,ACPI)管理能力。

(6) 提供对南桥芯片 PⅡX4E 的接口信号。

3. 南桥芯片 82371(PⅡX4 E)

PⅡX4E 芯片集成了 PC 机需要的大部分 I/O 功能,内部包含许多逻辑部件,外部具有 324 个引脚。主要提供以下逻辑功能:

(1) PCI-ISA 总线接口桥。能直接驱动 5 个 ISA 插槽,因此仍可使用那些 ISA 接口的扩展卡,实现 ISA 到 PCI 总线的平滑过渡。同时支持 ISA 的子集 EIO(扩展 I/O)总线,形成通用 I/O 接口。

(2) IDE 接口。能提供 4 个 14/33MHz 速率的 IDE 接口,但一般系统上只有两个硬盘驱动器接口,若接入了 CD-ROM 驱动器,便只能接一个硬盘。

(3) 具有兼容性的模块。芯片集成进了与 80x86～Pentium Pro 兼容的功能,主要包括两个 8237C DMA 控制器、1 个 82C54 计数器/定时器和 2 个 ISA 兼容的 82C59 中断控制器,可级联成 7 个 DMA 通道,形成 3 个计数通道和提供 15 个中断,与上节提到的 82357 和 82C206 芯片的功能类似。此外,还提供串行中断、I/O APIC(可编程中断控制器)支持逻辑。

(4) USB 接口。芯片内配置增强的通用串行总线 USB 控制器,对主控制器接口 UHIC

提供支持,具有 2 个 USB 1.1 接口,用来支持 U 盘、数码相机等 USB 设备,也可以连接 USB 键盘和 USB 鼠标。

(5) 实时时钟 RTC。内部的 RTC 逻辑部件带有 3V 锂电池电源和 256 字节 CMOS RAM,电池能工作 7 年,可以保存并跟踪每天的时间,保存断电时的系统数据。

(6) 系统电源管理。采用动态电源管理结构(Dynamic Power Management Architecture,DPMA),适用于移动电脑以延长其电源的寿命;支持 ACPI 电源管理规范,使台式机也能像笔记本电脑那样,直接通过操作系统软件进行电源管理,实现节能保护和控制。

(7) 通用 I/O 接口和 X-Bus 支持逻辑。为自定义系统设计提供了各种各样的通用串行总线。PⅡX4E 芯片的配置不同,其输入输出的数量也不一样。PⅡX4E 芯片提供的两个可编程芯片选择逻辑,允许设计人员将许多速度较慢的设备都连在 X-Bus 上,不需要外部的译码逻辑。

15.2.3 集成型主板

自从 Pentium 处理器和 PCI 总线诞生以来,基于新的微架构和不同的半导体工艺制程的新型处理器层出不穷。为此,Intel 推出了一系列与之配套的芯片组芯片,从而出现了各种类型的计算机主板。芯片组基本上保持北桥+南桥的结构,北桥集成了存储器控制器和 PCI 控制器,南桥集成了 ISA 桥和 IDE 控制器。形象地说,它们的分工就是北桥主内,南桥主外。它们在现代计算机中的地位仅次于 CPU,如果说 CPU 是计算机的大脑,那么芯片组就是机器的心脏,在一定意义上决定了主板的级别和档次,关乎 PC 机的总体性能。

1999 年开始,Intel 采用了整合技术,把对 I/O 卡和其它功能卡(例如显卡、声卡、MODEM、硬盘接口等)的支持功能集成到一起,形成了集成型芯片组(Integrated Chipset),进一步加强了它们的功能。Intel 810 和 820 是最早的集成型芯片组。该芯片组采用了与以往芯片组完全不同的结构设计,取代北桥的是图形和存储器控制芯片 GMCH(Graphics and Memory Control Hub),取代南桥的则是输入/输出控制中心 ICH(I/O Control Hub),并将 BIOS 改为用闪存保存的 FWH(Firmware Hub,固件集线器)BIOS。两块芯片间不再用 PCI 总线互连,而是通过一条带宽为 PCI 总线两倍的专用 Hub 总线连接。它用分流的方式改善 PCI 的瓶颈问题,因此能充分发挥新的 Intel CPU 的性能,使系统性能更加优越。多种设备可以方便地连接到 I/O 控制器上,能直接与 CPU 交换数据,从而提高了系统的整体工作效率。两块芯片的尺寸也明显小于原先的北桥、南桥芯片。

Intel 845G 是专为 Intel P4 处理器设计的芯片组,包含两个芯片,即北桥芯片 82845G GMCH 和南桥芯片 82801DB ICH4。图 15.4 是采用 845G 芯片组设计的 PC 平台方框图,图中虚线部分即为 845G 芯片组的两个部件。

下面简单介绍 GMCH 和 ICH4 芯片的功能。

1. 北桥芯片 82845G

图中的图形和存储器控制芯片 GMCH 通过系统总线接到 CPU,提供系统内存接口以及将 GMCH 与 ICH4 连接起来的专用 Hub 接口,在内部集成了一个图形控制器(Integrated Graphics Device,IGD),并支持图形加速接口(AGP)和普通的 VGA 显卡接口。下面是 GMCH 功能的简单描述。

(1) 主接口(Host Interface)。845G 主要是为采用 P4 处理器的台式 PC 机设计的,其 GMCH 支持的 P4 处理器,采用 mPGA 478 接脚封装,0.13 μm 的半导体工艺,前端总线频率为 400/533MHz,主电源 1.15~1.75V,可带 256/512KB 的 L2 Cache,支持 32 位地址总线,可寻址 4GB 存储空间,并支持可扩展的总线协议。

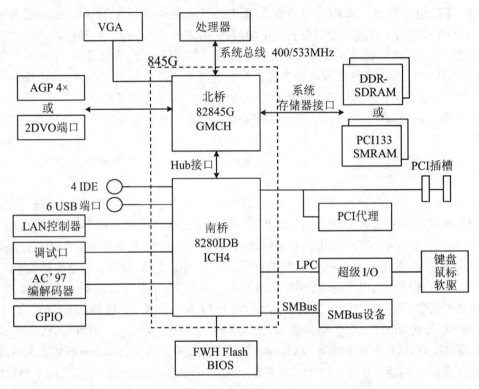

图 15.4 基于 845G 芯片组的 PC 平台方框图

(2) 系统存储器接口。支持双数据率 DDR-SDRAM 或单数据率 SDR-SDRAM 这两种存储器配置,可以是 DDR 200/266 的 SDRAM,或 SDR PC133 的 SDRAM 内存芯片,具有 64 位宽的数据接口,内存总容量可达 2GB。它对每种配置都支持两个 DIMM 插槽。内存条的规格和页面的大小,可通过一系列控制寄存器进行配置。

(3) Hub 接口。Hub 接口将 GMCH 连接到 ICH4,GMCH 与 ICH4 之间的大多数通信都通过此接口完成,它能提供 266MB/s 的传输带宽,工作电压 1.5V。

(4) 多路复用的 AGP 接口。GMCH 支持 AGP v2.0 接口,可接一个 PCI 总线的 AGP 图形加速卡,或一个 PCI-66(MHz)部件,也可以是一个 PCI-66 连接器。AGP 卡能用系统主存来存放要显示的图像数据,支持纹理贴图、零缓冲和 Alpha 混合等 3D 图形技术,为 PC 机提供高质量的图形图像显示。由于内部已集成有 IGD,并非一定要用外部的图形加速设备。当系统检测到已安装了一个外部 AGP 显卡时,BIOS 将禁用内部的 IGD。

(5) 两个多路复用的 DVO 端口。这两个 DVO(Digital Video Output,数字视频输出)端口是与 AGP 接口多路复用的,每个端口能驱动像素频率高达 165MHz 的数字显示设备。当系统中具有 AGP 连接器,但又没插 AGP 显卡时,就能通过 AGP 数字显示卡(ADD)来使用这些数字显示通道,去驱动数字显示设备。

(6) 显示器接口。图形核心中整合了 350MHz 的高速数/模转换器 RAMDAC,能直接驱动逐行扫描模拟(VGA)显示器。

(7) 集成的图形加速控制器 IGD。IGD 能够处理 3D、2D 和视频图像。它的视频引擎提供一套扩展的指令集,主要用于 3D 操作、128 位 BLT(块传送)和 STRBLT(扩展 BLT)操作、运动补偿、覆盖和显示控制,支持视频会议和其它视频应用,并能通过 AGP 接口支持外部图形加速卡。

21 世纪初,对多媒体技术的支持程度已成为衡量 PC 机性能指标的一个重要标志,为适应越来越多的用户对多媒体技术的需求,Intel 设计的 845G 芯片组,除了在形式上提供上述三类接口外,还在如何提高图形数据和数字视频的处理速度和显示质量方面下了很大的功夫。

GMCH 通过内存端口提供高带宽数据的存取,能够以 1.0GB/s(SDR PC133)、1.6GB/s(DDR 200)或 2.2GB/s(DDR 266)的速率存取内存中的图像数据。它使用 Intel 的直接内存执行模式,获取位于内存中的纹理数据,还利用一个 Cache 控制器,来避免对刚使用过的纹理数据进行频繁的内存读取操作。此外,还能为数据块传输提供 2D 硬件加速等。

令人印象深刻的数字视频技术支持。GMCH 最高可以达到 330MPixel/s 的 DVO 像素生成率。它支持 DVD 回放中的硬件动态补偿技术,5×2 重叠过滤功能使得 DVD 在缩放的时候生成更加平滑的画面,让用户得到更好的视频享受。由于它还提供两个与 AGP 多路复用、能驱动 AGP 数字显卡的 DVO 端口,因此能全面支持 TMDS、LVDS、TV-out、S-Video 等外接视频输出接口,可直接驱动平板(Flat Panel)显示器、数字电视机等设备,为平板显示器提供 2048×1536@60Hz 分辨率的显示,或为数字显示器/HDTV 提供 1290×1080@85Hz 的显示。因此,它也适用于笔记本电脑的设计。

2. 南桥芯片 82801DB

ICH4 是一种高集成度的多功能 I/O 控制器 Hub,提供 PCI 总线接口,集成进了许多当时最先进的 PC 平台所需要的功能。ICH4 包含的主要功能有:

(1) Hub 结构。这种集线器结构将 I/O 桥设置在 Hub 接口上,能确保集成到 ICH4 中的 I/O 功能和 PCI 设备都能获得足够的带宽,以达到最佳性能。

(2) PCI 接口。ICH4 集成了一个 2.2 版 PCI 仲裁器,能够支持 6 个 33MHz 的外部 PCI 总线主控制器和 4 个 ICH4 内部的 PCI 请求。利用附加芯片还可设计一个 ISA 插槽,提供对 ISA 设备的支持。

(3) IDE 接口。系统包含 2 个可在电气上隔离的独立 IDE 信号通道,并可以被设置成标准的主、从通道,因此能支持 4 个 IDE 设备(如硬盘),每个 IDE 设备拥有独立的时钟。

(4) LPC 接口。这是一种按照 LPC1.0 接口规范设计的接口,能由 PCI 总线速率同步驱动,最大传输速率达到 16MB/s,能替代 ISA 总线。键盘、鼠标、打印机等 I/O 设备均可通过 LPC 接口连到 ICH4。以往为连接传统外设,南桥必须保留一个 ISA 接口,但其信号等与 PCI 总线很不一样,要浪费不少针脚,主板线路设计也显得复杂。LPC 是 Intel 定义的低引脚数(Low Pin Count)接口,基于 1 字节数据传输设计,将 ISA 的地址/数据分离译码,改成类似于 PCI 的地址/数据信号线共享译码,信号脚数量大幅降低。它使用 PCI 总线的

33MHz 时钟,因此速度要比传统的 8MHz ISA 高得多。

(5) USB 总线控制器。ICH4 有一个能支持高速 USB 2.0 传输的增强型主控接口 (EHCI)控制器,数据传输速率可达到 480Mb/s,是全速 USB 的 40 倍。另有 3 个能支持全速和低速 USB 的通用型主控接口(UHCI)控制器。ICH4 共能支持 6 个 USB 2.0 接口,它们均能工作在高速、全速和低速状态。

(6) LAN 控制器。ICH4 集成进了局域网(LAN)控制器,包含 32 位的 PCI 控制器,提供增强的分散-聚集总线(Scatter-gather Bus),使 LAN 控制器通过 PCI 总线完成高速数据传递。LAN 控制器可工作于全双工或半双工模式。

(7) AC'97 2.3 规范音频控制器。它提供一个数字接口,能与音频编解码器(AC)、MODEM 编解码器(MC)、音频/MODEM 编解码器(AMC)或 AC 和 MC 的组合相连接。该规范还定义了称为 AC-link 的系统逻辑与音频或 MODEM 编解码器间的接口。设计者可根据这个控制器提供的功能,构造软 MODEM,连接麦克风,设计出价格低廉、性能优良的 6 声道立体声音响系统。

(8) 兼容模块。这与 PⅡX4E 芯片中的兼容模块基本一样,即包含 2 个 82C37 DMA 控制器、一个 3 通道 82C54 计数器/定时器和两个级联的 ISA 总线兼容的 8259A 中断控制器,也是为了与以前的 CPU 兼容,还支持一种串行中断控制方案。

(9) 先进的可编程中断控制器。除了标准的 ISA 兼容的 PIC 外,ICH4 还包含进了先进的可编程中断控制器(APIC)。

(10) 系统管理总线 SMBus 2.0。包含 SMBus(System Management Bus,系统管理总线)主接口,允许处理器与 SMBus 从设备通信。它是 Intel 专门用于控制电源、充电电池、系统传感器、EEPROM 等设备的二线串行总线,与 I^2C 总线兼容,支持 8 个命令协议,数据传输率 100Kb/s。

(11) 支持 FWH BIOS 接口。

(12) 包含一个 MC146818A 兼容的实时时钟,晶振频率 32.768kHz,带有 256 字节 RAM,由电池供电,用于存储时间和系统数据。掉电时,数据也会被保存。3V 锂电池的寿命为 7 年。此外,它还能够预置 30 天之内的唤醒事件,到了日期可以进行警示,而不是此前的 24 小时。

(13) 提供各种可由用户裁剪的 GPIO 接口,I/O 数目随 ICH4 配置而改变。

(14) 支持 ACPI2.0 电源管理规范,例如增强的时钟控制,对 14 个器件和各种挂起的低功率状态进行局部和全局的监视,基于硬件的热管理电路能不通过软件将系统从低功率状态下唤醒等。

15.3 64 位微型机

15.3.1 64 位处理器

64 位处理器是指处理器通用寄存器的宽度为 64 位,指令集是 64 位,内存数据总线也是 64 位。这样处理器就可以支持更大的内存,也能进行更大范围的整数运算。早在 20 世纪

90年代，以RISC(Reduced Instruction Set Computing,精简指令集计算)为基础的工作站和服务器就已经在用64位处理器。

20世纪末，AMD和Intel公司都开始关注64位处理器的研发。2003年，AMD首先推出了x86-64(后称为AMD64)处理器架构，它能兼容之前的x86-32程序，使PC用户能平滑过渡到64位。Intel则在IA-32架构基础上，急促地推出了一款IA-64架构的64位处理器Itanium(安腾)，效果不理想，改进后的Itanium 2架构用到了服务器。随后，Intel将IA-32与x86-64结合，形成了EM64T技术。这两种64位技术统称为x86-64架构。从此，个人机跨入了64位时代。

1. AMD64技术

它在32位x86指令集基础上，加入了扩展64位x86指令集，因此能兼容原来的32位x86软件，并支持扩展64位计算，成为一个真正的64位标准。标准的32位x86架构有8个通用寄存器(GPR)，AMD在x86-64中又增加了8组(R_8～R_{15})，寄存器默认为64位，它们将显著提高CPU的执行效率。此外，还增加了8组128位的XMM寄存器XMM_8～XMM_{15}，也叫SSE寄存器，能给SIMD运算提供更多的空间。利用这些寄存器，能在矢量和标量计算模式下，进行128位双精度计算，为3D建模、矢量分析和虚拟现实的实现提供了良好的硬件基础。

AMD将AMD64技术用到了Athlon 64(速龙)、Athlon FX系列和适用于服务器的Opteron(皓龙)系列等64位处理器中。

2. EM64T技术

EM64T全称是Extended Memory 64 Technology，即扩展64位内存技术。它是Intel IA-32架构的扩展，即IA-32e(Intel Architectur-32 extension)。通过在IA-32处理器上附加EM64T技术，便可在兼容IA-32软件的情况下，允许软件利用更多的内存空间，并允许软件进行32位线性地址写入。EM64T特别强调32/64位的兼容性。新核心也增加了8个64位GPR(R_8～R_{15})，并把原有GPR全扩展为64位，以提高整数运算能力。也增加8个128位SSE寄存器(XMM_8～XMM_{15})，以增强多媒体功能，包括对SSE、SSE2和SSE3的支持。

Intel为支持EM64T技术的处理器设计了两大模式：传统IA-32模式和IA-32e扩展模式。在处理器内部有一个扩展功能激活寄存器IA32_EFER，其中的位10为长模式有效(LMA)控制。当LMA=0，处理器运行于A-32模式；LMA=1，EM64T便被激活，处理器运行在IA-32e扩展模式。

3. P4 6xx系列处理器

Intel在没有根本改变NetBurst微架构前提下，将Pentium 4从32位升级到了64位，把EM64T技术成功地用到了P4 6xx系列、P4 EE(Extreme Edition,至尊版)系列以及适用于服务器的Xeon(至强)系列和适用于上网本(Netbook)等极低功耗的凌动(Atom)系列等64位处理器中。

值得一提的是2005年5月Intel发布的4款桌面型处理器，即P4 630/640/650/660。它们与所有P4处理器一样，都基于31级超长流水线的NetBurst微架构，核心代号Prescott 2M。它们采用90nm制造工艺，核心面积(Die Size)135mm^2，含1.69亿个晶体管，LGA775接口，核心电压1.4V，散热设计功耗TDP(Thermal Design Power)为84W。CPU基于64

位的 EM64T 技术,支持 MMX、SSE、SSE2 和 SSE3 指令集。CPU 能运行在很高的速率,例如 P4 650 的外频为 200MHz,采用 17 倍频技术,可使主频达到 3.4GHz。

此外,它们还有以下这些技术特点:

(1) 前端总线速度高达 800MT/s。前端总线(Front Side Bus,FSB)是 CPU 与北桥芯片间的数据通道,其频率高低直接影响 CPU 访问内存的速度。P4 处理器的 FSB 总线,能在系统控制时钟方波的四个状态(上升、峰值、下降和谷值)都传送数据。CPU 的控制时钟频率也称"外频",于是 FSB 总线频率就是外频的 4 倍。例如 100、133、200 和 266MHz 外频的 CPU,其配套芯片组前端总线的传输速率为 400、533、800 和 1066 MT/s。

(2) 二级缓存和三级缓存合并,设置了一级缓存 16KB,二级缓存 2MB。而此前的 P4 CPU,L2 都只有 512KB 或 1MB。大容量的 L2 缓存提供了运算速度上的明显优势。

(3) 支持超线程(Hyper-Threading,HT)技术。即在 CPU 内整合了两个逻辑处理器,操作系统将把它们当成两个实体处理器,能给它们分派不同的工作线程,使 CPU 具有同时执行多个线程的能力,性能提高了约 40%。Intel 首次将它用到桌面系统,并用芯片型号中的"HT"来区分,如 P4 630 有时也标识成 P4 HT 630。

(4) 支持智能降频技术(Enhanced Intel SpeedStep Technology,EIST)。它能根据不同的系统工作量,自动调节处理器的电压和频率,并与温度检测技术结合,以减少处理器的平均耗电量和发热量。要让系统发挥 EIST 的功效,至少要运行 Windows XP SP2 操作系统,用户还应在 BIOS 中将 EIST 选项设成 Enable。Intel 开发的这批 Prescott 微架构单核心 64 位 CPU,既有 NetBurst 架构不适合在更高的频率下运行的弊端,设计时又将原来 20 级的流水线延长到了空前的 31 级,因此在工作频率太高、机器负荷过重的情况下,会出现芯片过热、严重时甚至死机的问题。Intel 经历过热问题后提出了这项新技术,并且被首次应用到桌面系统。

(5) 支持 XD-bit 硬件防病毒功能,即 EDB 或 XDB(Execute Disable Bit)技术。处理器将内存分区,有的区域可执行程序代码,而另一些则不允许。当一个蠕虫病毒要向缓冲区中插入代码时,CPU 会禁止代码执行。开启 XDB 功能后,可防止病毒、蠕虫、木马等程序利用溢出、无限扩大等手法,去破坏系统内存并取得系统的控制权。Intel 在 2004 年底才将它引入产品,也需要操作系统的配合,例如要有 Windows XP SP2 的支持。

这几款芯片与 Intel 915/925X 芯片组配合使用,形成了当时主流的台式 PC 机,显著提升了 PC 机在高清晰视频、游戏、音频和编辑数字视频和图像等方面应用的性能。

15.3.2 64 位操作系统

要充分发挥 64 位处理器的优势,实现真正意义上的 64 位运算,光有 64 位处理器是不够的,还必须有 64 位操作系统(OS)和 64 位应用软件。软件的步伐总是要慢一些。基于 IA-64 的 Windows XP 64 位版本,首先出现在基于 Itanium 2 的服务器平台上。接着,微软提供了 64 位版本 Windows XP 操作系统,能同时在 AMD64 和 EM64T 平台上运行,全称 Windows XP Professional X64。

架构从 32 位变到 64 位是一个根本的改变,操作系统必须全面修改,才能体现新架构的优越性。支持 64 位架构的操作系统,应同时支持 32/64 位应用程序。为适应这个过渡过程，必须对其它软件进行移植，以发挥 CPU 的新特性。较旧的软件可在 32 位兼容模式下运行，或采用软件模拟的方式来执行。为此，Windows 在 C 盘目录下设置了两个应用程序目录：C:\Program Files 和 C:\Program Files(x86)，后者就是用来安装 32 位应用程序的，也有的机器上它被设置在 D 盘上。

32 位 OS 保留了一部分进程地址空间供本身使用，减少了用户程序可用于映射内存的地址空间。64 位 Windows 没有此问题，不需要采用内存映射方法来存取大文件。

与 32 位机比较，由于指针的肿胀等原因，在 64 位机内存中存放相同的数据，会消耗更多的内存空间，这不仅会增加进程对内存的需求，也会影响高速缓存的效率。此外，大部分商业软件是基于 32 位代码，不能发挥 64 位的地址空间、寄存器和数据路径的优点，还会遇到驱动程序不兼容的问题。因此，在更新换代阶段，最好能适当保留一些旧机型。

在解决了上述这些问题后，64 位架构就可运行处理大量数据的应用程序，如数码视频、辅助设计、科学运算和大型数据库管理等。

15.3.3 915 系列芯片组与主板

Intel915/925X 系列芯片组的发布，被认为是 10 年来计算机平台的最大转换工程，包括 LGA775 的 CPU 插座、DDR2 内存技术、PCI-E 总线和 PCI-E 接口显卡等新技术被引入台式机，计算机技术的发展进入了一个新纪元。

这两款芯片组包含北桥 GMCH 芯片和南桥 ICH6 芯片。其中，915 系列芯片组适用于具有 LGA775 引脚的 P4 6xx 和 Celeron D(赛扬)处理器；915X 系列的北桥芯片还集成了 Intel 图形媒体加速器 GMA 900，不需外接图形卡就能驱动 LCD 显示屏，很适合于笔记本电脑；而 925X 系列除了有 915X 的功能外，还支持更高保真度的 HD Audio 音频功能，支持 4 个磁盘阵列(RAID)串行 ATA 接口和 IEEE 802.11b/g 无线局域网功能等，更适合与 P4 EE 处理器配合，设计高端桌面系统和服务器。

图 15.5 是 915G 芯片组的结构框图，与 P4 6xx 处理器配合，应用在多种桌面系统上。

1. 北桥芯片 82915G

(1) CPU 支持。GMCH 支持 533 和 800MT/s 前端总线、具有超线程技术以及 LGA775 接口的 P4 处理器，如 P4 6xx。

(2) 内存支持。支持双通道的 333/400MHz 的 DDR 内存条(2.6V)或 400/533MHz 的 DDR2 内存条(1.8V)，最大带宽可达 8.5GB/s。

(3) PCI-E 显卡。提供一个 PCI-E 1.0 ×16 插槽，用来插 PCI-E 总线显卡，其单向传输速率 4GB/s，双向 8GB/s，比 AGP 8X 总线的 2.1GB/s 速率提高了 4 倍。

(4) 集成图形器件。与 845G 那样，也集成了一个图形器件 IGD，提供一套能对 3D 图形进行加速的指令集，并管理 2D 图形和视频信号。

(5) 提供一个常规的 VGA 模拟显示器接口。

(6) SDVO 端口。若不设 PCI-E 图形卡插槽，则可采用多路复用 PCI-E 总线信号的技术，经 PCI-E 总线驱动两个像素分辨率为 200MHz 的串行数字视频输出(SDVO)端口。它们可以接 2 个具有数字视频接口(DVI)的显示器，如平板显示屏、数字 CRT 等。也可在其中一个通道上插一块第二代先进图形显示卡(ADD2 卡)，显示数字电视信号，更适合连接膝

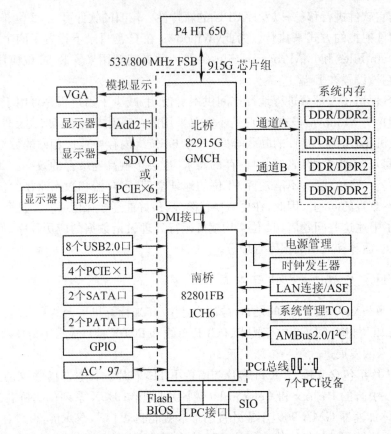

图 15.5 915G 芯片组的结构框图

上型电脑和 LCD-PC 显示所需的 LDVS 发射器。

2. 南桥芯片 82801FB

ICH6 系列是当时性能最优的南桥芯片,共有 ICH6、ICH6R、ICH6W、ICH6RW 四种,R 表示 RAID 功能,W 则是无线局域网,ICH6 和 ICH6R 芯片使用最广泛。

(1) DMI 接口。ICH6 使用直接媒体接口(DMI)技术实现与北桥的连接,取代以前的 Hub-link 总线,在南、北桥之间提供 2GB/s 的带宽。

(2) PCI-E 插槽。支持 4 个 PCI-E ×1 插槽,带宽为 500MB/s,需要时可以将它们合起来,形成一个 PCI-E ×4 插槽。

(3) PCI 插槽。作为过渡,仍支持 7 个 33MHz 的 PCI 插槽。

(4) 硬盘支持。保留了一个 Ultra ATA100/66/33(IDE)接口,并能支持 2 个并行硬盘(PATA)设备以及 4 个 SATA-150 标准的串行硬盘接口。

(5) USB 接口。含有一个增强型主控制器(EHCI),支持 USB2.0 的 480Mb/s 速率,还包含 4 个通用主控制器(UHCI),支持全速和低速 USB,共形成 8 个 USB 端口,均可连接高速、全速和低速三类 USB 设备。

(6) ASF 控制器。集成了警报标准格式控制器,这是一种远程控制和警报接口,它能够在操作系统无法启动或出现其它缺失时,通过网络与 CPU、芯片组、BIOS 以及主板上的传感器交换信息,接受远程管理控制台的控制。

（7）与 ICH4 相似的其它功能模块。此外,ICH6 还集成了许多与 845G 芯片组 ICH4(82801DB)中几乎一样的接口功能模块,包括 LPC 接口,GPIO 接口,内含 32 位 PCI 控制器的集成 LAN 控制器,高清音频控制器,AC'97 2.3 控制器,SMBus 2.0 系统管理总线,ACPI2.0 高级配置和电源管理接口,增强的电源管理功能,实时时钟,FWH BIOS,串行中断支持,先进中断控制器 APIC 以及兼容 ISA 总线的兼容性模块等。

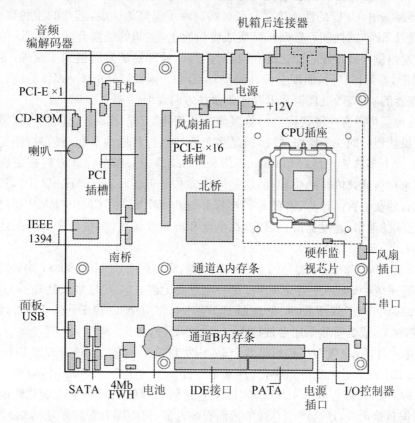

图 15.6　D915GAV 主板布局

3. 915 主板举例

图 15.6 是 D915GAV 主板的布局图,图中只标明了主要的元器件和接口部件。它是最早的基于 915 芯片组的示范型主板,不少 915 主板的结构与它雷同。主板为长方形架构,尺寸符合 ATX 标准:12″×9.6″(304.80mm×243.84mm)。此外,另一块按 MicroATX 设计的方形主板 D915GAG,尺寸 9.6″×9.6″(243.84mm×243.84mm),是 ATX 的缩小版本(短25%),也可安装在大部分 ATX 机箱中,能使用较小的电源,但扩展槽数比 ATX 少。

15.4 多核处理器技术

15.4.1 双核处理器的诞生

几十年来,微处理器的性能增长一直按照摩尔定律发展,即每隔 18 个月芯片上集成的晶体管数会翻一倍,CPU 的性能也就会翻一番。除了提高集成度,芯片的主频也必须提高,才能显著提升 CPU 的性能。然而在高集成度情况下,主频的提高会增加 CPU 的功耗和制造成本,高发热量导致器件的稳定性和可靠性下降,处理器的发展遇到了瓶颈,主频跨不过 4GHz 的台阶,如果再提升,温度会升高到烧坏 CPU。因此,Intel 和 AMD 等均开始致力于双核心处理器的研发,微处理器技术开始朝多核方向发展。

多核处理器可以有两种架构。一是多核芯片架构,只是把多个处理器内核集成在同一个芯片上,虽然运行同一个操作系统,但是多个核心进行数据共享和通信时,还是通过外部总线。二是片上多核处理器(Chip Multi-Processor,CMP),多个计算内核被集成到同一个芯片中,如果这些计算内核地位相同,则是同构多核处理器(Symmetric CMP),若计算内核不同,比如有的负责数值计算,有的专司多媒体处理,则为异构 CMP。CMP 通过内部总线进行多核之间的通信,速度更快。目前,在桌面和嵌入式领域,多核处理器都采用片上多核处理器架构。

回顾历史,1989 年 Intel 发布了 80486 处理器,将 80386 CPU 和 80387 协处理器以及一个 8KB 的高速缓存集成在一个芯片内,在一定意义上讲,80486 是多核处理器的原始雏形。IBM 在 2001 年发布了双核 RISC 处理器 POWER4,将两个 64 位 Power PC 处理器内核集成到一个芯片上,成为首款采用多核技术的服务器处理器。

2005 年 4 月,Intel 发布了一组将两个 P4 内核封装在一起的双核处理器 Pentium D 8xx 和 Pentium EE 8xx,后者支持超线程,都基于 Netburst 架构下的 Smithfield 核心,90nm 制程和 LGA775 接口,核心电压 1.3V。实际上它是两个核使用同一个前端总线的"双芯"方案,虽然数据延迟严重,还会产生总线争抢而影响性能,但能同时管理多项活动,并提高了速度,在某些应用中体现了双核 CPU 的优越性。

2006 年 1 月,Intel 又发布了一组双核处理器 PD 9xx 和 PD EE 9xx,采用 Netburst 架构下的 Presler 核心,65nm 制程和 LGA775 接口,1.3V 核心电压,具有 2MB×2 的 L2,引入了虚拟化技术 VT 和超线程技术 HT,允许在一个系统上同时执行 4 个线程。与前面的 PD 8xx 一样,它们都是基于独立缓存的双核心松散型耦合方案,性能不理想,而且 CPU 过热问题也很突出。

5 天后,AMD 发布了第一款双核处理器 Athlon 64 x2(速龙),采用的 K8 架构是真正意义上的双核。通过超传输技术(HyperTransport)让 CPU 内核直接与外部 I/O 相连,不通过前端总线,并使用集成内存控制器技术,没有资源争抢问题,性能胜过 PD 系列,价格又比较便宜。

PD 的失利使 Intel 意识到 NetBurst 微架构走到了极限。凭借着强大的研发实力,Intel 在 2006 年 6 月推出了一批基于全新 Core(酷睿)微架构的双核处理器,其桌面版核心代号为

Conroe,命名为 Core 2 Duo,如 Core 2 Duo E6600。它们采用 65nm 制程,LGA775 接口,含 2.91 亿个晶体管。图 15.7 是双核心 Core 微架构的内部结构逻辑示意图,它由两个完全相同的内核构成,图中仅展示了内核 1 的结构,右边的内核 2 作了简化。每个核心都含 32KB 指令缓存和 32KB 数据缓存,两个内核共享 4MB 的 L2,通过共享的总线接口单元连接到最高速率达 1066MHz 的前端总线 FSB。

Intel 在 Core 设计中采用了一系列新技术来提升效能和降低功耗,平均能耗 65W,性能提高 40%。特别是导入了全新的性能每瓦特(性能/瓦)指标,也称效能功耗比。它促使半导体企业将能耗作为设计中的重要技术指标,影响到了未来 Intel 处理器架构的发展,也对微处理器芯片产业的发展产生了重大影响。

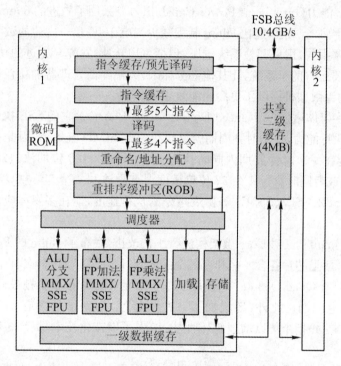

图 15.7 Core 微架构逻辑示意图

除了应用一批已成熟的技术,例如智能降频(EIST)、低功耗挂起(C1E)、过热保护(TM2)、虚拟化(VT)和硬件防病毒(XD)等技术外,Core 微架构还采用了下面这些全新的技术:

(1) 高级智能高速缓存(Advanced Smart Cache)。PD 双核各自使用独立的 L2,数据交换需要经过前端总线。改进后的 L2 可由两个核心共享,特别是在执行多线程应用程序时,它们都可动态支配全部 L2,从而大幅提高 L2 的命中率,减少数据延迟,提高了处理器效率。

(2) 智能内存访问(Smart Memory Access)。此前,要从内存中读取数据,必须等处理器执行完前面的所有指令,效率低下。Core 微架构可智能地预测和装载下一条指令需要的数据,从而优化内存子系统对可用数据带宽的使用,并隐藏内存访问的延迟,提高效率和速度。此外,它还包含一项称为内存消歧(Memory Disambiguation)的新能力,能帮助内核在执行完预先存储的所有指令前，预测系统需要，提前从内存载入数据，显著提高了程序的执行效率。内存消歧使用智能算法来评估数据是否能在存储之前进行装载？如果可以，就可将装载指令安排在存储指令之前，以实现可能性最高的指令级并行计算。若装载没有产生效果，它能检测出冲突，并重新装载正确的数据和重新执行指令。

（3）宽位动态执行（Wide Dynamic Execution）。每个核心各有 4 条 14 级的超标量指令流水线，每个内核内建 4 组指令解码器，包含 3 个简单解码器和 1 个复杂解码器，在一个时钟周期内能同时发射 4 条指令，增加了每个内核的宽度，拥有更出色的指令并行度。还加进了微操作融合（Micro-Op Fusion）和宏操作融合（Macro-Op Fusion）两项技术，让处理器在解码的同时，将同类指令融合为单一的指令，以减少指令数量，最多能达到 67% 的效率提升。

（4）智能功率能力（Intelligent Power Capability）。采用了先进的 65nm 应变硅技术，加入低 K 栅介质及增加金属层，能比 90nm 制程减少漏电 1000 倍。内建的数字温度传感器还可提供温度和功率报告，用来调整系统电压，包括风扇转速，并配合先进的功率门控技术，智能地打开当前需要运行的子系统，让其他部分休眠，大幅降低处理器的功耗和发热。这些技术让 Core 微架构为微型机提供了更高的能效表现。

（5）高级数字媒体增强（Advanced Digital Media Boost）。它的 SSE 执行单元首次提供 128 位的 SIMD 执行能力，一个时钟周期就可执行一条 SIMD 流指令，因此在多个执行单元的共同作用下，能在一个时钟周期内同时执行 128 位乘法、128 位加法、128 位数据载入和 128 位数据回存，或者同时执行 4 个 32 位单精度浮点乘法和 4 个 32 位单精度浮点加法，显著提高了 SSE、SSE2、SSE3、SSSE3 等扩展指令的执行速度，能在多媒体应用中发挥强劲的作用。

2007 年 11 月，Intel 又对 Core 微架构进行工艺改进，发布了 45nm 的 Penryn 架构，用于双核和 4 核设计，两类芯片各含 4 亿和 8 亿个晶体管，LGA 775 接口，名称中用 Core 2 Quad 表示 4 核，如 Core 2 Quad Q8300。它使用了基于铬元素的高 K 金属栅极硅制程技术，解决密度大导致的漏电问题。此外，还增加了一些新特性，如新增了含有 47 条指令的 SSE4（SIMD 流指令扩展 4）指令集以增强媒体性能，增强了虚拟化技术，提高缓存及内存读取速度等。

酷睿 2 的高能效比，重新树立了 Intel CPU 在用户心目中的地位，在高端市场站稳了脚跟。此后，Intel 在 Core 微架构的基础上，不断进行改进，加入了不少智能技术，推出了一系列新的微架构，如 Nehalem、Sandy Bridge、Ivy Bridge、Haswell、Broadwell、Sky Lake、Kaby Lake、Coffee Lake 等，形成了一大批不同档次的智能酷睿多核处理器。

15.4.2 Intel 智能酷睿多核处理器

1. 基于 Nehalem 微架构的第一代智能酷睿多核处理器

1) Core i7

2008 年 11 月，Intel 推出了全新 Nehalem 架构的 64 位 4 核 Core i7-9xx 系列桌面处理器，核心沿用 Core 命名来取代 Core 2，名称中的"i"是智能（intelligence）的意思，"7"没有含义。Core i7 采用 45nm 工艺，含 7.31 亿个晶体管，LGA1366 封装，24 倍频，最高主频 3.2GHz。Nehalem 基本建立在 Core 微架构的骨架上，但是 Intel 对它进行了不少引人瞩目的改进。

对计算内核进行了优化和加强,主要包括:

(1) 超线程技术。该技术最早出现在 2002 年的 P4 上。它利用特殊的硬件指令,把单个物理核心模拟成两个核心,每个核心都能使用线程级并行计算,从而兼容多线程操作系统和软件,减少了 CPU 的闲置时间,提高了运行效率。特别是大容量的 L3 设计和内存控制器的集成,缓存的容量和速度的提升,加上从 Core 微架构继承来的优秀的分支预测设计,Nehalem 微架构再次引入的超线程技术,使它的多任务/多线程性能提升 20%～30%。

(2) 直接 I/O 访问的虚拟化技术(Virtualization Technology for directed I/O,VT-d)。这是一种基于北桥芯片的硬件辅助虚拟化技术,通过在北桥中内置提供 DMA 和 IRQ 虚拟化硬件,实现了新型的 I/O 虚拟化方式,能在虚拟环境中显著提升 I/O 的可靠性、灵活性与性能。

(3) 自超频技术(Turbo Mode)和电源门(Power Gates)技术。前者习惯被称为睿频(Turbo Boost)技术,也称为涡轮增压技术(Intel Turbocharger Technology),它基于 CPU 的电源管理技术来动态调整核心频率,通过分析当前 CPU 负载情况,智能地关闭一些用不上的核心,把能源留给正使用的核心,并使其运行在更高的频率,从而达到更高的性能。相反,需要多个核心时,动态开启相应的核心,智能地调整频率。用户还可以在 BIOS 中指定一个 TDP 数值,处理器会据此动态的调整核心频率。电源门技术则是在保证现有应用正常运行的情况下,尽量减少能耗的技术。它可根据工作负载需要减少每个核心在频率和电压切换时带来的电能损耗,允许单个处于闲置状态的核心的功耗降到接近 0W。此外,Nehalem 处理器还内建了功耗控制单元,与 Power Gates 配合使用来极大地改善功耗和发热问题。

(4) 扩展的 SSE4.2 指令集。在 Penryn 微结构的 SSE4 指令集里又加进了 7 条指令,可有效提升字符串和文本处理(如 XML 文件)的性能。

在非计算内核的设计中作了较多的改进,例如:

(1) 采用三级全内含式 Cache 设计。L1 与 Core 微架构的一样;L2 为超低延迟设计,每个内核 256KB;L3 采用所有内核共享的设计。

(2) 集成内存控制器(Integrated Memory Controller,IMC)。内存控制器从芯片组上移进了 CPU 芯片,CPU 可直接通过它去访问内存,而不是以前繁杂的"前端总线-北桥-内存控制器"模式。它支持 3 通道的 DDR3-1333 内存,传输速率 1.33GT/s,内存读取的延迟大幅度减少,内存总带宽可达到 32GB/s。

(3) 快速通道互联(Quick Path Interconnect,QPI)技术。它也称为 CSI(Common System Interface,公共系统接口)技术,是一种 20 位宽的高带宽、低延迟的点到点连接技术,取代前端总线(FSB),实现各核心间的高速互联,传输速率 6.4GT/s,带宽可达 25.6GB/s,能让多处理器的等待时间变短,访问延迟下降 50% 以上。

与它配套的是 Intel X58+ICH10R 芯片组,主板厂家为 Core i7-9xx 推出了好几款颇为豪华的 X58 主板。

2) Core i5

它是 Core i7 派生出的中低级版本,2009 年 9 月发布,也基于 Nehalem 微架构,核心代号 Lynnfiled，45nm 工艺，LGA 1156 封装，4 核 4 线程，不支持超线程，L2＝4×256KB，L3＝8MB，如 Core i5-760。它只集成了双通道 DDR3 控制器，并集成了 PCI-E 控制器和一些北桥的功能。它与 Intel 的 P55 芯片组配套时，仍采用 DMI 总线；P55 集成了南桥的功能，属于单芯片设计，不再叫南桥、北桥，而称为 PCH(Platform Controller Hub，平台控制器中枢)芯片，主要负责 PCI-E 局域网管理、I/O 设备管理等。

3) Core i3

这是 Core i5 的进一步精简版，2010 年 1 月初发布，如 Core i3-540。它采用从 Nehalem 升级来的 Westmere 微架构和 Clarkdale 核心，32nm 工艺，LGA 1156 封装，双核 4 线程，L2＝2×256KB，L3＝4MB，也只集成了 2 通道 DDR3 和 PCI-E 控制器，没有睿频功能。构成台式机时，它可与 H55 芯片组配套。图形核心 GPU 被简单整合在了 CPU 封装中，是 Intel 首款 CPU＋GPU 的多核处理器。由于集成的 GPU 功能有限，需要时仍可外插显卡。

从此，"智能酷睿"就成为了 Intel 芯片的品牌，针对每一代智能酷睿处理器，Intel 都要推出一批针对不同用户群的 i3/i5/i7 芯片。其中，i3 处理器针对低端市场，双核架构，约 4MB 的 L3。i5 主攻主流市场，4 核架构，8MB 的 L3。i7 主打高端市场，4 核 8 线程或 6 核 12 线程架构，L3 不少于 8MB。

Intel 多核处理器技术进入智能化时代以来，已成功推出了九代智能酷睿多核处理器，最多包含 18 个内核以及最高频率可达 5.0GHz 的酷睿 i9 多核处理器(如 i9-7980XE 与 i9-9900K)也已推出，它们正被应用到性能强劲的高端台式机、笔记本电脑以及超薄一体机和超极本(Ultrabook)电脑中，让虚拟现实(VR)和大数据可视化等对计算速度要求很高的任务得以完美实现。

2. 基于 Sandy Bridge 微架构的第二代智能酷睿多核处理器

1) Sandy Bridge 架构

2011 年 1 月，Intel 对处理器的微架构进行了重新设计，推出了一批架构和开发代号均为 Sandy Bridge(SNB)的 Core i3/i5/i7 处理器和 Pentium 双核系列处理器，前者依然采用了 i3、i5 和 i7 的产品分级架构。它们采用 32nm 工艺和高 K 金属栅极晶体管技术，LGA1155 封装，最多为 8 核心，含 9 亿多晶体管，可与 Intel 的 6 系列芯片组配套使用，如采用 P67、H67、Z68 芯片组设计的主板。

为区别于第一代产品，芯片型号后面的数字从 3 位增加到 4 位，用第一位表示代数，例如 2～9 分别代表第 2 代到第 9 代 Core，后面 3 位是处理器序号，表示产品性能，最后是字母后缀，表示该芯片的重要特色。

桌面 CPU 后缀字母的含义：无字母——标准版，K——解锁版，X——至尊版，S——低功耗版，T——超低电压版，R——高性能核显版，P——无核显版。例如，Core i5 3570K 是用于主流台式机的第 3 代不锁频酷睿芯片。

移动版后缀：M——一般的双核 4 线程移动版，QM——4 核移动版(4 代前为 MQ)，XM——移动至尊版(4 代为 MX)，HQ——带高性能核显的移动芯片，球栅网格阵列(BGA)封装，U——低电压版，Y——超低电压版等。例如，Core i7 5750HQ 是带有 Iris 高性能核显的第 5 代移动电脑芯片。

与第一代产品相比较，第二代智能酷睿处理器具有以下几点重要创新：

(1) 全新的微架构,功耗更低,能延长电池续航时间,并显著提高系统性能。

(2) 优化的第二代睿频加速技术(Turbo Boost 2.0),GPU 和 CPU 都可睿频,加速技术更智能和高效。

(3) 内置高性能 GPU,也称核芯显卡,提供更强的视频编码和图形功能。高速视频同步技术结合睿频技术和 Intel 无线显示技术(WiDi),能为笔记本电脑增加 1080p 高清的无线显示功能,可在电视上播放笔记本中的高清内容。若与 Intel 的 InTru 3D 动画技术和 HDMI 1.4 高清多媒体标准结合,将会生成栩栩如生的 3D 动画效果。

(4) 核心内部互联引入全新的环形总线(Ring Bus),每个核心、每块 L3 以及 GPU 和媒体引擎等都在该总线上拥有接入点,保证低延迟、高效率的通讯,同时能使 CPU 与 GPU 共享 L3,大幅度提升 GPU 的性能。由于北桥已被整合进了 CPU 芯片,它与南桥连接去驱动外部 I/O 的总线的带宽要求也随之下降了,所以取消了 QPI 总线,仍采用以前的 DMI 总线,并一直保持了下来。

(5) 全新的 AVX(Advanced Vector Extensions,高级矢量扩展)指令集,支持 256 位的 SIMD 运算,浮点性能翻倍,矩阵计算比 SSE 技术快 90%。为了支持 AVX 指令集,Intel 对 CPU 硬件进行了改进,把 128 位的 XMM 寄存器提升成 256 位的 YMM 寄存器,通过增加数据宽度使运算效率翻倍,并支持三操作数指令(3-Operand Instructions),以减少在编码上需要先复制才能运算的动作。

(6) 在第二代 Core i5/i7 中引入了 AES(Advanced Encryption Standard,高级加密标准)指令集,提供快速的资料加密及解密运算功能,显著提高了资料的安全性及保密性。

2) Sandy Bridge-E 架构

2011 年 11 月中,三款核心架构仍是 SNB,但开发代号为 Sandy Bridge-E 的 Core i7 3xxx 处理器发布,Intel 将其归类到第 3 代智能酷睿处理器,实际上制程和架构都没有根本改变。以 6 核/12 线程的 Core i7 3930X 为例,具有 15MB 的 L3,32nm 工艺,含 22.7 亿个晶体管。由于规格的大范围升级以及晶体管数目的剧增,封装改为 LGA2011,引脚数多达 2011 根。其外频是 100MHz,×33 倍频后达到 3.3GHz 基准频率。由于有睿频技术,在 5~6 个核心加速时,核心工作频率可以自动超至 3.6GHz,3~4 个核心时升至 3.7GHz,1~2 个核心运行时则能加速到最高值 3.9GHz。

SNB-E 是 Sandy Bridge 的多核扩展,它在 SNB 基础上又增加了一些新特点,其中有两个最大的变化:

(1) 内置 DDR3-1600 四通道内存控制器,可提供高达 42.7GB/s 的内存带宽。

(2) 由 CPU 直接提供两条 PCI-E ×16 通道。

与之配套的 X79 芯片组,可为主板提供 4 个 PCI-E 3.0 ×16 插槽,8 条 PCI-E 2.0 通道,14 个 USB 2.0 接口,2 组 SATA 6Gbps 接口和 4 组 SATA 3Gbps 接口,支持规格为 RAID 0/1/5/10 的磁盘阵列,有 2 个千兆网络接口,内存最大容量为 64GB。

高频工作的 CPU 和显卡的散热问题,一直是高端计算机设计中的一个重要的技术难题,供电部分和处理器等部分通常都采用散热片+热管的设计方法,以取得好的散热效果。为了更好地发挥多核处理器的超频工作特长,主板规范中建议对处理器采用水冷散热,因此正式版的处理器产品已经去掉了配套的风冷散热器。

3. 基于 Ivy Bridge 微架构的第三代智能酷睿多核处理器

2012 年 4 月，Intel 在北京发布了第三代智能酷睿 4 核处理器系列，它们采用 22nm 的 Ivy Bridge 架构和 Intel 发明的 3-D 三栅极晶体管技术，为晶体管布局加入第三个维度，增加了晶体管密度。例如，Core i7-3610QM 的 4 核处理器，在 160mm^2 的芯片上集成了 14 亿个晶体管，仍采用 LGA2011 封装，TDP 仅为 45W。它要与 7 系列芯片组配套使用，如 Z77/H77/Q77/B75/Z75。对 6 系列芯片组（如 Z68/H67/P67/H61）升级主板 BIOS 后，也可以用于 Ivy Bridge 处理器。

第三代多核处理器中，增加了如下这些值得提及的新技术：

（1）重新设计的核芯显卡 HD 4000，支持微软图形接口技术 DirectX 11、开放图形库 OpenGL 3.1 和开放运算语言 OpenCL 1.1。与上一代处理器相比，3-D 图形性能双倍提升，具有更高的分辨率和更丰富的细节。

（2）内置 Intel 高速视频同步技术 2.0，可实现突破性的硬件加速功能，更快地进行视频转换，速度比上一代处理器提升两倍，比三年前的 PC 速度快 23 倍。

（3）3D 三栅极晶体管技术和微架构升级，成倍提升了 3D 显示和高清媒体处理性能。

（4）集成到 PCH 芯片中的 USB 3.0 以及集成在处理器上的 PCI-E 3.0 总线，可以提供更快的数据传输速度和更宽的数据通道。

（5）增加了实用的安全功能，包括 Intel 的 Secure Key 安全密钥和 OS Guard，以保障个人数据资料和身份安全。

15.4.3 微处理器技术发展的新时代

1. 第四代智能酷睿处理器

第四代 Intel 智能酷睿处理器基于 Haswell 微架构，发布时间 2013 年 6 月，依然是 22nm 制程，但性能更强，超频潜力更大，集成了完整的电压调节器，简化了主板供电设计，如 Core i5-4670K 和 i7-4770K。它们采用 LGA1150 接口，要与 8 系列芯片组配套，如 Z87。内置的核显型号为 HD4400/4600，支持多媒体编程接口 DX11.1、开放运算语言 OpenCL1.2，支持 HDMI、DP、DVI、VGA 视频接口标准和三屏独立输出。

值得一提的是第四代酷睿处理器新增了支持 256 位 SIMD 运算的 AVX2 指令集，在 AVX 指令集扩展了 256 位浮点运算的基础上，进一步将整数操作扩展到了 256 位，并引入了 FMA（Fused Multiply-add，积和熔加运算）指令集。

不久后，Intel 又在面向高性能计算的至强融核处理器和协处理器上，实现了 512 位整数操作的 AVX-512 指令集，可以部分加速深度学习的数据密集型计算。Intel 计划在新的 10nm 微架构 Cannon Lake 上支持 AVX-512，而且会针对深度学习的计算特点，增加对神经网络指令 AVX512_4VNNIW 和乘法累加单精度指令 AVX512_4FMAPS 的支持。

2. 第五代智能酷睿处理器

2014 年 8 月，Intel 发布了三款高档的桌面处理器，其中的 Core i7-5960X 是 Intel 推出的第一款 8 核桌面处理器，16 线程，默认主频 3.0GHz，可睿频到 3.5GHz，多达 20MB 的 L3，比上一代的 Core i7-4790 性能提升 79%。支持 40 条 PCI-E 3.0 通道，14 个 USB 端口（6 个 USB 3.0 端口），10 个 SATA III 端口，支持 4 显卡互联，支持四条 DDR4-2133 内存。虽然它们已是第五代多核处理器,微架构称为 Haswell-E,但仍然是基于上一代的 Haswell 平台,22nm 制程,采用了 LGA2011-v3 接口,与上两代的 LGA2011 接口不兼容,必须与 9 系列芯片组中首款支持 DDR4 内存的顶级芯片 X99 配套使用。

2015 年 1 月,一大批基于 14nm 第二代 3D 三栅极晶体管技术和 Broadwell 微架构的第五代 Intel 多核处理器问世,但主要是制造工艺上的改进,接口回归到 LGA1150,使用 Intel 9 系列芯片组(如 Z97),支持 DDR3 内存。例如,最高端的移动处理器 i7-5557U 为双核 4 线程,初始频率 3.1GHz,可睿频到 3.4GHz,内置 Iris 6100 锐矩核心显卡,支持 DDR3-1866,4MB 的 L3,TDP 为 15W。除了拥有更强的性能和功耗优化外,它们还支持 Intel RealSense(实感技术),支持面部跟踪和检测、手部跟踪、手势识别、语音识别及合成等算法。预计不久之后,计算机将舍弃鼠标和键盘,而采用体感交互方式来操控。

3. 14nm 制程的第六、七、八、九代智能酷睿处理器

1) 第六代智能酷睿处理器

第六代智能酷睿处理器于 2015 年 8 月发布,基于 Sky Lake 微架构,同样采用 14nm 工艺,接口为 LGA1151。例如,桌面芯片 Core i7-6700,4 核 8 线程,L3 为 8MB,主频 3.4GHz,可睿频到 4.0GHz;支持 DDR4-2133 和 DDR3L-1600 内存,内置核心显卡 HD 530,搭配全新的 Intel 100 系列芯片组(如 Z170)。14nm 制程使这些芯片成为史上最小的桌面 4 核 CPU,内含 7.31 亿个晶体管,核心面积 270mm^2,封装基板很薄,只有 0.8mm,采用了厚度为 1.1mm 的五层 PCB。芯片内集成了显示核心或专用于研发的 Larrabee GPU 架构。这批处理器的最大特点是能效大幅度提高,但性能提升不明显,产品定位比第五代低,基本覆盖了 Intel 的所有酷睿 i7、i5、i3、奔腾、赛扬品牌的多核处理器。

2) 第七代智能酷睿处理器

2017 年 1 月公布了采用新的 Kaby Lake 架构的第七代智能酷睿处理器,依然是 14nm 工艺和 LGA 1151 接口,对比上代产品,带宽提升 20%,性能提高 10%。例如,最高端的 i7-7700K 为 4 核 8 线程,主频 4.2GHz,可睿频到 4.5GHz,8MB 的 L3,原生支持 2400MHz 的 DDR4 内存,最高能支持 4000MHz 以上的内存频率。它们与 200 系列芯片组(如 Z270)搭配,也与 100 系列主板兼容,支持 USB 3.1 和最多 24 条 PCI-E 3.0 总线,总计提供 48GB/s 的双向带宽,可支持 Intel 的傲腾(Optane)硬盘,即采用 Intel 的 3D XPoint 闪存技术制作的硬盘,介于传统内存和固态硬盘之间,能提供极高的性能和极低的延迟。

Kaby Lake 架构在视频性能方面有大幅度增强,除核芯显卡从 HD 530 升级到 HD 630 外,又加入了增强的视频引擎,包括两部分:

(1) 多媒体解码器(Multi-Format Codex,MFX)。这是个增强的解码器单元,它增加了 10bit HEVC 和 8/10bit VP9 格式的编码器和解码器,让观看 4K HEVC 高清视频变得轻松自如。其中,HEVC(高性能视频编码)是一套先进的视频格式标准,它让 1080p 视频压缩率提高 50%,正在取代 MPEG-4 和 H.264,成为 4K 和 8K 高分辨率视频的压缩标准。VP9 则是 Google 开发的视频压缩标准,比 H.264 的图像质量更好,码率却只有一半。

(2) 视频质量引擎(Video Quality Engine,VQE)。在第四代 Core 架构时开始引入,这次作了进一步改进,包括反交错、降低噪音、色彩增强、色彩校正等。在实现宽色域和 HDR 支持时,只消耗 40~50mW 能源,播放 4K 内容时画面观赏效果更好。

2017 年 5 月，Intel 又发布了几款至尊版的酷睿 i9 处理器，即 i9-7920X、i9-7940X、i9-7960X，同年 8 月又推出一款首次在命名中使用 XE 后缀的酷睿 i9 处理器 i9-7980XE，它们是第七代智能酷睿处理器中的佼佼者。与智能酷睿中的 i3、i5、i7 分别针对低端、中端和高端市场不同的是酷睿 i9 面向高性能应用，可最多支持 4 块独立显卡，能够实现显示器环绕，为虚拟现实游戏等提供极好的性能保障。加入了改进的睿频加速技术（Intel Turbo Boost Max 2.0），与 Intel 傲腾内存配合之后，它们可以高速启动和加载应用程序。其中的 i9-7980XE 是 Intel 最昂贵的 CPU 芯片，Sky Lake-X 架构，18 核 36 线程，基础频率 2.6GHz，单核心频率可睿频到 4.4GHz。它支持 4 通道的 DDR4-2666 内存，具有 24.75MB 的 L3 高速缓存，支持 44 通道的 PCI-E 3.0 总线，不过功耗也达到了可观的 165W。由于是 LGA2066 接口，必须与 200 系列芯片组中的 X299 配套使用。

3）第八代智能酷睿处理器

过了不足一年，Intel 于 2017 年 9 月推出了一组架构代号为 Coffee Lake-S 的第八代酷睿处理器，仍旧是 14nm 制程和 LGA1151 接口，但必须与最新的 300 系列芯片组（如 Z370）搭配，它新增了 6 条原生 USB 3.1 接口以及千兆 WiFi 无线网卡。全新的 i7-8700K 比上一代同级别的 i7-7700K 有着明显的性能提升，这不仅得益于新品采用了原生 6 核 12 线程的设计，更是由于新一代睿频技术的助力，使得 i7-8700K 单核主频最高能达到 4.7GHz。核显采用升级版 UHD 630，动态频率和高清解码能力都有提高。

第八代处理器中的顶级芯片是 2018 年 4 月推出的移动式处理器 i9-8950HK，6 核心 12 线程，未锁频，除睿频技术外，它还支持 Intel 温度自适应睿频加速技术（Intel Thermal Velocity Boost，TVB）。该技术允许在处理器温度足够低，且存在睿频功率空间时，能够将时钟频率适时自动提升，所得频率和时长因工作负载、处理器功能和处理器冷却方案而异，最高频率可达 200MHz，单核心频率 4.8GHz。

4）第九代智能酷睿处理器

2017 年，Intel 接连推出了第七代和第八代两款智能酷睿处理器，大家都期待在新的一年里，基于 10nm 制程的第九代处理器能够问世。2018 年的 10 月 9 日，Intel 终于公布了三款第九代智能酷睿台式机处理器 i5-9600K、i7-9700K 和 i9-9900K。不过，它们只是第八代酷睿的增强版架构，与上一代共用接口，兼容相同主板（如 Z370），工艺并没有升级，沿用 14nm 制程，被称为 Coffee Lake Refresh 架构。这个版本的主要目标是提速，除了采用改进后的睿频技术 Turbo Boost Max 3.0，还支持温度自适应睿频加速技术（Intel TVB），并在处理器设计中采用了先进的钎焊散热技术以进一步降低功耗。其中高端的 i9-9900K 处理器被 Intel 称为"世界上最好的游戏处理器"，8 核 16 线程，基础频率 3.6 GHz，可提升到 5.0 GHz，完全未锁频，并拥有 16MB SmartCache 高速缓存，是迄今为止默认加速频率最高的 Intel 处理器。高达 5GHz 的频率和 16 路多任务处理功能，将整个处理器的单线程和双线程应用的性能水平再次大幅度提高，不论多少并发任务，i9 都可以轻松自如地应对。一个引人注意的现象是 6 核心的 i5-9600K 和 8 核心的 i7-9700K 处理器中都没有引入超线程功能，随着芯片上核心数量的增加，多线程已经不再是芯片制造商刻意要追求的目标。

4. Z270 芯片组

Z270 属于 Intel 的 200 系列芯片组，用来与第六代和第七代酷睿处理器配套，设计 Z270

主板。例如,华硕 Prime Z270-AR 主板,Prime 意为主流,-AR 表示加强版。以它为例,简单介绍一下 200 系列芯片组和台式机主板,使大家对当前正在使用的高档 PC 机有个大致了解。

如前所述,Intel 主板芯片组过去采用过北桥+南桥芯片的组合形式,北桥主内,南桥主外。从第一代酷睿处理器 Core i5-7xx 开始,内存控制器、PCI-E 2.0 控制器等原本属于北桥芯片的模块被集成在 CPU 里,与之配套的 5 系列芯片组采用了单芯片设计,主控芯片也被称为 PCH 芯片,即平台控制器中枢。这种单片式的芯片组一直沿用下来,使得采用酷睿多核处理器构建 PC 机时,配置相对容易,而且不用再考虑芯片组的散热问题。

图 15.8 是 Intel Z270 芯片组的功能框图。Z270 芯片组支持速度 2400MHz 的两通道 DDR4 和低电压的 DDR3L 内存;HD 显卡提供的 PCI-E 3.0×1 端口,能为外设和网络提供高达 8 GT/s 速率的快速存取,它还可以配置成×2、×4 和×8 组态;支持超频技术(Overclocking);支持就绪模式技术(Intel Ready Mode Technology);具有引导保护的设备保护技术(Intel Device Protection Technology with Boot Guard)以防止病毒和恶意软件的攻击;支持 Intel 集成的 10/100/1000 千兆以太网介质访问控制方法;允许通过禁用 USB 端口以及 SATA 端口来对数据提供保护等。此外,Z270 芯片组还具有以下几个显著特点,其中最后两个功能已在多款 Intel 芯片组中应用,为 PC 机提供优质的音乐效果。

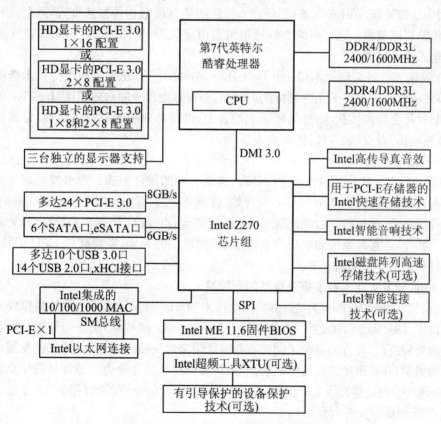

图 15.8　Intel Z270 芯片组的功能框图

(1) 支持 Intel 傲腾内存(Intel Optane Memory)。这是 Intel 最新的非易失性存储技术,有很好的应用前景。目前傲腾内存有 16GB 和 32GB 两款,它插在主板的 M.2 接口(从连接固态硬盘的 mini-SATA 接口升级而来)上,主要作用是对 SATA 接口的硬盘提速,可以看作是传统硬盘的缓存加速盘。用户无法自行读写傲腾内存中的数据,系统将根据实际使用来决定存取哪些数据,也无法取代主板上的 DDR4 内存。并非带有 M.2 接口的主板都能够使用傲腾内存,必须是第七代 Core i3、i5、i7 处理器和 200 系主板才行。

此外,Intel 还设计了两款顶级性能的傲腾固态硬盘(Optane SSD),最大容量达到 1.5TB,读写速度 2.5GB/s。可以利用主板上多出的一个 M.2/U.2/USB 3.1 接口通道支持傲腾 SSD,有利于它的普及应用。这里的 U.2 接口也称为 SF-8639 接口,与 M.2 一样,也是 SSD 的一种接口。

(2) Intel 快速存储技术(Intel Rapid Storage Technology,RST)。提供一个 Windows 应用程序,为配备了 SATA 硬盘的计算机系统提供更高的性能、降低耗电和提高可靠性,还可在使用多个磁盘情况下,增强对磁盘故障时数据丢失的保护。

(3) 高速 I/O 通道(Intel High-Speed I/O,HSIO)。提供一组 Intel 高速 I/O 通道,包括速度高达 5Gb/s 的 10 个 USB 3.0 和 14 个 480Mb/s 的 USB 2.0 接口,多达 24 条 PCI-E 3.0。此外,Z270 还提供速率达到 6Gb/s 的高速 SATA 硬盘接口;支持 eSATA 外置式 SATA II 规范,用来连接外部 SATA 设备(如硬盘),提供 3Gb/s 的数据传输速度,消除目前外部存储设备的传输速度瓶颈。这组高速 I/O 通道可自由定义为 PCI-E/USB 3.0/SATA 6Gb/s 等不同的输入输出通道。

(4) 高清晰度音频频技术(High Definition Audio)。集成的音频支持技术能保证优质的数字环绕声,并提供若干先进的特性。例如,多音频流和音源功效切换(Jack Re-tasking),可任意配置每个音源插孔,随时判断插入的音源,进行功效配置和声道切换,音源包括音频输入、音频输出、麦克风、耳机、扬声器等。

(5) 智能音响技术(Smart Sound Technology)。集成的 DSP 能实现音频分载(Audio Offload)功能,将音频分载到声卡进行处理,实现音频的硬件加速。声卡发明以来都是独立完成所有音频处理的,而从 Windows 8 开始,音频处理的大部分工作交由 CPU 来完成,声卡硬件部分仅做数/模转换。由此出现了 AC97 软声卡,由 CPU 处理音频数据,显著降低了声卡成本。如今,为提高系统的响应性能,满足实时通信的要求,需要减轻 CPU 的负担,所以音频硬件加速的需求又回来了。

5. Intel 研发智能酷睿多核处理器的新策略

众所周知,Intel 从 2006 年起,遵循一个称为"Tick-Tock"(滴-答)的钟摆模式来发展微处理器技术,即 Tick 年(工艺年)更新制作工艺,Tock 年(架构年)更新微架构。制程工艺和核心架构交替进行,一方面避免了同时革新可能带来的失败风险,同时持续的发展也可以降低研发的周期,并对市场造成持续的刺激,最终提升产品的竞争力。通常每两年更新一次微架构(Tock),中间交替升级生产工艺(Tick)。回顾上面的介绍,可以用表 15.2 来大致总结 Intel 多核处理器的发展历程。

表 15.2　Intel 多核处理器的发展历程

模式	架构	制程	时间	代数/典型芯片
Tick	Presler 等	65nm	2006.1.5	PD 9xx, PD EE 9xx
Tock	Core	65nm	2006.6.27	Core 2 Duo E6600
Tick	Penryn	45nm	2007.11.11	Core 2 Quad Q8300
Tock	Nehalem	45nm	2008.11.17	第一代/Core i7-980
Tick	Westmere	32nm	2010.1.4	第一代/Core i3-540
Tock	Sandy Bridge	32nm	2011.1.9	第二代/Core i7-2600
Tick+	Ivy Bridge	22nm	2012.4.23	第三代/Core i7-3770K
Tock	Haswell	22nm	2013.6.4	第四代/Core i7-4790
P(Tick)	Broadwell	14nm	2015.1.15	第五代/Core i5-5960X
A(Tock)	Sky Lake	14nm	2015.8.5	第六代/Core i7-6700K
O	Kaby Lake	14nm+	2017.1.4	第七代/Core i7-7700
O	Coffee Lake	14nm++	2017.9.25	第八代/Core i3-8100
O	Coffee Lake	14nm+++	2018.10.9	第九代/Core i9-9900K

按照"Tick-Tock"的模式，2014年应该为"Tick"年，实现制作工艺的改进，结果基于14nm的Broadwell架构的第五代酷睿，推迟到了2015"Tock"年（架构年）。为了坚持"Tick-Tock"发展模式，Intel必须兑现2015"Tock"年，因此基于Sky Lake架构的第六代酷睿也在2015年上市了。

在摩尔定律失效之前，Intel希望继续站在微处理器技术的最前沿。为此，它在不断地调整自己攻坚的策略。2016年3月22日，Intel在财务报告中宣布，Tick-Tock将放缓至三年一循环，增加优化环节，进一步减缓实际更新的速度，即采取制程（Process）-架构（Architecture）-优化（Optimization）(PAO)的三步走战略：

制程：在架构不变的情况下，缩小晶体管体积，以减少功耗及成本。
架构：在制程不变的情况下，更新处理器架构，以提高性能。
优化：在制程及架构不变的情况下，对架构进行修复及优化，将BUG减到最低，并提升处理器时钟频率。

按照这个策略，2016年应该进入优化阶段，但实际上到了2017年初基于Kaby Lake架构的第七代智能酷睿才公布。之后两年推出的第八代和第九代智能酷睿处理器，依然停留在14厘米制程，优化环节已经持续了三年，大家期盼的10nm芯片依然未能问世。显然，Intel已经面临10nm芯片技术的难关，10nm仅相当于20个硅原子的宽度，其实前面还有5nm的险坑。处理器研发的过程中，需要处理各个领域的问题，例如能耗、系统级整合、安全、多核架构可扩展性、系统易管理性和易用性等，旨在使产品达到更高的性能水平。相信10nm制程的技术难关很快会被攻克，新一代的智能酷睿处理器将是指日可待。

附录 A ASCII 码编码表

列		0	1	2	3	4	5	6	7
行	低＼高	000	001	010	011	100	101	110	111
0	0000	NUL	DLE	SP	0	@	P	、	p
1	0001	SOH	DC1	!	1	A	Q	a	q
2	0010	STX	DC2	"	2	B	R	b	r
3	0011	ETX	DC3	#	3	C	S	c	s
4	0100	EOT	DC4	$	4	D	T	d	t
5	0101	ENQ	NAK	％	5	E	U	e	u
6	0110	ACK	SYN	&	6	F	V	f	v
7	0111	BEL	ETB	'	7	G	W	g	w
8	1000	BS	CAN	(	8	H	X	h	x
9	1001	HT	EM	)	9	I	Y	i	y
A	1010	LF	SUB	*	:	J	Z	j	z
B	1011	VT	ESC	+	;	K	[	k	{
C	1100	FF	FS	,	<	L	\	l	|
D	1101	CR	GS	−	=	M	]	m	}
E	1110	SO	RS	.	>	N	Ω	n	~
F	1111	SI	US	/	?	O	—	o	DEL

控制符号的定义

NUL	Null	空白字符	DLE	Data link escape	数据链路换码
SOH	Start of heading	标题开始	DC1	Device control 1	设备控制 1
STX	Start of text	正文开始	DC2	Device control 2	设备控制 2
ETX	End of text	正文结束	DC3	Device control 3	设备控制 3
EOT	End of tape	传输结束	DC4	Device control 4	设备控制 4
ENQ	Enquiry	询问	NAK	Negative acknowledge	否定应答
ACK	Acknowledge	应答	SYN	Synchronize	同步
BEL	Bell	响铃	ETB	End of transmitted block	传送块结束
BS	Backspace	退格	CAN	Cancel	取消
HT	Horizontal tab	水平制表符	EM	End of medium	介质结束
LF	Line feed	换行	SUB	Substitute	替换
VT	Vertical tab	垂直制表符	ESC	Escape	换码符
FF	Form feed	换页	FS	File separator	文件分隔符
CR	Carriage returu	回车	GS	Group separator	组分隔符
SO	Shift out	移出	RS	Record separator	记录分隔符
SI	Shift in	移入	US	Union separator	单元分隔符
SP	Space	空格	DEL	Delete	删除

附录 B 汇编语言上机过程

B.1 汇编语言程序的开发环境

经常使用的 80x86 汇编语言程序的编译和开发环境主要有两个：

1. MASM32 软件开发工具包

它是国外的汇编语言爱好者们自行整理和编写的一个软件开发工具包（Software Development Kit，SDK），有不少编程爱好者喜欢使用这个开发环境，目前最高版本是 2008 年推出的 MASM32 SDK V10.0。它不是微软官方发布的软件。

2. 微软的汇编开发环境 MASM

MASM(Microsoft Macro Assembler)是微软公司发布的宏汇编开发环境，拥有可视化的开发界面。它与 Windows 平台的磨合程度非常好，使开发人员能在 Windows 下完成 80x86 汇编程序的开发，编译速度快。MASM 从 6.11 版开始才支持 Windows 编程，此前的版本只能运行在 DOS 环境下。MASM 6.15 是微软官方发布的最新版本，下面的介绍都是针对这个版本的。

B.2 运行环境的设定

1. 安装 MASM 6.15

将下载的 MASM.ZIP 文件解压缩到一个选定目录，例如 D:\MASM615，结果会在这个目录下生成 BIN、LIB、INCLUDE、HELP 等子目录。其中 BIN 目录下包含了一组可执行程序，包括宏汇编程序 MASM.EXE、连接程序 LINK.EXE、汇编连接程序 ML.EXE 等。

2. 设定运行的环境变量

用鼠标点击"开始"—"控制面板"，然后双击"系统"，从下拉菜单中选择"高级"—"环境变量"，上面显示出"user 的用户变量"框。若里面已有"path"变量行，双击它并用"编辑"功能将原有变量值修改为"d:\masm615\bin"；如果变量行是空的，可用"新建"功能在变量名框中键入"path"，在变量值框中键入"d:\masm615\bin"。点击"确定"结束设置。然后再点击两个"确定"退出控制面板，并关闭所有运行的程序。由于已设置好了运行 MASM 的环境变量，因此只要是在 DOS 命令行状态下，你都能随时键入要执行的程序的名称，来执行 BIN 目录下的各个程序。

3. 建立一个用户源程序子目录

建议在 D:\MASM16 目录下建立一个源程序子目录，例如"\Programs"，将你要编写的汇编源程序都存放在这个目录下，之后汇编与连接生成的中间文件以及最终的可执行程序，也都可以存放于此。

4. 进入 MS-DOS 视窗

（1）按"开始"钮，选择"运行"，在"打开"框内键入"cmd"，Windows 将进入 MS-DOS 视窗，显示命令提示行"C:\Documents and Settings\user>"。

（2）在该命令行上键入:d:↙

（3）在 D 盘符下用 DOS 命令 CD 进入源程序子目录：

D:\>cd \masm615\programs↙

这样，就可以用 MASM6.15 提供的相关程序进行汇编程序的开发了。

B.3 开发汇编程序的步骤

运行环境设定后,就可以根据图 4.1 所描述的步骤进行汇编语言程序的开发。具体步骤如下:

1. 建立源文件

用文本编辑程序编写汇编语言源程序。

(1) 假设要编写的汇编源程序名为 PROG,你可以使用 Windows 的文本编辑程序 EDIT.COM(它放在 C:\Windows\System32 子目录下)建立汇编语言源文件 PROG.ASM,即执行 DOS 命令:

   D:\> edit prog.asm↙

(2) 在 EDIT 视窗下输入源程序;

(3) 如有错,用 EDIT 提供的编辑功能进行修改;

(4) 认为键入的源程序正确无误后,即可利用 File 菜单中的"Save as"存盘功能将源程序 PROG.ASM 保存到 D:\MASM615\Programs 子目录下。

2. 汇编

将汇编语言源程序翻译成由机器码组成的二进制目标文件。源程序经汇编后会生成三个新的文件,它们是:
- PROG.OBJ,目标文件,它是必须要有的,将由它进一步生成可执行的文件;
- PROG.LST,列表文件,即常说的程序清单,由用户根据调试需要决定是否生成;
- PROG.CRF,交叉索引文件,给出源程序中的符号对照,也由用户决定是否生成。

旧版的 MASM(如 5.0)用宏汇编程序 MASM.EXE 对源文件进行汇编。MASM6.15 提供了一个汇编连接程序 ML.EXE,可依次自动进行汇编和连接,直接生成可执行文件.EXE。不过,用户也可设置其命令行参数,让它仅完成汇编,生成目标文件.OBJ 和.LST 及.CRF 等中间文件。可执行"MASM/?"或"ML/?"命令来显示它们要求的命令行参数。MASM6.15 中的汇编程序 MASM.EXE 执行时也通过调用 ML.EXE 来进行源程序的汇编,因此可用两种方法实现源程序 PROG.ASM 的编译。

方法一,通过执行 MASM 程序对 PROG.ASM 进行汇编。即键入命令:

   masm prog.asm /l /c↙

这里的参数"/l"指定生成汇编清单,"/c"生成交互索引文件。执行后显示信息:

   Microsoft (R) MASM Compatibility Driver
   Copyright (C) Microsoft Corp 1993. All rights reserved.
   Invoking: ML.EXE /I. /Zm /c /Fl /FR /Ta prog.asm   ;调用 ML
   Microsoft (R) Macro Assembler Version 6.15.8803   ;执行宏汇编
   Copyright (C) Microsoft Corp 1981−2000. All rights reserved.
   Assembling: prog.asm   ;进行汇编

这时查看 programs 目录,将会发现生成了三个文件:PROG.OBJ,PROG.LST 和 PROG.SBR。其中.SBR 称为浏览信息文件,可以用 BIN 目录下的 CREF.EXE 程序将它转换成能显示的包含汇编交互参考信息的.CRF 文件:

   cref prog.sbr,prog.crf↙

方法二,直接用 ML 程序对 PROG.ASM 进行汇编。即键入命令:

   ml prog.asm↙

在确认源程序已无语法错误的情况下,可采用这个方法,它只生成一个.OBJ 文件。

如果源程序中存在问题,MASM 或 ML 均会给出相应的错误信息。其中,Errors 表示错误,一般为语法错误,必须修改后才能通过汇编;Warnings 表示警告,提示可能导致的引用错误,一般不影响汇编结果,MASM 会给出具体问题所在代码的行数。

3. 连接

生成扩展名为.EXE 的可执行文件。汇编生成的目标文件 PROG.OBJ 必须经过连接,转换成可执行文件 PROG.EXE 后,才能在操作系统下运行。在模块化编程时,往往要把多个.OBJ 文件与库文件.LIB、模块定义文件.DEF 等连接到一起,以形成一个可执行程序。

同样,可以用两种方法对.OBJ 文件进行连接,生成可执行的.EXE 文件。

方法一,用程序 LINK.EXE 实现连接。即键入命令:

  link prog.obj↙

命令行上可以用"+"连接若干个.OBJ 模块名。执行后将显示信息:

  Microsoft (R) Segmented Executable Linker Version 5.60.339 Dec 5 1994
  Copyright (C) Microsoft Corp 1984—1993. All rights reserved.
  Run File [prog.exe]:prog↙ ;可执行文件名为 PROG.EXE
  List File [nul.map]:prog↙ ;生成映射文件 PROG.MAP
  Libraries [.lib]:↙ ;没有用到库文件
  Definitions File [nul.def]:↙ ;没有用到模块定义文件

连接成功后,将生成映射文件 PROG.MAP 和可执行文件 PROG.EXE,前者用文本表示出了程序的全局符号、源文件和代码行号等信息,适用于调试比较复杂的程序。

方法二,直接用 ML.EXE 完成汇编和连接。例如,键入命令:

  ml prog.asm↙

将自动进行 PROG.ASM 的汇编和连接,生成 PROG.OBJ 和 PROG.EXE 文件。程序执行后会显示如下信息:

  Microsoft (R) Macro Assembler Version 6.15.8803
  Copyright (C) Microsoft Corp 1981—2000. All rights reserved.
  Assembling:prog.asm ;进行汇编
  Microsoft (R) Segmented Executable Linker Version 5.60.339 Dec 5 1994
  Copyright (C) Microsoft Corp 1984—1993. All rights reserved.
    ;汇编无误,继续进行连接
  Object Modules [.obj]:prog.obj ;目标文件缺省为 PROG.OBJ
  Run File [prog.exe]:"prog.exe" ;可执行文件缺省为 PROG.EXE
  List File [nul.map]:nul ;不生成映射文件 PROG.MAP
  Libraries [.lib]: ;没有用到库文件
  Definitions File [nul.def]: ;没有用到模块定义文件

若有错,就不会生成.EXE 文件,MASM 也会显示相应的错误信息。要是源程序中没有堆栈段和入口地址,连接结果会给出相应的警告(Warnings),但不影响程序的执行。程序的缺省入口地址为程序开头处。

4. 运行程序

经 MASM6.15 汇编和连接生成的可执行文件是 32 位的,可以直接在 32 位操作系统下运行。在 DOS 环境的任何一级目录下,只要键入程序名 PROG 便可执行这个程序。例如:

  C:\>prog↙

或

  D:\MASM615\Program\prog↙

此外,也可以在 Windows 视窗中,双击"PROG.EXE"图标来运行这个程序。

5. 动态排错

如果生成的可执行程序 PROG.EXE 不能正确执行,有可能存在逻辑上的错误。这时,可以运行动态排错程序 DEBUG.EXE(存放在 C:\Windows\System32 目录下),对 PROG.EXE 进行动态排错,单步跟踪或通过设置断点多步执行程序,显示执行后各寄存器和内存单元的内容等,以发现错误。找到错误后再修改源程序,重新汇编和连接,直到问题解决。限于篇幅,有关 DEBUG 程序的使用技巧,这里就不一一展开了。

参 考 文 献

[1] Intel Co. The 8086 Family User's Manual[M]. 1979.
[2] Intel Co. Peripheral Design Handbook[M]. 1981.
[3] National Semiconductor Co. Data Conversion/Acquisition Data Book[M]. 1980.
[4] Analog Device Inc. Data Converter Reference Manual：2[M]. 1992.
[5] Sybex Inc. The Complete PC Upgrade & Maintenance Guide[M]. 1991.
[6] Intel Co. Intel 845G/845GL Chipset Datasheet[M]. 2002.
[7] Intel Co. IA-32 Intel Architecture Software Developer's Manual：1，Basic Architecture[M]. 2002.
[8] Intel Co. IA-32 Intel Architecture Software Developer's Manual：2，Instruction Set Reference[M]. 2002.
[9] Intel Co. IA-32 Intel Architecture Software Developer's Manual：3，System Programming Guide[M]. 2002.
[10] Barry B Brey. Intel 微处理器全系列:结构、编程与接口[M]. 5 版. 金惠华,艾明晶,尚利宏,等,译. 北京:电子工业出版社,2001.
[11] John Hyde. USB 设计应用实例[M]. 孙耀国,赵德刚,译. 北京:中国铁道出版社,2003.
[12] Intel Co. Intel 440BX AGPset：82443BX Host Bridge/Controller Data Sheet[M]. 1998.
[13] Intel Co. Intel 82371AB PCI-TO-ISA/IDE Xcelerator（PIIX4）Data Sheet[M]. 1997.
[14] Intel Co. Intel 915G/915GV/910GL Express Chipset Graphics and Memory Controller Hub (GMCH) White Paper [M]. 2004.
[15] 尹建华,张惠群. 微型计算机原理与接口技术[M]. 2 版. 北京:高等教育出版社,2008.
[16] 王克义. 微型计算机原理与应用[M]. 3 版. 北京:北京大学出版社,2015.
[17] 邹逢兴. 微型计算机原理与接口技术[M]. 2 版. 北京:清华大学出版社,2015.
[18] 姚向华,姚燕南,乔瑞萍. 微型计算机原理[M]. 6 版. 西安:西安电子科技大学出版社,2017.

[19] Intel Co. 英特尔酷睿 i7 处理器-新款第九代、第八代、第七代和第六代产品[EB/OL]. https://www.intel.cn/content/www/cn/zh/products/processors/core/i7-processors.html

[20] Intel Co. 9th Generation Intel Core Desktop Processors-The Most Powerful Generation of Intel Core Processors[EB/OL]. https://www.intel.cn/content/dam/www/public/us/en/documents/product-briefs/9th-gen-core-desktop-brief.pdf